国家科技支撑计划(2009BAC51B04)
中科院战略先导专项(XDA05090400)　　资助
国家自然基金(40975039)

# 气候变化与中国极端气候事件图集

# Atlas of Climate Change and China Extreme Climate Events

钱维宏　著

## 内容简介

气候变化与极端气候事件是当前国际社会十分关注的自然科学问题。哪些指标可以反映气候变化？气候变化与极端气候事件之间有什么关系？这些问题也是联合国政府间气候变化专门委员会(IPCC)历次评估报告中的核心议题。《气候变化与中国极端气候事件图集》包含以下内容：气候变化、中国极端气候事件的时空分布和气候变化与极端气候事件预测的可能途径。气候变化的核心指标包括全球气温(海温)和水循环(降水)的变化，以及全球与区域季风强弱的变化等。中国极端气候包括区域持续性的干旱、暴雨、低温和热浪四类事件。气候变化的预测依赖于气候历史序列的规律分析和归因分析。极端气候事件的预测依赖于大气中异常前期信号的发现。

本图集是一部从事气候变化研究的参考书，也是一本从事极端气候事件预测的工具书。科研和业务预测人员查阅本图集可以了解当前和未来气候所处的状态(气候钟)，以便于分辨当前的气象要素是否已经偏离了气候态，即可能会出现的极端气候事件。

**图书在版编目(CIP)数据**

气候变化与中国极端气候事件图集/钱维宏著.
北京：气象出版社，2011.3
ISBN 978-7-5029-5183-2

Ⅰ.①气… Ⅱ.①钱… Ⅲ.①气候变化-中国-图集
Ⅳ.①P467-64

中国版本图书馆 CIP 数据核字(2011)第 038682 号

---

**出版发行**：气象出版社

| | |
|---|---|
| **地　　址**：北京市海淀区中关村南大街 46 号 | **邮政编码**：100081 |
| **总 编 室**：010-68407112 | **发 行 部**：010-68409198 |
| **网　　址**：http://www.cmp.cma.gov.cn | **E-mail**：qxcbs@cma.gov.cn |
| **责任编辑**：陈　红 | **终　　审**：周诗健 |
| **封面设计**：博雅思企划 | **责任技编**：吴庭芳 |
| **责任校对**：永　通 | |
| **印　　刷**：北京天成印务有限责任公司 | |
| **开　　本**：889 mm×1194 mm　1/16 | **印　　张**：17 |
| **字　　数**：460 千字 | |
| **版　　次**：2011 年 3 月第 1 版 | **印　　次**：2011 年 3 月第 1 次印刷 |
| **定　　价**：150.00 元 | |

---

本书如存在文字不清、漏印以及缺页、倒页、脱页等，请与本社发行部联系调换

# 序　言

气候变化和极端气候事件以及它们之间的关系是当前国际社会十分关注的研究课题，也是联合国政府间气候变化专门委员会(IPCC)历次评估报告和中国《气候变化国家评估报告》中的核心议题。但是，极端气候事件是不是越来越多了，如果是的话是不是人类排放 $CO_2$ 所引起的。迄今没有令人信服的结论，处在事实不清，机理不明的状态。

气候变化主要包括以气温为指标的冷暖变化和以降水量为指标的干湿变化。气候变化不但有多个时间尺度，还存在区域差异。极端气候事件的发生也具有不同的时空特征。因此，在气候变化背景下，揭示极端气候事件发生的实况，研究其规律、成因和预测方法十分重要。

我国处于东亚季风区，各种极端气候事件频繁发生，给人们的生产、生活带来了巨大的影响。依托我国近 60 年高时空分辨率气象观测资料，对我国极端气候事件标准、监测和检测技术、时空分布特征、形成机理和预测方法进行研究，有助于提高对极端气候事件的认识，是提高防灾减灾能力和适应气候变化的重要举措。

领导和公众对未来气候状况最想知道的并不是降水的偏多偏少，温度的偏高偏低。暮春三月，江南草长之时，未来汛期我国什么地区，什么时段防汛会非常紧张，或者旱情会非常严重？这种极端气候事件需要提前预报，这是现行的作为正向问题和初值问题难以解决的。需要普查历史实况作为倒向问题找前期信息。

北京大学钱维宏教授领导的研究组经过近 10 年的探索研究，在气候变化和极端气候事件的研究方面取得了丰富的成果，获得了新认识。《气候变化与中国极端气候事件图集》系统地收集和总结了这方面的研究成果。《图集》给出了分布于全球的季风系统和季风降水，并阐明全球季风系统和季风降水是气候变化的重要方面，会直接影响全球温度变化。基于中国台站气象观测资料，《图集》给出了区域持续性干旱、暴雨、低温和热浪四类事件的列表，这对开展气象服务是必不可少的基础数据。针对国家需求的延伸期天气预报和气候预测，《图集》试探性地开展了这方面的研究，取得了一些有应用价值的成果。

该《图集》以图表的方式给出了大气和海洋变化的大量信息，内容丰富、资料详实，为更好地研究气候变化和极端气候事件奠定了基础。同时，《图集》也为气候和气候变化业务发展提供支撑。我相信本图集的出版必将促进气候变化和极端气候事件的研究，并有助于更多、更新、更有成效的研究成果出现。

丑纪范

2011 年 3 月 16 日

# 前　言

人类工业化以来，全球温度以波动式上升，到 20—21 世纪之交成为一个有历史记录以来的最暖平台。随着经济的发展，极端气候事件频繁发生造成的损失也随之增大。全球温度暖平台的出现和气候灾害的频发是人类活动的结果，还是自然变化的表现？如果是人类活动与自然变化共同作用的结果，那么二者各占多大的比重？这不但是当前全人类十分关注的科学问题，也是气象预测人员迫切需要认识的问题。如果气候变化和极端气候事件完全或有 90% 以上的可能是人类活动引起的，则全人类就要约束自己，从而抑制气候变化，减少极端气候事件的发生，否则地球就会毁于当代人之手。如果气候变化和极端气候事件是自然变化引起的，则科学家就要去寻找引起气候变化的真正原因并预测未来的气候变化，气象预测人员就要把精力集中在极端气候事件的预测方法的研发上，以便未雨绸缪。

探索真理是人类的追求。国内外科学界已经发表了大量的气候变化和极端气候事件的论文。每篇论文，作者都用比较详实的资料和方法来支持自己的观点。但是，不同的资料必然有不同的结论，相同的资料也会由于采用的方法不同和观点不同，论文表述的结论也可能完全不同。当然，要一篇文章，或几篇论文把气候变化和极端气候事件的方方面面描述清楚并集成出一个可靠的结论也不是件易事。传播真理是人类的使命。当前国内外也有大量的气候与极端气候事件的科普图书出版，目的是在传播真理。在由科学出版社出版的《天问：谁驱使了气候变化？》一书中，作者用较大的篇幅给出了全球气候变化的图文，而对极端气候事件的描述和预测相对较少。老预报员或首席预报员的丰富经验是个人几十年长期实践和悟性积累的结果。老预报员经验往往只能会意，而难以言传，这就给传播真理增加了难度。有经验的老预报员不但经历的极端天气和极端气候事件多，他们也善于对事件进行归类和记忆。记忆力再高和记忆量再大的老预报员也比不上现代计算机。如果能够同时让计算机学会对事件进行数理结合的分层次归类，则首席预报员与计算机的人机交互将是无与伦比的。我们希望新预报员也能进行人机交互式学习，以便加快提高预测水平。

鉴于上述缘由，本图集试图用图表的形式系统地给出气候变化和极端气候事件资料中的信息，并附加一些简要说明，这样可较少添加作者的个人立场和评判标准，让读者自己去“看图说话”。

近年来，我国在气候变化和极端气候事件科学研究方面已经跻身于国际前列。众多的研究项目相继启动就是一个标志。这些项目不但要开展全球气候变化归因和预测研究，还要研究中国区域的气候变化并做出未来 10～30 年的气候预估。依托我国近 60 年来高时空分辨率气象观测资料，近 10 年来我国的极端气候事件研究不再仅仅以事件发生的百分位数作为评判标准了，而是进入到了分级气候事件、分区气候事件和区域持续性事件的研究阶段。建立的各类区域持续性极端气候事件序列将有助于为公众服务和科研服务。近年来，我国也在气象行业专项、公关项目和基础研究项目上加大了对气候极端事件和延伸期天气预报方法研究的投入力度。总之，这些项目的开展更有利于科学问题的解决，有利于为民生服务的减灾、防灾。

本图集共分九章。第 1 章是全球季风系统的季节变化，内容包括全球季风区以及季风（气候）系统和气候变化指标的时空演变图。第 2 章分别给出了东亚季风环流和季风降水的季节（候）气候演变过程图，以及与区域性暴雨事件联系的低层（850 hPa）大气扰动流场图。前者有助于预报人员判断当前的状况是否异常并对未来的极端事件有所预估，后者可直接看到扰动环流与区域性暴雨事件之间的联系。第 3 章给出了全球和区域海温变化的图例。海洋具有巨大的热储量和热惯性，对年际气候异常、年代际和世纪尺度气候变化有决定性的影响，是全球气候变化的领跑者。以上三章是从季风和海洋的角度出发利用资料绘制的图集。第 4 章是全球和区域气候变化，用百年至千年的温度序列做出了不同尺度规律变化的图示，用不同的气候要素和强迫要素做出了相同尺度分解的比较图示。这些图示阐明，气候变化和极端气候事件是科学问题，而人类活动及大气中 CO2 浓度增加是环境问题。科学问题要研究，环境问题要治理，它们是两类不同性质的问题。第 5 章是中国干旱图表，列出了近 60 年来发生在中国的主要干旱事件和分布特征。干旱事件往往持续时间长，影响范围广，但一次持续的干旱事件也是由多个干旱过程累加形成的。第 6 章是中国区域性暴雨事件图表，区域持续性大降水可以是流域性的和跨流域的，受到不同天气系统的影响。第 7 章是中国区域低温事件图表。依照定义，中国的主要低温事件会发生在任何季节和任何地区。第 8 章是中国区域热浪事件图表。热浪可分干热浪和湿热浪。干热浪主要出现在中国北方的西风带地区，湿热浪主要出现在我国东部的季风区。第 9 章是气候和极端气候预测信号的图示。气候变化规律分析和归因分析的目的是要预测未来的气候，极端气候事件的预测是要找到大气中的前期异常信号。

引起气候变化的外源强迫也具有多时空尺度一从年际、年代际到世纪和千万年尺度。极端气候事件是区域热力对比的产物，气候变化是其发生的背景。热浪与低温，干旱与洪涝会同时发生在不同的地区，对生命财产会造成巨大的损失。因此，极端气候事件的预测方法研究还需要长期加大投入力度，是关系民生的大事。对天气和气候变化规律的理解与预测方法的研究思路需要有一个根本性的改变，这样才能提高人力和物力投入的效果。

编辑这本图集的想法来自 2010 年 10 月 29 日在国家气候中心学术报告后的专家座谈提议。这之后，北京大学季风与环境研究组立即组织了编写分工。汤帅奇、单晓龙和朱亚芬完成了季风部分的图表。单晓龙完成了东亚季风演变的时钟图，武凯军协助完成了扰动环流降水图。全球和区域海温图由李进完成。陆波、李进和梁浩原等完成了全球和区域气候变化部分的图表。四类持续性区域极端干旱、低温、热浪和暴雨事件的图表分别由朱亚芬、张宗婕、丁婷和单晓龙等完成。气候和极端气候预测信号章节的图表由陆波、丁婷、张宗婕和朱亚芬等完成。图集出版得到了国家科技支撑计划项目（课题编号：2009BAC51B04）、中国科学院战略性先导科技专项（项目编号：XDA05090400）和国家自然基金项目“中纬度西风带与东亚季风气流中波动相互作用对我国东北夏季旱涝影响的研究”（编号：40975039）课题的共同资助。国家气候中心王永光首席给予了大力支持。

气候变化的预测和极端气候事件的预测是气候研究的目标。这套图集列出的大量气候变化自身规律的分析和因果关系的分析可以增加我们对未来 20～50 年气候变化预测的信心。在气候变化的归因分析上，我们能够估算到近百年全球温度增加的 1℃中，0.56℃来自年代际和世纪尺度自然波动的贡献，而在趋势 0.44℃中有一半来自几百年尺度气候波动的份额，还有一半来自城市气候变化的作用。对区域持续性极端气候事件，用前期大气扰动信号与未来 10 天中期数值天气预报模式产品扰动信息的结合，我们就有希望把重大灾害性天气预报的时效延伸到 10～15 天。本图集中已经给出了大量的前期信号预测持续性极端气候事件的例子。

气候变化和中国极端气候事件已有大量相关的内容和图表发表。历次 IPCC 评估报告和中国《气候变化国家评估报告》中也有大量的气候变化与中国极端气候事件的图表。这本图集仅仅收录了北京大学季风与环境研究组近年来绘制的 301 幅图和 58 个表，可以作为对已经出版的国内外气候评估报告的部分补充。这本图集包含的基本科研思路是，对观测序列需要有物理层次的分解。科研思路不能申请专利，只能尽快向社会公布与应用，产生社会效益，减少生命财产损失。作者相信，这样的图集会在今后得到进一步的补充和提高，也欢迎读者批评指正。

作者　钱维宏<br>2011 年元旦

# 目　录

# 第 1 章　全球季风系统的变化

气候变化的根本原因是太阳辐射量和热量传输(加热)在一地的多时间尺度变化。影响一地气候变化的最主要因素是太阳辐射量的季节变化和海陆热力对比的季节变化。这两个因素引起的气候变化是正常的季节气候变化,无须预报,只需认识。观测的气象要素中扣除季节气候变化部分后的是天气扰动量,是天气预报的基本量。一地气象要素变化的位相总是落后于强迫量变化的位相。本章中的南北半球要素随季节的变化位相落后太阳辐射直射南北回归线的时间一个多月就是例证之一,在第四章还有年代际尺度的例证。南、北半球的最盛夏季节是第 8 候和第 44 候。

理论上假定有数学模型

$$\frac{\partial S}{\partial t} + (N + L + D)S = F \tag{1-1}$$

可以描述多个层次的复杂问题。其中 $S=(d_1,d_2,\cdots,d_R)^T$,$d_R$ 为第 $R$ 个变量,$R$ 个变量随时间的变化构成了系统的状态 $S(t)$,$F$ 是外界对系统的强迫源,$N$、$L$ 和 $D$ 分别为控制系统内部状态变化的非线性、线性和耗散算子,$(N+L+D)$ 构成了这个系统的内部动力学。在数学上,我们可以把系统的状态 $S$ 分成一个时间段上的平均部分 $\bar{S}$ 和这个时间段上的扰动部分 $S'$ 的和,

$$S = \bar{S} + S' \tag{1-2}$$

这里有 $\bar{S} \gg S'$,即前者的时空尺度远大于后者。又假定在这个时间段上 $\bar{S}$ 的变化由系统的控制变量(外强迫)和系统内部的线性和耗散两个因素所决定,即

$$\frac{\partial \bar{S}}{\partial t} = F - (L + D)\bar{S} \tag{1-3}$$

则系统的扰动部分为

$$\frac{\partial S'}{\partial t} = - N(\bar{S} + S') - (L + D)S' \tag{1-4}$$

可见,扰动部分依赖于系统内部的复杂性(非线性),和线性与耗散的作用。扰动部分与系统的非均匀性及内部动力学密切相关。气候是在一定时空尺度下状态(也称吸引子)随时间的连续变化,仅依赖于系统的控制变量(外强迫),是一个线性过程。反过来说,气候异常是在这个线性过程上叠加了气候系统内部的扰动部分。

对线性部分,只要外强迫的控制变量知道,这一部分就是确定的。由于复杂性的存在,就有很多的不确定性,称为随机的成分。于是,我们可以认定:对任何复杂系统的状态,$S(t)$都可以写成确定性 $D_e$ 和随机性 $R_a$ 并存的方程

$$\frac{\partial S}{\partial t} = D_e + R_a \tag{1-5}$$

其中 $D_e = F - (L + D)\bar{S}$,$R_a = - N(\bar{S} + S') - (L + D)S'$。从上述方程的分化,我们认识到:由于复杂性的存在,确定论的动力系统本质上是不确定的。但在这个不确定中,又蕴藏有确定的成分。这一确定的成分在很多情况下是可以认识的,也是可以预报的。另一部分中,存在对不确定部分的统计可预报性。这里把确定性和随机性两者联系起来了。

其实,这种确定性和随机性的分解分析方法就有应用价值。以全球温度的变化为例,每日的温度可

以分解成由三个部分组成。它们是太阳辐射随季节变化的部分、海陆等地形分布影响的季节变化部分和用观测变量减去前两个部分后的偏差部分。前两个部分是不需要预报的，是气候。要预报的是第三个分量，偏差部分。这个偏差部分也就是随机性 $R_a$ 部分。即使在这个部分中也还可以找到其中的统计规律。这一部分预报的成功就是技巧。

我们注意到，北半球温度和降水的季节变化总是落后太阳直射北回归线的时间一个多月。太阳辐射量的那些几十年的长周期变化和海温变化也都超前全球平均气温的变化。其原因就是在这个平均的线性方程 $\frac{\partial \bar{S}}{\partial t}=F-(L+D)\bar{S}$ 中，不是外强迫 $F$（太阳辐射）直接与大气变量 $\bar{S}$（气温）的对应关系，而是有一个时间滞后项 $-(L+D)\bar{S}$ 的作用。可见，数学关系多么好地帮助我们理解了物理现实中的现象问题。

这一章帮助我们认识：什么是气候？气候与强迫之间的时差关系？又什么是天气扰动？全球有哪些季风气候区？全球有哪些气候（季风）槽和大气活动中心？人们可以构造多少个气候指标？

## 1.1 资料

所用全球气象要素来源于 NCEP/NCAR 的逐日资料。全球范围的高度场和指数计算使用了 NCEP/NCAR Reanalysis 1 的 2.5°×2.5°格点资料，起止时间为 1948—2008 年，经度范围 0°～180°E～0°，纬度范围 90°S～90°N，垂直方向 17 层。资料来源于 http://www.esrl.noaa.gov/psd/data/gridded，详细说明参考 Kalnay 等（1996）的相关文献。区域高度、温度和风场来自 NCEP FNL 逐日分析资料（https://dss.ucar.edu/datazone/dsszone/ ds083.2），空间分辨率 1°×1°，时间分辨率 6 小时，起止时间 1999—2007 年，经度范围 0°～180°E～0°，纬度范围 90°S～90°N，垂直方向 26 层。降水资料也相应地使用了两套资料。一套是由美国 NOAA 提供的 CMAP 格点化降水资料（Xie and Arkin，1997），来源于 http://www.esrl.noaa.gov/psd/。其起止时间为 1979—2007 年，空间分辨率 2.5°×2.5°，经度范围 1.25°～358.75°E，纬度范围 88.75°S～88.75°N。另一套是由美国 NASA 提供的热带测雨（TRMM）卫星逐日降水产品（Huffman，1997），来自 ftp:// disc2.nascom.nasa.gov/data/ s4pa/TRMM_L3/TRMM_3B42，起止时间为 1998—2007 年，空间分辨率 0.25°×0.25°，时间分辨率 3 小时。

## 1.2 方法

将气象要素场分解成以下形式（Barry and Carleton，2001）：

$$A=[\bar{A}]+\bar{A}^{*}+[A]'+A^{*\prime} \tag{1-6}$$

其中左侧是原始气象要素场，右侧第一项是 30 年逐日变量纬圈—时间平均场，反映了太阳辐射的纬度变化确定的气候要素场。第二项是变量相对纬圈距平的 30 年时间平均的逐日变量场，反映了海陆、地形差异影响的气候要素场。前两项之和统称为气候变量季节变化场，反映了太阳直接辐射作用和海陆分布对气候要素场的调整作用。后两项是行星尺度和天气尺度扰动引发的对气象要素场的改变，分别是纬圈平均距平的扰动量（指数循环）和瞬时天气扰动变量（高低压扰动和冷暖扰动等瞬变天气扰动分量）。

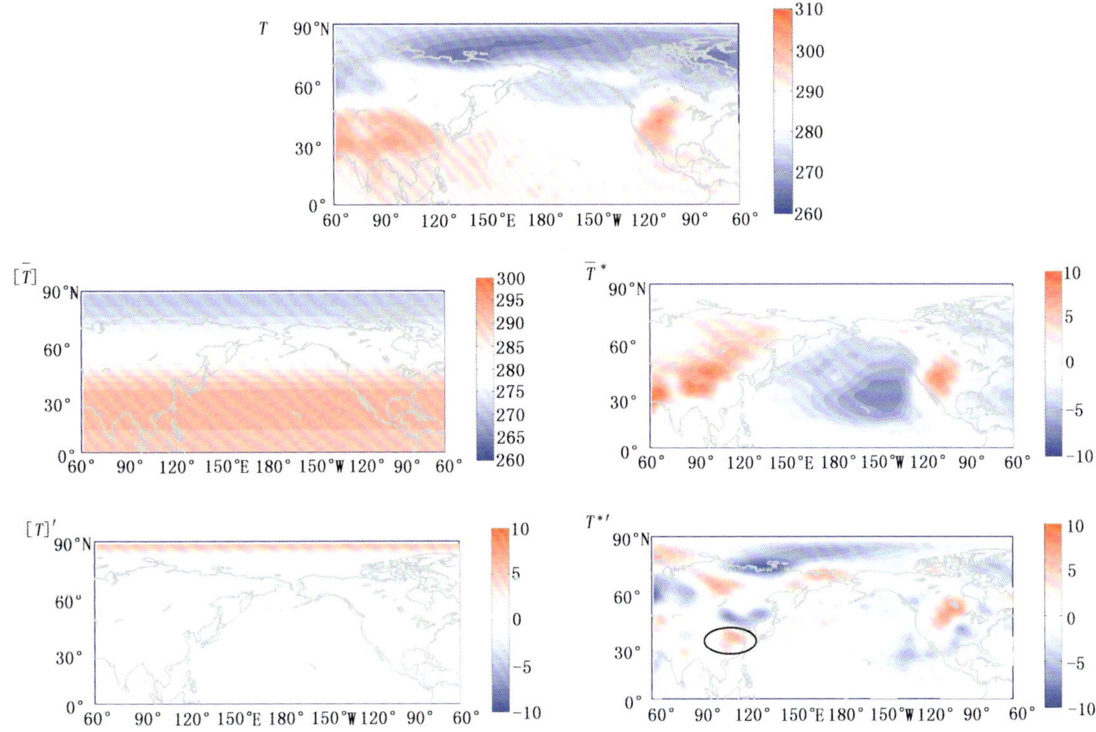


图 1-1 2002 年 7 月 15 日北半球亚洲—太平洋—北美地区 850 hPa 温度场($T$)按照公式(1-6)的四项展开分量。第一项是南北温差($[\overline{T}]$),第二项是海陆温差($\overline{T}^*$),第三项是南北多条带指数循环($[T]'$),第四项是瞬时天气尺度温度扰动($T^{*\prime}$)。温度扰动场上,我国北方的冷与南方地区的暖比原始温度场清楚。用天气扰动场有利于极端天气气候事件的分析和预报。用海陆分布气候场有利于气候分析。对扰动场也可以计算 3 天、5 天、7 天、9 天等的时间平均,从而分析和认识扰动系统的持续性。温度扰动中的椭圆位置对应我国南方的热浪事件。

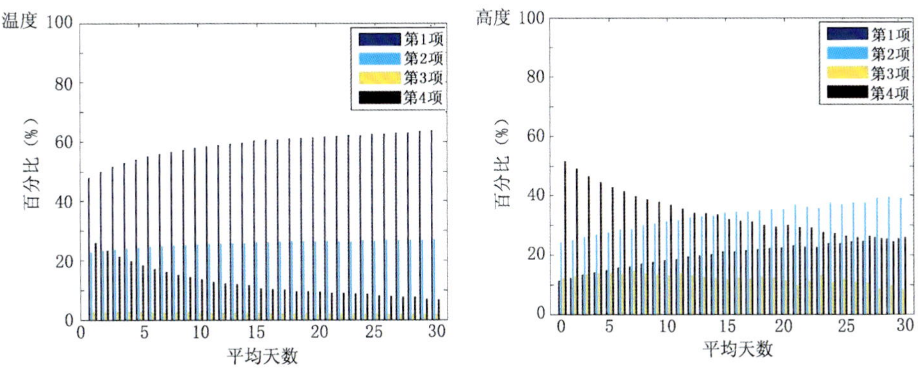


图 1-2 850 hPa 温度场、高度场、风分量 $U$ 和 $V$ 场,在四项分解中各占总方差的相对百分率贡献随平均时间(天数)的变化。对温度场的分解,第一项在最初 15 天平均从 48%增大到 61%左右,而第四项(天气扰动)从 26%减小到 12%,第三项占的比例很小,第二项在 30 天内维持在 25%附近。对高度场的分解,第四项(天气扰动)从 50%下降到 30%,而第二项和第一项分别从 25%和 11%增加到 40%和 27%。对风场 $U$ 分量,天气扰动分量从 60%下降到 30%,而第一、第二项从 13%和 19%上升到 30%。对风场 $V$ 分量,天气扰动分量从 73%下降到 40%,而第一、第二项从 7%和 20%上升到 18%和 42%。15 天以内的高度场和风场天气扰动分解有着较强的信号分量。

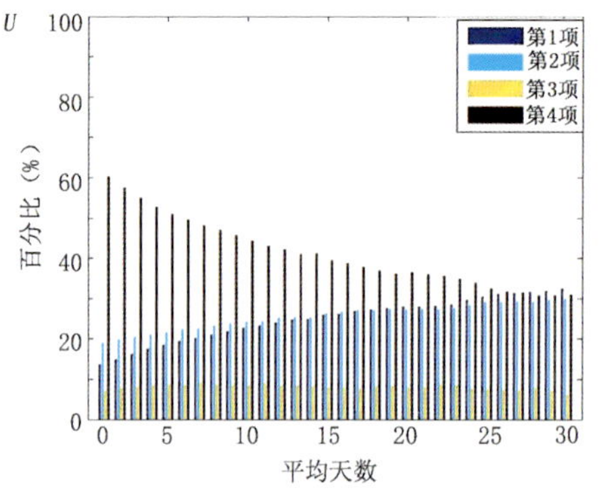


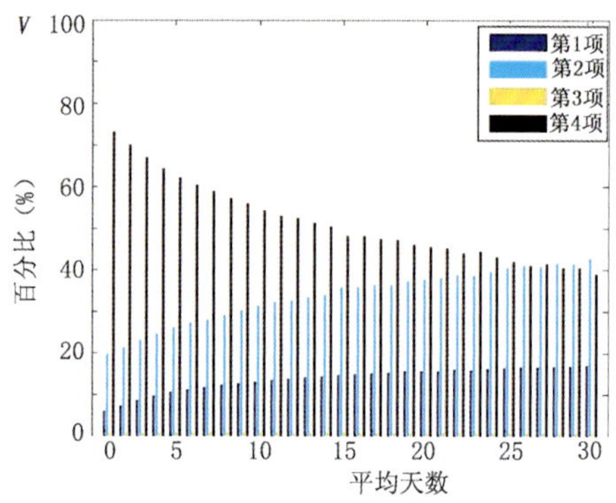


图 1-2 （续）

## 1.3 全球季风气候区

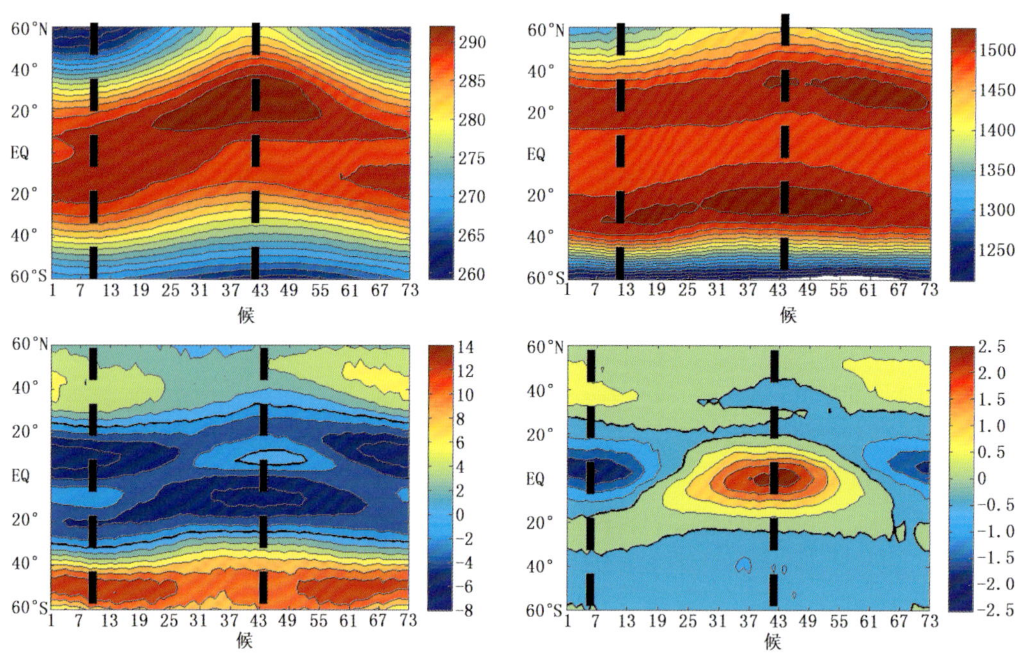


图 1-3 850 hPa 气候平均的温度场（左上，单位 K，等值线间隔 2K）、位势高度场（右上，单位 gpm，等值线间隔 20 gpm）、纬向风分量（左下，单位 m/s，等值线间隔 2 m/s）、经向风分量（右下，单位 m/s，等值线间隔 0.5 m/s）随纬带的分布。左下和右下图中加粗的等值线为 0 m/s。粗虚线表示各气象要素场推进到最南端和最北端的位置分别在第 8 候和第 44 候。第 8 候和第 44 候都滞后太阳直射南北回归线的时间。

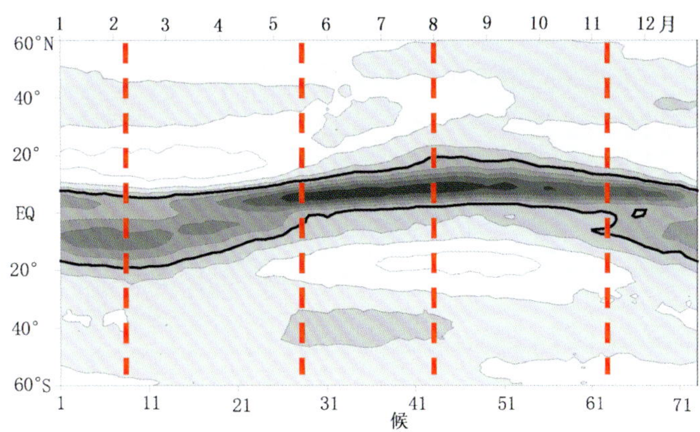


图 1-4 气候平均的降水随纬带的分布，单位 mm/d(毫米/天)。等值线间隔 1 mm/d，加粗的等值线为 4 mm/d。粗虚线表示的位置从左至右分别为第 8 候，第 28 候，第 44 候和第 63 候(Qian 和 Tang，2010)。第 8 候和第 44 候分别是南、北半球降水最多的季节。第 28 候不但是南海季风的爆发时间，也是南、北半球季节转换的时间。

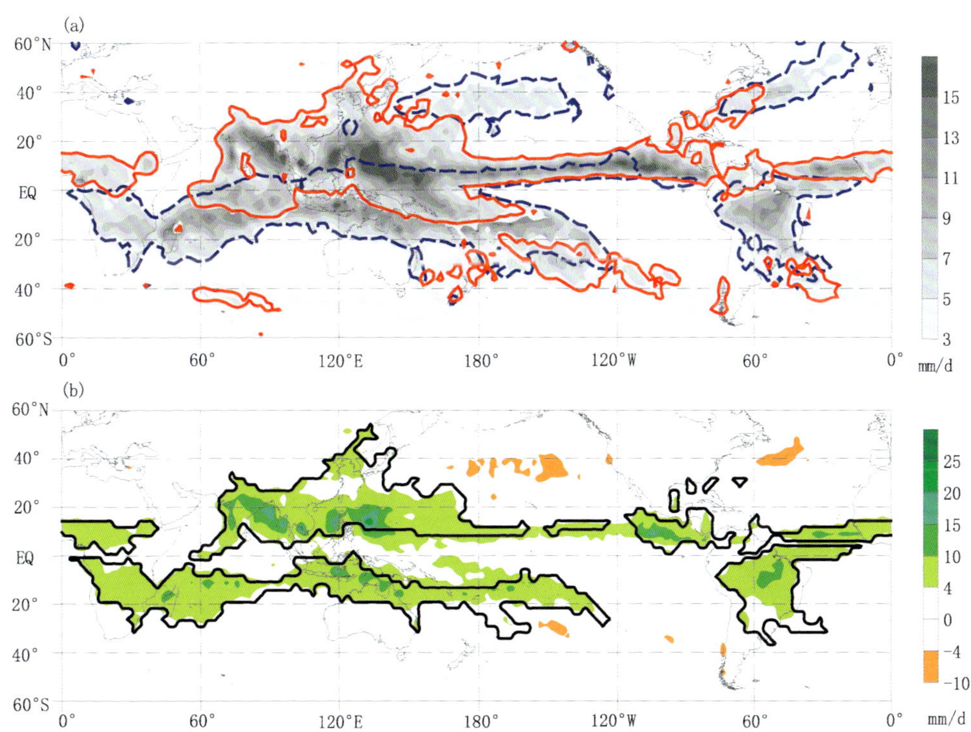


图 1-5 气候干湿转换确定的全球季风区。第 44 候和第 8 候平均降水量分布(上)。红色粗实线为第 44 候 4 mm/d等降水线，蓝色粗虚线为第 8 候 4 mm/d 等降水线。第 44 候和第 8 候平均降水量之差(下)，填充图最浅的区域为4～8 mm/d 差值。粗实线区域为夏季降水>4 mm/d，而冬季降水<4 mm/d 的区域在 1979—2007 年的多年平均(Qian 和 Tang，2010)。全球季风由亚—澳季风、南北美洲季风和南北非洲季风组成。亚—澳季风又可分成亚洲季风和澳大利亚季风。南北美洲和南北非洲存在南美洲季风和北美洲季风，以及北非季风和南非季风。亚洲季风中又可以分为南亚季风、西北太平洋—南海季风和东亚季风。每个子季风的强弱变化与季风槽有关。

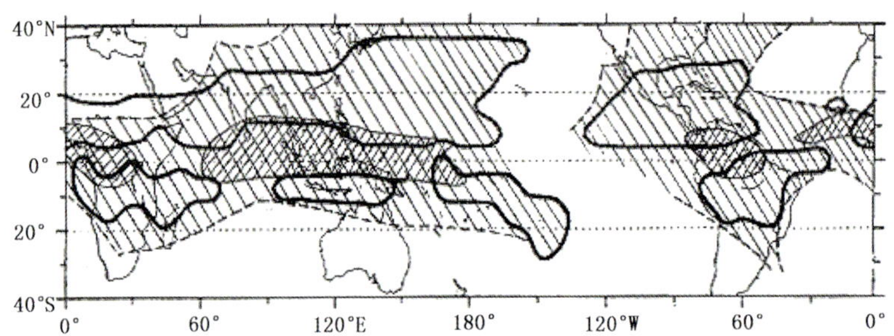


图 1-6　在季风是热带三大水汽大值中心区随越赤道气流季节扩展的定义下得到的全球季风区分布。交叉线阴影区为气候年平均卫星观测的水汽亮温中心，赤道外单粗线闭合区是水汽干湿转换的区域，斜线区为 850 hPa 越赤道气流影响的区域(Qian 等，2002)。用不同的指标定义的全球季风区域有所不同。

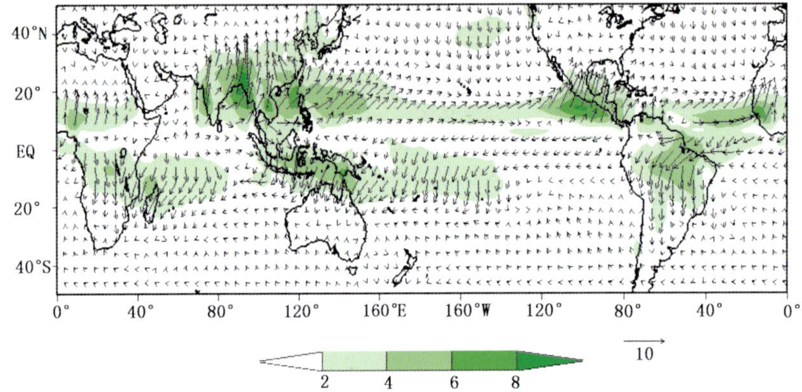


图 1-7　美国 CMAP 降水(1979—2005)谐波分析第一分量振幅矢量图，箭头表示最大降水出现的月份，正北表示 7 月，正南表示 1 月，正东为 10 月，正西为 4 月（钱维宏，2009；祝从文提供）。中低纬度阴影区相当于全球季风区降水(mm/d)。

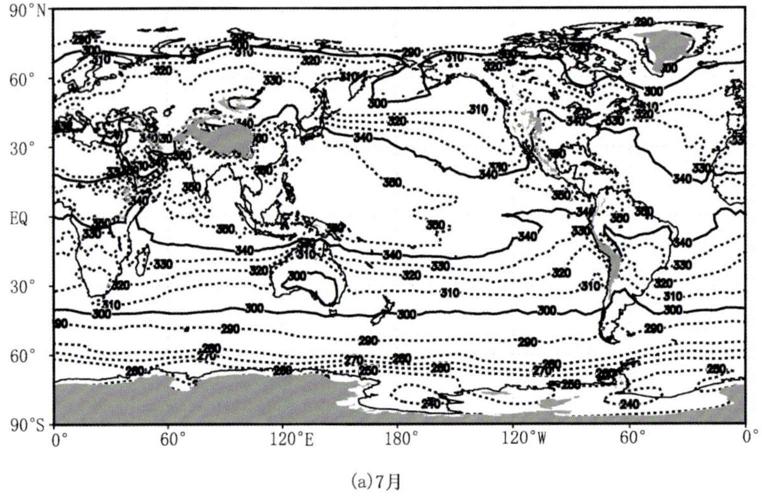


(a)7月

图 1-8　气候平均 7 月(a)和 1 月(b)1000 hPa 假相当位温(K)的全球分布及热带气团 7 月与 1 月位置变化影响的全球范围(c)，阴影为 1000 hPa 假相当位温 340 K 扫过的范围(钱维宏，2004；2009)。(c)中阴影区相当于全球季风区。

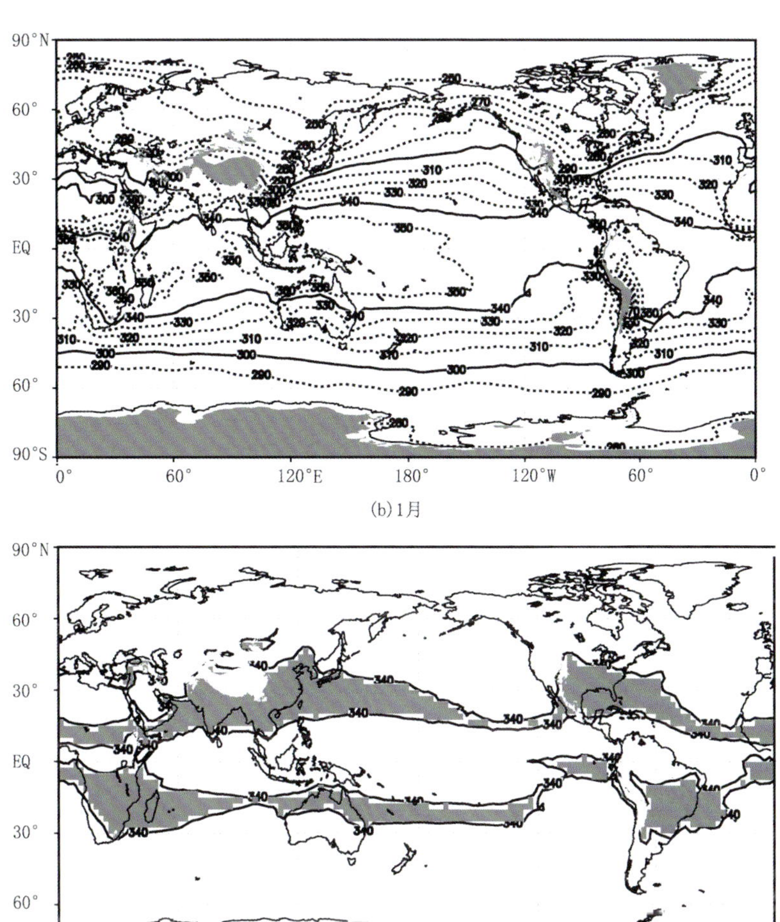


(b) 1月

(c) 340K变化的范围

图 1-8 （续）

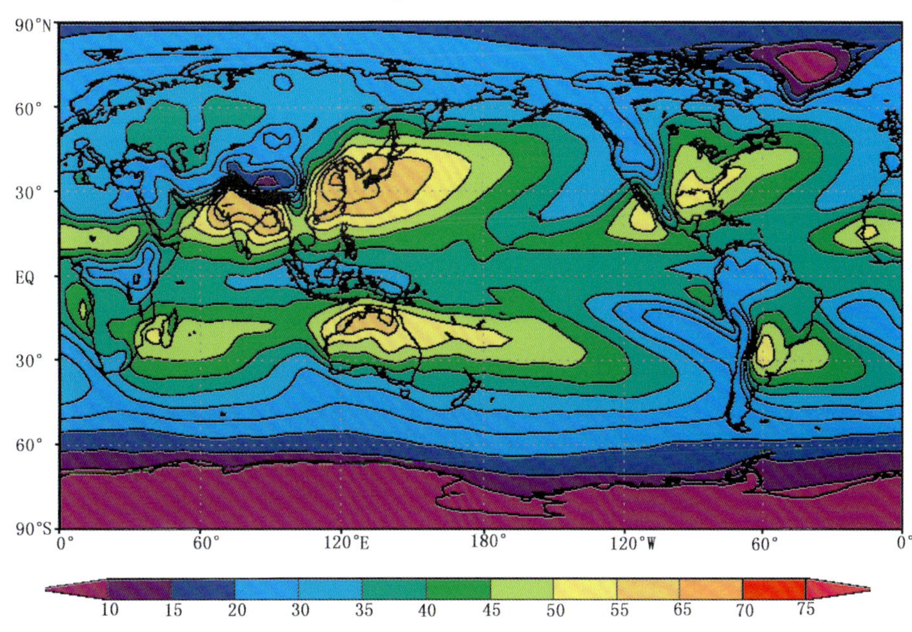


图 1-9 气候平均大气总可降水量(IPW)最大值与最小值之差的全球分布(mm)(汤绪等,2007)。大值区为赤道外大气干湿转换显著的地区。

## 1.4 大气中的气候变化系统

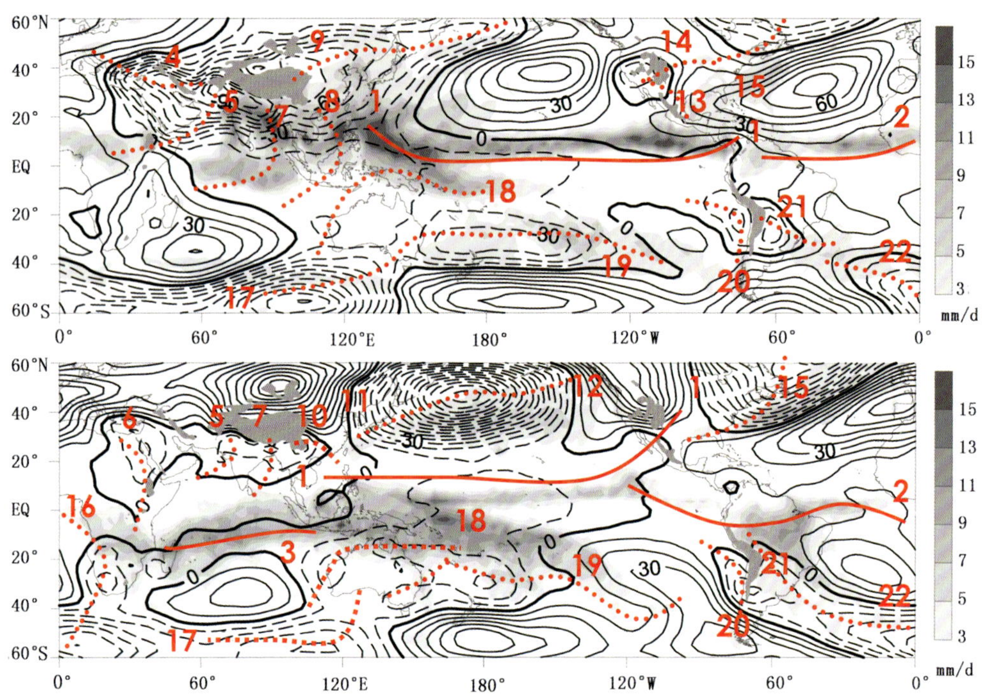

图 1-10 全球大气活动中心和全球季风系统。第 44 候(上)和第 8 候(下)气候平均降水(阴影)和 850 hPa 高度纬圈距平(海陆地形分布影响)场(等值线,单位:gpm)。粗实线表示赤道辐合带(ITCZ),点线表示半岛尺度和洋盆尺度槽。全球一共标识出 22 个气候槽但只有 9 个季风槽并伴随有降水。数字 1、2、3 分别为太平洋、大西洋和印度洋上的 ITCZ(Qian 和 Tang, 2010)。

**表 1-1 850 hPa 位势高度纬圈距平场确定的全球 22 个气候槽**

| 编号 | 名称 | 性质 |
|---|---|---|
| 1 | 太平洋 ITCZ* | 行星尺度,有降水,全年存在 |
| 2 | 大西洋 ITCZ* | 行星尺度,有降水,全年存在 |
| 3 | 南印度洋 ITCZ* | 行星尺度,有降水,冬季消失 |
| 4 | 地中海槽 | 半岛尺度,无降水,冬季消失 |
| 5 | 阿拉伯槽* | 半岛尺度,夏季有降水冬季无降水 |
| 6 | 东非槽 | 半岛尺度,无降水,夏季消失 |
| 7 | 孟加拉槽* | 半岛尺度,夏季有降水冬季无降水 |
| 8 | 南海槽* | 半岛尺度,有降水,冬季消失 |
| 9 | 东亚副热带槽* | 洋盆尺度,有降水,冬季消失 |
| 10 | 西南倒槽 | 半岛尺度,无降水,夏季消失 |
| 11 | 东亚大槽 | 洋盆尺度,有降水,夏季消失 |
| 12 | 北太平洋倒槽 | 洋盆尺度,有降水,夏季消失 |

续表

| 编号 | 名称 | 性质 |
|---|---|---|
| 13 | 墨西哥槽 | 半岛尺度，无降水，冬季消失 |
| 14 | 落基山倒槽 | 半岛尺度，无降水，冬季消失 |
| 15 | 北美大槽 | 洋盆尺度，有降水，全年存在 |
| 16 | 南非槽* | 半岛尺度，有降水，冬季消失 |
| 17 | 南印度洋槽 | 洋盆尺度，冬季有降水夏季无降水 |
| 18 | 印度尼西亚—西澳大利亚槽* | 洋盆尺度，有降水，全年存在 |
| 19 | 南太平洋槽 | 洋盆尺度，有降水，全年存在 |
| 20 | 秘鲁—智利槽 | 半岛尺度，无降水，全年存在 |
| 21 | 拉普拉塔槽 | 半岛尺度，有降水，全年存在 |
| 22 | 南大西洋槽 | 洋盆尺度，有降水，全年存在 |

注：表中加＊号的为季风槽，与 ITCZ 有联系的为行星尺度季风槽，空间尺度跨越北太平洋和北大西洋宽度的槽为洋盆尺度槽，空间尺度相当于印度半岛的槽为半岛尺度槽。槽的性质包括其空间尺度、干湿性质以及槽的维持时间长度。性质中"冬季"、"夏季"是当地季节。

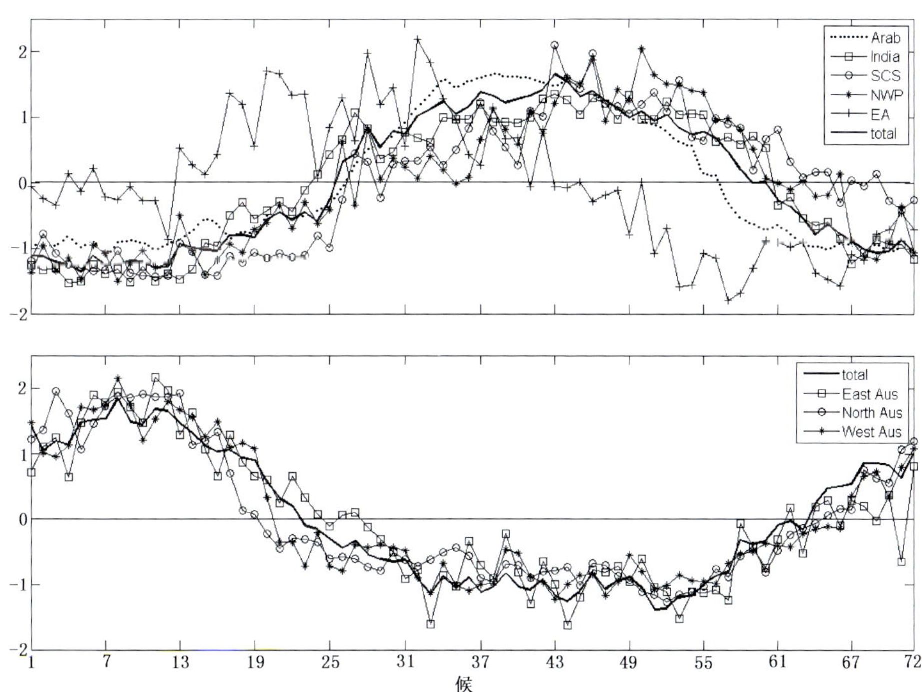


图 1-11　亚洲(上)和澳大利亚(下)不同区域季风槽深度标准化距平指数随时间(候)的变化。亚洲季风区中的阿拉伯季风槽 (Arab)、印缅槽 (India) 和南海槽 (SCS) 基本上都是在 5 月中旬明显加深。东亚副热带槽 (EA) 深度的演变相位超前其他槽约两个月，并有两个峰值时期。第一个峰值期在 3—4 月份与华南春雨季节相联系，属于西南倒槽。后一峰值从第 25 候开始，与副热带夏季风降水相联系，属于副热带春季季风槽。东亚夏季季风槽是从南海季风爆发(第 28 候)开始的。西北太平洋(NWP) 区域到 6 月底才有明显的涡度加深，标志着 ITCZ 季风槽北伸至此区域。此时亚洲季风槽系统全面建立。澳大利亚三个季风槽深度变化的一致性比较好，其中"真季风"(East Aus)从 1 月份稳定爆发，北澳大利亚和西澳大利亚季风槽 (North Aus and West Aus)的加深是在 11 月底到 12 月初。这是因为作为"真季风"的前身，"假季风"系统中的西澳大利亚季风槽建立比较早。北澳季风槽在 1 月份还有一个明显加深的跳跃，标志着西澳大利亚季风槽东伸发展成"真季风"槽。

**表 1-2　亚洲地区夏季风槽出现的时段和降水时段**

| 系统＼时段 | 出现时段(候) | 消失时段(候) | 替代系统 | 降水时段(候) |
|---|---|---|---|---|
| 1 阿拉伯槽 | 1—72 | 无 | 无 | 28—57 |
| 2 印缅槽 | 1—72 | 无 | 无 | 24—60 |
| 3 东亚副热带槽 | 25—49 | 50—24 | 西南倒槽和东亚大槽 | 15—49 |
| 4 南海槽 | 28—56 | 57—27 | 消失 | 28—56 |
| 5 西北太平洋槽 | 34—56 | 57—33 | 移走 | 34—56 |

表 1-2 中，亚洲地区冬季只有四个槽。受青藏高原绕流影响，西南侧的阿拉伯槽和南部的印缅槽全年较稳定。从 5 月份向北的越赤道气流开始，这两个槽前的地形迎风坡上出现降水，一直持续到 10 月份。青藏高原东侧的西南倒槽同样受到青藏高原绕流影响，尾端与东亚大槽相连。受到海陆热力差异变化和偏南风增强的影响，从第 15 候开始华南出现了连续性降水。此时的西南倒槽属于地形槽。第 25—27 候，低层大气海陆热力对比的方向发生了转变，西南倒槽的性质也发生了变化，对应华南的春雨。第 28 候开始，随着南海季风的爆发和东亚大槽的退缩，西南倒槽向东发展到东海和日本，形成东亚副热带夏季季风槽。等到东亚副热带季风槽南退消失后，西南倒槽和东亚大槽又重新建立起来。第 50—56 候的这一时段，东亚副热带槽退出中国大陆，活动于南海北部。西北太平洋的 ITCZ 季风槽活跃于东亚夏季风强盛期的开始(第 34 候)，移走于第 56 候，是亚洲夏季风系统中最晚活跃的季风槽，其本质是太平洋赤道 ITCZ 向西北方向的推进。在夏季风强盛时期，亚洲地区一共存在五条季风槽。其中，阿拉伯槽、印缅槽和南海季风槽的降水受到地形因素影响较大，出现在槽前的地形迎风坡上；西北太平洋季风槽和东亚副热带季风槽的降水受地形影响较小，基本上与槽线位置相一致。这五个槽和相对应的降水取代了赤道辐合带的应在位置，它们共同形成了全球最大的降水中心。

**表 1-3　澳大利亚区域槽线出现时段和降水时段**

| 系统＼时段 | 出现时段(候) | 消失时段(候) | 替代系统 | 降水时段(候) |
|---|---|---|---|---|
| 1 西南太平洋夏季风槽 | 1—31 | 32—72 | 西南太平洋冬季风槽 | 1—31 |
| 2 东南印度洋夏季风槽 | 58—19 | 20—57 | 东南印度洋冬季风槽 | 无 |
| 3 西澳大利亚季风槽 | 58—72 | 1—57 | 从东南印度洋槽分裂而来 | 58—72 |
| 4 北澳大利亚季风槽 | 1—17 | 17—72 | 从西澳大利亚季风槽发展而来 | 1—23 |

表 1-3 中，澳大利亚地区冬季只在其东北部海洋和西南部海洋上各有一个低压槽。西南太平洋槽出现在珊瑚海东北部，性质与东亚大槽相似，在其北侧和东侧，海洋上常年多降水，并与印尼群岛和西北太平洋地区的降水区域相连。第 1 候澳洲夏季风爆发以后，降水从西南太平洋上南移到珊瑚海地区，给澳大利亚东海岸带来降水，直到第 31 候降水退出珊瑚海地区。东南印度洋冬季风槽位置比较偏南，随着太阳直射点的南移，槽发展到澳大利亚的西海岸。第 58 候开始低压中心出现在澳大利亚西部，东南印度洋冬季风槽变性为夏季风槽，并分裂出东西两个槽。其中，西边的东南印度洋夏季风槽主要控制在东印度洋上，大部分地区温度较低，没有降水，此槽尾端与印度洋上的赤道辐合带相连，并一直向西延伸到马达加斯加岛附近。东边的西澳大利亚季风槽出现在澳大利亚西北部，给澳大利亚北部地区带来水汽和降水，但此时的降水还只局限在澳大利亚大陆上。从第 1 候开始西澳大利亚槽向东北方向移动到 Carpenteria(卡奔塔利亚)湾附近并发展成北澳大利亚季风槽，其降水与南移的东南亚水汽中心连成一片，开始了澳大利亚的“真季风”降水。北澳大利亚季风槽在第 17 候率先消失，紧接着在 19 候东南印度洋夏季风

槽变性为冬季风槽。由于西南太平洋槽的西伸发展，澳大利亚北部的降水直到第 23 候才退出澳洲大陆。澳大利亚的“真季风”持续时间只有三个多月，但是加上爆发前的过渡时期，“真季风”区的降水却持续有近六个月。

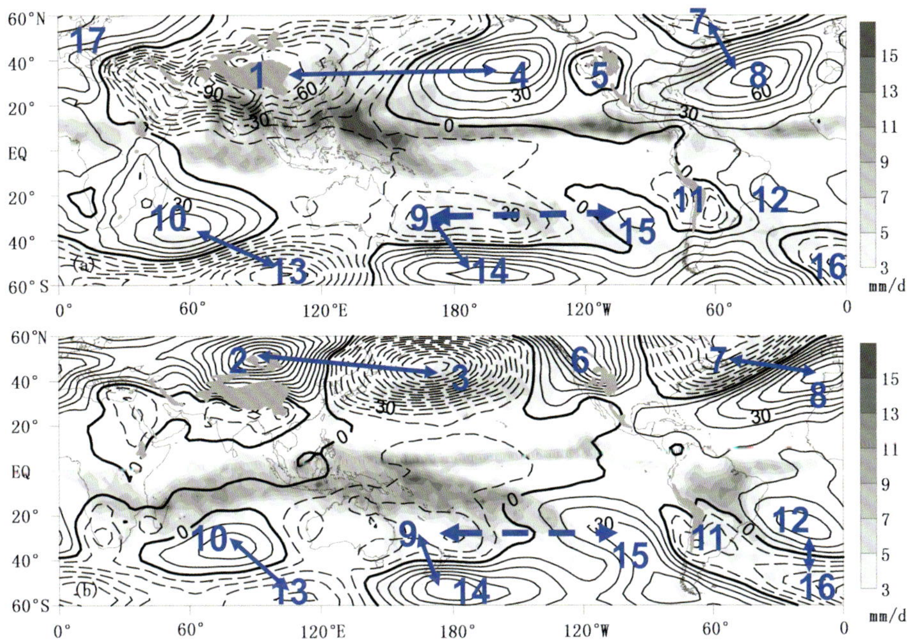


图 1-12　第 44 候(a)和第 8 候(b)气候平均降水(阴影)和 850 hPa 纬圈高度距平场(等值线，单位：gpm)。图中用数字标识出全球 17 个大气活动中心(不包括南极高压/低压中心)。实线双箭头为用相邻两个大气活动中心构造的环流指数，虚线双箭头表示此相邻的大气活动中心可以用来构造南方涛动指数(Qian 和 Tang，2010)。

**表 1-4　用 850 hPa 位势高度纬圈距平场确定的全球 19 个大气活动中心**

| 编号 | 名称 | 性质 |
| --- | --- | --- |
| 1 | 青藏高原低压 | 半永久，冬季被编号 2 代替 |
| 2 | 西伯利亚高压 | 半永久，夏季被编号 1 代替 |
| 3 | 阿留申低压 | 半永久，夏季被编号 4 代替 |
| 4 | 北太平洋高压 | 半永久，冬季被编号 3 代替 |
| 5 | 落基山低压 | 半永久，冬季被编号 6 代替 |
| 6 | 落基山高压 | 半永久，夏季被编号 5 代替 |
| 7 | 冰岛低压 | 永久 |
| 8 | 北大西洋高压 | 永久 |
| 9 | 澳大利亚—西南太平洋低压 | 永久 |
| 10 | 马斯克林高压 | 永久 |
| 11 | 安第斯山低压 | 永久 |
| 12 | 南大西洋高压 | 永久 |
| 13 | 南印度洋低压 | 永久 |
| 14 | 南太平洋高压 | 永久 |

续表

| 编号 | 名称 | 性质 |
|---|---|---|
| 15 | 东南太平洋高压 | 永久 |
| 16 | 南大西洋低压 | 永久 |
| 17 | 欧洲高压 | 半永久，冬季消失 |
| 18/19 | 南极高压/南极低压 | 永久 |

注：性质包括维持时间，"永久"表示全年稳定存在，位置可能随着季节有所变化；"半永久"表示在一定的季节内存在，而在其他的时间消失或转变性质。性质中"冬季"、"夏季"是指大气活动中心所在的当地季节。利用两个相邻的大气活动中心就可以建立一个气候(季风)指标，19个大气活动中心和22个气候槽构成了大气中的"化学元素表"，可以反映区域气候变化。

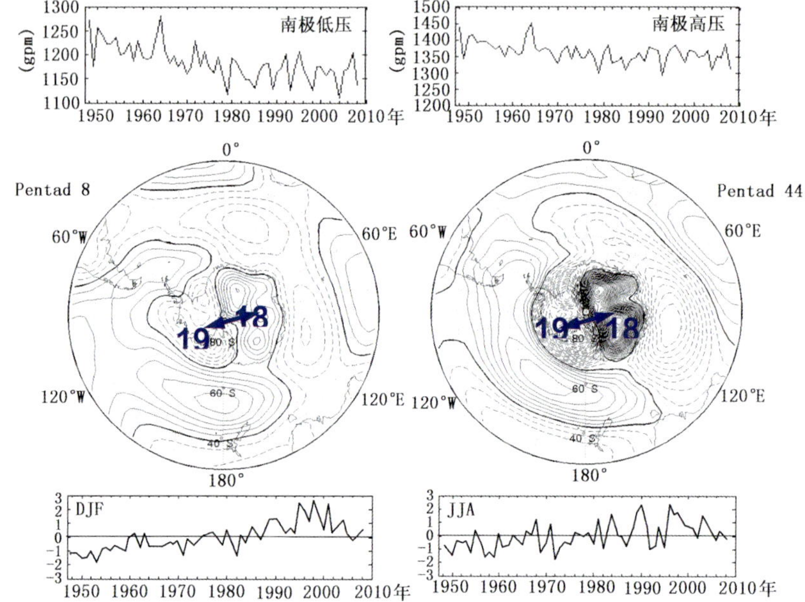


图 1-13　气候 850 hPa 上位于南极的大气活动中心，南极低压(左上)和南极高压(右上)的年际变化(单位：gpm)。由大气活动中心构造的南极夏季(左下)和冬季(右下)环流指数的年际变化。

## 1.5　大气中的气候指数

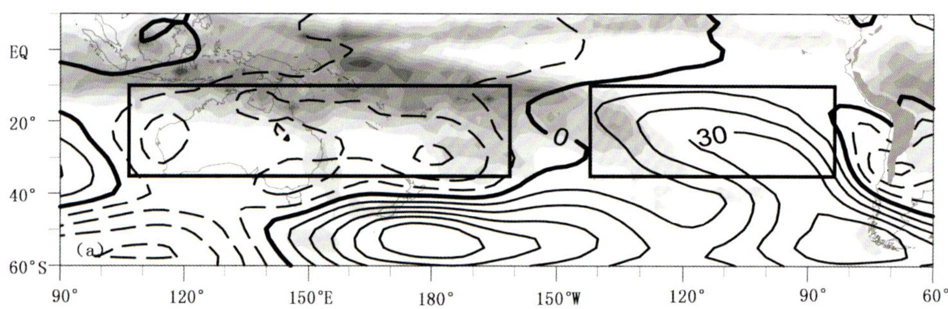


图 1-14　第 8 候(a)和第 44 候(b)的气候平均降水(阴影)和 850 hPa 纬圈高度距平场(等值线，单位：gpm)。黑框区代表构成南方涛动的两个大气活动中心。第 8 候大气活动中心区域选择为(10°～37.5°S，85°～140°W)和(10°～37.5°S，105°E～160°W)；第 44 候大气活动中心区域选择为(17.5°～40°S，115°～80°W)和(17.5°～40°S，150°E～130°W)。由选择的两个区域高度平均差可以构造南方涛动指数。

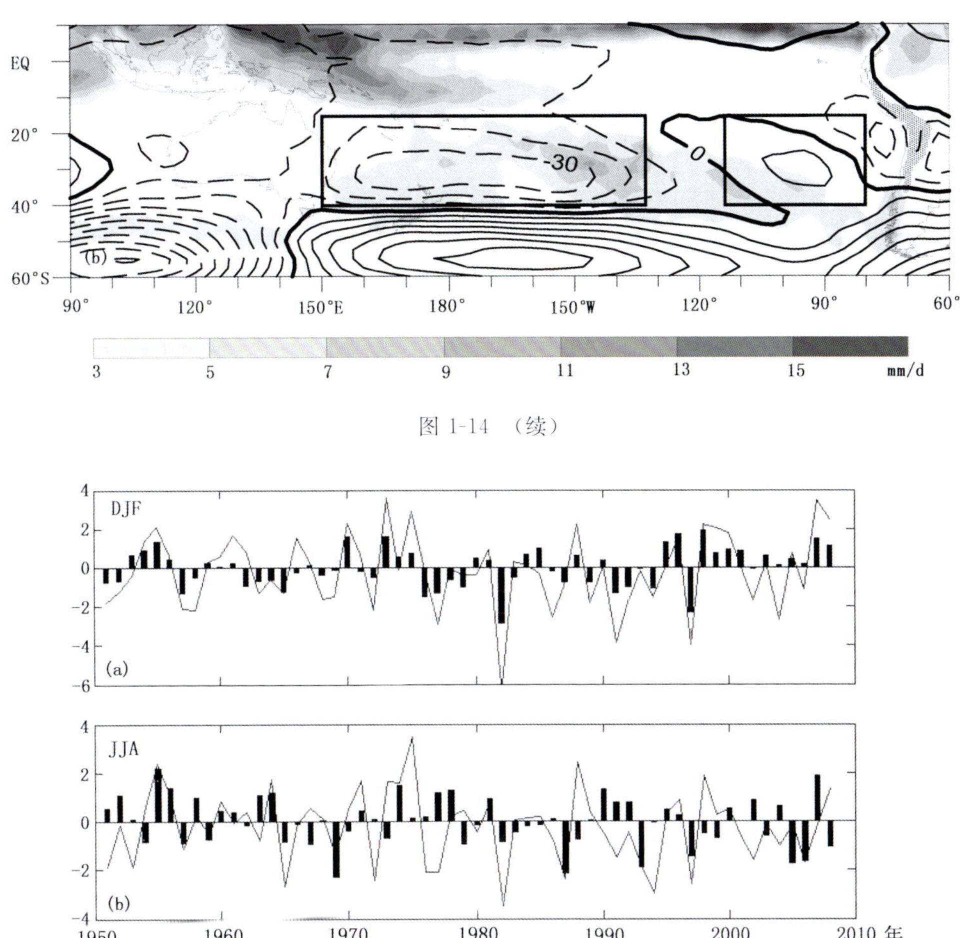


图 1-14 （续）

图 1-15　冬季(DJF,a)和夏季(JJA,b)平均的南方涛动指数。折线为从 NOAA 网站(http://www.esrl.noaa.gov/psd/data/correlation/soi.data)下载的逐月 SOI 序列作冬季/夏季平均；柱状图为用图 1-14 中大气活动中心平均高度计算的标准化南方涛动指数。冬季二者相关系数为 0.83；夏季二者相关关系为 0.35。

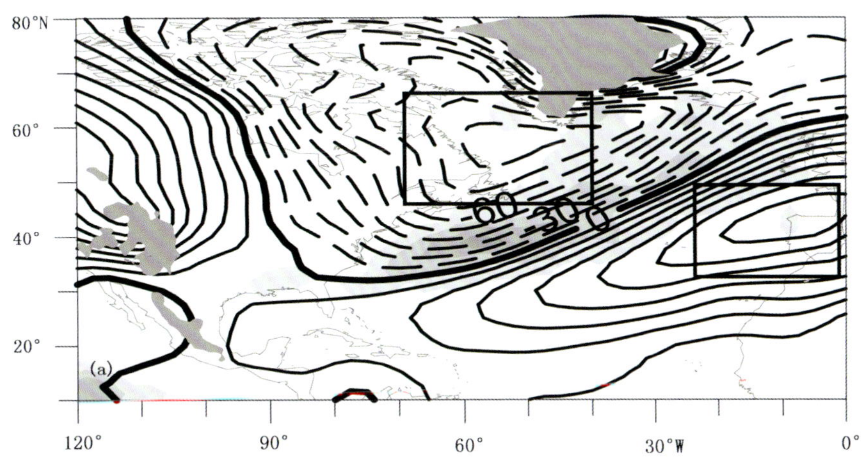


图 1-16　第 8 候(a)和第 44 候(b)的气候平均降水(阴影)和 850 hPa 纬圈高度距平场(等值线，单位：gpm)。黑框区代表构成北大西洋涛动的两个大气活动中心。第 8 候大气活动中心区域选择为(30°～50°N，0°～25°W)和(45°～65°N，40°～70°W)；第 44 候大气活动中心区域选择为(20°～45°N，20°～70°W)和(52.5°～75°N，30°～90°W)。由选择的两个区域高度平均差可以构造北大西洋涛动指数。

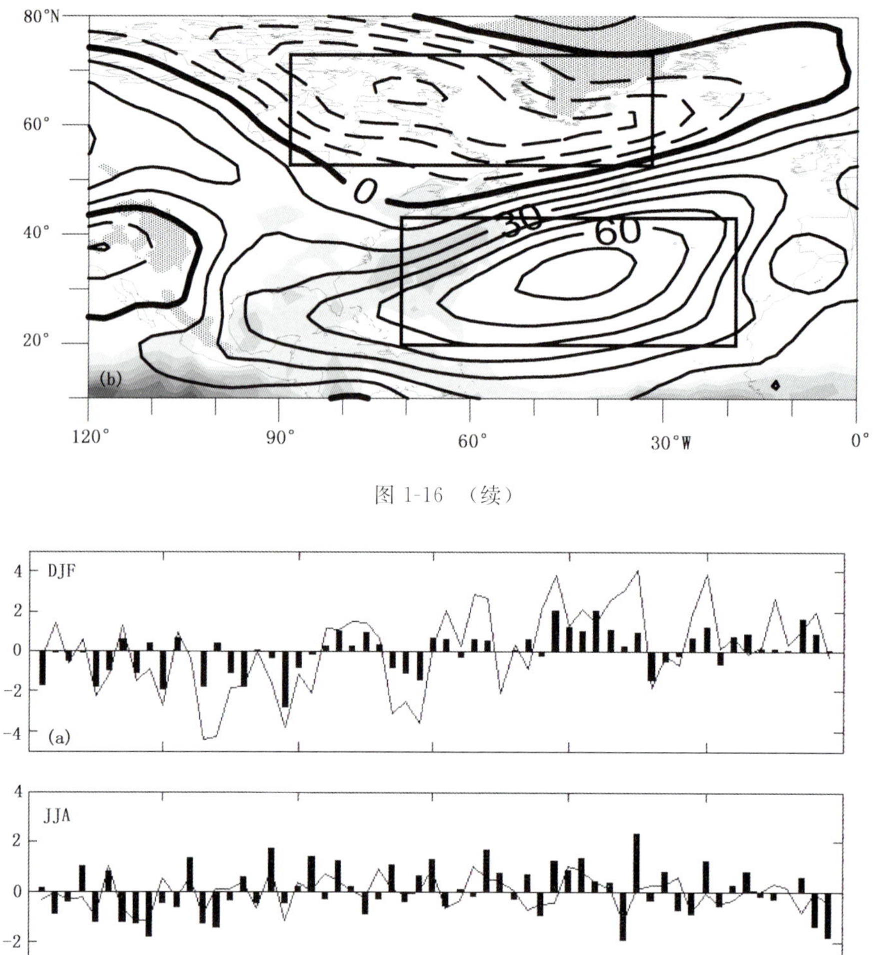


图 1-16 （续）

图 1-17 冬季(DJF,a)和夏季(JJA,b)平均的北大西洋涛动指数。折线为从 NOAA 网站(http://www.esrl.noaa.gov/psd/data/correlation/nao.data)下载的逐月 NAOI 序列作冬季/夏季平均；柱状图为用图 1-16 中大气活动中心平均高度计算的标准化北大西洋涛动指数。冬季二者相关系数为 0.74，夏季相关系数为 0.62。

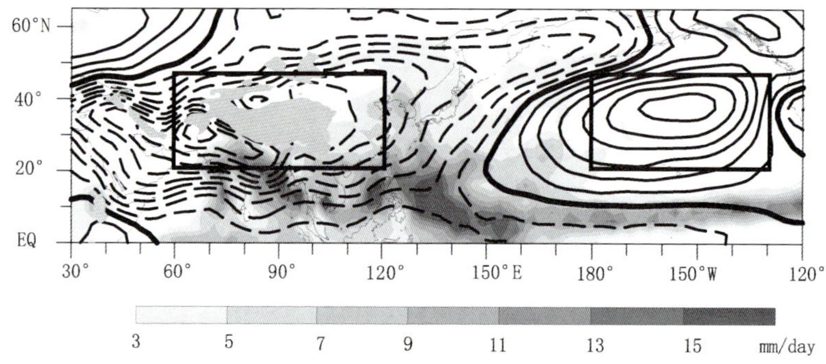


图 1-18 第 44 候的气候平均降水(阴影)和 850 hPa 纬圈距平场(等值线，单位：gpm)。两个黑框区分别代表亚洲低压和北太平洋高压的中心区域(20°～50°N，60°～120°E)和(20°～50°N，180°～130°W)。由选择的两个区域高度平均差可以构造亚洲—太平洋涛动指数。

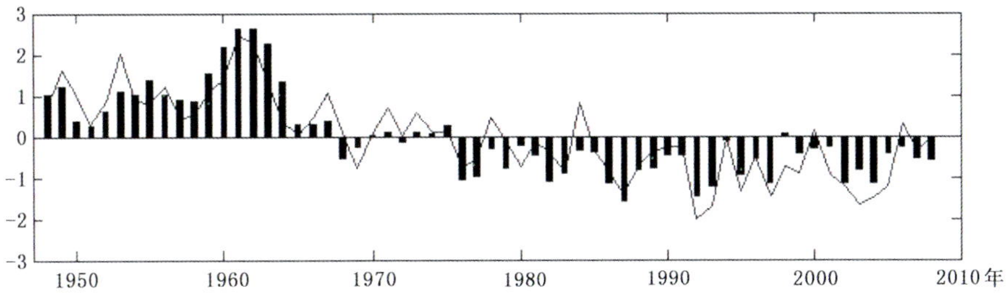

图 1-19 夏季(JJA)平均的亚洲—太平洋涛动指数。折线为用 Zhao 等(2007)的方法计算的夏季平均亚洲—太平洋涛动(APO)指数序列;柱状图为用图 1-18 中大气活动中心平均高度计算的标准化亚洲—北太平洋涛动指数,二者相关系数为 0.87。

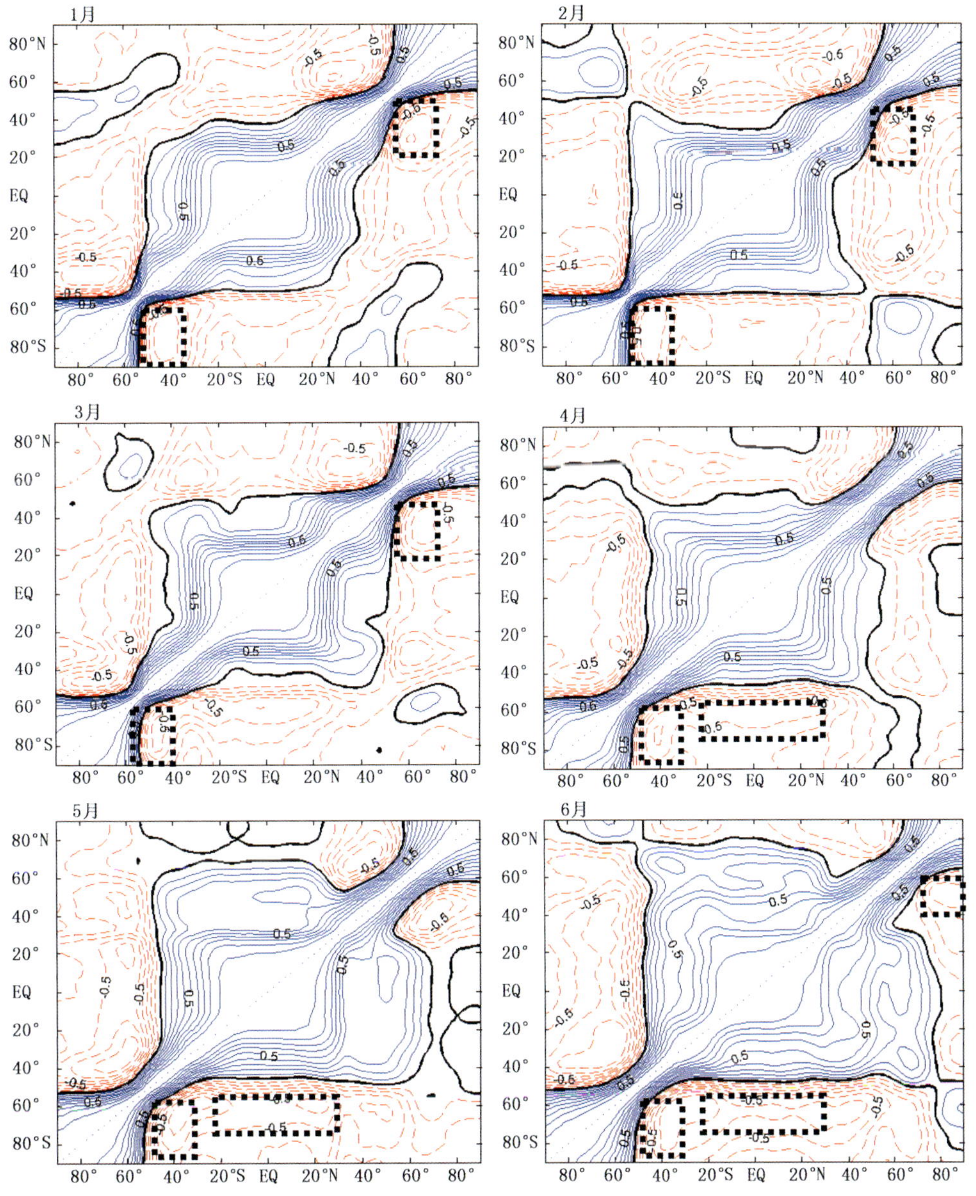


图 1-20 1—12 月纬圈平均的 850 hPa 高度值在 1948—2008 年不同纬带之间的交叉相关。虚线框区围住的高相关区可以构造环状遥相关模态。

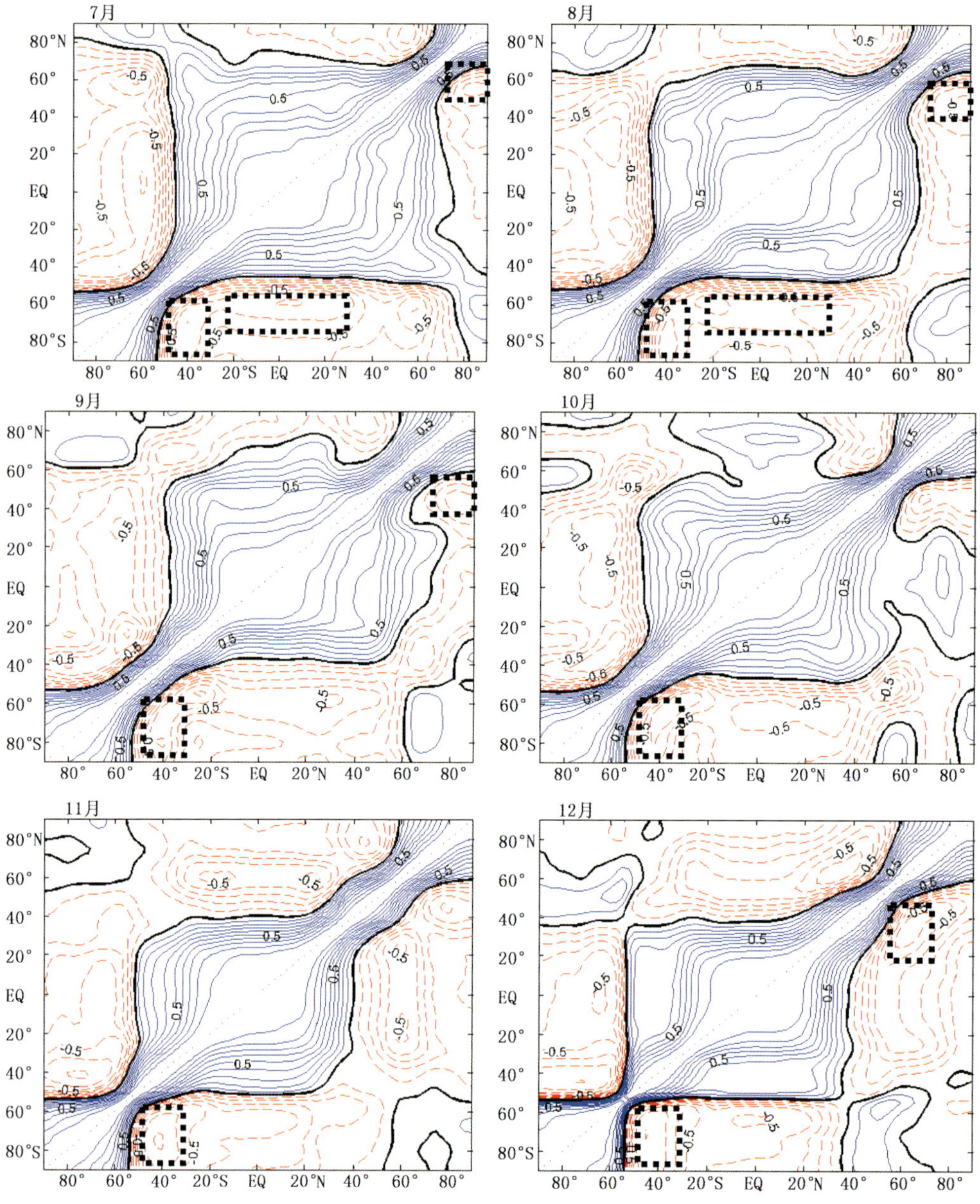

图 1-20 （续）

表 1-5 大气环状模的高相关季节与相关纬度带。全球共有三个高相关纬度带可构成：热带一南温带环状模、北极环状模和南极环状模。其中热带一南温带环状模在南半球冬半年比较明显，北极环状模冬季与夏季相关中心位置有变化，南极环状模全年都有较高的相关

| 环状模 | 时间 | 纬度带 |
|---|---|---|
| 热带一南半球温带(ESM) | AMJJA(4—8 月) | 20°S～30°N，55°～75°S |
| 北极环状模(NAM) | DJFM(12—3 月) | 20°～45°N，55°～75°N |
| | JJAS(6—9 月) | 40°～55°N，70°～90°N |
| 南极环状模(SAM) | 全年 | 35°～50°S，65°～85°S |

表 1-6 传统的大气环状模的定义以及与表 1-5 中环状模的相关关系。南极和北极环状模指数(SAMI 和 NAMI)(Nan 和 Li, 2003)来自 http://www.lasg.ac.cn/staff/ljp/index.html,NOAA 的南北极涛动指数(AAOI 和 AOI)来自 http://www.esrl.noaa.gov/psd/data/correlation/aao.data 和 http://www.esrl.noaa.gov/psd/data/correlation/ao.data

| 环状模 | 来源 | 范围 | 对应模态 | 相关系数 |
|---|---|---|---|---|
| SAMI/AAOI | LASG | 40°S 与 70°S 的标准化纬圈平均海平面气压之差。 | SAM(annular) | 0.96 |
| AAOI | NOAA | 20°S 以南 700 hPa 高度异常场 EOF 第一模态的时间序列,做标准化,1979—2008 | SAM(annular) | 0.98 |
| AOI | NOAA | 北半球 500 hPa 高度异常场 EOF 第一模态的时间序列,做标准化. 1950—2008 | NAM(JJAS) | 0.84 |
| | | | NAM(DJFM) | 0.91 |
| NAMI | LASG | 纬圈平均的 35°N 和 65°N 的标准化海平面气压之差 | NAM(JJAS) | 0.55 |
| | | | NAM(DJFM) | 0.97 |

全球分季风区和非季风区。全球李风区和非季风区的范围存在年际和年代际变化,也是全球气候变化中的主要部分。气候变化的根本原因在于太阳直接辐射加热和下垫面状况对太阳辐射加热的重新分配,以及其他形式的加热变化。全球有 22 个气候槽,其中有 9 个季风槽。这些槽的位置和强度变化是描述区域气候变化的很好指标。全球有 19 个大气活动中心,它们的强度变化和相邻大气活动中心的强度梯度(气候指数或季风指数)都可以指数区域气候的变化。

## 参考文献


钱维宏. 天气学. 北京:北京大学出版社,2004, 267.

钱维宏. 全球气候系统. 北京:北京大学出版社,2009, 357.

汤绪,孙国武,钱维宏. 亚洲夏季风北边缘研究. 北京:气象出版社,2007,122.

Barry R G, Carleton A M. Synoptic and dynamic climatology. London: Routledge, 2001, 620.

Huffman G J. Estimates of root-mean-square random error for finite samples of estimated precipitation. *J Appl Meteor*, 1997, **36**:1191-1201.

Kalnay E, Kanamitsu M, Kistler R *et al*. The NCEP/NCAR 40-year reanalysis project. *Bull. Amer. Meteor. Soc*, 1996, **77**: 437-470.

Nan S L, Li J P. The relationship between summer precipitation in the Yangtze River valley and the previous Southern Hemisphere Annular Mode. *Geophys Res Lett*, 2003, **30**(24): 2266, doi:10.1029/2003GL018381.

Qian W H, Tang S Q. Identifying global monsoon troughs and global atmospheric centers of action on a pentad scale. *Atmos & Oceanic Science Letters*, 2010, **3**(1): 1-6.

Qian W H,Deng Y,Zhu Y,Dong W J. Demarcating the worldwide monsoon. *Theoretical and Applied Climatology*, 2002, **71**:1-16.

Xie P, Arkin P A. Global precipitation: A 17-year monthly analysis based on gauge observations, satellite estimates, and numerical model outputs. *Bull. Amer. Meteor. Soc.*, 1997, **78**:2539-2558.

Zhao P, Zhu Y, Zhang R. An Asian-Pacific teleconnection in summer tropospheric temperature and associated Asian climate variability. *Clim Dyn*, 2007, **29**: 293-303.

# 第 2 章 东亚季节气候变化与环流扰动场

我国二十四节气起源于黄河流域，描述的是气候年循环。远在春秋时代，古人就定出仲春、仲夏、仲秋和仲冬四个节气。以后不断地改进与完善，到秦汉年间，二十四节气已完全确立。公元前 104 年，由落下闳与邓平等制定的《太初历》，正式把二十四节气订于历法，明确了二十四节气的天文位置。

太阳从黄经零度起，沿黄经每运行 15 度所经历的时日称为一个“节气”。每年运行 360 度，共经历 24 个节气。而 24 节气又可分为 12 个“节气”与 12 个“中气”，“节气” 和“中气”交替出现。其中，每月第一个节气为“节气”，包括：立春、惊蛰、清明、立夏、芒种、小暑、立秋、白露、寒露、立冬、大雪和小寒；每月的第二个节气为“中气”，包括：雨水、春分、谷雨、小满、夏至、大暑、处暑、秋分、霜降、小雪、冬至和大寒等。现在人们已经把“节气”和“中气”统称为“节气”。

二十四节气反映了太阳的周年视运动，所以节气在现行的公历中日期基本固定，上半年在 6 日、21 日，下半年在 8 日、23 日，前后不差 1～2 天。

为了便于记忆，人们编出了二十四节气歌诀，即二十四节气歌。

春雨惊春清谷天，夏满芒夏暑相连，

秋处露秋寒霜降，冬雪雪冬小大寒。

表 2-1　二十四节气的日期和气候指示意义

| 节气 | 日期 | 气候指示意义 |
|---|---|---|
| 1. 立春 | 2 月 4—5 日 | 春季开始 |
| 2. 雨水 | 2 月 18—20 日 | 降雨开始，雨量渐增，气温回升 |
| 3. 惊蛰 | 3 月 5 日(6 日) | 春雷乍动，惊醒了蛰伏在土中冬眠的动物 |
| 4. 春分 | 3 月 20 日(21 日) | 昼夜平分，阳光直射赤道 |
| 5. 清明 | 4 月 5 日(4 日) | 天气晴朗，草木繁茂 |
| 6. 谷雨 | 4 月 20 日前后 | 雨生百谷，及时而充足的雨水有利于谷类作物生长 |
| 7. 立夏 | 5 月 5 日或 6 日 | 夏季开始 |
| 8. 小满 | 5 月 20 日或 21 日 | 麦类等夏熟作物籽粒开始饱满 |
| 9. 芒种 | 6 月 6 日前后 | 麦类等有芒作物成熟 |
| 10. 夏至 | 6 月 22 日前后 | 太阳光直射北回归线，夏天来临 |
| 11. 小暑 | 7 月 7 日前后 | 气候开始炎热 |
| 12. 大暑 | 7 月 23 日前后 | 一年中最热的时候 |
| 13. 立秋 | 8 月 7 日或 8 日 | 秋季开始 |
| 14. 处暑 | 8 月 23 日或 24 日 | 炎热的暑天结束 |

续表

| 节气 | 日期 | 气候指示意义 |
|---|---|---|
| 15. 白露 | 9 月 8 日前后 | 天气转凉，露凝而白 |
| 16. 秋分 | 9 月 22 日前后 | 昼夜平分，阳光直射赤道 |
| 17. 寒露 | 10 月 8 日前后 | 露水以寒，将要结冰 |
| 18. 霜降 | 10 月 23 日前后 | 天气渐冷，开始有霜 |
| 19. 立冬 | 11 月 7 日前后 | 冬季开始 |
| 20. 小雪 | 11 月 22 日前后 | 开始下雪 |
| 21. 大雪 | 12 月 7 日前后 | 降雪量增多，地面可能积雪 |
| 22. 冬至 | 12 月 22 日前后 | 太阳光直射南回归线，北半球寒冷的冬天来临 |
| 23. 小寒 | 1 月 5 日前后 | 气候开始寒冷 |
| 24. 大寒 | 1 月 20 日前后 | 一年中最冷的时候 |

二十四节气的日期和气候指示意义的实质就是气候钟。每天可以等分成 24 个小时，每一个小时都有不同的气温变化，形成气温随小时的周日循环，其强迫原因是地球自转使一地温度受到的太阳辐射日变化。根据公式(1－3)，日最高气温应该出现在正午之后。每年也可以 24 等分，对应不同的季节气候(节气)，形成气候随时日的年循环，其强迫原因是地球绕太阳公转，一地气候受到太阳辐射的周年变化。我们的祖先在 2000 多年前就给出了季节气候的年循环(气候钟)。人们记住了气候钟就可以预先安排未来十天至半月的农事了。大多数年份的气候都是遵循这一循环的。那些不遵循气候年循环的偏差就是气候异常。人们只有认识了气候年循环(或气候钟)，才能更好地预测和防范气候异常。

如果从有文字开始确定为人类文明，那么人类文明已经有了五至六千年。如果从利用气候资源开始定义科技文明，则人类的科技文明也已经有了 2000 多年了。人类定量的气象观测才 200～300 年，而全面的全球大气观测才半个多世纪。

利用全球大气观测数据，我们有可能给出比古人 24 节气更详细的气候年循环了。这样的年循环就是气候年时钟，现代人们可以给出每 5 天的 72 候气候年循环和 365 天的气候年循环。确定和认识了年循环后，那些相对年循环的偏差就可以分辨出来了。那些偏差可以形成天气异常和气候异常，这正是科学家和预报员要知道的部分。

## 2.1 资料和方法

本章用到以下资料：(1) NCEP 再分析资料 2(NCEP/DOE Reanalysis II)中的逐日高度场、风场(Kanamitsu 等，2002)，空间分辨率为 2.5°×2.5°，时间为 1998—2009 年，网址：http://www.esrl.noaa.gov/psd。(2)TRMM 逐日降水资料(TRMM_3B42_daily.006)，空间分辨率为 0.25°×0.25°，时间为 1998—2009 年，网址：http://disc.sci.gsfc.nasa.gov/precipitation。

方法说明如下，我们给出 72 候的气候年循环，包含的变量有降水(阴影区颜色由浅至深、由绿变黄分别表示 5、10、15、20、25mm/日)、850 hPa 高度(单位：10 gpm)和 850 hPa 层的风(m/s)。

对于高度场和风场，先减去纬圈的平均值，然后求得 1998—2009 这 12 年的逐候平均值，反映的是海陆地形影响场。降水是 1998—2009 年的逐候平均值。

## 2.2 七十二候季节气候图

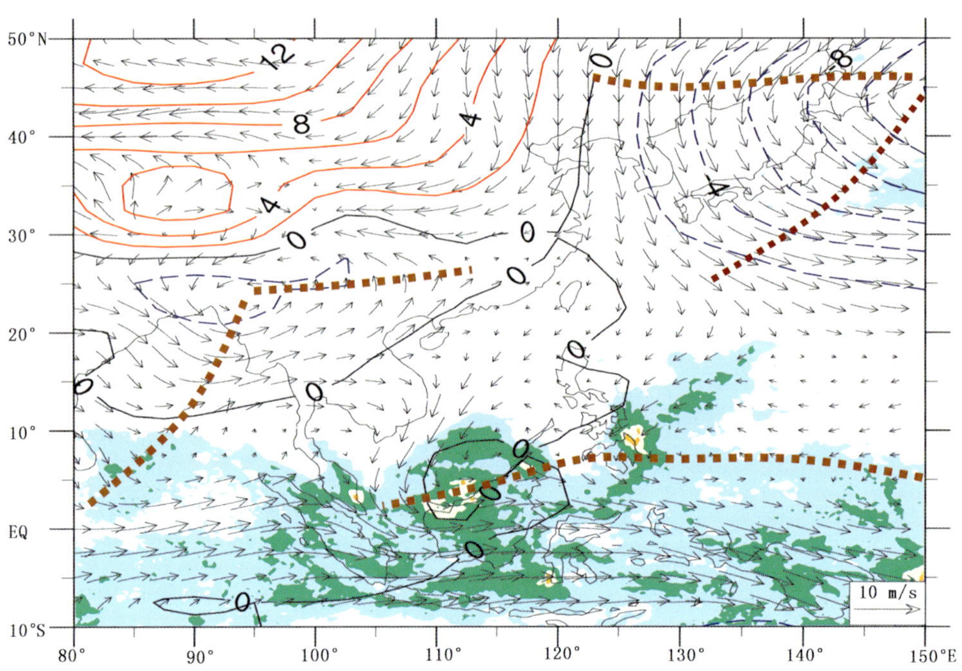


图 2-1 第 1 候(1 月 1—5 日)气候图。我国西南地形倒槽是一干槽。孟加拉湾地形槽(或印缅槽)底有降水。我国东北受一横槽影响。日本东部是东亚大槽,槽前有降水。南海南部存在赤道辐合带,有热带降水。实线和虚线分别指示高度正、负距平,方点线指示槽线、横槽和辐合带等的位置(下同)。

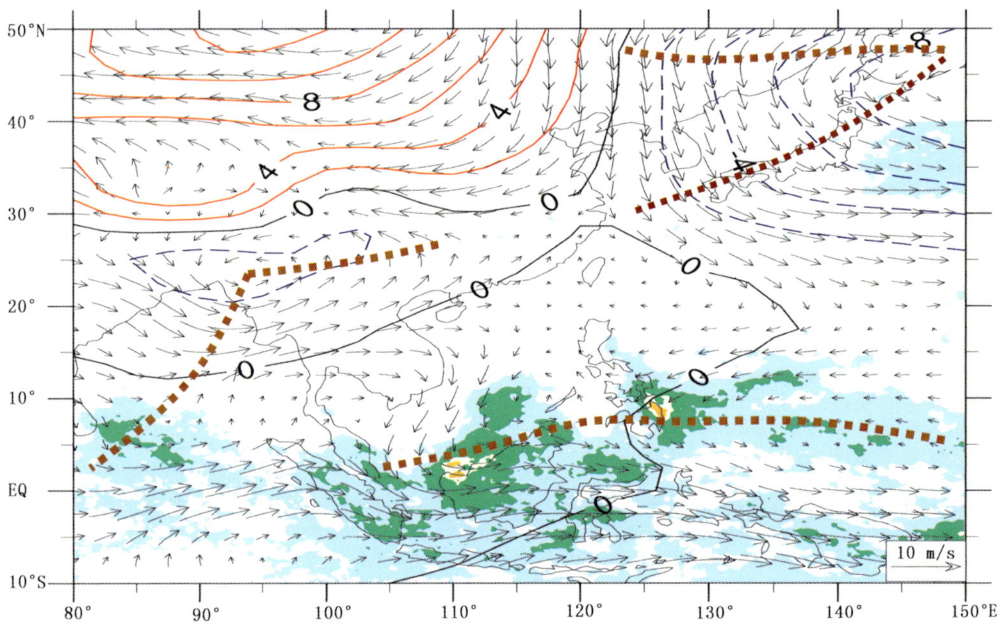


图 2-2 第 2 候(1 月 6—10 日)气候图。槽线分布同第 1 候气候图。

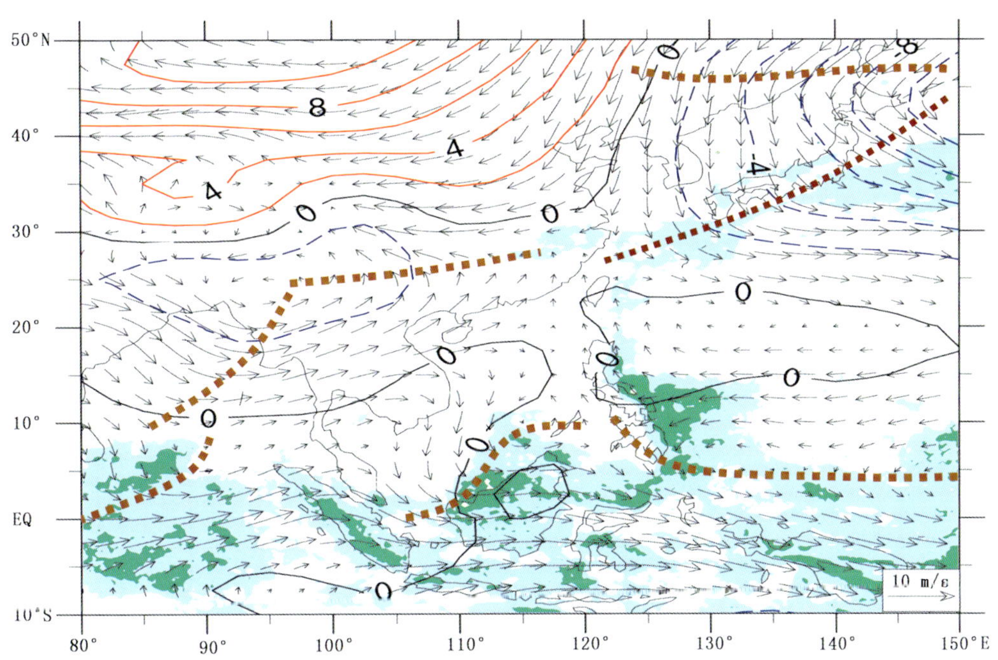


图 2-3 第 3 候(1 月 11—15 日)气候图。我国西南地形倒槽是一干槽。孟加拉存在阶梯槽,前一槽有降水。我国东北受一横槽影响。日本受东亚大槽影响,槽前有降水。东亚大槽与西南倒槽结合处在长江下游与江南地区,结合处有降水。南海南部存在赤道辐合带,有地形降水。

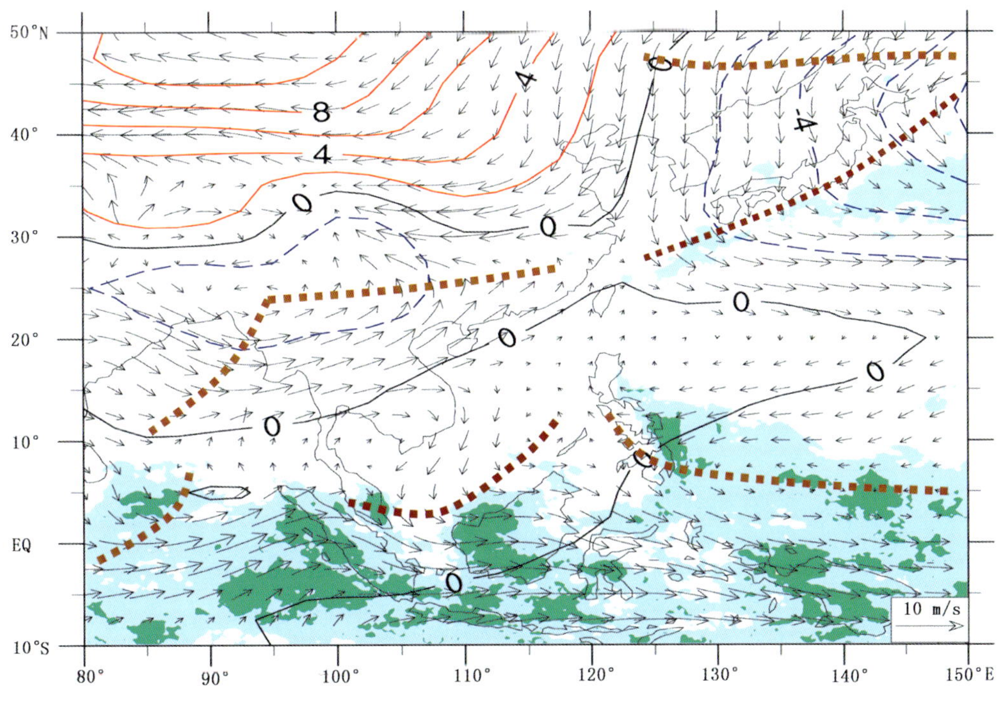


图 2-4 第 4 候(1 月 16—20 日)气候图。槽线分布同第 3 候气候图。

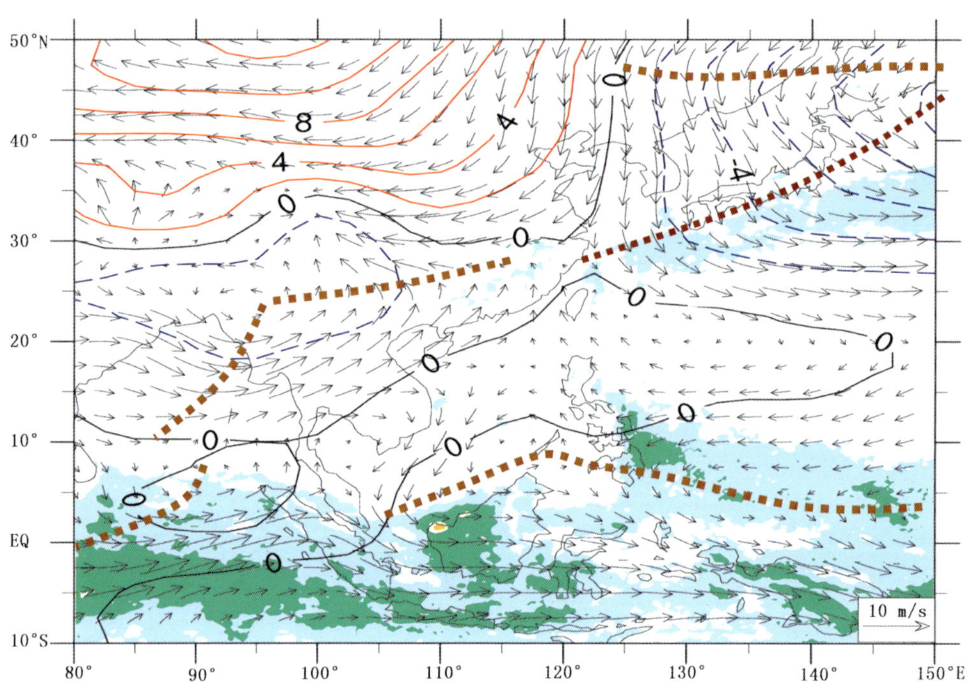


图 2-5 第 5 候(1 月 21—25 日)气候图。槽线分布同第 4 候气候图。

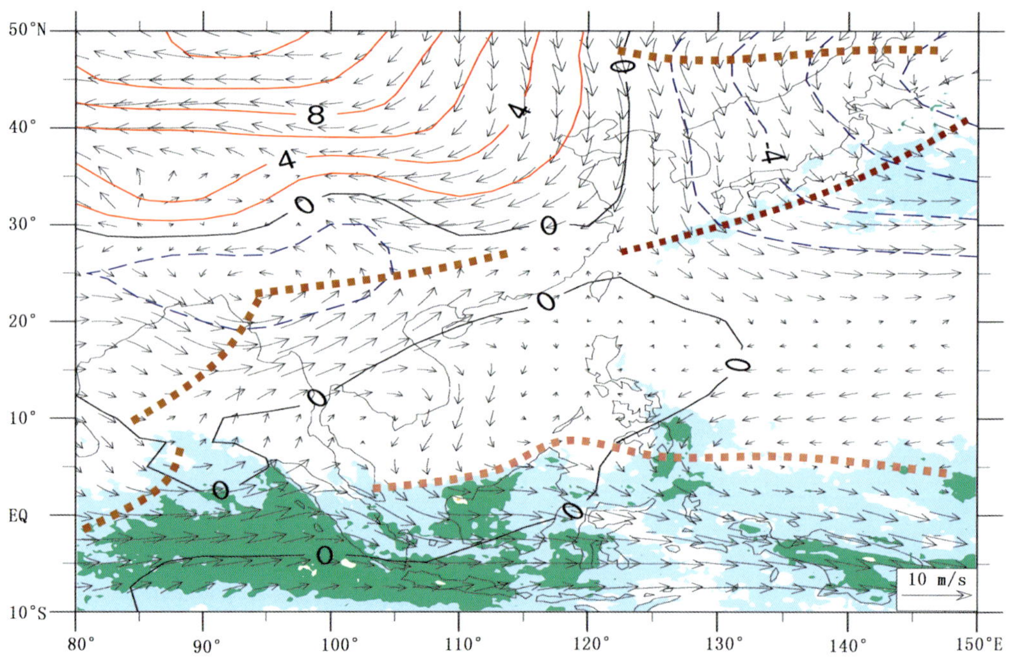


图 2-6 第 6 候(1 月 26—31 日)气候图。我国西南地形倒槽是一干槽。孟加拉湾存在阶梯槽,前一槽有降水。我国东北受一横槽影响。日本受东亚大槽影响,槽前有降水。南海南部存在赤道辐合带,有地形降水。

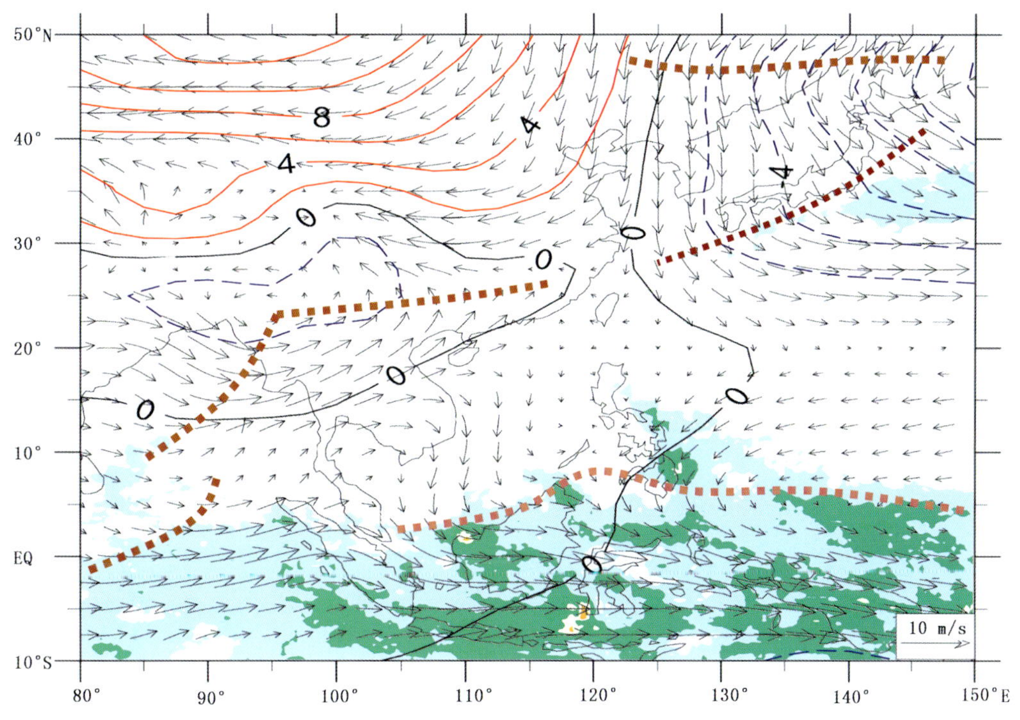


图 2-7 第 7 候(2 月 1—5 日)气候图。槽线分布同第 6 候气候图。

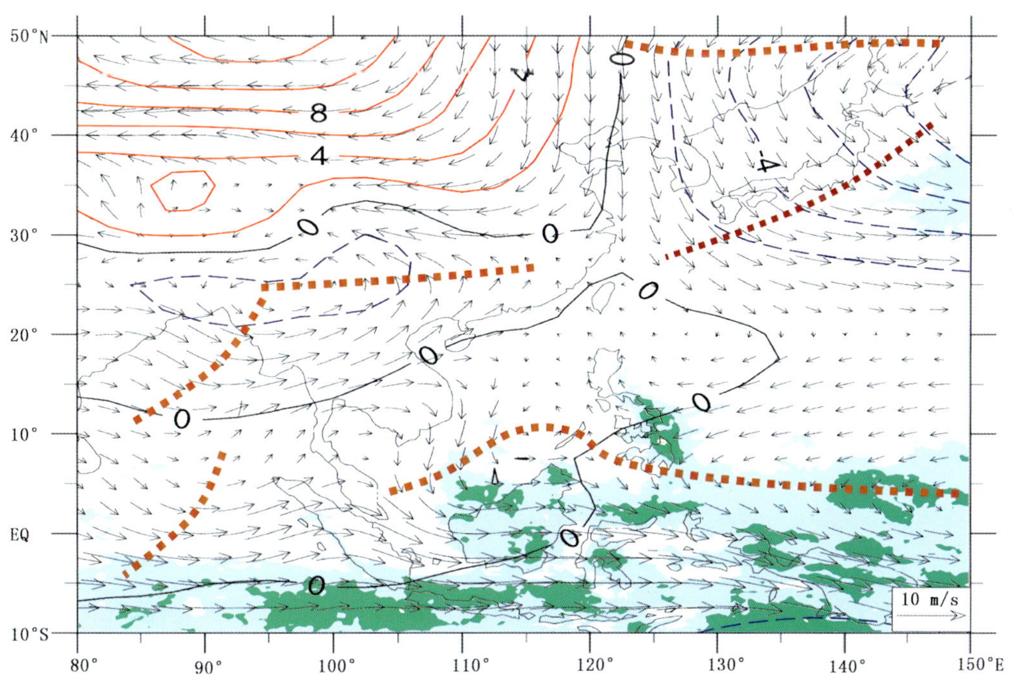


图 2-8 第 8 候(2 月 6—10 日)气候图。槽线分布同第 7 候气候图。

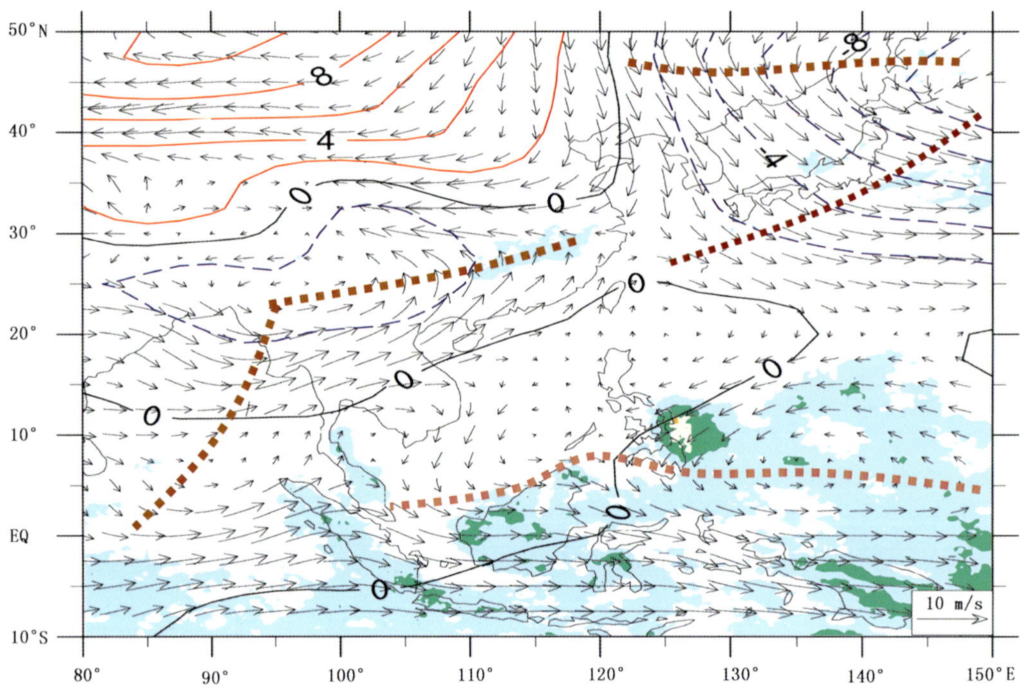


图 2-9　第 9 候(2 月 11—15 日)气候图。我国西南地形槽西段干,东段有降水。孟加拉湾槽(或印缅槽)附近没有降水。我国东北受一横槽影响。日本受东亚大槽影响,槽前有降水。南海南部存在赤道辐合带,有地形降水。

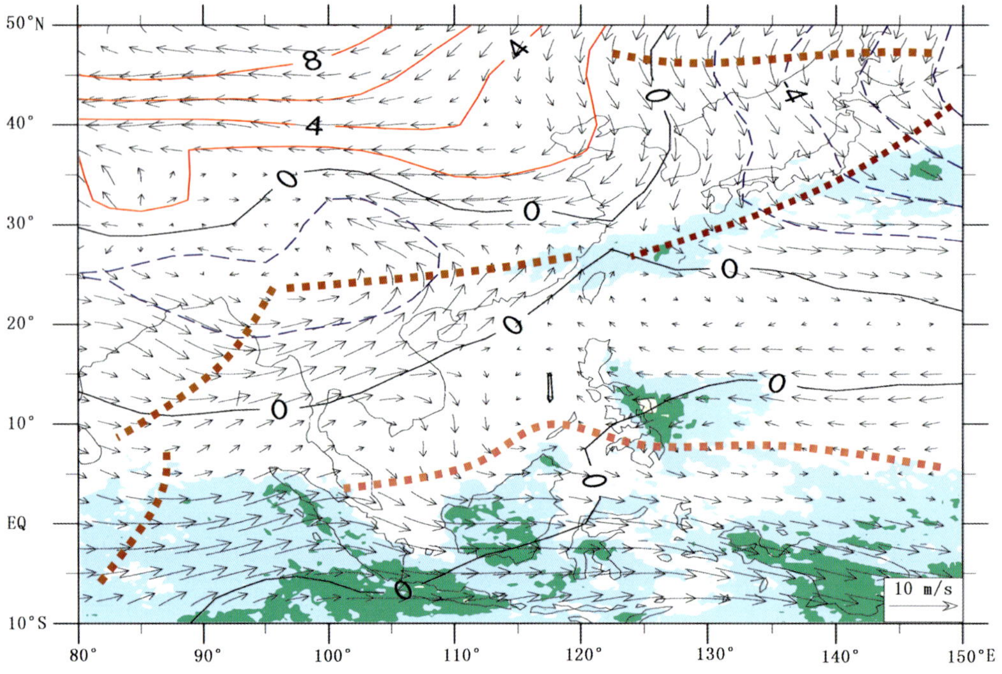


图 2-10　第 10 候(2 月 16—20 日)气候图。我国西南地形倒槽扩展到东南沿海,东段有降水。孟加拉湾存在阶梯槽,前一槽有降水。我国东北受一横槽影响。日本受东亚大槽影响,槽附近有降水。南海南部存在赤道辐合带,有地形降水。

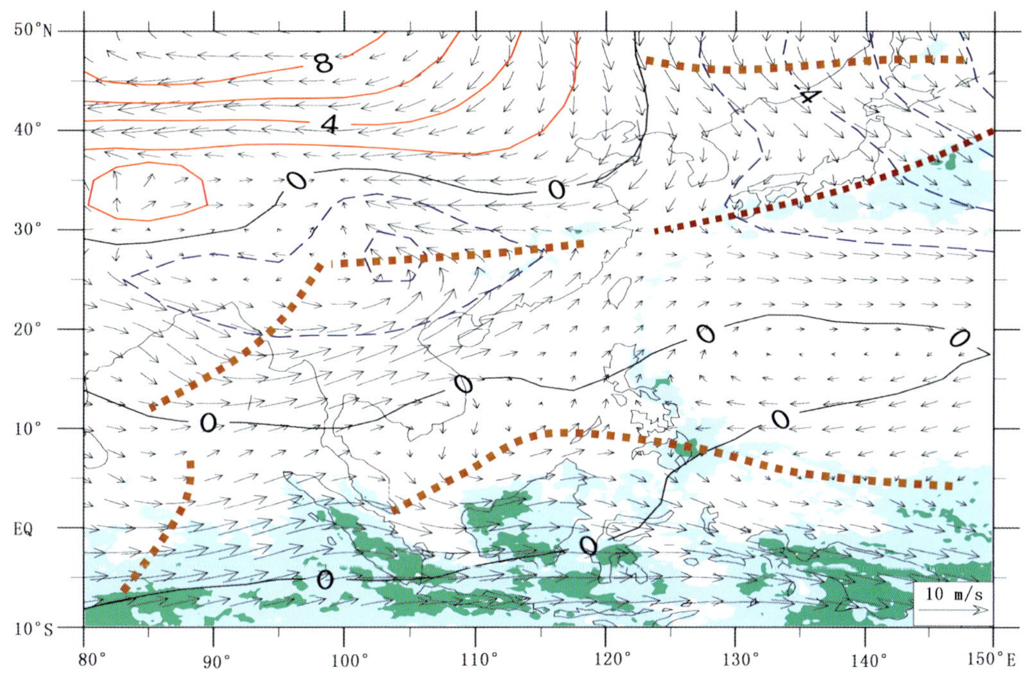


图 2-11　第 11 候(2 月 21—25 日)气候图。槽线分布同第 10 候气候图。

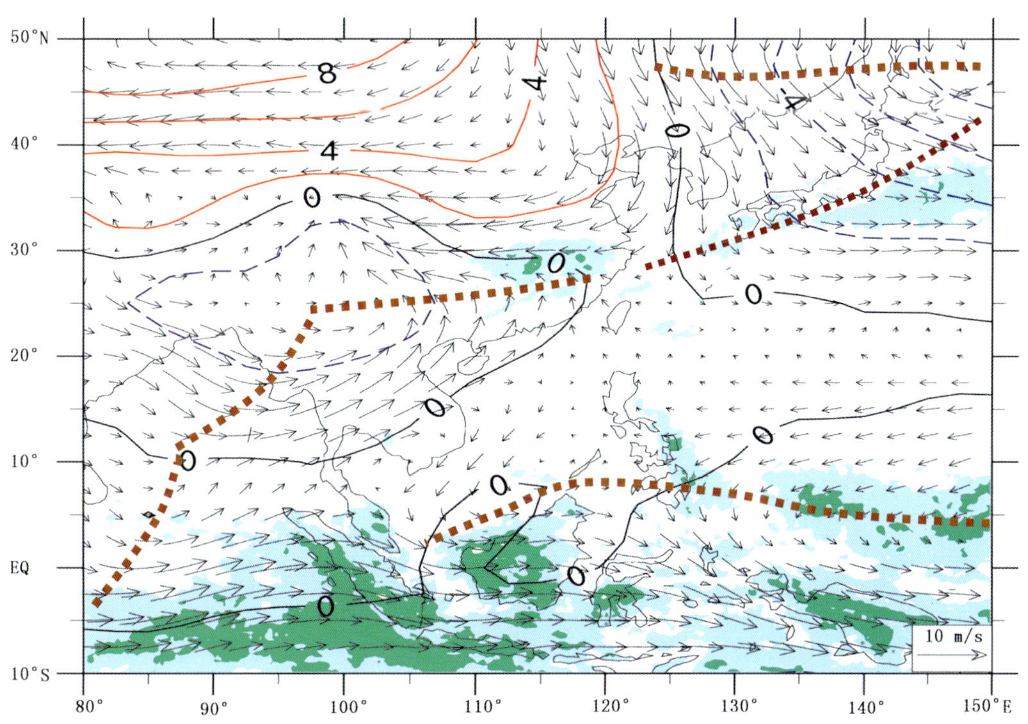


图 2-12　第 12 候(2 月 26—28/29 日)气候图。槽线分布同第 11 候气候图。

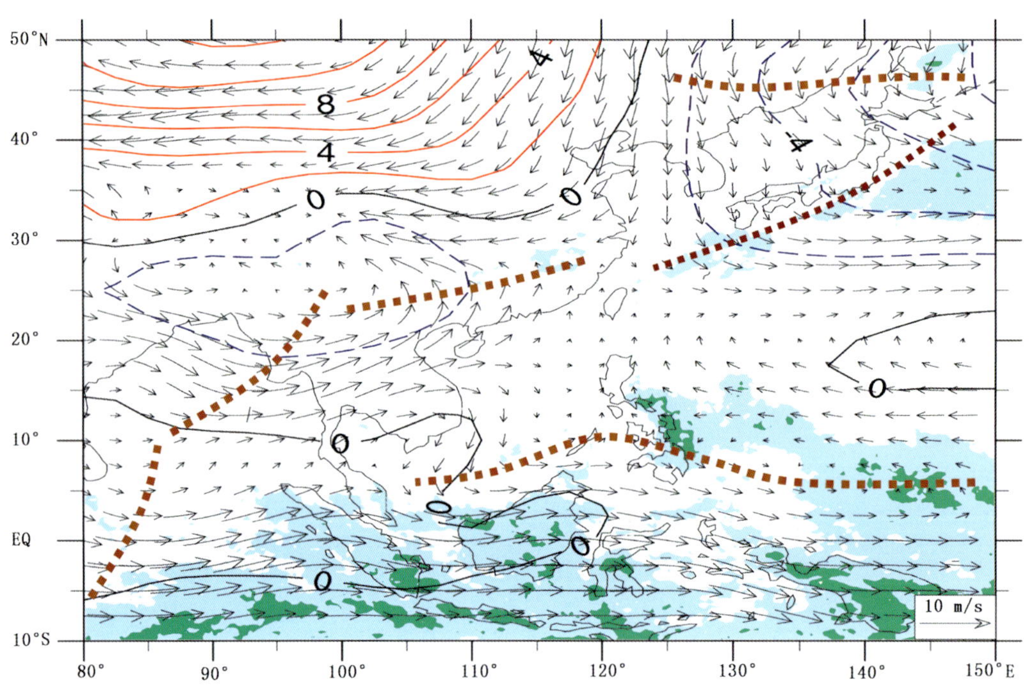


图 2-13　第 13 候(3 月 1—5 日)气候图。槽线分布同第 12 候气候图。

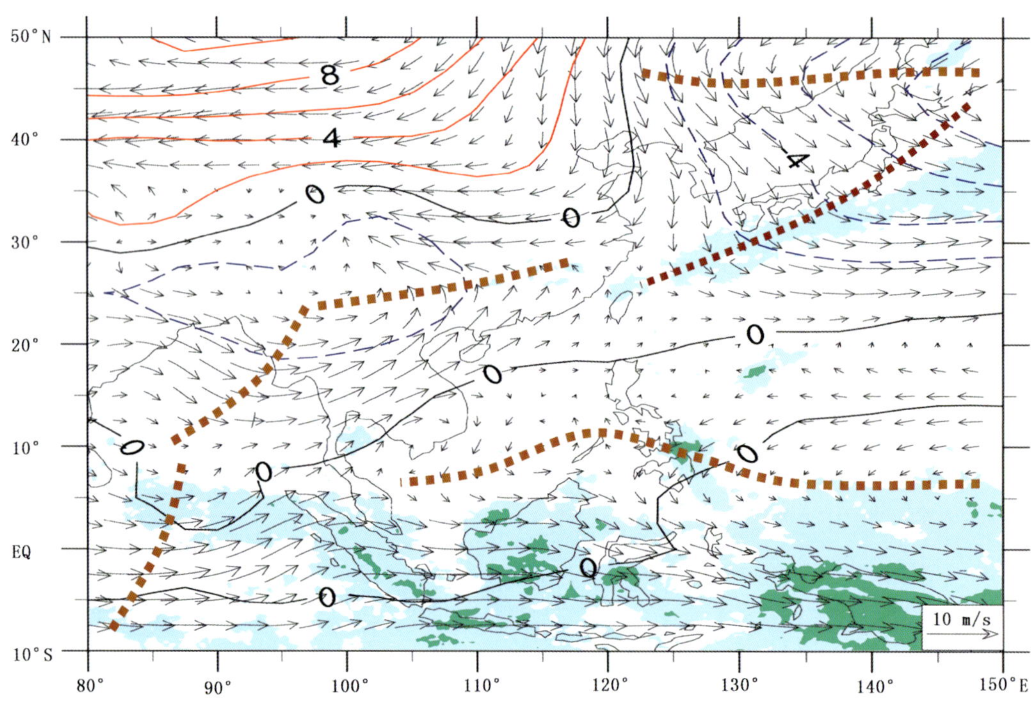


图 2-14　第 14 候(3 月 6—10 日)气候图。槽线分布同第 13 候气候图。

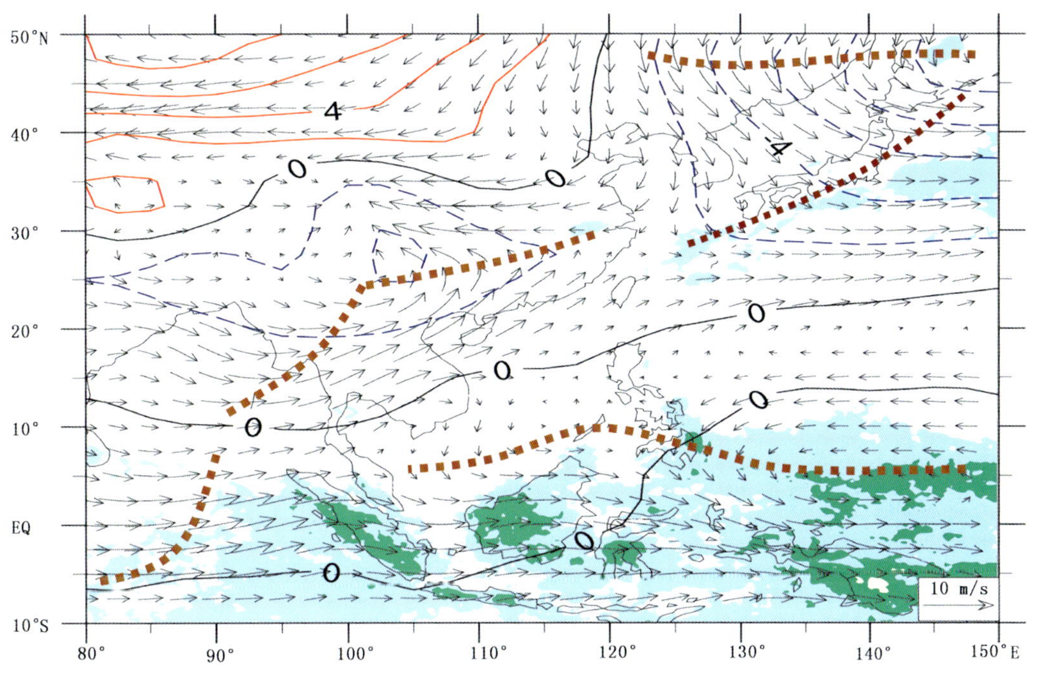


图 2-15　第 15 候(3 月 11—15 日)气候图。槽线分布同第 14 候气候图。

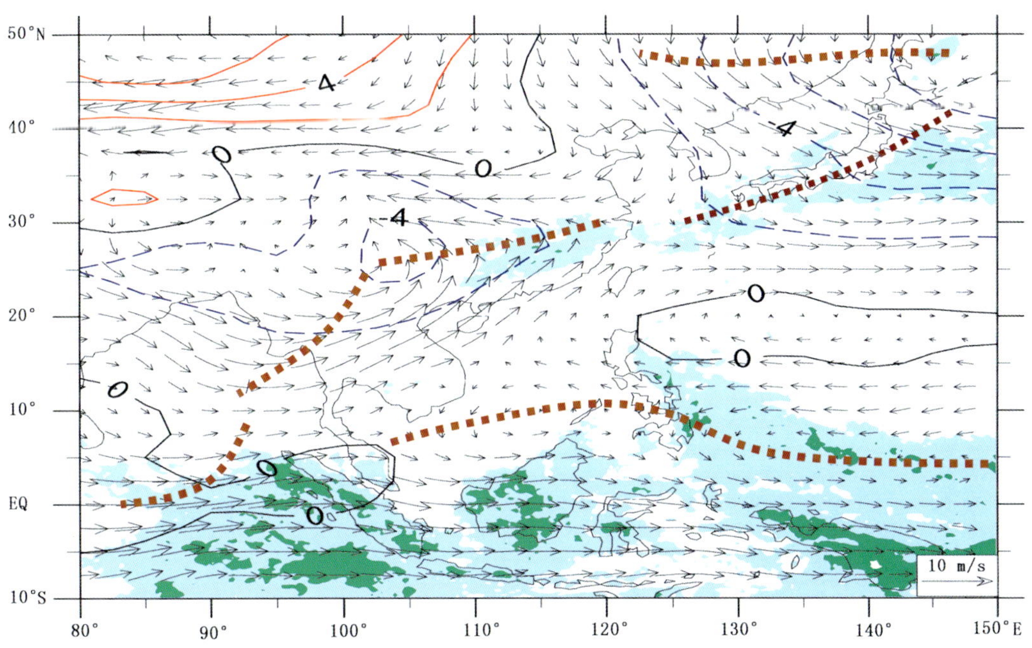


图 2-16　第 16 候(3 月 16—20 日)气候图。我国西南地形倒槽扩展到长江中下游,110°E 以东有降水。孟加拉湾存在阶梯槽,前一槽有降水。我国东北受一横槽影响。日本受东亚大槽影响,槽附近有降水。南海南部存在赤道辐合带,有地形降水。

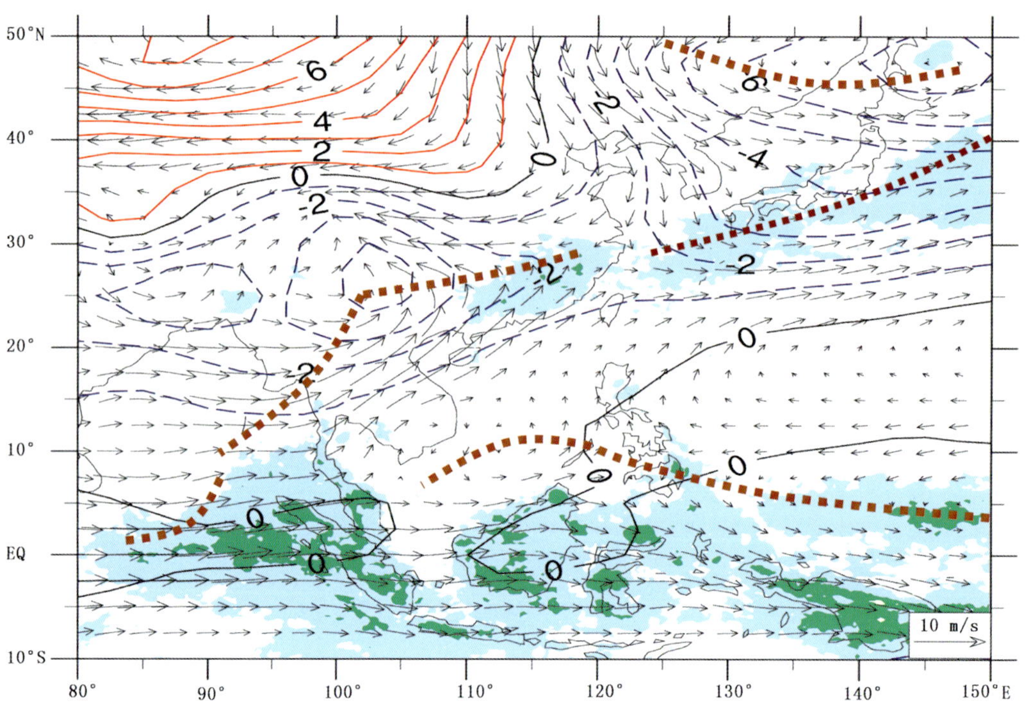


图 2-17　第 17 候(3 月 21—25 日)气候图，槽线分布同第 16 候气候图，但孟加拉国出现了降水。

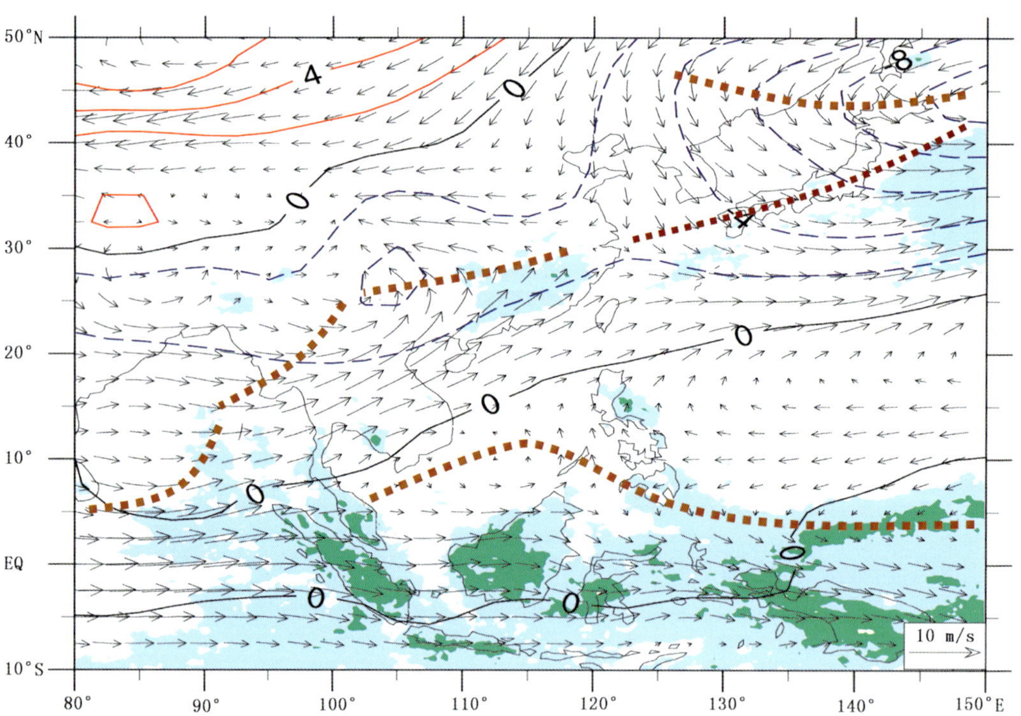


图 2-18　第 18 候(3 月 26—31 日)气候图，槽线分布同第 17 候气候图。

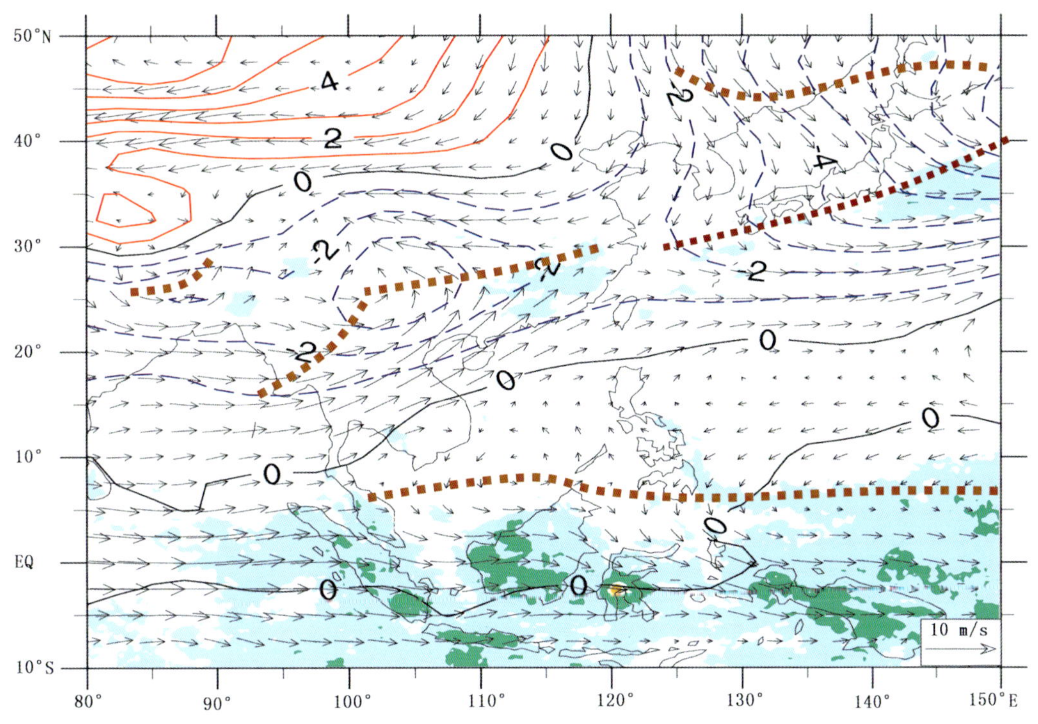


图 2-19　第 19 候(4 月 1—5 日)气候图,槽线分布同第 18 候气候图。

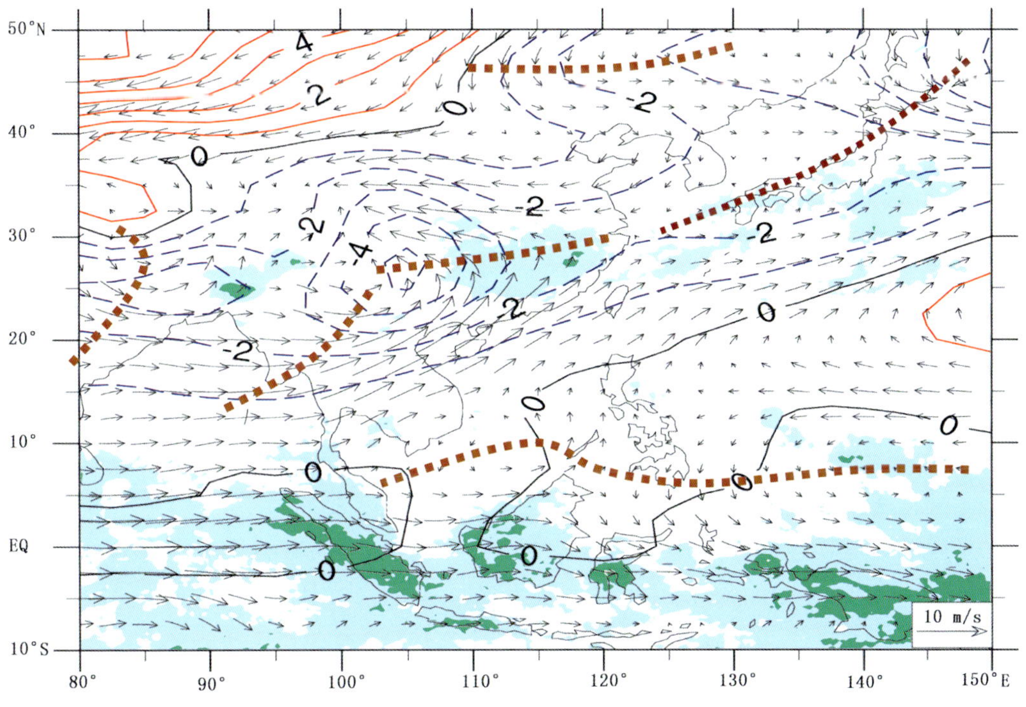


图 2-20　第 20 候(4 月 6—10 日)气候图。我国西南地形倒槽扩展到长江中下游,105°E 以东有降水。印缅槽和高原南侧地形槽之间的孟加拉国地区有降水。我国东北受一横槽影响。日本受东亚大槽影响,槽前有降水。南海南部存在赤道辐合带,有地形降水。

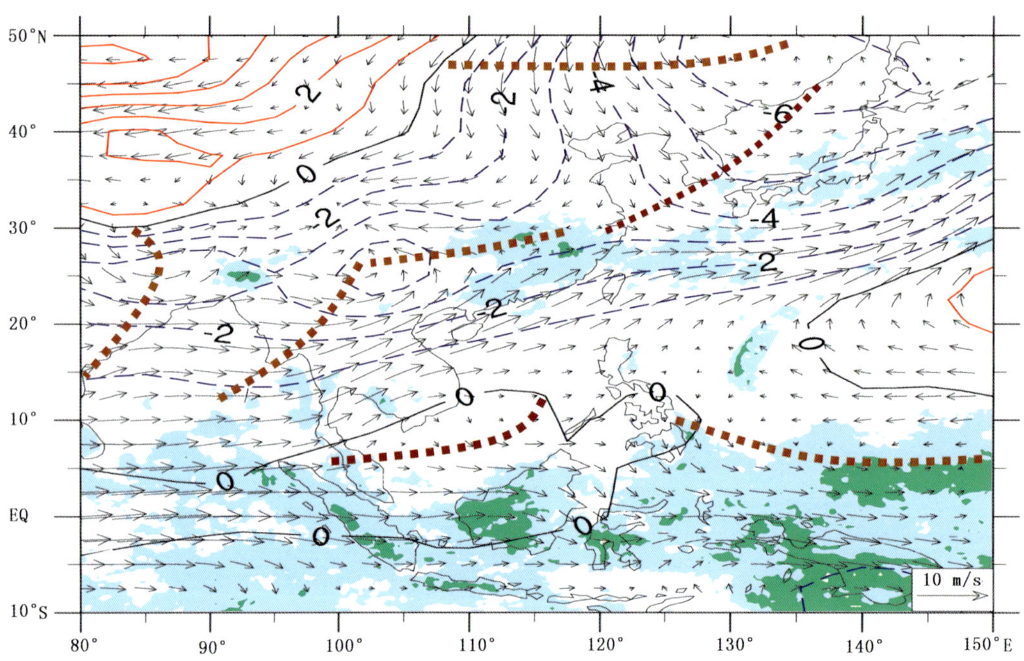


图 2-21　第 21 候(4 月 11—15 日)气候图。槽线分布与第 20 候气候图比较,我国西南倒槽的东部雨区扩展到华南沿海,南海出现半岛尺度地形槽与西太平洋赤道辐合带断开,中印半岛西南部出现短暂降水。

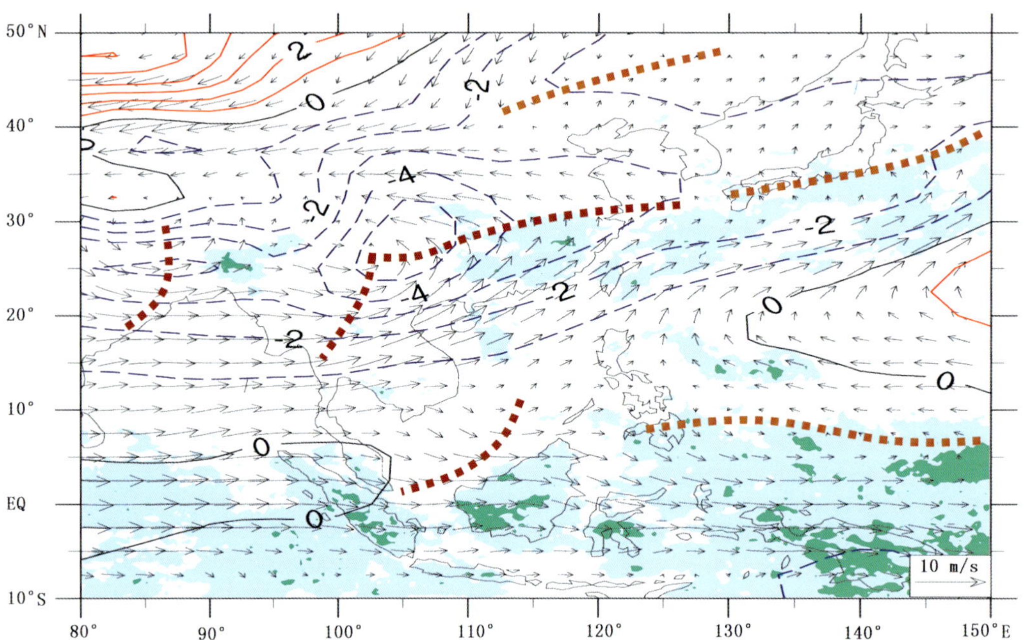


图 2-22　第 22 候(4 月 16—20 日)气候图。槽线分布与第 21 候气候图比较,我国西南地形倒槽向东伸展到长江口,雨区扩展到华南沿海。南海北部出现短暂降水。

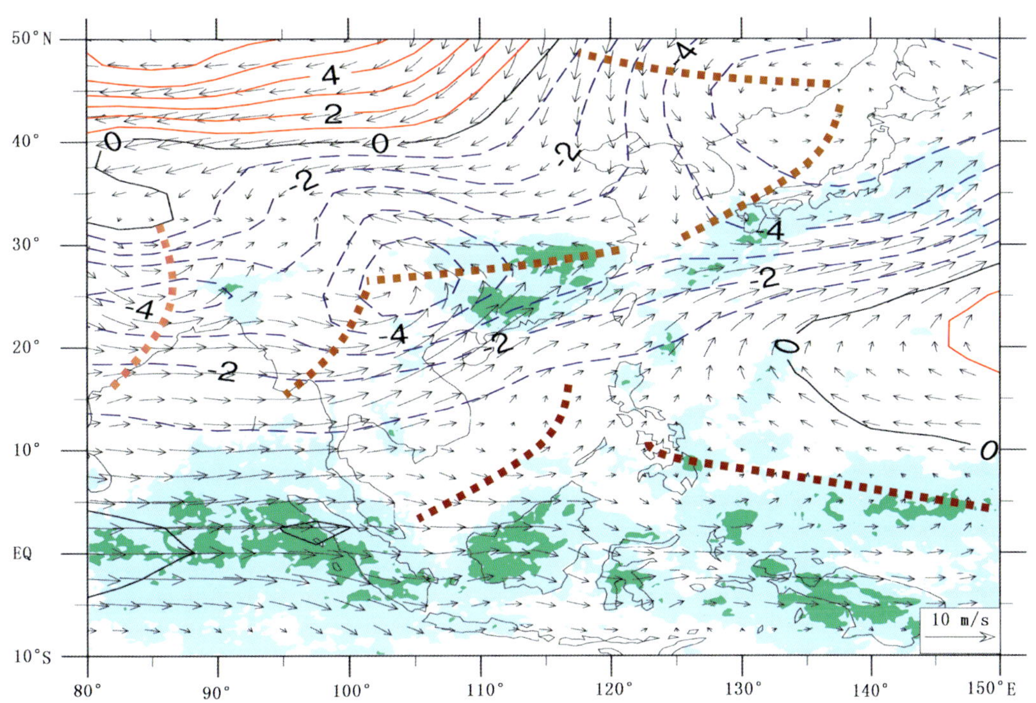


图 2-23　第 23 候(4 月 21—25 日)气候图。我国东北受高纬度地区横槽影响。副热带地区,西部有高原南侧地形槽,中部有印缅槽,两个槽前都有降水。中国南方大陆上,西南地形倒槽中东部有降水,华南地区还有一个降水中心。东亚大槽位于日本海,槽前有降水。南海槽和西太平洋赤道辐合带位于热带地区。

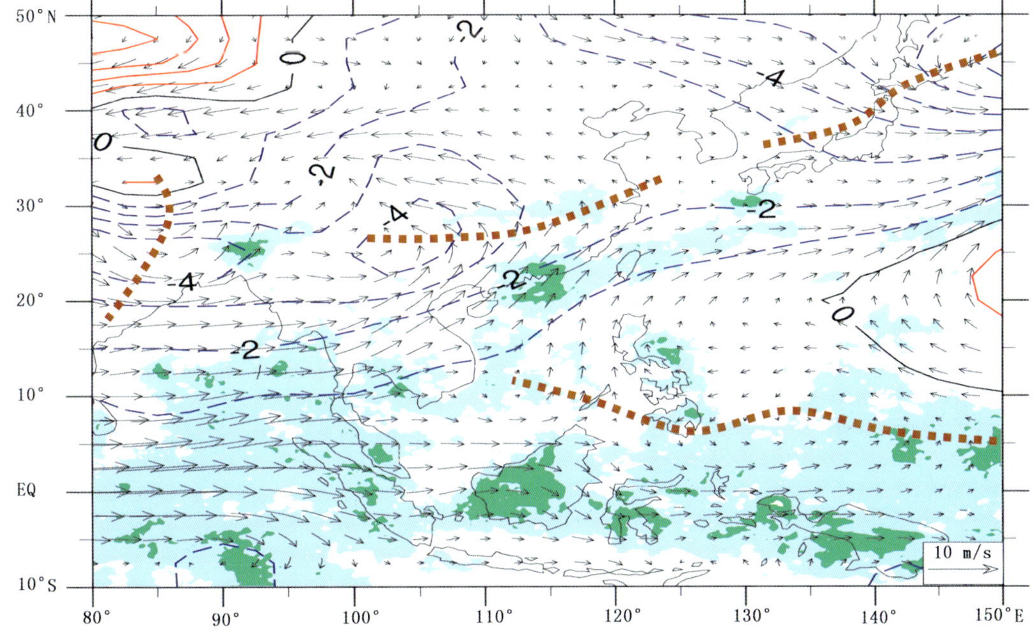


图 2-24　第 24 候(4 月 26—30 日)气候图。大气环流发生明显变化的一候(钱维宏,2009)。高原南侧地形槽仍然存在,西北太平洋副热带高压脊向西扩展到南海中部地区,南海槽消失,南海季风辐合带与西太平洋赤道辐合带连接在一起。在我国华南地区,海陆温差的方向从先前的由海洋指向陆地转变成由陆地指向海洋。根据这一热力性质的转变,我国西南地形倒槽已经变性成为东亚副热带春季季风槽。副热带春季季风槽降水与华南沿海副高西北侧边缘降水区是分开的。东北亚横槽消失,东亚大槽也减弱了。

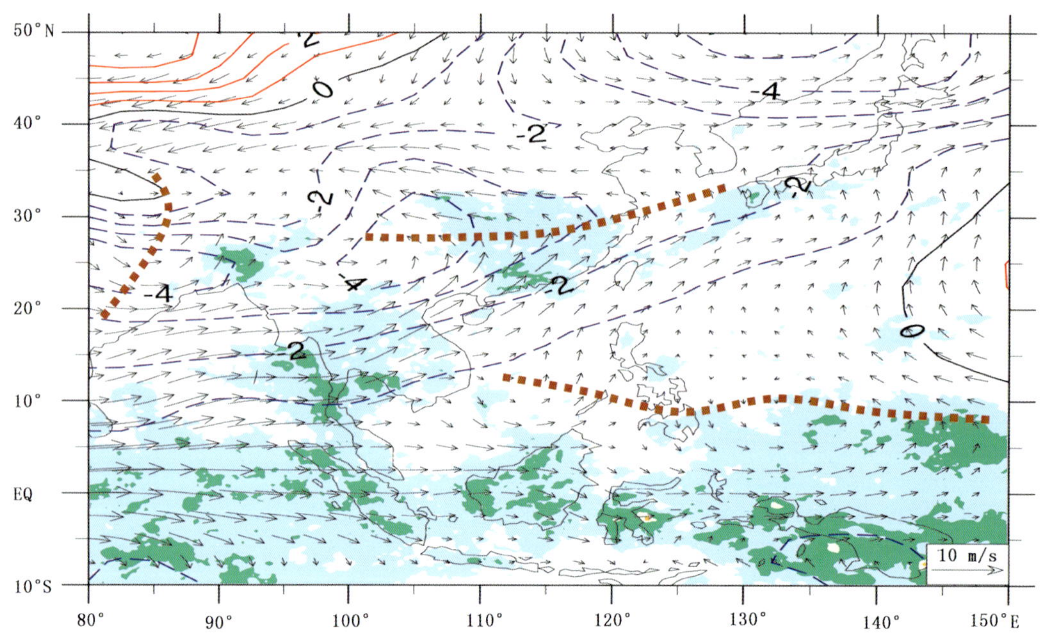


图 2-25　第 25 候(5 月 1—5 日)气候图。槽线分布与第 24 候气候图比较，东亚副热带春季季风槽形成后加深并向东扩展，副高西北边缘降水与东亚副热带春季季风槽降水合并形成我国南方的大片降水。中印半岛出现大范围降水。

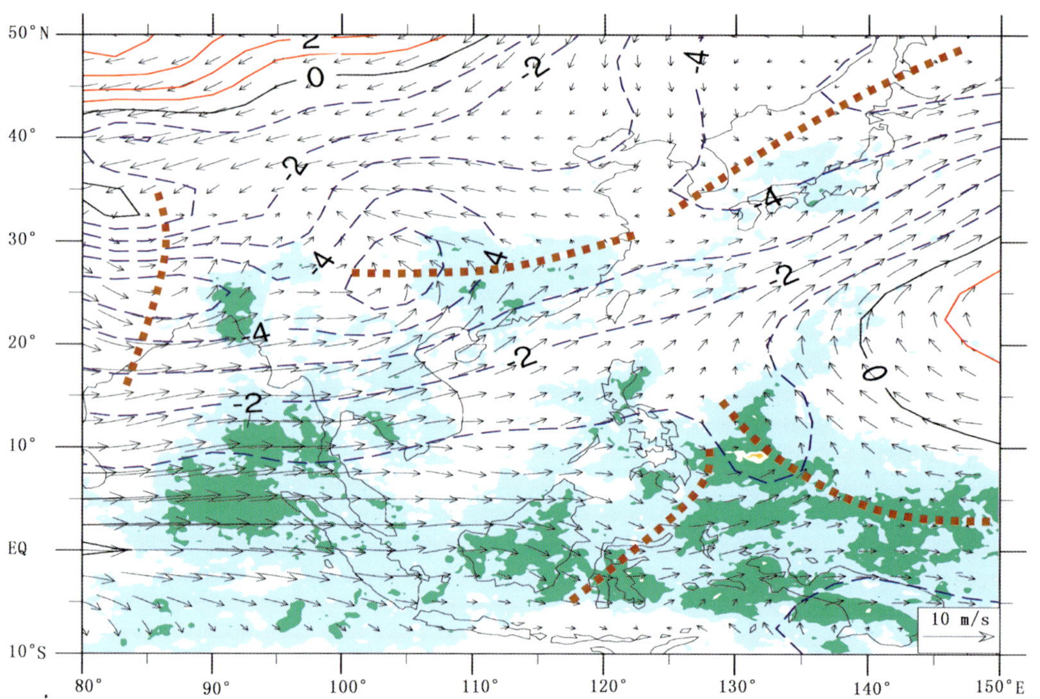


图 2-26　第 26 候(5 月 6—10 日)气候图。槽线分布与第 25 候气候图比较，副热带高压撤出南海，南海受西风气流控制。

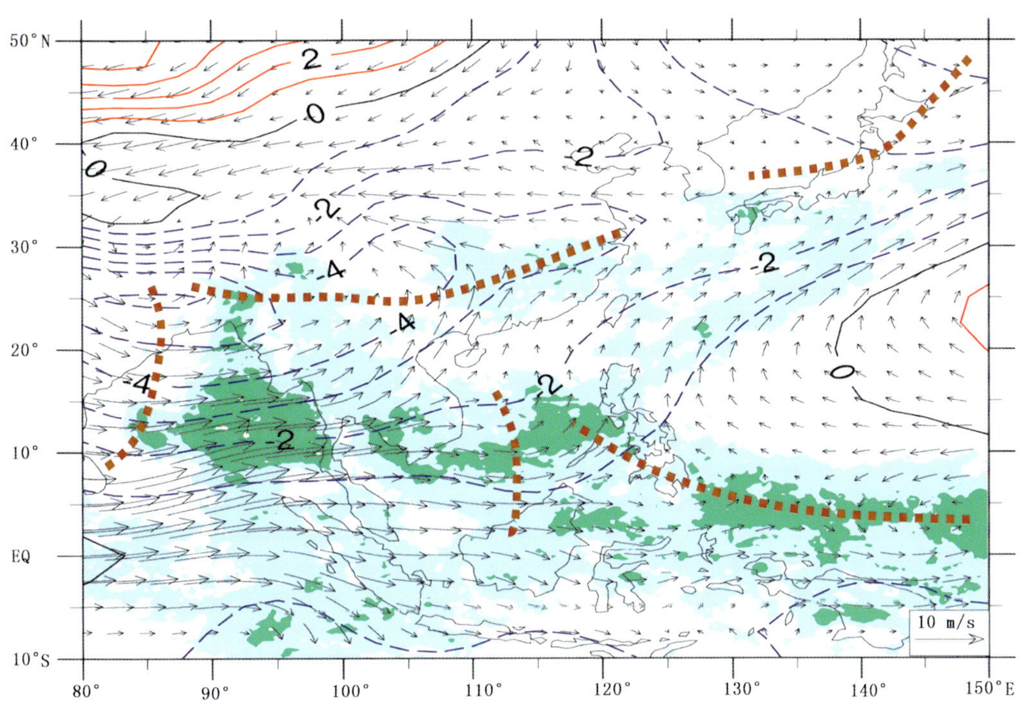


图 2-27 第 27 候(5 月 11—15 日)气候图。高原南侧孟加拉湾槽东移加深,槽前出现强盛西南气流和强降水。南海季风槽出现。西北太平洋赤道辐合带成为季风槽的一部分。副热带春季季风槽从孟加拉国向东延伸到我国江南地区。东亚大槽位于日本附近,槽前有副高西北边缘降水。南海北部受副高脊线影响没有降水。

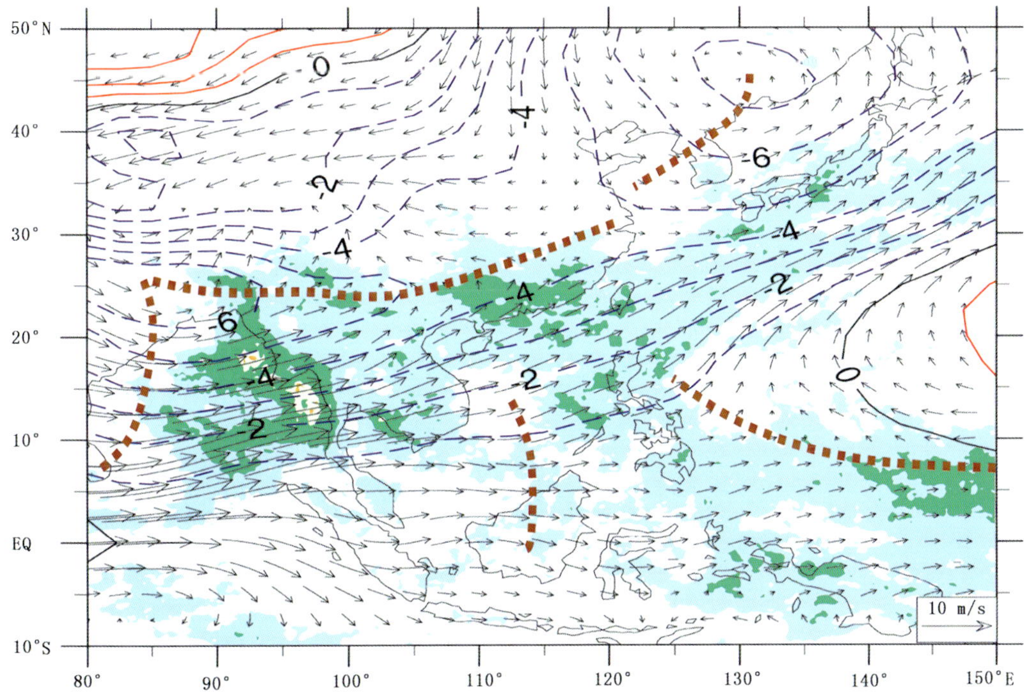


图 2-28 第 28 候(5 月 16—20 日)气候图。与第 27 候气候图不同的是,副高脊线从南海撤出东移到菲律宾以东地区。随着南海季风的全面爆发,东亚副热带季风槽形成。副热带季风槽以南,从孟加拉湾到日本以南的副高边缘地区出现了大范围的西南季风和降水。热带和副热带降水合并,亚洲一西北太平洋夏季风全面爆发(Qian 和 Lee,2000),也是南海季风爆发的时间(Qian 和 Yang,2000)。东亚大槽后退到东北亚大陆边缘地区。

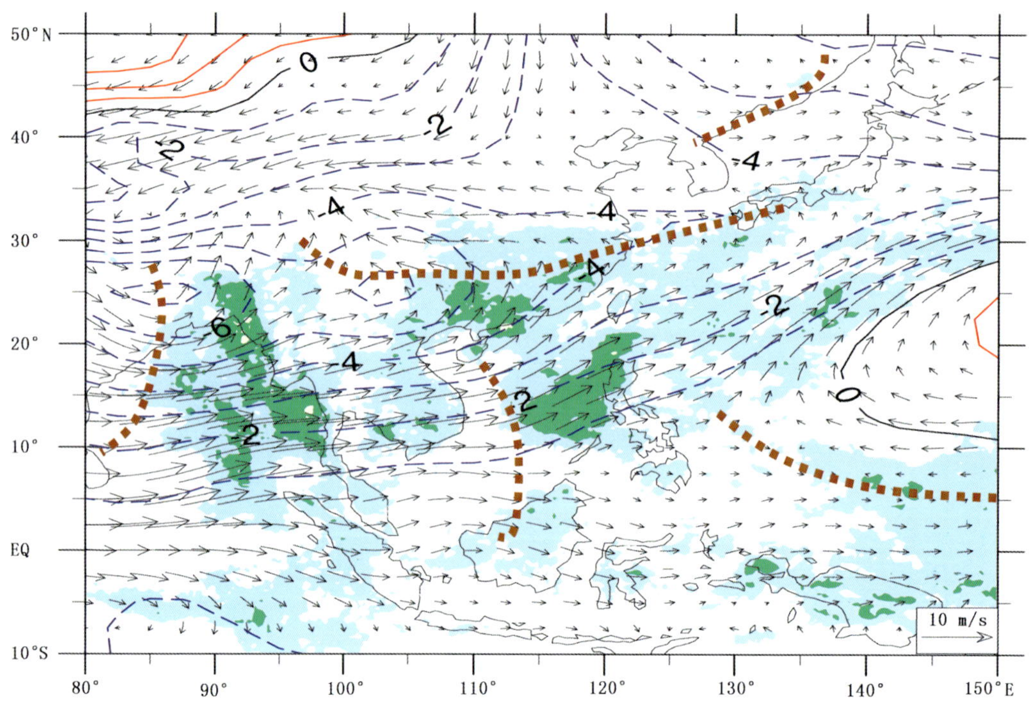


图 2-29　第 29 候(5 月 21—25 日)气候图。除了东亚大槽位于东北亚沿海以外,具有热带性质的孟加拉湾槽、南海槽和西北太平洋辐合带都属于热带性质的季风槽,而东亚副热带地区有一条东西向的副热带季风槽。这些季风槽附近都对应有降水。

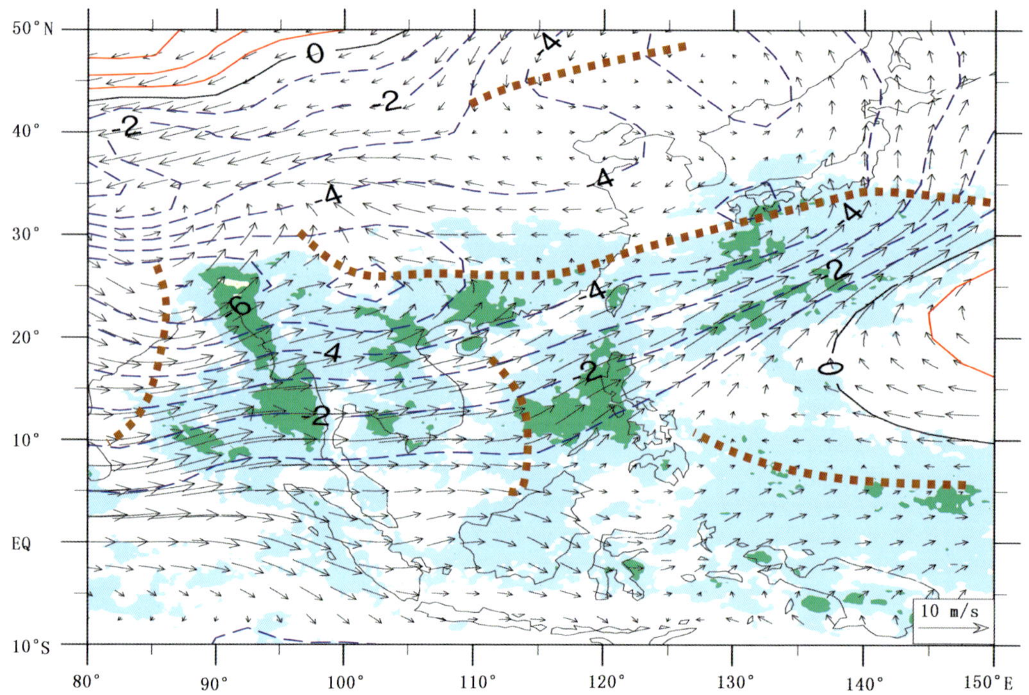


图 2-30　第 30 候(5 月 26—31 日)气候图。槽线分布与第 29 候气候图比较,东亚大槽消失,中国北方边境地区有一短暂横槽。

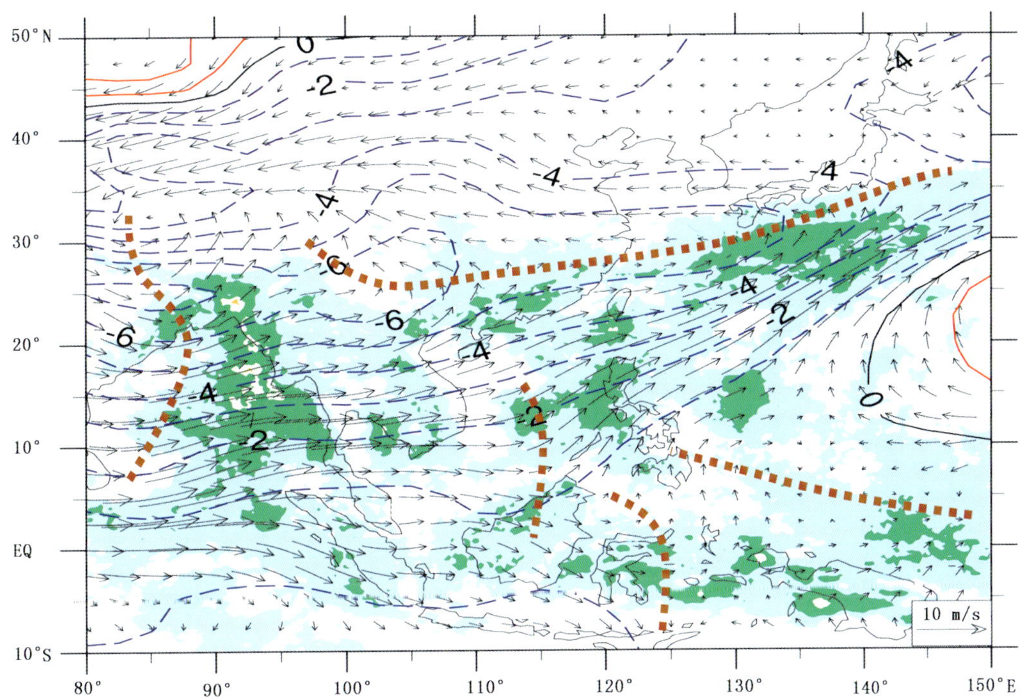


图 2-31 第 31 候(6 月 1—5 日)气候图。东亚大槽完全消失。副热带季风槽和降水从中国西南地区经过长江以南一直向东伸展到日本以南地区。

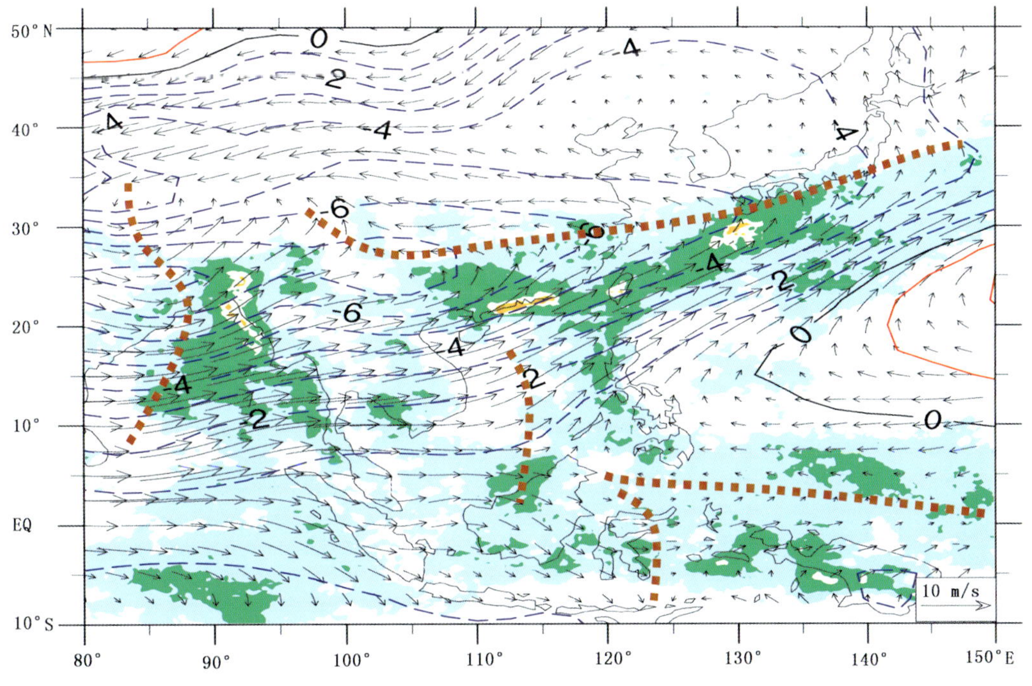


图 2-32 第 32 候(6 月 6—10 日)气候图。与第 31 候气候图比较,华南沿海至日本以南地区形成了强降水带。

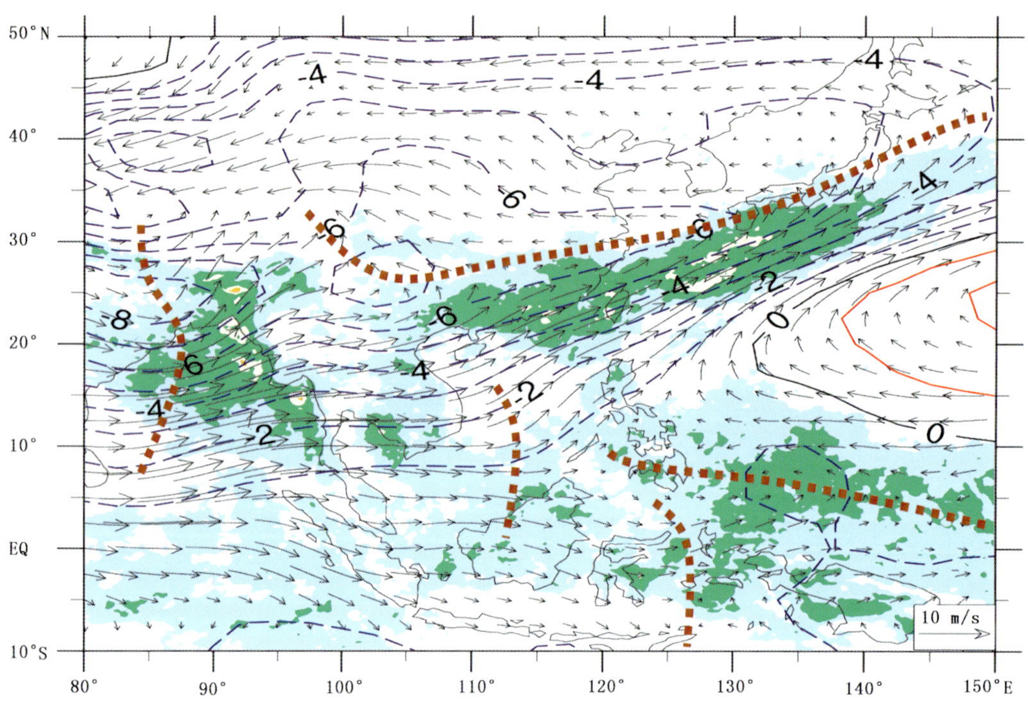


图 2-33　第 33 候(6 月 11—15 日)气候图。与第 32 候气候图比较，华南沿海至日本以南地区的雨带进一步增强。

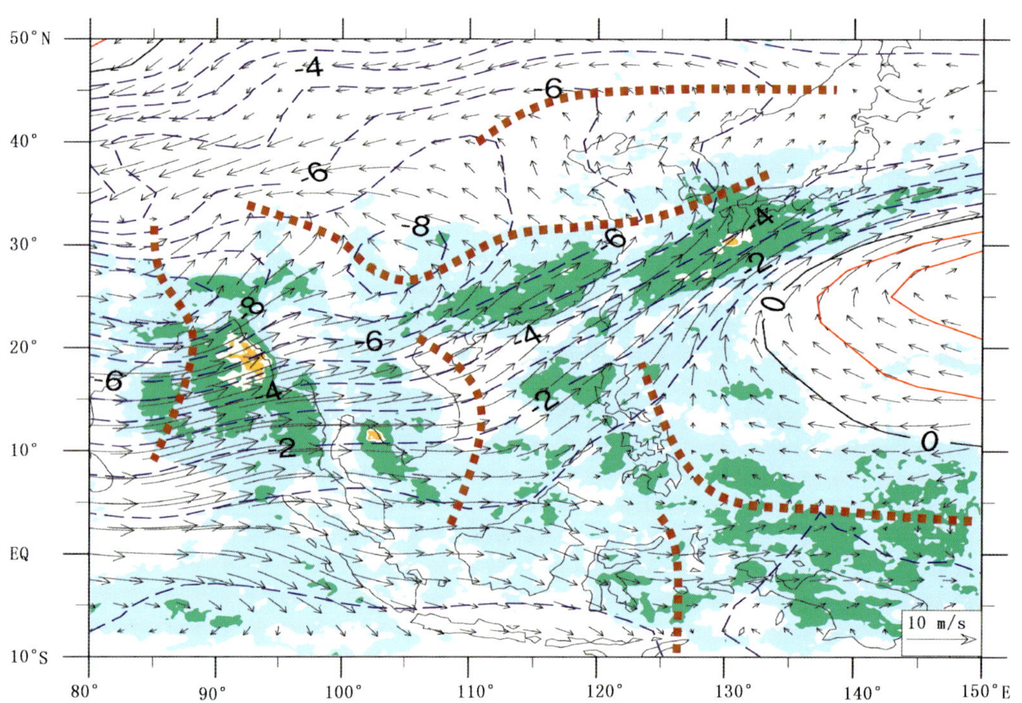


图 2-34　第 34 候(6 月 16—20 日)气候图。东亚副热带季风槽北移到长江沿岸及其以北。副热带高压脊线位置北移。副热带季风雨带分裂成两个中心分别位于华南地区和东海至日本地区。东北亚出现了倒槽。

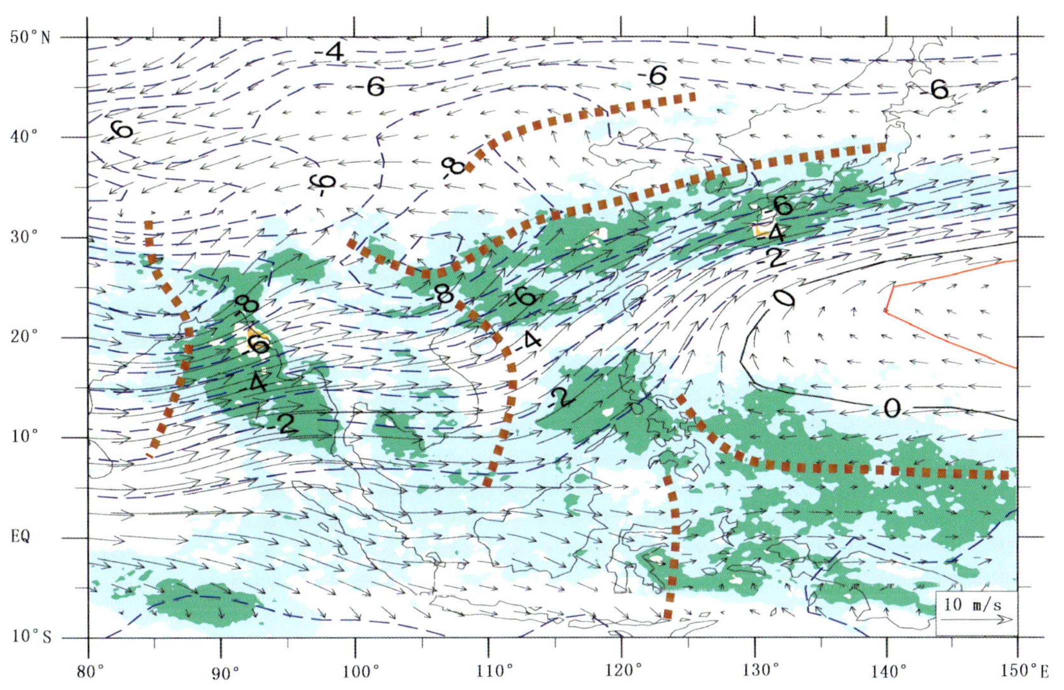


图 2-35　第 35 候(6 月 21—25 日)气候图。在第 34 候气候图的基础上,东亚副热带季风槽从长江沿岸北移到淮河流域和韩国一线。副热带季风降水覆盖江淮地区和日本地区。

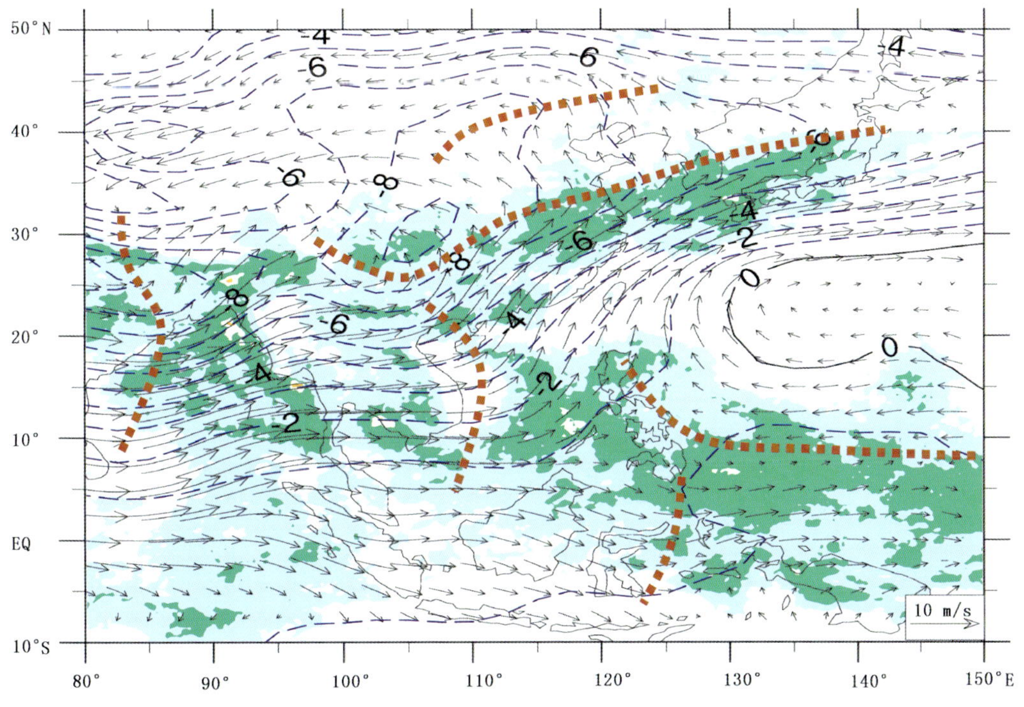


图 2-36　第 36 候(6 月 26—30 日)气候图,环流形势和降水分布与第 35 候气候图基本相同。

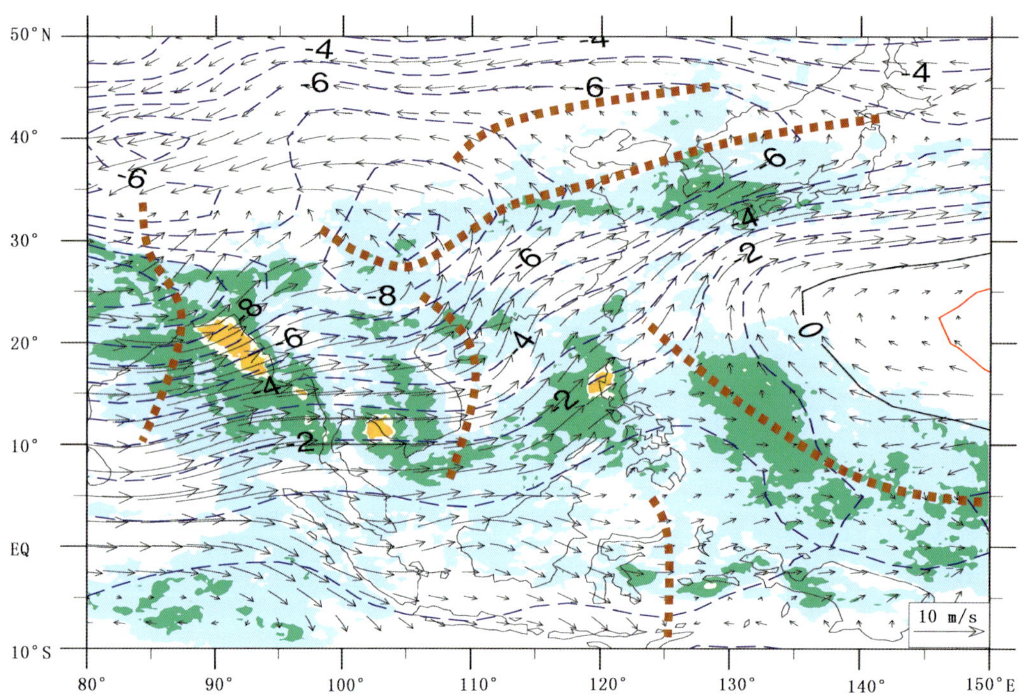


图 2-37 第 37 候(7 月 1—5 日)气候图。与第 36 候气候图比较,西北太平洋季风槽北抬,东亚副热带季风槽北移到黄河下游至朝鲜半岛北部地区,副热带季风雨带也北移到了淮河流域,而长江流域进入干季。

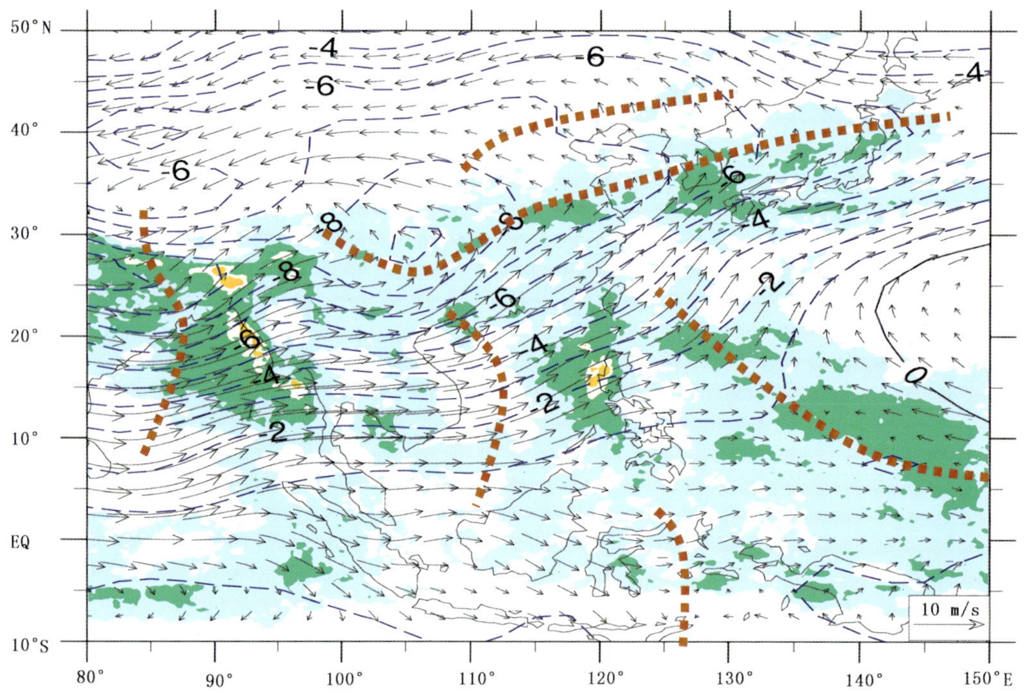


图 2-38 第 38 候(7 月 6—10 日)气候图,环流形势和降水分布与第 37 候气候图基本相同。

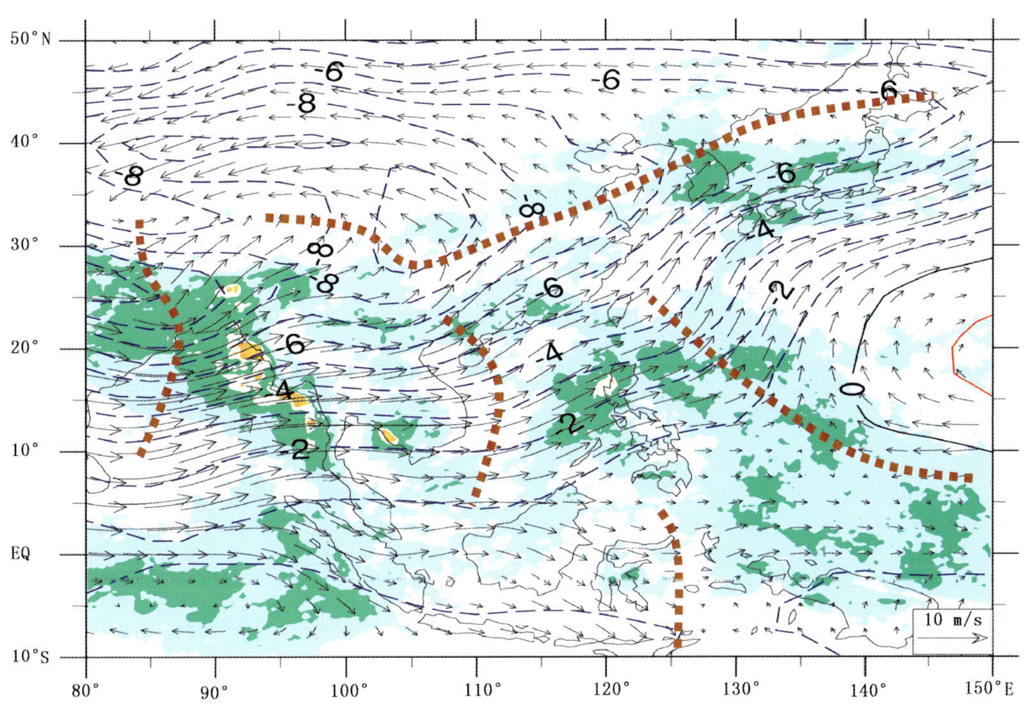


图 2-39　第 39 候(7 月 11—15 日)气候图。东北亚倒槽减弱消失，副热带季风槽位置稍动，强度减弱。与副热带季风槽联系的降水位于华北和东北地区，强度有所减弱。江淮地区进入干季。长江以南地区进入后汛期降水。中国东部地区呈现南北两条雨带。

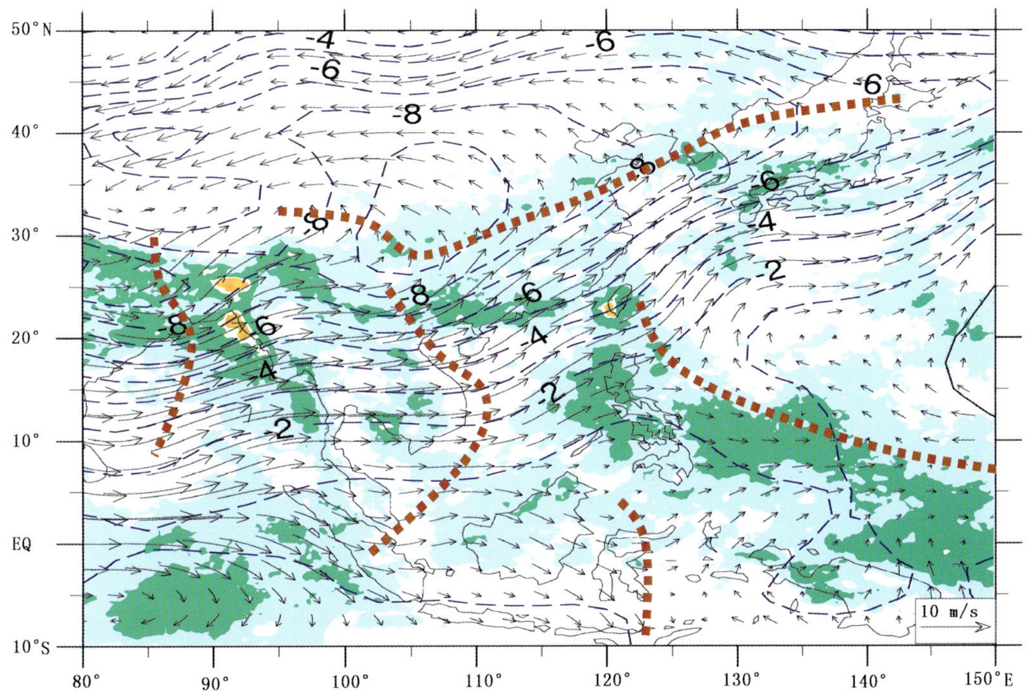


图 2-40　第 40 候(7 月 16—20 日)气候图。副热带季风槽和中国东部地区南北两条雨带位置稳定少动。

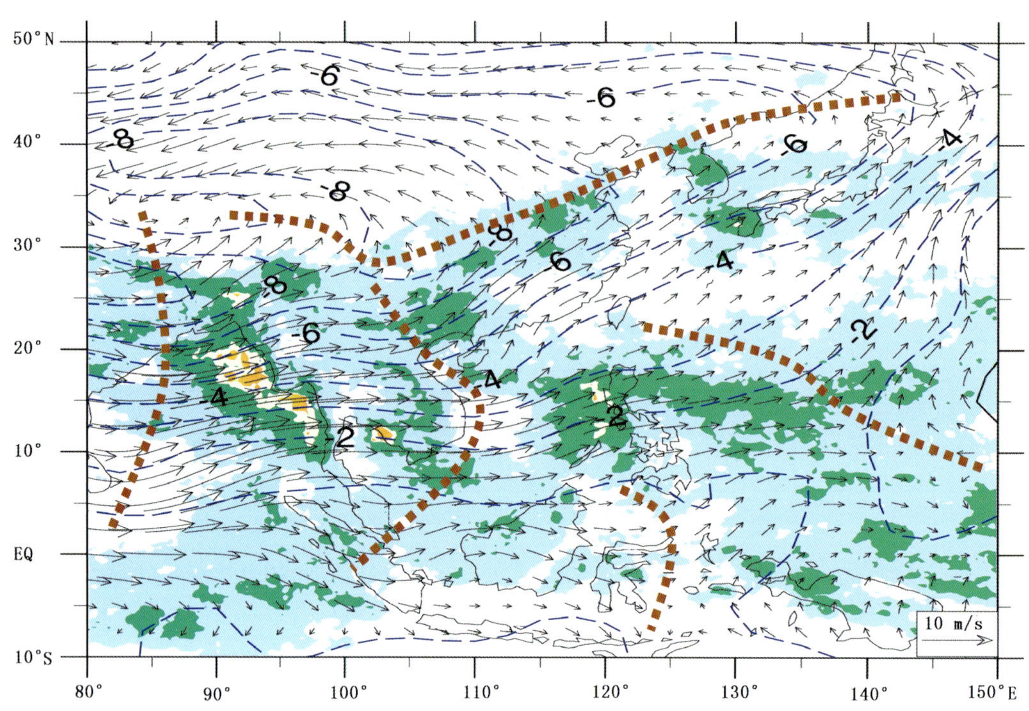


图 2-41 第 41 候(7 月 21—25 日)气候图。东亚副热带季风槽北移到山东半岛至朝鲜半岛的北边缘地带。

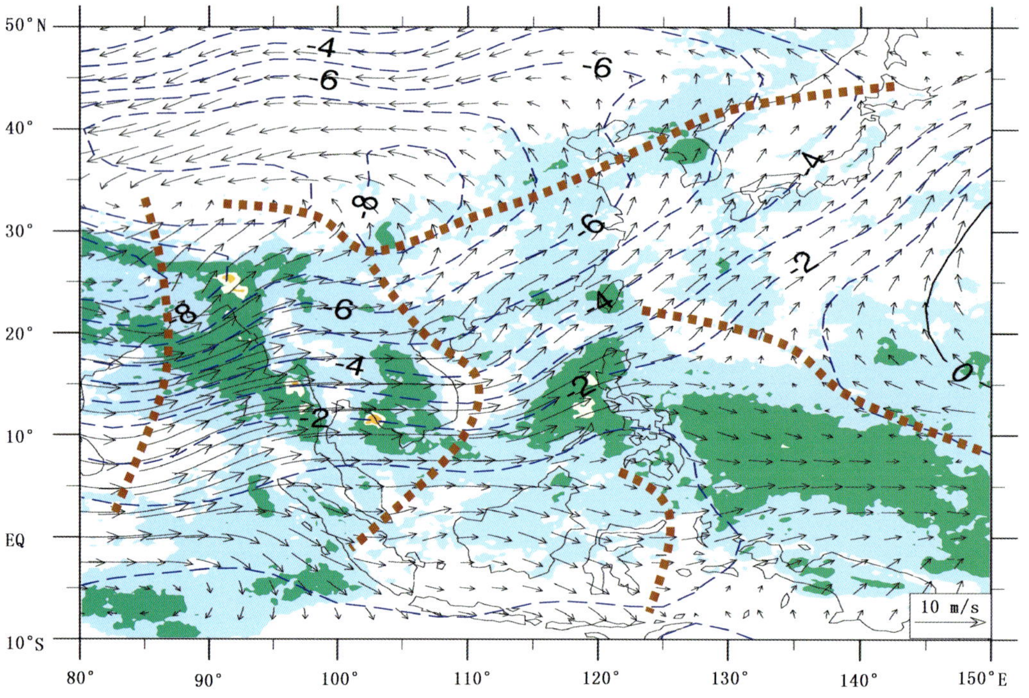


图 2-42 第 42 候(7 月 26—31 日)气候图,环流和降水与第 41 候气候图基本相同。

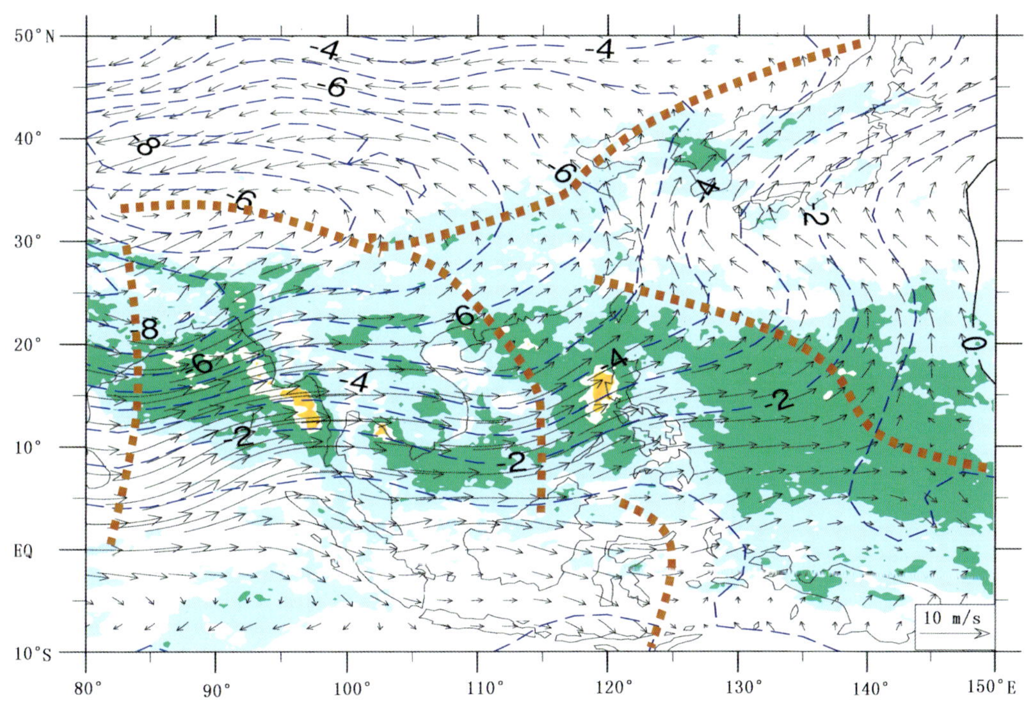


图 2-43 第 43 候(8 月 1—5 日)气候图。东亚副热带季风槽北移到渤海至我国东北地区。西北太平洋季风槽到达我国台湾岛和福建沿海地区。

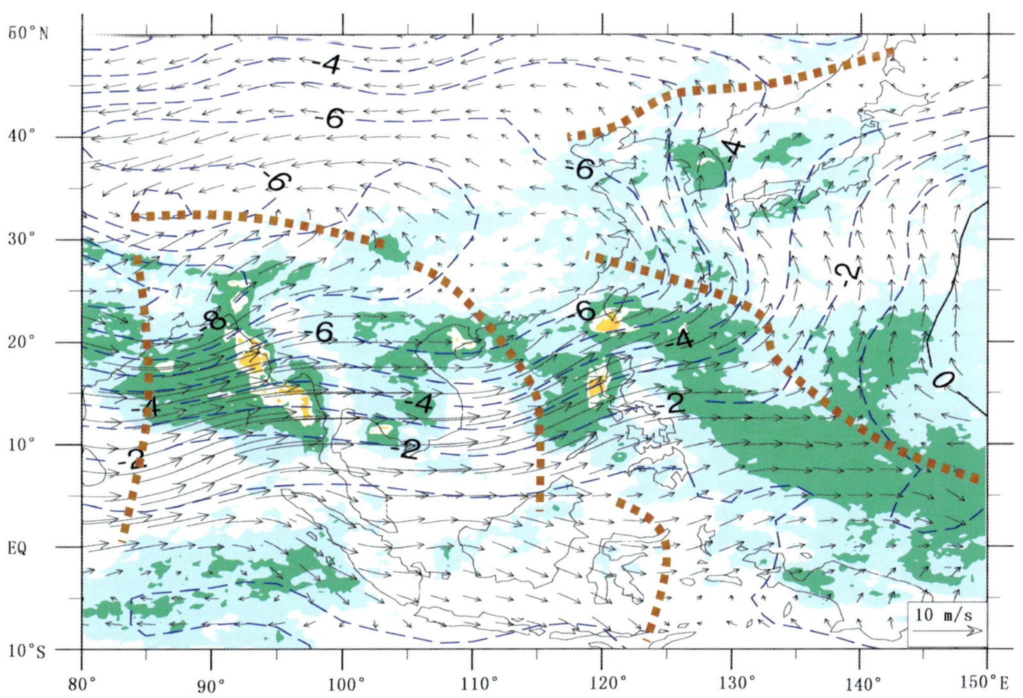


图 2-44 第 44 候(8 月 6—10 日)气候图。这是东亚夏季风伸展到达最北位置的时间，中国大陆受三个独立的季风槽影响。东亚副热带季风槽到达华北北部和东北北部地区。西北太平洋季风槽到达我国东南沿海地区。南海季风槽伸展到我国西南地区。

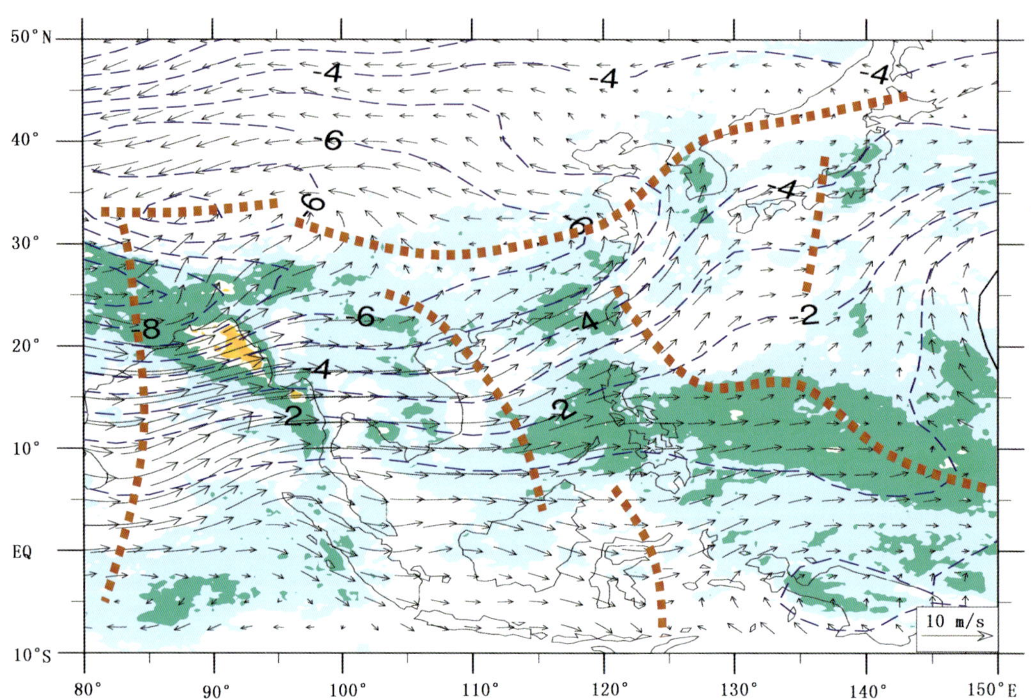


图 2-45 第 45 候(8 月 11—15 日)气候图。从第 44—45 候,东亚副热带季风槽从华北北部南退到江淮地区。亚洲—西太平洋地区同时存在南北走向的孟加拉湾季风槽、南海季风槽、西北太平洋季风槽和日本附近季风槽,槽的下游都有降水。

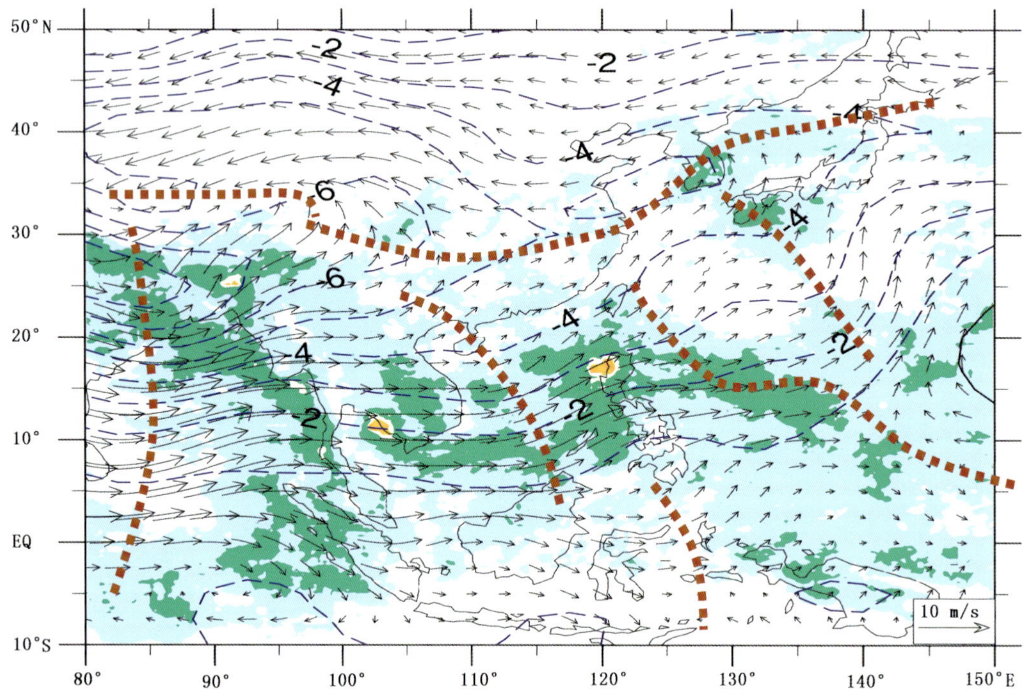


图 2-46 第 46 候(8 月 16—20 日)气候图,环流形势与第 45 候气候图基本相同,但华西有孤立的降水。

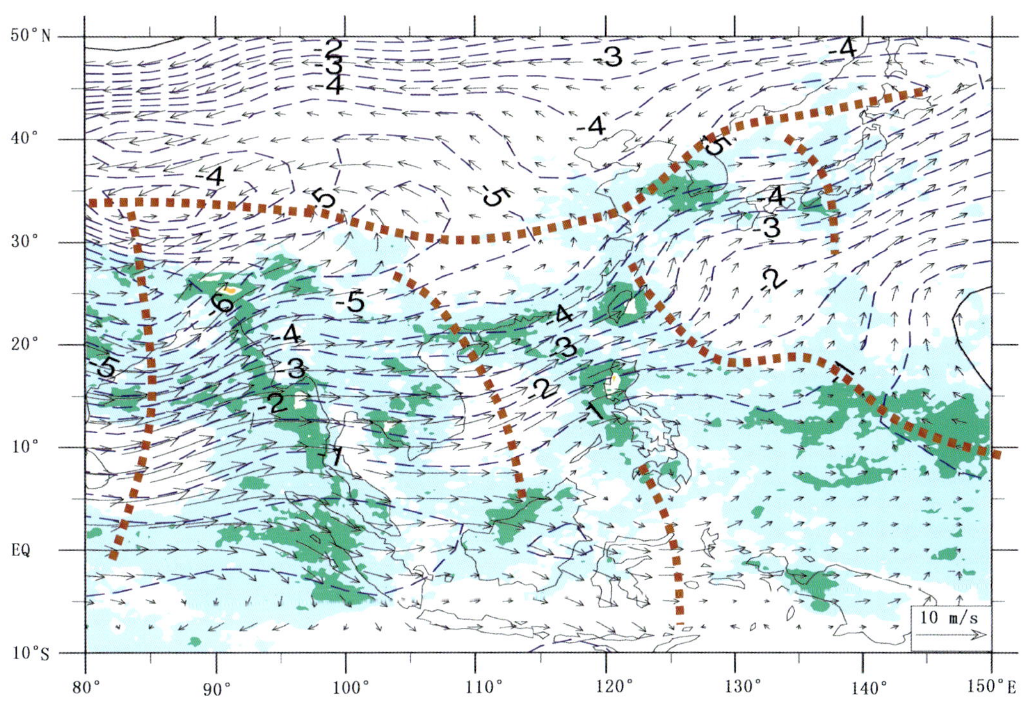


图 2-47　第 47 候(8 月 21—25 日)气候图，环流形势与第 46 候气候图基本相同，但降水强度有所减弱，华南沿海有集中降水。

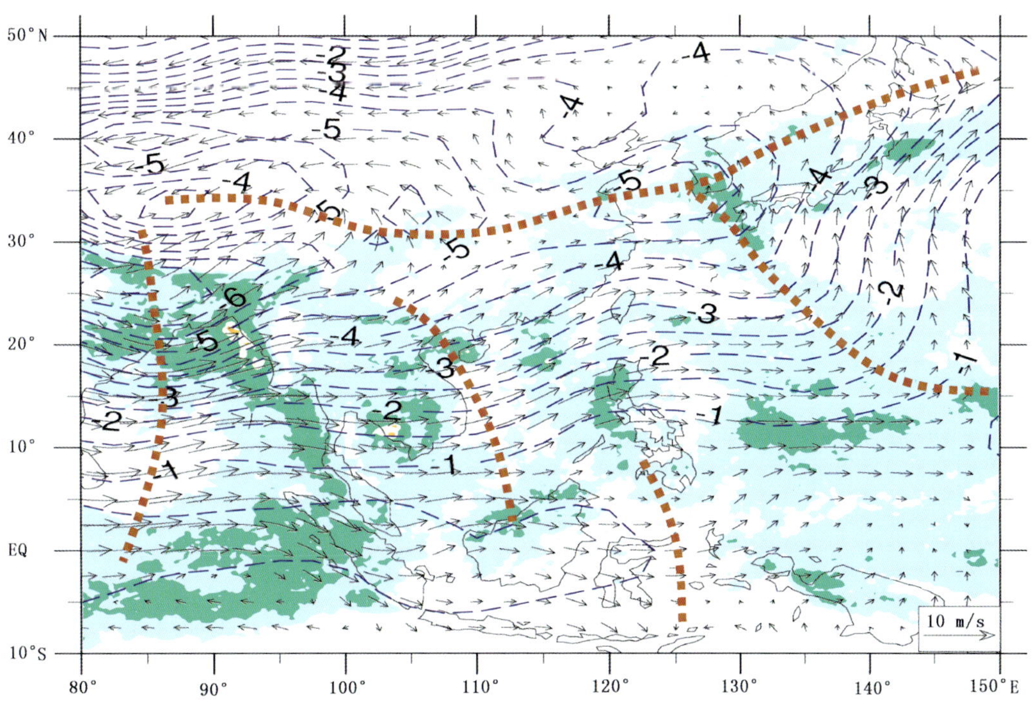


图 2-48　第 48 候(8 月 26—31 日)气候图。青藏高原东侧有低压倒槽降水(华西雨季降水)，黄海至朝鲜半岛也有一低压降水。西北太平洋季风槽东移。

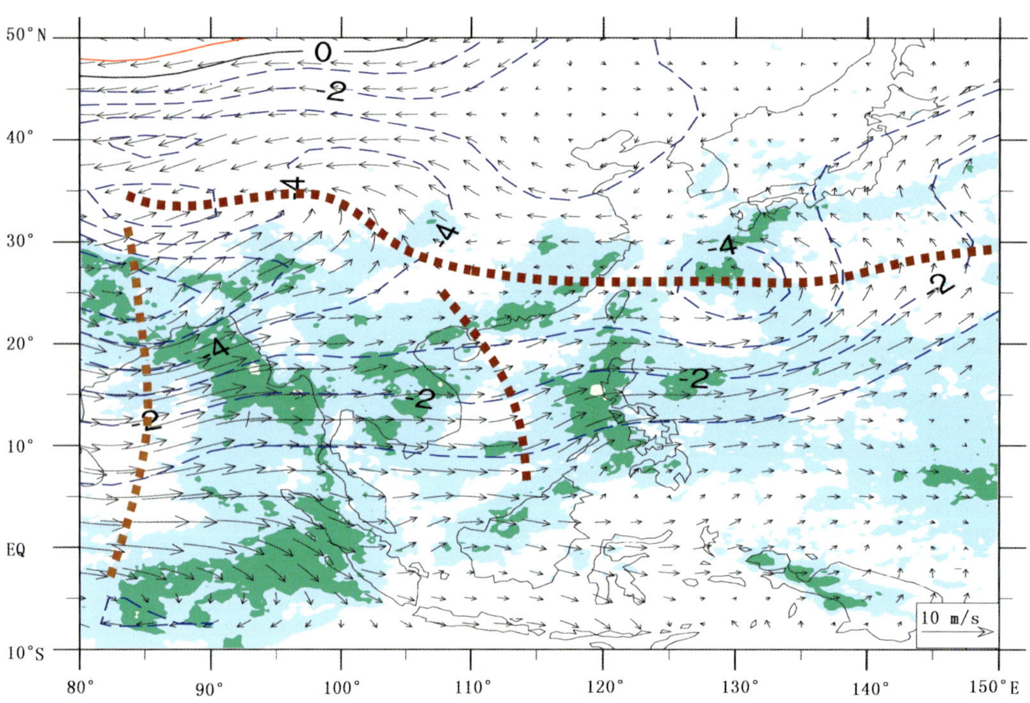


图 2-49　第 49 候(9 月 1—5 日)气候图。东亚副热带季风槽南撤到华南。华西仍然有孤立的降水区。

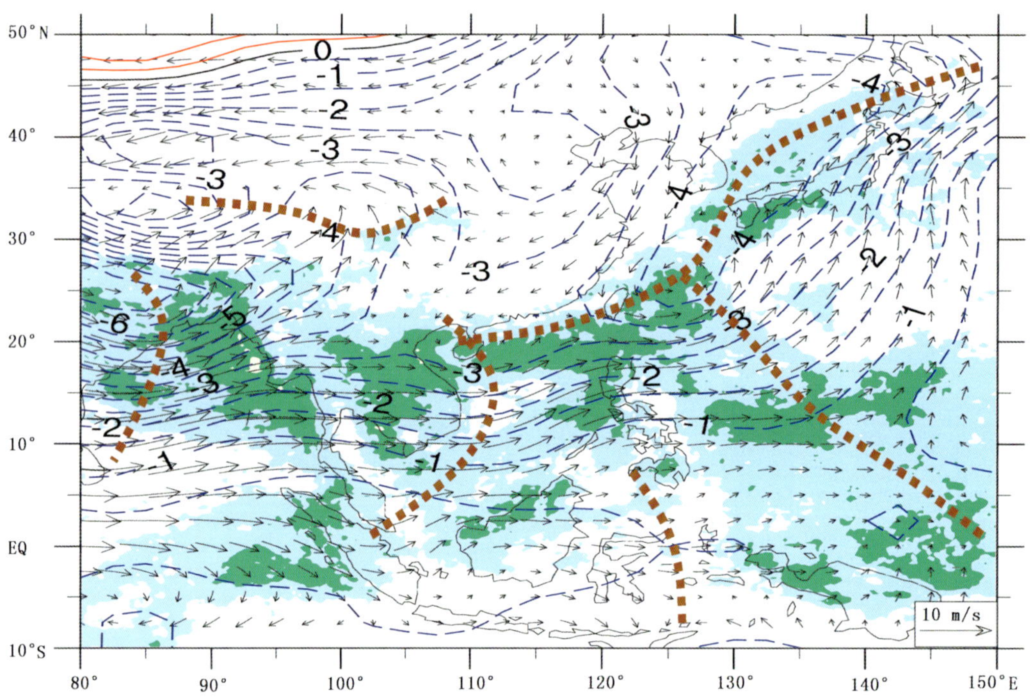


图 2-50　第 50 候(9 月 6—10 日)气候图。华西秋雨受高原地形槽影响。东亚副热带季风槽的位置退出中国大陆进入南海，但东段位于日本海。中国东部大陆为秋高气爽天气。高原向东延伸的地形倒槽与东亚副热带季风槽脱离。

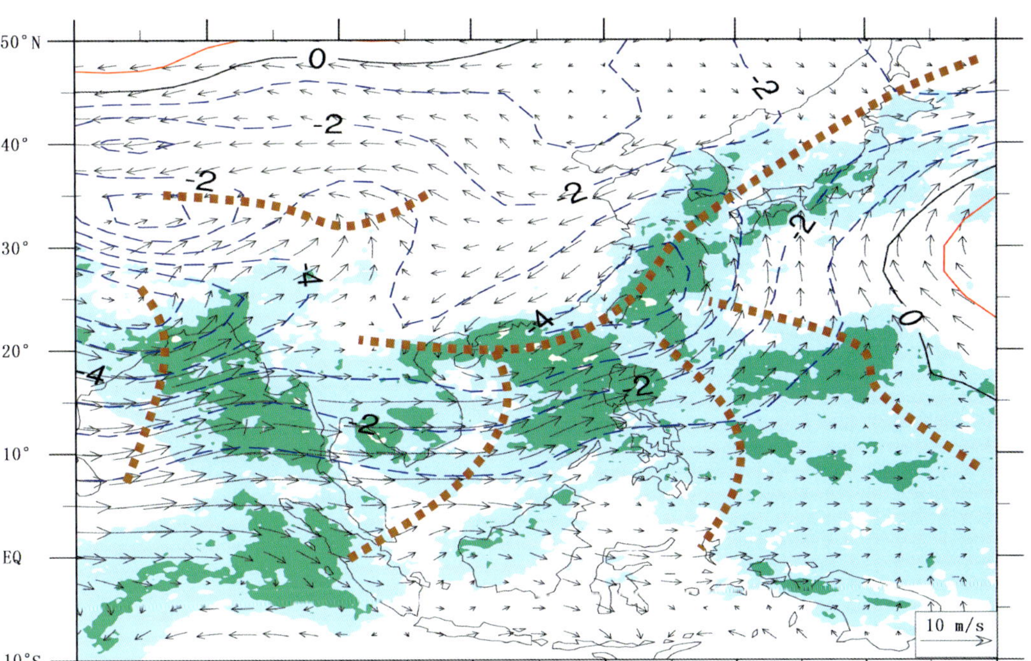


图 2-51　第 51 候(9 月 11—15 日)气候图。槽线分布与第 50 候气候图比较,原先在菲律宾以南的季风槽东移北伸到菲律宾以东,西北太平洋季风槽位置也东移。

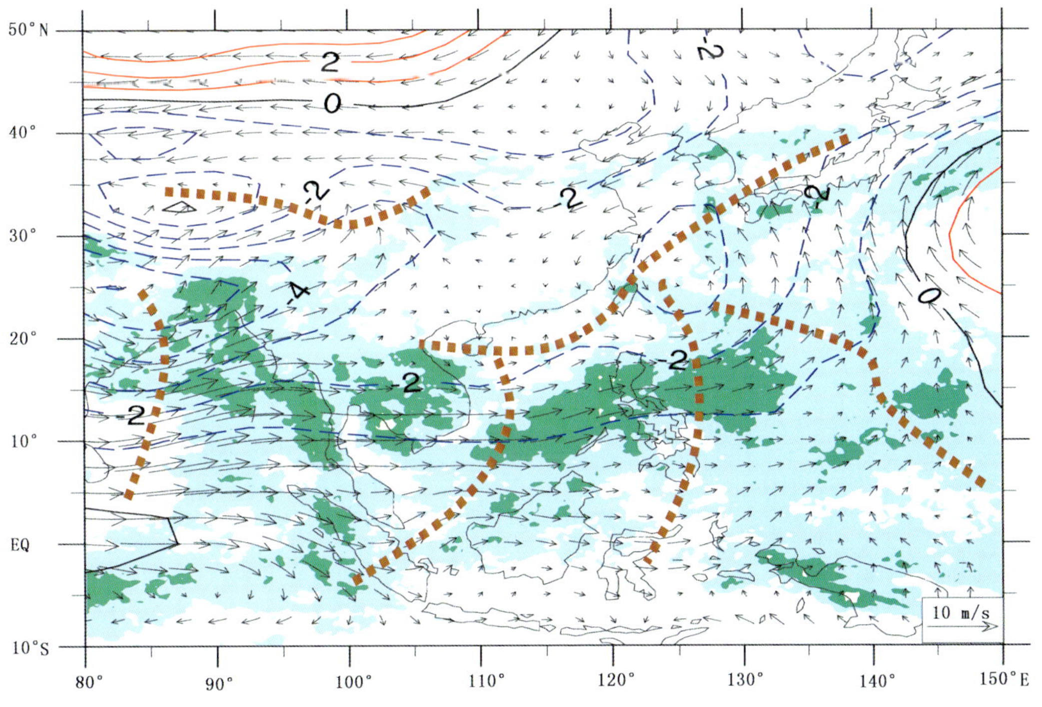


图 2-52　第 52 候(9 月 16—20 日)气候图。副热带季风槽位于南海北部至东海和日本一线。

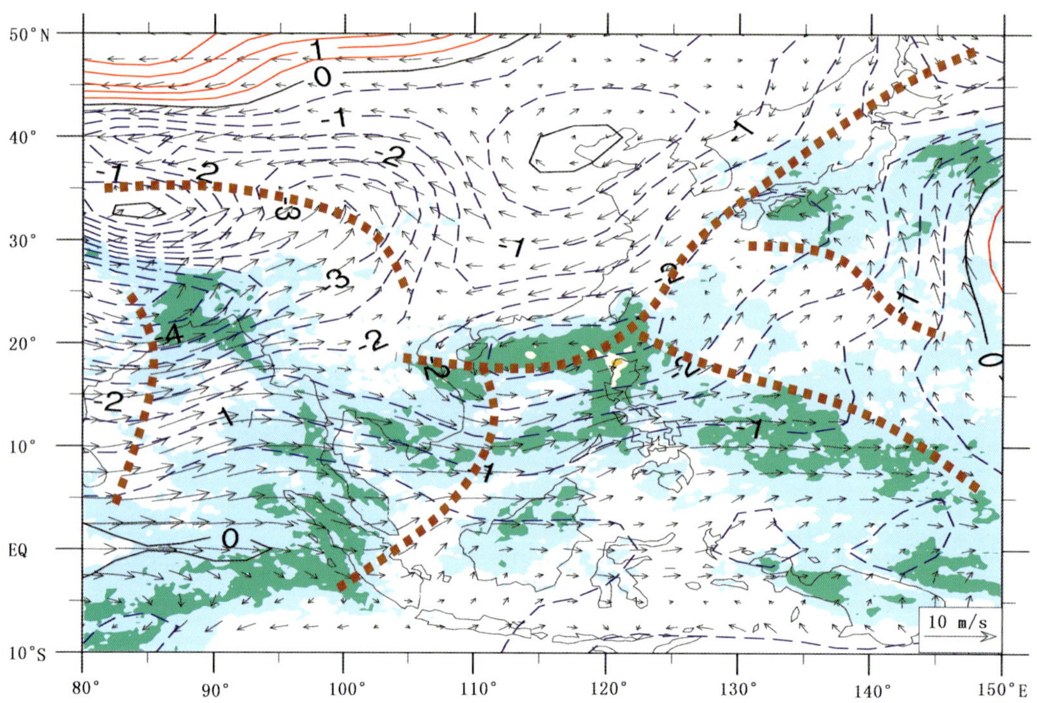


图 2-53　第 53 候(9 月 21—25 日)气候图。槽线分布与第 52 候气候图比较，西北太平洋东部的槽减弱。南海北部出现闭合低压中心，大降水影响到海南岛和台湾岛。

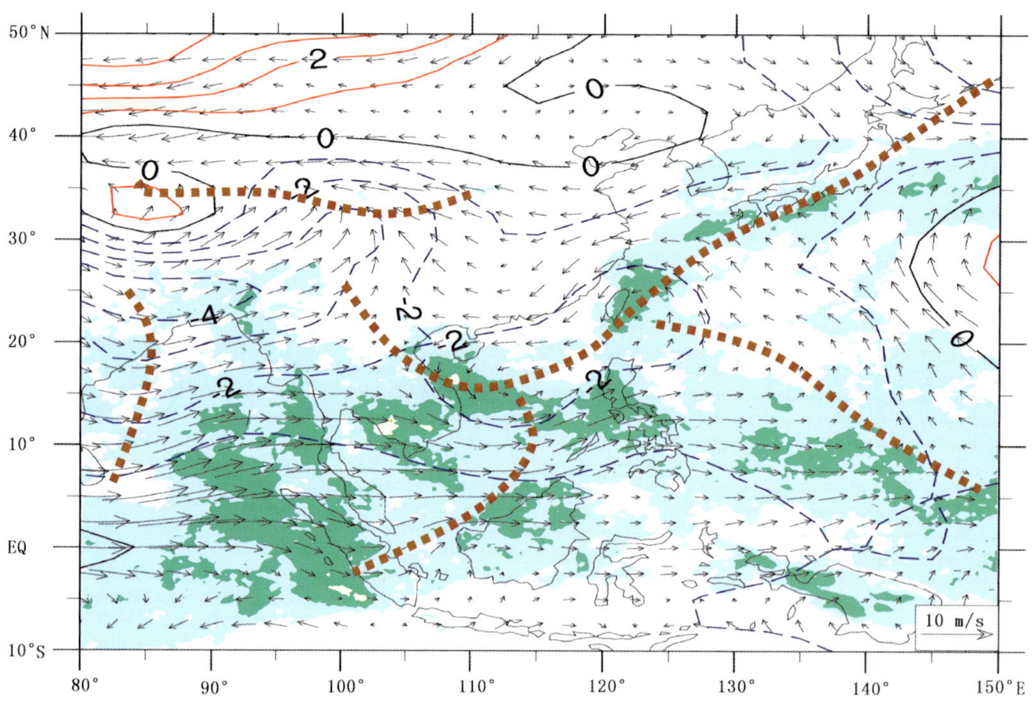


图 2-54　第 54 候(9 月 26—30 日)气候图。西北太平洋东部的槽消失。南海北部和台湾岛附近分别出现了低压环流。

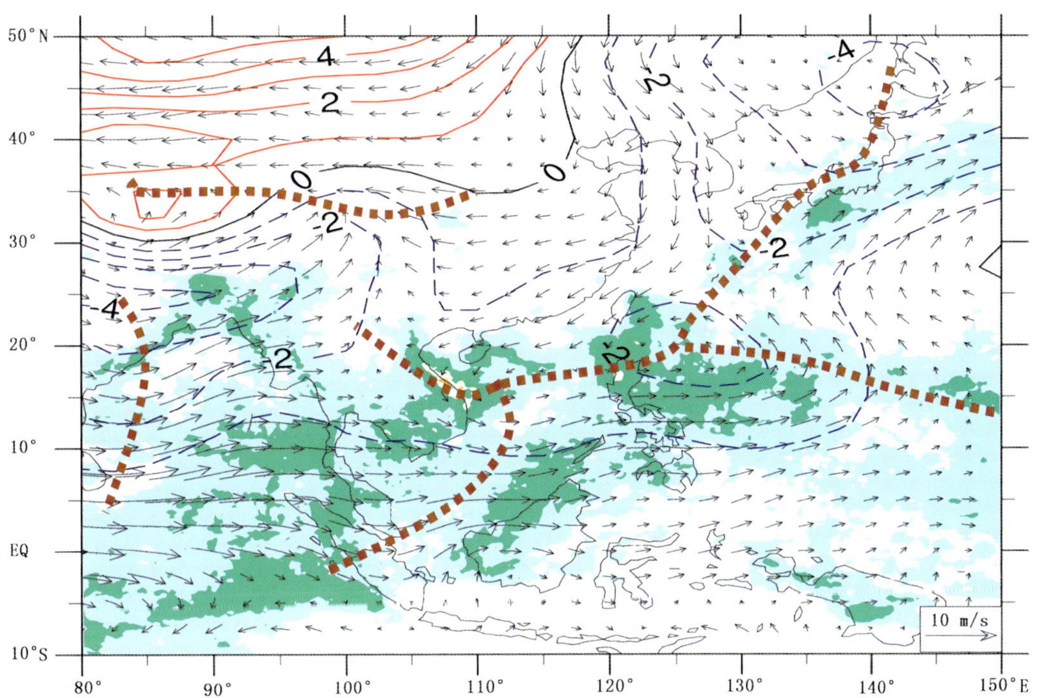


图 2-55 第 55 候(10 月 1—5 日)气候图。环流形势与第 54 候气候图比较，台湾岛东南侧的低压环流加深，东亚副热带季风槽在南海继续南退，东亚大槽在日本附近形成。在此之前的 5 候是海南岛和台湾岛连续阴雨的时期。2010 年秋季海南特大洪水就发生在这之前的几候。

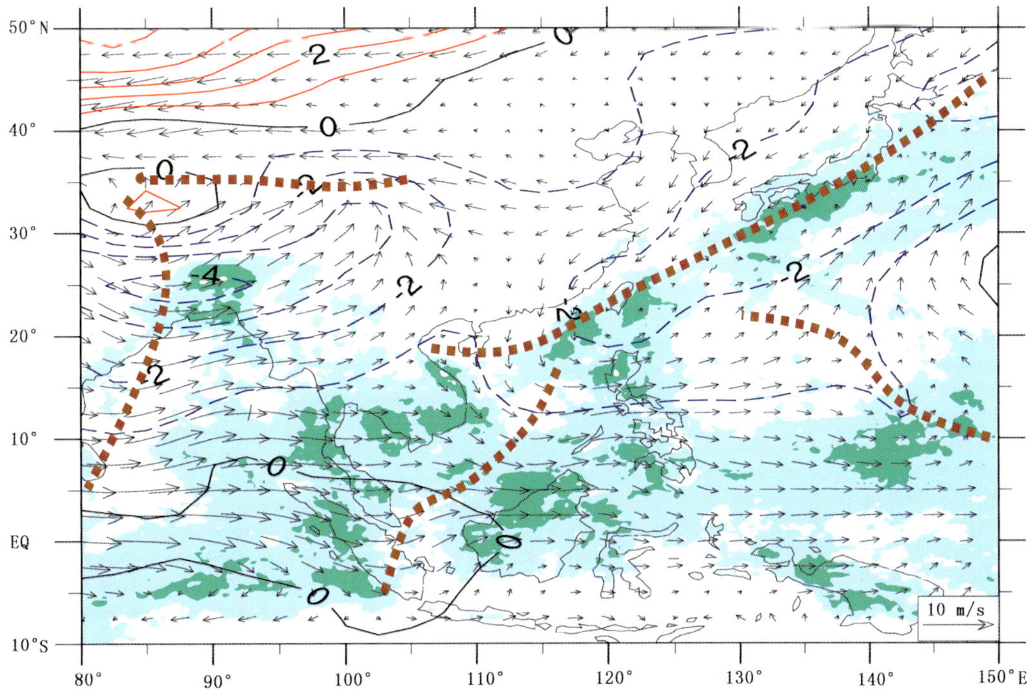


图 2-56 第 56 候(10 月 6—10 日)气候图。与第 55 候气候图比较，台湾岛附近的低压环流减弱，海南岛降水暂停。

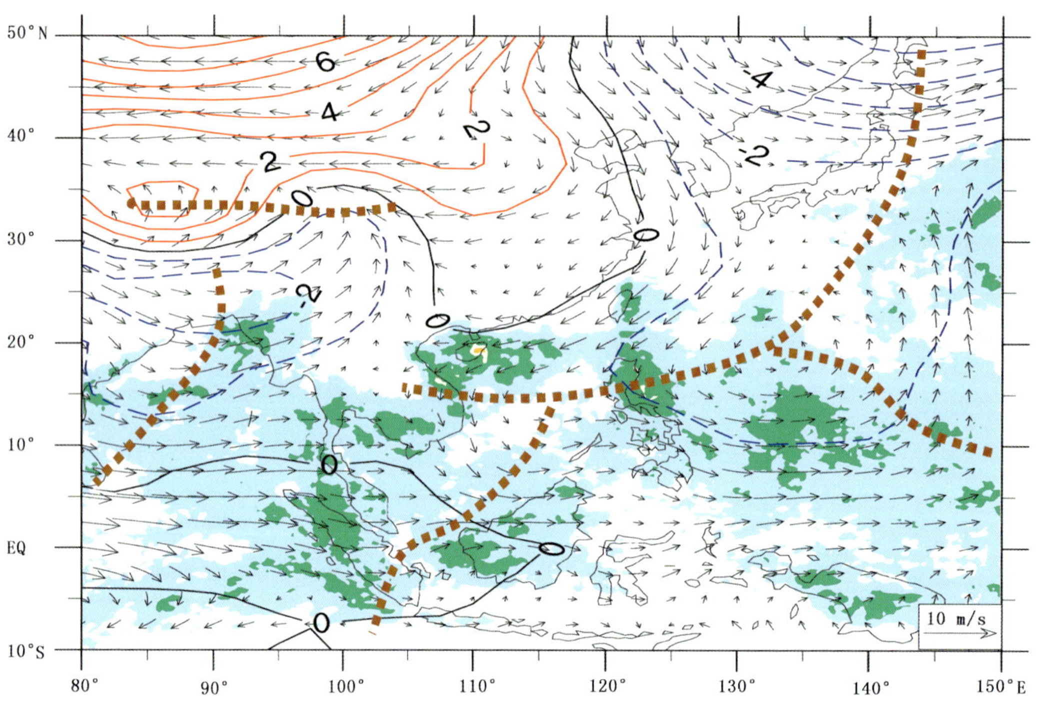


图 2-57 第 57 候(10 月 11—15 日)气候图。菲律宾以东出现范围较大的低压环流。海南岛和台湾岛再次出现东北气流下的降水。

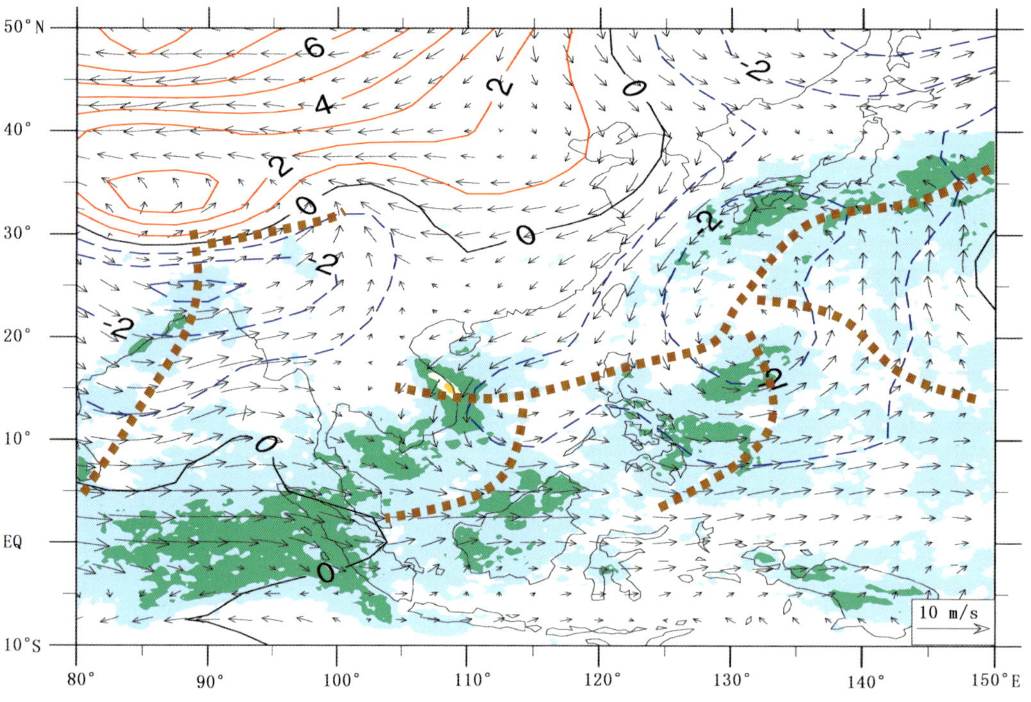


图 2-58 第 58 候(10 月 16—20 日)气候图。与第 57 候气候图比较,西北太平洋短时出现两个槽。

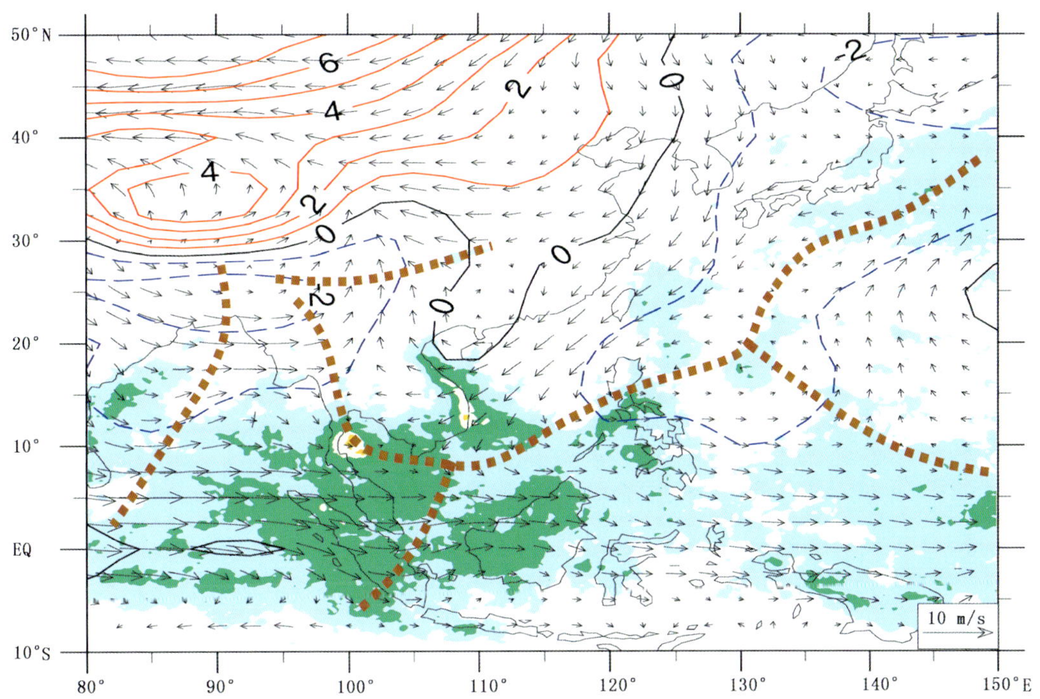


图 2-59　第 59 候(10 月 21—25 日)气候图。大陆高压扩展到南海的北部。菲律宾北部及其以东的低压环流是台风易于到达的气候位置。与第 58 候气候图比较,南海中部低压环流东移到菲律宾北部,不利于到达菲律宾北部的台风继续西移。2010 年的"鲇鱼"台风 10 月 16—18 日一路西移到菲律宾北部,19 日移速减缓,20 日转向正北,于 23 日 12 时 55 分登陆福建漳浦县沿海。

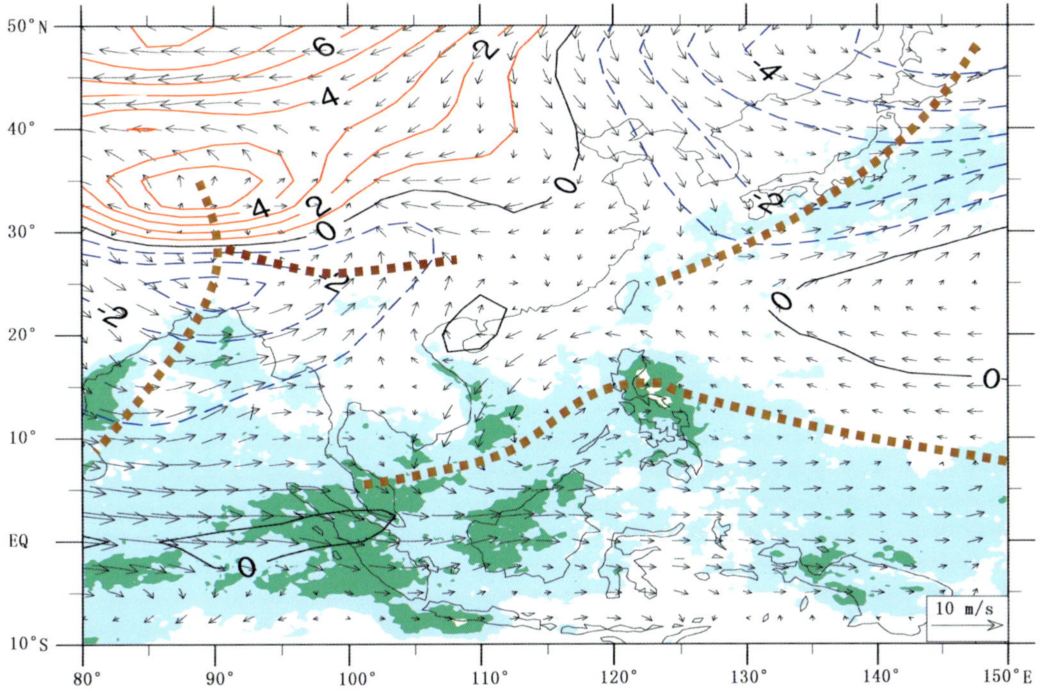


图 2-60　第 60 候(10 月 26—31 日)气候图。南海季风槽消失,南海中南部出现低压环流,成为赤道辐合带的一部分。东亚大槽位于日本附近。

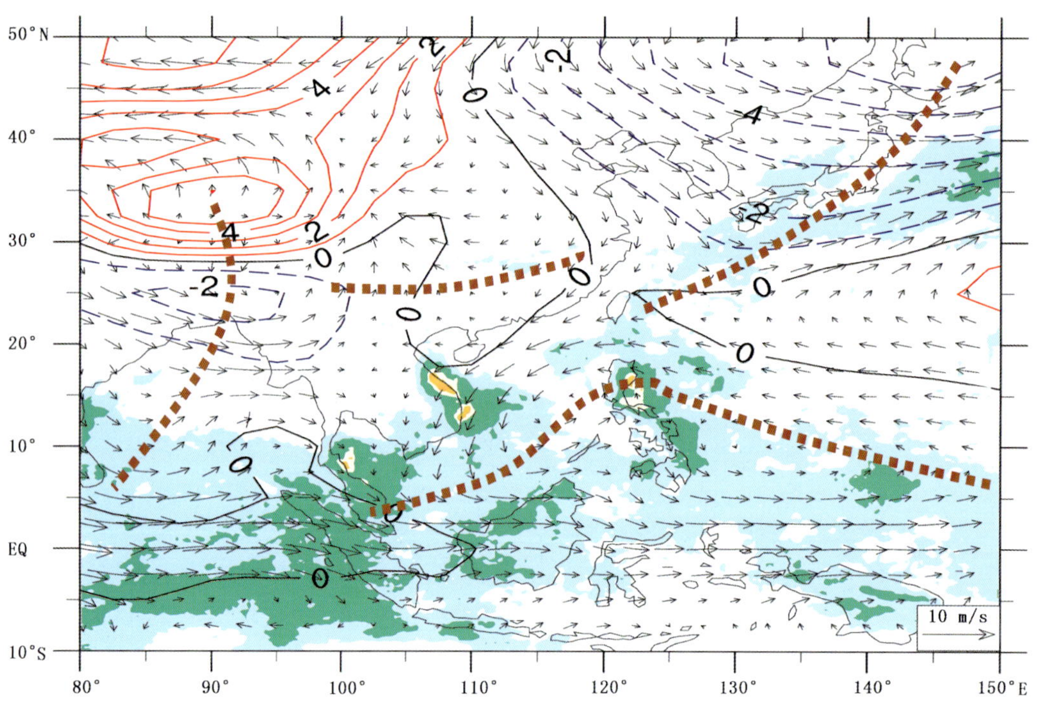


图 2-61　第 61 候(11 月 1—5 日)气候图。与第 60 候气候图比较，西南地形倒槽东扩到华南，对应倒槽东部有降水。

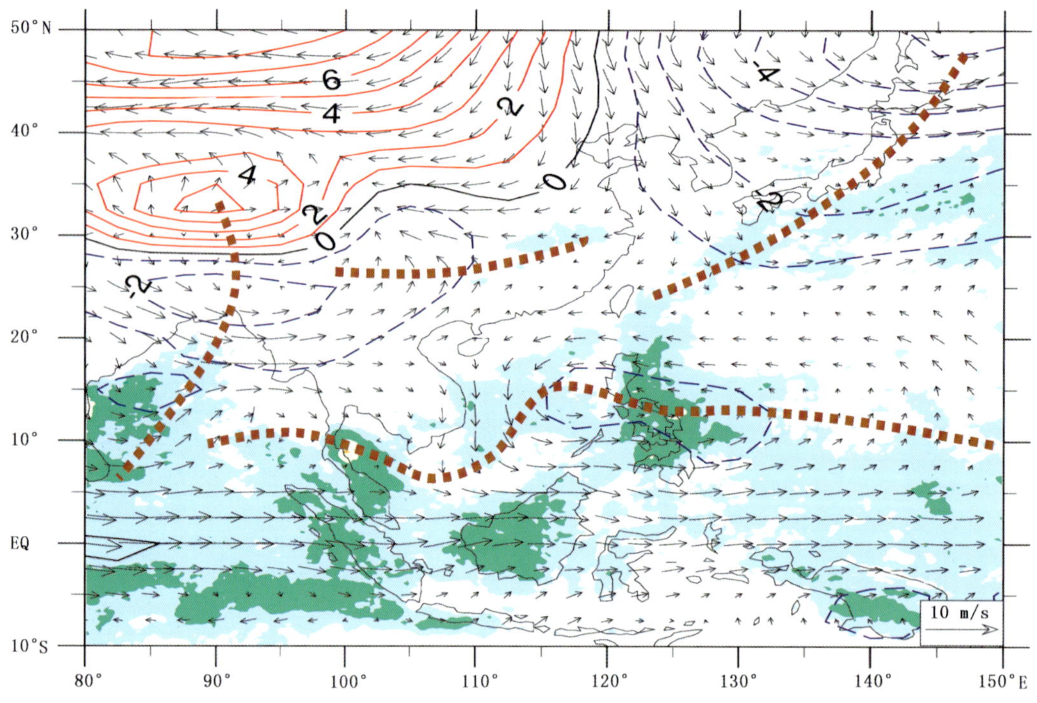


图 2-62　第 62 候(11 月 6—10 日)气候图。环流形势同第 61 候气候图。

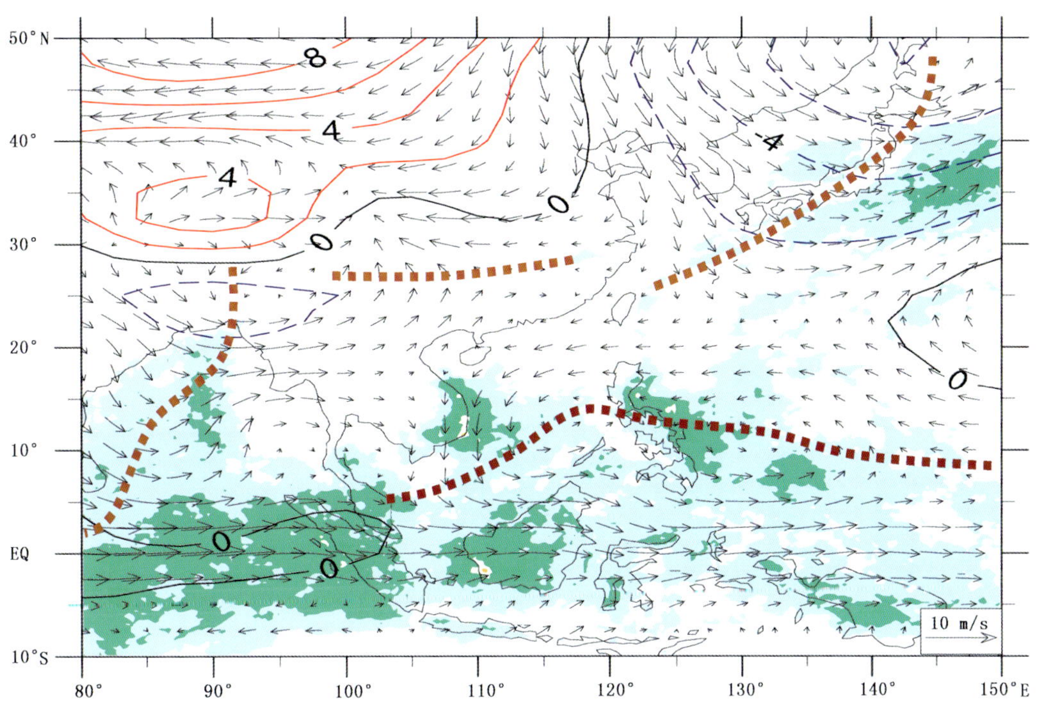


图 2-63　第 63 候(11 月 11—15 日)气候图。环流形势同第 61 候气候图。

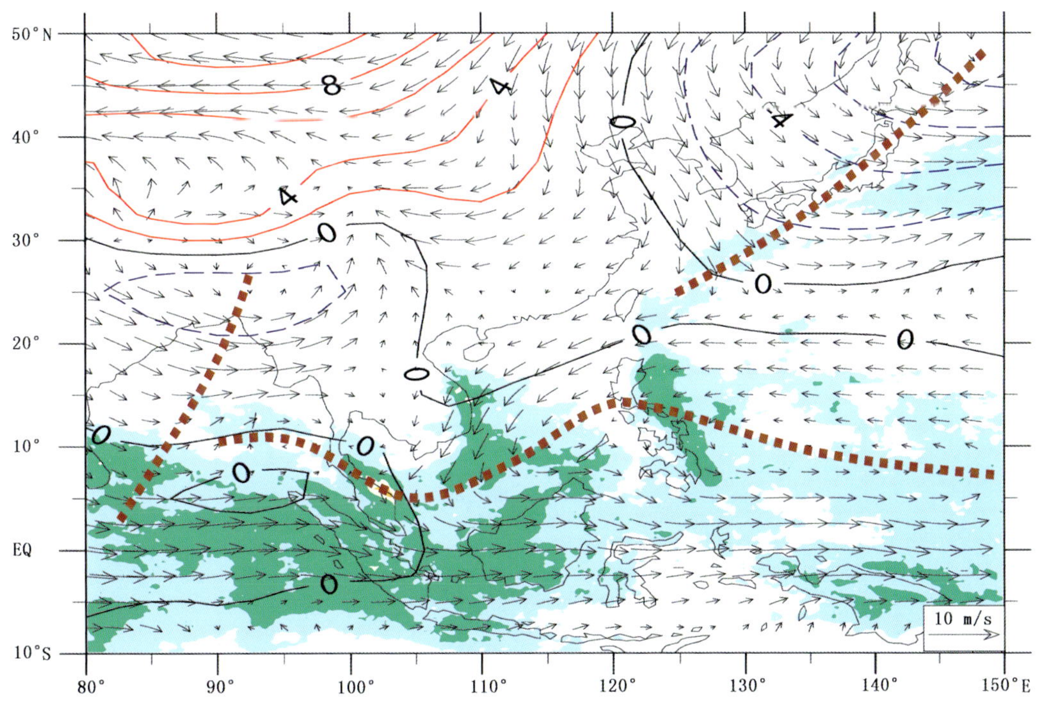


图 2-64　第 64 候(11 月 16—20 日)气候图。与第 63 候气候图比较,从这候开始西南地形倒槽是干槽,没有降水。

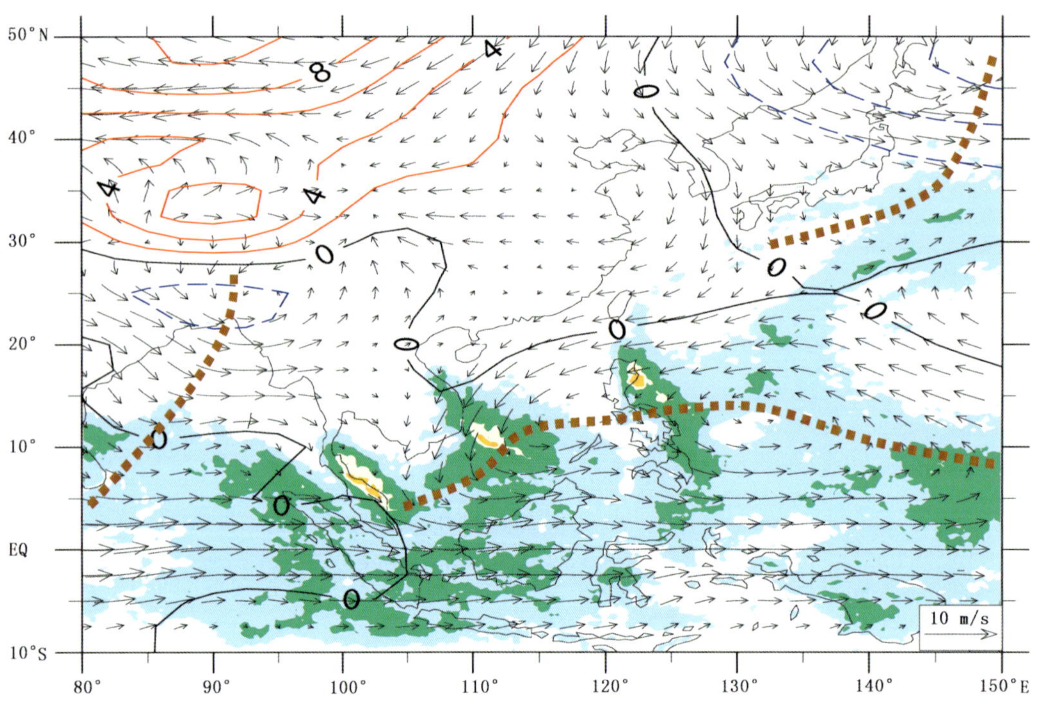


图 2-65　第 65 候(11 月 21—25 日)气候图。槽线分布同第 64 候气候图。

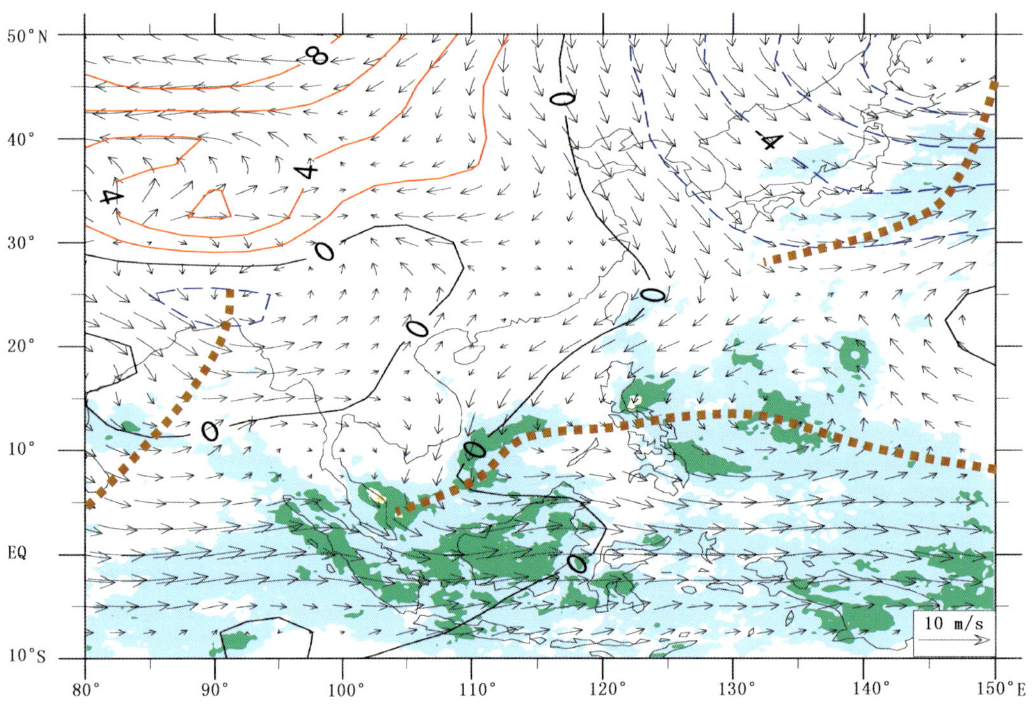


图 2-66　第 66 候(11 月 26—31 日)气候图。槽线分布同第 65 候气候图。

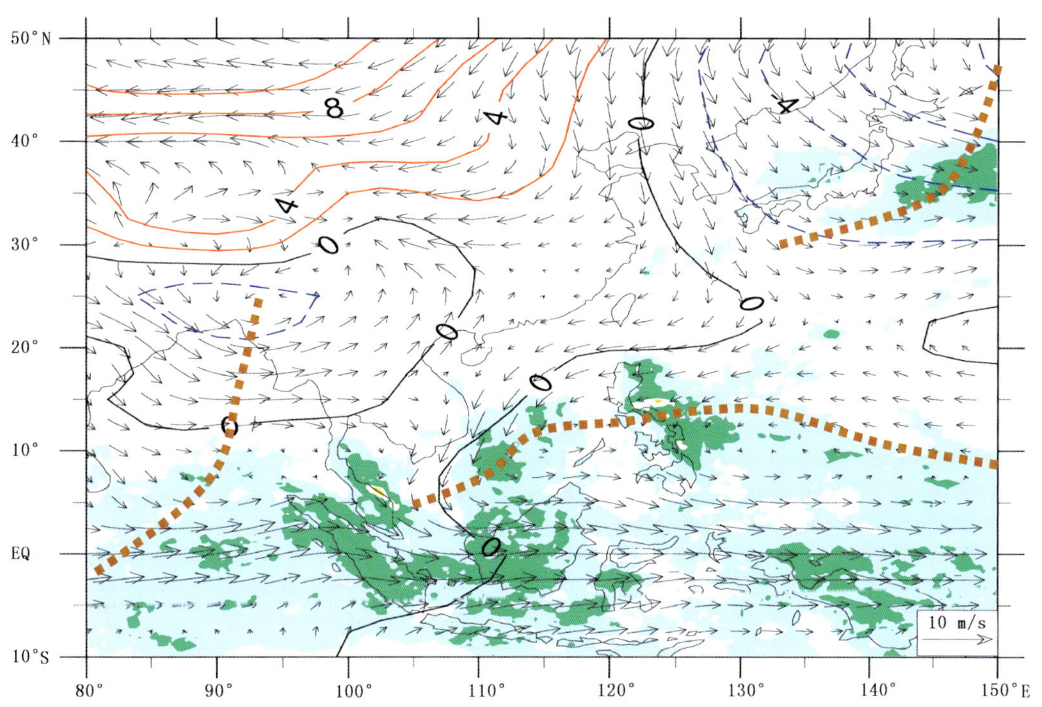


图 2-67 第 67 候(12 月 1—5 日)气候图。槽线分布同第 66 候气候图。

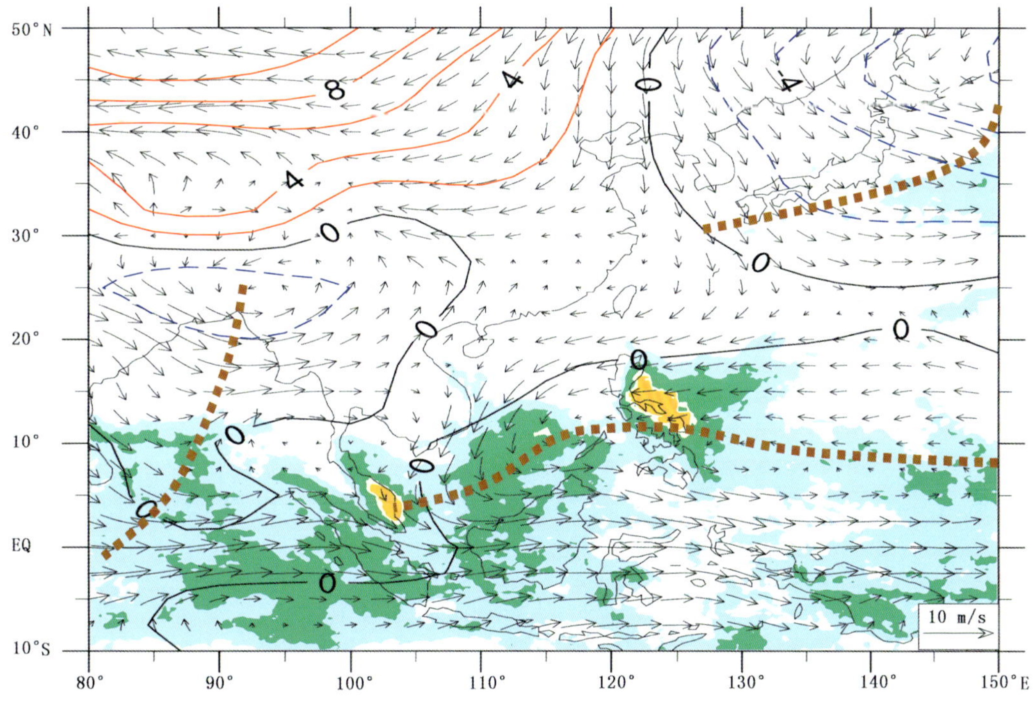


图 2-68 第 68 候(12 月 6—10 日)气候图。与第 67 候气候图比较,我国西南地区受西南气流影响,但地形倒槽(未画)附近没有降水。

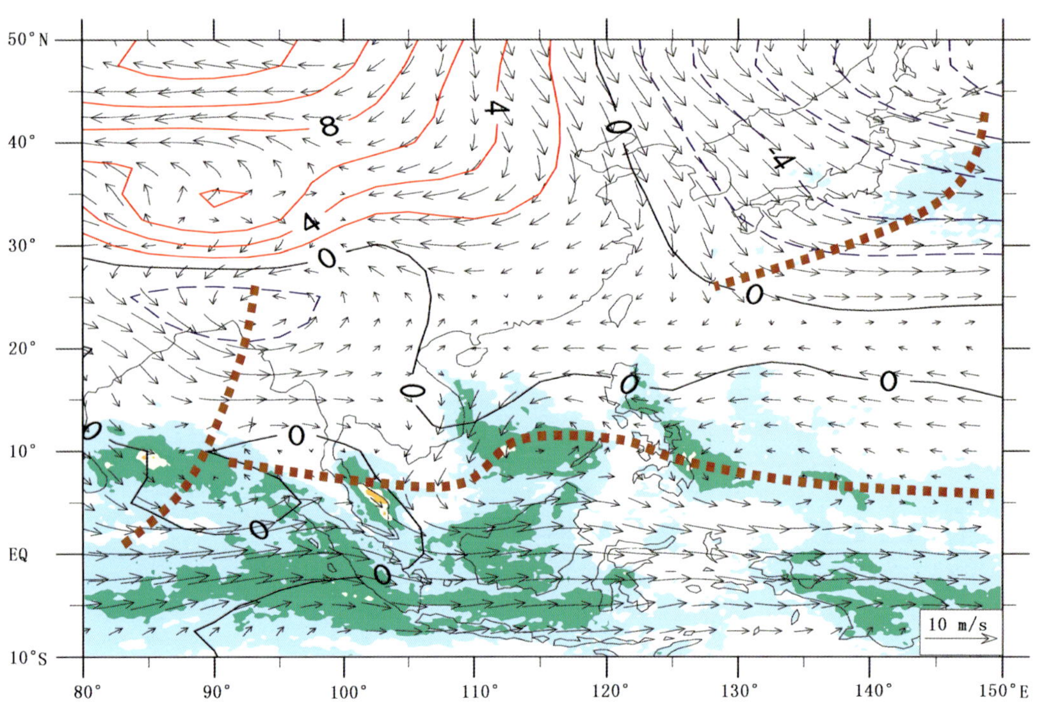


图 2-69　第 69 候(12 月 11—15 日)气候图。与第 68 候气候图比较,赤道辐合带活动于南海南部。

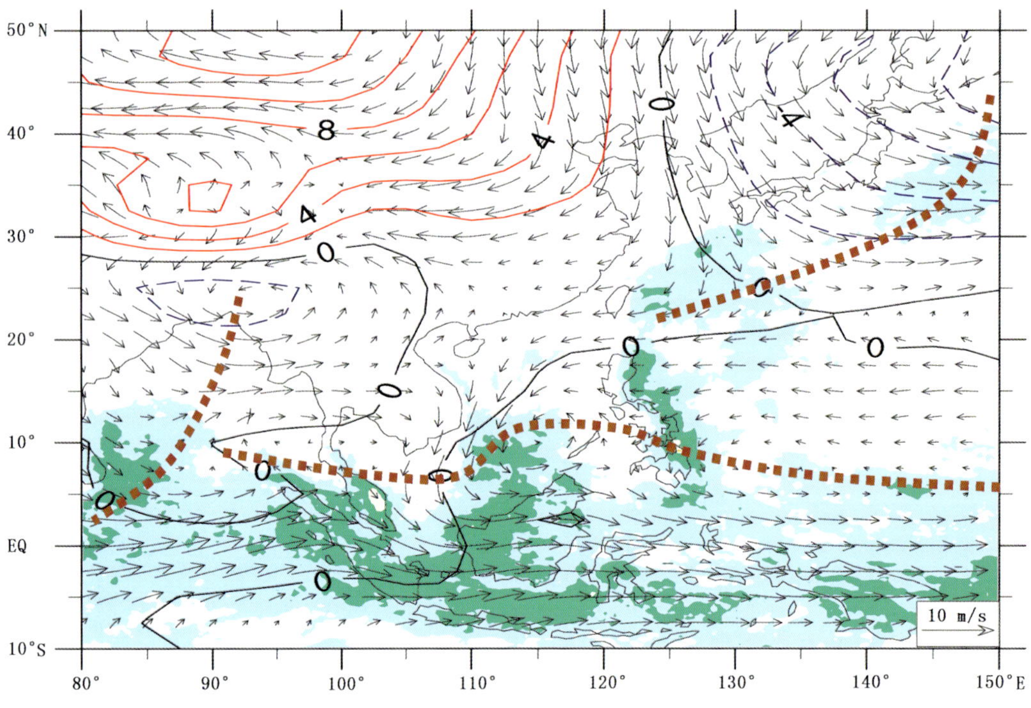


图 2-70　第 70 候(12 月 16—20 日)气候图。槽线分布同第 69 候气候图。

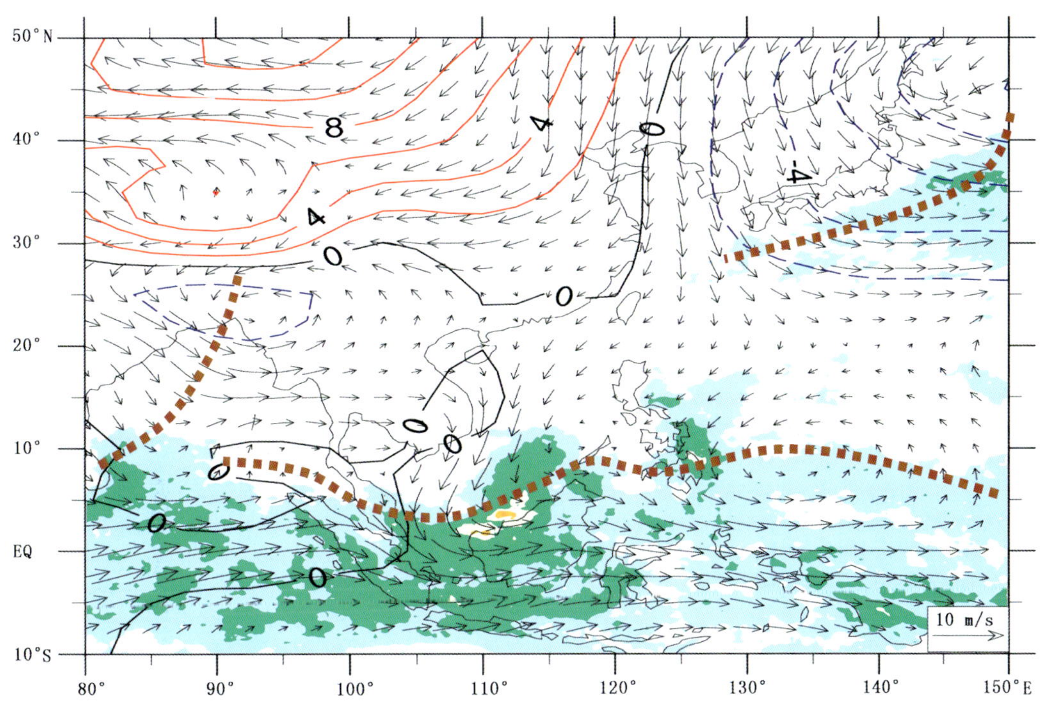


图 2-71 第 71 候(12 月 21—26 日)气候图。槽线分布同第 70 候气候图。

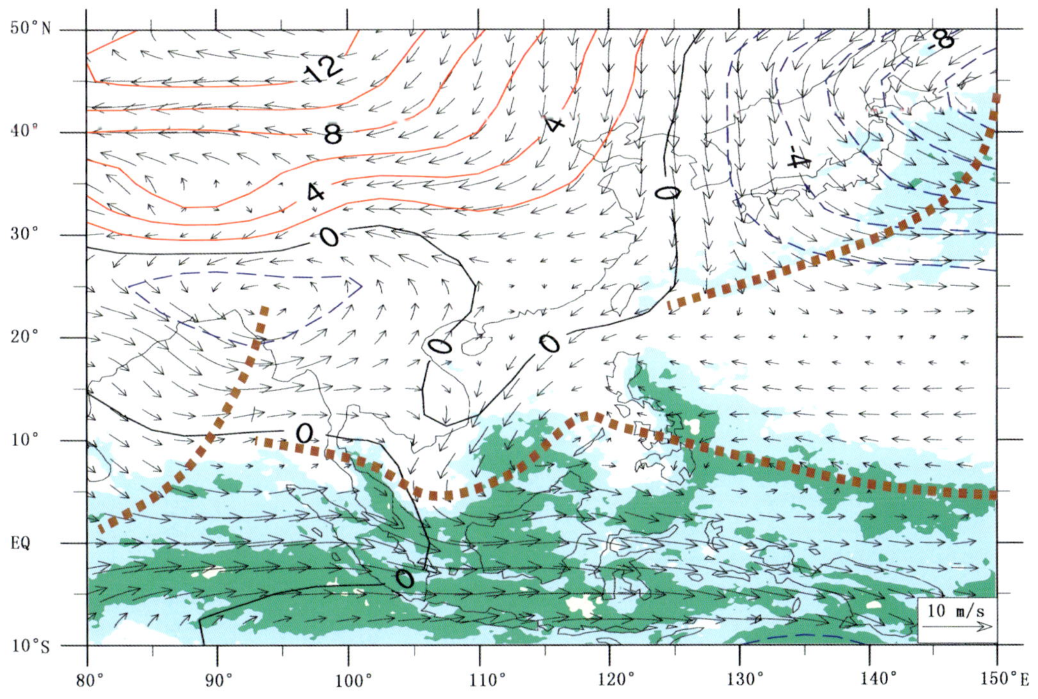


图 2-72 第 72 候(12 月 26—31 日)气候图。槽线分布同第 71 候气候图。

在由降水和 850 hPa 环流(海陆地形影响场)表示的 1—72 候气候钟中,降水与槽之间有着密切的联系。以青藏高原为中心,高原南侧的孟加拉湾(印缅)槽是常年存在的。随季节变化南海地区活动着东西向赤道辐合带和南北向季风槽的交替出现。西北太平洋季风槽是赤道辐合带随季节向中国东南沿海的延伸。东亚大槽和影响我国东北的横槽及倒槽的形成和消失是季节变化的。从第 50 候至次年第 24 候前,我国西南地区活动着一条地形倒槽,也维持着西南地区的季节性长期干旱。第 24 候开始,西南地形

槽的性质发生了变化，向东延伸成为东亚副热带春季季风槽。从第 28—44 候，东亚副热带季风槽从长江以南随季节逐步北移到我国西北、华北和东北地区。从第 45—50 候，东亚副热带季风槽由北向南移出中国大陆进入南海，大陆地区进入秋高气爽的季节。从第 60 候开始，南海北部也逐步进入到秋高气爽的季节。

## 2.3 环流扰动场与暴雨

多年平均降水与多年平均环流的关系反映了气候状况，而逐日降水可看成是大气扰动场的产物。以下成对的图给出区域性暴雨事件形成时的 850 hPa 观测风场与 850 hPa 扰动风场的比较。比较的结果是，扰动流场更能反映区域性暴雨的发生。预报员看到扰动流场可增加预报区域性暴雨的信心与勇气，利用未来 10 天中期数值天气预报模式产品就可以提前 10 天做出延伸期区域性暴雨的预报。

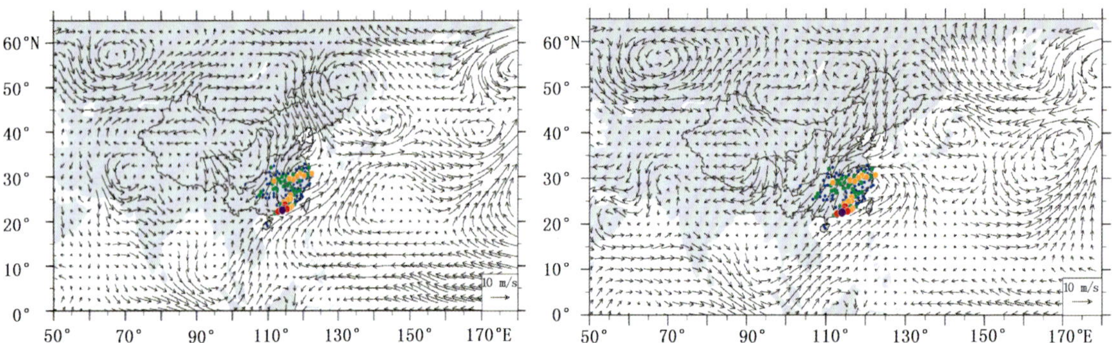



图 2-73　2000 年 4 月 14 日 08 时(北京时)850 hPa 观测风场(左)和扰动风场(右)与 2000 年 4 月 14 日 08 时至 15 日 08 时 24 小时降水量。蓝、绿、黄、红色圆点分别指示 25 mm、25～50 mm、50～100 mm 和＞100 mm 的站点日降水量，下同。扰动风场中气旋性冷式切变下的华南沿海区域暴雨与暖式切变下的长江下游区域暴雨比观测风场更为清楚。从东南亚到东北亚，来自东北亚的强劲扰动冷空气与来自东南亚的强劲暖空气在中国南方交汇，必然形成区域性的暴雨过程。

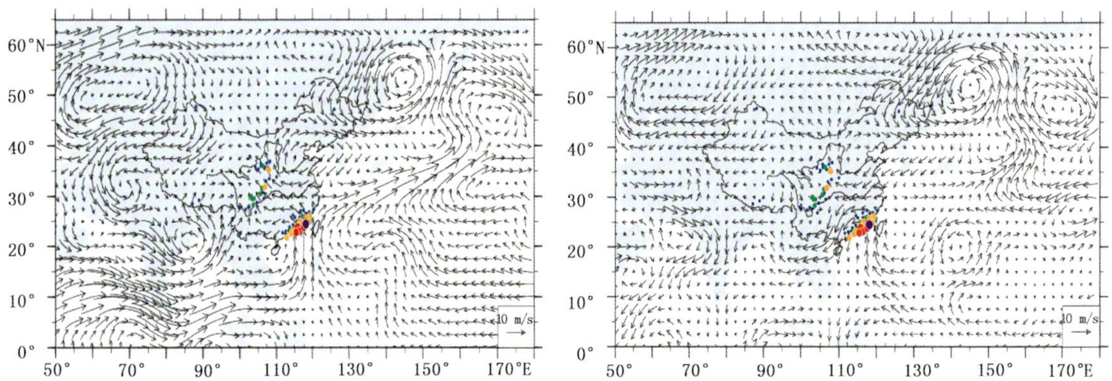



图 2-74　2000 年 6 月 18 日 08 时(北京时)850 hPa 观测风场(左)和扰动风场(右)与 2000 年 6 月 18 日 08 时至 19 日 08 时 24 小时降水量。中国大陆上有两处区域降水。西北地区降水的扰动气流辐合和华南沿海扰动气流的辐合都比观测风场清楚。

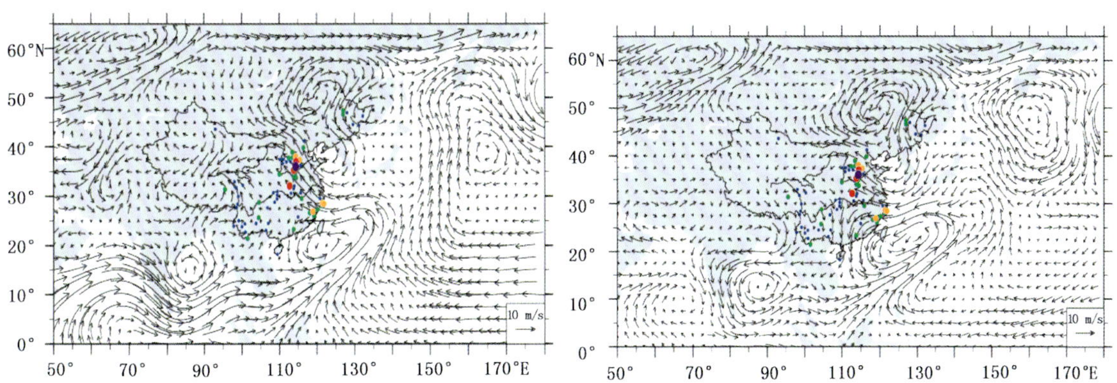


图 2-75　2000 年 7 月 5 日 08 时(北京时)850 hPa 观测风场(左)和扰动风场(右)与 2000 年 7 月 5 日 08 时至 6 日 08 时 24 小时降水量。扰动气流辐合处发生了 5 日 08 时至 7 日 08 时先后两个 24 小时的南北向区域性暴雨,而区域暴雨处观测风场的辐合不够清楚。

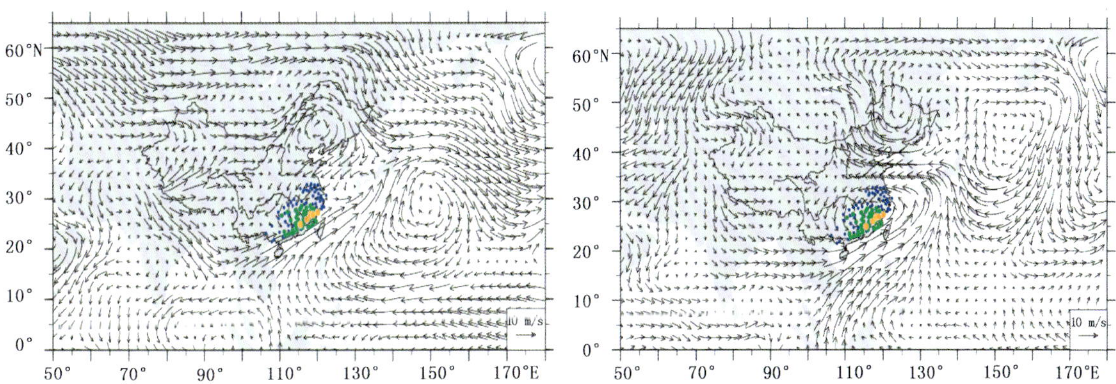


图 2-76　2001 年 1 月 25 日 08 时(北京时)850 hPa 观测风场(左)和扰动风场(右)与 2001 年 1 月 25 日 08 时至 16 日 08 时 24 小时降水量。区域暴雨就发生在扰动气旋性环流的中心位置,而观测场的气旋性环流中心在日本西部。

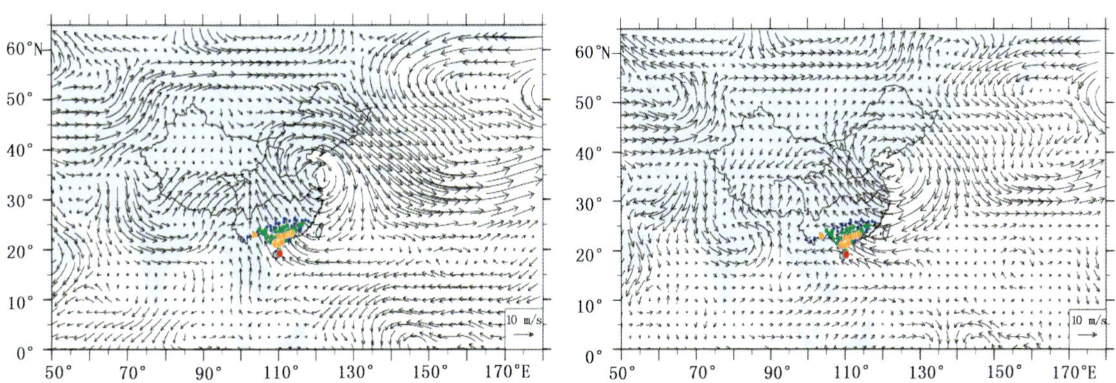


图 2-77　2001 年 2 月 25 日 08 时(北京时)850 hPa 观测风场(左)和扰动风场(右)与 2001 年 2 月 25 日 08 时至 26 日 08 时 24 小时降水量。扰动气流辐合位置处对应区域性暴雨的发生。

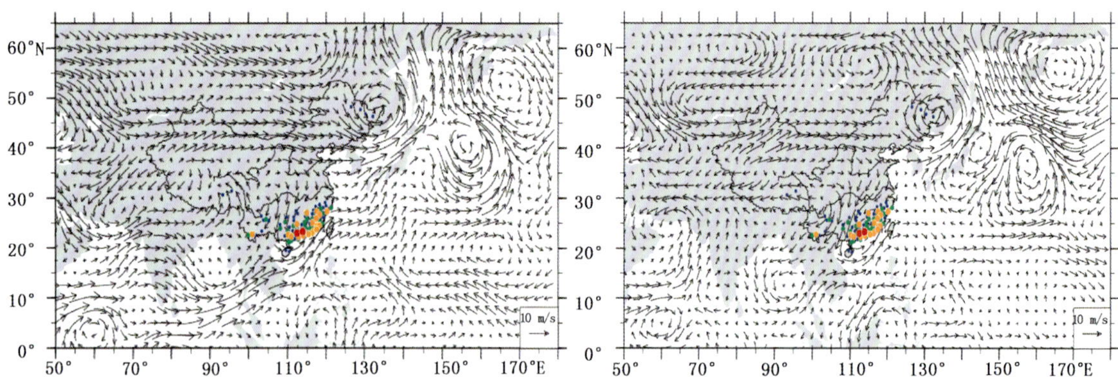

图 2-78　2001 年 5 月 18 日 08 时(北京时)850 hPa 观测风场(左)和扰动风场(右)与 2001 年 5 月 18 日 08 时至 19 日 08 时 24 小时降水量。中国大陆上有两个有利于降水的气旋性环流系统，分别在华南和东北。东北低压环流缺少水汽，没有形成区域暴雨。扰动气旋性环流对华南区域暴雨的指示更清楚。

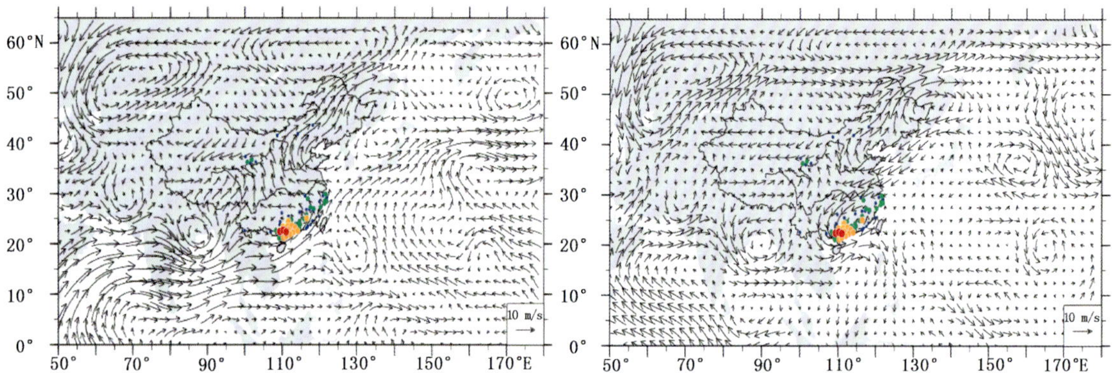

图 2-79　2001 年 7 月 17 日 08 时(北京时)850 hPa 观测风场(左)和扰动风场(右)与 2001 年 7 月 17 日 08 时至 18 日 08 时 24 小时降水量。扰动环流更能指示华南沿海区域性暴雨发生时的气旋性结构和南北方冷暖气流的强烈对比。

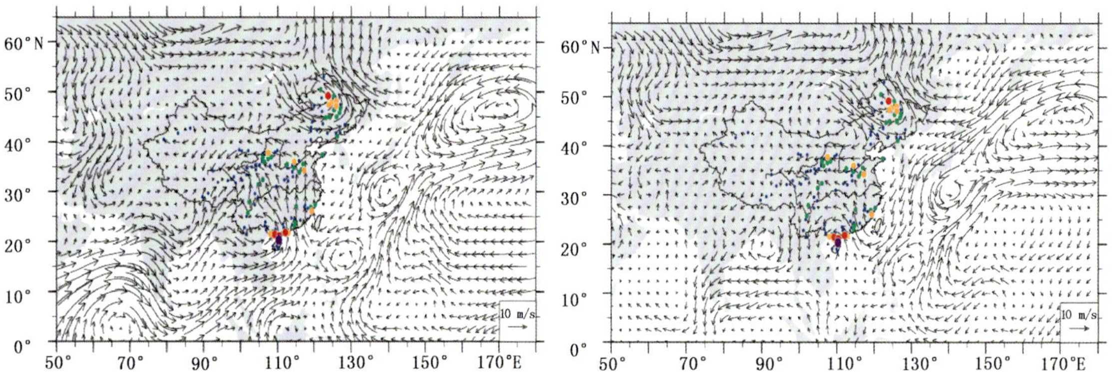

图 2-80　2001 年 7 月 26 日 08 时(北京时)850 hPa 观测风场(左)和扰动风场(右)与 2001 年 7 月 26 日 08 时至 27 日 08 时 24 小时降水量。中国大陆上发生了三处区域降水：东北、黄河流域和华南沿海。三处降水都发生在扰动流场的气旋性环流和偏南扰动气流的地方，特别是东北和华南沿海的暴雨对应的扰动环流更为清楚。

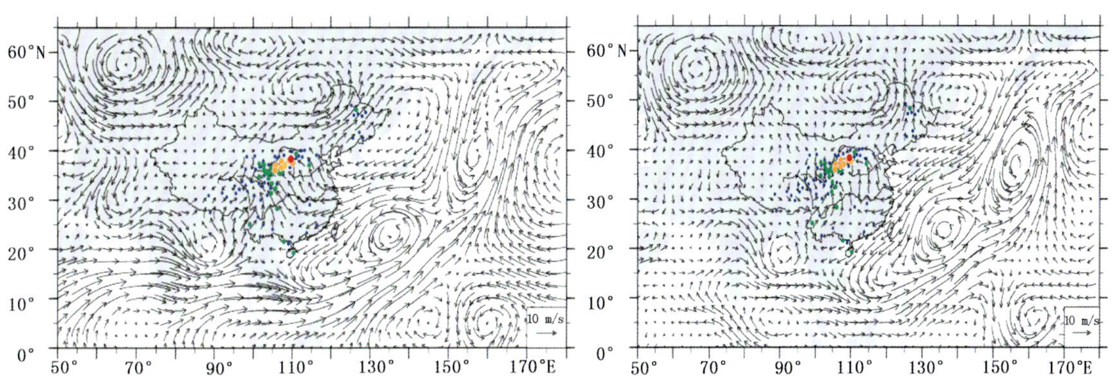


图 2-81 2001 年 8 月 18 日 08 时(北京时)850 hPa 观测风场(左)和扰动风场(右)与 2001 年 8 月 18 日 08 时至 19 日 08 时 24 小时降水量。这是一次西北部季风边缘上发生的区域性暴雨。由东北亚伸展到长江下游的扰动反气旋环流脊的西北侧是暴雨区。

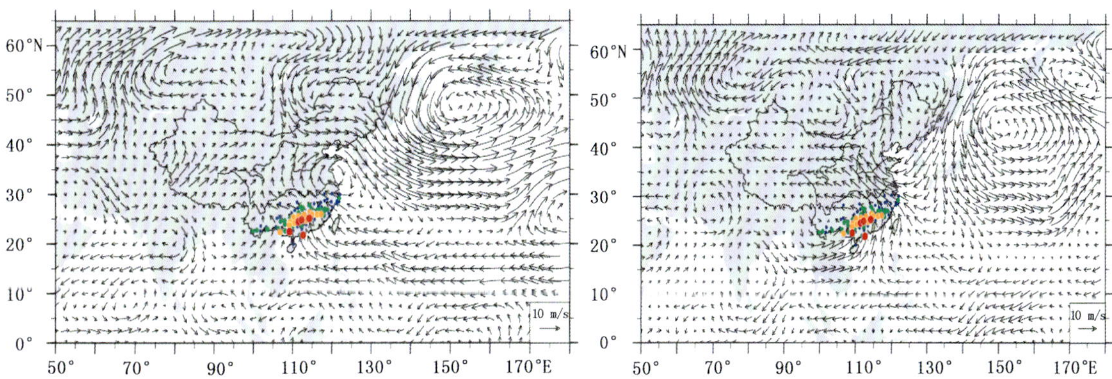


图 2-82 2002 年 10 月 29 日 08 时(北京时)850 hPa 观测风场(左)和扰动风场(右)与 2002 年 10 月 29 日 08 时至 30 日 08 时 24 小时降水量。华南区域性暴雨的扰动流场气旋性切变更为明显。

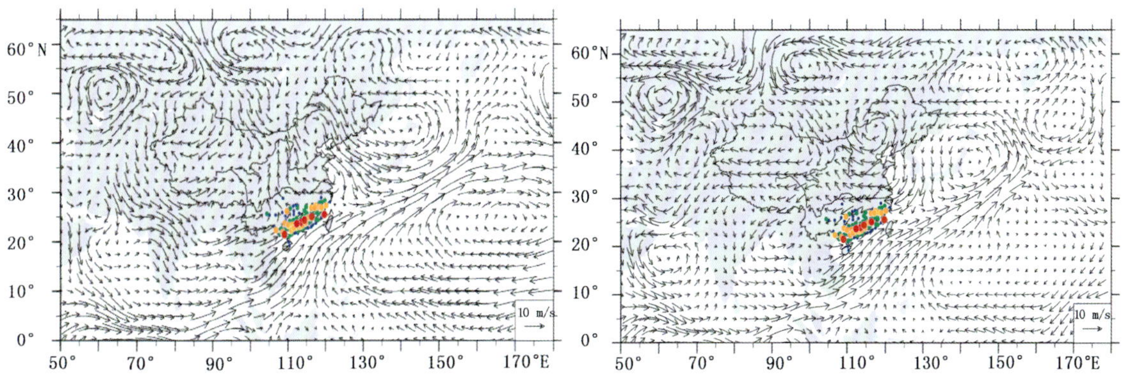


图 2-83 2005 年 5 月 9 日 08 时(北京时)850 hPa 观测风场(左)和扰动风场(右)与 2005 年 5 月 9 日 08 时至 10 日 08 时 24 小时降水量。这是一次较大范围的区域性暴雨事件。华南的扰动涡旋与区域性暴雨区非常一致。

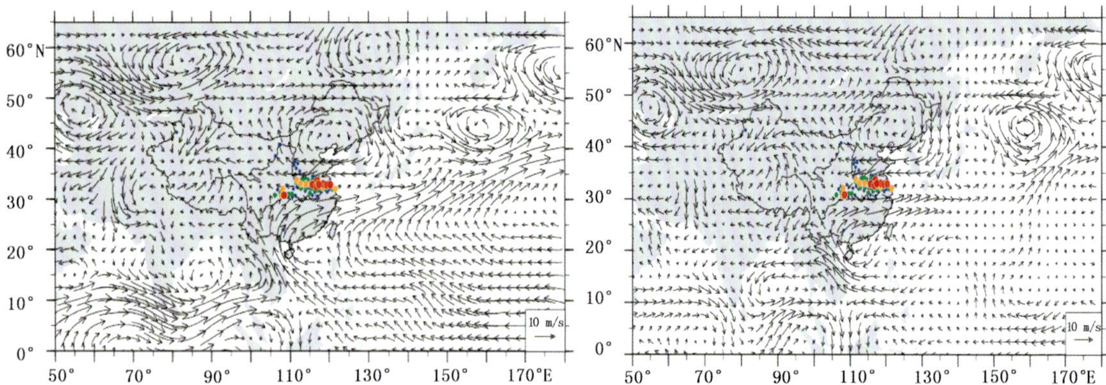


图 2-84　2006 年 6 月 3 日 08 时(北京时)850 hPa 观测风场(左)和扰动风场(右)与 2000 年 6 月 3 日 08 时至 4 日 08 时 24 小时降水量。观测风场低纬度主要为副高环流。扰动风场上，江淮流域的区域性暴雨发生在东北扰动反气旋与华南沿海扰动反气旋之间的扰动风场辐合带上，由扰动环流判断暴雨区位置更为清楚。

二十四节气气候时钟的季节气候变化是要认识和记住的，古人就是这样做的。今天人们可以从 24 节气延伸到 72 候或 365 日季节气候，把握更多的气候指示内容。每日暴雨和极端天气事件是大气扰动要素场的产物。极端天气和扰动要素场在每日都是千变万化的。这里需要掌握的是数理结合的大气变量分解方法，而不是纯数学的无穷正交波动的分解方法。

## 参考文献

Kanamitsu M, Ebisuzaki W, Woollen J, Yang S-K, Hnilo J J, Fiorino M, Potter G L. NCEP-DEO AMIP-II Reanalysis (R-2). *Bul. Atmos. Met. Soc.*, 2002, **83**:1631-1643.

Qian W H, Yang S. Onset of the regional monsoon over Southeast Asia. *Meteorology and Atmospheric Physics*, 2000, **74** (5): 335-344.

Qian W H, Lee D-K. Seasonal march of Asian summer monsoon. *Int. J. Climatology*, 2000, **20**:1371-1386.

# 第 3 章 全球海温演变

使一立方米的海水升高 1℃需要的热量远远大于使一立方米的大气升高同等温度所需要的热量。同理，海水温度降低 1℃释放的热量也比大气多得多。这就是，海洋具有比大气大得多的热容。海洋面积是陆地面积的双倍，太阳辐射可以到达海面以下。海洋接受到的太阳辐射，然后又可以通过感热作用于大气。全球有四大洋。除了北冰洋被冰雪覆盖外，太平洋、大西洋和印度洋是热带海气相互作用显著的区域。中低纬度海洋也是地球储存太阳辐射热量最多并且变率最大的区域。从表层海洋至距离表层 100～400 m 的次表层海洋有一个海温年际变化最大的垂直厚度，也称为海洋温跃层。现代海温资料在表层一次表层 400 m 内有 10 多个海温数据层。我们可以定义一个最大次表层海温异常（MSTA）（Qian 等，2003；Qian 等，2004；2006）来表征温跃层强度的变化。在每个月的每个深度上，总能计算出海温相对气候平均的距平。垂直方向 400m 内 11 层上总存在一个海温距平最大值，记为 MSTA。表层的海温距平记为 SSTA。这样，在一个海洋水平网格点上有两个海温异常值，即 SSTA 和 MSTA。我们可以用 MSTA 来表征温跃层的海洋变化。在年际尺度上，SSTA 是突然变化的，而 MSTA 在次表层是传播的，于是 MSTA 可以用作为表层海温异常变化的前期预测信号。

本章用区域和全球的海温正距平或负距平总和表示海洋的热力状况。近 150 年以来，全球海洋具有长期增暖的趋势，与全球气温的长期趋势一致。全球和区域海温还具有年代际尺度的波动，其冷暖年代际波动位相与全球气温年代际波动相同。近 10 多年，太平洋海温进入到了一个暖平台，而大西洋海温进入最暖期。赤道太平洋的海温年际波动与全球气温年际波动同步。全球和区域海温长期变化是全球气候变化研究的基础。

图 3-1 所用的海温表层数据来自英国 Hadisst1 sst（Rayner 等，2003）资料，图 3-2（a）、（b）、（d）所用的次表层海温来自美国 NCEP 的 GODAS（Behringer 等，1998）次表层多层海温数据，其他各图数据均来自美国 NOAA 的 ERSST V3b sst（Smith 等，2008）表层海温数据；表 3-1 数据来自英国 Hadisst1 sst 资料，表 3-2 至表 3-3 数据来自美国 NOAA 的 ERSST V3b sst 表层海温数据。

本章首先给出全球表层海温的 12 个月气候平均分布。全球海温分布中存在两个暖池区，分别位于热带西太平洋至中东印度洋和加勒比海区域。暖池区海温随季节的变化不是时间对称的，最低月份出现在 1—2 月，最高月份出现在 5 月。目前人们已经对赤道太平洋的表层海温变化认定了不同的海温异常型，它们是：El Niño 事件、La Niña 事件和假 El Niño 事件（赤道中太平洋表层暖，而东、西两侧冷）的海温异常分布型。我们依照假 El Niño 事件的海温异常分布型进一步给出了与之相反的假 La Nina 海温异常（赤道中太平洋表层冷，而东、西两侧暖）分布型。对这四类海温异常分布型，我们进一步给出了次表层的海温异常结构。

图 3-6 给出了反映赤道太平洋海温异常分布型的多种指标，其中也给出了用区域表层海温正距平累加和负距平累加表征的赤道太平洋海温热力指标（EPHI）。EPHI 与 Nino3.4 指标具有相同的对赤道太平洋海温异常的指示意义，但 EPHI 要比其他的几种指标更稳定。图 3-7 至图 3-23 给出了各个洋盆区域的海温正距平累加和负距平累加，以此反映海洋热力特征的长期变化。

图 3-24 至图 3-31 分别给出了各个洋盆中表层与次表层海温变化的关系及其次表层海温异常信号的传播特征。这为表层海温异常的预测提供了来自次表层的海洋学早期信号。图 3-32 至图 3-34 给出了赤道太平洋海温异常型对应的大气环流异常。

## 3.1 全球气候海温

(a) 1月

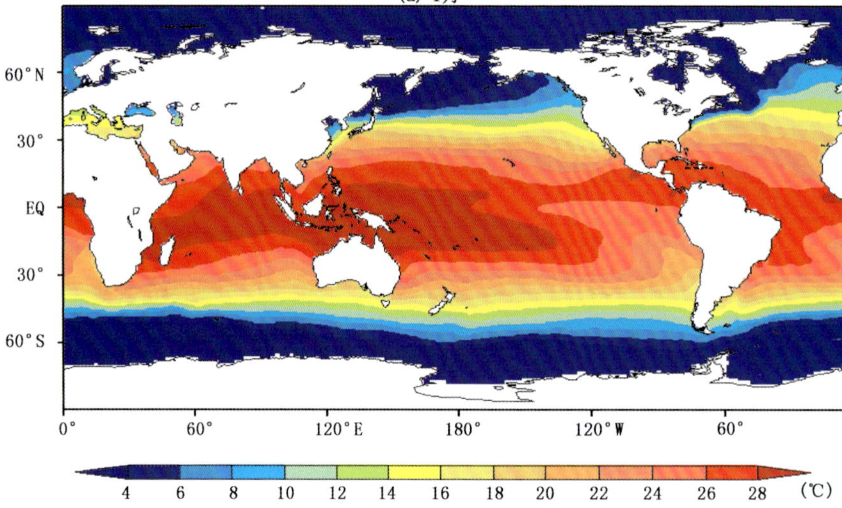

(b) 2月

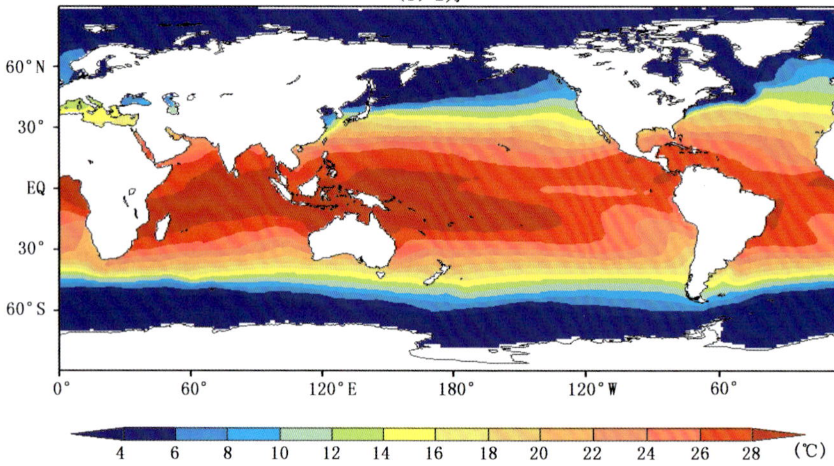

(c) 3月

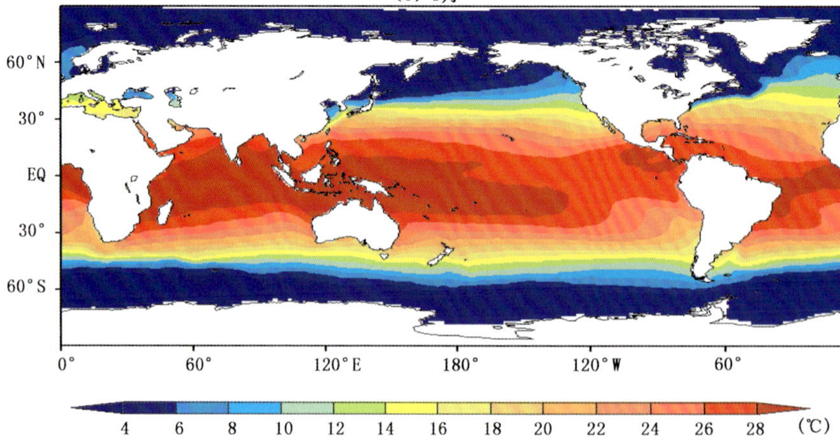

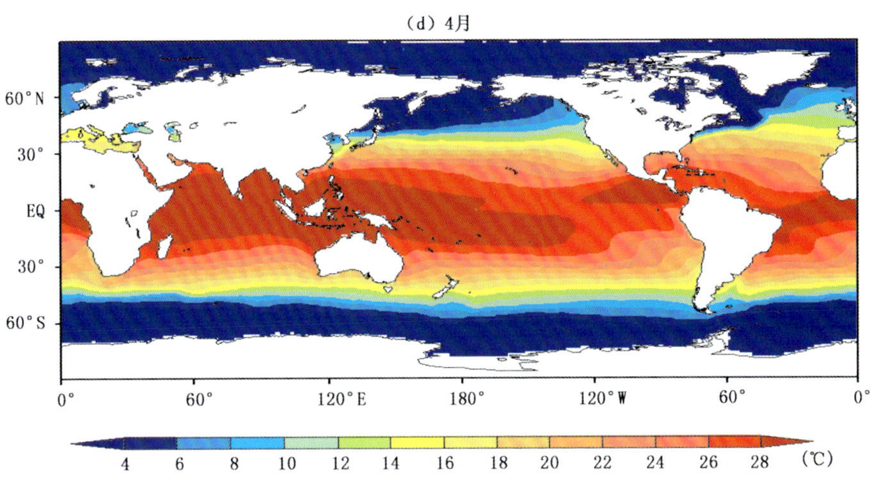
(d) 4月
60°N
30°
EQ
30°
60°S
0°
60°
120°E
180°
120°W
60°
0°
4
6
8
10
12
14
16
18
20
22
24
26
28
(℃)

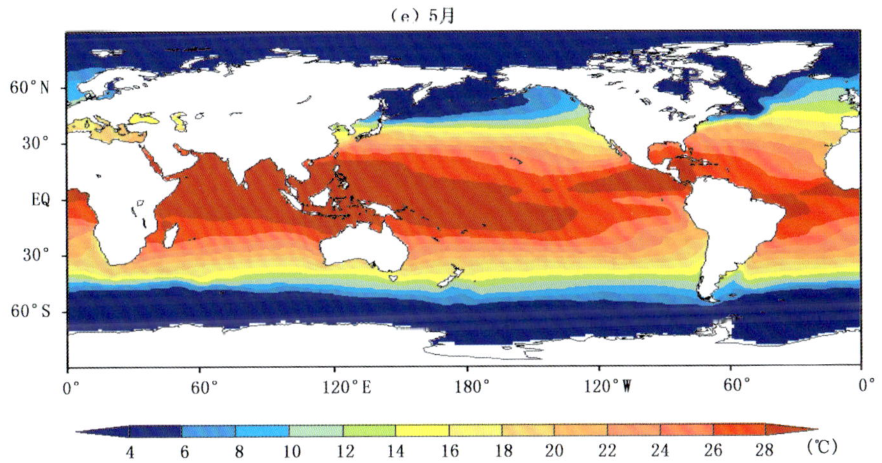
(e) 5月
60°N
30°
EQ
30°
60°S
0°
60°
120°E
180°
120°W
60°
0°
4
6
8
10
12
14
16
18
20
22
24
26
28
(℃)

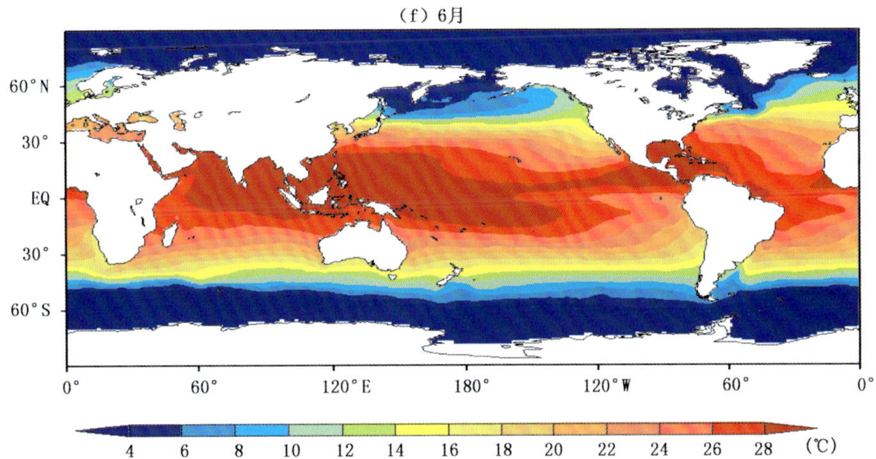
(f) 6月
60°N
30°
EQ
30°
60°S
0°
60°
120°E
180°
120°W
60°
0°
4
6
8
10
12
14
16
18
20
22
24
26
28
(℃)

（g）7月

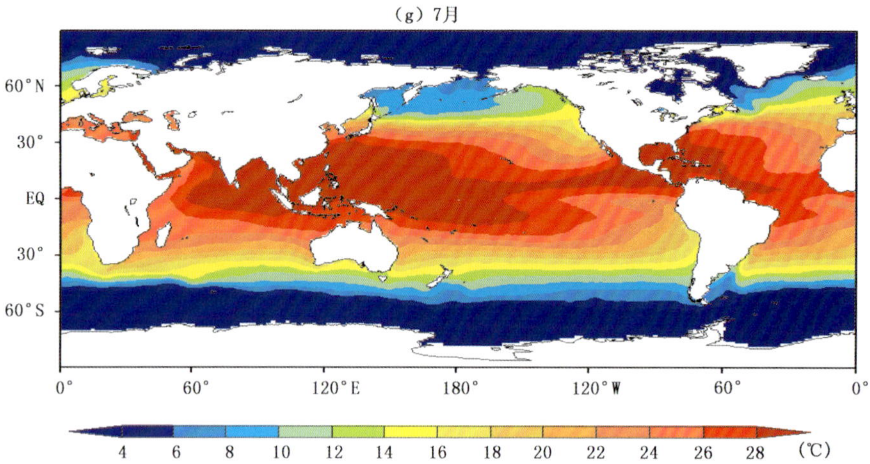
60°N
30°
EQ
30°
60°S
0°
60°
120°E
180°
120°W
60°
0°
4
6
8
10
12
14
16
18
20
22
24
26
28
(℃)

（h）8月

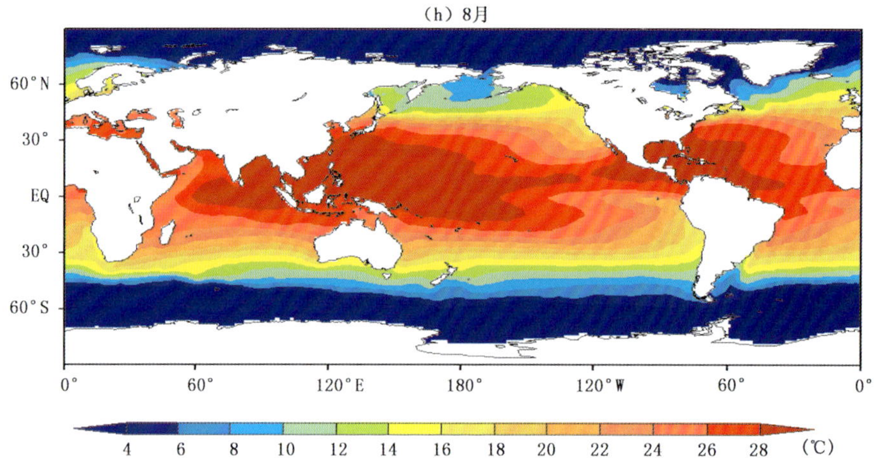
60°N
30°
EQ
30°
60°S
0°
60°
120°E
180°
120°W
60°
0°
4
6
8
10
12
14
16
18
20
22
24
26
28
(℃)

（i）9月

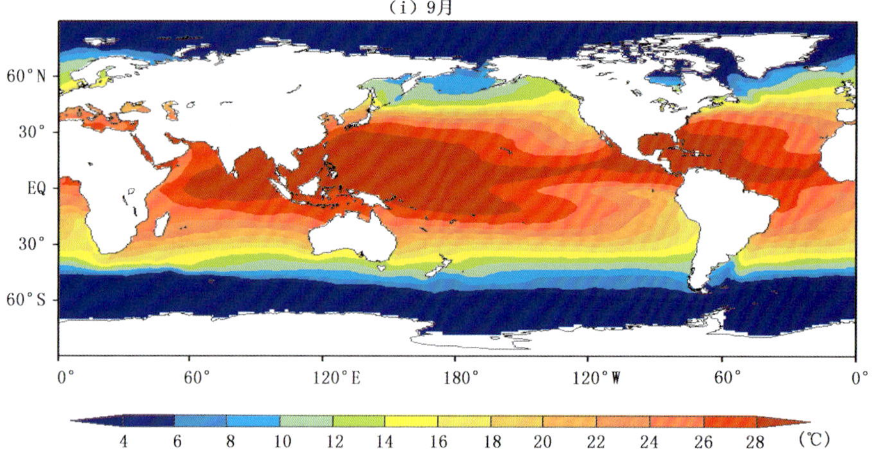
60°N
30°
EQ
30°
60°S
0°
60°
120°E
180°
120°W
60°
0°
4
6
8
10
12
14
16
18
20
22
24
26
28
(℃)

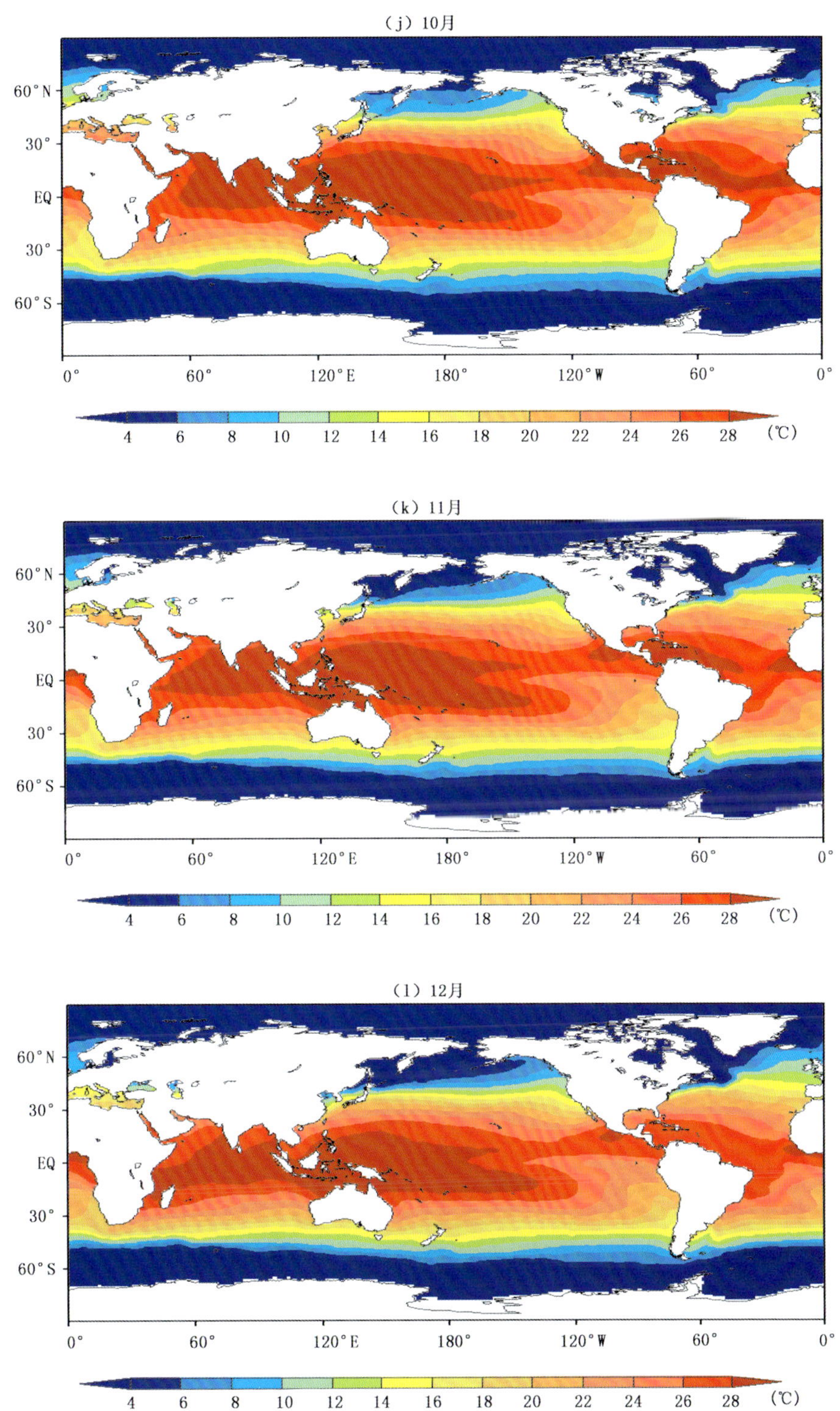


图 3-1　最近 30 年(1980—2009 年)全球中低纬度海温月平均图。全球最高的海温(>28°C)区位于热带西太平洋至赤道中东印度洋,次高海温区位于加勒比海。全球两个最大海温中心区也是最强的海洋暖池区,其强度是随季节变化的。赤道东南太平洋有一冷海水区。赤道太平洋上形成了东西方向上的海温梯度。这一东西向海温梯度的年际变化与大气环流变化有关,就是所谓的 El Nino-Southern Oscillation (ENSO)[厄尔尼诺—南方涛动(恩索)]年际振荡现象。

表 3-1　1980—2009 年热带西太平洋至中东印度洋和加勒比海区域气候海温随季节的变化

| 月份 | 热带西太平洋至中东印度洋大值中心海区(22°N～14°S,78°E～180°E)海温平均值(℃) | 加勒比海大值中心海区(12°N～16°N,80°W～60°W)海温平均值(℃) |
|---|---|---|
| 1 | 28.0 | 26.8 |
| 2 | 27.9 | 26.5 |
| 3 | 28.3 | 26.6 |
| 4 | 28.7 | 27.0 |
| 5 | 29.0※ | 27.7 |
| 6 | 28.9 | 28.0 |
| 7 | 28.6 | 28.4 |
| 8 | 28.5 | 28.6 |
| 9 | 28.6 | 28.8 |
| 10 | 28.7 | 28.9※ |
| 11 | 28.7 | 28.5 |
| 12 | 28.4 | 27.6 |

注:※指示最大气候海温出现的月份数值。两个区域最低气候海温都出现在 2 月份。西太平洋暖池的最高气候海温出现在 5 月份，而西大西洋暖池最高海温出现在 10 月份。太平洋最低气候海温与最高气候海温的过渡期只有 3～4 个月，反映了春季海温变化的快速特性和季节变化的时间不对称性，这可能与 ENSO 事件的春季预报障碍有关。

## 3.2　次表层海温结构

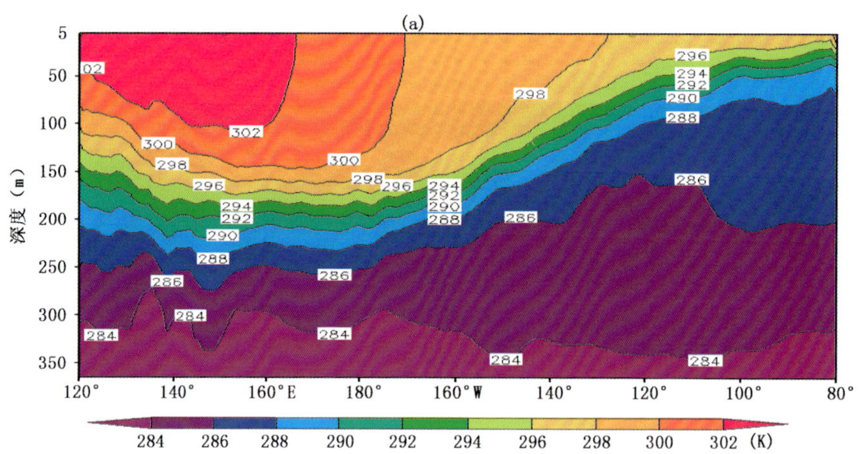


图 3-2　2009 年 1 月(a)沿赤道(5°N～5°S)太平洋深度剖面上的 La Nina 位相海温分布(K),(b) 相对气候平均(相对 1980—2009 年)的异常(℃)深度剖面,(c) 海温距平(SSTA,℃)和(d) 次表层海温距平(MSTA,℃)。赤道太平洋深度剖面上,288～296 K 的深度范围大致是海洋温跃层(Thermocline)的位置。温跃层以上是混合层,以下是海洋等温层。海温变幅最大的深度就在温跃层上,也是 MSTA 变量反映的层次。在 La Nina 海温位相的同一个月份,赤道中太平洋为负的海温异常中心,但次表层 MSTA 以赤道中太平洋为界,西侧为正的 MSTA,而东部为负的 MSTA。在 La Nina 事件的鼎盛时期,赤道印度洋也表现为东部正 MSTA 与西部负 MSTA 相反的跷跷板次表层海温变化结构(Qian 等, 2003)。

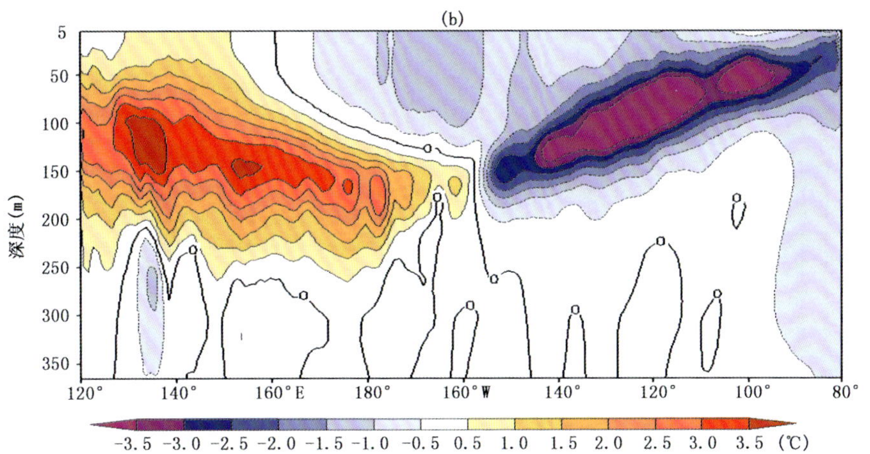
(b)
深度(m)
5
50
100
150
200
250
300
350
120°
140°
160°E
180°
160°W
140°
120°
100°
80°
-3.5 -3.0 -2.5 -2.0 -1.5 -1.0 -0.5 0.5 1.0 1.5 2.0 2.5 3.0 3.5 (℃)

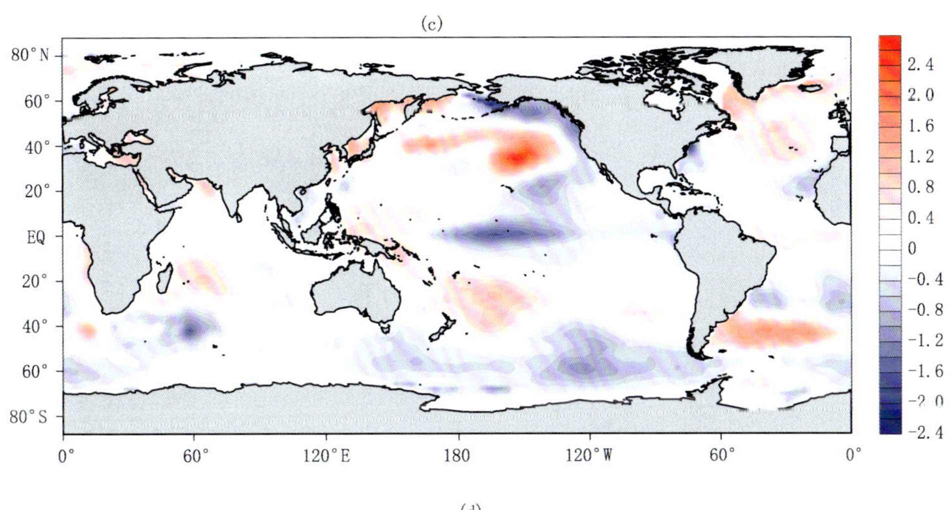
(c)
80°N
60°
40°
20°
EQ
20°
40°
60°
80°S
0°
60°
120°E
180
120°W
60°
0°
2.4
2.0
1.6
1.2
0.8
0.4
0
-0.4
-0.8
-1.2
-1.6
-2.0
-2.4

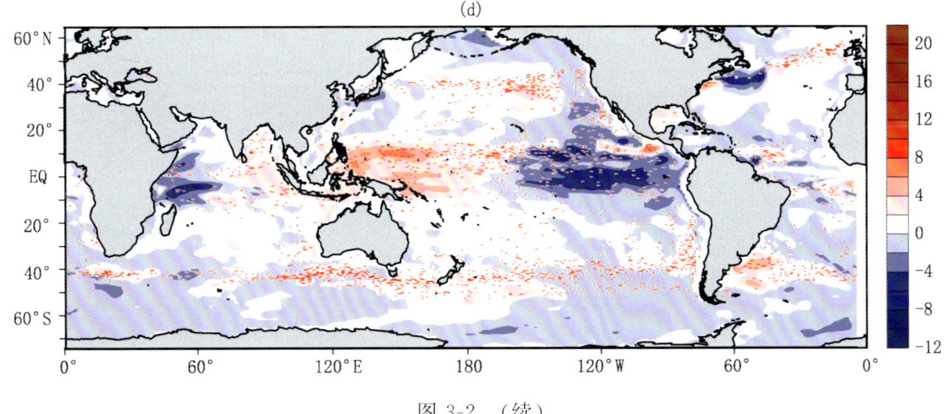
(d)
60°N
40°
20°
EQ
20°
40°
60°S
0°
60°
120°E
180
120°W
60°
0°
20
16
12
8
4
0
-4
-8
-12

图 3-2 （续）

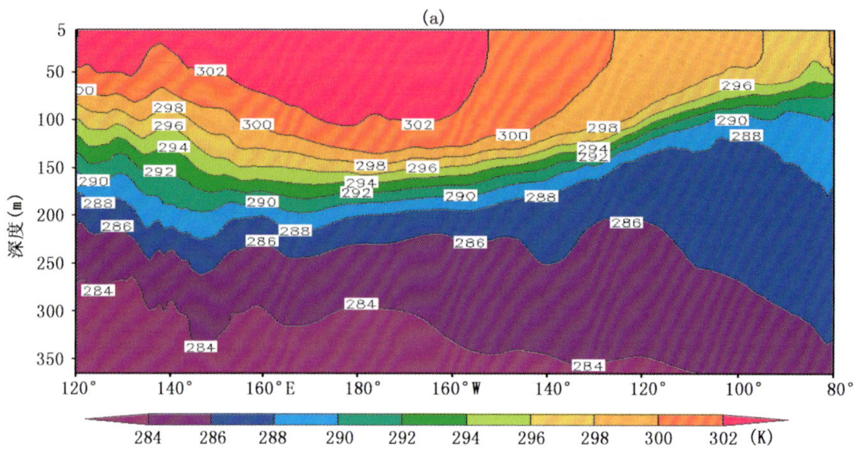


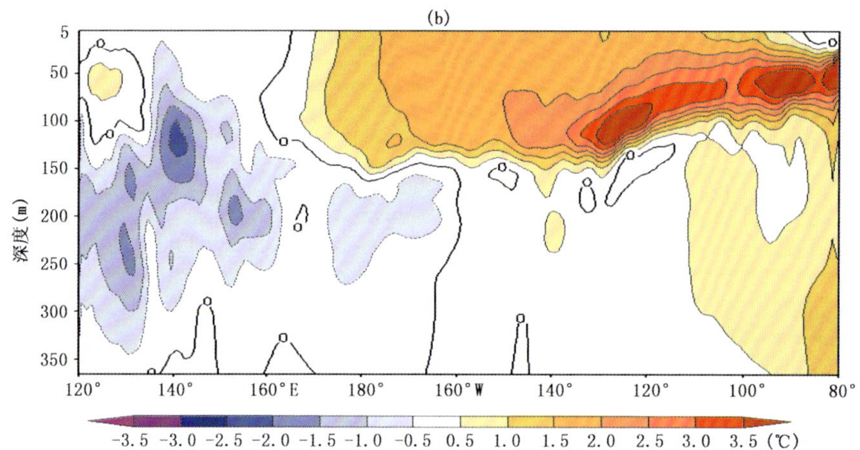


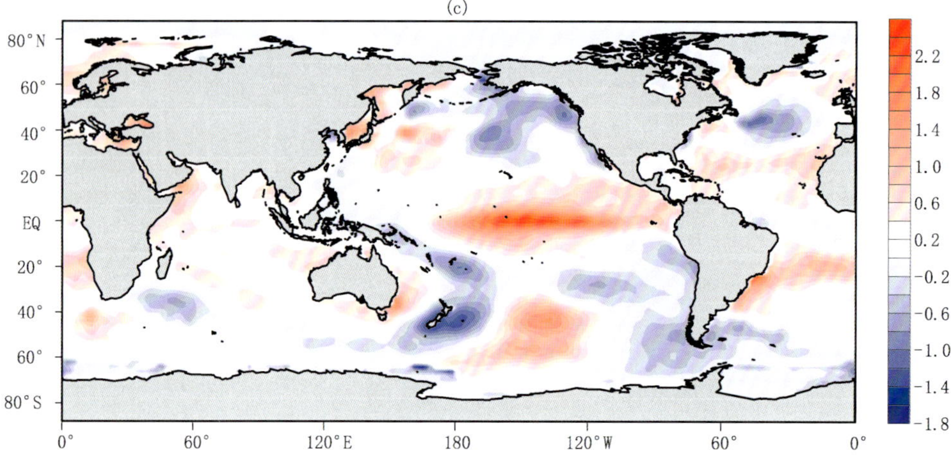


图 3-3　2009 年 12 月(a)沿赤道(5°N～5°S)太平洋深度剖面上的 El Niño 位相海温分布(K),(b) 相对气候平均(相对 1980—2009 年)的海温异常(℃)深度剖面,(c) 海温距平(SSTA,℃)和(d) 次表层海温距平(MSTA,℃)。在 El Niño 事件成熟时期,赤道西太平洋温跃层高度上升,而赤道东太平洋温跃层高度下降,次表层的海温变化大于表层的海温变化。沿赤道太平洋,表层海温几乎为正距平,但次表层海温距平(MSTA)表现为赤道中东部的正异常与赤道外和赤道西太平洋的负异常。

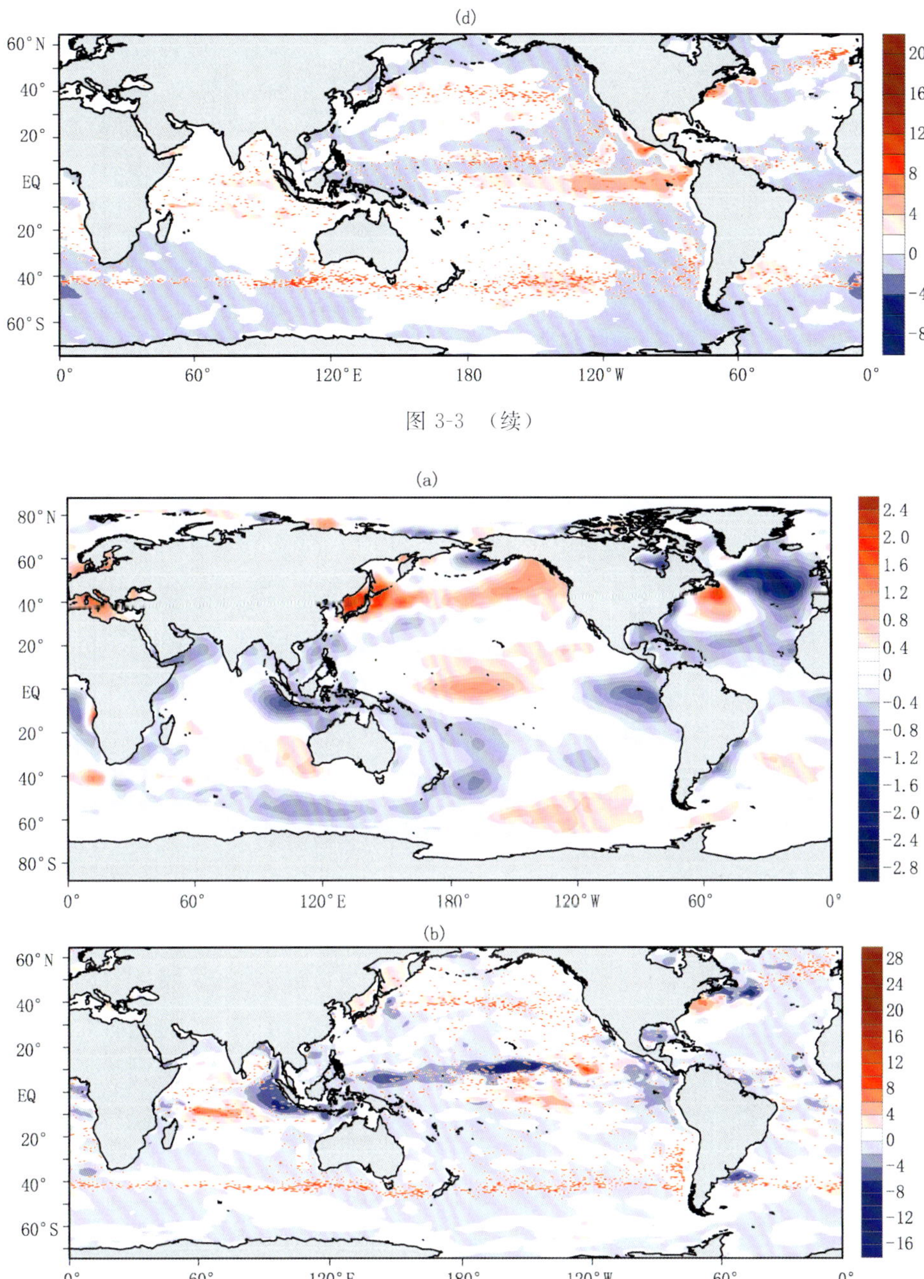


图 3-3 （续）

图 3-4 假 El Nino 事件(赤道中太平洋表层暖，而东、西两侧冷)在 1994 年 8 月的全球(a) SSTA 和(b) MSTA 分布(℃)。赤道太平洋区域 El Nino-Modoki 指数(EMI)为 1.09℃，为一次典型的假 El Nino (Pseudo-El Nino)事件。

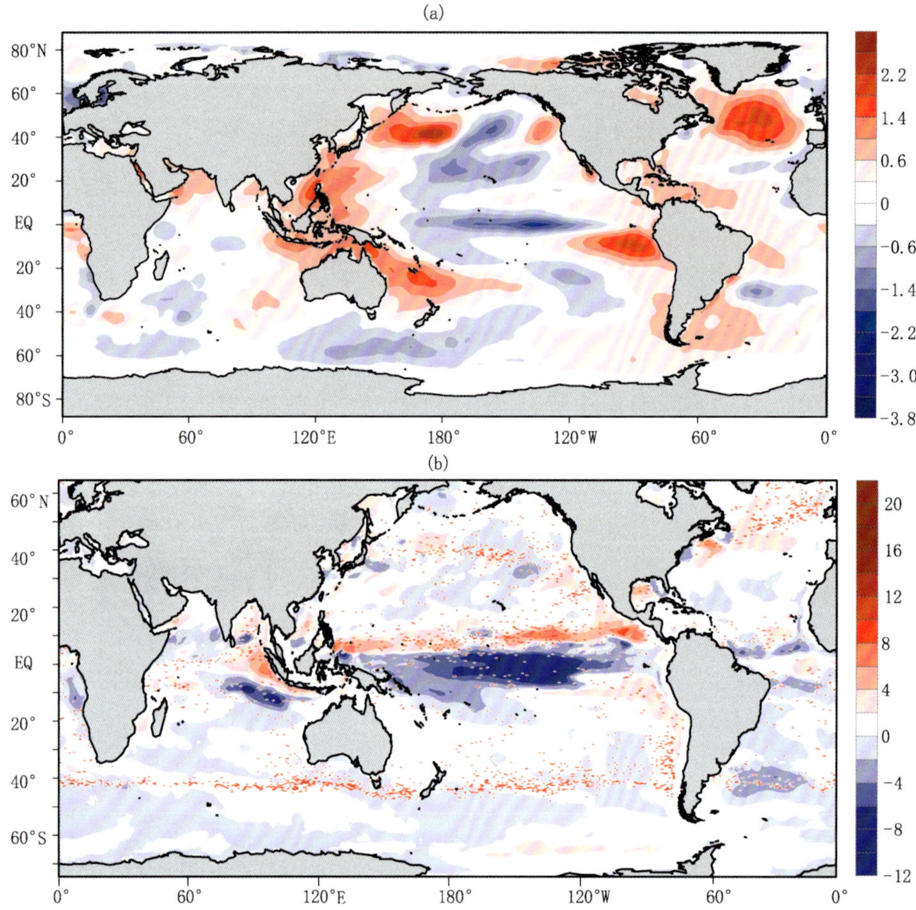


图 3-5 假 La Niña 事件(赤道中太平洋表层冷,而东、西两侧暖)在 1998 年 8 月的全球(a) SSTA 和(b) MSTA 分布(℃)。赤道太平洋区域 EMI 指数为-1.29℃,为一次典型的假 La Niña 事件(Pseudo-La Niña)。

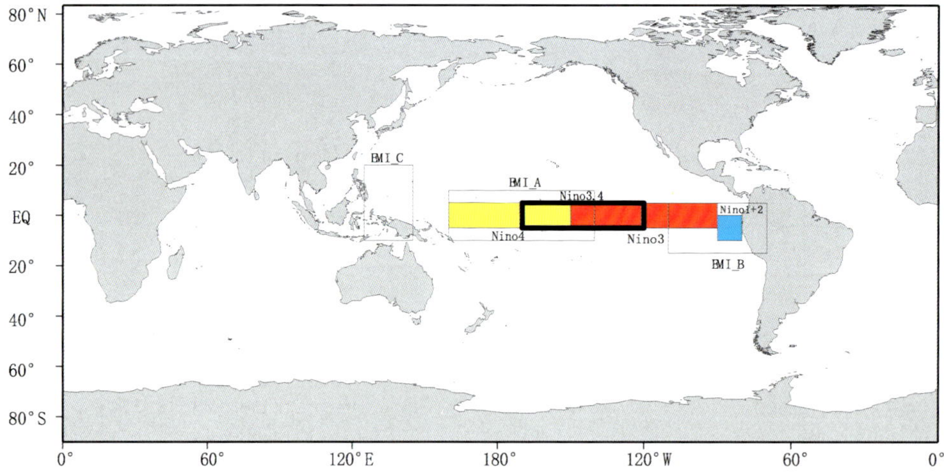


图 3-6 表征赤道太平洋 El Niño 事件海温异常的指标区有多个,分别是 Nino1+2、Nino3、Nino3.4、Nino4 和 El Niño-Modoki 区等。El Niño-Modoki 指数(EMI)的定义(Ashok 等,2007)是:EMI=EMI_A-(0.5×EMI_C+0.5× EMI_B)。其中,EMI_B 和 EMI_C 的区域分别位于热带太平洋的东部和西部边缘,而 EMI_A 的区域在赤道太平洋的中部日界线附近。随着近年来增暖中心常常出现在赤道中太平洋,原先的 Nino3 指标区被 Nino3.4 区所取代。每次最大海洋增暖的位置都会随次表层暖信号的露头位置不同而不同,这就难以用一个固定的指标区表征赤道太平洋的海温变化。

表 3-2　1950—2010 年所有 El Niño 和 La Niña 事件时间(年.月)和强度(℃)

| El Niño | | La Niña | | Pseudo-El Niño | | Pseudo-La Niña | |
|---|---|---|---|---|---|---|---|
| 时间 | 强度 | 时间 | 强度 | 时间 | 强度 | 时间 | 强度 |
| 1951.7—1952.1 | 0.8 | 1949.8—1951.4 | −1.7 | 1954.1—1954.5 | 0.92 | 1951.1—1951.3* | −0.75 |
| 1957.3—1958.7 | 1.7 | 1954.3—1957.2 | −2.1 | 1957.11—1958.5* | 0.85 | 1970.12—1971.4* | −0.65 |
| 1963.6—1964.2 | 1.0 | 1962.8—1963.2 | −0.8 | 1958.11—1959.2 | 0.62 | 1973.8—1974.11* | −1.19 |
| 1965.5—1966.5 | 1.6 | 1964.3—1965.2 | −1.1 | 1963.10—1964.2* | 0.65 | 1975.3—1976.2* | −1.17 |
| 1968.10—1969.7 | 1.0 | 1967.11—1968.5 | −0.9 | 1965.10—1966.12* | 1.23 | 1982.12—1984.5* | −1.53 |
| 1969.8—1970.2 | 0.8 | 1970.6—1972.2 | −1.3 | 1967.7—1968.2 | 0.81 | 1984.10—1984.12* | −0.78 |
| 1972.4—1973.4 | 2.1 | 1973.4—1976.5 | −2.0 | 1968.11—1969.3* | 1.24 | 1988.8—1989.8* | −1.3 |
| 1976.8—1977.3 | 0.8 | 1984.9—1985.10 | −1.0 | 1970.5—1970.7 | 0.52 | 1997.6—2000.5* | −1.47 |
| 1977.8—1978.2 | 0.8 | 1988.4—1989.6 | −1.9 | 1973.1—1973.3* | 0.50 | 2000.10—2001.4* | −0.99 |
| 1982.4—1983.7 | 2.3 | 1995.8—1996.4 | −0.7 | 1977.7—1978.2* | 0.89 | 2007.12—2009.4* | −1.32 |
| 1986.7—1988.3 | 1.6 | 1998.6—2000.7 | −1.6 | 1979.12—1980.3 | 0.62 | | |
| 1991.4—1992.8 | 1.8 | 2000.9—2001.3 | −0.7 | 1986.9—1987.2* | 0.53 | | |
| 1994.4—1995.4 | 1.3 | 2007.8—2008.6 | −1.4 | 1990.7—1992.2* | 0.75 | | |
| 1997.4—1998.6 | 2.5 | 2010.7— | | 1992.7—1992.9* | 0.54 | | |
| 2002.4—2003.4 | 1.5 | | | 1992.11—1993.1 | 0.46 | | |
| 2004.5—2005.3 | 0.9 | | | 1993.9—1993.12 | 0.41 | | |
| 2006.7—2007.2 | 1.1 | | | 1994.4—1995.6* | 1.09 | | |
| 2009.5—2010.5 | 1.8 | | | 2002.6—2003.4* | 0.63 | | |
| | | | | 2004.5—2005.4* | 0.70 | | |
| | | | | 2009.10—2010.3 | 0.87 | | |

注：(1) 表中传统 El Nino 事件根据美国 CPC 业务 ONI 指数挑选，Modoki 事件(Pseudo—El Nino)根据日本海事—地球科学技术局(JAMSTEC)EMI 指数挑选(Ashok 等，2007；Weng 等，2007；Ashok 和 Yamagata，2009)；(2) Pseudo- La Nina 事件是按照 Pseudo-El Nino 相反的海温变化确定的；(3)星号“*”为同时满足 El Nino(La Nina)指标的 Pseudo-El Nino(Pseudo-La Nina)事件。

表 3-3　1950—2010 年 El Niño 事件中不同 ENSO 指数区域的强盛期统计特征(根据 ERSST V3b(Smith 等，2008)数据计算)。赤道太平洋热力指数(EPHI)的定义：赤道太平洋(5°N～5°S，120°E～80°W)海温异常(SSTA)值之和

| 时间(年.月) | El Niño 最强盛月份 | Nino1+2 区最大值月份 | Nino3 区最大值月份 | Nino3.4 区最大值月份 | Nino4 区最大值月份 | 赤道太平洋热力指数(EPHI)最大值月份 |
|---|---|---|---|---|---|---|
| 1951.7—1952.1 | 1951.11 | 1951.7 | 1951.11 | 1951.11 | 1951.11 | 1951.11 |
| 1957.3—1958.7 | 1958.1 | 1957.5 | 1957.12 | 1958.1 | 1958.2 | 1958.1 |
| 1963.6—1964.2 | 1963.12 | 1963.8 | 1963.12 | 1963.12 | 1963.11 | 1963.11 |
| 1965.5—1966.5 | 1965.11 | 1965.5 | 1965.11 | 1965.11 | 1966.3 | 1965.12 |
| 1968.10—1969.7 | 1969.2 | 1969.5 | 1969.5 | 1969.2 | 1969.2 | 1969.5 |
| 1969.8—1970.2 | 1969.12 | 1969.11 | 1969.12 | 1969.10 | 1969.11 | 1969.12 |

续表

| 时间 | El Niño 最强盛月份 | Nino1+2 区最大值月份 | Nino3 区最大值月份 | Nino3.4 区最大值月份 | Nino4 区最大值月份 | 赤道太平洋热力指数(EPHI)最大值月份 |
|---|---|---|---|---|---|---|
| 1972.4—1973.4 | 1972.12 | 1972.8 | 1972.12 | 1972.12 | 1972.11 | 1972.12 |
| 1976.8—1977.3 | 1976.11 | 1976.6 | 1976.10 | 1976.10 | 1976.11 | 1976.11 |
| 1977.8—1978.2 | 1977.12 | 1978.2 | 1977.10 | 1977.12 | 1977.12 | 1977.12 |
| 1982.4—1983.7 | 1982.12 | 1983.6 | 1982.12 | 1982.12 | 1982.10 | 1982.12 |
| 1986.7—1988.3 | 1987.9 | 1987.3 | 1987.9 | 1987.8 | 1987.10 | 1987.9 |
| 1991.4—1992.8 | 1991.12 | 1992.4 | 1992.5 | 1992.1 | 1991.12 | 1992.4 |
| 1994.4—1995.4 | 1994.12 | 1994.10 | 1994.11 | 1994.12 | 1994.12 | 1994.12 |
| 1997.4—1998.6 | 1997.11 | 1997.12 | 1997.11 | 1997.11 | 1997.9 | 1997.12 |
| 2002.4—2003.4 | 2002.12 | 2002.12 | 2002.12 | 2002.11 | 2002.12 | 2002.12 |
| 2004.5—2005.3 | 2004.11 | 2004.11 | 2004.11 | 2004.8 | 2005.1 | 2004.11 |
| 2006.7—2007.2 | 2006.12 | 2007.1 | 2006.12 | 2006.12 | 2006.12 | 2006.12 |
| 2009.5—2010.5 | 2009.12 | 2009.7 | 2009.12 | 2009.12 | 2009.11 | 2009.12 |
| 18 次 El Niño 事件各指数对准强盛期月份的次数 | —— | 2 次<br>(11%) | 12 次<br>(67%) | 13 次<br>(72%) | 8 次<br>(44%) | 13 次<br>(72%) |

## 3.3 全球和区域海温长期变化

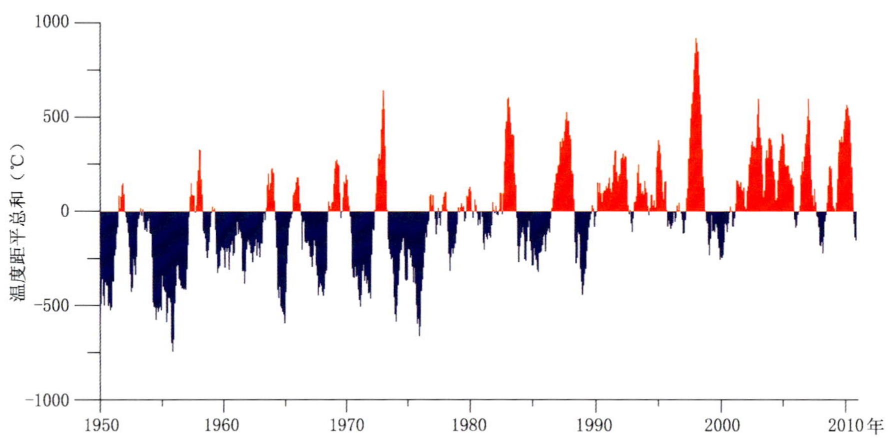


图 3-7 1950 年 1 月至 2010 年 10 月全球赤道(5°S～5°N)带海温正距平总和序列和负距平总和序列。1997—1998 年赤道带海温正距平总和达到近 60 年最大值。

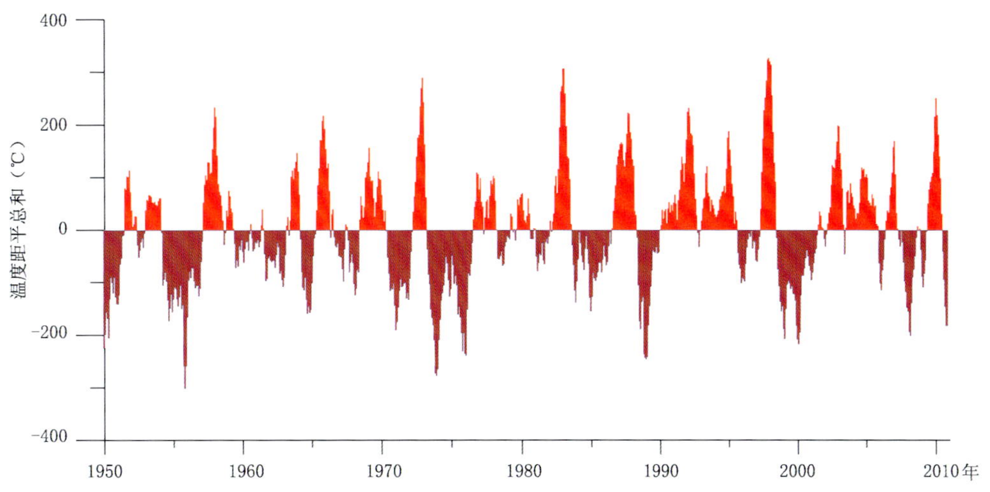


图 3-8 1950 年 1 月至 2010 年 10 月 Nino3.4 区海温正距平总和序列和负距平总和序列。近 60 年中，1997—1998 年、1982—1983 年和 1972—1973 年为 3 次最强的赤道中太平洋增暖事件。

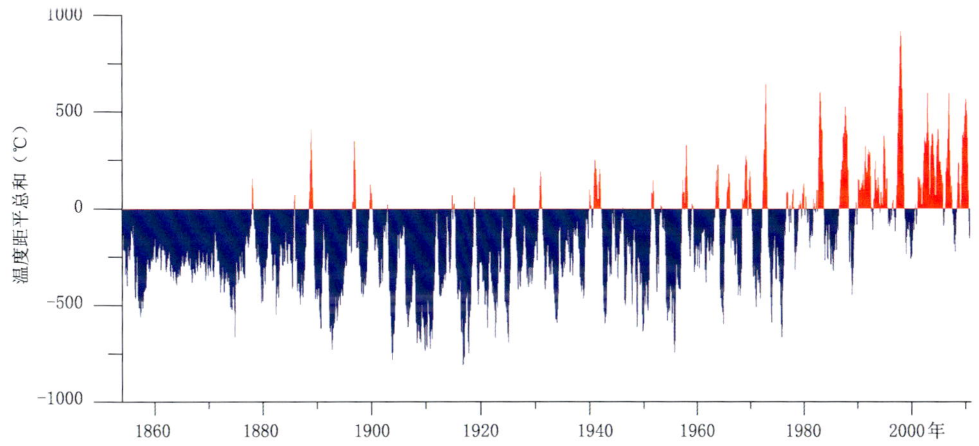


图 3-9 1854 年 1 月至 2010 年 10 月全球赤道(5°S～5°N)带海温正距平总和序列和负距平总和序列。1997—1998 年赤道带海温正距平总和达到过去 150 年最大，近 10 多年来正海温总和的暖事件没有超过 1997—1998 年的事件。20 世纪 70 年代以前，赤道带维持长期的负距平总和。

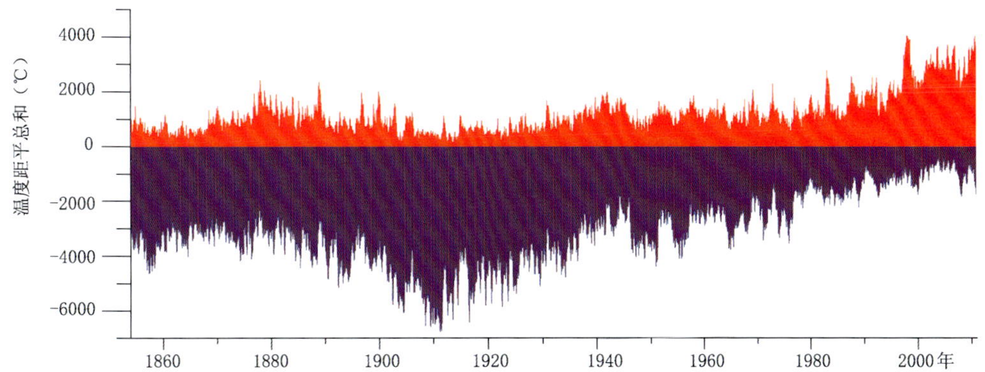


图 3-10 1854 年 1 月至 2010 年 10 月全球海温正距平总和序列和负距平总和序列。近 150 年来，1910 年前后全球负海温距平总和最大，此后逐渐减小，20 世纪 40 年代后期至 70 年代又经历了迟缓减小的趋势。20 世纪末至 21 世纪初全球海温正距平总和达到了一个高值平台，与全球气温的暖平台一致。

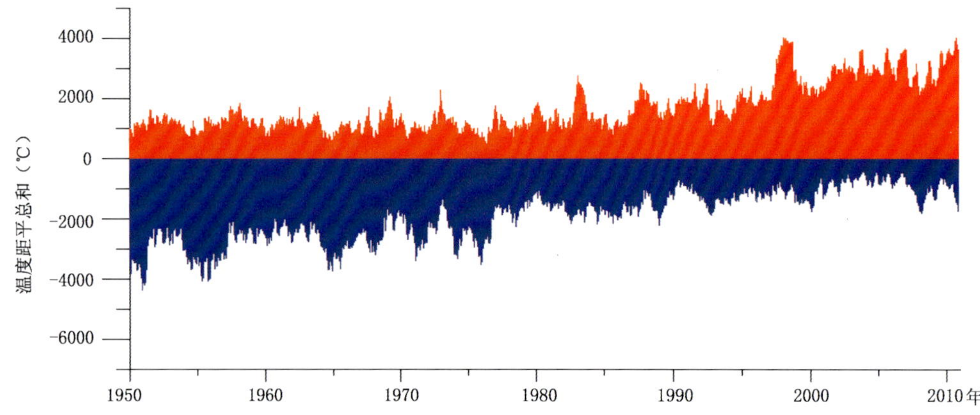


图 3-11　1950 年 1 月至 2010 年 10 月全球海温正距平总和序列和负距平总和序列。1998 年以来全球正距平海温总和形成了暖的平台，1976 年以前全球以负海温距平总和为主。

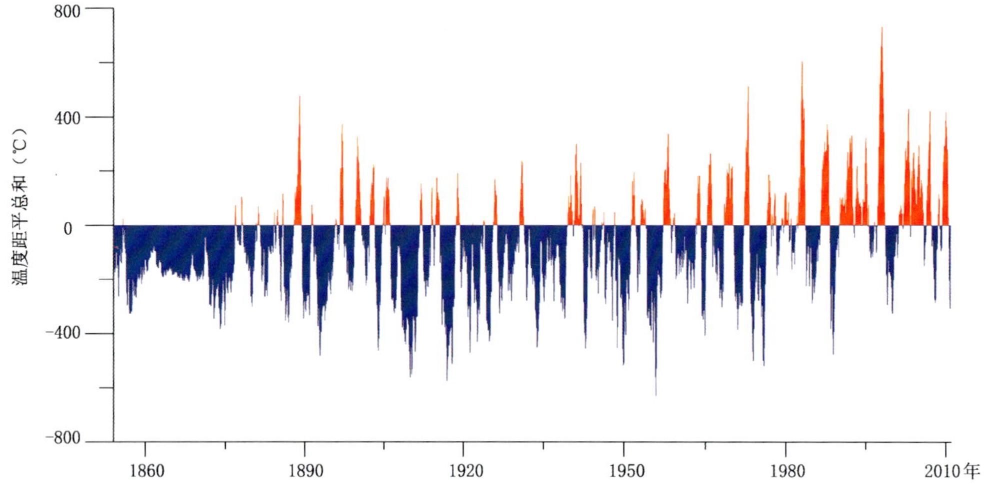


图 3-12　1854 年 1 月至 2010 年 10 月赤道太平洋（5°S～5°N，120°E～80°W）海温正距平总和序列和负距平总和序列。1997—1998 年暖事件是世纪最强的。

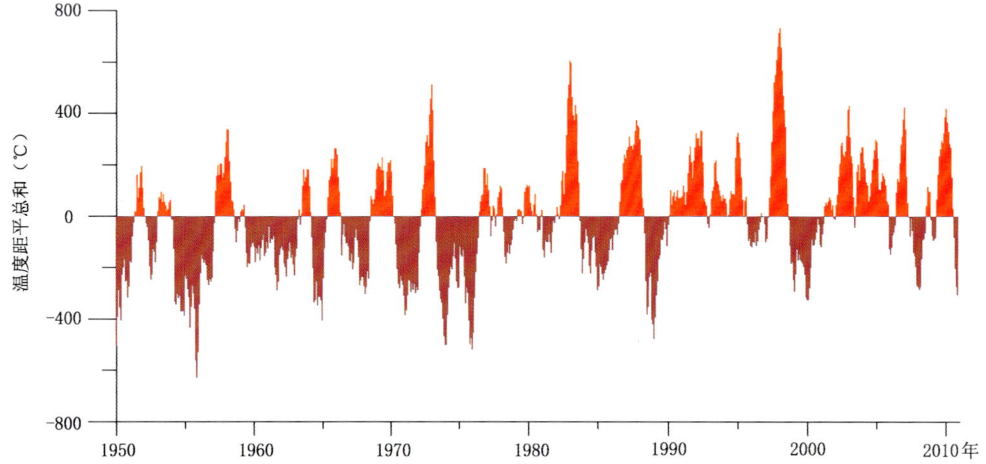


图 3-13　1950 年 1 月至 2010 年 10 月赤道太平洋（5°S～5°N，120°E～80°W）海温正距平总和序列和负距平总和序列。1998 年以来赤道太平洋增暖事件强度呈下降趋势。

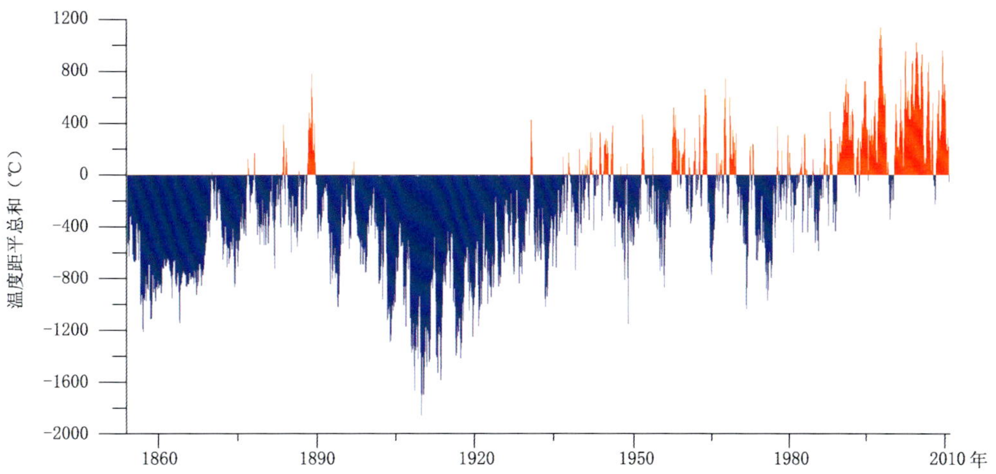


图 3-14　1854 年 1 月至 2010 年 10 月北太平洋(62°N～EQ)海温正距平总和序列和负距平总和序列。负海温距平总和序列中的三次低温期和正海温距平总和序列中的三次高温期与全球平均气温距平序列(钱维宏等,2010)中的年代际波动一致。

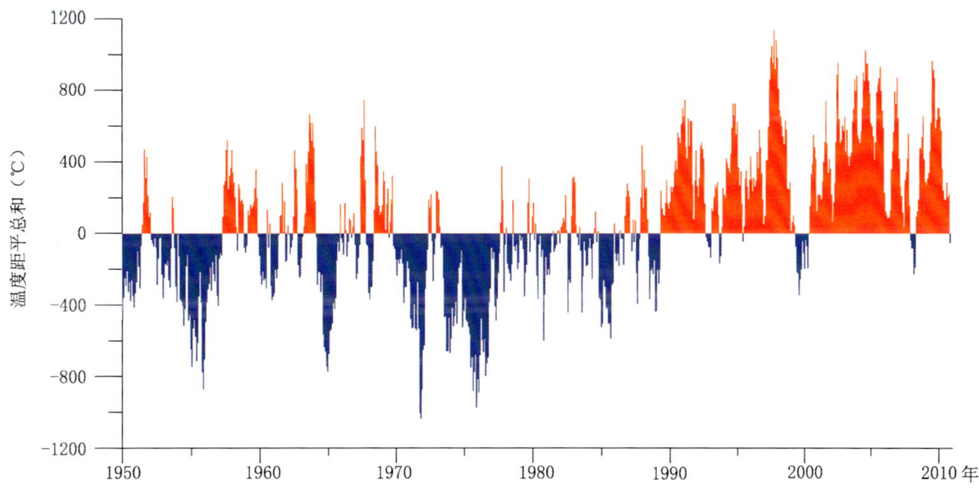


图 3-15　1950 年 1 月至 2010 年 10 月北太平洋(62°N～EQ)海温正距平总和序列和负距平总和序列。1998 年以来北太平洋暖海温距平总和形成了暖平台。1976 年以来北太平洋海温变化的年际和年代际变化与全球平均温度距平序列的变化(钱维宏等,2010)基本一致。

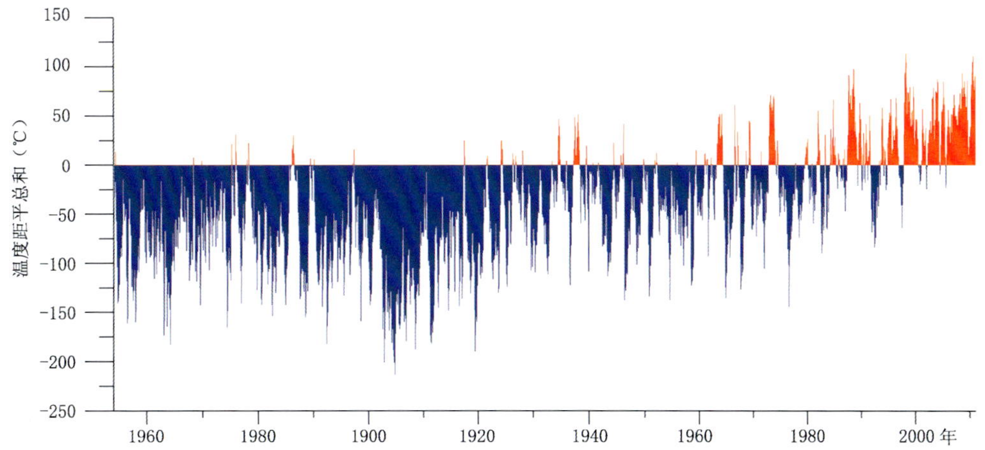


图 3-16　1854 年 1 月至 2010 年 10 月赤道大西洋(5°S～5°N,50°W～8°E)海温正距平总和序列和负距平总和序列。20 世纪初赤道大西洋海温距平总和最低,近 20 多年最高。

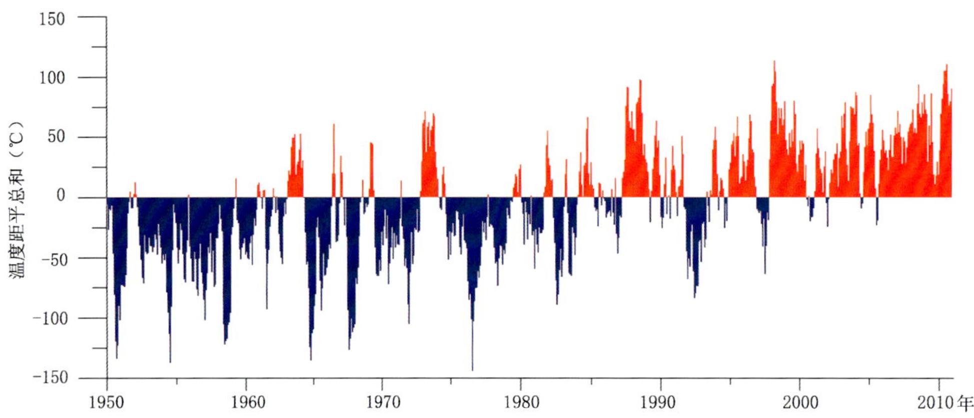


图 3-17　1950 年 1 月至 2010 年 10 月赤道大西洋(5°S～5°N,50°W～8°E)海温正距平总和序列和负距平总和序列。

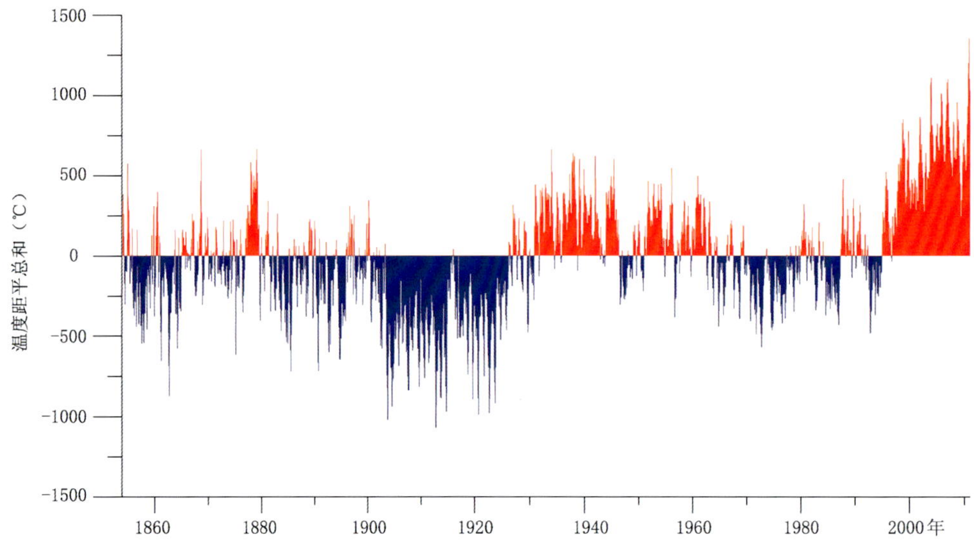


图 3-18　1854 年 1 月至 2010 年 10 月北大西洋(70°N～EQ)海温正距平总和序列和负距平总和序列。近 10 多年北大西洋是过去 150 年来最暖的,20 世纪初的 20 年是过去 150 年中最冷的时期。年代际冷暖波动与全球平均气温中的波动一致。

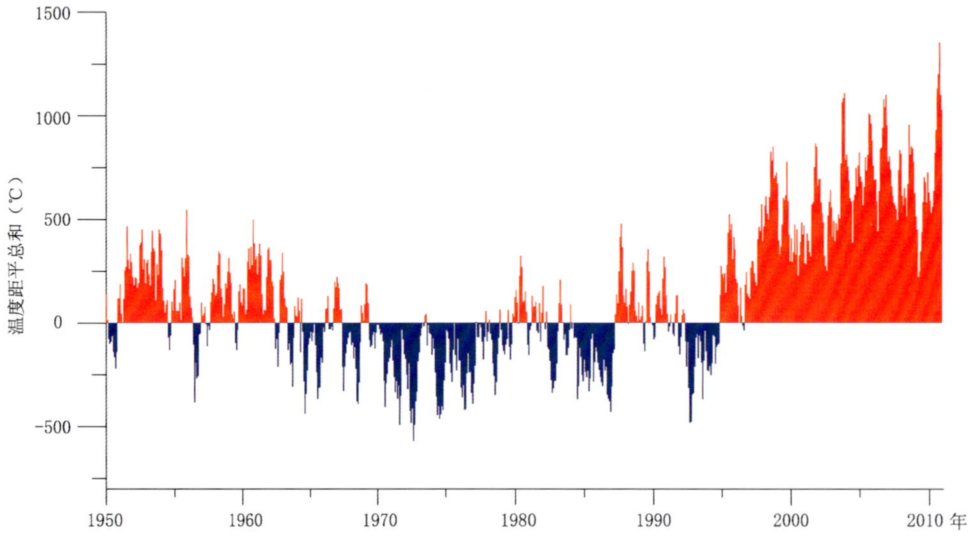


图 3-19　1950 年 1 月至 2010 年 10 月北大西洋(70°N～EQ)海温正距平总和序列和负距平总和序列。2010 年 8 月海温正距平总和历史最大,欧亚大陆形成阻塞形势,该月出现欧洲热浪(俄罗斯西部森林大火),巴基斯坦洪水。

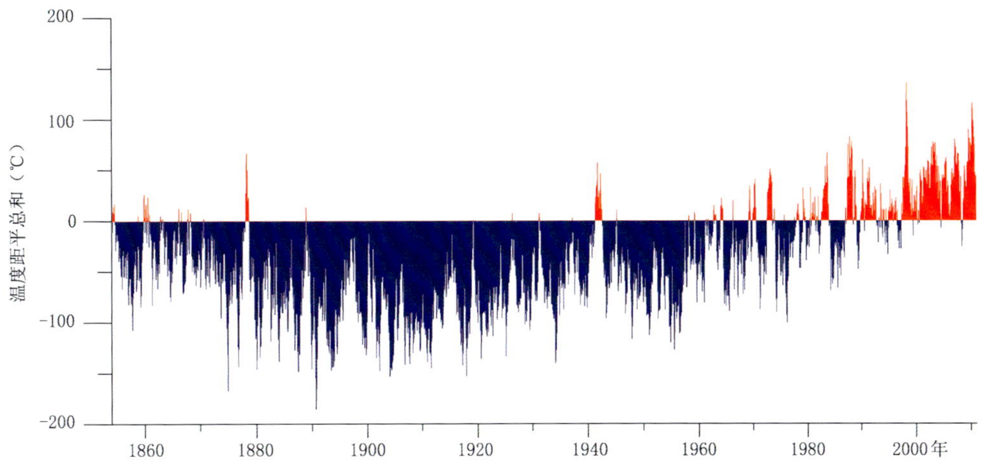


图 3-20 1854 年 1 月至 2010 年 10 月赤道印度洋(5°S～5°N,40°E～100°E)海温正距平总和序列和负距平总和序列。19 世纪末至 20 世纪初长期偏冷。

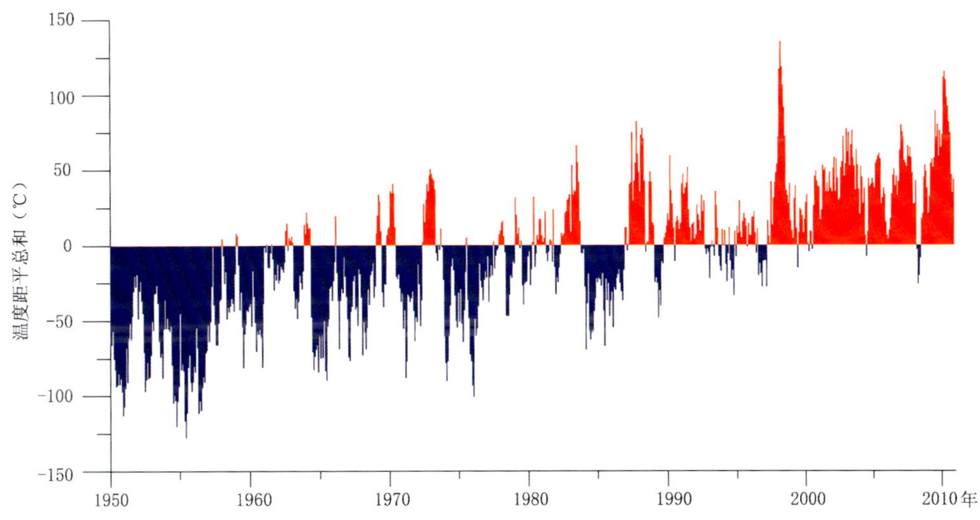


图 3-21 1950 年 1 月至 2010 年 10 月赤道印度洋(5°S～5°N,40°E～100°E)海温正距平总和序列和负距平总和序列。1998 年以来,赤道印度洋暖事件增多。

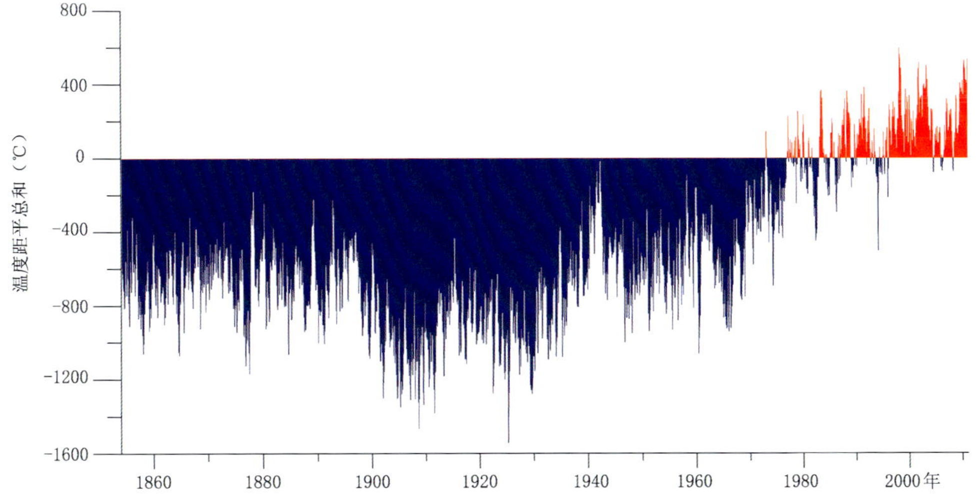


图 3-22 1854 年 1 月至 2010 年 10 月南印度洋(EQ～66°S)海温正距平总和序列和负距平总和序列。20 世纪 70 年代以前持续寒冷,以 20 世纪前 30 年最明显。

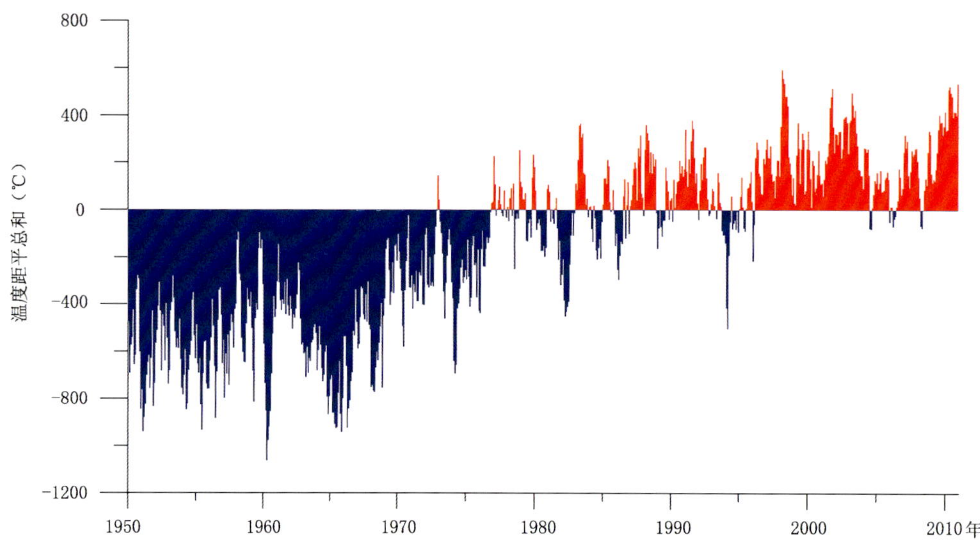


图 3-23　1950 年 1 月至 2010 年 10 月南印度洋(EQ～66°S)海温正距平总和序列和负距平总和序列。1976 年以前长期维持冷距平。

## 3.4　表层与次表层海温变化的关系

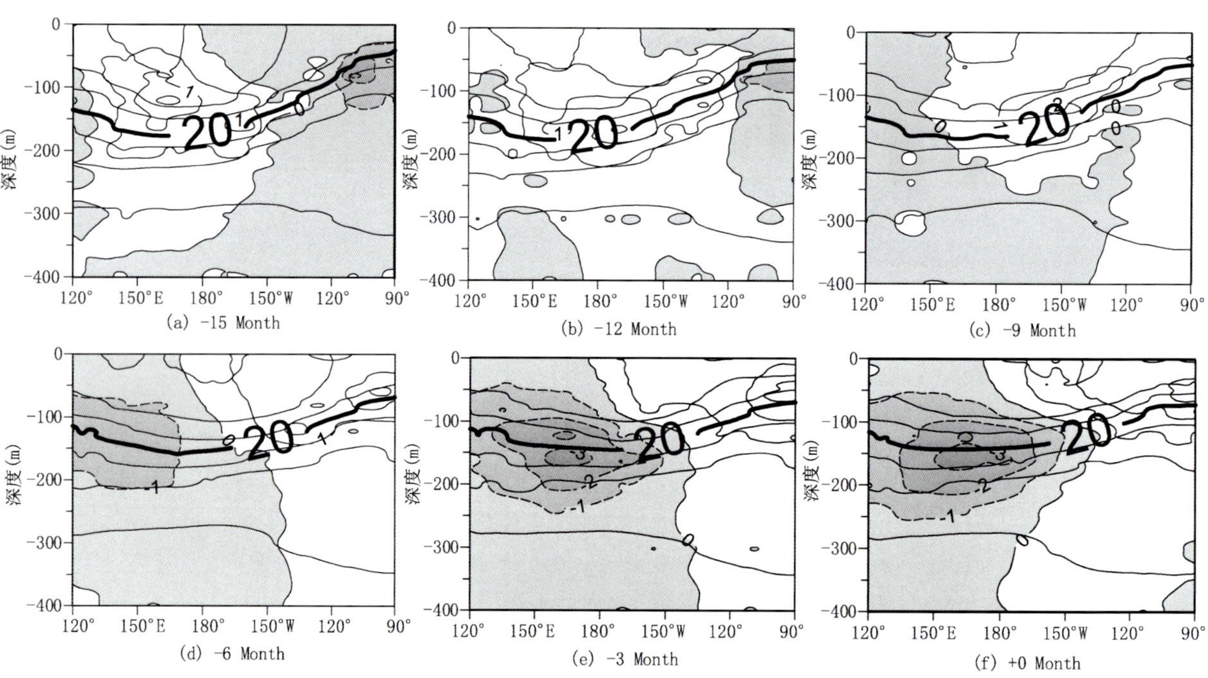


图 3-24　沿赤道太平洋表层和次表层海温及其距平(℃)个例(相对 1983 年 4 月、1987 年 5 月和 1998 年 1 月)超前 15 个月至滞后 12 个月的合成深度—经向剖面。细实线为正的海温距平，阴影及虚线为负的海温距平，最粗的实线为 20 ℃线(钱维宏，2009)。

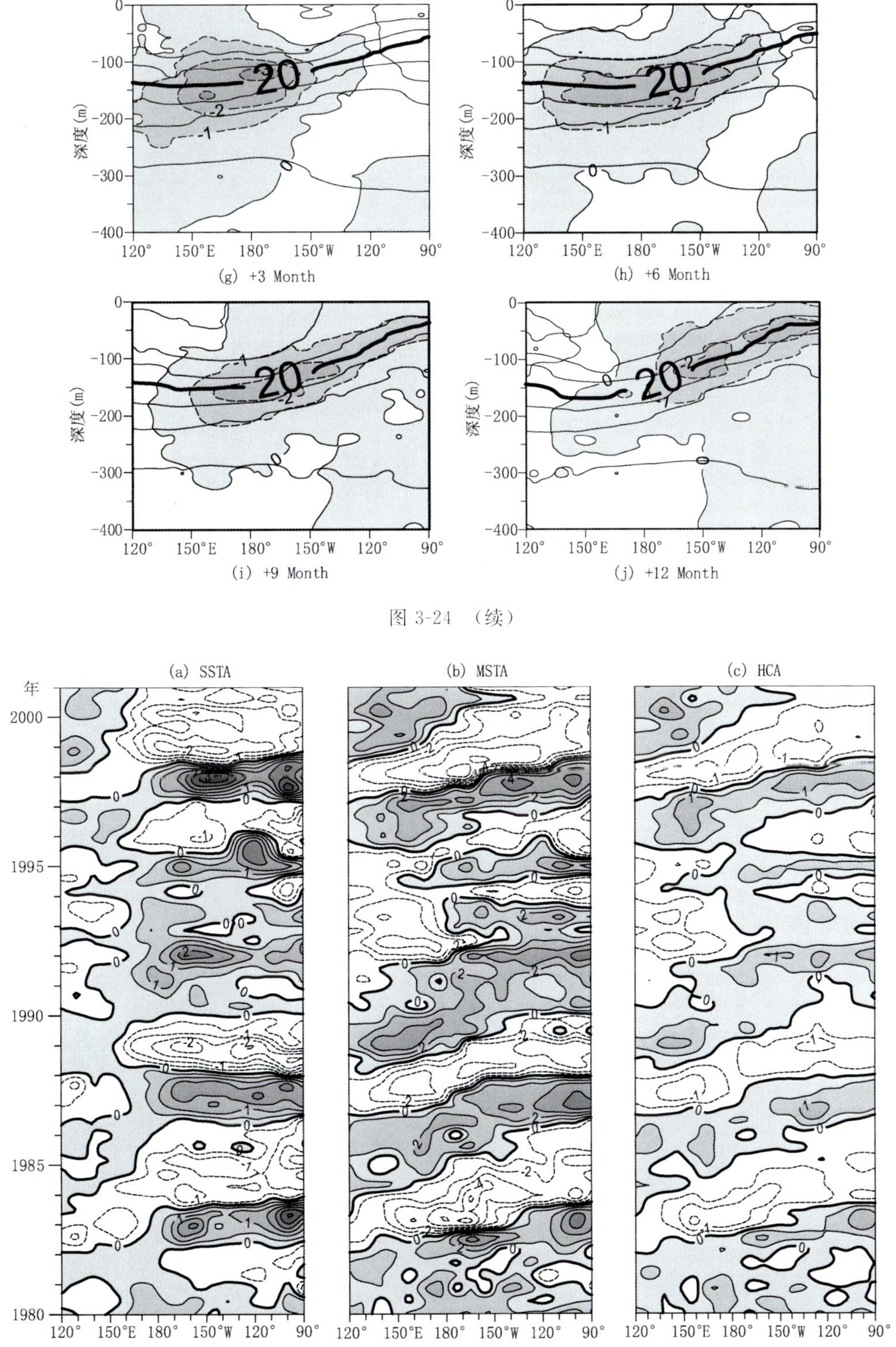


图 3-24 （续）

图 3-25 沿赤道太平洋表层海温距平 SSTA(℃)、次表层海温距平 MSTA(℃)和热含量距平 HCA(℃)随时间(1980—2000 年)的变化,阴影区指示正的距平(钱维宏,2009)。

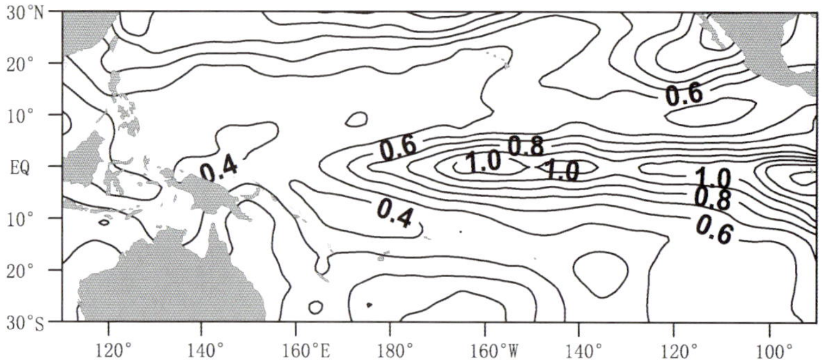

(a) SD(SSTA)

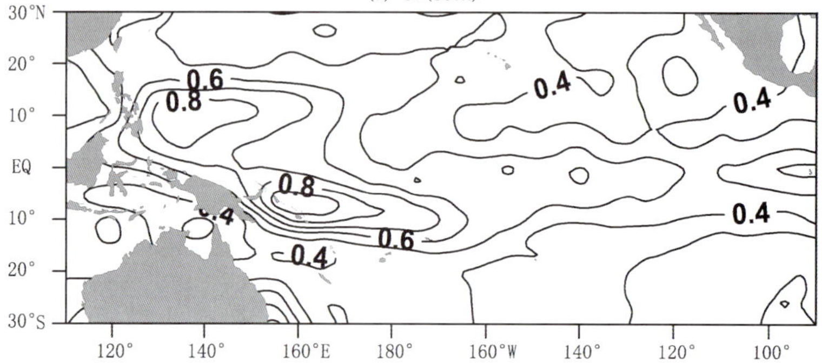

(b) SD(HCA)

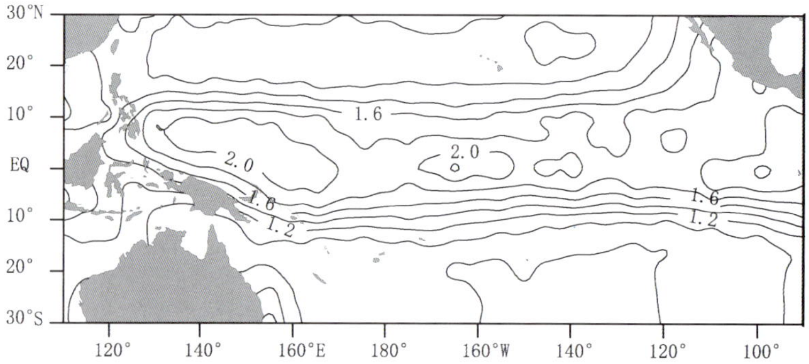

(c) SD(MSTA)

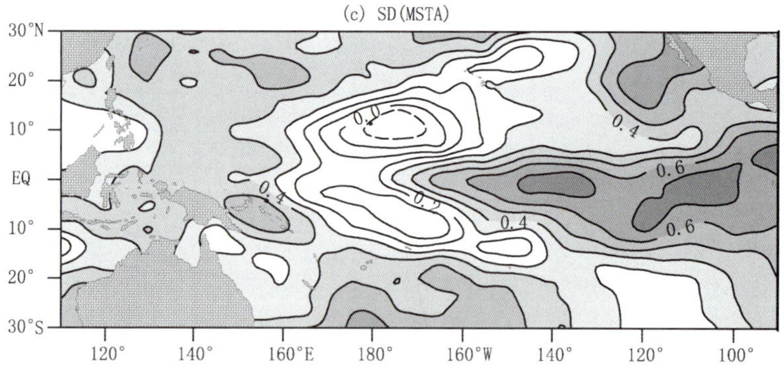

(d) Corr(SSTA,HCA)

图 3-26　热带太平洋(30°N～30°S)区域海温变化特征。(a)SSTA、(b)MSTA 和(c)热含量距平(HCA)的标准差(℃)，以及(d,e)它们之间的相关系数分布图，阴影区指示相关系数超过 0.05 的显著性水平。(f,g)MSTA 和 HCA 位相超前 SSTA 1～3 个月(Qian 等，2004；Qian 和 Hu，2006)。

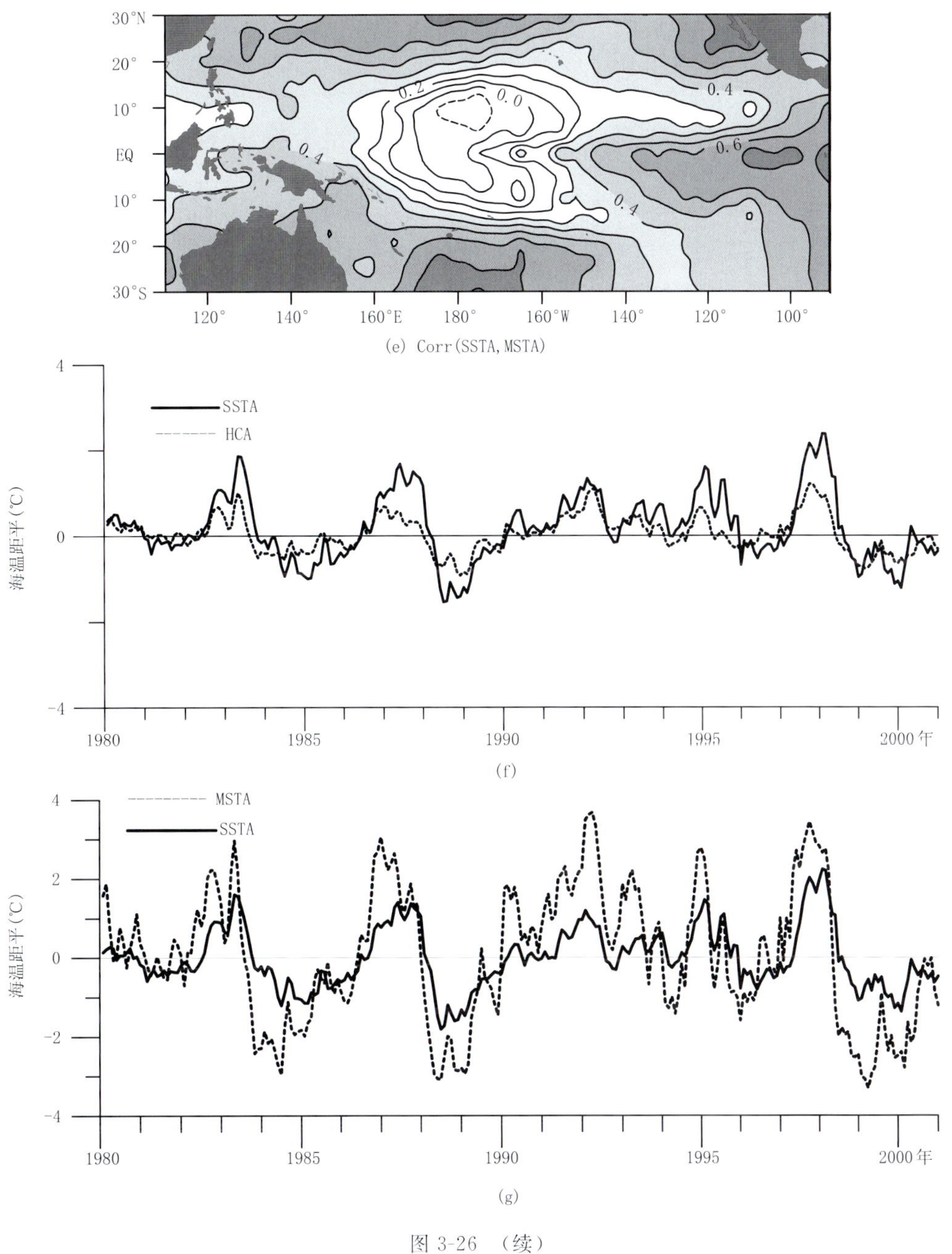
30°N
20°
10°
EQ
10°
20°
30°S
120°
140°
160°E
180°
160°W
140°
120°
100°
0.2
0.0
0.4
0.6
0.4
0.4
(e) Corr(SSTA,MSTA)
4
SSTA
HCA
海温距平(℃)
0
-4
1980
1985
1990
1995
2000年
(f)
4
MSTA
SSTA
2
海温距平(℃)
0
-2
-4
1980
1985
1990
1995
2000年
(g)

图 3-26 （续）

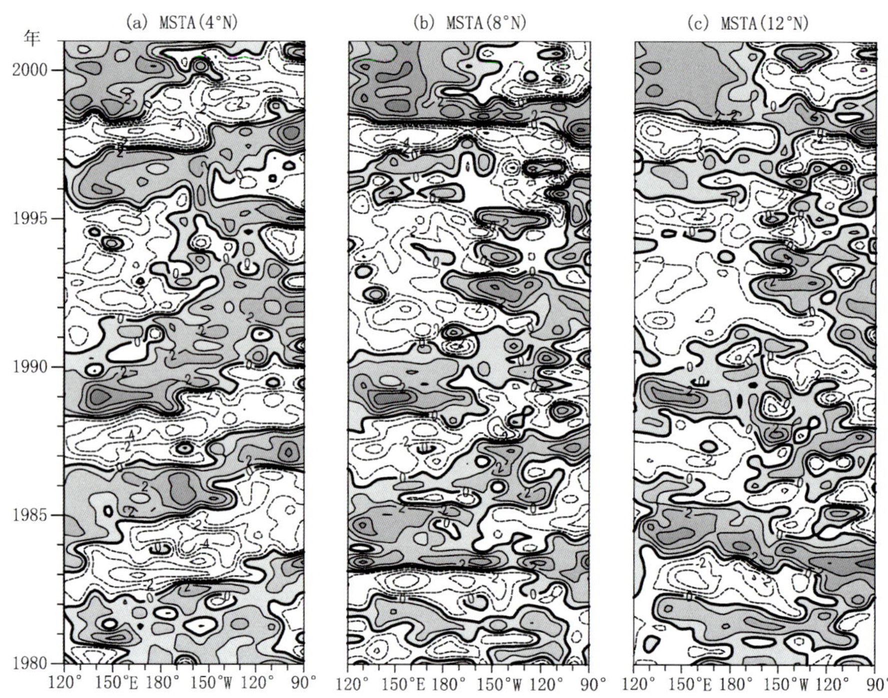


图 3-27 沿赤道外北太平洋(a)4°N、(b)8°N 和(c)12°N 次表层 MSTA(℃,阴影正距平)在1980—2000 年的变化(℃)(Qian 和 Hu, 2006)。

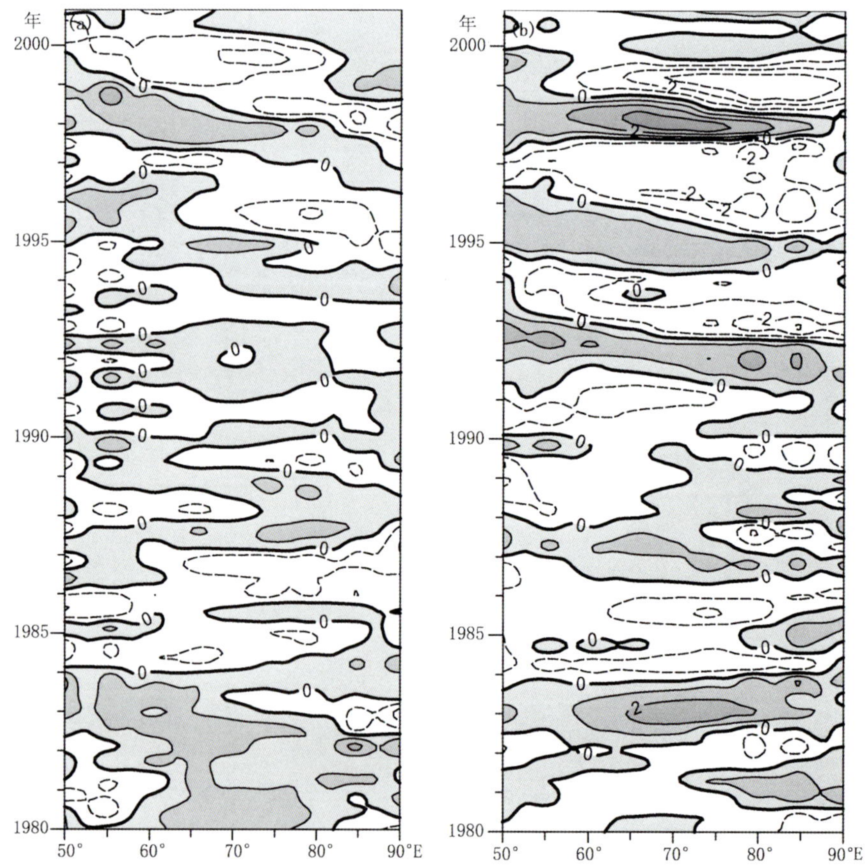


图 3-28 MSTA(等值线间隔 1℃)沿印度洋 2 个纬度上经度(50°E～90°E)—时间(1980—2000年)剖面的月距平变化:(a) 10°N 和(b) 10°S(Qian 等, 2003)。

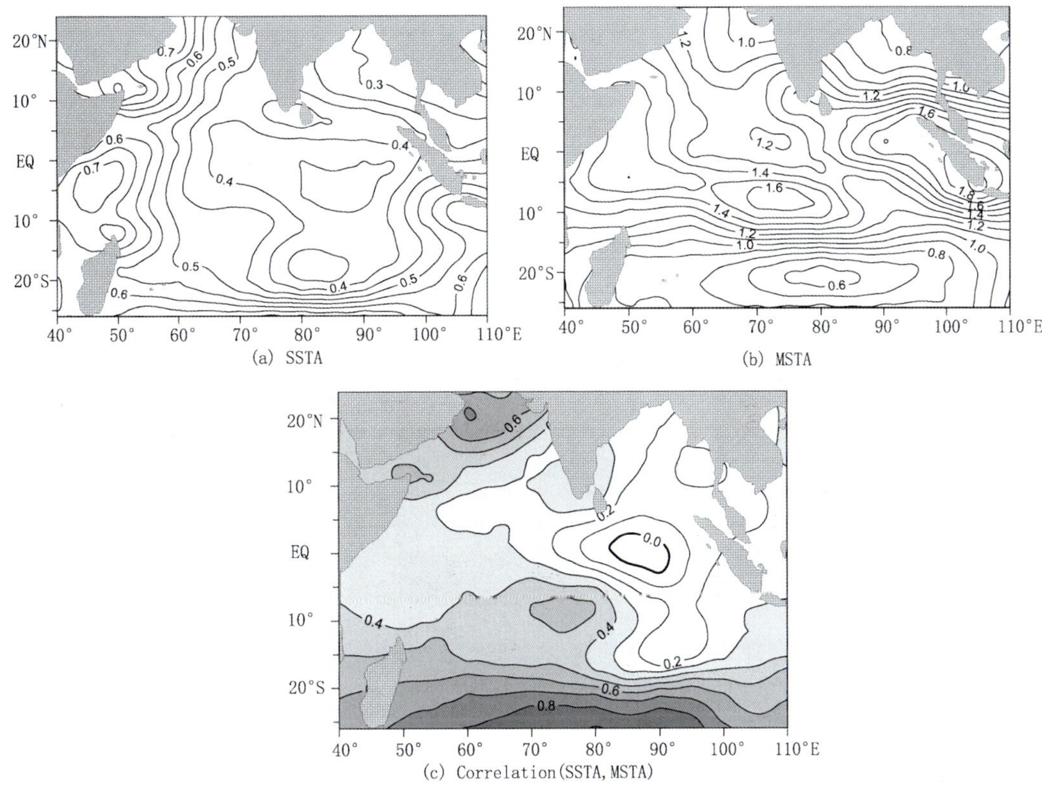


图 3-29 热带印度洋(26°N～26°S)区域(a)SSTA、(b)MSTA 的标准差(℃),以及(c)它们之间的相关系数分布图,阴影区指示相关系数超过 0.05 的显著性水平(Qian 等, 2003)。

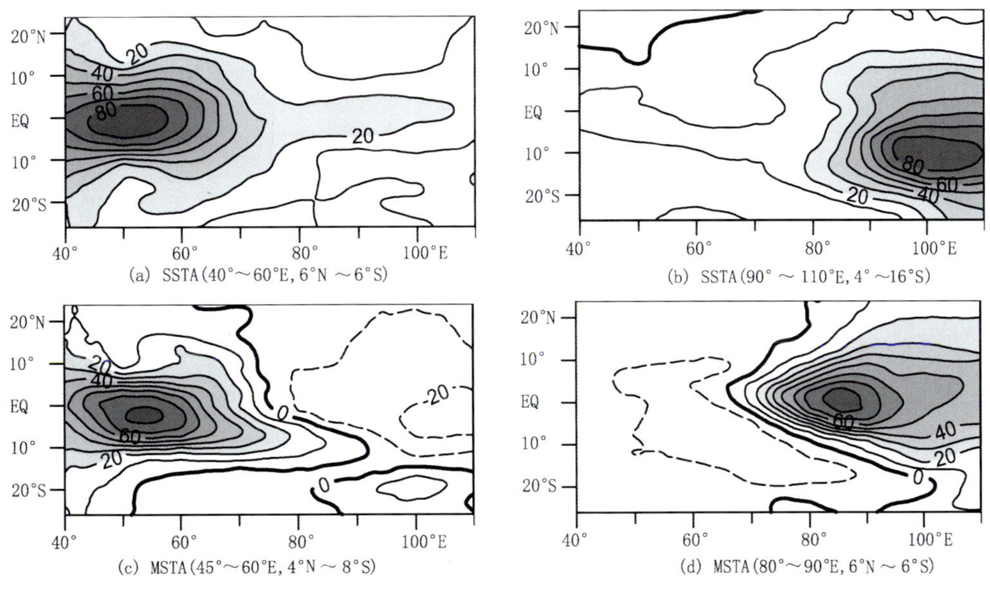


图 3-30 选择的区域(a)(40°E～60°E, 6°N～6°S),(b)(90°E～110°E, 4°S～16°S)针对月平均的 SSTA,和(c)(45°E～60°E, 4°N～8°S),(d)(80°E～90°E, 6°N～6°S)针对月平均的 MSTA 计算的热带印度洋区域相关系数(%)分布(Qian 等, 2003)。SSTA 与 MSTA 的相关系数分布比较反映出,热带印度洋次表层海温存在东西向偶极振荡。

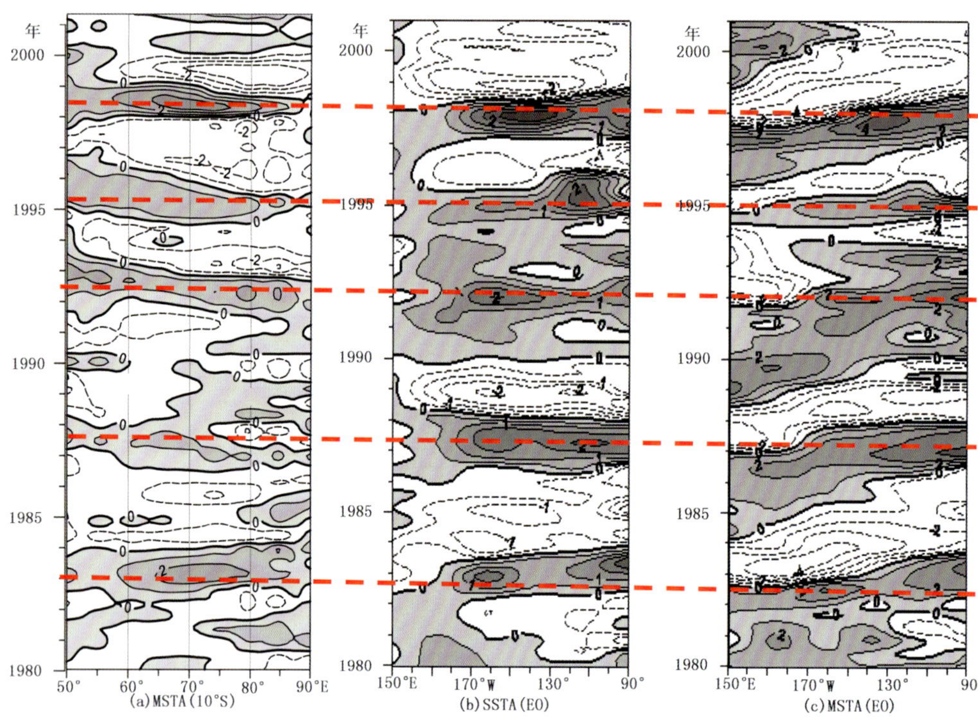


图 3-31　1980—2000 年沿(a)10°S 印度洋 MSTA、(b)赤道太平洋(SSTA)和(c)赤道太平洋(MSTA)的时间—经度剖面变化(单位:℃),粗虚线指示 5 次次表层海洋暖信号的传播及与表层海温距平的关系,阴影指示海温正距平(钱维宏,2009)。

## 3.5　海气耦合关系

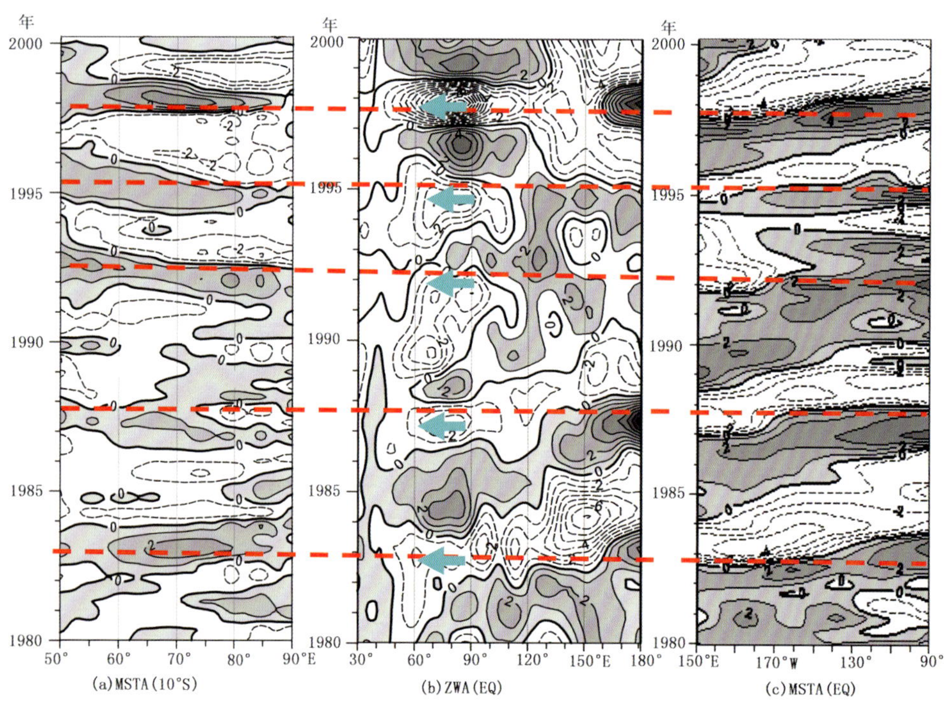


图 3-32　1980—2000 年(a)10°S 印度洋 MSTA、(b)赤道印度洋一太平洋 850 hPa 对流层整层纬向风距平(ZWA)和(c)赤道太平洋(MSTA)的时间—纬向剖面变化,粗虚线指示 5 次次表层海洋暖信号的传播,蓝色箭头指示赤道中印度洋上的东风异常(钱维宏,2009)。

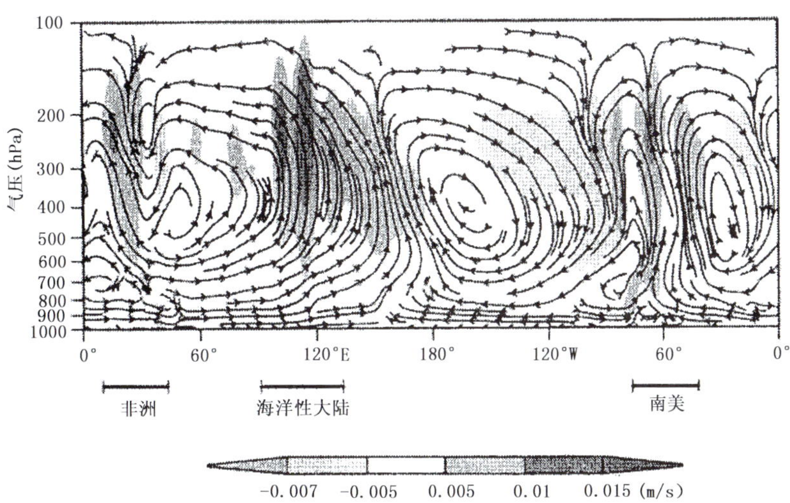


图3-33 基于1949—1999年资料计算的气候平均沿赤道垂直剖面内的大气环流,阴影区为强的上升和下沉运动区(Lau和Yang,2002)。

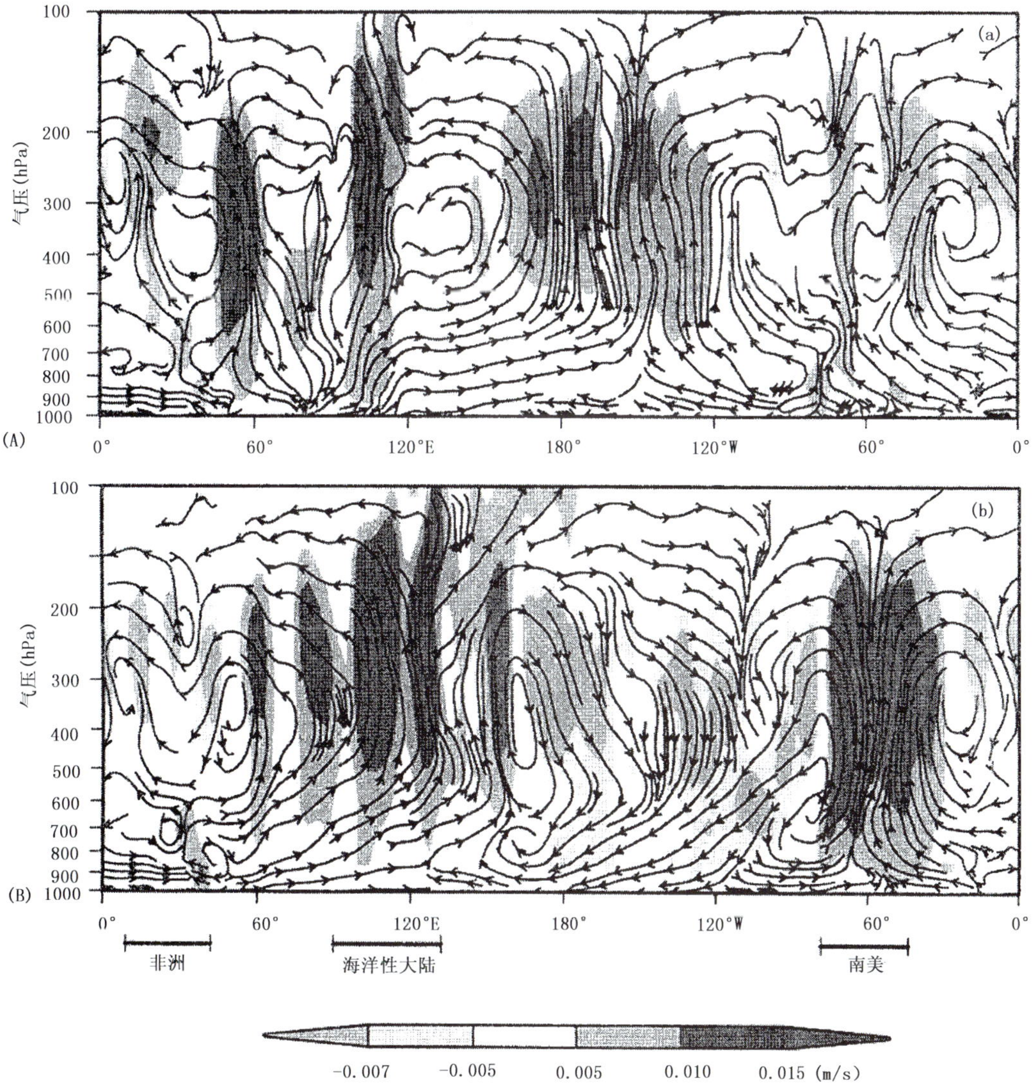

图3-34 1998年1月(a,El Nino事件成熟时)和1999年1月(b,La Nina事件成熟时)的赤道环流(Lau和Yang,2002)。

全球海温变化，特别是全球次表层海温变化是全球气候变化的最大调节器。海洋表层和次表层海温变化是需要深入研究的领域。全球气候变化与全球海温变化有着直接的联系。区域尺度上的海温变化是大气环流异常变化和区域气候异常的根源。

## 参考文献

钱维宏. 全球气候系统. 北京：北京大学出版社，2009.

钱维宏，陆波，祝从文. 全球平均温度在21世纪将怎样变化？科学通报，2010，**55**(16)：1532-1537.

Ashok K, Behera S K, Rao S A, Weng H, Yamagata T. El Niño Modoki and its possible teleconnection. *J. Geophys. Res.*, 2007, **112**: C11007, doi:10.1029/2006JC003798.

Ashok K, Yamagata T. The El Nino with a difference. *Nature*, 2009, **461**: 481-484.

Behringer D W, Ji M, Leetmaa A. An improved coupled model for ENSO prediction and implications for ocean initialization. Part 1: The ocean data assimilation system. *Mon. Wea. Rev.*, 1998, **126**: 1013-1021.

Lau K-M, Yang S. Walker Circulation. Encyclopedia of Atmospheric Sciences, Eds. J. Holton, Pyle J P, Curry J. Academic Press, 2002, 2505-2509.

Qian W H, Hu H R, Zhu Y F. Thermocline oscillation and warming event in the tropical Indian Ocean. *Atmosphere-Ocean*, 2003, **41**(3): 241-258.

Qian W H, Hu H R. Interannual thermocline signals and El Niño-La Niña turnabout in the tropical Pacific Ocean. *Advances in Atmospheric Sciences*, 2006, **23**(6): 1003-1019.

Qian W H, Zhu Y F, Liang J Y. Potential contribution of maximum subsurface temperature anomalies to the climate variability. *Int. J. Climatology*, 2004, **24**: 193-212.

Rayner N A, Parker D E, Horton E B, Folland C K, Alexander L V, Rowell D P, Kent E C, Kaplan A. Global analyses of sea surface temperature, sea ice, and night marine air temperature since the late nineteenth century. *J. Geophys. Res.*, 2003, **108**: D14, 4407 10.1029/2002JD002670.

Smith T M, Reynolds R W, Peterson T C, Lawrimore J. Improvements to NOAA's historical merged land-ocean surface temperature analysis (1880-2006). *Journal of Climate*, 2008, **21**: 2283-2296.

Weng H, Ashok K, Behera S K, Rao S A, Yamagata T. Impacts of recent El Niño Modoki on dry/wet condidions in the Pacific rim during boreal summer. *Climate Dynamics*, 2007, **29**: 113-129.

# 第 4 章 全球和区域气候变化

气候变化研究面临的首要问题是资料。全球气候变化包括的两个核心指标量是全球温度和全球降水。百年温度观测资料主要来自北半球中高纬度大陆有人居住的地区，而南半球和热带海洋很多地区缺少近百年的直接观测温度数据。千年温度代用数据也主要来自北半球中高纬度地区，季风区的温度代用数据较少。全球温度的变化必然会改变大气中水汽含量的变化并可能影响大气水文循环的速率，同样一个地区的雨日多与少也会直接改变气温的低与高，或暖日的少与多(Ding 等，2009a)。全球气温与全球降水(降水覆盖范围)之间可能存在着直接的影响关系。

全球温度变化有着自身的规律，也受外强迫的影响。寻找气温自身的变化规律需要对可靠的长序列资料进行有效的数理分解。太阳辐射、海气耦合(季风环流变化)、火山喷发、土地利用、城市发展，以及包括大气中水汽在内的温室气体含量变化都会对全球温度产生影响。它们这些分量的贡献大小构成了温度变化的外强迫归因。

本章给出当前百年至千年全球和区域(站点)的温度和季风强弱的指标序列，同时还给出了美国和欧美碳排放量与气温之间的季节、年际和年代际变化关系以及它们与大气 $CO_2$ 浓度年代际增加的可能联系，其目的是为研究人员提供有用的归因分析资料和思路，各种变量之间的因果关系留给读者自己判断。

## 4.1 全球干湿千年变化

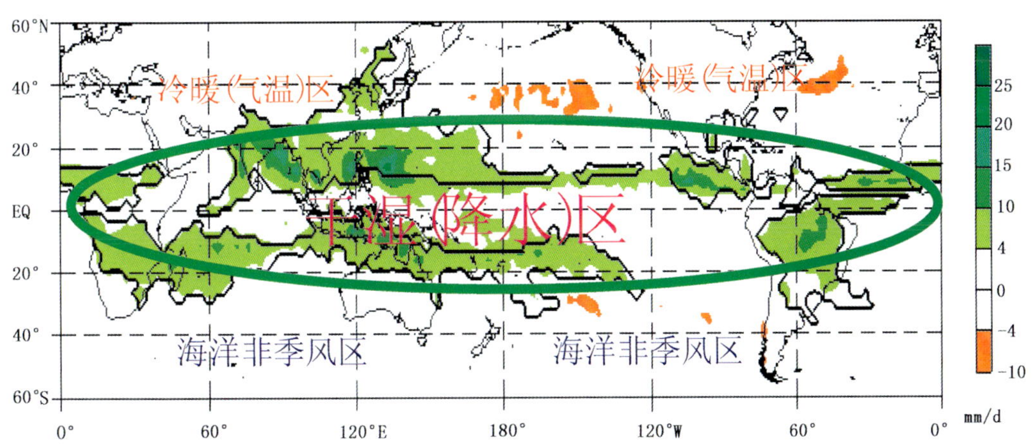


图 4-1 气候干湿转换确定的全球季风区。第 44 候和第 8 候平均降水量之差，填充图最浅的区域为降水量 4～8 mm/d 差值。粗实线区域为夏季降水>4 mm/d，而冬季降水<4 mm/d 的区域(Qian 和 Tang，2010)。气候变化包含气温(冷暖)变化和降水(干湿)变化两个部分。当前气温变化的百年观测资料和千年代用资料主要来自北半球大陆地区。占全球表面积绝大部分的热带地区和季风区(椭圆区内部分)缺少长期的气温资料，而且这些季风区的范围变化直接影响地面接受到的太阳辐射多少和气温变化。

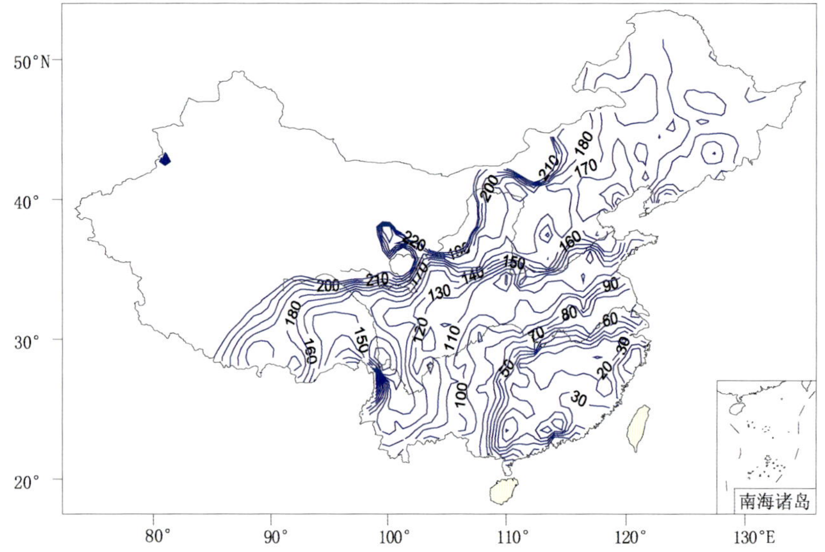


图 4-2 1960—2000 年多年逐日平均降水量对应的气候 4 mm/d 降水日期线的向北推进(相对 1 月 1 日)。我国东部地区季风降水的季节推进分 4 个阶段,分别在长江流域、淮河流域、黄海下游停留,在 7 月底至 8 月初到达最西北的位置(钱维宏,2004)。气候 4 mm/d 到达最西北的位置正是在玉门关,也就是"春风不度玉门关"的地方。

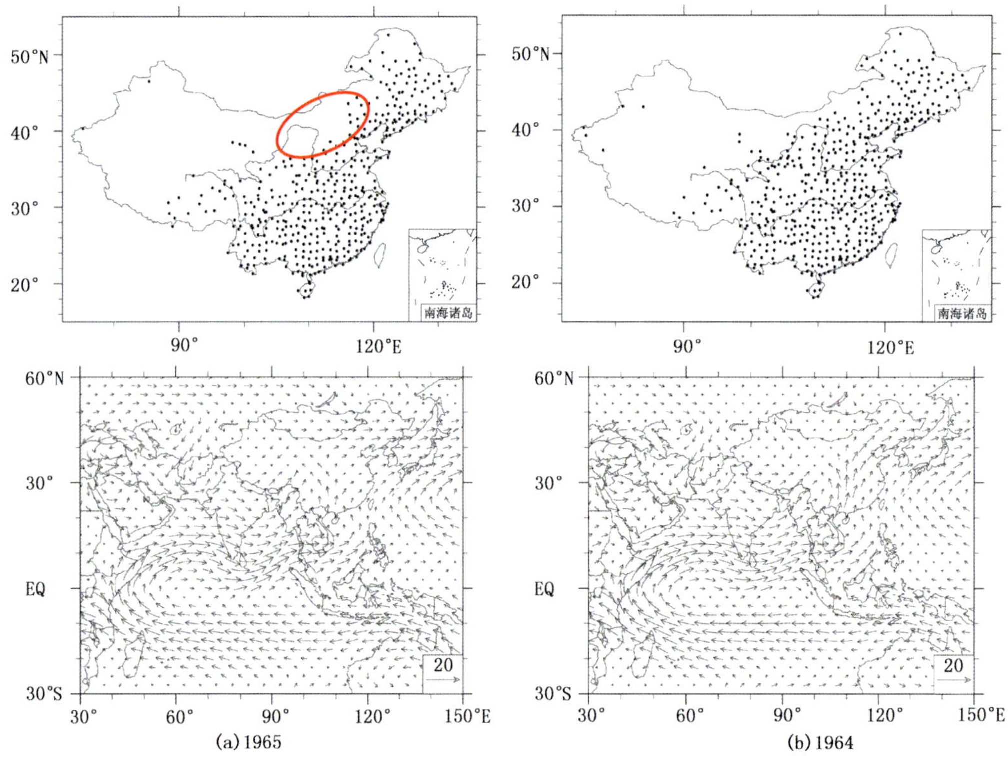


图 4-3 1965 年(a)和 1964 年(b) 7 mm/d 降水到达的站点(上)与当年 5—9 月 850 hPa 气流强度(下)。偏南气流强的年份(1964 年),7 mm/d 降水到达的位置偏北,反之偏南气流弱的年份(1965 年),7 mm/d 降水到达的位置偏南(椭圆区内较少降水)。季风强弱的年际差异与降水到达的位置年际差异及其年代际差异构成了东亚季风边缘活动带,也是农牧交错带和生物脆弱带。这里也是半干旱带,降水(雨日)对气温的影响也有明显的年际和年代际变化(Qian 等,2011)。

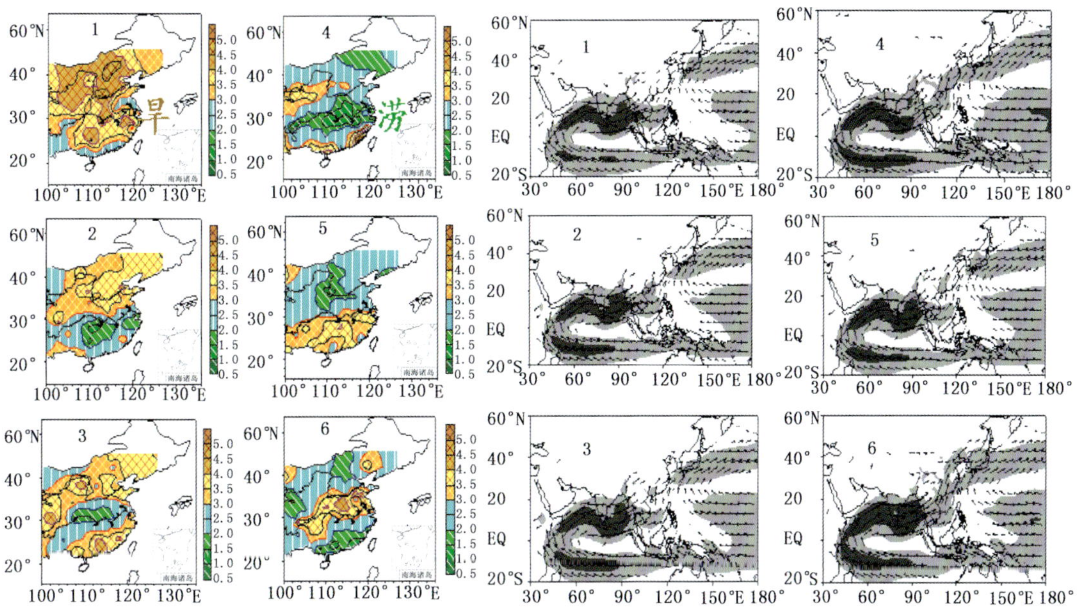


图4-4 1951—2008年中6种旱涝典型年干湿等级(1旱;2偏干;3正常;4偏湿;5涝)合成分布(左);6种旱涝典型年500 hPa以下水汽通量场,箭头指示水汽输送方向,阴影表示水汽输送量值(单位:g·m$^{-1}$·s$^{-1}$,20000 g·m$^{-1}$·s$^{-1}$以下通量矢量没有画出,浅色和深色阴影分别为30,000 g·m$^{-1}$·s$^{-1}$和60,000 g·m$^{-1}$·s$^{-1}$)。6个典型旱涝年依次为:1)全国干旱,2)北旱南涝,3)长江涝与南北旱,4)全国涝,5)南旱北涝,6)长江旱与南北涝。典型干旱年到达中国大陆的水汽输送少,反之典型涝年到达中国大陆的水汽输送多,反映了东亚季风气流的强弱之分。

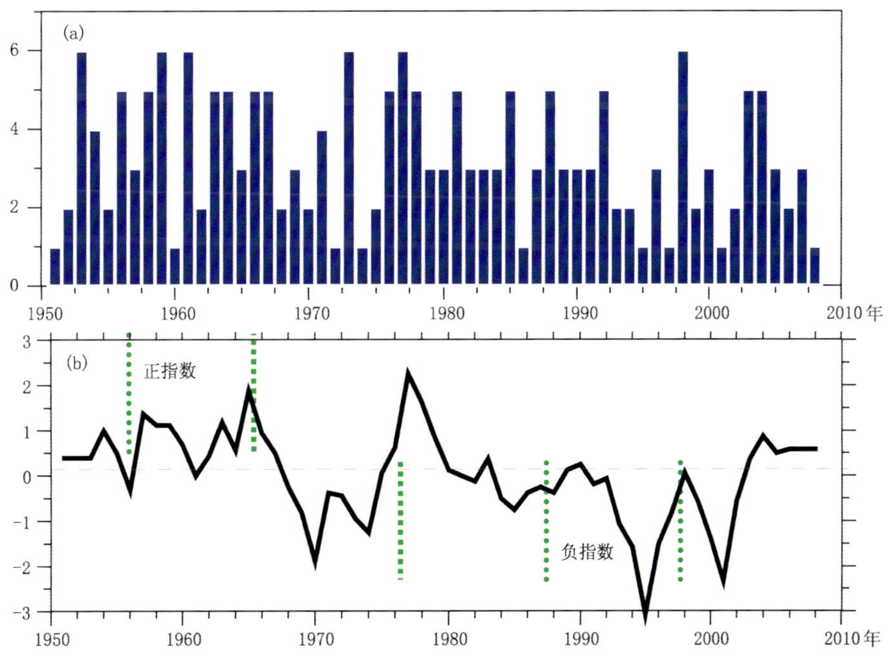


图4-5 (a)1951—2008年东亚夏季风降水指数(EAMRI)序列,(b)经7点滑动平均及标准化处理后的1951—2008年东亚夏季风降水指数序列和三个时段的划分。1951—2008年的58年中,6种旱涝典型年干湿等级从1至6的年数分别是9年、11年、16年、2年、14年和6年(钱维宏等,2011)。

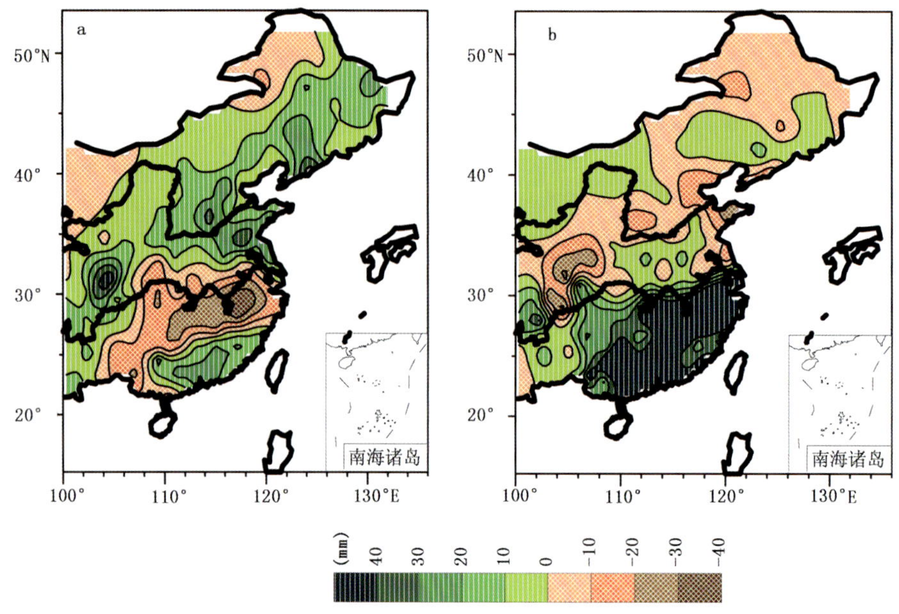


图 4-6 两个时段(a)1956—1966 年和(b)1992—2002 年合成平均的降水距平分布。1956—1966 年华北多雨，长江少雨，华南多雨。1979—1991 年长江多雨，华南和华北少雨(图略)。1992—2002 年长江以南多雨，华北少雨。

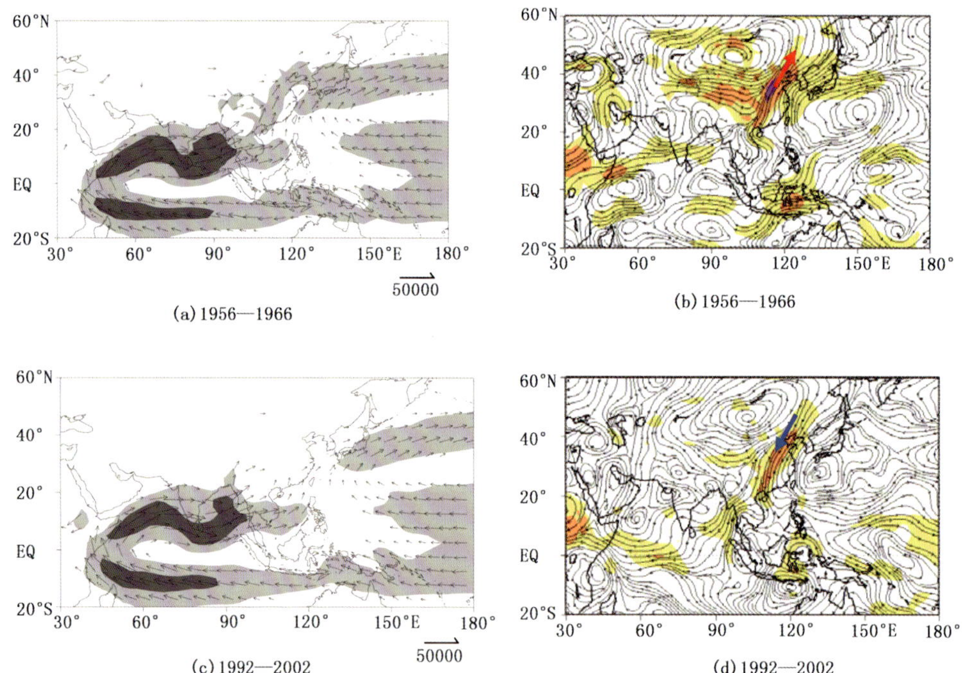


图 4-7 1956—1966 年和 1992—2002 年两个时段 500 hPa 以下水汽通量(左)和水汽通量距平(右)场分布图(相对 1971—2000 年平均)。左图浅色和深色阴影分别为 30000 $g \cdot m^{-1} \cdot s^{-1}$ 和 60000 $g \cdot m^{-1} \cdot s^{-1}$，右图颜色黄、橙、紫分别为大于 5000 $g \cdot m^{-1} \cdot s^{-1}$，10000 $g \cdot m^{-1} \cdot s^{-1}$，20000 $g \cdot m^{-1} \cdot s^{-1}$ 气候距平。基本特征：1956—1966 年中国东部、朝鲜半岛和日本地区水汽通量距平流场与 1992—2002 年的距平流场完全相反，反映了东亚年代际季风环流和季风降水分布具有整体变化的趋势。东亚季风强弱的年际和年代际变化反映了南北半球(南海越赤道气流)、太平洋和印度洋(季风气流)与亚洲大陆的热力对比的综合作用结果。

表 4-1 季风指数的意义

| 指数代号 | 指示意义 | 作者 |
|---|---|---|
| EAMRI | 东亚季风强弱与季风降水到达位置的逐年变化 | 钱维宏等，2011 |
| SMI | 110°E 与 160°E 之间的海平面气压差 | 郭其蕴，1983 |
| MI | 110°E 与 160°E 之间的标准化海平面气压差 | 施能，朱乾根，2000 |
| APO | 亚洲与北太平洋两个区域大气涡动温度差 APO＝$T'$(60°～120°E，15°～50°N)－$T'$(180°～120°W，15°～50°N) | Zhao 等，2007 |
| EAM I | 0°～10°N，100°～130°E 区域的 850 hPa 与 200 hPa 的纬向风切变($U_{850}-U_{200}$)和 10°～50°N 内各纬度上月平均 160°E 与 110°E 海平面气压差的归一化 | 祝从文等，2000 |
| EASMI | 东亚热带季风槽区(10°～20°N，100°～150°E)与东亚副热带地区(25°～35°N，100°～150°E)6—8 月平均的 850 hPa 纬向风距平差 | 张庆云等，2003 |
| TC IX | 热带高、低层纬向风切变 | 何敏等，2002 |
| SAM I | (5°～20°N，40°～110°E)范围内 850 hPa 和 200 hPa 之间的平均纬向风垂直切变值 | Webster 和 Yang，1992 |

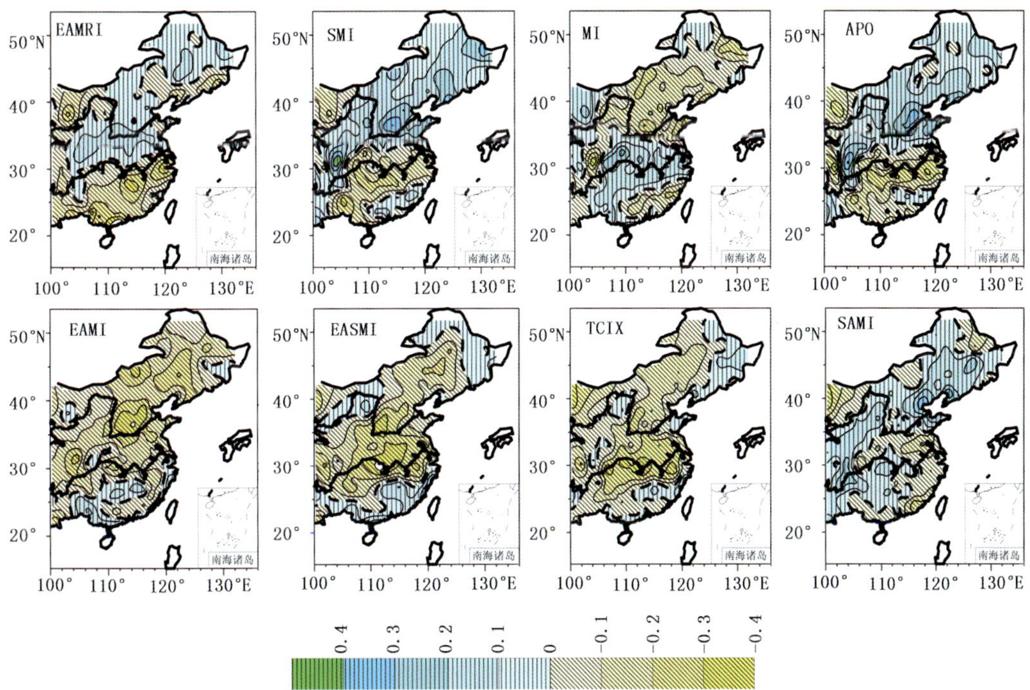


图 4-8 8 个东亚夏季风(降水)指数序列(1951—2008 年)与中国东部 5—9 月降水相关系数分布。其中，EAMRI 是图 4-5 中的东亚夏季风降水指数。SMI、MI、APO、EASMI 和 TCIX 指数指示的是长江中下游地区降水，EAMI 和 SAMI 指数与中国降水之间没有集中的高相关区域。EAMRI 指数反映了我国东部季风区南方与北方降水的反相变化，即季风强时北方降水多(少)，南方降水少(多)。

**表 4-2　东亚夏季风降水指数(EAMRI)与各种季风指数之间的线性相关系数**

| 相关系数 | SMI | MI | APO | EAM I | EASMI | TC IX | SAM I |
|---|---|---|---|---|---|---|---|
| EAMRI | 0.39 | −0.35 | 0.29 | −0.21 | −0.14 | 0.12 | −0.03 |
| SMI | 1 | −0.8 | 0.75 | −0.63 | −0.24 | 0.23 | 0.23 |
| MI | | 1 | −0.64 | 0.57 | 0.15 | 0.18 | −0.12 |
| APO | | | 1 | −0.37 | 0.001 | 0.34 | 0.34 |
| EAM I | | | | 1 | 0.70 | 0.58 | 0.18 |
| EASMI | | | | | 1 | 0.67 | 0.13 |
| TC IX | | | | | | 1 | 0.50 |
| SAM I | | | | | | | 1 |

注:东亚夏季风降水指数(EAMRI)与其他夏季风指数最为紧密的是海陆差异类季风指数(SMI, MI, APO),相关系数分别超过 0.01、0.05 和 0.10 显著性水平的相关系数值分别是:0.34、0.26 和 0.22。

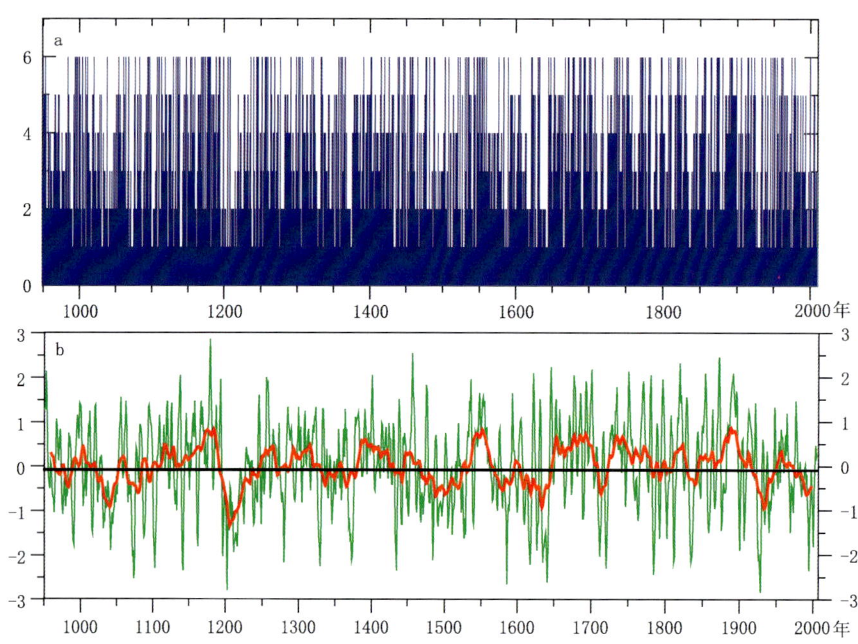


图 4-9　(a)公元 950—2008 年东亚夏季风指数和(b)经标准化处理后的 7 点滑动平均东亚季风降水指数序列(钱维宏,2011)。(b)中红实线为 21 点滑动平均东亚季风降水指数序列。历史上最干旱的时段在公元 1200 年后,对应欧亚干冷的小冰期中的第一个冷期和蒙古帝国的形成。20 世纪最干旱的时期在 20 世纪 20 年代末,对应我国西北地区多年连续干旱,30 万人饥荒,10 多万人死亡。最近 50 年东亚季风是持续减弱的,对应北方降水长期减少和 20 世纪末的黄河断流,未来该指数要向增强的方向发展。

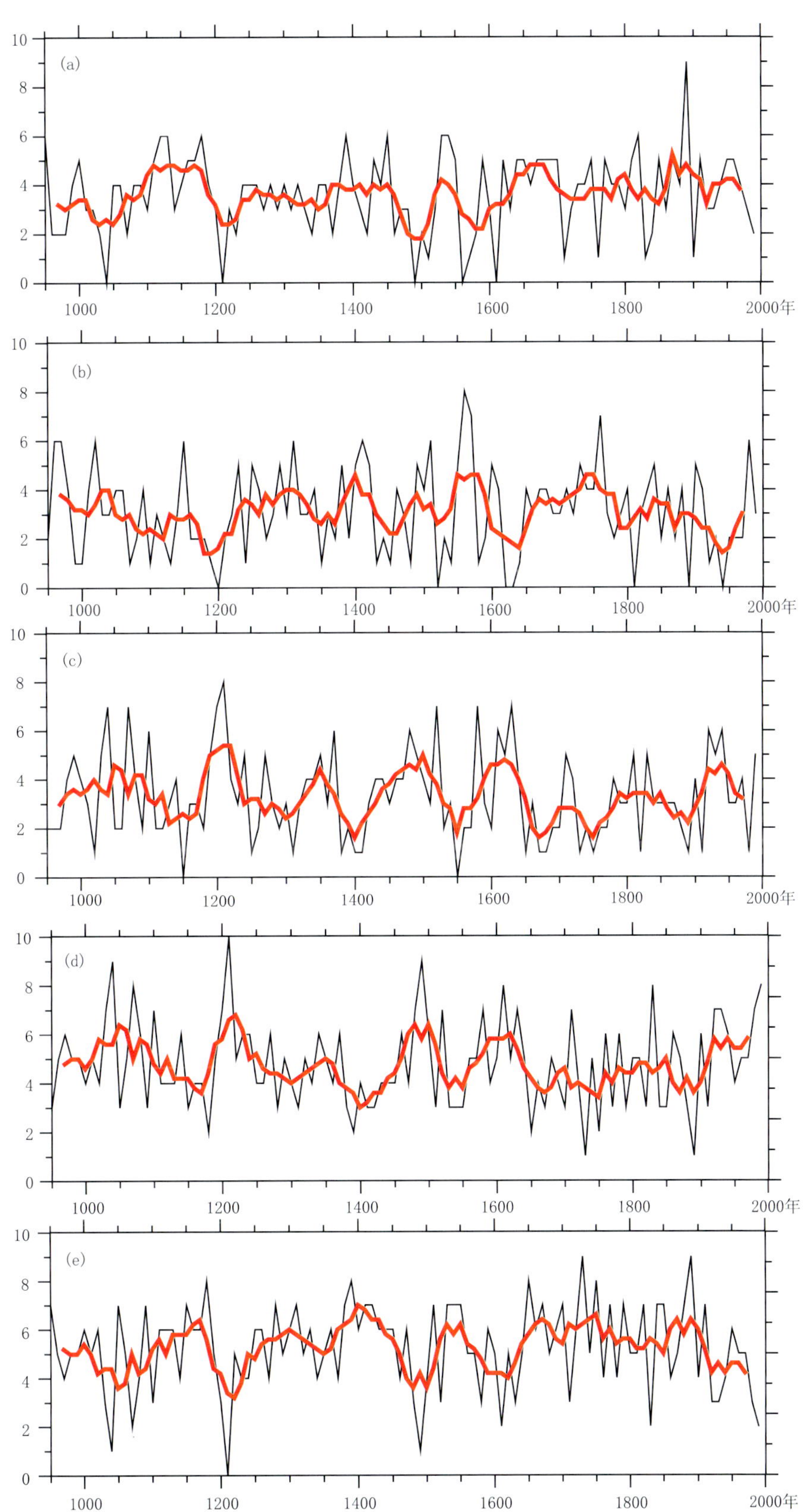


图 4-10 公元 950—2008 年每 10 年分别出现降水分布型(a)5—6 级(华北湿)、(b)3—4 级(长江湿)、(c)1—2 级(华南湿,华北干)、(d)1—3 级(华北干)、(e)4—6 级(华北湿),(f)2+6 级(华南湿)、(g)3+5 级(华南旱)。华北在 1880 年代出现了 9 年湿,其他年代湿年最多为 6 年。长江在 1560 年代出现了 8 年湿,1760 年代出现了 7 年湿,1980 年代出现了 6 年湿。华南在 1210 年代出现了 8 年湿。1210 年代华北出现过连续 10 年的干旱。

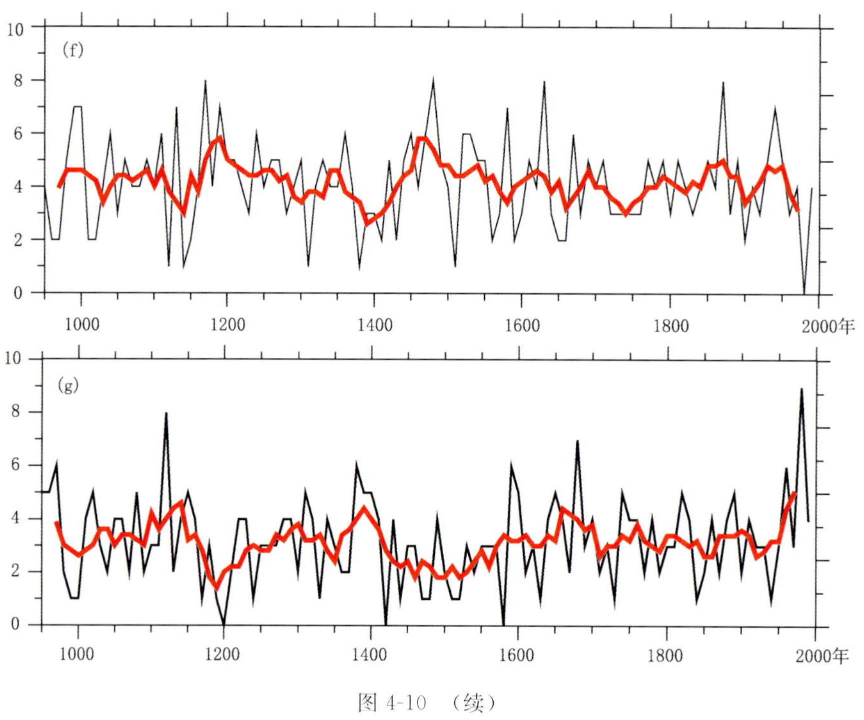


图 4-10 （续）

## 4.2 全球温度千年变化

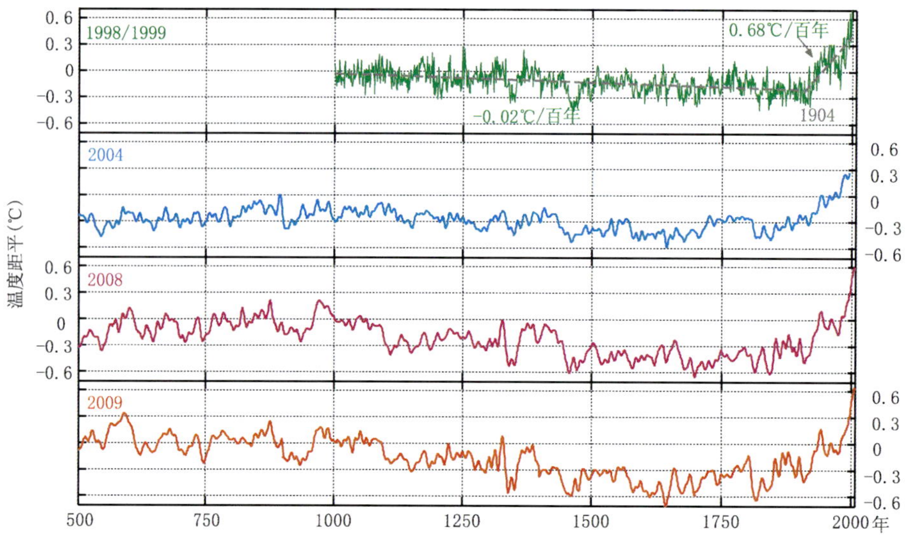


图 4-11 曼等(Mann 等，1998;1999;2008;2009;Jones 和 Mann，2004)在 1998 年、1999 年、2004 年、2008 年和 2009 年分别发表的北半球和全球温度相对 1951—1980 年气候的距平序列，其中 1999 年的序列在 1000—1904 年间以每百年 0.02°C 的速率下降，1904 年以来以每百年 0.68°C 的趋势上升（钱维宏，2011）。2008 年和 2009 年的温度序列中，中世纪暖期相对小冰期气温高 0.5°C，从小冰期到近百年增暖的转折时间点也前移了一百多年。同一作者先后有多条不同的千年温度序列也说明获取全球千年温度序列的艰难和不确定性。

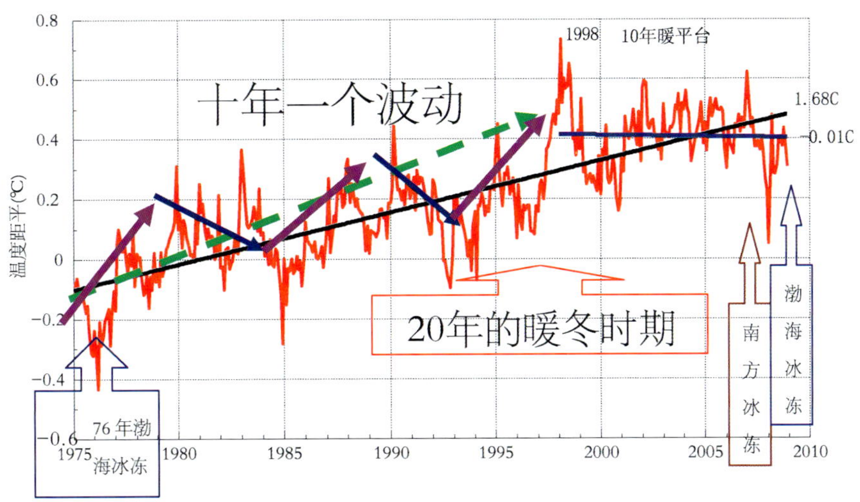


图 4-12 1975 年 1 月—2008 年 12 月的月平均全球温度（相对 1961—1990 年全球温度）的距平序列（℃）。两条直线分别指示 1975—2008 年趋势（0.17℃/10a）和 1998—2008 年趋势（－0.01℃/10a）（钱维宏等，2010）。1998 年以来全球温度进入一个持平状态，而大气 $CO_2$ 浓度仍然继续增加。

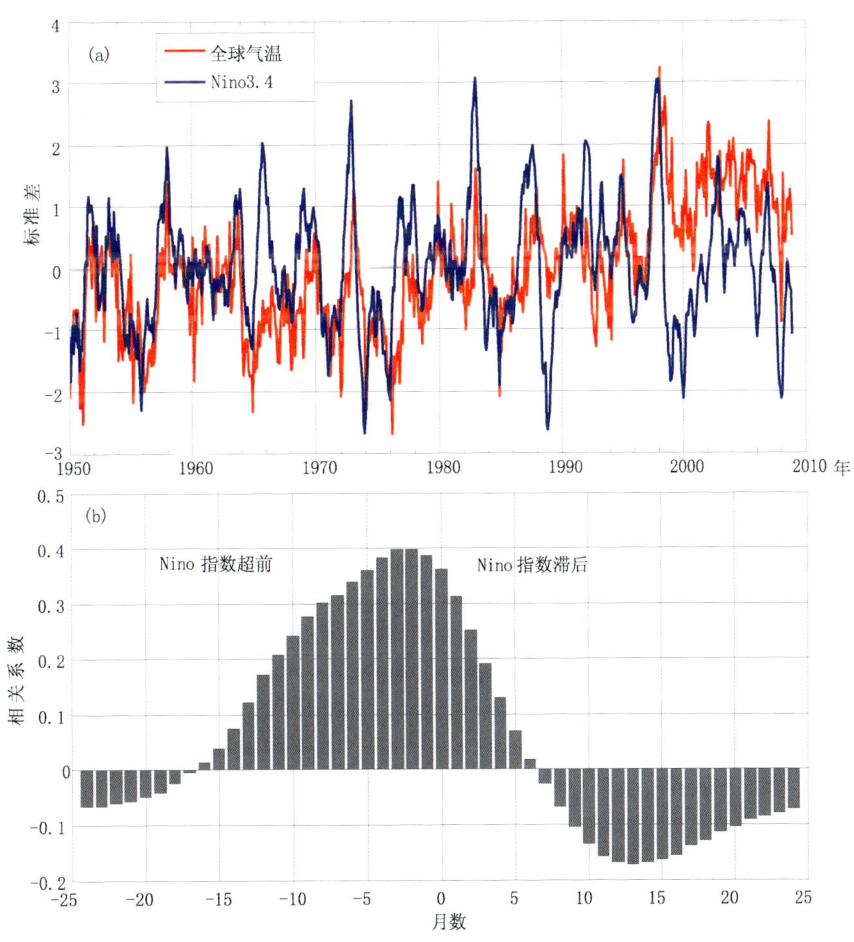


图 4-13 全球平均气温与赤道中东太平洋海温距平序列的比较。(a)去长期（0.44℃/100a）趋势后的 1950—2008 年全球平均气温距平标准化序列（红线）与 Nino3.4 区海温距平标准化序列（蓝线）及(b)它们之间的滞后相关系数随月数的变化（钱维宏等，2010）。赤道中东太平洋海温超前全球温度 2～3 个月获得最大相关系数值，季节尺度上热带太平洋海温引领全球气温变化。

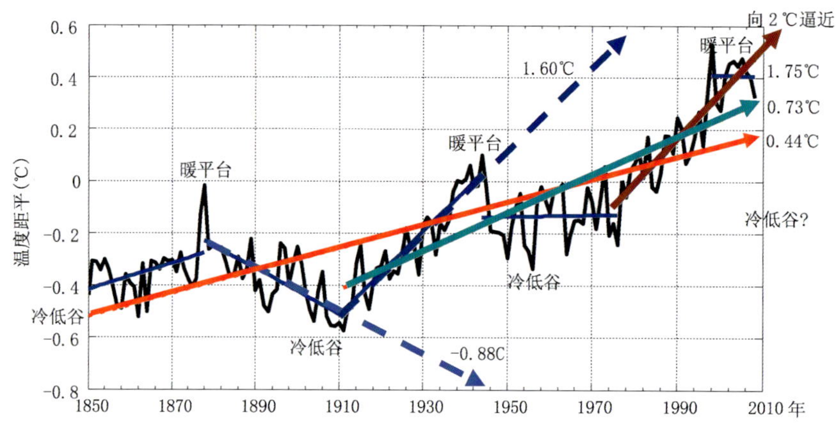


图 4-14　1850—2008 年逐年(相对 1961—1990 年)全球平均气温的距平序列(℃)。1850—1878 年、1878—1911 年、1911—1944 年、1944—1976 年和 1976—1998 年每 10 年趋势分别是:0.051℃,−0.088℃,0.160℃,0.003℃和 0.175℃。1850—2008 年、1911—2008 年和 1976—2008 年三个时间段的每 100 年增温趋势分别是 0.44℃、0.73℃和 1.75℃(钱维宏等,2010)。−0.88℃和 1.60℃为百年趋势。在 159 年的长期趋势上叠加了年代际的冷暖波动。未来全球温度按照怎样的趋势发展?下一个冷低谷能否出现?

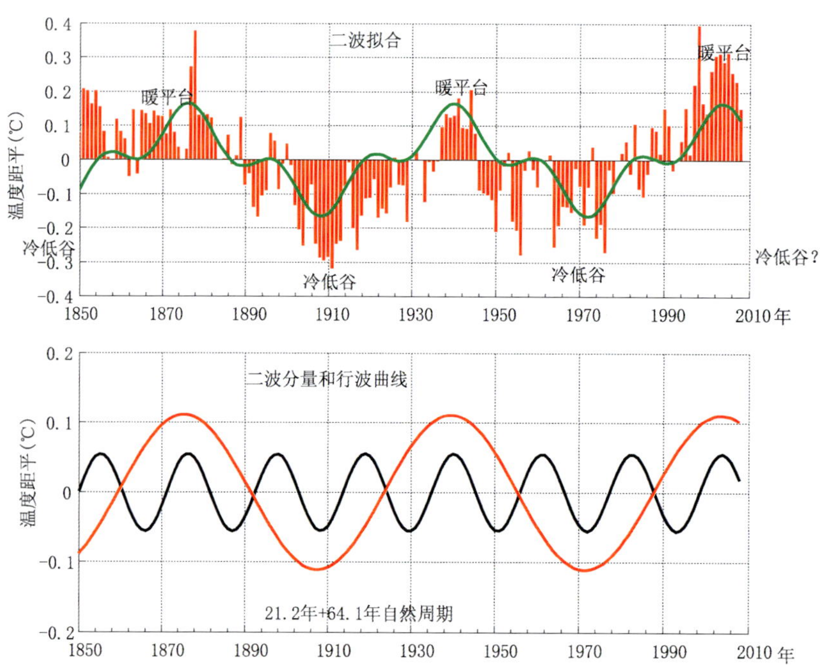


图 4-15　去趋势后的气温变化及其模拟和余弦函数随时间的变化。(a)去长期(0.44℃/100a)趋势后的 1850—2008 年全球平均气温距平序列(柱状图),绿色实线是 21.2 年和 64.1 年两个周期性函数的线性叠加;(b)两条余弦函数:21.2 年周期函数〔$0.055\cos(0.296t+10.0)$〕和 64.1 年周期函数〔$0.111\cos(0.098t+4.70)$〕,其中 $t$ 从 1850 年至 2008 年。两条余弦函数较好地模拟出了冷暖年代际波动。这样的冷暖年代际波动应该属于自然变化,在未来的气候变化中仍然会再现。

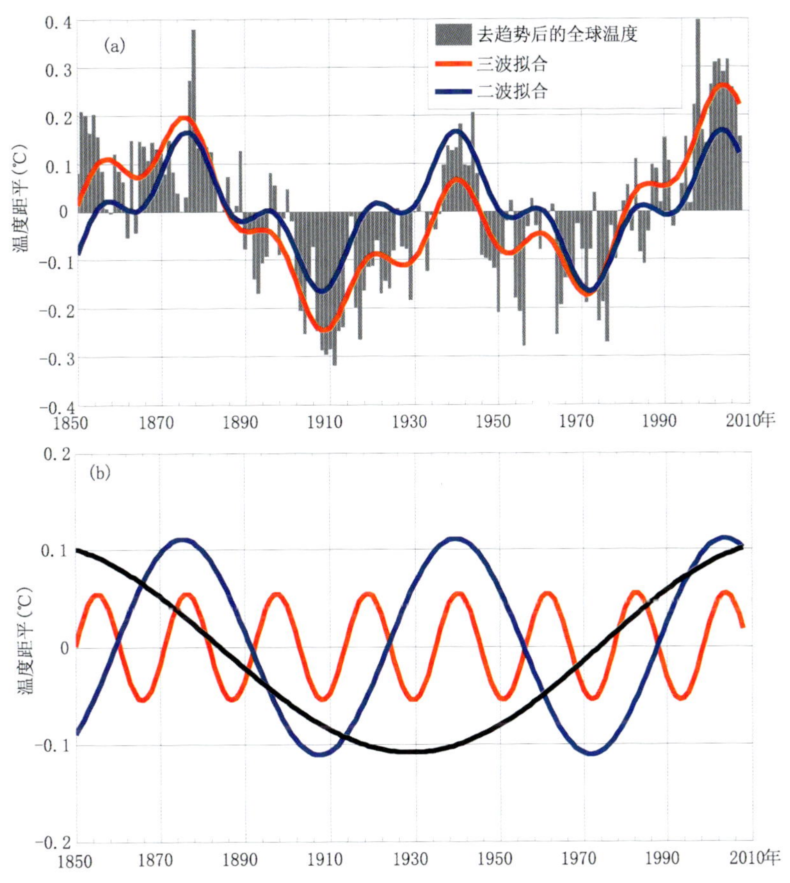


图 4-16　去长期(0.44℃/100a)趋势后的气温变化及其模拟和余弦函数随时间的变化。(a)去长期(0.44℃/100a)趋势后的 1850—2008 年全球平均气温距平序列(柱状图),蓝线为 21.2 年+64.1 年两个周期性函数的线性叠加,红线为 21.2 年+64.1 年+179 年三周期性函数的线性叠加;(b)三根余弦函数:红线 21.2 年周期函数〔$0.055\cos(0.296\,t+10.0)$〕,蓝线 64.1 年周期函数〔$0.111\cos(0.098\,t+4.70)$〕,黑线 179 年周期函数〔$-0.109\cos(0.035\,t+39.0)$〕,其中 $t$ 从 1850—2008 年(钱维宏等,2010)。

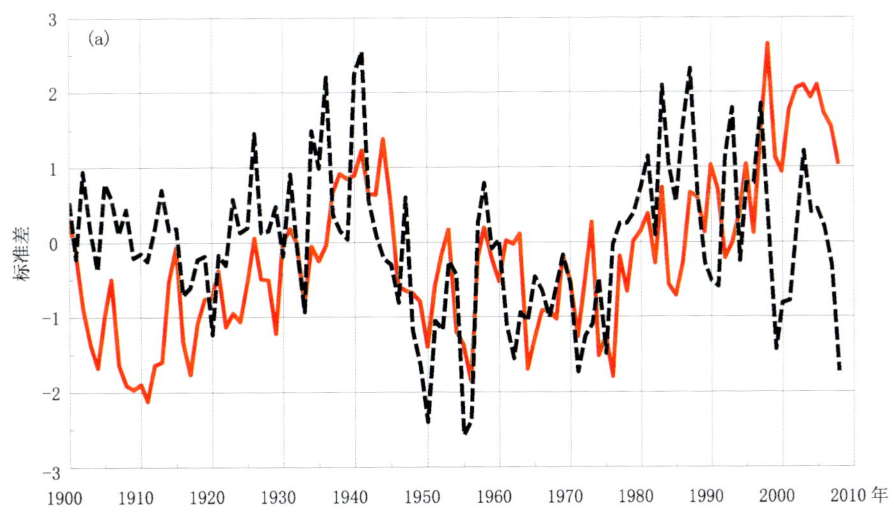


图 4-17　全球平均气温与北太平洋年代际涛动(PDO)指数序列的位相比较。(a)去长期(0.44℃/100a)趋势后的 1900—2008 年全球平均气温标准化序列(实线)与 PDO 指数标准化序列(虚线);(b)用去(0.44℃/100a)趋势后的全球温度标准化序列减 PDO 指数标准化序列的差值序列。差值序列中的黑色直线表示阶段差值平均(钱维宏等,2010)。PDO 位相变化早于全球平均气温。

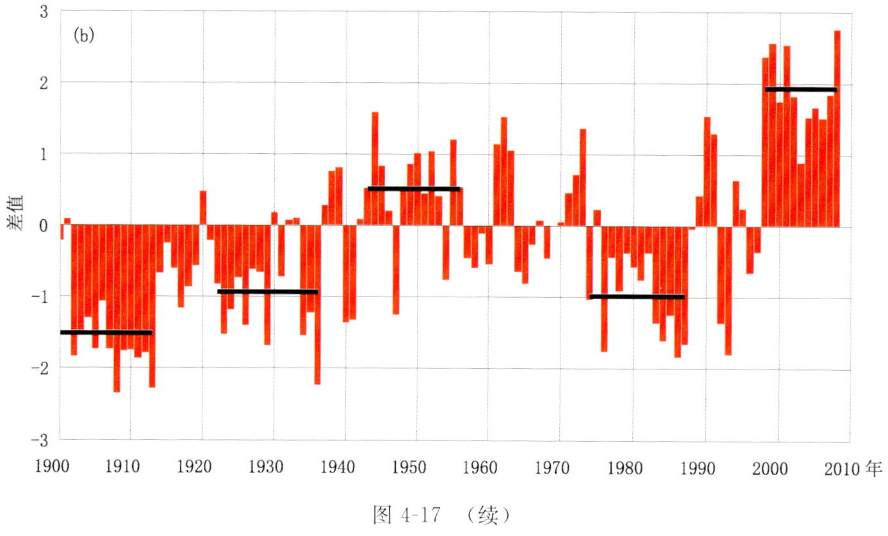


图 4-17 （续）

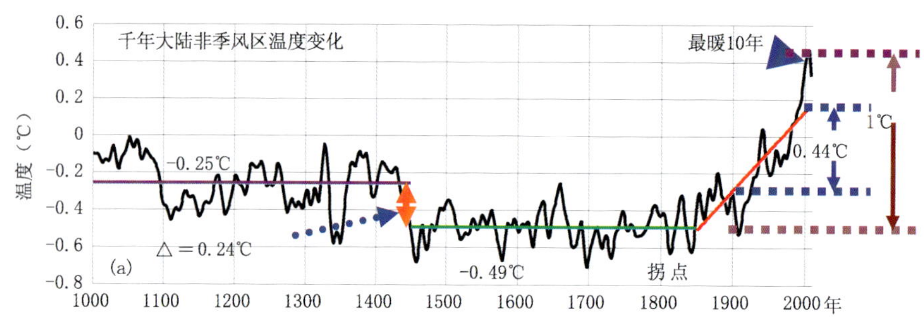


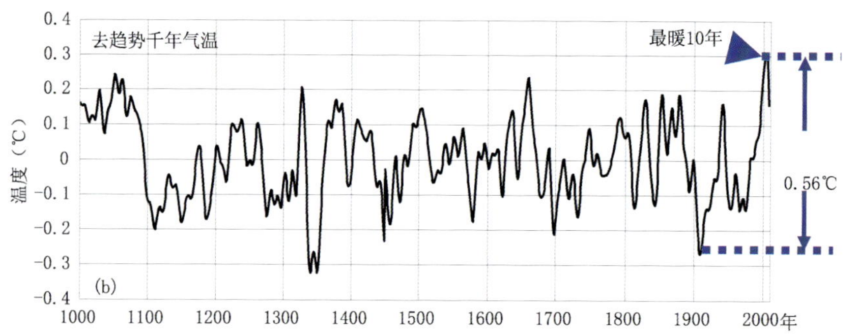


图 4-18 公元 1000—2008 年(相对 1961—1990 年)全球平均温度距平序列(℃)(a) 由 Mann 等最新发表的过去千年全球平均温度序列并结合 Hadley CRU 器测温度重构与延续的温度距平序列(℃)，图中的直线指示温度平均或温度趋势；(b) 剔除中世纪暖期(MWP)和小冰期(LIA)温度平均值及全球增暖期(GWP)趋势后的温度距平序列(℃)(钱维宏，陆波，2010)。20 世纪的温度变幅是 1℃，其中长期趋势是 0.44℃/100a，年代际波动变幅是 0.56℃。年代际自然波动在近百年与近千年中的变化没有差异。现在的课题是要确认近百年 0.44℃ 的长期趋势中有多少份额是人类活动导致的，又有多少份额是自然变化的。

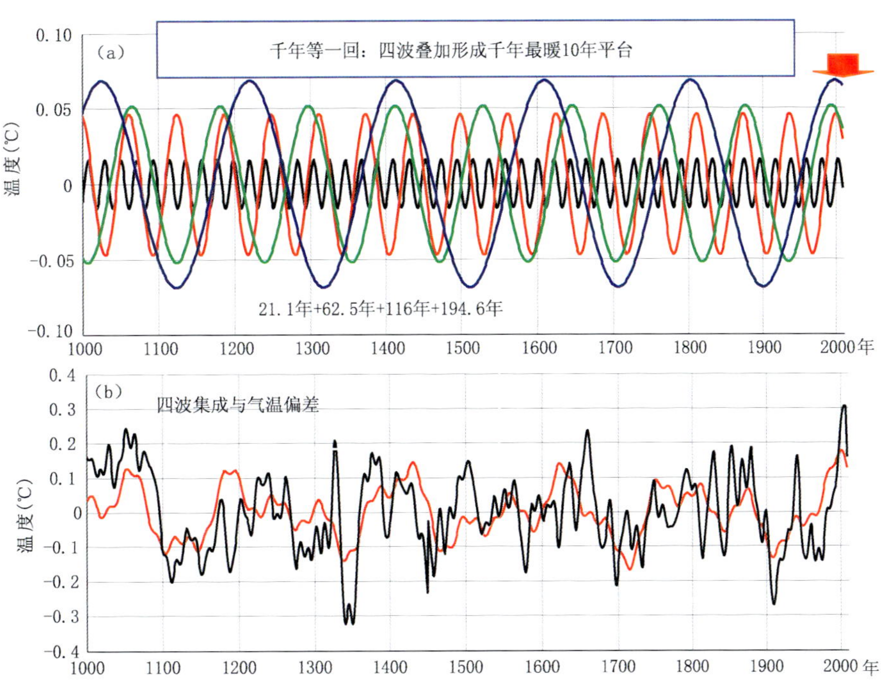


图 4-19 基于小波分析得到的4条周期性余弦函数序列和公元1000—2008年温度序列与四条周期性余弦函数序列集成的比较(钱维宏,陆波,2010)。(a)小振幅黑线(21.1年周期,$-0.016\cos(0.3t+5.2)$),最近的峰值在2002年;大振幅红线(62.5年周期,$0.047\cos(0.1t+0.22)$),最近的峰值在1998年;绿色线(116年周期,$0.052\cos(0.054t-1.13)$),最近的峰值在1994年;蓝线(194.6年周期,$0.069\cos(0.032t-1.7)$),最近的峰值在1998年,时间$t$为从公元1000年开始计数的年份。(b)红实线是图4-18b的温度序列;虚线是21.1年、62.5年、116年和194.6年周期性余弦函数的叠加曲线。在过去的千年中,四个波的正位相叠加仅仅发生在最近20世纪与21世纪之交的10年中(a中箭头位置)。

## 4.3 温度变化归因分解

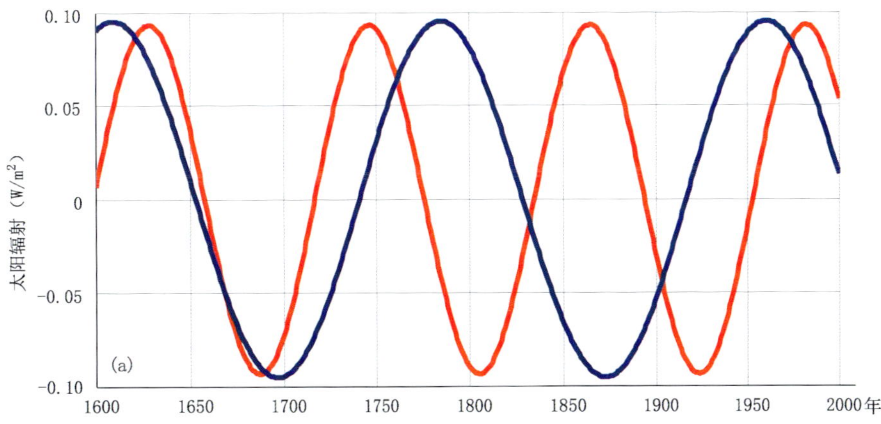


图 4-20 太阳辐射余弦函数序列及其集成与原序列的比较(钱维宏,陆波,2010)。(a)太阳辐射的两条周期性余弦函数序列(红线:118年周期,$0.0933\cos(0.0533t-5.06)$;蓝线:175年周期,$-0.0953\cos(0.0358t+2.07)$);(b)太阳辐射两条余弦函数序列的集成(红线)与太阳辐射原序列(黑线)的比较,时间$t$为从公元1600年开始计数的年份。

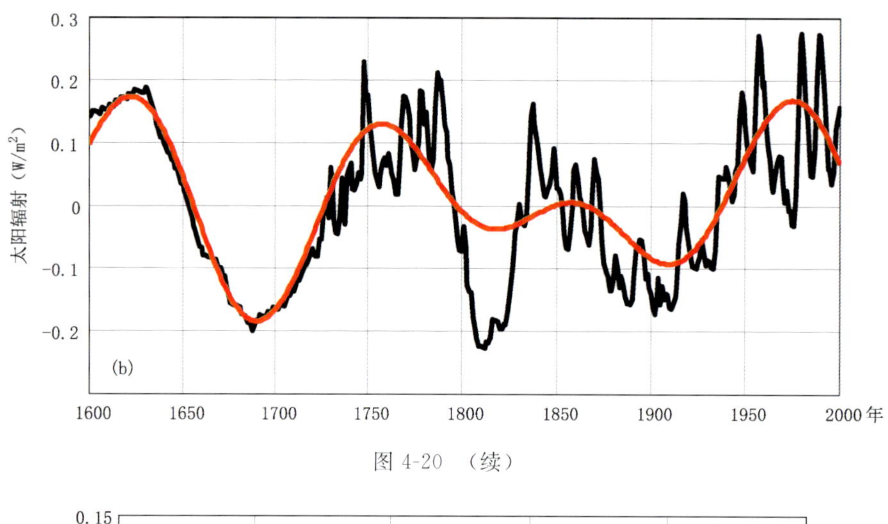


图 4-20 （续）

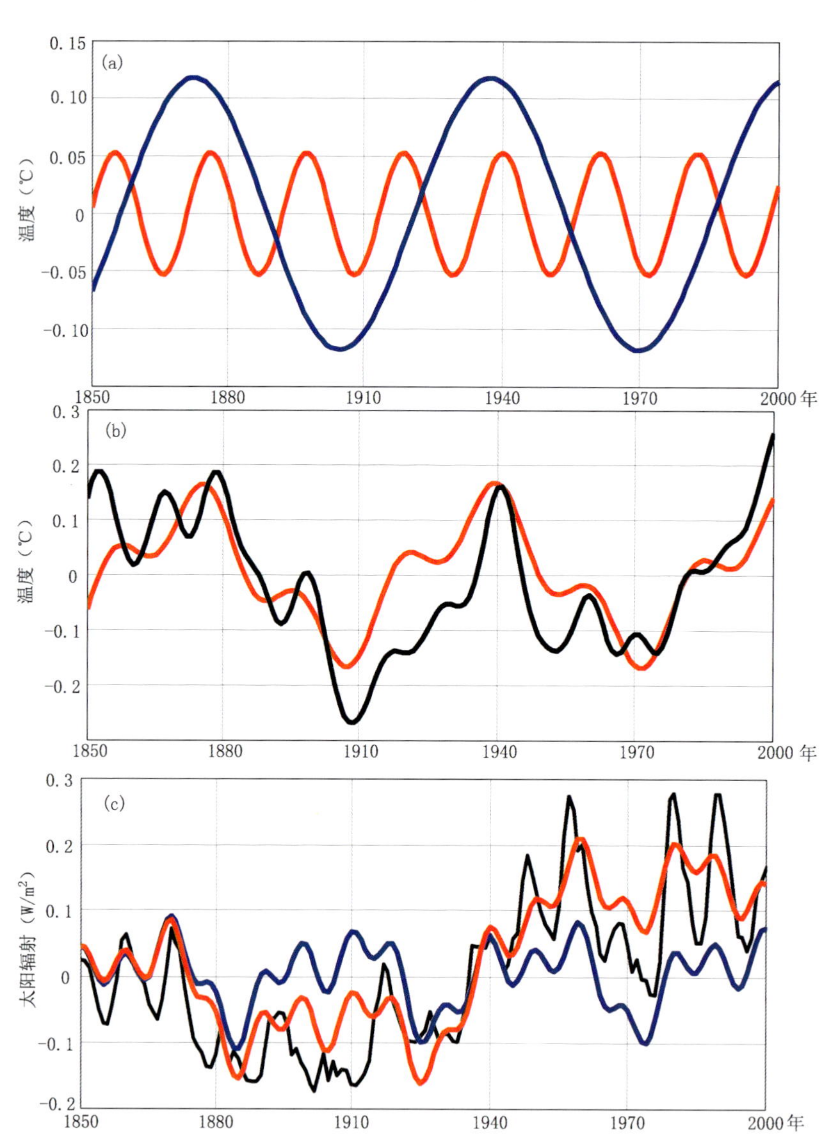


图 4-21 1850—2000 年全球平均温度和太阳辐射变化的比较（钱维宏，陆波，2010）。(a) 全球平均温度变化的 21.2 年（红线）和 64.8 年（蓝线）余弦函数序列；(b) 温度变化中两条余弦函数序列的叠加（红线）与原温度序列（黑线）的比较；(c) 太阳辐射序列（黑线）与太阳辐射三条周期性函数（10 年＋22 年＋43.3 年）序列的集成（蓝线）及太阳辐射五条周期性函数（10 年＋22 年＋43.3 年＋118 年＋175 年）序列的集成（红线）。

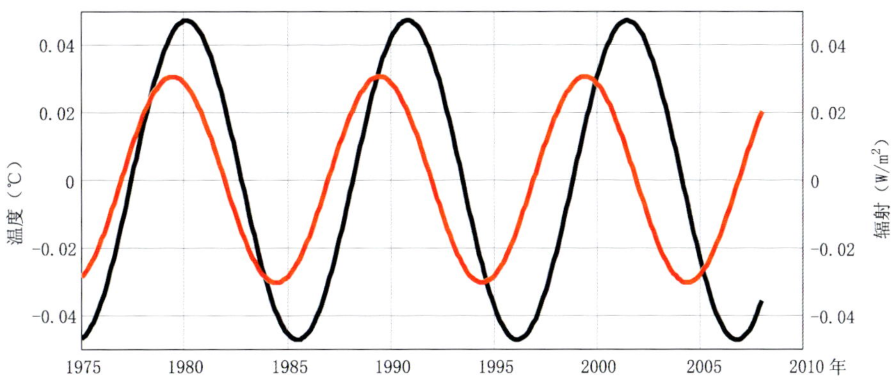


图 4-22　准 10 年尺度上温度与太阳辐射变化位相的比较（钱维宏，陆波，2010）。黑线：全球月平均温度中的 10.7 年周期性余弦函数序列；红线：太阳辐射变化的 10 年周期性余弦函数序列。太阳辐射分量变化早于气温分量变化 1 年多，原理见公式（1-3）。

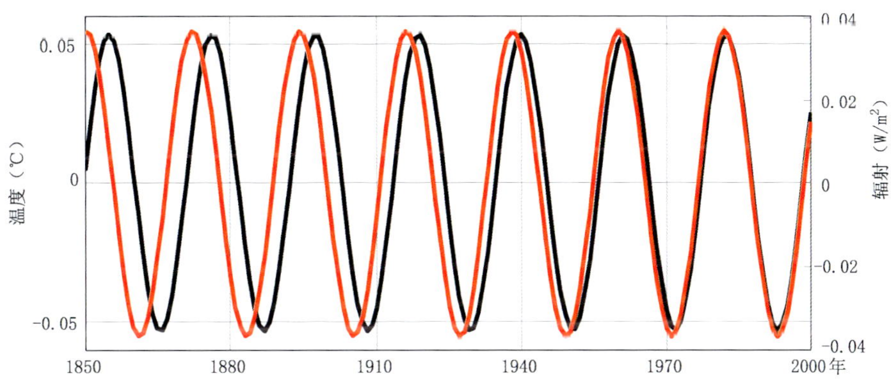


图 4-23　准 20 年尺度上温度与太阳辐射变化位相的比较（钱维宏，陆波，2010）。黑线：温度变化的 21.2 年周期性余弦函数序列；红线：太阳辐射变化的 22 年周期性余弦函数序列。太阳辐射分量变化早于气温分量变化 1～2 年，原理见公式（1-3）。

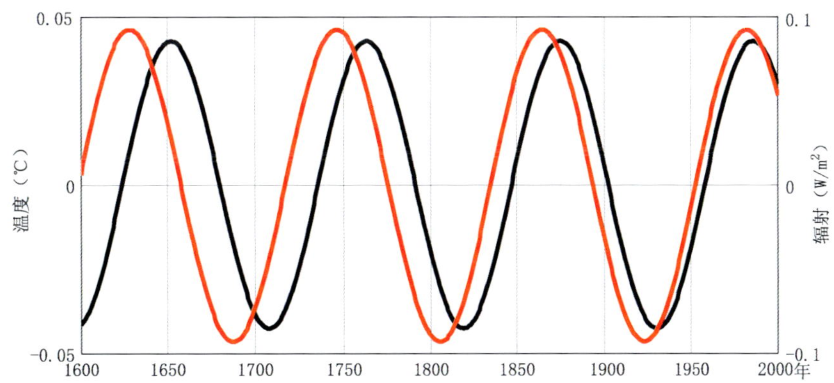


图 4-24　百年尺度上温度与太阳辐射变化位相关系的比较（钱维宏，陆波，2010）。黑线：温度变化 111 年周期性余弦函数[$-0.0427\cos(0.056t-2.15)$]序列；红线：太阳辐射量 118 年周期性余弦函数[$0.0933\cos(0.0533t-5.06)$]序列。太阳辐射分量变化早于气温分量变化 10～20 年，原理见公式（1-3）。

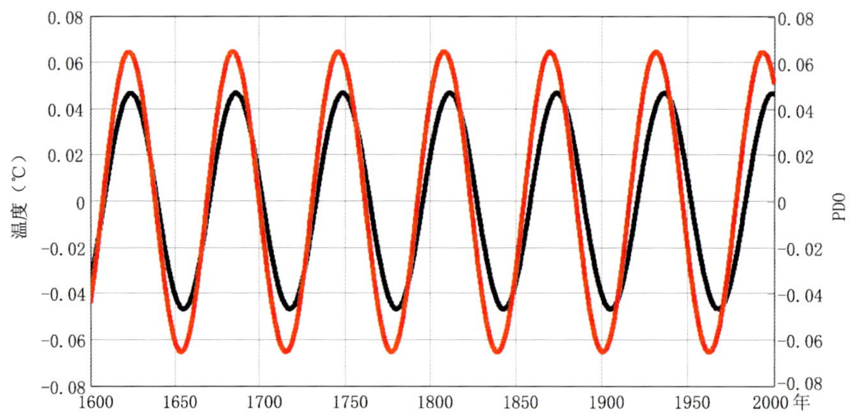


图 4-25　年代际尺度上全球平均温度与北太平洋年代际涛动（PDO）指数指示的海温变化位相的比较（钱维宏，陆波，2010）。黑线：气温变化的 63 年周期性余弦函数序列；红线：PDO 指数变化的 62 年周期余弦函数序列。海温分量变化早于气温分量变化 5～10 年，原理见公式（1-3）。

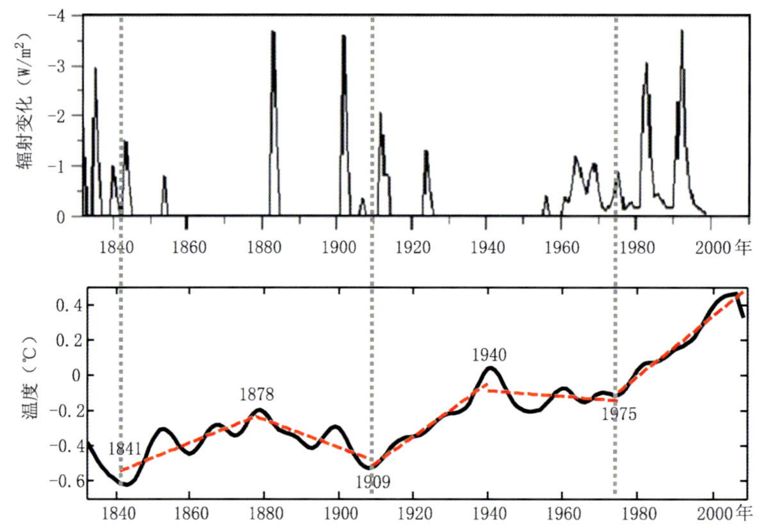


图 4-26　近百年火山活动影响的辐射变化（上图）与全球平均气温波动（下图）的比较。在低温期前后都有火山活动。

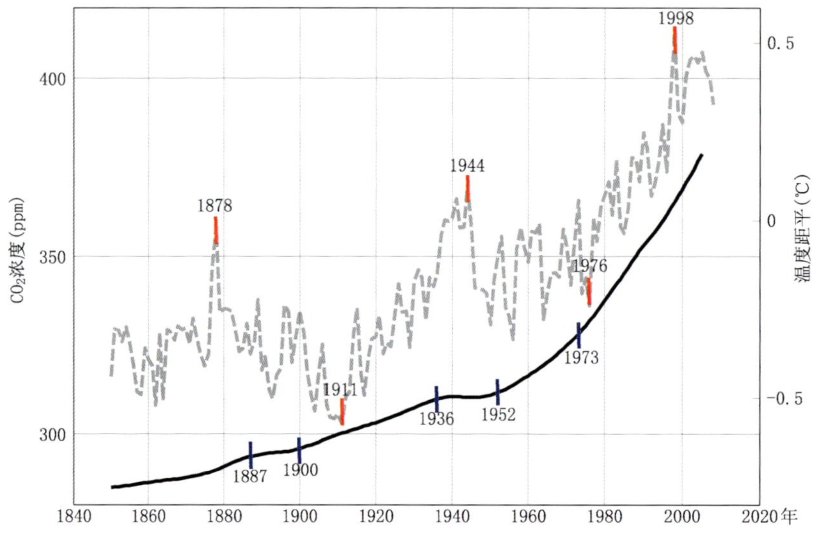


图 4-27　1850—2005 年大气二氧化碳（$CO_2$）浓度（黑线）与 1850—2008 年全球平均温度距平（灰色虚线）转折点的时间关系。各自的短竖线是用“斜率突变检验”检测到的全球气温和大气二氧化碳浓度转折点（钱维宏，2011）。

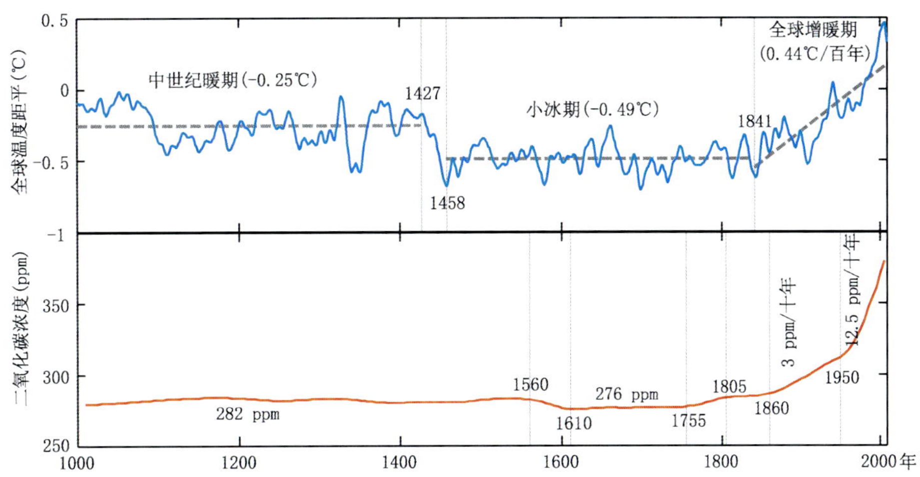


图 4-28 按照曼等的资料分析的公元 1000—2005 年全球平均温度(上图)和同期大气二氧化碳浓度值(下图)随时间的阶段性变化。全球增暖期每百年增温 0.44℃。图中标注了检测到的序列转折时间点、阶段性气温和大气二氧化碳浓度平均值及趋势值(钱维宏,2011)。

## 4.4 欧美碳排放量与气温的关系

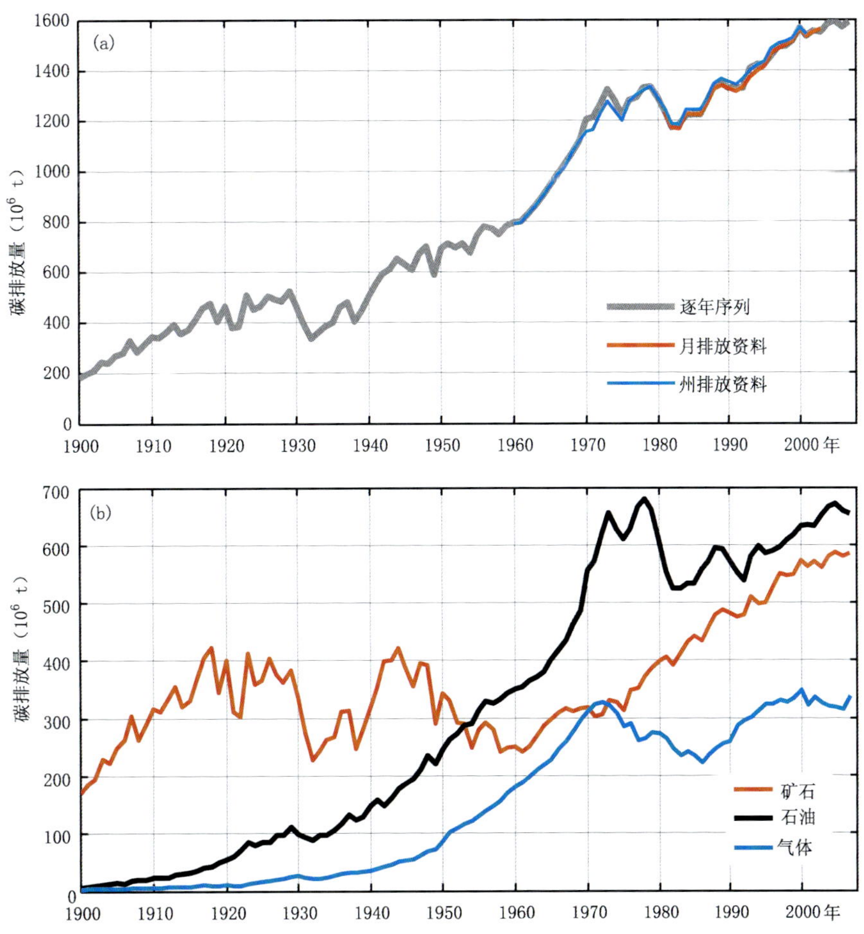


图 4-29 (a)美国碳排放量的三套资料序列的比较:(1) 1800—2007 年逐年的美国碳排放总量;(2)1981—2003 年逐月的美国碳排放总量;(3)1960—2001 年美国本土 48 州碳排放总量;(b)美国煤炭(矿石)、石油和天然气(气体)燃料燃烧对碳排放量的贡献。资料取自(http://cdiac.ornl.gov/trends/emis/meth_reg.html)。

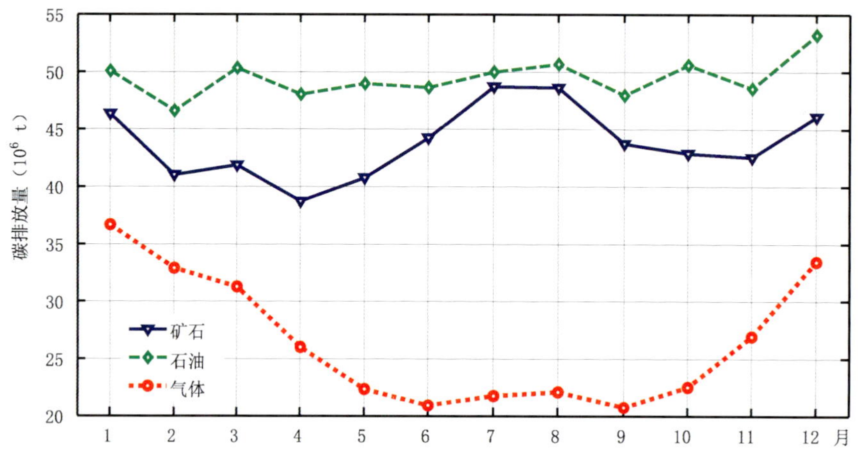


图 4-30　美国本土 1991—2000 年间不同种类化石燃料燃烧对碳排放量的月平均贡献。矿石(煤炭)燃烧量在 7—8 月份达到最大，气体(天然气)燃烧排放量在冬季达到最大，石油燃烧量随季节变化不大。资料取自(http://cdiac.ornl.gov/trends/emis/meth_reg.html)。

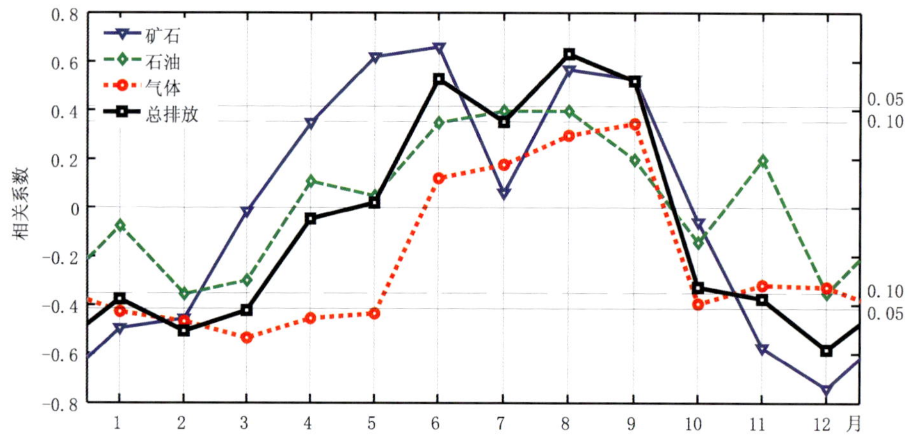


图 4-31　1981—2003 年去掉线性趋势后美国不同种类化石燃料燃烧的逐月碳排放量与美国月温度序列的相关系数。冬季为负相关，夏季为正相关。1—5 月气体(天然气)燃烧碳排放量与月温度呈反相关关系(显著性超过 0.05 的水平)；5—6 月和 8—9 月矿石(煤炭)燃烧碳排放量与月温度呈正相关关系(显著性超过 0.05 的水平)。美国月温度资料取自 http://www.ncdc.noaa.gov/oa/climate/research/cag3/state.html.

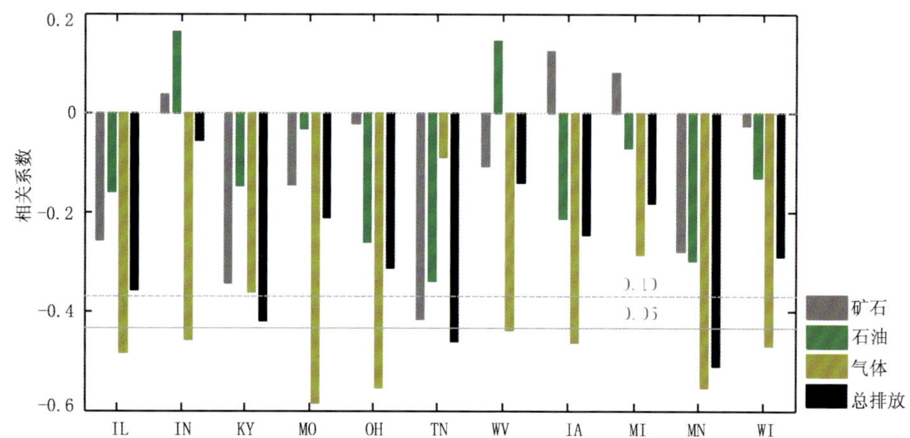


图 4-32　1981—2001 年间美国中部及中北部 11 州不同种类化石燃料燃烧年碳排放量与这些州同年 1—3 月和 12 月的 4 个月平均温度去趋势后偏差值的相关。多数州的气体燃烧碳排放量与温度的负相关达到 0.05 的显著性水平。

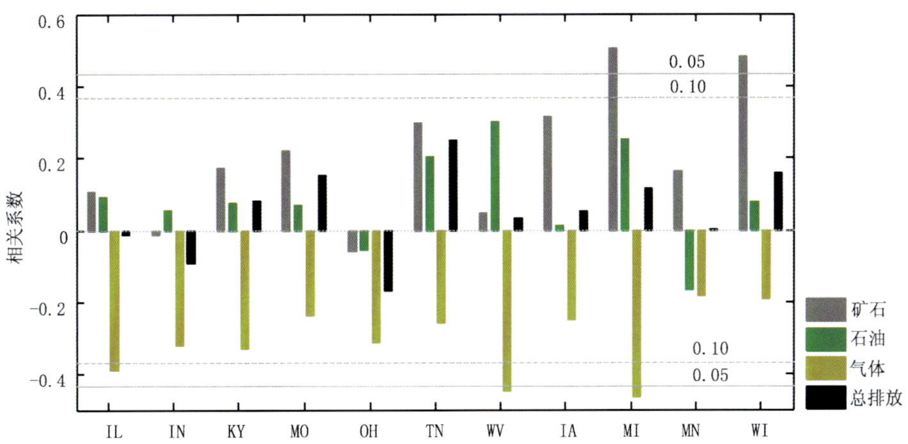


图 4-33　1981—2001 年间美国中部及中北部 11 州不同种类化石燃料燃烧年碳排放量与这些州夏季(6—9 月)同期温度去趋势后偏差值的相关。煤炭燃烧的年碳排放量与夏季温度多为正相关关系，而气体燃烧的年碳排放量与温度均为负相关。

**表 4-3　选择的美国 11 州**

| 缩写 | 州名 | 缩写 | 州名 |
|---|---|---|---|
| IL | Illinois | WV | West Virginia |
| IN | Indiana | IA | Iowa |
| KY | Kentucky | MI | Michigan |
| MO | Missouri | MN | Minnesota |
| OH | Ohio | WI | Wisconsin |
| TN | Tennessee | | |

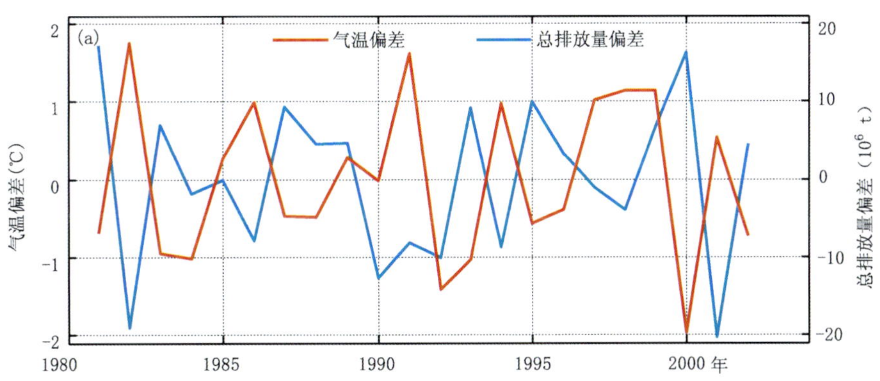


图 4-34　美国冬季和夏季平均气温偏差与美国同期碳燃烧季节总排放量偏差序列(钱维宏等，2011)。(a)1981—2002 年美国冬季(12 月至次年 1—2 月)；(b)1981—2003 年美国夏季(6—8 月)。冬季美国气温低(高)对应人类活动碳排放量多(少)，夏季与之相反。

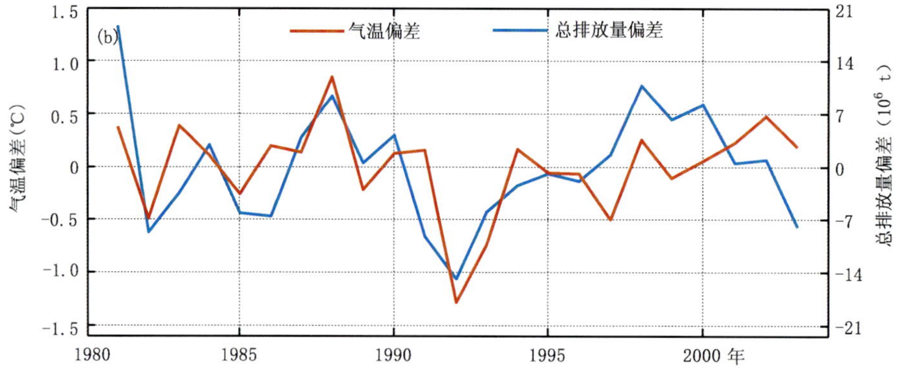

图 4-34 （续）

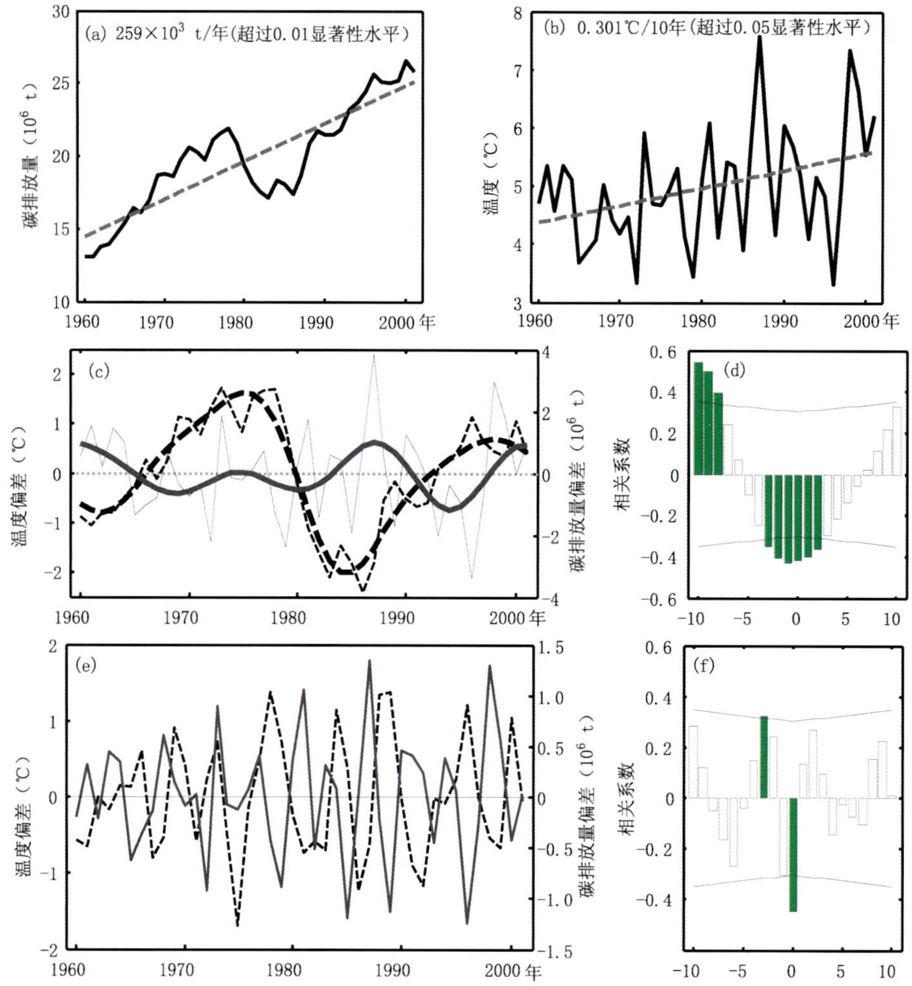

图 4-35 1960—2001 年美国明尼苏达州(Minnesota)碳排放量(a)和气温(b)原序列及其线性趋势(虚线)，去趋势年代际变化(c)(实线是气温，虚线是碳排放量，分别做 10 年以上低通滤波)，及去趋势和去年代际变化后的年际偏差曲线(e)(实线是气温，虚线是碳排放量)。温度和碳排放量的年代际(d)和年际(f)变化的超前－滞后相关系数如图示(横坐标表示温度超前碳排放量的年数)，同期反相关系数－0.45，超过 0.05 的显著性水平。

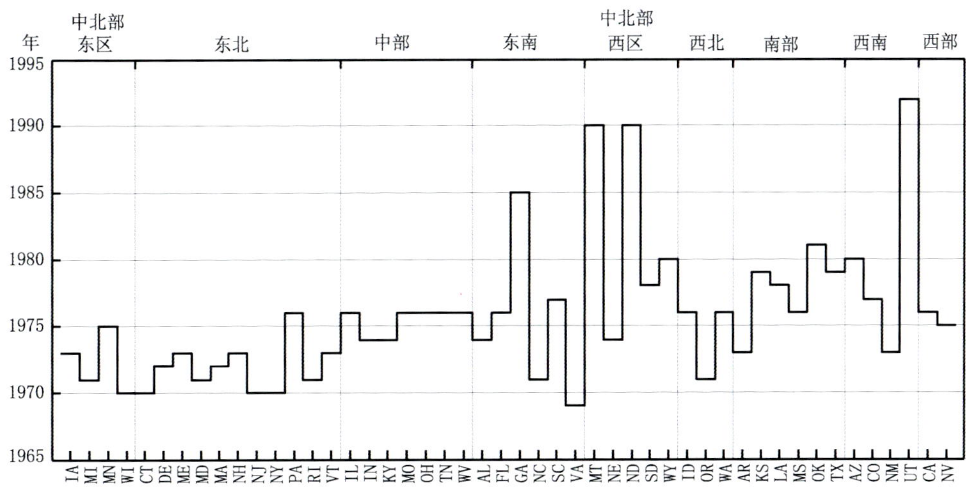


图 4-36 美国不同区 48 州 1960—2001 年碳排放量序列去趋势后分解出的年代际波动最大峰值年。美国中部和东北部地区在 1970 年初碳排放量最大，南部地区在 1970 年后期达到碳排放量最大，西北部地区到 1980 年中期碳排放量才达到最大。

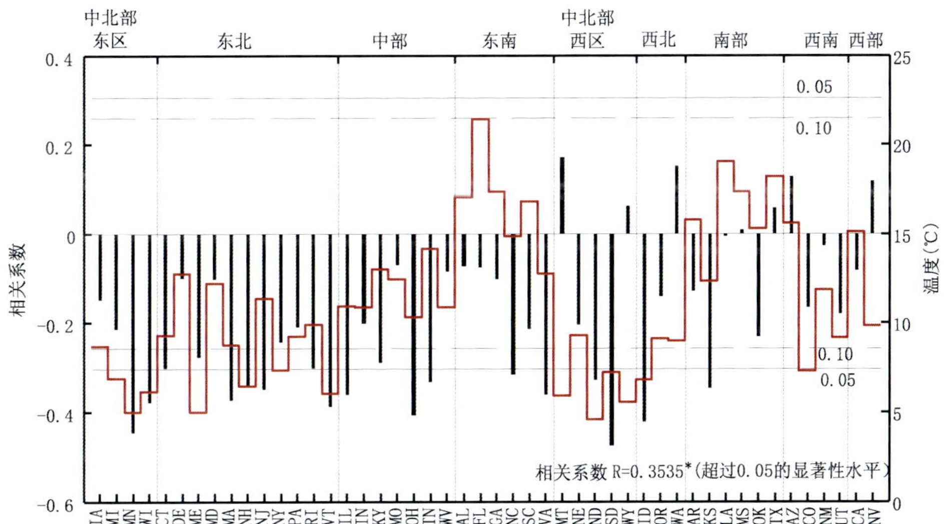


图 4-37 美国不同区 48 州 1960—2001 年去趋势和年代际波动后碳排放量和温度的相关系数(黑色柱状线)与各州在此时期的平均温度(红色线)。它们的相关系数为－0.35 超过 0.05 的显著性水平。除了少数的 7 个州外，41 个州的年际气温与年际碳排放量的变化关系相反。平均温度偏低的地区，碳排放量与温度的反相关越为显著。

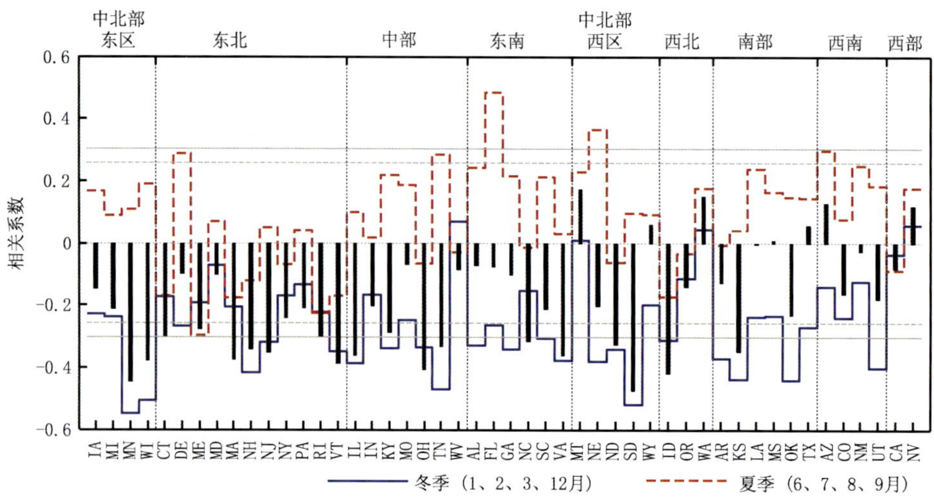


图 4-38　美国不同区 48 州气温与碳排放量之间的关系。红色虚线与蓝色实线分别为碳排放量年际变化与当年夏季(JJAS)和冬季(DJFM)平均温度的年际变化之相关系数。黑色柱状线是各州年际碳排放量与年际温度的相关。除了 5 个州夏季温度与年际碳排放量有显著的正相关外，很多州年际碳排放量的多少与冬季温度之间有显著的反相关，其中超过 0.05 的显著性水平的州有 21 个。

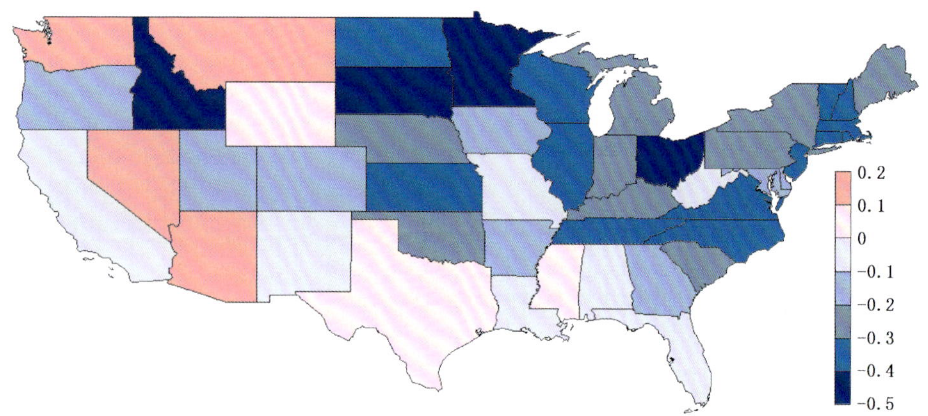

图 4-39　美国各州年际(去除长期趋势与 10 年以上年代际波动)碳排放量与温度的相关系数。负的高相关区域集中在美国东北部。

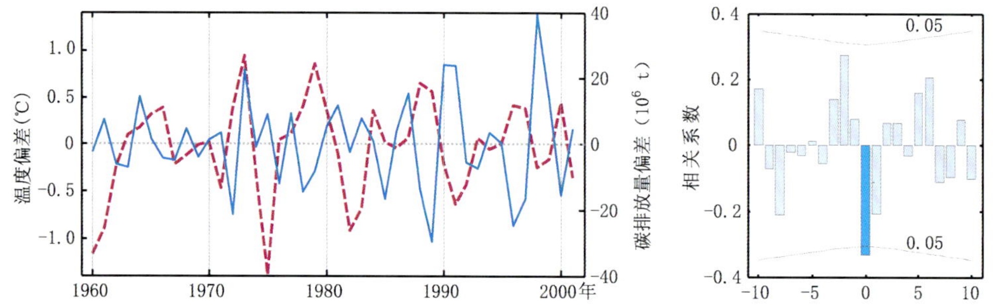


图 4-40　选取东北部 23 州(VA NC MN IA WI MI IL IN KY TN OH WV CT DE ME MD MA NH NJ NY PA RI VT)作为整体，采用与图 4-35 中相同的分析方法去除长期线性趋势和减去 10 年以上低通滤波所对应年代际变化后的温度(左图实线)和碳排放量(左图虚线)序列计算的年碳排放总量与平均温度之间的超前一滞后相关系数(右图)。它们之间同期为负相关(−0.33，超过 0.05 的显著性水平)。

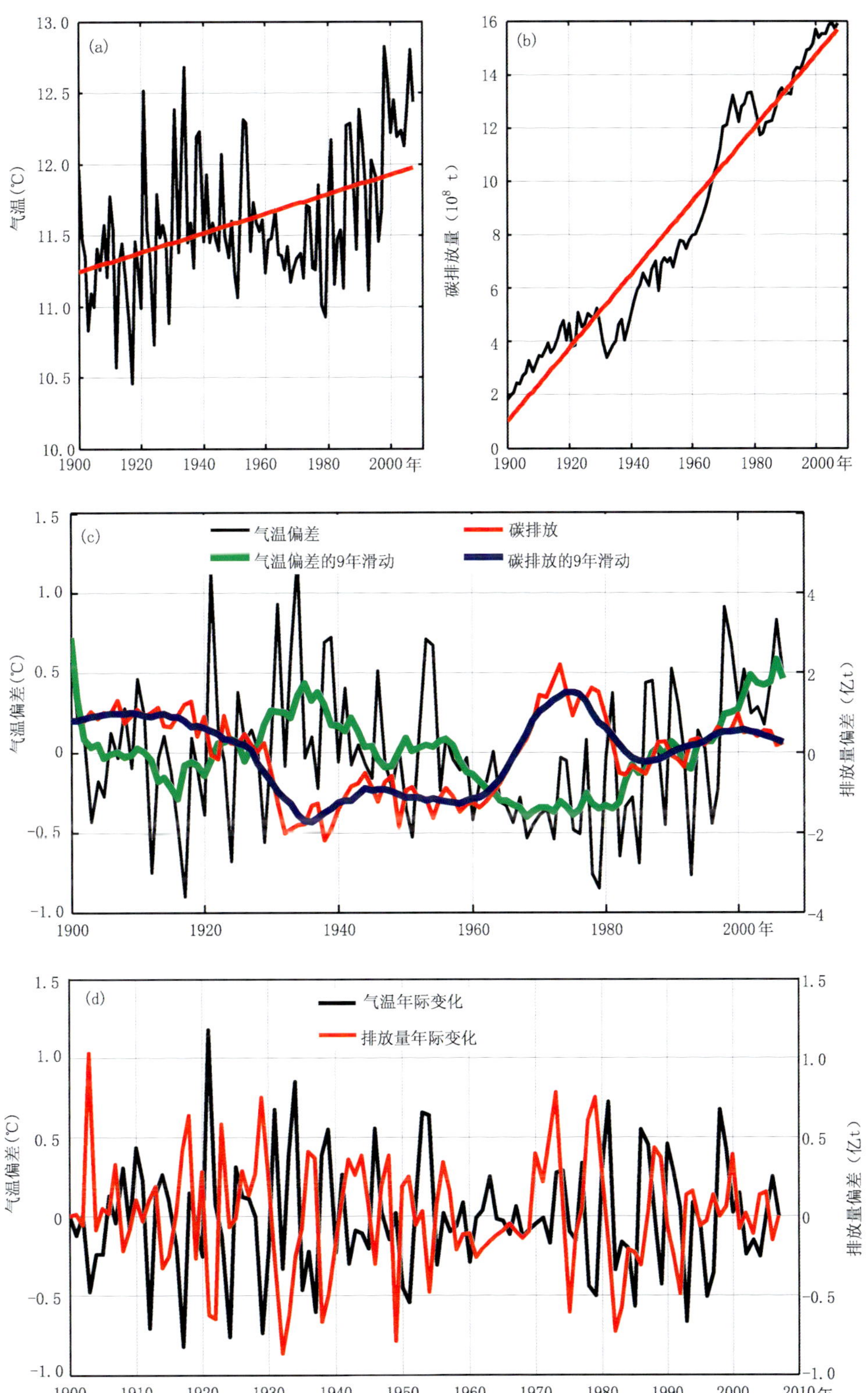


图 4-41　公元 1900—2006 年美国逐年气温与美国逐年碳排放量(钱维宏等,2011)。(a) 年平均气温(黑线)及其长期线性趋势线(红线);(b)年碳排放量(黑线)及其长期线性趋势线(红线);(c) 去长期趋势后的气温偏差序列(黑线)及其 9 年滑动平均线(绿线),去长期趋势后的碳排放量(红线)及其 9 年滑动平均线(蓝线);(d) 气温中的年际变化(黑线)与碳排放量年际变化(红线)。(c)中两条 9 年滑动平均序列之间的最大滞后相关系数为−0.45(温度超前碳排放量 7 年,超过 0.01 的显著性水平)。(d)中两条序列之间的同期相关系数最大,为−0.23(超过 0.01 的显著性水平)。在年际和年代际时间尺度上,美国气温低(高)的时期人类活动碳排放量增加(减少)。

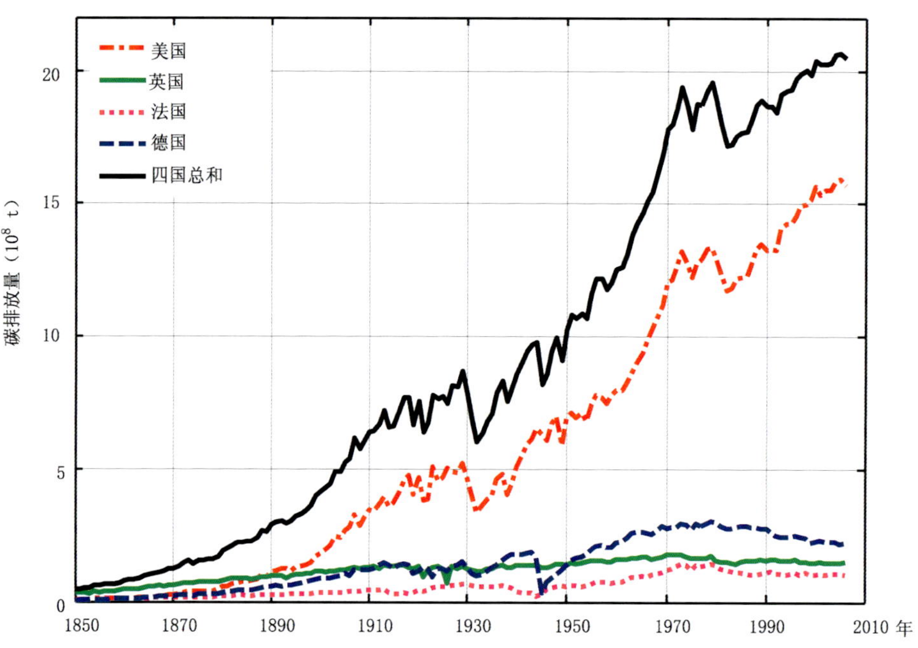


图 4-42　公元 1850—2006 年欧美四国化石燃烧碳排放量和四国排放总和的逐年序列（钱维宏等，2011）。1900 年之前，各国碳排放量呈直线增加。20 世纪各国碳排放量出现了年代际和年际波动。长期趋势反映了化石开采技术的稳步发展。

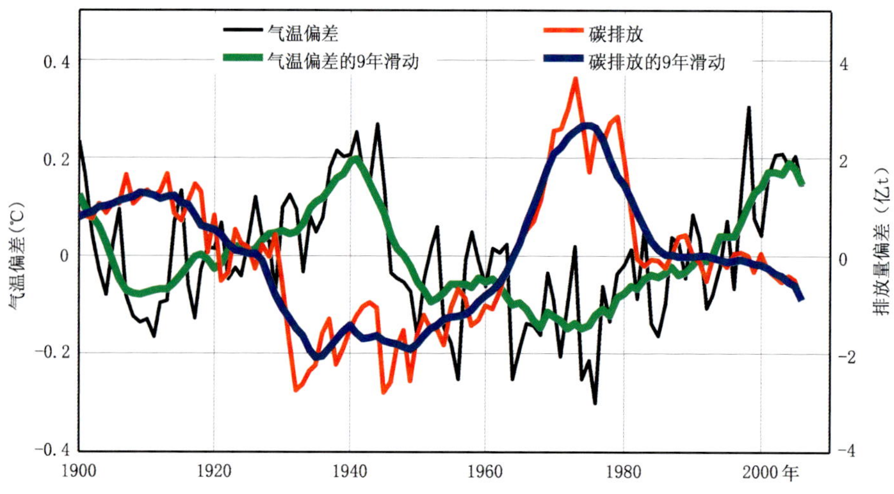


图 4-43　去长期趋势后的公元 1900—2006 年全球气温偏差序列和西方四个国家碳排放总量偏差序列（钱维宏等，2011）。在年代际尺度上，碳排放量偏多对应于全球气温偏低，反之碳排放量偏少对应的是全球气温偏高。它们之间，未经平滑的最大相关系数是－0.48（气温超前碳排放量 5 年），超过 0.01 的显著性水平。去长期趋势后的气温偏差序列（黑线）及其 9 年滑动平均线（绿线），去长期趋势后的碳排放量（红线）及其 9 年滑动平均线（蓝线）。以上多幅图反映出：年际和年代际冷暖变化是人类活动碳排放量增减的诱因。

表 4-4 由"斜率 t一检验"法检测到的全球化石燃烧 $CO_2$ 排放总量增长速率、欧美四国碳排放总量、大气 $CO_2$ 浓度增加速率、全球气温变化速率在四个时段的变化率(钱维宏等,2011)。大气 $CO_2$ 浓度的四次提速反应了人类活动碳排放量的积累。于是,只要人类继续增加碳排放量,大气中 $CO_2$ 浓度还会继续增加。

| 时段 | | 1 | 2 | 3 | 4 |
|---|---|---|---|---|---|
| 全球化石燃烧 $CO_2$ 排放总量 | 年份 | 1850—1907 | 1907—1949 | 1949—1972 | 1972—2005 |
| | 速率 | 4.4%(高) | 1.3%(低) | 4.3%(高) | 1.2%(低) |
| 欧美四国碳排放总量 | 年份 | 1850—1912 | 1912—1947 | 1947—1972 | 1972—2005 |
| | $10^6$ t C/a | 9.3(高) | 6.2(低) | 35.0(高) | 6.6(低) |
| 大气 $CO_2$ 浓度增加速率 | 年份 | 1850—1900 | 1900—1952 | 1952—1976 | 1976—2005 |
| | ppm/10a | 2.9 | 3.2 | 8.4 | 15.8 |
| 全球气温趋势 | 年份 | 1878—1911 | 1911—1944 | 1944—1976 | 1976—1998 |
| | ℃/10a | −0.088 | 0.160 | 0.003 | 0.175 |

## 4.5 美国百年城市气温变化

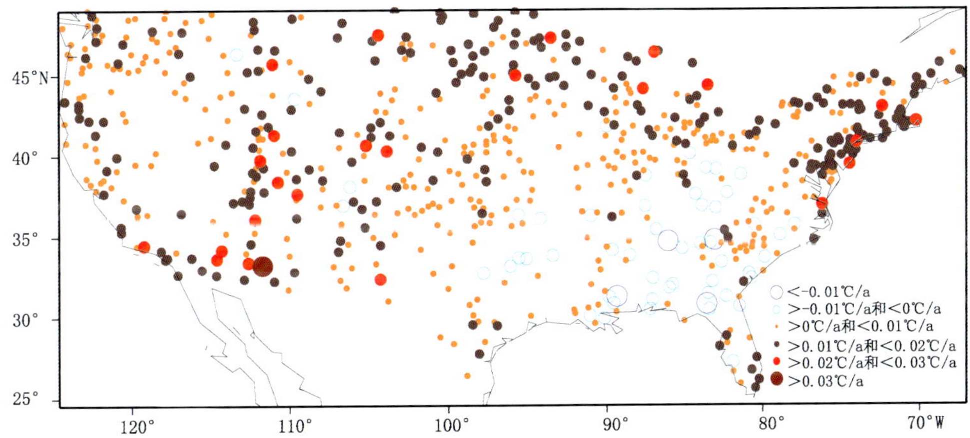


图 4-44 美国百年(1900—2009 年)温度趋势超过 0.05 显著性水平的 700 个市镇站分布。正、负趋势大小分别用实心圆和空心圆表示。美国东南部存在百年降温的趋势。美国温度资料取自 http://www.ncdc.noaa.gov/oa/climate/research/cag3/na.html。

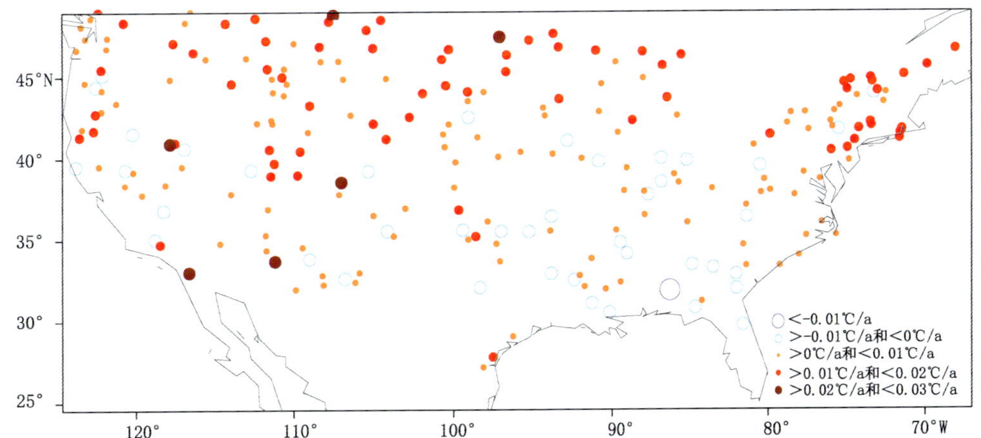


图 4-45 美国 238 个远离市镇的气象观测站百年(1900—2009 年)温度趋势分布。正、负趋势大小分别用实心圆和空心圆表示。除了高纬度地区外,美国 42°N 以南地区很多远离市镇的观测站百年温度是下降的。

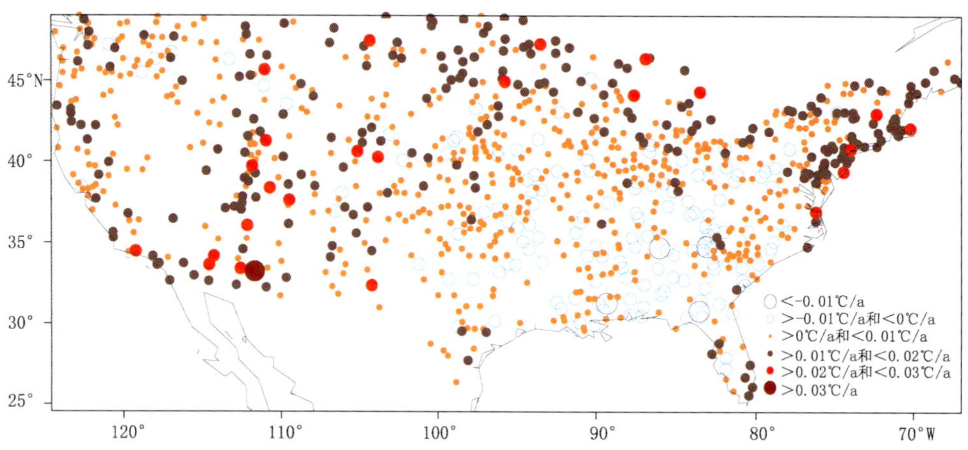


图 4-46　美国 965 个市镇气象观测站百年(1900—2009 年)温度趋势分布，其中 700 站的长期趋势超过 0.05 显著性水平。正、负趋势大小分别用实心圆和空心圆表示。

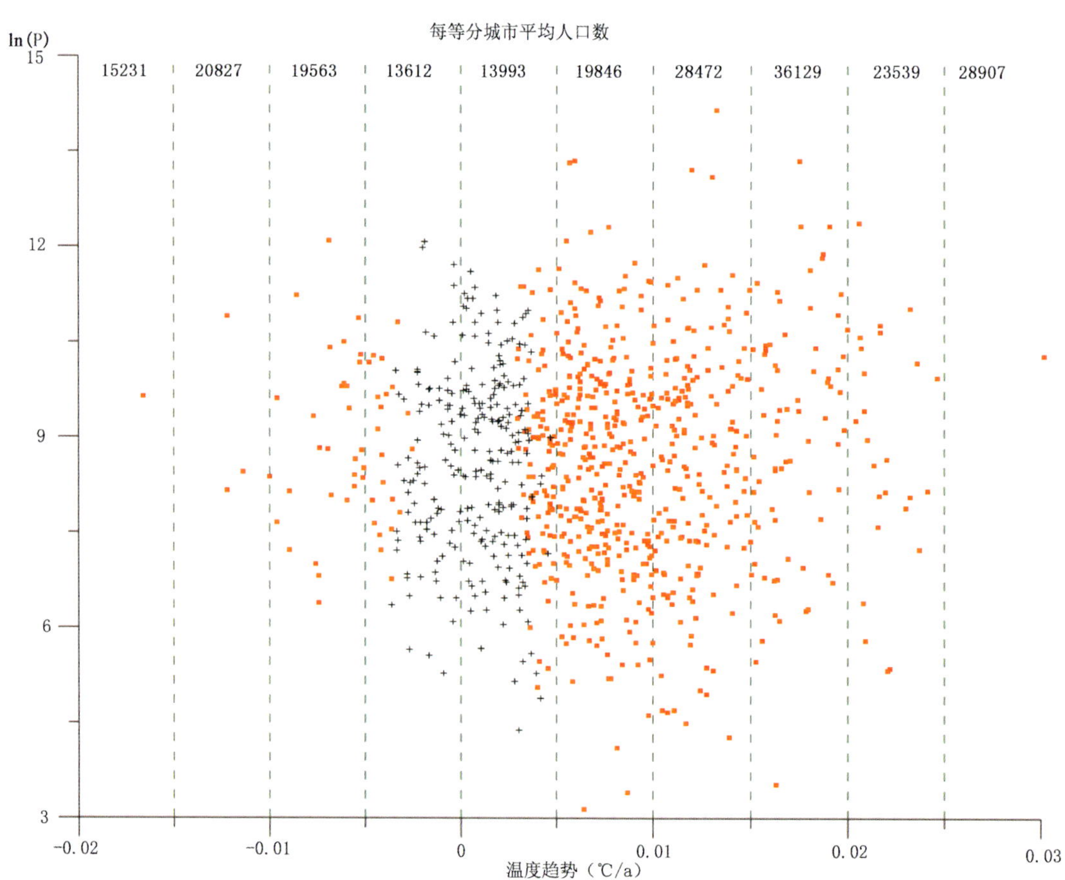


图 4-47　美国 965 个市镇人口 P 对数 ln(P)与对应城市或附近站的百年(1900—2009 年)气温趋势点聚图。“+”为温度变化趋势没有达到 0.05 显著性水平的市镇。每年气温趋势从 −0.02～0.03℃ 等分成 10 个趋势区间，每个区间对应的平均市镇人口数(单位：人)标注在图的上方。气温百年趋势每年大于 0.01℃ 的市镇人口是小于 0.01℃ 趋势值人口的 2 倍。

表 4-5　美国城市人口数分类

| 站点分类 | 城市人口数量 | 站点数 |
|---|---|---|
| 圣安东尼奥(SA) | 140 万 | 1 |
| 大城市(BC) | 50～100 万 | 4 |
| 中等城市(MC) | 10～50 万 | 21 |
| 小城市(SC) | 1～10 万 | 356 |
| 城镇(TW) | <1 万 | 583 |
| 远离人口居住区站点(FS) | | 238 |
| 总计 | | 1203 |

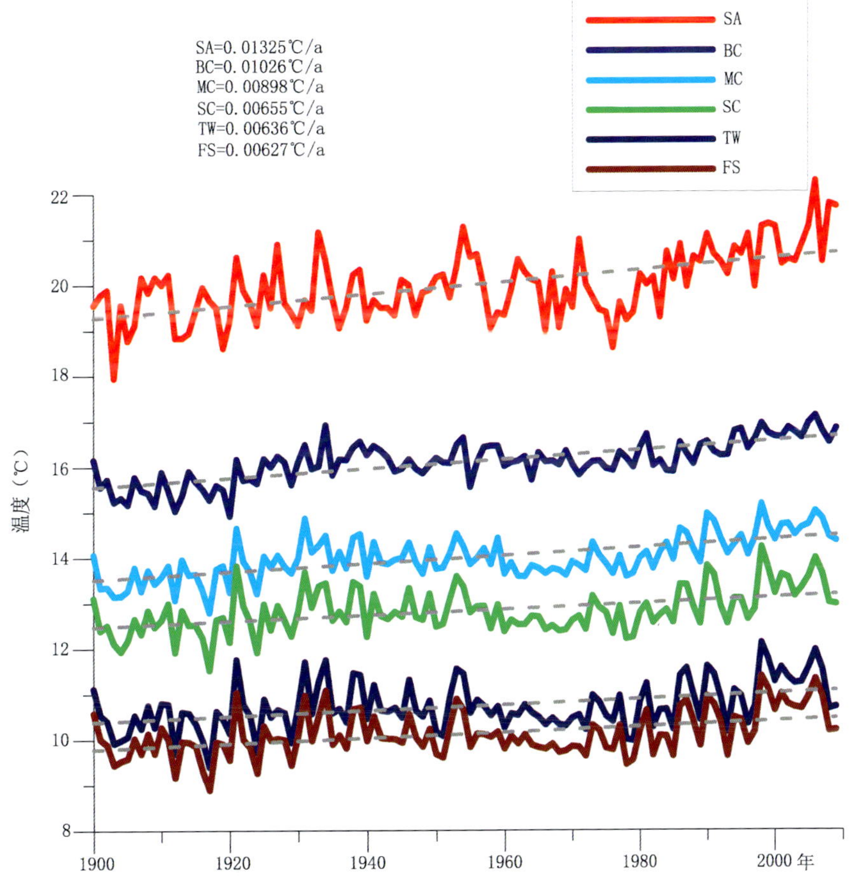


图 4-48　美国 1203 个观测站百年(1900—2009 年)气温随人口分类的趋势。城市人口越多,基础温度越高,增温趋势也越大。圣安东尼奥城市人口最多,基础温度在 20℃附近,增温趋势为每百年 1.32℃,是小城市和城镇的 2 倍。

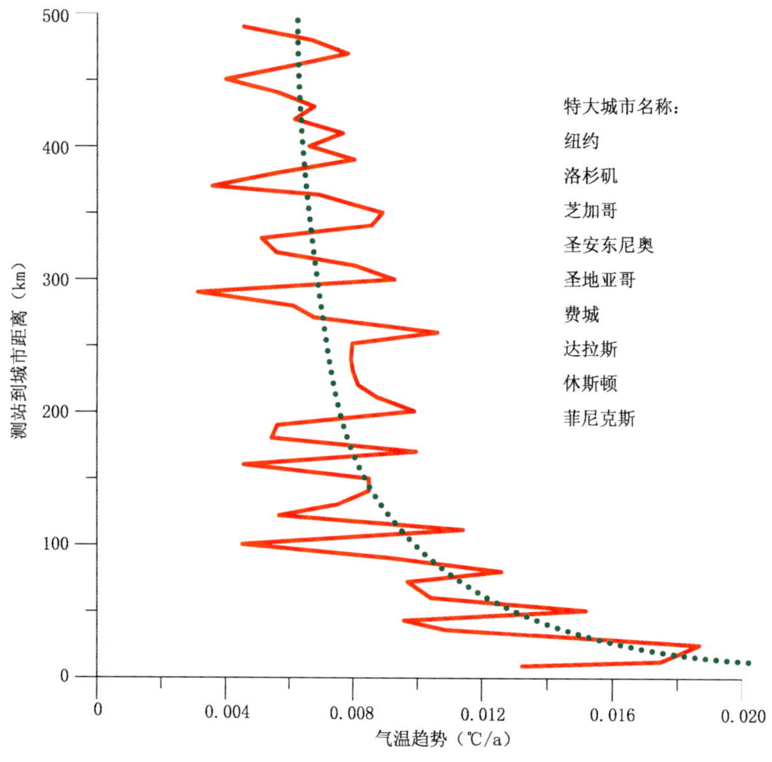


图 4-49 相对美国 9 个特大城市(人口>100 万)中心不同距离站的百年(1900—2009 年)升温趋势。取相对美国 9 个特大城市中心 500 km 范围内以每 10 km 等分,对每个距离圈内的站点求百年温度趋势的均值。在距离特大城市中心 100 km 内,增温的趋势随距离增加迅速下降。

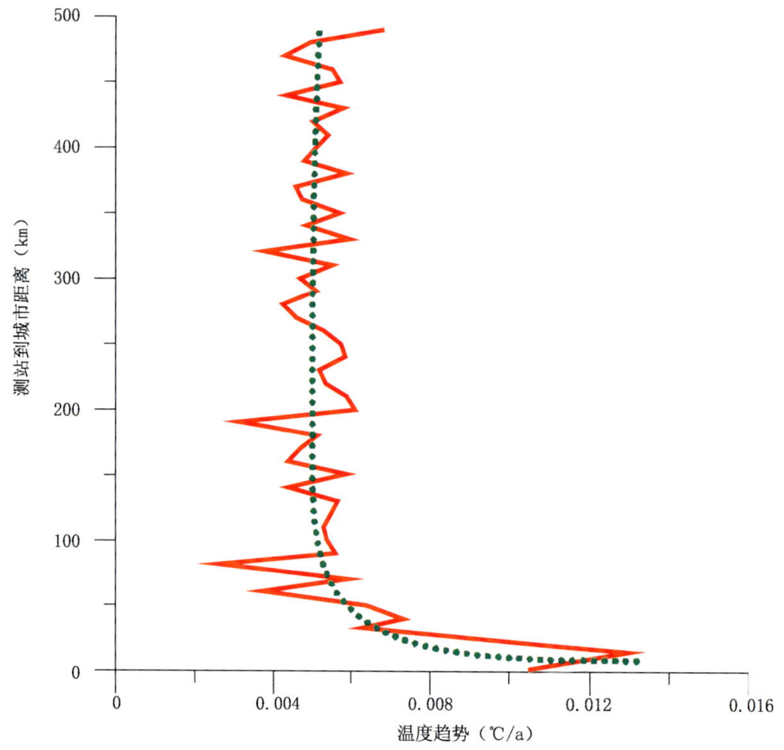


图 4-50 相对美国 25 个(表 4-5)中一大城市(人口:50~100 万)中心不同距离站的百年(1900—2009 年)升温趋势。取相对美国 25 个中一大城市中心 500 km 范围以内每 10 km 等分,对每个距离圈内的站点求百年气温趋势的均值。在距离中一大城市中心 60 km 内,增温的趋势随距离增加迅速下降。

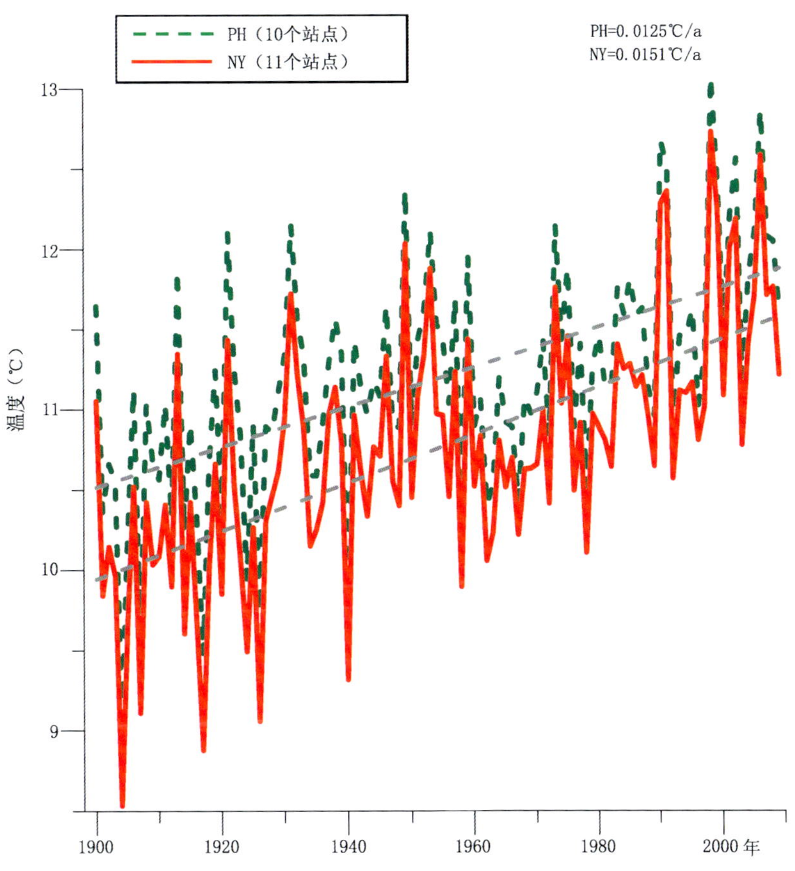


图 4-51　费城(PH)周围 80 km 内 10 个站点和纽约(NY)周围 80 km 内 11 个站点平均的百年(1900—2009 年)温度趋势。费城和纽约周围站温度平均的趋势值分别是每百年 1.25℃ 和 1.51℃，其中纽约周围站的平均百年温度趋势是全球平均温度趋势的 2 倍。

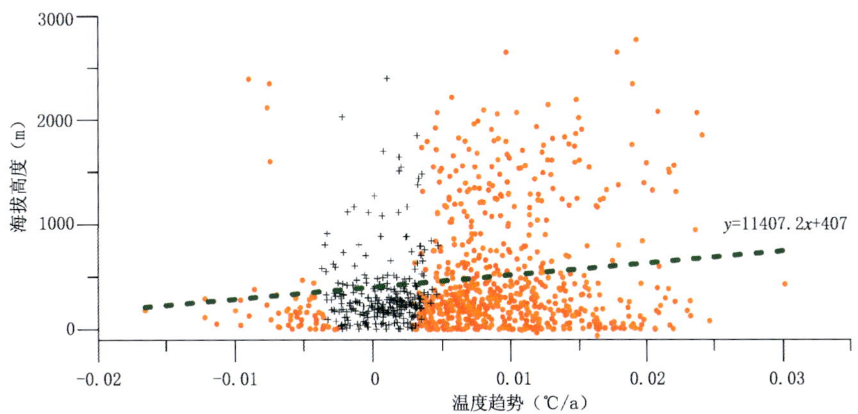


图 4-52　美国 965 个市镇站的海拔高度与 1900—2009 年温度趋势点聚图。“+”为趋势低于 0.05 显著性水平的站。海拔高度越高，百年温度升高趋势越大。降温的站点多数集中在海拔高度 500 m 以下。

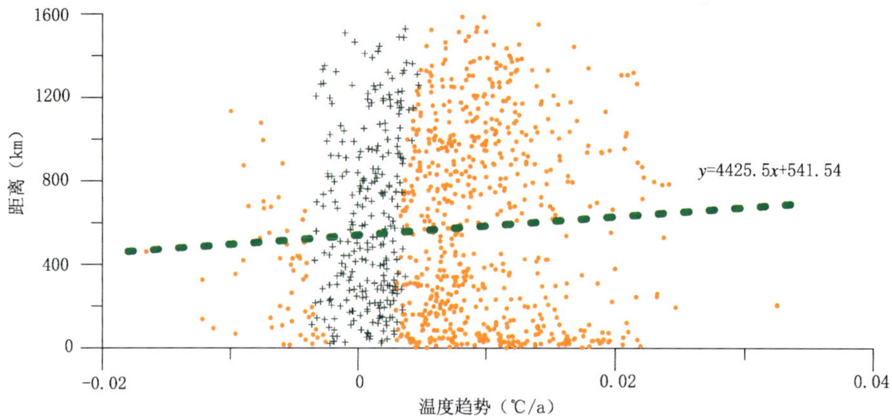


图 4-53 美国 965 个市镇站距海岸线距离与对应站百年(1900—2009 年)气温趋势的点聚图(“+”表示低于 0.05 的显著性水平)。站点距离海岸线越远，升温趋势越大。

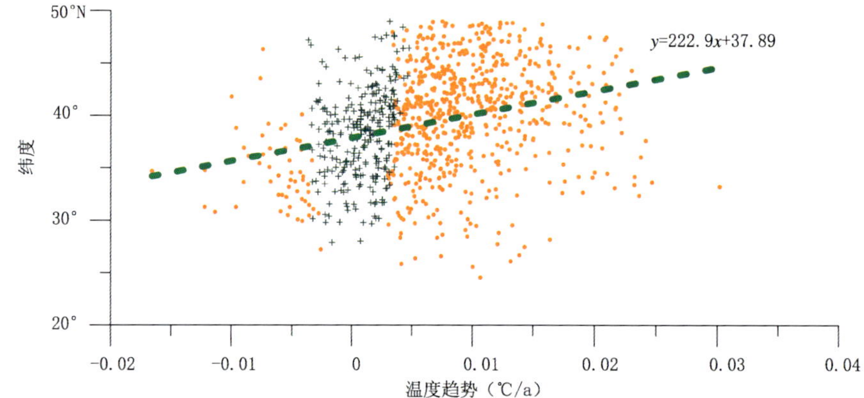


图 4-54 美国 965 个市镇站所在纬度与对应站百年(1900—2009 年)气温趋势的点聚图(“+”表示低于 0.05 的显著性水平)。站点纬度越高，升温趋势越大。

## 4.6 中国测站气温变化

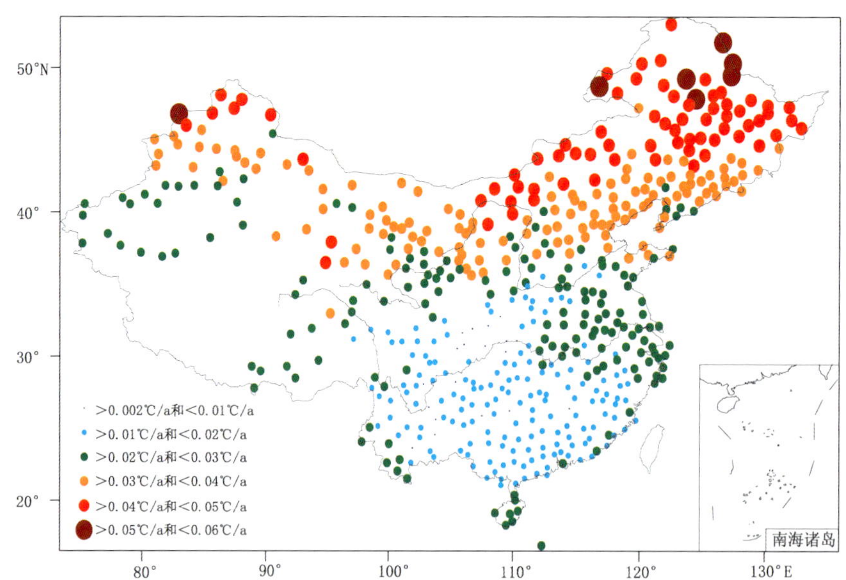


图 4-55 中国 549 个观测站 49 年(1960—2008 年)的年平均气温趋势分布图，其中 542 个站的气温趋势超过 0.05 的显著性水平。平均气温以 35°N 以北增暖为主，东北增暖最大。

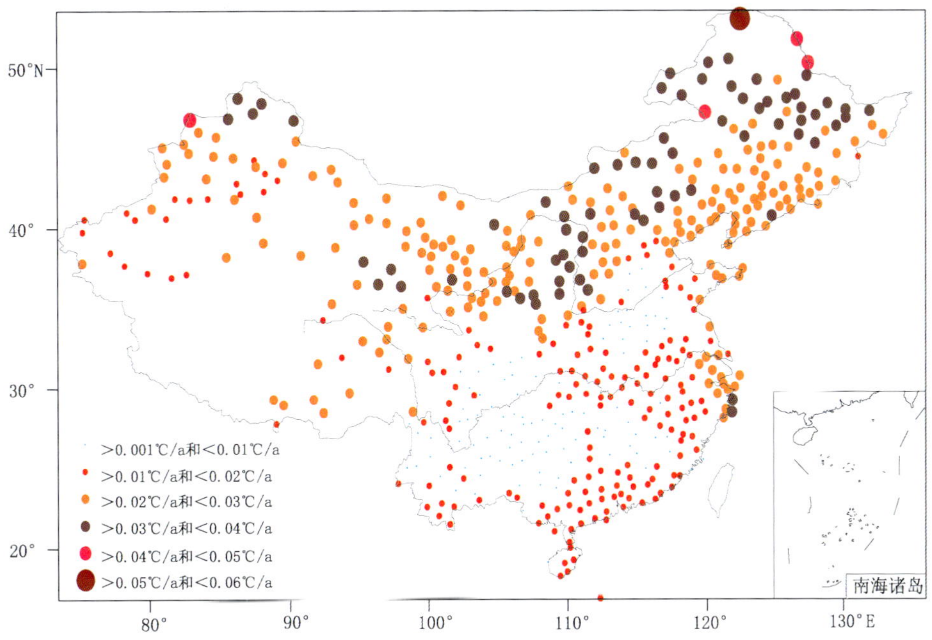


图 4-56 中国 549 个观测站 49 年(1960—2008 年)最高(白天)温度趋势分布,其中 542 个站的温度趋势超过 0.05 的显著性水平。成片增暖区主要集中在非季风区。长江三角洲和华南珠江三角洲是季风区中凸显出的两个增暖区域。这两个白天增暖区与当地城市群发展的关系值得研究。最高(白天)温度存在:季风区与非季风区增暖趋势的不同,季风区中大城市群与非城市群的增暖趋势明显不同。

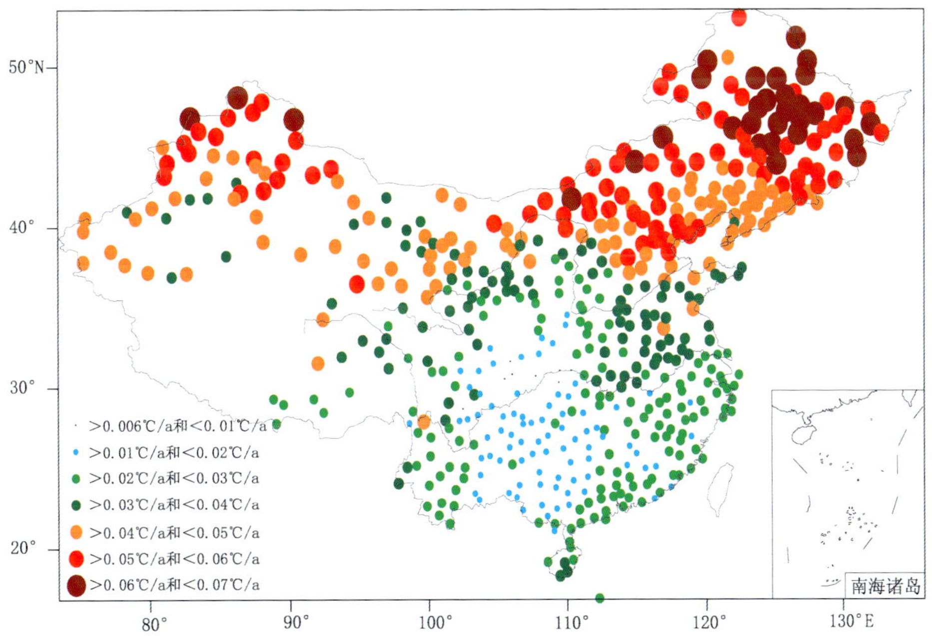


图 4-57 中国 549 个观测站 49 年(1960—2008 年)最低(夜间)温度趋势分布,其中 542 个站的温度趋势超过 0.05 的显著性水平。夜间增暖北方如此明显可能反映了:夜间冷空气活动频次的长期减少和城市气溶胶浓度的长期增加。

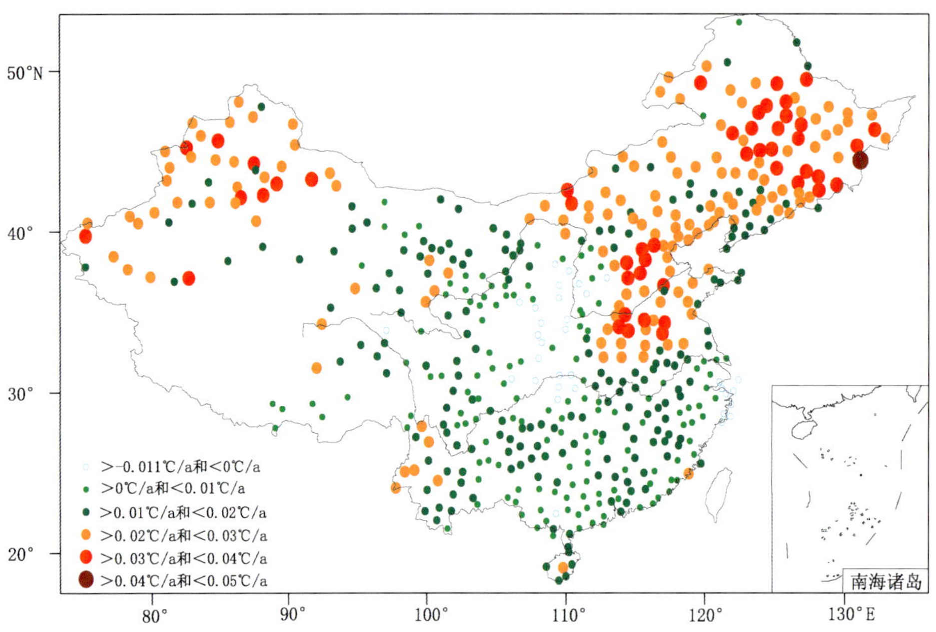


图 4-58　中国 549 个观测站 49 年(1960—2008 年)最低与最高温度趋势差(最低温度趋势减最高温度趋势)分布，其中实心圆表示最低温度趋势大于最高温度趋势的站点，空心圆表示最低温度趋势小于最高温度趋势的站点。

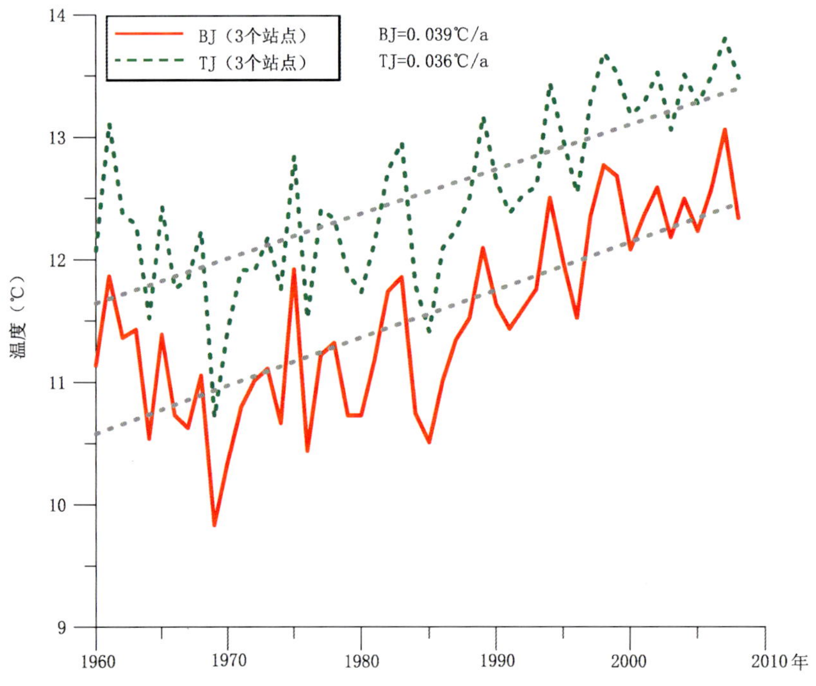


图 4-59　1960—2008 年北京(BJ)与天津(TJ)周围 100 km 范围内的站点平均温度序列。北京周围 3 站分别为：北京站、怀来站和廊坊站，天津周围 3 站分别为：天津站、塘沽站和黄骅站。同处于华北地区，温度有相同的年际变化。北京等三站比天津等三站纬度高，基础温度低，但增温速率稍大。

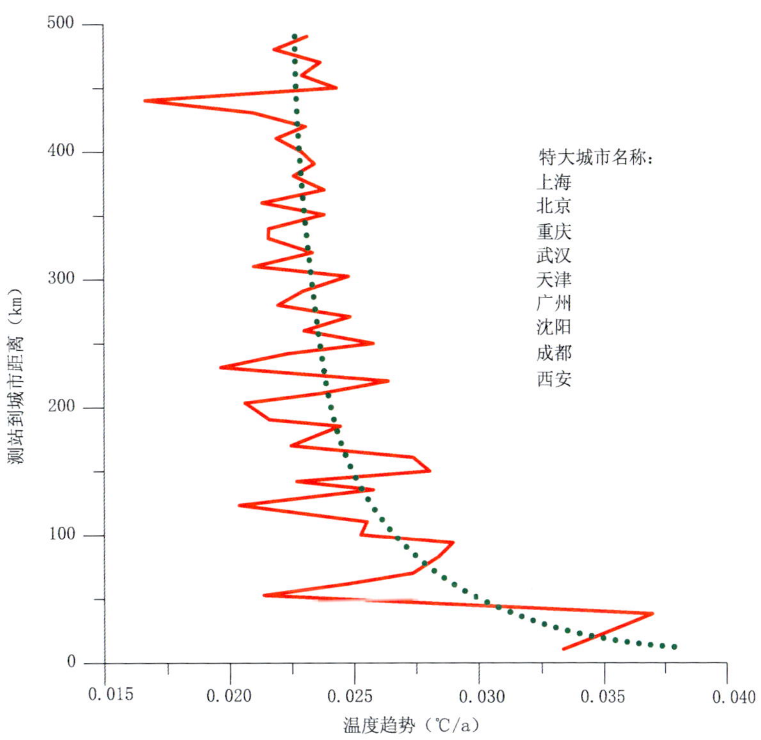


图 4-60 相对中国 9 个特大城市(人口＞400 万)中心不同距离站的近 49 年(1960—2008 年)升温趋势。取相对中国 9 个特大城市中心 500 km 范围内以每 10 km 等分,对每个 10 km 距离圈内的站点求温度趋势的均值。在距离特大城市中心 100 km 内,随距离增加增温趋势下降迅速。水体对站点温度有显著的影响,如重庆站位于重庆渝北区冉家坝靠近长江沿岸附近,广州站位于广州天河区基督教公墓附近的公园内和河道旁,两站 49 年来的增温趋势都较低,分别是 0.012℃/a 和 0.018℃/a。这两个站的气温序列没有包含在分析中。

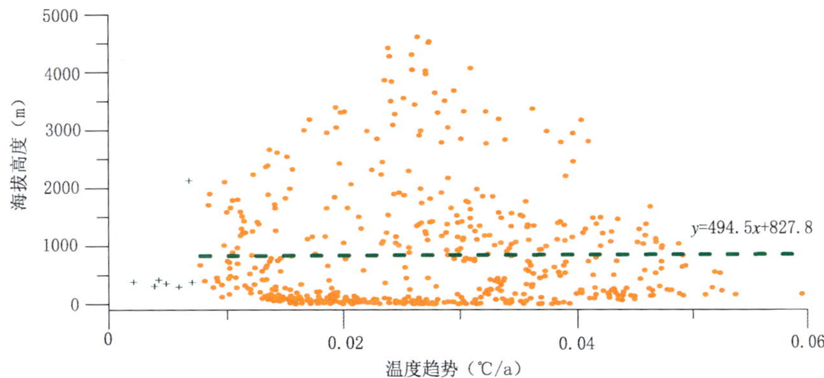


图 4-61 中国 549 个观测站海拔高度与 1960—2008 年温度趋势点聚图。"+"为趋势低于 0.05 的显著性水平的站。

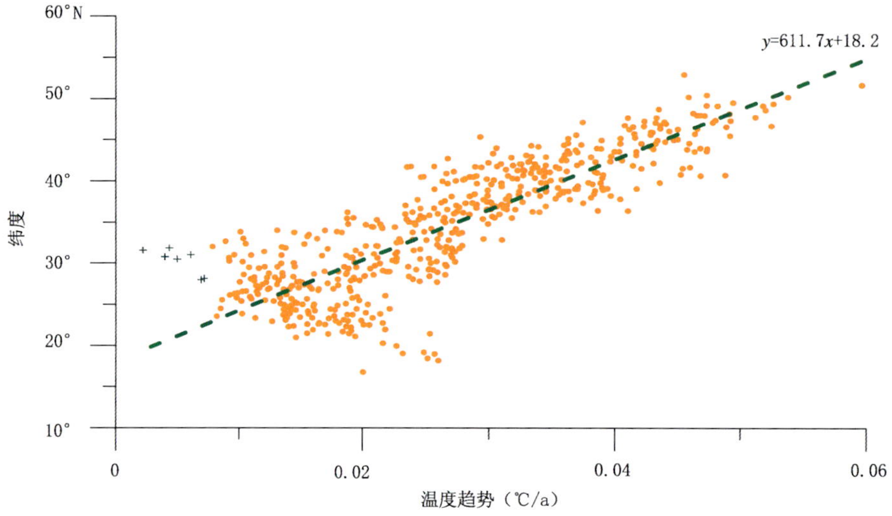


图 4-62　中国 549 个观测站纬度与 1960—2008 年平均温度趋势点聚图。"+"为趋势低于 0.05 的显著性水平的站。纬度越高，增暖的速率越大，可能更多地受制于冬季风和夏季风的长期变化影响。

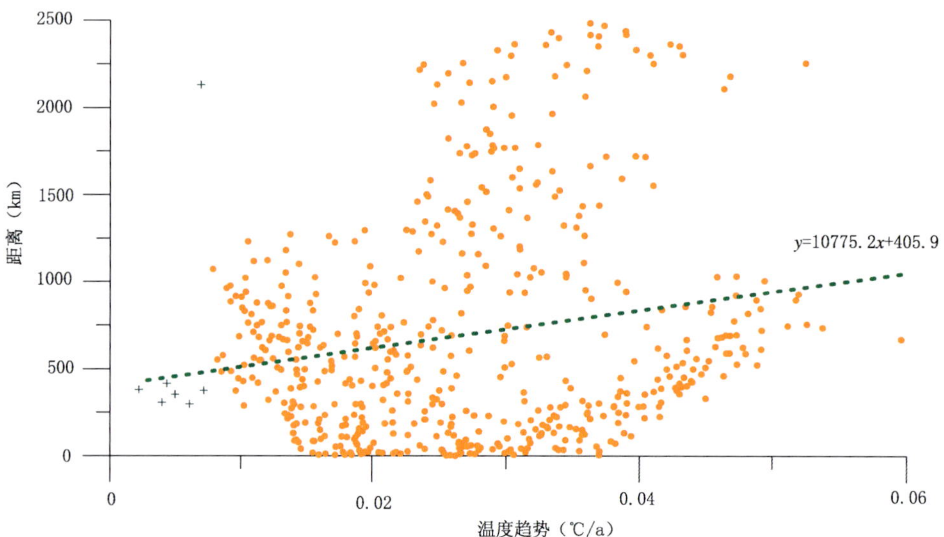


图 4-63　中国 549 个观测站离海岸线距离与 1960—2008 年温度趋势点聚图。"+"为趋势低于 0.05 的显著性水平的站。海洋对温度的稳定作用是存在的，还存在其他因素的影响。

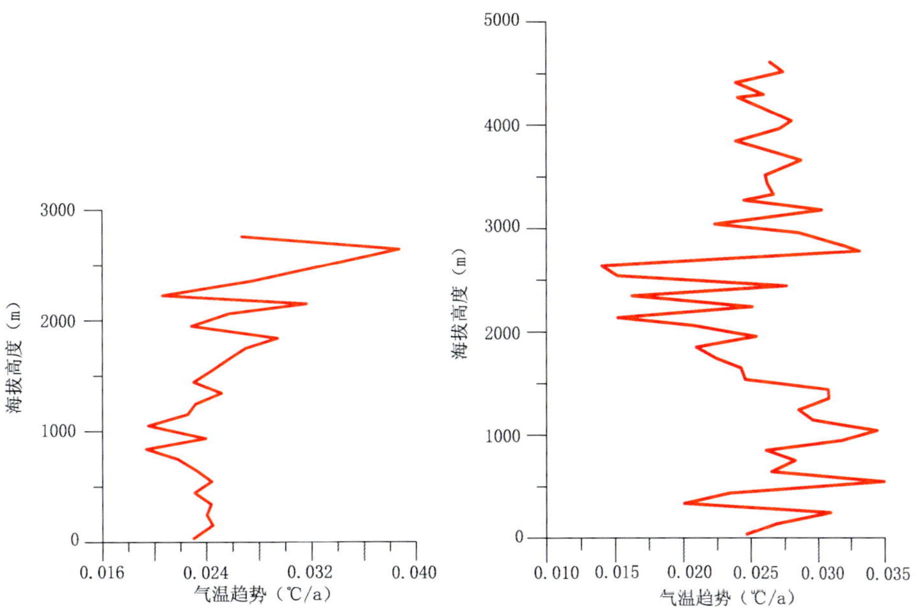


图 4-64　美国 1200 个站点(左)和中国 549 个站点(右)不同海拔高度与 49 年(1960—2008)温度趋势的比较。美国和中国的海拔高度以每 100 m 等分，然后求每等分内的站点平均温度趋势。中美 49 年中增暖趋势相当，但美国增暖趋势最大出现在西部高原(海拔 2000～3000 m)地区，中国增暖主要集中在 500～1500 m 的东部地区和 3000 m 左右的西北高原地区。

## 4.7　北京地区气温变化

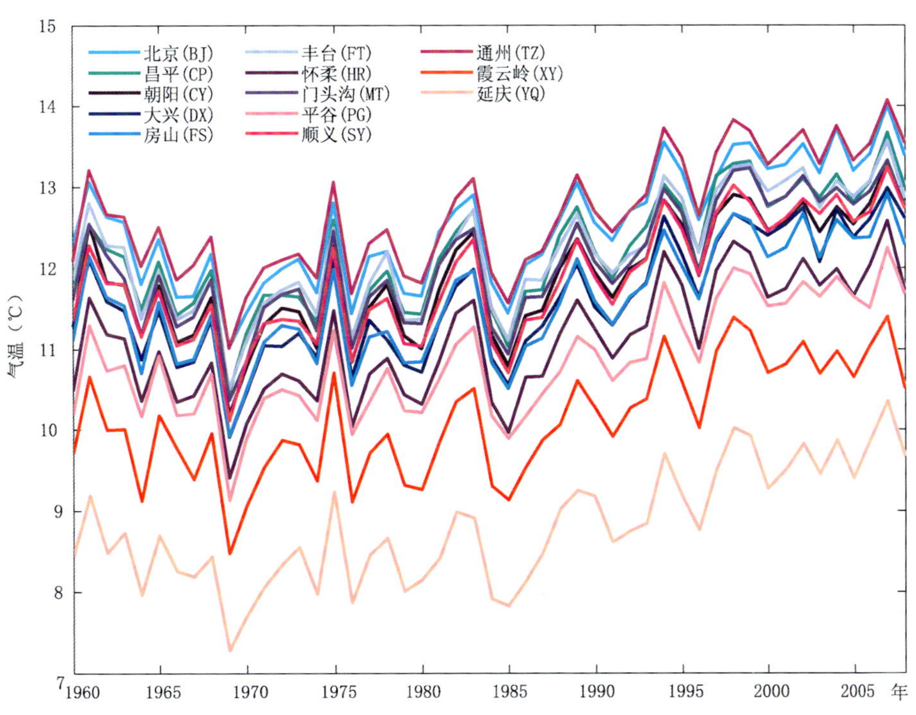


图 4-65　1960—2008 年北京地区 13 站年平均气温序列。各站基础气温不同，但年际波动相同。资料取自北京气象台并经 Li 和 Yan(2011)均一化处理。

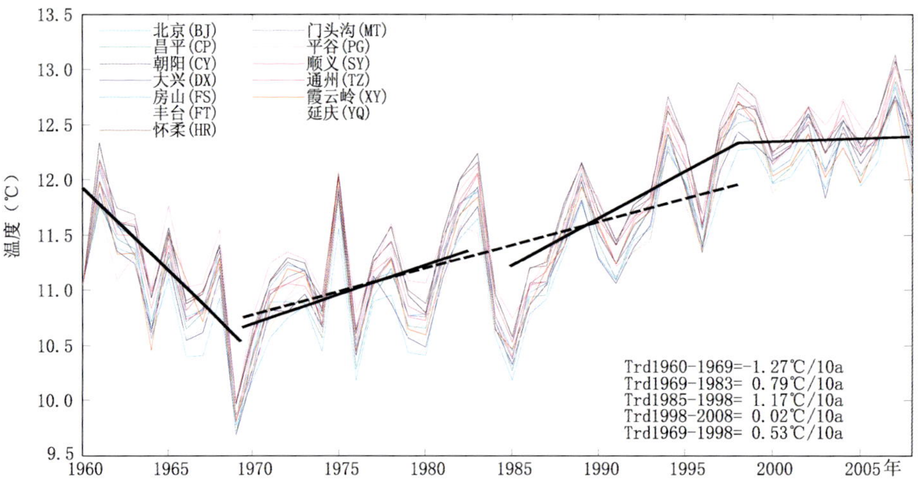


图 4-66　取 1960 年 13 站平均气温值(11.04℃)为基础气温做各站相对 1960 年平均值的 1961—2008 年温度序列。13 站的温度在 1960—1969 年、1969—1983 年、1969—1998 年、1969—1998 年和 1998—2008 年的趋势分别是每 10 年－1.27℃、0.79℃、1.17℃、0.53℃和 0.02℃。与全球平均温度相同,1998 年以来的世纪之交进入到一个暖平台。

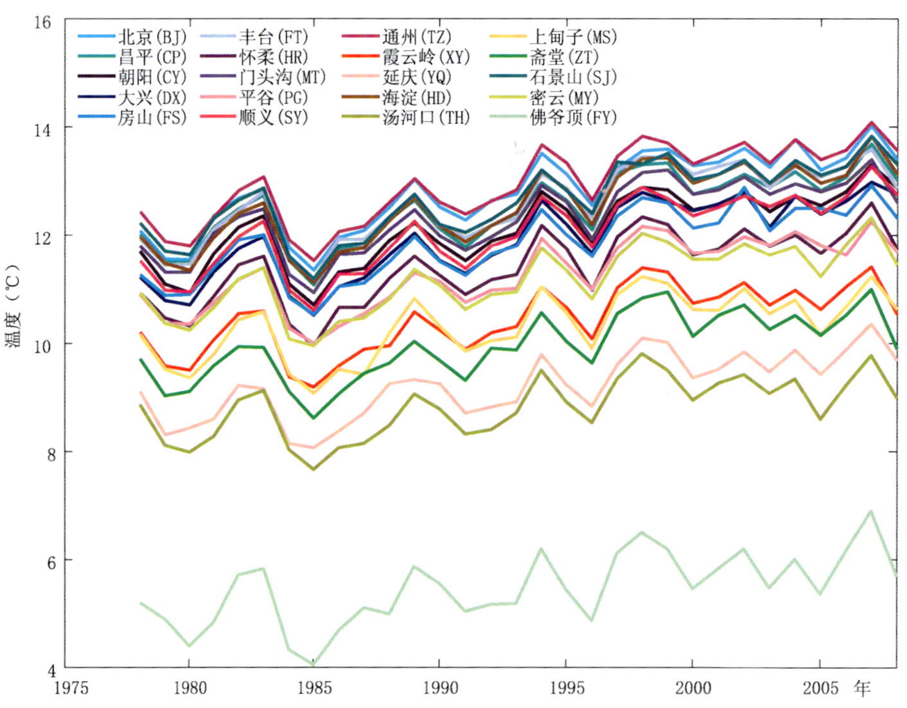


图 4-67　1978—2008 年北京地区 20 站年平均气温序列。各站基础气温不同,但年际波动相同。

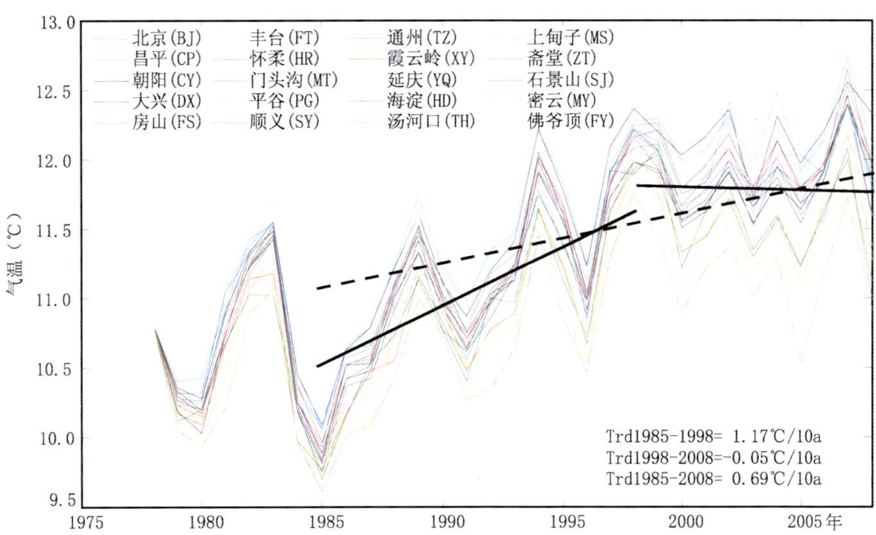


图 4-68 取 1978 年 20 站平均气温值(10.08℃)为基础气温做各站相对 1978 年平均值的 1978—2008 年温度序列。20 站的温度在 1985—1998 年、1985—2008 年和 1998—2008 年的趋势分别是每 10 年 1.17℃、0.69℃和−0.05℃。1998 年以来的世纪之交进入到一个暖平台，并且表现为降温的趋势。

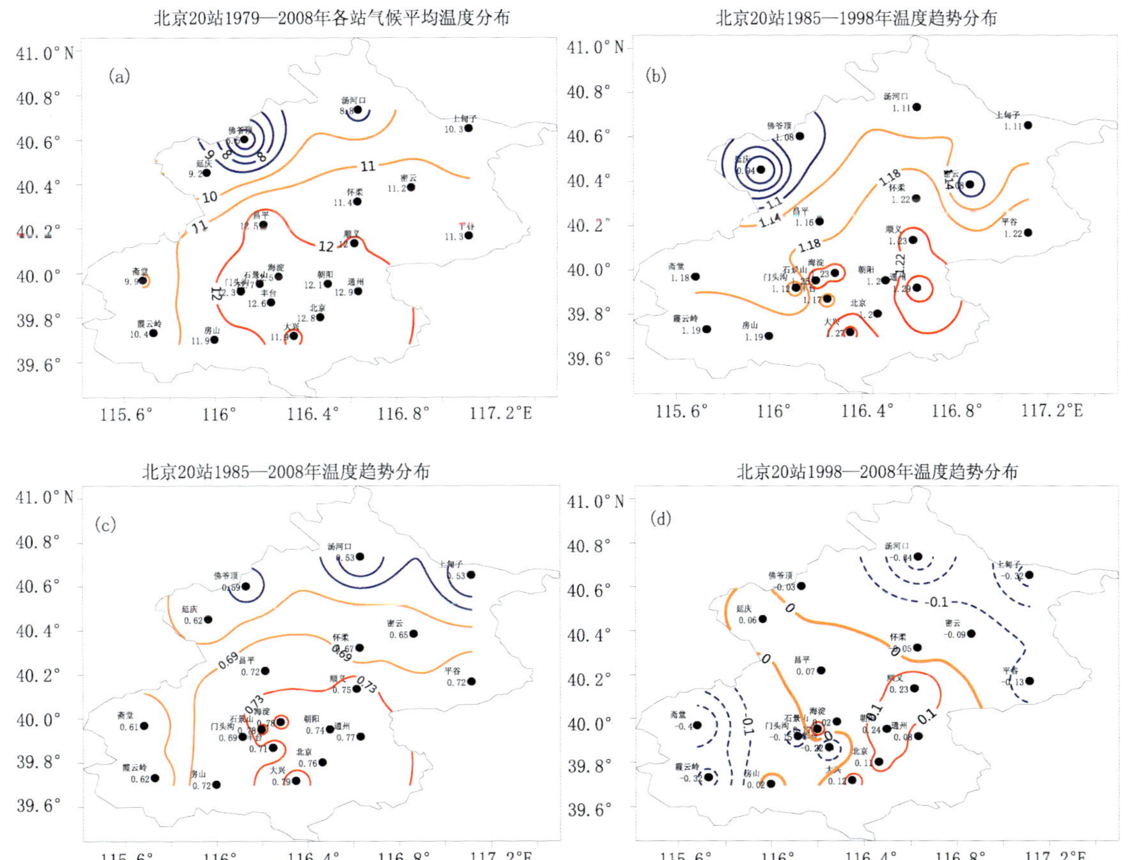


图 4-69 北京地区 20 站 1979—2008 年(30 年)年平均气温(a)，1985—1998 年平均气温趋势(b)，1985—2008 年平均气温趋势(c)，和 1998—2008 年平均气温趋势(d)。以北京平原城区平均气温最高(>12℃)，其中通州站和北京站的平均气温分别为 12.9℃和 12.8℃。西部和北部山区的平均气温低于 11℃，其中最远山区的佛爷顶站、汤河口站和斋堂站的平均气温分别是 5.5℃、8.8℃和 9.9℃。1985—1998 年 20 站的气温都是增加的，但增暖具有区域差异。平均气温较高的平原城区增暖为每 10 年大于 1.18℃，而远郊山区增暖低于每 10 年 1.14℃，其中通州站每 10 年增暖 1.29℃，而延庆站每 10 年增

暖只有0.94℃。1985—2008年平原城区的增暖趋势大于每10年0.73℃，而远郊山区增暖趋势小于每10年0.62℃。进入1998年以来的暖平台期间，每10年大于0.1℃的站分别是朝阳站(0.24℃)、顺义站(0.23℃)、大兴站(0.12℃)和北京站(0.11℃)。交叉的增暖线分别是从朝阳站向西北经过昌平站延伸到延庆站，以及从顺义站向西南经过朝阳站和北京站到大兴站。显然，这个增暖区也是北京地区城市发展最快和交通最发达的区域。不同的是，在西部山区和北部山区，近10年来年平均温度是降低的。斋堂站、霞云岭站、汤河口站和上甸子站的降温幅度分别是每10年－0.4℃、－0.32℃、－0.34℃和－0.32℃。近10年来有10个站增暖，而另外的10个站降温，20站的平均表现为降温的趋势。1985年以来，北京平原城区城市化增暖效应大约为0.24℃。中国近30年以来，西方国家近百年来，城市化都有了发展。如果全球平均温度观测站来自这些发展了的和发展中的城市，则它们对全球百年温度的增暖贡献应该在0.2～0.25℃之间。在全球平均温度长期增暖0.44℃的趋势中，城市化的贡献额是0.2～0.25℃，那么0.44℃中还有一半的贡献可能来自几百年自然温度变化的作用。

## 参考文献


郭其蕴.东亚夏季风强度指数及其变化的分析.地理学报，1983，**38**(3)：207-216.

何敏，许力，宋文玲.南海夏季风爆发日期和强度的短气候预测方法研究.气象，2002，**28**(10)：9-13.

钱维宏. 天气学. 北京：北京大学出版社，2004.

钱维宏，朱亚芬，汤帅奇. 重建千年东亚夏季风降水指数. 科学通报，2011，待发表.

钱维宏，陆波，祝从文.全球平均温度在21世纪将怎样变化？科学通报，2010，**55**(16)：1532-1537.

钱维宏，陆波.千年全球气温中的周期性变化及其成因. 科学通报，2010，**55**(32)：3116-3121.

钱维宏，陆波，梁浩原.年际和年代际冷暖变化是人类活动碳排放量增减的诱因.科学通报，2011，**56**(1)：68-73.

钱维宏. 天问：谁驱使了气候变化？北京：科学出版社，2011.

施能，朱乾根.1873－1995年东亚冬、夏季风强度指数. 气象科技，2000，(3)：14-18.

祝从文，何金海，吴国雄.东亚季风指数及其与大尺度热力环流年际变化关系.气象学报，2000，**58**(4)：391-401.

张庆云，陶诗言，陈烈庭.东亚夏季风指数的年际变化与东亚大气环流. 气象学报，2003，**61**(4)：559-568.

Ding T, Qian W H, Yan Z W. Changes in hot days and heat waves in China during 1961-2007, *Int. J. Climatol.*, 2009a, 10.1002/joc.1989.

Jones P D, Mann M E. Climate over past millennia. *Res. Geophys.*, 2004, **42**:RG2002, doi:10.1029/2003RG000143.

Li Z, Yan Z W, Tu K, Liu W D, Wang Y C. Changes in wind speed and extremes in Beijing during 1960—2008 based on homogenized observations. *Adv. Atmos. Sci.*, 2011, **28**:408-420.

Mann M E *et al*. Global signatures and dynamical origins of the little ice age and medievial climate anomaly. *Science*, 2009, **326**:1256-1260.

Mann M E *et al*. Global-scale temperature patterns and climate forcing over the past six centuries. *Nature*, 1998, **392**: 779-787.

Mann M E *et al*. Northern hemisphere temperatures during the past millennum: Inferences, uncertainties, and limitations. *Geophys. Res. Lett.*, 1999, **26**: 759-762.

Mann M E *et al*. Proxy-based reconstructions of hemisphere and global surface temperaure variations over the past two millenia. *Proc. Nat. Acad. Sci.*, 2008, **105**:12257-13252.

Qian W H, Shan X L, Chen D L, Zhu C W, Zhu Y F. Droughts near the northern fringe of the East Asian summer monsoon in China during 1470-2003. *Climatic Change*, 2011(inpress).

Webster P J, Yang S. Monsoon and ENS0: selectively interactive systems. *Q. J. R. Meteor. Soc.*, 1992, **118**:877-926.

Zhao P, Zhu Y N, Zhang R H. An Asian-Pacific teleconnection in summer tropospheric temperature and associated Asian climate variability. *Climate Dynamics*, 2007, **29**:293-303.

# 第 5 章　中国区域干旱事件

在多种气象灾害中，干旱对我国造成的经济损失最大，直接影响农业的收成。2009 年秋季到 2010 年春季的我国西南干旱是多个先后连续干旱期造成的结果。2009 年 11 月 5 日至 2010 年 4 月 7 日，我国西南地区包括云南、贵州、四川、广西和重庆西南五省区市发生了有气象观测记录 60 年以来的特大秋冬春持续性干旱事件。其中，干旱最为严重的是云南省。这次西南地区的持续干旱导致了 6420 多万人受灾，110 多万公顷农作物绝收，直接经济损失达 246 亿元。西南地区很多河塘干枯，人们的生产和生活受到空前的威胁。气象部门用干旱指数表示干旱的严重程度，干旱指数值越小（负值越大），表示干旱程度越强。

对干旱的持续时间、最大影响范围、最大日平均强度和综合指数排序，每个干旱事件所在的排序位置是不同的。过去 60 年中，持续时间第一位、最大影响范围第一位和综合指数第一位的是 1998 年 9 月 6 日从华北开始发展的干旱事件。最大日平均强度第一位的是 1983 年 5 月 26 日开始于我国西南地区的干旱事件。2009—2010 年的西南干旱事件在历史上的持续时间排在第 12 位。

## 5.1　资料和方法

本章使用了中国气候中心提供的 1951—2009 年我国 722 测站（图 5-1）的逐日综合气象干旱指数（*CI*）资料。由逐日干旱指数统计了 1960—2010 年期间发生在我国的所有区域干旱事件，并对这些事件在持续时间、强度和最大影响范围等几方面进行了排序（Qian 等，2011）。

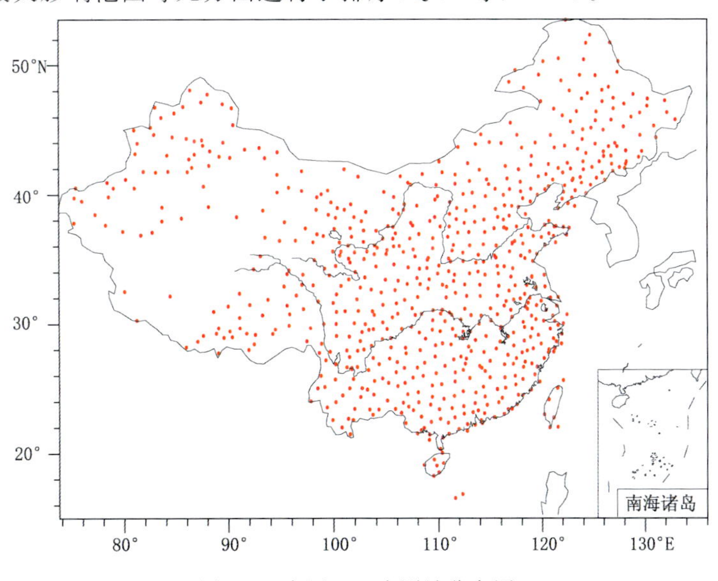


图 5-1　全国 722 个测站分布图。

1951—2009 年我国的逐日综合气象干旱指数（*CI*）资料由国家气候中心张强和邹旭恺（2008）提供。气象干旱指数是根据《气象干旱等级》国家标准 GB/T20481—2006 计算得到的。

气象干旱指数 $CI$ 的计算公式为：

$$CI = aZ_{30} + bZ_{90} + cM_{30} \tag{5-1}$$

式(5-1)中，$Z_{30}$，$Z_{90}$ 分别为近 30 天和近 90 天标准化降水指数 SPI 值；$M_{30}$ 为近 30 天相对湿润度指数，由式(5-2)式计算；$a$ 为近 30 天标准化降水系数，由达轻旱以上级别 $Z_{30}$ 的平均值除以历史出现的最小 $Z_{30}$ 值得到，平均值取 0.4，$b$ 为近 90 天标准化降水系数，由达轻旱以上级别 $Z_{90}$ 的平均值除以历史出现最小 $Z_{90}$ 值得到，平均值取 0.4；$c$ 是近 30 天相对湿润系数，由达轻旱以上级别 $M_{30}$ 的平均值除以历史出现最小 $M_{30}$ 值得到，平均值取 0.8。相对湿润度指数的计算式为

$$M = (P - PE)/PE \tag{5-2}$$

式(5-2)中，$P$ 是某时段的降水量；$PE$ 为某时段的可能蒸散量，采用 Thornthwaite 方法计算得到。Thornthwaite 方法求算可能蒸散量是以月平均温度为主要依据，并考虑纬度因子（日照长度）建立的经验公式，优点是需要输入的因子少，计算方法简单。

$$PE = 16.0 \times \left(\frac{10T_i}{H}\right)^A \tag{5-3}$$

式(5-3)中，$T_i$ 是月平均气温（单位：℃）；$H$ 是年热量指数 $H = \sum_{i=1}^{12} H_i = \sum_{i=1}^{12}\left(\frac{T_i}{5}\right)^{1.514}$；$A = 6.75 \times 10^{-7}H^3 - 7.71 \times 10^{-5}H^2 + 1.792 \times 10^{-2}H + 0.49$ 为常数。年热量指数 $H$ 和常数 $A$ 分别由相应的经验公式计算，具体方法见张强等(2006)。当月平均气温 $T_i \leqslant 0$℃时，月热指数 $H_i = 0$，可能蒸散量 $PE = 0$（单位：mm/月）。

**表 5-1　单站干旱判别标准**

| 级别 | $CI$ 值 | 等级 |
| --- | --- | --- |
| 1 | $-0.6 < CI$ | 正常或湿涝 |
| 2 | $-1.2 < CI \leqslant -0.6$ | 轻微干旱 |
| 3 | $-1.8 < CI \leqslant -1.2$ | 中等干旱 |
| 4 | $-2.4 < CI \leqslant -1.8$ | 严重干旱 |
| 5 | $CI \leqslant -2.4$ | 特重干旱 |

单站干旱事件的定义：$CI$ 指标连续重旱日数达 10 天以上或中旱日数达 30 天以上的站为单站干旱事件；

区域干旱事件的定义：在同一时段内至少有相邻 5 站同时发生干旱事件，则为区域干旱事件。相邻 5 站的判别：对每一天若有 $n$ 个站点满足干旱事件的条件，每个站点的地理位置为 lon($i$)和 lat($j$)，$i=1,\cdots,n$，$j=1,\cdots,m$；计算每一个站点与其他站点的经纬度差的平方根 D，即：

$$D = \sqrt{[\mathrm{lat}(i) - \mathrm{lat}(j)]^2 + [\mathrm{lon}(i) - \mathrm{lon}(j)]^2} \tag{5-4}$$

当 $i \neq j$，若 $D \leqslant 5°$，则两个站点被认为相邻。区域干旱事件应包括至少 5 个相邻站点连续重旱日数达 10 天以上或中旱日数达 30 天以上。在确定区域干旱事件的过程中，有时会出现干旱中断现象，只要干旱中断不超过 6 天，仍认为是一次区域干旱事件。根据上述区域干旱事件定义，我们先用程序对 50 来年的干旱指数资料进行普查，挑选出符合条件的所有区域干旱事件，并给出区域干旱事件出现时间、结束时间、干旱维持天数、干旱最大影响范围（站点数）及对应的 $CI$ 平均值。进一步用逐日 $CI$ 分布图进行检验，更正用程序挑选中可能出现的误差。例如图 5-2 显示了 1960 年 5 月 12 日的 5 级干旱分布，有两个干旱中心分别位于西南和华北，它们分别对应从 1960 年 1 月 20 日至 6 月 6 日及从 1960 年 2 月 3 日至 1960 年 7 月 23 日的区域干旱事件。站点均匀分布在 95°E，但缺少在青藏高原西部和新疆塔里木盆地东部（图 5-1）的站点。由此，我们只统计和分析 95°E 以东和新疆北部的区域干旱事件，从 1960 年初至 2010 年初共出现了 252 次区域干旱事件。

区域极端干旱事件综合指标：由每个区域干旱事件的持续时间、影响范围、$CI$ 强度三个参数，求其综

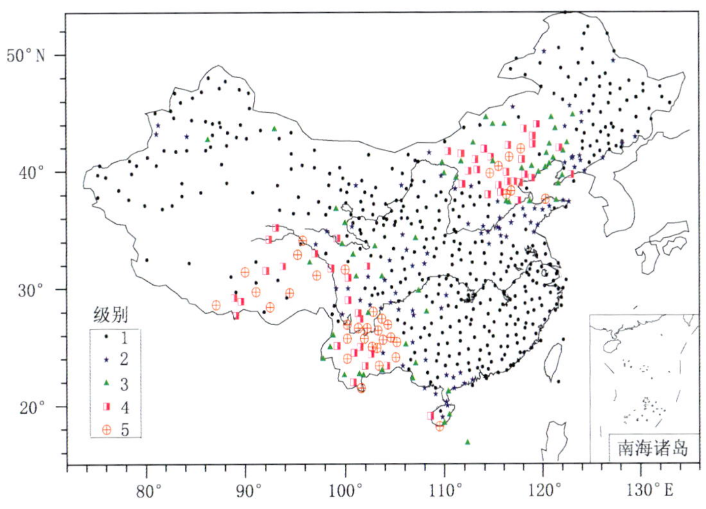


图 5-2 1960 年 5 月 12 日干旱等级分布(以下图表取自 Qian 等，2011)。

合强度指数 $SI$。对 $SI$ 排序，求其大于第 90 个百分位值为区域极端干旱事件。$SI$ 的计算公式如下：

$$SI(j) = ID(j) + IR(j) - CI(j) \tag{5-5}$$

式中 $SI(j)$ 为第 $j$ 次区域干旱极端事件综合强度指数；$ID(j)$ 为干旱过程的持续时间指数，它由全部区域干旱事件的持续时间做标准化得到；$IR(j)$ 为干旱过程的范围指数，它由全部区域干旱事件的最大影响范围做标准化得到；$CI(j)$ 为干旱过程中的强度指数，它由全部区域干旱事件中每个干旱事件出现最大影响范围时 $CI$ 指数均值做标准化得到。$SI(j)$ 有正负，正值越大表示区域干旱事件的综合强度越强，负值越小表示区域干旱极端事件的综合强度越弱。根据定义，在 1960 年春至 2010 年春期间共定出 20 个区域干旱极端事件。

## 5.2 全国干旱气候特征

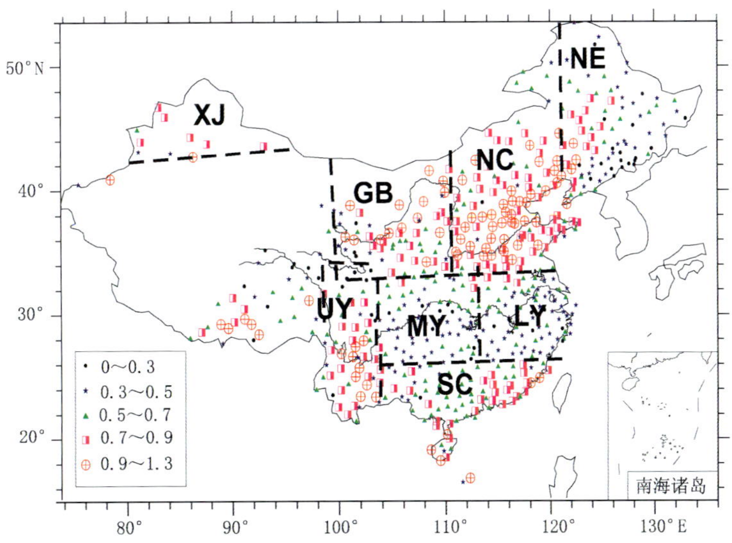


图 5-3 1960—2009 年单站干旱事件年频次(次/a)分布及分区。根据单站干旱事件年频次分布，对我国干旱不同频发程度分 8 个区：新疆北部(XJ)，河套(GB)，华北(NC)，东北(NE)，长江上游(UY)，长江中游(MY)，长江下游(LY)和华南(SC)。

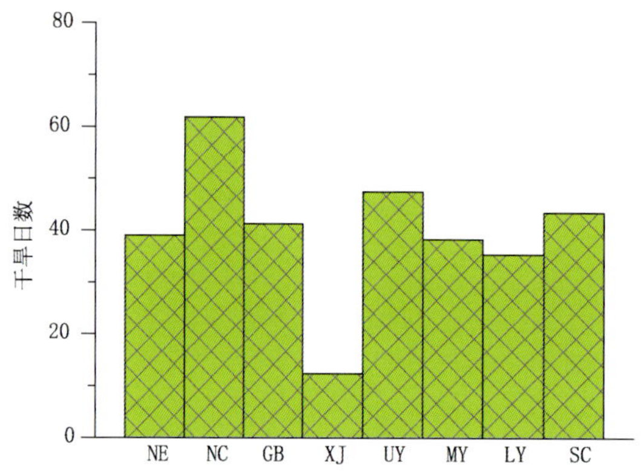


图 5-4 各区干旱指数值达到中旱级别以上年平均干旱日数。

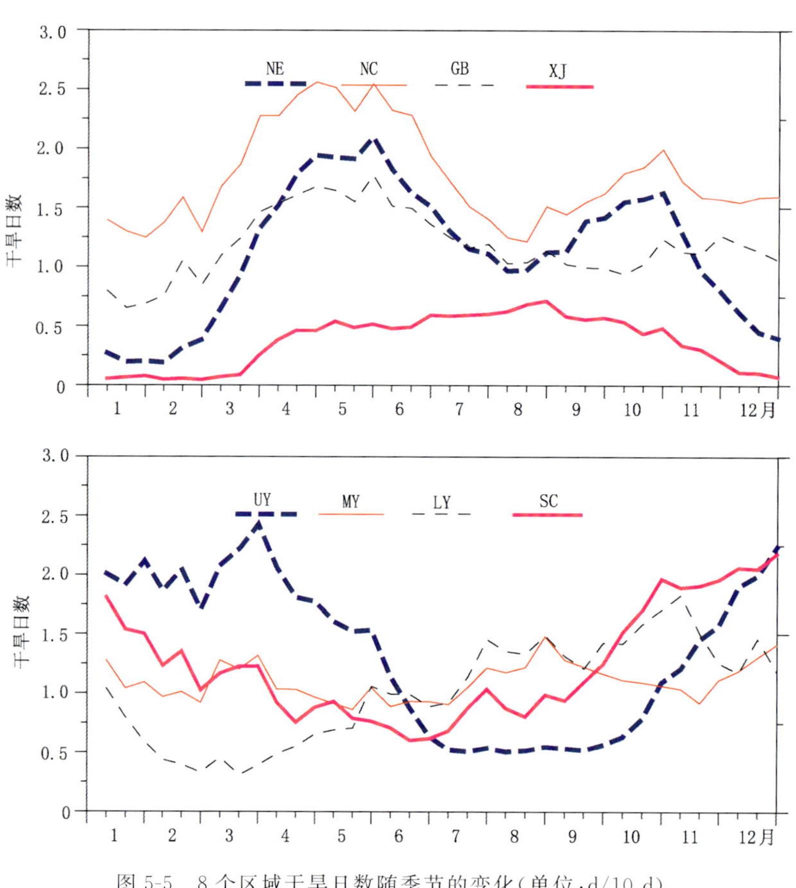


图 5-5 8 个区域干旱日数随季节的变化(单位:d/10 d)。

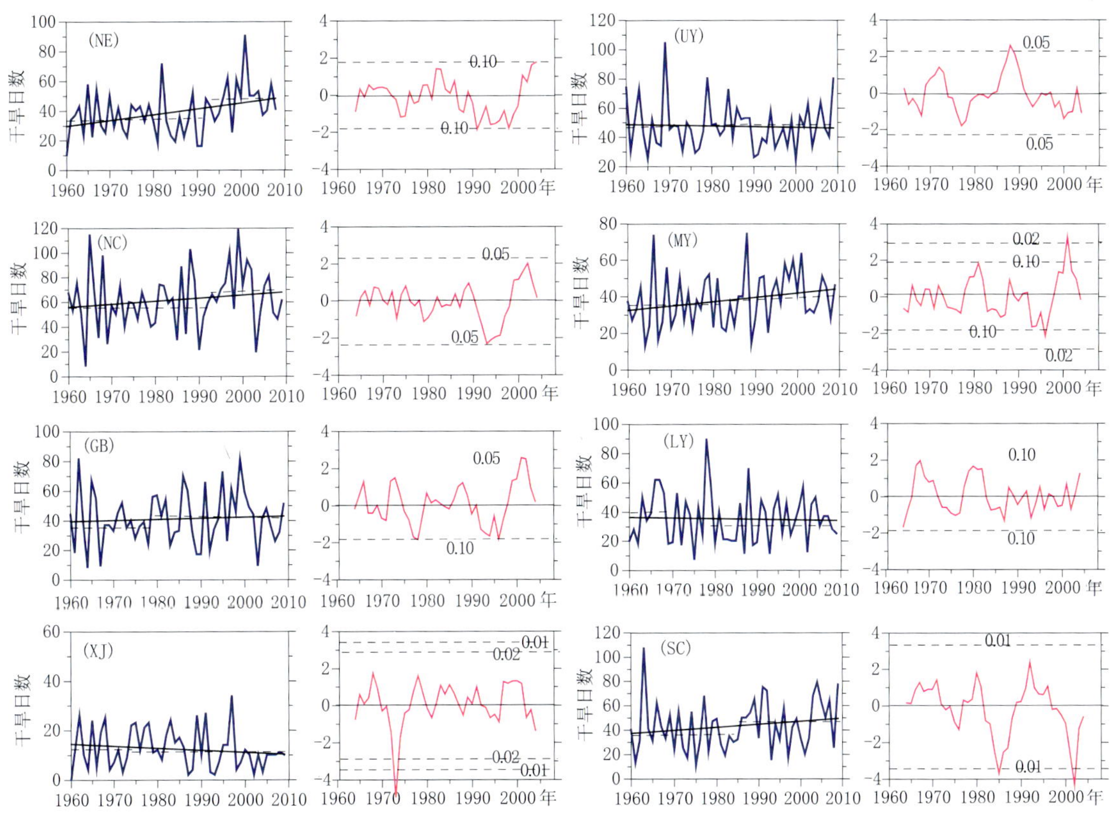

图 5-6 各区站点干旱指数 $CI$ 从 3～5 级天数的区域平均年际变化(粗实线)。在每个区域中的两条虚线表示区域年干旱变化曲线突变前后两时段的平均干旱天数。在每个图的右侧为 $t$-检验曲线,虚线表示达到 0.01、0.02、0.05 和 0.10 的显著性水平临界值。

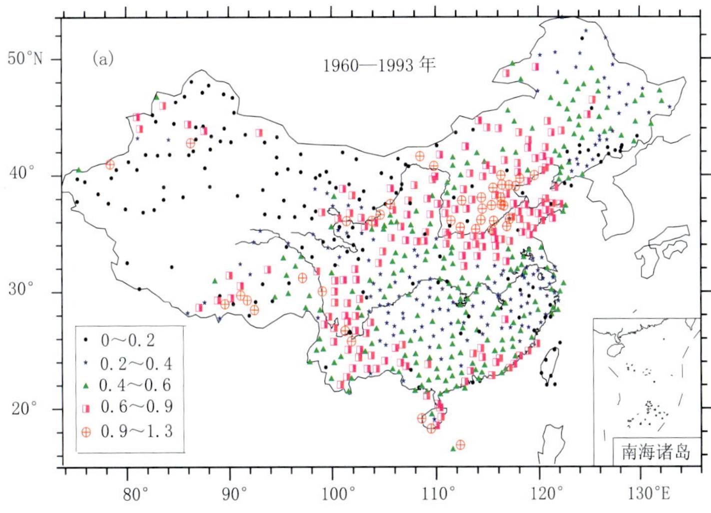

图 5-7 (a)1960—1993 年单站干旱事件年频次(次/a)分布,(b)1994—2009 年单站干旱事件年频次(次/a)分布,和(c)1994—2009 时段与 1960—1993 年时段单站干旱事件年频次(次/a)之差分布。

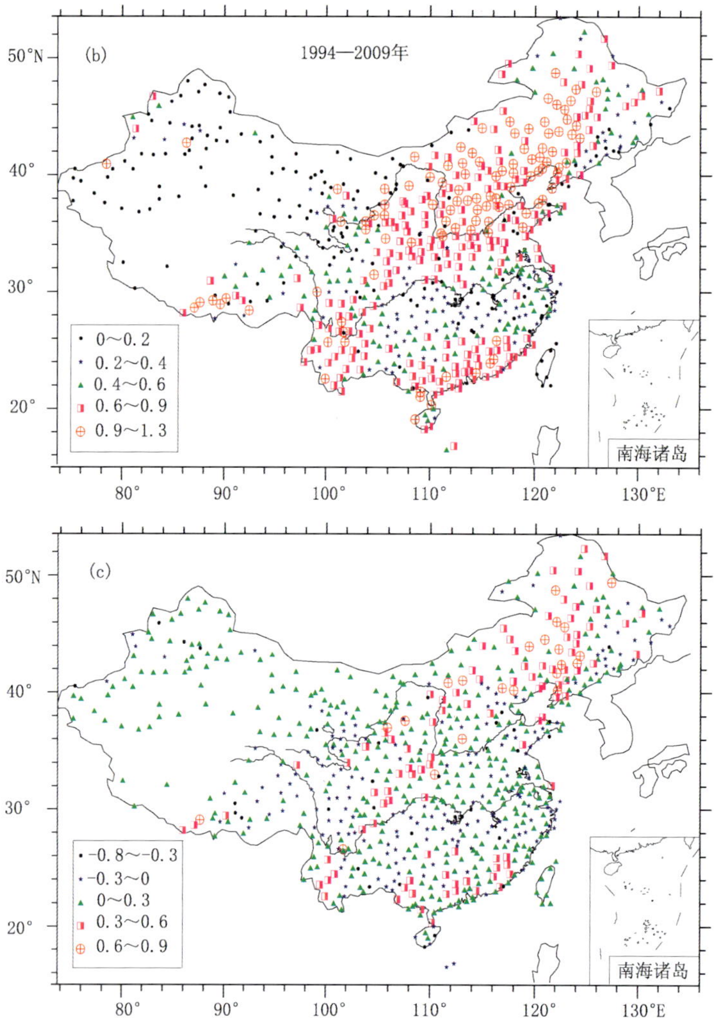

图 5-7 （续）

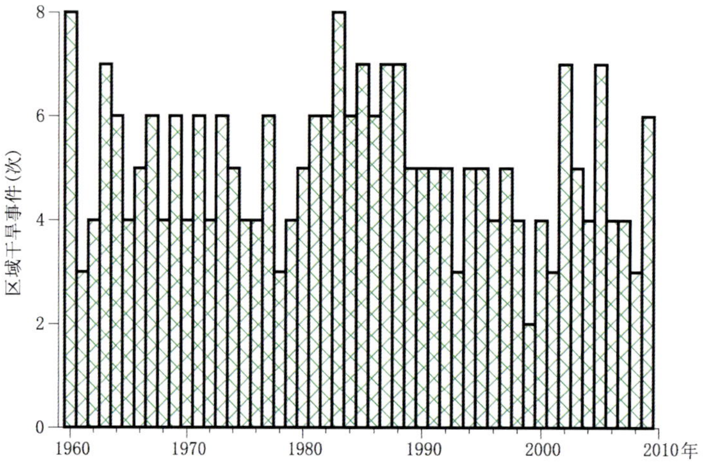

图 5-8 在 50 年中各年发生区域干旱事件(RD Events)的数目。

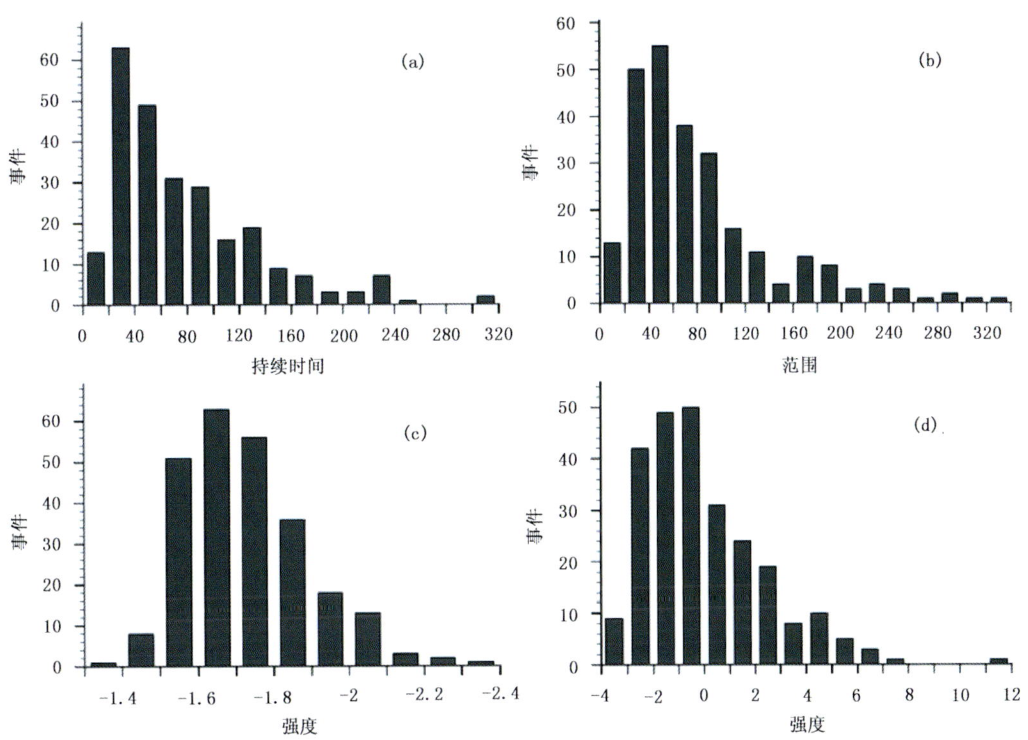


图 5-9 对 252 个区域干旱事件分别在(a)持续时间(天数),(b)范围(站点数),(c)*CI* 强度,和(d) *SI* 综合强度指数的统计分布。

## 5.3 2010 年初西南干旱

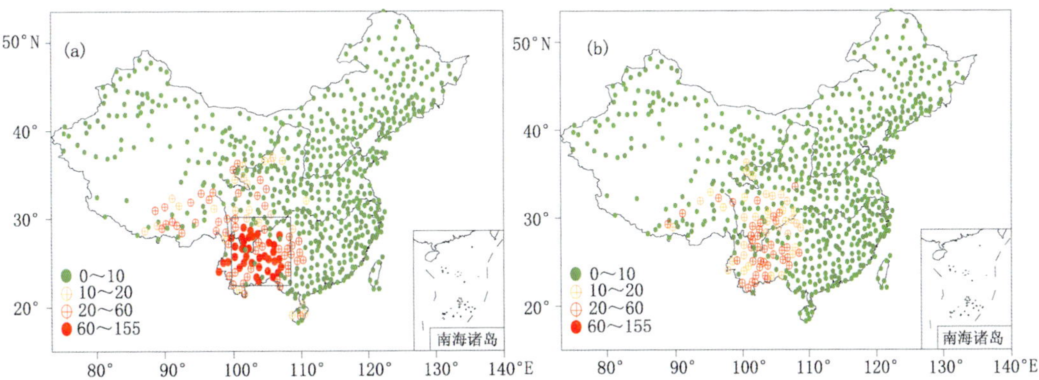


图 5-10 (a)2009 年 11 月 5 日至 2010 年 4 月 7 日的中国全国干旱指数 *CI* 达到中等强度以上的干旱站日数(单位:d),(b)1969 年的春旱(2 月 12 日至 3 月 15 日)站日数(单位:d),和(c)1950—2010 年期间 11 月 5 日至次年 4 月 7 日同区域(100°E~107.5°E,22.5°N~30°N)干旱站日数逐年值(单位:d)。

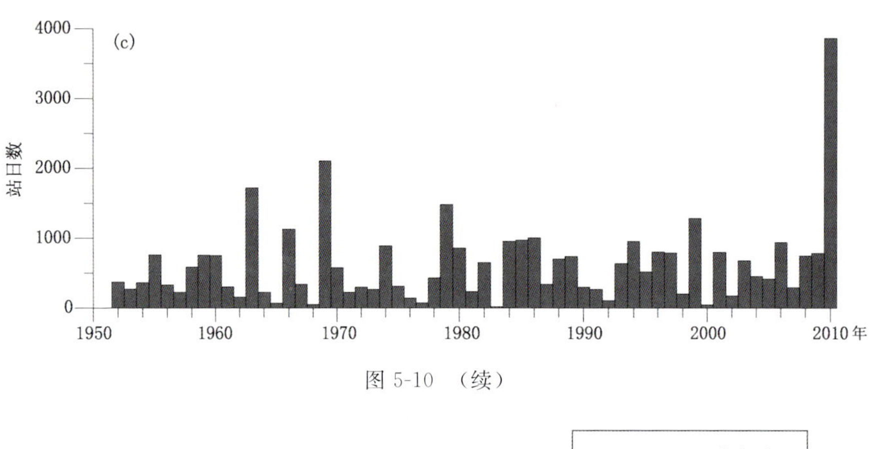


图 5-10 （续）

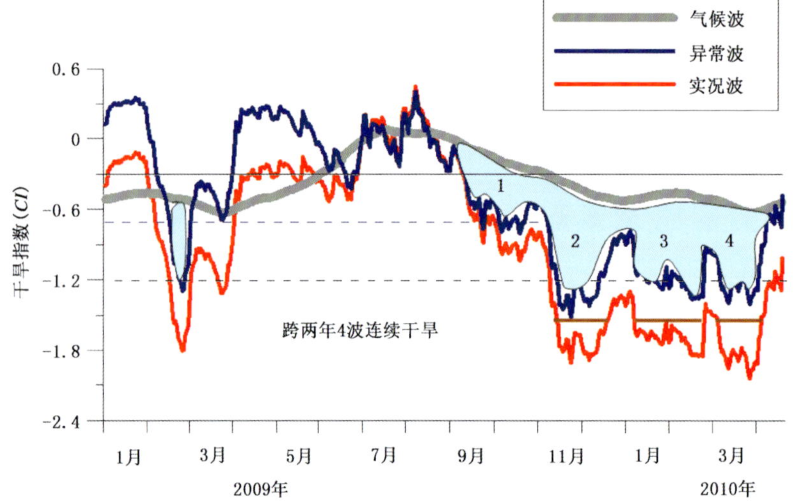


图 5-11 我国西南地区（图 5-10a 中区域）多年平均气候干旱指数（$CI$）的逐日变化（粗灰色线）、2009 年 1 月 1 日至 2010 年 4 月 13 日实际观测的干旱指数（$CI$）逐日变化（红实线）和同期观测干旱指数与气候干旱指数的差（异常变化，蓝线）。数值 1～4 指示 4 段干旱期，每段干旱期中又有 2 次干旱波动。

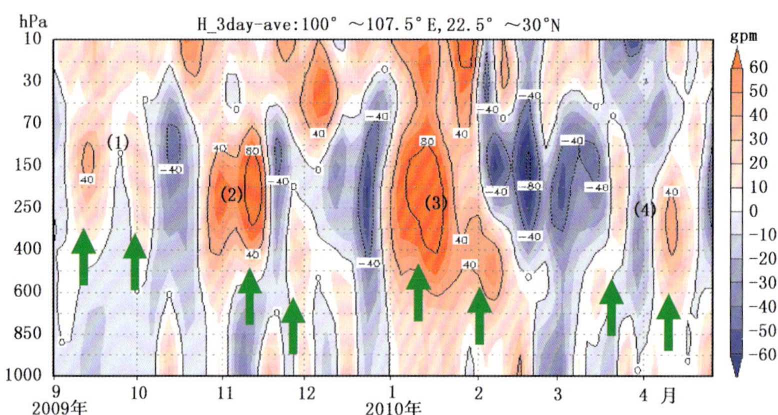


图 5-12 干旱区上空的四段八次（箭头所指）扰动高压（高度正异常）过程。高度正异常主要出现在对流层的中上部。2009 年 12 月底和 2010 年 2 月下旬高度负异常对应图 5-11 中干旱减缓的波动。

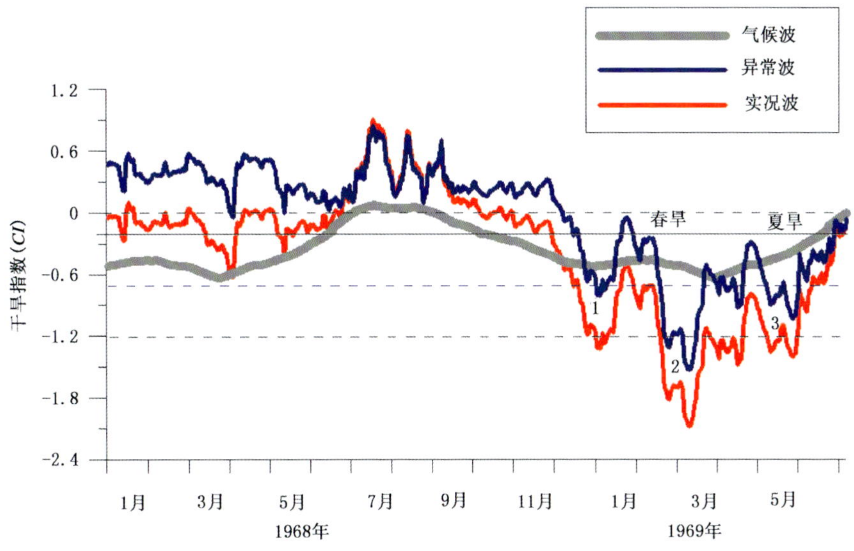


图 5-13 西南地区多年平均气候干旱指数(CI)的逐日变化(粗灰色线),1968—1969年的冬春夏干旱过程,其中有 3 次明显的干旱期。

## 5.4 区域干旱事件排序表

表 5-2 252 个区域干旱事件中前 50 个最大影响范围(站点数)排序

| 年 | 月 | 日 | 持续天数 | 天数排序 | 最大站点数 | 站点排序 | 最大日平均强度 | 强度排序 | 指数 | 指数排序 | 影响区域 |
|---|---|---|---|---|---|---|---|---|---|---|---|
| 1998 | 9 | 6 | 307 | 1 | 327 | 1 | −2.26 | 2 | 11.22 | 1 | NC,GB,MY,SC,UY |
| 1973 | 10 | 28 | 93 | 73 | 309 | 2 | −2.04 | 12 | 5.83 | 7 | LY,MY,SC,NC,GB |
| 1979 | 10 | 2 | 91 | 80 | 299 | 3 | −1.87 | 47 | 4.62 | 14 | NC,LY,MY,SC,GB |
| 1988 | 9 | 20 | 112 | 56 | 294 | 4 | −2.01 | 17 | 5.74 | 8 | NC,GB,MY,LY,SC |
| 1963 | 1 | 16 | 59 | 128 | 270 | 5 | −2.16 | 5 | 5.31 | 9 | LY,MY,UY,SC,NC |
| 1986 | 7 | 8 | 112 | 55 | 255 | 6 | −1.88 | 44 | 4.33 | 15 | NC,GB,LY,MY,SC |
| 1991 | 10 | 2 | 83 | 96 | 248 | 7 | −1.82 | 68 | 3.35 | 26 | NC,MY,LY,GB,SC |
| 1966 | 7 | 26 | 110 | 59 | 243 | 8 | −1.90 | 38 | 4.22 | 16 | LY,MY,SC,NC |
| 1997 | 3 | 3 | 240 | 3 | 235 | 9 | −2.01 | 18 | 7.05 | 2 | NC,GB,MY,LY,NE |
| 2001 | 3 | 8 | 233 | 9 | 230 | 10 | −1.98 | 22 | 6.66 | 5 | NC,GB,LY,MY,NE |
| 2008 | 11 | 20 | 112 | 57 | 224 | 11 | −1.59 | 193 | 2.10 | 43 | NC,LY,MY,SC,UY |
| 1976 | 1 | 7 | 45 | 162 | 221 | 12 | −1.69 | 133 | 1.46 | 60 | MY,UY,SC,NC |
| 2006 | 9 | 21 | 68 | 112 | 219 | 13 | −1.77 | 89 | 2.31 | 39 | NC,NE,LY,SC |
| 1983 | 12 | 9 | 22 | 234 | 211 | 14 | −1.72 | 118 | 1.07 | 68 | NC,GB,SC,LY |
| 1987 | 12 | 28 | 59 | 130 | 200 | 15 | −1.54 | 226 | 0.47 | 86 | NC,LY,SC,GB |
| 2000 | 2 | 29 | 236 | 5 | 198 | 16 | −2.11 | 6 | 6.97 | 3 | NC,GB,NE,LY,MY |

续表

| 年 | 月 | 日 | 持续天数 | 天数排序 | 最大站点数 | 站点排序 | 最大日平均强度 | 强度排序 | 指数 | 指数排序 | 影响区域 |
|---|---|---|---|---|---|---|---|---|---|---|---|
| 1992 | 7 | 30 | 167 | 20 | 198 | 17 | −1.82 | 69 | 4.02 | 20 | SC、LY、MY、NC |
| 1962 | 2 | 17 | 206 | 13 | 194 | 18 | −2.03 | 13 | 5.90 | 6 | GB、NC、NE、LY |
| 1977 | 1 | 23 | 92 | 77 | 191 | 19 | −2.17 | 4 | 4.66 | 13 | NC、GB |
| 1999 | 11 | 15 | 59 | 131 | 190 | 20 | −1.83 | 62 | 2.04 | 47 | NC、MY、LY |
| 2004 | 2 | 10 | 114 | 53 | 189 | 21 | −2.02 | 14 | 4.13 | 18 | GB、NC |
| 1996 | 12 | 13 | 38 | 184 | 188 | 22 | −1.73 | 111 | 1.04 | 69 | NC、LY、MY、SC |
| 1988 | 4 | 20 | 21 | 236 | 181 | 23 | −1.88 | 45 | 1.52 | 59 | NC、GB、MY |
| 1986 | 4 | 4 | 85 | 91 | 172 | 24 | −1.63 | 169 | 1.01 | 70 | NC、GB、NE |
| 1965 | 1 | 21 | 306 | 2 | 170 | 25 | −1.95 | 26 | 6.80 | 4 | NE、NC、GB |
| 1987 | 9 | 9 | 40 | 175 | 170 | 26 | −1.86 | 50 | 1.55 | 56 | GB、NC |
| 1995 | 11 | 3 | 238 | 4 | 168 | 27 | −1.80 | 72 | 4.73 | 11 | NC、GB、NE、LY |
| 1974 | 3 | 2 | 139 | 33 | 166 | 28 | −1.73 | 112 | 2.47 | 35 | NC、NE、GB |
| 1968 | 2 | 21 | 228 | 10 | 164 | 29 | −1.75 | 100 | 4.13 | 17 | NC、GB、MY、LY |
| 2002 | 7 | 8 | 167 | 21 | 164 | 30 | −1.85 | 53 | 3.64 | 23 | NC、GB、NE |
| 1981 | 4 | 23 | 73 | 104 | 163 | 31 | −1.73 | 113 | 1.25 | 64 | NC、NE、GB |
| 1977 | 4 | 7 | 123 | 47 | 162 | 32 | −1.85 | 54 | 2.83 | 31 | NC、NE、GB |
| 2005 | 3 | 15 | 62 | 122 | 160 | 33 | −1.92 | 33 | 2.14 | 42 | NC、NE、GB |
| 2004 | 9 | 23 | 158 | 24 | 152 | 34 | −2.08 | 9 | 4.66 | 12 | SC、LY、UY |
| 2009 | 8 | 16 | 93 | 75 | 145 | 35 | −1.83 | 63 | 1.91 | 49 | MY、SC、NC |
| 1994 | 3 | 3 | 124 | 45 | 144 | 36 | −1.68 | 142 | 1.54 | 57 | NC、NE、GB |
| 1995 | 1 | 20 | 190 | 16 | 141 | 37 | −1.74 | 104 | 3.02 | 27 | NC、GB |
| 1972 | 3 | 28 | 178 | 17 | 138 | 38 | −1.80 | 83 | 3.00 | 28 | NC、GB、NE |
| 2006 | 3 | 8 | 128 | 41 | 138 | 39 | −1.83 | 64 | 2.41 | 37 | NC、GB、NE |
| 1982 | 5 | 14 | 44 | 163 | 135 | 40 | −1.60 | 185 | −0.49 | 123 | NC、GB |
| 1961 | 2 | 22 | 143 | 28 | 132 | 41 | −1.74 | 105 | 2.04 | 46 | NC、NE、GB、LY |
| 1971 | 3 | 27 | 96 | 69 | 129 | 42 | −1.77 | 90 | 1.34 | 61 | GB、NC、NE |
| 2007 | 9 | 26 | 89 | 84 | 128 | 43 | −1.98 | 23 | 2.45 | 36 | SC、MY、UY |
| 1984 | 1 | 1 | 168 | 19 | 123 | 44 | −1.73 | 114 | 2.28 | 41 | NC、GB |
| 2005 | 12 | 10 | 43 | 164 | 123 | 45 | −1.66 | 150 | −0.35 | 119 | NC、GB、MY |
| 1999 | 7 | 21 | 123 | 48 | 122 | 46 | −1.69 | 134 | 1.23 | 65 | NC、NE、GB |
| 1990 | 8 | 12 | 75 | 101 | 121 | 47 | −1.94 | 29 | 1.85 | 50 | MY、LY、SC |
| 1962 | 2 | 9 | 20 | 237 | 121 | 48 | −1.75 | 101 | −0.25 | 115 | SC、LY |
| 2003 | 7 | 5 | 199 | 14 | 119 | 49 | −1.65 | 156 | 2.28 | 40 | SC、LY、MY、UY |
| 1993 | 2 | 11 | 143 | 29 | 118 | 50 | −1.77 | 91 | 1.99 | 48 | NC、NE、GB |

表 5-3 252 个区域干旱事件中前 50 个干旱 *CI* 强度事件排序

| 年 | 月 | 日 | 持续天数 | 天数排序 | 最大站点数 | 站点排序 | 最大日平均强度 | 强度排序 | 指数 | 指数排序 | 影响区域 |
|---|---|---|---|---|---|---|---|---|---|---|---|
| 1983 | 5 | 26 | 72 | 105 | 44 | 173 | −2.34 | 1 | 2.93 | 29 | UY |
| 1998 | 9 | 6 | 307 | 1 | 327 | 1 | −2.26 | 2 | 11.22 | 1 | NC,GB,MY,SC,UY |
| 1960 | 1 | 22 | 137 | 34 | 78 | 99 | −2.24 | 3 | 4.03 | 19 | UY,SC,GB |
| 1977 | 1 | 23 | 92 | 77 | 191 | 19 | −2.17 | 4 | 4.66 | 13 | NC,GB |
| 1963 | 1 | 16 | 59 | 128 | 270 | 5 | −2.16 | 5 | 5.31 | 9 | LY,MY,UY,SC,NC |
| 2000 | 2 | 29 | 236 | 5 | 198 | 16 | −2.11 | 6 | 6.97 | 3 | NC,GB,NE,LY,MY |
| 2003 | 3 | 2 | 124 | 46 | 69 | 115 | −2.09 | 7 | 2.76 | 32 | NE |
| 1997 | 4 | 10 | 24 | 227 | 8 | 252 | −2.09 | 8 | 0.00 | 102 | XJ |
| 2004 | 9 | 23 | 158 | 24 | 152 | 34 | −2.08 | 9 | 4.66 | 12 | SC,LY,UY |
| 1963 | 3 | 16 | 121 | 49 | 84 | 88 | −2.07 | 10 | 2.84 | 30 | NE,NC |
| 1986 | 5 | 25 | 38 | 183 | 48 | 161 | −2.05 | 11 | 0.66 | 79 | UY |
| 1973 | 10 | 28 | 93 | 73 | 309 | 2 | −2.04 | 12 | 5.83 | 7 | LY,MY,SC,NC,GB |
| 1962 | 2 | 17 | 206 | 13 | 194 | 18 | −2.03 | 13 | 5.90 | 6 | GB,NC,NE,LY |
| 2004 | 2 | 10 | 114 | 53 | 189 | 21 | −2.02 | 14 | 4.13 | 18 | GB,NC |
| 1968 | 10 | 28 | 235 | 7 | 115 | 53 | −2.02 | 15 | 5.06 | 10 | UY,MY,GB |
| 2004 | 6 | 3 | 88 | 85 | 92 | 77 | −2.02 | 16 | 2.09 | 44 | NE,NC |
| 1988 | 9 | 20 | 112 | 56 | 294 | 4 | −2.01 | 17 | 5.74 | 8 | NC,GB,MY,LY,SC |
| 1997 | 3 | 3 | 240 | 3 | 235 | 9 | −2.01 | 18 | 7.05 | 2 | NC,GB,MY,LY,NE |
| 1997 | 9 | 1 | 76 | 100 | 11 | 246 | −2.01 | 19 | 0.49 | 84 | XJ |
| 2002 | 4 | 15 | 61 | 124 | 46 | 168 | −2.00 | 20 | 0.74 | 78 | SC |
| 1981 | 9 | 26 | 135 | 36 | 51 | 157 | −1.99 | 21 | 2.07 | 45 | UY |
| 2001 | 3 | 8 | 233 | 9 | 230 | 10 | −1.98 | 22 | 6.66 | 5 | NC,GB,LY,MY,NE |
| 2007 | 9 | 26 | 89 | 84 | 128 | 43 | −1.98 | 23 | 2.45 | 36 | SC,MY,UY |
| 1998 | 2 | 20 | 27 | 217 | 68 | 117 | −1.97 | 24 | 0.32 | 89 | NE |
| 1978 | 10 | 30 | 234 | 8 | 69 | 114 | −1.96 | 25 | 3.93 | 21 | UY,MY |
| 1965 | 1 | 21 | 306 | 2 | 170 | 25 | −1.95 | 26 | 6.80 | 4 | NE,NC,GB |
| 1962 | 9 | 24 | 126 | 42 | 95 | 69 | −1.95 | 27 | 2.39 | 38 | NC |
| 1963 | 3 | 16 | 214 | 11 | 81 | 92 | −1.95 | 28 | 3.72 | 22 | SC,MY,LY |
| 1990 | 8 | 12 | 75 | 101 | 121 | 47 | −1.94 | 29 | 1.85 | 50 | MY,LY,SC |
| 1977 | 2 | 10 | 147 | 26 | 85 | 84 | −1.94 | 30 | 2.54 | 33 | SC |
| 1987 | 4 | 16 | 72 | 106 | 45 | 170 | −1.94 | 31 | 0.56 | 81 | NE |
| 1983 | 3 | 20 | 37 | 186 | 40 | 187 | −1.94 | 32 | −0.14 | 104 | NE |
| 2005 | 3 | 15 | 62 | 122 | 160 | 33 | −1.92 | 33 | 2.14 | 42 | NC,NE,GB |
| 1994 | 10 | 23 | 47 | 158 | 116 | 52 | −1.92 | 34 | 1.16 | 67 | SC |

续表

| 年 | 月 | 日 | 持续天数 | 天数排序 | 最大站点数 | 站点排序 | 最大日平均强度 | 强度排序 | 指数 | 指数排序 | 影响区域 |
|---|---|---|---|---|---|---|---|---|---|---|---|
| 1989 | 10 | 3 | 89 | 83 | 98 | 65 | −1.92 | 35 | 1.60 | 55 | SC |
| 2006 | 3 | 19 | 41 | 168 | 30 | 213 | −1.92 | 36 | −0.35 | 120 | UY |
| 1984 | 11 | 20 | 142 | 30 | 54 | 149 | −1.91 | 37 | 1.77 | 52 | UY |
| 1966 | 7 | 26 | 110 | 59 | 243 | 8 | −1.90 | 38 | 4.22 | 16 | LY,MY,SC,NC |
| 2005 | 8 | 31 | 101 | 67 | 105 | 60 | −1.90 | 39 | 1.81 | 51 | NC,NE,GB |
| 2009 | 10 | 1 | 212 | 12 | 81 | 93 | −1.90 | 40 | 3.38 | 25 | UY,SC,MY |
| 1986 | 1 | 9 | 68 | 111 | 81 | 94 | −1.89 | 41 | 0.78 | 76 | NC,GB |
| 1984 | 2 | 1 | 96 | 70 | 59 | 135 | −1.89 | 42 | 0.91 | 73 | UY |
| 1984 | 8 | 1 | 39 | 178 | 9 | 249 | −1.89 | 43 | −0.91 | 147 | XJ |
| 1986 | 7 | 8 | 112 | 55 | 255 | 6 | −1.88 | 44 | 4.33 | 15 | NC,GB,LY,MY,SC |
| 1988 | 4 | 20 | 21 | 236 | 181 | 23 | −1.88 | 45 | 1.52 | 59 | NC,GB,MY |
| 1988 | 3 | 19 | 32 | 201 | 47 | 164 | −1.88 | 46 | −0.47 | 122 | UY |
| 1979 | 10 | 2 | 91 | 80 | 299 | 3 | −1.87 | 47 | 4.62 | 14 | NC,LY,MY,SC,GB |
| 1979 | 5 | 13 | 31 | 204 | 51 | 158 | −1.87 | 48 | −0.49 | 124 | NE |
| 1990 | 10 | 4 | 16 | 247 | 10 | 247 | −1.87 | 49 | −1.42 | 170 | XJ |
| 1987 | 9 | 9 | 40 | 175 | 170 | 26 | −1.86 | 50 | 1.55 | 56 | GB,NC |

表 5-4　252 个区域干旱事件中前 50 个干旱综合强度指数 SI 的排序

| 年 | 月 | 日 | 持续天数 | 天数排序 | 最大站点数 | 站点排序 | 最大日平均强度 | 强度排序 | 指数 | 指数排序 | 影响区域 |
|---|---|---|---|---|---|---|---|---|---|---|---|
| 1998 | 9 | 6 | 307 | 1 | 327 | 1 | −2.26 | 2 | 11.2 | 1 | NC,GB,MY,SC,UY |
| 1997 | 3 | 3 | 240 | 3 | 235 | 9 | −2.01 | 18 | 7.05 | 2 | NC,GB,MY,LY,NE |
| 2000 | 2 | 29 | 236 | 5 | 198 | 16 | −2.11 | 6 | 6.97 | 3 | NC,GB,NE,LY,MY |
| 1965 | 1 | 21 | 306 | 2 | 170 | 25 | −1.95 | 26 | 6.80 | 4 | NE,NC,GB |
| 2001 | 3 | 8 | 233 | 9 | 230 | 10 | −1.98 | 22 | 6.66 | 5 | NC,GB,LY,MY,NE |
| 1962 | 2 | 17 | 206 | 13 | 194 | 18 | −2.03 | 13 | 5.90 | 6 | GB,NC,NE,LY |
| 1973 | 10 | 28 | 93 | 73 | 309 | 2 | −2.04 | 12 | 5.83 | 7 | LY,MY,SC,NC,GB |
| 1988 | 9 | 20 | 112 | 56 | 294 | 4 | −2.01 | 17 | 5.74 | 8 | NC,GB,MY,LY,SC |
| 1963 | 1 | 16 | 59 | 128 | 270 | 5 | −2.16 | 5 | 5.31 | 9 | LY,MY,UY,SC,NC |
| 1968 | 10 | 28 | 235 | 7 | 115 | 53 | −2.02 | 15 | 5.06 | 10 | UY,MY,GB |
| 1995 | 11 | 3 | 238 | 4 | 168 | 27 | −1.80 | 72 | 4.73 | 11 | NC,GB,NE,LY |
| 2004 | 9 | 23 | 158 | 24 | 152 | 34 | −2.08 | 9 | 4.66 | 12 | SC,LY,UY |
| 1977 | 1 | 23 | 92 | 77 | 191 | 19 | −2.17 | 4 | 4.66 | 13 | NC,GB |
| 1979 | 10 | 2 | 91 | 80 | 299 | 3 | −1.87 | 47 | 4.62 | 14 | NC,LY,MY,SC,GB |

续表

| 年 | 月 | 日 | 持续天数 | 天数排序 | 最大站点数 | 站点排序 | 最大日平均强度 | 强度排序 | 指数 | 指数排序 | 影响区域 |
|---|---|---|---|---|---|---|---|---|---|---|---|
| 1986 | 7 | 8 | 112 | 55 | 255 | 6 | −1.88 | 44 | 4.33 | 15 | NC,GB,LY,MY,SC |
| 1966 | 7 | 26 | 110 | 59 | 243 | 8 | −1.90 | 38 | 4.22 | 16 | LY,MY,SC,NC |
| 1968 | 2 | 21 | 228 | 10 | 164 | 29 | −1.75 | 100 | 4.13 | 17 | NC,GB,MY,LY |
| 2004 | 2 | 10 | 114 | 53 | 189 | 21 | −2.02 | 14 | 4.13 | 18 | GB,NC |
| 1960 | 1 | 22 | 137 | 34 | 78 | 99 | −2.24 | 3 | 4.03 | 19 | UY,SC,GB |
| 1992 | 7 | 30 | 167 | 20 | 198 | 17 | −1.82 | 69 | 4.02 | 20 | SC,LY,MY,NC |
| 1978 | 10 | 30 | 234 | 8 | 69 | 114 | −1.96 | 25 | 3.93 | 21 | UY,MY |
| 1963 | 3 | 16 | 214 | 11 | 81 | 92 | −1.95 | 28 | 3.72 | 22 | SC,MY,LY |
| 2002 | 7 | 8 | 167 | 21 | 164 | 30 | −1.85 | 53 | 3.64 | 23 | NC,GB,NE |
| 2007 | 4 | 15 | 236 | 6 | 83 | 90 | −1.80 | 60 | 3.48 | 24 | NE,NC |
| 2009 | 10 | 1 | 212 | 12 | 81 | 93 | −1.90 | 40 | 3.38 | 25 | UY,SC,MY |
| 1991 | 10 | 2 | 83 | 96 | 248 | 7 | −1.82 | 68 | 3.35 | 26 | NC,MY,LY,GB,SC |
| 1995 | 1 | 20 | 190 | 16 | 141 | 37 | −1.74 | 104 | 3.02 | 27 | NC,GB |
| 1972 | 3 | 28 | 178 | 17 | 138 | 38 | −1.80 | 83 | 3.00 | 28 | NC,GB,NE |
| 1983 | 5 | 26 | 72 | 105 | 44 | 173 | −2.34 | 1 | 2.93 | 29 | UY |
| 1963 | 3 | 16 | 121 | 49 | 84 | 88 | −2.07 | 10 | 2.84 | 30 | NE,NC |
| 1977 | 4 | 7 | 123 | 47 | 162 | 32 | −1.85 | 54 | 2.83 | 31 | NC,NE,GB |
| 2003 | 3 | 2 | 124 | 46 | 69 | 115 | −2.09 | 7 | 2.76 | 32 | NE |
| 1977 | 2 | 10 | 147 | 26 | 85 | 84 | −1.94 | 30 | 2.54 | 33 | SC |
| 1973 | 3 | 3 | 150 | 25 | 108 | 59 | −1.86 | 51 | 2.49 | 34 | NC,GB,NE |
| 1974 | 3 | 2 | 139 | 33 | 166 | 28 | −1.73 | 112 | 2.47 | 35 | NC,NE,GB |
| 2007 | 9 | 26 | 89 | 84 | 128 | 43 | −1.98 | 23 | 2.45 | 36 | SC,MY. UY |
| 2006 | 3 | 8 | 128 | 41 | 138 | 39 | −1.83 | 64 | 2.41 | 37 | NC,GB,NE |
| 1962 | 9 | 24 | 126 | 42 | 95 | 69 | −1.95 | 27 | 2.39 | 38 | NC |
| 2006 | 9 | 21 | 68 | 112 | 219 | 13 | −1.77 | 89 | 2.31 | 39 | NC,NE,LY,SC |
| 2003 | 7 | 5 | 199 | 14 | 119 | 49 | −1.65 | 156 | 2.28 | 40 | SC,LY,MY,UY |
| 1984 | 1 | 1 | 168 | 19 | 123 | 44 | −1.73 | 114 | 2.28 | 41 | NC,GB |
| 2005 | 3 | 15 | 62 | 122 | 160 | 33 | −1.92 | 33 | 2.14 | 42 | NC,NE,GB |
| 2008 | 11 | 20 | 112 | 57 | 224 | 11 | −1.59 | 193 | 2.10 | 43 | NC,LY,MY,SC,UY |
| 2004 | 6 | 3 | 88 | 85 | 92 | 77 | −2.02 | 16 | 2.09 | 44 | NE,NC |
| 1981 | 9 | 26 | 135 | 36 | 51 | 157 | −1.99 | 21 | 2.07 | 45 | UY |
| 1961 | 2 | 22 | 143 | 28 | 132 | 41 | −1.74 | 105 | 2.04 | 46 | NC,NE,GB,LY |
| 1999 | 11 | 15 | 59 | 131 | 190 | 20 | −1.83 | 62 | 2.04 | 47 | NC,MY,LY |
| 1993 | 2 | 11 | 143 | 29 | 118 | 50 | −1.77 | 91 | 1.99 | 48 | NC,NE,GB |
| 2009 | 8 | 16 | 93 | 75 | 145 | 35 | −1.83 | 63 | 1.91 | 49 | MY,SC,NC |
| 1990 | 8 | 12 | 75 | 101 | 121 | 47 | −1.94 | 29 | 1.85 | 50 | MY,LY,SC |

表 5-5　1960—2009 年 252 个区域干旱事件按先后日期排序

| 年 | 月 | 日 | 持续天数 | 天数排序 | 最大站点数 | 站点排序 | 最大日平均强度 | 强度排序 | 指数 | 指数排序 | 影响区域 |
|---|---|---|---|---|---|---|---|---|---|---|---|
| 1960 | 1 | 22 | 137 | 34 | 78 | 99 | −2.24 | 3 | 4.03 | 19 | UY,SC,GB |
| 1960 | 2 | 3 | 172 | 18 | 72 | 107 | −1.63 | 171 | 0.92 | 72 | GB,NC |
| 1960 | 2 | 12 | 31 | 202 | 72 | 108 | −1.85 | 56 | −0.26 | 116 | SC |
| 1960 | 8 | 6 | 35 | 191 | 47 | 167 | −1.47 | 246 | −2.86 | 242 | MY |
| 1960 | 8 | 31 | 29 | 208 | 48 | 162 | −1.63 | 172 | −2.00 | 201 | GB,NC |
| 1960 | 10 | 1 | 32 | 199 | 65 | 123 | −1.73 | 116 | −1.07 | 157 | MY,LY |
| 1960 | 11 | 16 | 92 | 76 | 37 | 195 | −1.55 | 223 | −1.54 | 176 | UY,MY |
| 1960 | 12 | 27 | 40 | 171 | 58 | 139 | −1.69 | 137 | −1.28 | 165 | NC |
| 1961 | 2 | 22 | 143 | 28 | 132 | 41 | −1.74 | 105 | 2.04 | 46 | NC,NE,GB,LY |
| 1961 | 6 | 19 | 58 | 132 | 75 | 100 | −1.78 | 84 | −0.15 | 106 | MY,LY |
| 1961 | 12 | 19 | 40 | 172 | 17 | 242 | −1.51 | 243 | −3.03 | 244 | UY |
| 1962 | 2 | 9 | 20 | 237 | 121 | 48 | −1.75 | 101 | −0.25 | 115 | SC,LY |
| 1962 | 2 | 17 | 206 | 13 | 194 | 18 | −2.03 | 13 | 5.90 | 6 | GB,NC,NE,LY |
| 1962 | 9 | 24 | 126 | 42 | 95 | 69 | −1.95 | 27 | 2.39 | 38 | NC |
| 1962 | 11 | 11 | 66 | 113 | 46 | 169 | −1.56 | 213 | −1.80 | 189 | UY,SC |
| 1963 | 1 | 16 | 59 | 128 | 270 | 5 | −2.16 | 5 | 5.31 | 9 | LY,MY,UY,SC,NC |
| 1963 | 3 | 16 | 214 | 11 | 81 | 92 | −1.95 | 28 | 3.72 | 22 | SC,MY,LY |
| 1963 | 3 | 16 | 121 | 49 | 84 | 88 | −2.07 | 10 | 2.84 | 30 | NE,NC |
| 1963 | 3 | 16 | 25 | 222 | 40 | 188 | −1.86 | 52 | −0.83 | 140 | UY |
| 1963 | 8 | 13 | 36 | 188 | 26 | 226 | −1.69 | 140 | −1.88 | 195 | GB |
| 1963 | 10 | 6 | 40 | 173 | 36 | 202 | −1.45 | 247 | −3.07 | 246 | SC |
| 1963 | 11 | 4 | 35 | 192 | 26 | 227 | −1.40 | 252 | −3.62 | 252 | NC |
| 1964 | 1 | 15 | 111 | 58 | 28 | 220 | −1.42 | 250 | −2.13 | 213 | UY |
| 1964 | 5 | 3 | 40 | 174 | 42 | 182 | −1.78 | 86 | −1.01 | 153 | NE |
| 1964 | 5 | 23 | 23 | 228 | 27 | 223 | −1.69 | 139 | −2.09 | 209 | SC |
| 1964 | 5 | 30 | 10 | 252 | 24 | 231 | −1.62 | 177 | −2.79 | 239 | UY |
| 1964 | 8 | 27 | 51 | 148 | 47 | 166 | −1.59 | 197 | −1.87 | 193 | LY,MY |
| 1964 | 11 | 13 | 55 | 138 | 94 | 74 | −1.73 | 115 | −0.19 | 109 | SC,MY,LY |
| 1965 | 1 | 9 | 30 | 206 | 95 | 71 | −1.81 | 73 | −0.14 | 105 | LY,MY,SC |
| 1965 | 1 | 21 | 306 | 2 | 170 | 25 | −1.95 | 26 | 6.80 | 4 | NE,NC,GB |
| 1965 | 7 | 10 | 19 | 240 | 38 | 194 | −1.49 | 244 | −3.17 | 249 | LY,MY |
| 1965 | 11 | 20 | 65 | 114 | 89 | 80 | −1.43 | 248 | −1.89 | 196 | NC |
| 1966 | 1 | 30 | 26 | 219 | 79 | 98 | −1.55 | 218 | −2.02 | 204 | NE,GB |
| 1966 | 2 | 25 | 90 | 81 | 47 | 163 | −1.80 | 77 | 0.08 | 95 | UY,MY |

续表

| 年 | 月 | 日 | 持续天数 | 天数排序 | 最大站点数 | 站点排序 | 最大日平均强度 | 强度排序 | 指数 | 指数排序 | 影响区域 |
|---|---|---|---|---|---|---|---|---|---|---|---|
| 1966 | 4 | 18 | 103 | 63 | 88 | 82 | −1.48 | 245 | −0.93 | 150 | NE,GB,NE |
| 1966 | 7 | 26 | 110 | 59 | 243 | 8 | −1.90 | 38 | 4.22 | 16 | LY,MY,SC,NC |
| 1966 | 11 | 25 | 36 | 189 | 95 | 73 | −1.56 | 209 | −1.53 | 175 | NC,GB |
| 1967 | 3 | 24 | 38 | 181 | 9 | 251 | −1.65 | 164 | −2.36 | 223 | XJ |
| 1967 | 4 | 5 | 22 | 231 | 22 | 234 | −1.72 | 126 | −2.01 | 202 | UY |
| 1967 | 5 | 15 | 46 | 159 | 53 | 152 | −1.56 | 212 | −2.04 | 205 | NC,LY |
| 1967 | 7 | 20 | 114 | 52 | 70 | 110 | −1.68 | 143 | 0.16 | 92 | LY,SC |
| 1967 | 8 | 17 | 101 | 66 | 85 | 86 | −1.65 | 157 | 0.00 | 101 | NE,NC |
| 1967 | 11 | 15 | 78 | 97 | 22 | 235 | −1.54 | 231 | −2.09 | 208 | SC |
| 1968 | 2 | 21 | 228 | 10 | 164 | 29 | −1.75 | 100 | 4.13 | 17 | NC,GB,MY,LY |
| 1968 | 8 | 22 | 50 | 152 | 28 | 219 | −1.81 | 75 | −0.88 | 145 | LY |
| 1968 | 10 | 19 | 60 | 125 | 84 | 89 | −1.60 | 186 | −1.04 | 154 | LY,SC |
| 1968 | 10 | 28 | 235 | 7 | 115 | 53 | −2.02 | 15 | 5.06 | 10 | UY,MY,GB |
| 1969 | 3 | 6 | 45 | 161 | 55 | 145 | −1.84 | 61 | −0.35 | 118 | NE,NC |
| 1969 | 5 | 24 | 125 | 43 | 80 | 96 | −1.61 | 180 | 0.10 | 94 | NE,NC,GB |
| 1969 | 9 | 6 | 42 | 165 | 39 | 190 | −1.85 | 59 | −0.61 | 134 | SC |
| 1969 | 10 | 15 | 61 | 123 | 61 | 130 | −1.74 | 108 | −0.57 | 130 | LY,NC |
| 1969 | 11 | 8 | 95 | 71 | 42 | 181 | −1.68 | 145 | −0.63 | 135 | UY |
| 1969 | 12 | 16 | 70 | 107 | 102 | 63 | −1.79 | 80 | 0.56 | 82 | NC,GB |
| 1970 | 6 | 15 | 34 | 194 | 29 | 218 | −1.54 | 230 | −2.76 | 238 | NE |
| 1970 | 10 | 24 | 30 | 207 | 20 | 238 | −1.61 | 182 | −2.56 | 231 | SC |
| 1970 | 11 | 7 | 102 | 64 | 59 | 136 | −1.73 | 117 | 0.07 | 96 | NC,GB |
| 1970 | 12 | 25 | 26 | 220 | 20 | 239 | −1.52 | 238 | −3.17 | 248 | UY |
| 1971 | 3 | 2 | 84 | 93 | 81 | 95 | −1.61 | 179 | −0.61 | 132 | UY,SC |
| 1971 | 3 | 27 | 96 | 69 | 129 | 42 | −1.77 | 90 | 1.34 | 61 | GB,NC,NE |
| 1971 | 7 | 2 | 93 | 72 | 75 | 101 | −1.66 | 153 | −0.25 | 114 | LY,MY |
| 1971 | 7 | 14 | 57 | 134 | 34 | 208 | −1.59 | 200 | −1.97 | 198 | GB,NC |
| 1971 | 10 | 2 | 33 | 198 | 62 | 128 | −1.52 | 236 | −2.36 | 224 | NC |
| 1971 | 11 | 15 | 23 | 229 | 94 | 75 | −1.56 | 210 | −1.77 | 188 | SC |
| 1972 | 2 | 14 | 49 | 154 | 54 | 150 | −1.60 | 190 | −1.73 | 186 | UY |
| 1972 | 3 | 19 | 19 | 241 | 36 | 199 | −1.83 | 67 | −1.18 | 161 | SC |
| 1972 | 3 | 28 | 178 | 17 | 138 | 38 | −1.80 | 83 | 3.00 | 28 | NC,GB,NE |
| 1972 | 10 | 22 | 55 | 139 | 31 | 212 | −1.59 | 201 | −2.06 | 207 | UY |
| 1973 | 2 | 18 | 59 | 129 | 33 | 210 | −1.55 | 224 | −2.19 | 215 | SC |

续表

| 年 | 月 | 日 | 持续天数 | 天数排序 | 最大站点数 | 站点排序 | 最大日平均强度 | 强度排序 | 指数 | 指数排序 | 影响区域 |
|---|---|---|---|---|---|---|---|---|---|---|---|
| 1973 | 3 | 1 | 69 | 109 | 43 | 179 | −1.72 | 123 | −0.84 | 141 | UY |
| 1973 | 3 | 3 | 150 | 25 | 108 | 59 | −1.86 | 51 | 2.49 | 34 | NC,GB,NE |
| 1973 | 3 | 25 | 91 | 79 | 95 | 70 | −1.66 | 151 | 0.04 | 100 | NC |
| 1973 | 9 | 7 | 57 | 135 | 42 | 183 | −1.57 | 207 | −1.96 | 197 | NE |
| 1973 | 10 | 28 | 93 | 73 | 309 | 2 | −2.04 | 12 | 5.83 | 7 | LY,MY,SC,NC,GB |
| 1974 | 1 | 26 | 64 | 117 | 113 | 56 | −1.76 | 95 | 0.45 | 88 | UY |
| 1974 | 3 | 2 | 139 | 33 | 166 | 28 | −1.73 | 112 | 2.47 | 35 | NC,NE,GB |
| 1974 | 5 | 31 | 18 | 243 | 52 | 155 | −1.65 | 160 | −2.01 | 203 | SC |
| 1974 | 8 | 14 | 131 | 39 | 72 | 106 | −1.82 | 70 | 1.33 | 62 | MY,LY,SC |
| 1974 | 10 | 30 | 22 | 232 | 30 | 216 | −1.51 | 242 | −3.13 | 247 | NC |
| 1975 | 4 | 27 | 31 | 203 | 29 | 217 | −1.65 | 161 | −2.16 | 214 | UY |
| 1975 | 5 | 2 | 53 | 145 | 9 | 250 | −1.80 | 79 | −1.20 | 162 | XJ |
| 1975 | 8 | 19 | 32 | 200 | 55 | 147 | −1.55 | 220 | −2.31 | 222 | NE,NC,GB |
| 1975 | 10 | 9 | 55 | 140 | 52 | 154 | −1.72 | 122 | −0.94 | 151 | NC,NE |
| 1976 | 1 | 7 | 45 | 162 | 221 | 12 | −1.69 | 133 | 1.46 | 60 | MY,UY,SC,NC |
| 1976 | 3 | 29 | 129 | 40 | 93 | 76 | −1.57 | 205 | 0.14 | 93 | NC,NE,GB |
| 1976 | 8 | 28 | 83 | 95 | 39 | 192 | −1.59 | 198 | −1.43 | 171 | NE |
| 1976 | 9 | 23 | 35 | 193 | 41 | 186 | −1.53 | 234 | −2.60 | 234 | LY,NC |
| 1977 | 1 | 23 | 92 | 77 | 191 | 19 | −2.17 | 4 | 4.66 | 13 | NC,GB |
| 1977 | 2 | 10 | 147 | 26 | 85 | 84 | −1.94 | 30 | 2.54 | 33 | SC |
| 1977 | 4 | 7 | 123 | 47 | 162 | 32 | −1.85 | 54 | 2.83 | 31 | NC,NE,GB |
| 1977 | 4 | 16 | 90 | 82 | 9 | 248 | −1.78 | 88 | −0.66 | 136 | XJ |
| 1977 | 8 | 28 | 63 | 119 | 85 | 87 | −1.54 | 227 | −1.33 | 167 | NE,NC |
| 1977 | 10 | 25 | 60 | 126 | 96 | 68 | −1.59 | 194 | −0.91 | 146 | SC |
| 1978 | 2 | 10 | 87 | 86 | 61 | 131 | −1.54 | 228 | −1.3 | 166 | UY |
| 1978 | 6 | 29 | 135 | 35 | 117 | 51 | −1.63 | 170 | 1.00 | 71 | LY,MY,NC |
| 1978 | 10 | 30 | 234 | 8 | 69 | 114 | −1.96 | 25 | 3.93 | 21 | UY,MY |
| 1979 | 4 | 23 | 62 | 120 | 79 | 97 | −1.64 | 167 | −0.85 | 143 | GB,NC |
| 1979 | 5 | 13 | 31 | 204 | 51 | 158 | −1.87 | 48 | −0.49 | 124 | NE |
| 1979 | 8 | 21 | 42 | 166 | 40 | 189 | −1.52 | 237 | −2.56 | 230 | NC |
| 1979 | 10 | 2 | 91 | 80 | 299 | 3 | −1.87 | 47 | 4.62 | 14 | NC,LY,MY,SC,GB |
| 1980 | 2 | 24 | 74 | 102 | 26 | 225 | −1.65 | 162 | −1.44 | 172 | UY |
| 1980 | 3 | 24 | 18 | 244 | 24 | 232 | −1.55 | 225 | −3.06 | 245 | NE |
| 1980 | 4 | 24 | 132 | 37 | 88 | 81 | −1.66 | 152 | 0.65 | 80 | NC,NE,GB |

续表

| 年 | 月 | 日 | 持续天数 | 天数排序 | 最大站点数 | 站点排序 | 最大日平均强度 | 强度排序 | 指数 | 指数排序 | 影响区域 |
|---|---|---|---|---|---|---|---|---|---|---|---|
| 1980 | 9 | 25 | 120 | 50 | 115 | 54 | −1.77 | 92 | 1.54 | 58 | GB、NC、LY、MY |
| 1980 | 10 | 1 | 22 | 233 | 42 | 184 | −1.63 | 174 | −2.22 | 218 | SC |
| 1981 | 4 | 23 | 73 | 104 | 163 | 31 | −1.73 | 113 | 1.25 | 64 | NC、NE、GB |
| 1981 | 6 | 16 | 106 | 61 | 47 | 165 | −1.58 | 203 | −0.95 | 152 | MY、LY、SC |
| 1981 | 8 | 31 | 51 | 149 | 59 | 138 | −1.74 | 109 | −0.78 | 138 | NC、GB、NE |
| 1981 | 9 | 12 | 39 | 177 | 66 | 121 | −1.70 | 132 | −1.11 | 159 | NC |
| 1981 | 9 | 26 | 135 | 36 | 51 | 157 | −1.99 | 21 | 2.07 | 45 | UY |
| 1981 | 12 | 21 | 50 | 153 | 53 | 153 | −1.41 | 251 | −2.86 | 241 | SC、MY |
| 1982 | 3 | 10 | 27 | 215 | 25 | 228 | −1.72 | 125 | −1.87 | 194 | UY |
| 1982 | 5 | 14 | 44 | 163 | 135 | 40 | −1.6 | 185 | −0.49 | 123 | NC、GB |
| 1982 | 5 | 14 | 25 | 223 | 36 | 201 | −1.76 | 98 | −1.49 | 174 | UY |
| 1982 | 6 | 19 | 165 | 22 | 55 | 144 | −1.70 | 138 | 0.88 | 74 | NE、NC |
| 1982 | 6 | 19 | 76 | 99 | 39 | 191 | −1.70 | 147 | −1.08 | 158 | GB |
| 1982 | 12 | 14 | 97 | 68 | 75 | 102 | −1.51 | 239 | −1.07 | 156 | NC、GB |
| 1983 | 3 | 20 | 37 | 186 | 40 | 187 | −1.94 | 32 | −0.14 | 104 | NE |
| 1983 | 5 | 26 | 72 | 105 | 44 | 173 | −2.34 | 1 | 2.93 | 29 | UY |
| 1983 | 6 | 5 | 86 | 89 | 56 | 141 | −1.74 | 110 | −0.21 | 111 | NC |
| 1983 | 7 | 20 | 34 | 195 | 44 | 177 | −1.58 | 204 | −2.27 | 221 | SC、LY |
| 1983 | 10 | 17 | 38 | 182 | 64 | 124 | −1.72 | 121 | −1.04 | 155 | NC、NE |
| 1983 | 10 | 19 | 51 | 150 | 56 | 142 | −1.65 | 159 | −1.36 | 168 | SC |
| 1983 | 12 | 9 | 22 | 234 | 211 | 14 | −1.72 | 118 | 1.07 | 68 | NC、GB、SC、LY |
| 1983 | 12 | 14 | 28 | 211 | 52 | 156 | −1.59 | 196 | −2.19 | 216 | UY |
| 1984 | 1 | 1 | 168 | 19 | 123 | 44 | −1.73 | 114 | 2.28 | 41 | NC、GB |
| 1984 | 2 | 1 | 96 | 70 | 59 | 135 | −1.89 | 42 | 0.91 | 73 | UY |
| 1984 | 7 | 19 | 46 | 160 | 27 | 224 | −1.57 | 208 | −2.40 | 225 | NC |
| 1984 | 8 | 1 | 39 | 178 | 9 | 249 | −1.89 | 43 | −0.91 | 147 | XJ |
| 1984 | 11 | 9 | 34 | 196 | 35 | 204 | −1.72 | 124 | −1.59 | 178 | GB、NC |
| 1984 | 11 | 20 | 142 | 30 | 54 | 149 | −1.91 | 37 | 1.77 | 52 | UY |
| 1985 | 2 | 7 | 87 | 87 | 68 | 118 | −1.71 | 129 | −2.47 | 227 | GB、NC |
| 1985 | 4 | 23 | 60 | 127 | 43 | 178 | −1.85 | 58 | −0.22 | 112 | NE |
| 1985 | 6 | 21 | 62 | 121 | 75 | 103 | −1.65 | 158 | −2.71 | 236 | SC |
| 1985 | 10 | 6 | 14 | 248 | 21 | 237 | −1.67 | 149 | −0.86 | 144 | SC |
| 1985 | 11 | 19 | 48 | 157 | 18 | 240 | −1.72 | 127 | −0.17 | 107 | UY |
| 1985 | 12 | 3 | 25 | 224 | 16 | 243 | −1.61 | 184 | −1.62 | 180 | GB |

续表

| 年 | 月 | 日 | 持续天数 | 天数排序 | 最大站点数 | 站点排序 | 最大日平均强度 | 强度排序 | 指数 | 指数排序 | 影响区域 |
|---|---|---|---|---|---|---|---|---|---|---|---|
| 1985 | 12 | 22 | 53 | 146 | 59 | 137 | −1.81 | 74 | −0.32 | 117 | SC |
| 1986 | 1 | 9 | 68 | 111 | 81 | 94 | −1.89 | 41 | 0.78 | 76 | NC,GB |
| 1986 | 1 | 26 | 84 | 94 | 63 | 127 | −1.80 | 76 | 0.23 | 91 | UY |
| 1986 | 4 | 4 | 85 | 91 | 172 | 24 | −1.63 | 169 | 1.01 | 70 | NC,GB,NE |
| 1986 | 5 | 25 | 38 | 183 | 48 | 161 | −2.05 | 11 | 0.66 | 79 | UY |
| 1986 | 7 | 8 | 112 | 55 | 255 | 6 | −1.88 | 44 | 4.33 | 15 | NC,GB,LY,MY,SC |
| 1986 | 10 | 28 | 49 | 155 | 98 | 66 | −1.85 | 55 | 0.48 | 85 | NC,GB |
| 1987 | 1 | 15 | 34 | 197 | 70 | 113 | −1.60 | 187 | −1.73 | 187 | GB |
| 1987 | 2 | 27 | 102 | 65 | 36 | 197 | −1.79 | 82 | 0.05 | 98 | UY |
| 1987 | 4 | 16 | 72 | 106 | 45 | 170 | −1.94 | 31 | 0.56 | 81 | NE |
| 1987 | 7 | 21 | 24 | 226 | 67 | 119 | −1.66 | 154 | −1.60 | 179 | NC |
| 1987 | 9 | 9 | 40 | 175 | 170 | 26 | −1.86 | 50 | 1.55 | 56 | GB,NC |
| 1987 | 10 | 19 | 70 | 108 | 44 | 175 | −1.57 | 206 | −1.70 | 184 | GB |
| 1987 | 12 | 28 | 59 | 130 | 200 | 15 | −1.54 | 226 | 0.47 | 86 | NC,LY,SC,GB |
| 1988 | 2 | 25 | 55 | 141 | 55 | 146 | −1.59 | 195 | −1.66 | 183 | NC |
| 1988 | 3 | 19 | 32 | 201 | 47 | 164 | −1.88 | 46 | −0.47 | 122 | UY |
| 1988 | 4 | 20 | 21 | 236 | 181 | 23 | −1.88 | 45 | 1.52 | 59 | NC,GB,MY |
| 1988 | 5 | 11 | 23 | 230 | 65 | 122 | −1.85 | 57 | −0.52 | 126 | NC |
| 1988 | 5 | 19 | 40 | 176 | 60 | 133 | −1.77 | 94 | −0.78 | 139 | SC |
| 1988 | 6 | 17 | 65 | 115 | 72 | 109 | −1.52 | 235 | −1.63 | 181 | NC |
| 1988 | 9 | 20 | 112 | 56 | 294 | 4 | −2.01 | 17 | 5.74 | 8 | NC,GB,MY,LY,SC |
| 1989 | 1 | 10 | 124 | 44 | 45 | 171 | −1.66 | 155 | −0.19 | 108 | UY |
| 1989 | 2 | 7 | 132 | 38 | 103 | 62 | −1.64 | 165 | 0.78 | 75 | NC,NE |
| 1989 | 7 | 27 | 56 | 136 | 64 | 125 | −1.53 | 233 | −1.86 | 192 | SC |
| 1989 | 8 | 2 | 141 | 31 | 105 | 61 | −1.77 | 93 | 1.74 | 54 | NC |
| 1989 | 10 | 3 | 89 | 83 | 98 | 65 | −1.92 | 35 | 1.60 | 55 | SC |
| 1990 | 3 | 24 | 20 | 238 | 12 | 245 | −1.54 | 232 | −3.28 | 250 | NE |
| 1990 | 7 | 13 | 29 | 209 | 30 | 215 | −1.59 | 202 | −2.53 | 229 | LY |
| 1990 | 8 | 12 | 75 | 101 | 121 | 47 | −1.94 | 29 | 1.85 | 50 | MY,LY,SC |
| 1990 | 10 | 4 | 16 | 247 | 10 | 247 | −1.87 | 49 | −1.42 | 170 | XJ |
| 1990 | 12 | 10 | 28 | 212 | 42 | 185 | −1.55 | 222 | −2.59 | 233 | SC |
| 1991 | 2 | 6 | 29 | 210 | 24 | 230 | −1.62 | 176 | −2.45 | 226 | NC |
| 1991 | 2 | 10 | 49 | 156 | 39 | 193 | −1.60 | 191 | −1.97 | 199 | SC |
| 1991 | 4 | 17 | 146 | 27 | 66 | 120 | −1.78 | 85 | 1.26 | 63 | SC |

续表

| 年 | 月 | 日 | 持续天数 | 天数排序 | 最大站点数 | 站点排序 | 最大日平均强度 | 强度排序 | 指数 | 指数排序 | 影响区域 |
|---|---|---|---|---|---|---|---|---|---|---|---|
| 1991 | 7 | 9 | 85 | 92 | 95 | 72 | −1.55 | 217 | −0.72 | 137 | GB、NC |
| 1991 | 10 | 2 | 83 | 96 | 248 | 7 | −1.82 | 68 | 3.35 | 26 | NC、MY、LY、GB、SC |
| 1992 | 1 | 25 | 104 | 62 | 92 | 78 | −1.67 | 146 | 0.28 | 90 | NC、NE |
| 1992 | 4 | 10 | 58 | 133 | 14 | 244 | −1.76 | 99 | −1.27 | 164 | NE |
| 1992 | 4 | 17 | 92 | 78 | 21 | 236 | −1.78 | 87 | −0.43 | 121 | UY |
| 1992 | 5 | 27 | 74 | 103 | 85 | 85 | −1.7 | 106 | 0.05 | 99 | NE、NC |
| 1992 | 7 | 30 | 167 | 20 | 198 | 17 | −1.82 | 69 | 4.02 | 20 | SC、LY、MY、NC |
| 1993 | 2 | 11 | 143 | 29 | 118 | 50 | −1.77 | 91 | 1.99 | 48 | NC、NE、GB |
| 1993 | 8 | 25 | 78 | 98 | 70 | 112 | −1.51 | 240 | −1.49 | 173 | NC |
| 1993 | 11 | 24 | 120 | 51 | 96 | 67 | 1.64 | 166 | 0.45 | 87 | UY、SC |
| 1994 | 1 | 1 | 17 | 245 | 50 | 159 | −1.43 | 249 | −3.37 | 251 | NC、GB |
| 1994 | 3 | 3 | 124 | 45 | 144 | 36 | −1.68 | 142 | 1.54 | 57 | NC、NE、GB |
| 1994 | 7 | 6 | 27 | 216 | 87 | 83 | −1.71 | 128 | −0.92 | 149 | LY、MY、UY、NC |
| 1994 | 9 | 3 | 42 | 167 | 109 | 58 | −1.72 | 119 | −0.24 | 113 | NC、LY |
| 1994 | 10 | 23 | 47 | 158 | 116 | 52 | −1.92 | 34 | 1.16 | 67 | SC |
| 1995 | 1 | 20 | 190 | 16 | 141 | 37 | −1.74 | 104 | 3.02 | 27 | NC、GB |
| 1995 | 3 | 19 | 55 | 142 | 36 | 198 | −1.83 | 66 | −0.54 | 127 | UY |
| 1995 | 7 | 26 | 64 | 118 | 18 | 241 | −1.61 | 183 | −1.99 | 200 | NE |
| 1995 | 9 | 9 | 26 | 221 | 115 | 55 | −1.70 | 131 | −0.54 | 128 | LY、MY |
| 1995 | 11 | 3 | 238 | 4 | 168 | 27 | −1.80 | 72 | 4.73 | 11 | NC、GB、NE、LY |
| 1996 | 1 | 15 | 69 | 110 | 82 | 91 | −1.72 | 120 | −0.20 | 110 | SC |
| 1996 | 9 | 5 | 65 | 116 | 31 | 211 | −1.60 | 192 | −1.82 | 190 | NE |
| 1996 | 10 | 24 | 51 | 151 | 53 | 151 | −1.79 | 81 | −0.58 | 131 | SC |
| 1996 | 12 | 13 | 38 | 184 | 188 | 22 | −1.73 | 111 | 1.04 | 69 | NC、LY、MY、SC |
| 1997 | 1 | 30 | 28 | 213 | 73 | 105 | −1.76 | 97 | −0.84 | 142 | NC |
| 1997 | 3 | 3 | 240 | 3 | 235 | 9 | −2.01 | 18 | 7.05 | 2 | NC、GB、MY、LY、NE |
| 1997 | 4 | 10 | 24 | 227 | 8 | 252 | −2.09 | 8 | 0.00 | 102 | XJ |
| 1997 | 9 | 1 | 76 | 100 | 11 | 246 | −2.01 | 19 | 0.49 | 84 | XJ |
| 1997 | 11 | 25 | 14 | 249 | 34 | 209 | −1.61 | 181 | −2.61 | 235 | NE |
| 1998 | 2 | 13 | 22 | 235 | 49 | 160 | −1.51 | 241 | −2.82 | 240 | GB |
| 1998 | 2 | 20 | 27 | 217 | 68 | 117 | −1.97 | 24 | 0.32 | 89 | NE |
| 1998 | 8 | 22 | 13 | 251 | 35 | 205 | −1.59 | 199 | −2.73 | 237 | SC |
| 1998 | 9 | 6 | 307 | 1 | 327 | 1 | −2.26 | 2 | 11.22 | 1 | NC、GB、MY、SC、UY |
| 1999 | 7 | 21 | 123 | 48 | 122 | 46 | −1.69 | 134 | 1.23 | 65 | NC、NE、GB |

续表

| 年 | 月 | 日 | 持续天数 | 天数排序 | 最大站点数 | 站点排序 | 最大日平均强度 | 强度排序 | 指数 | 指数排序 | 影响区域 |
|---|---|---|---|---|---|---|---|---|---|---|---|
| 1999 | 11 | 15 | 59 | 131 | 190 | 20 | −1.83 | 62 | 2.04 | 47 | NC、MY、LY |
| 2000 | 2 | 29 | 236 | 5 | 198 | 16 | −2.11 | 6 | 6.97 | 3 | NC、GB、NE、LY、MY |
| 2000 | 8 | 26 | 39 | 179 | 60 | 134 | −1.56 | 211 | −2.04 | 206 | SC、LY |
| 2000 | 9 | 10 | 31 | 205 | 69 | 116 | −1.55 | 219 | −2.10 | 211 | NC、GB、NE |
| 2000 | 12 | 19 | 140 | 32 | 35 | 203 | −1.80 | 78 | 0.76 | 77 | UY |
| 2001 | 3 | 8 | 233 | 9 | 230 | 10 | −1.98 | 22 | 6.66 | 5 | NC、GB、LY、MY、NE |
| 2001 | 10 | 26 | 56 | 137 | 60 | 132 | −1.75 | 102 | −0.61 | 133 | NE |
| 2001 | 12 | 15 | 37 | 187 | 28 | 221 | −1.62 | 175 | −2.24 | 219 | UY |
| 2002 | 1 | 8 | 87 | 88 | 111 | 57 | −1.61 | 178 | −0.07 | 103 | NC、NE |
| 2002 | 2 | 20 | 19 | 242 | 28 | 222 | −1.67 | 148 | −2.26 | 220 | UY |
| 2002 | 2 | 27 | 27 | 218 | 44 | 174 | −1.83 | 65 | −0.91 | 148 | SC |
| 2002 | 4 | 15 | 61 | 124 | 46 | 168 | −2.00 | 20 | 0.74 | 78 | SC |
| 2002 | 4 | 16 | 14 | 250 | 35 | 206 | −1.56 | 216 | −2.89 | 243 | GB |
| 2002 | 5 | 24 | 17 | 246 | 55 | 148 | −1.55 | 221 | −2.57 | 232 | NE、NC |
| 2002 | 7 | 8 | 167 | 21 | 164 | 30 | −1.85 | 53 | 3.64 | 23 | NC、GB、NE |
| 2003 | 2 | 2 | 108 | 60 | 36 | 200 | −1.56 | 215 | −1.22 | 163 | UY |
| 2003 | 3 | 2 | 124 | 46 | 69 | 115 | −2.09 | 7 | 2.76 | 32 | NE |
| 2003 | 4 | 21 | 36 | 190 | 34 | 207 | −1.71 | 130 | −1.63 | 182 | SC |
| 2003 | 6 | 3 | 25 | 225 | 56 | 143 | −1.60 | 189 | −2.12 | 212 | LY |
| 2003 | 7 | 5 | 199 | 14 | 119 | 49 | −1.65 | 156 | 2.28 | 40 | SC、LY、MY、UY |
| 2004 | 2 | 10 | 114 | 53 | 189 | 21 | −2.02 | 14 | 4.13 | 18 | GB、NC |
| 2004 | 6 | 3 | 88 | 85 | 92 | 77 | −2.02 | 16 | 2.09 | 44 | NE、NC |
| 2004 | 6 | 10 | 28 | 214 | 43 | 180 | −1.56 | 214 | −2.52 | 228 | SC |
| 2004 | 9 | 23 | 158 | 24 | 152 | 34 | −2.08 | 9 | 4.66 | 12 | SC、LY、UY |
| 2005 | 3 | 15 | 62 | 122 | 160 | 33 | −1.92 | 33 | 2.14 | 42 | NC、NE、GB |
| 2005 | 5 | 13 | 39 | 180 | 24 | 229 | −1.65 | 163 | −2.10 | 210 | UY |
| 2005 | 5 | 30 | 54 | 143 | 91 | 79 | −1.69 | 135 | −0.50 | 125 | LY、NC |
| 2005 | 8 | 10 | 192 | 15 | 61 | 129 | −1.74 | 107 | 1.75 | 53 | SC |
| 2005 | 8 | 31 | 101 | 67 | 105 | 60 | −1.90 | 39 | 1.81 | 51 | NC、NE、GB |
| 2005 | 11 | 23 | 86 | 90 | 37 | 196 | −1.54 | 229 | −1.71 | 185 | UY |
| 2005 | 12 | 10 | 43 | 164 | 123 | 45 | −1.66 | 150 | −0.35 | 119 | NC、GB、MY |
| 2006 | 3 | 8 | 128 | 41 | 138 | 39 | −1.83 | 64 | 2.41 | 37 | NC、GB、NE |
| 2006 | 3 | 19 | 41 | 168 | 30 | 213 | −1.92 | 36 | −0.35 | 120 | UY |
| 2006 | 6 | 9 | 93 | 74 | 63 | 126 | −1.82 | 71 | 0.51 | 83 | MY、UY |

续表

| 年 | 月 | 日 | 持续天数 | 天数排序 | 最大站点数 | 站点排序 | 最大日平均强度 | 强度排序 | 指数 | 指数排序 | 影响区域 |
|---|---|---|---|---|---|---|---|---|---|---|---|
| 2006 | 9 | 21 | 68 | 112 | 219 | 13 | −1.77 | 89 | 2.31 | 39 | NC,NE,LY,SC |
| 2007 | 3 | 2 | 38 | 185 | 44 | 176 | −1.64 | 168 | −1.85 | 191 | UY |
| 2007 | 4 | 15 | 236 | 6 | 83 | 90 | −1.80 | 60 | 3.48 | 24 | NE,NC |
| 2007 | 7 | 12 | 41 | 169 | 70 | 111 | −1.68 | 144 | −1.13 | 160 | SC |
| 2007 | 9 | 26 | 89 | 84 | 128 | 43 | −1.98 | 23 | 2.45 | 36 | SC,MY,UY |
| 2008 | 2 | 10 | 52 | 147 | 102 | 64 | −1.76 | 96 | 0.06 | 97 | NC,NE |
| 2008 | 5 | 8 | 114 | 54 | 45 | 172 | −1.63 | 173 | −0.55 | 129 | GB |
| 2008 | 11 | 20 | 112 | 57 | 224 | 11 | −1.59 | 193 | 2.10 | 43 | NC,LY,MY,SC,UY |
| 2009 | 3 | 12 | 20 | 239 | 23 | 233 | −1.69 | 141 | −2.21 | 217 | UY |
| 2009 | 4 | 4 | 54 | 144 | 57 | 140 | 1.60 | 188 | −1.59 | 177 | GB |
| 2009 | 4 | 27 | 41 | 170 | 30 | 214 | −1.75 | 103 | −1.37 | 169 | NE |
| 2009 | 6 | 2 | 165 | 23 | 73 | 104 | −1.69 | 136 | 1.17 | 66 | GB,NC |
| 2009 | 8 | 16 | 93 | 75 | 145 | 35 | −1.83 | 63 | 1.91 | 49 | MY,SC,NC |
| 2009 | 10 | 1 | 212 | 12 | 81 | 93 | −1.90 | 40 | 3.38 | 25 | UY,SC,MY |

## 参考文献


邹旭恺,张强. 近半个世纪我国干旱变化的初步研究. 应用气象学报,2008, **19**(6): 679-687.

张强,邹旭恺,肖风劲等. 气象干旱等级. GB/ T2048122006 ,中华人民共和国国家标准. 北京: 中国标准出版社,2006,1217.

Qian W H, Shan X L, Zhu Y F. Ranking regional drought events in China for 1960-2009. *Adv. Atmos. Sci.*, 2011, **28**(2):310-321.

# 第 6 章　中国区域暴雨事件

在过去 60 年的气象历史上，长江和淮河流域发生过多次洪涝事件。著名的洪涝事件有，1954 年的长江流域大水，1991 年的长江下游—淮河流域（江淮流域）大水，1998 年的长江流域大水。1954 年的洪涝是长江全流域性的，降水最大中心在安徽宿县附近，包括多次降水过程。第一次降水发生在 7 月初，日降水达到 150 mm 以上。第二次降水发生在 7 月中下旬，日降水量再次达到 150 mm 以上。第三次降水在 7 月底，日降水量也达到了 50 mm 以上。

1998 年的长江洪水仅次于 1954 年，为 20 世纪第二位全流域大洪水。1998 年 6—8 月长江流域面雨量为 670 mm，比多年同期平均值多 183 mm，偏多 37.5%，仅比 1954 年同期少 36 mm。从 6 月 12 日到 8 月 27 日，长江流域的雨带出现明显的南北拉锯及上下游摆动现象，并大致分为四个强降水阶段。

2010 年 10 月，暴雨袭击海南岛，导致了严重的洪涝灾害。在我国北方和西北地区，暴雨造成的损失会更大。1975 年 8 月 5—8 日，发生在河南驻马店的持续 4 天最大累积降水量为 423.3 mm，造成了 60 多座水库垮坝，死亡 2.6 万人。2010 年 8 月 7 日，持续 40 多分钟的暴雨使得土石冲进青海舟曲县城，并截断两条河流形成堰塞湖，造成一千多人死亡，500 多人失踪。洪涝是由多次区域性暴雨过程累积形成的。

本章通过 1960—2009 年我国 597 个气象站的降水记录确认了 456 次持续 3 天以上的区域性暴雨，给出暴雨事件的统计分析和列表。

## 6.1 资料

从中国地面气候日值数据集中选取 1960—2009 年 597 个缺测率<5%的站点日降水量资料。站点分布以及日降水量第 90 百分位值如图 6-1 所示。

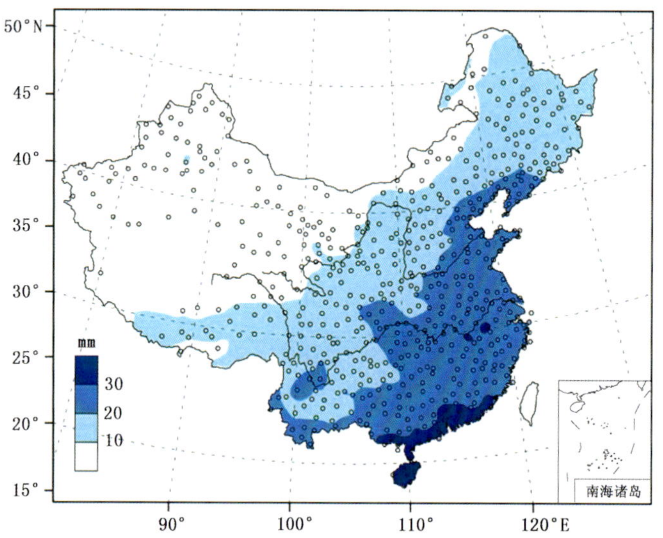

图 6-1　站点分布和日降水量第 90 百分位值(mm)

## 6.2 方法

(1)单站暴雨事件的定义

对于仅持续一天的事件,日降水量必须 ≥50 mm;如果事件持续多天,则每天的日降水量超过第 90 百分位,且最大日降水量 ≥50 mm。处于单站暴雨事件中的站点称为极端站点。

(2)区域暴雨事件的定义

首先给出下列限定:

• 相邻站点:距离在 300 km 以内的两个站点。

• 暴雨区域:包含至少 5 个相邻极端站点的区域。

• 区域中心:区域包含的各个极端站点的平均经纬度。

如果连续至少 3 天出现暴雨区域,并且区域中心每天的移动不超过 5 度,就形成一次区域暴雨事件。

定义以下区域暴雨事件指标:

• 中心位置:区域暴雨过程中每天区域中心的平均。

• 影响站数:整个区域暴雨过程影响的不同极端站点个数。

• 最大日降水量:计算每天区域暴雨影响的极端站点的降水平均值,取其中最大值。

• 最大累积降水量:计算每个极端站点在一次区域暴雨过程中的累积降水,取最大值。

• 综合指标:由持续时间、影响范围及最大日降水量三者标准化后求和。

## 6.3 单站暴雨事件统计

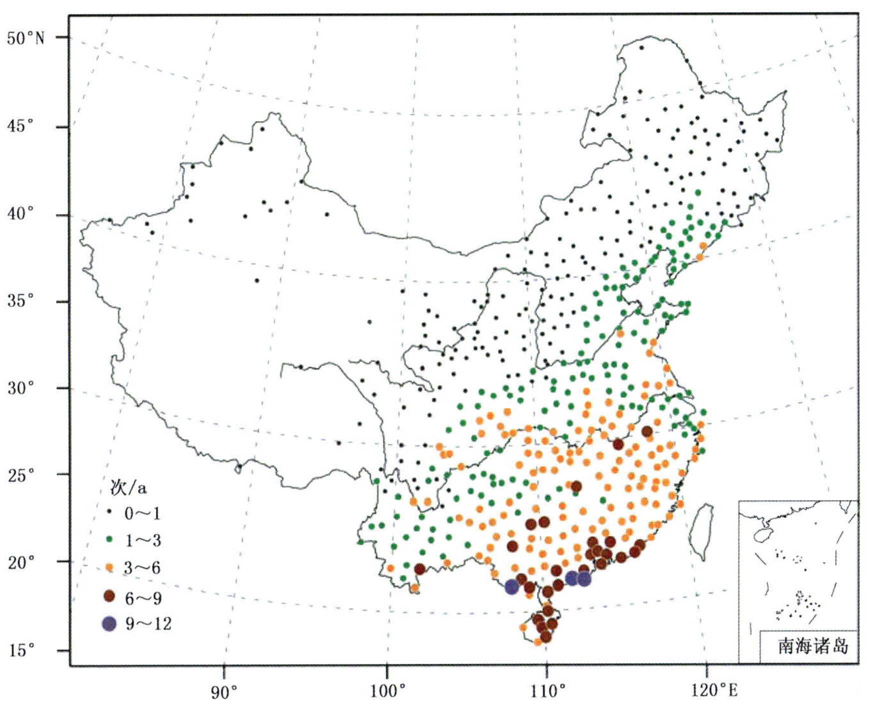


图 6-2 单站暴雨事件平均年频次,在 597 个站点中,有 508 个站发生过单站暴雨事件,占总数的 85%。年高频(9~12 次)3 站集中在华南沿海。

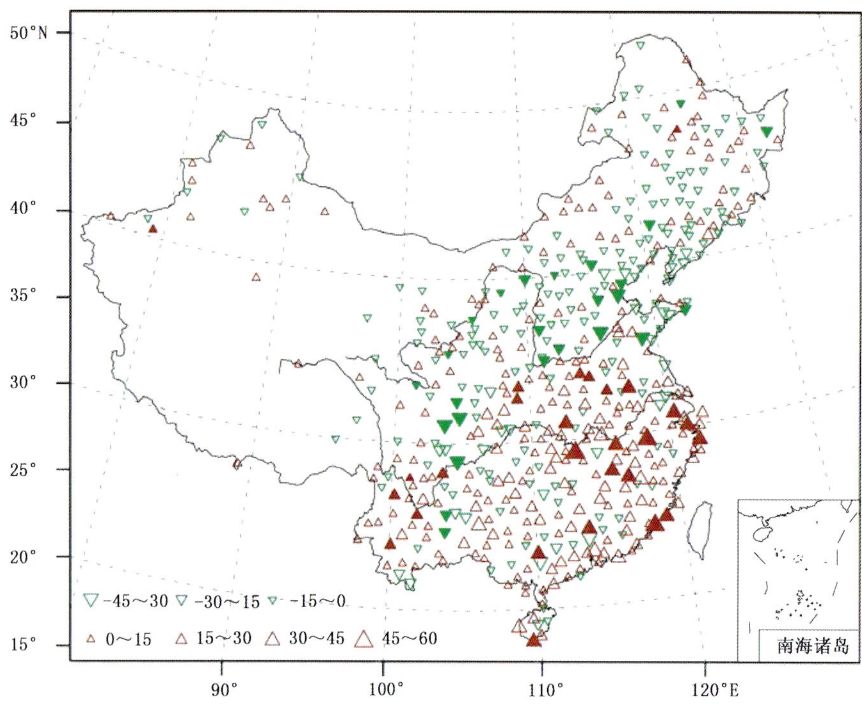


图 6-3 单站极端暴雨事件年频次的线性趋势(单位:0.01 次/10a)。实心三角标记超过 0.10 显著性水平。线性增加的区域在长江中下游和华南沿海地区,减少的区域在华北和长江上游地区。

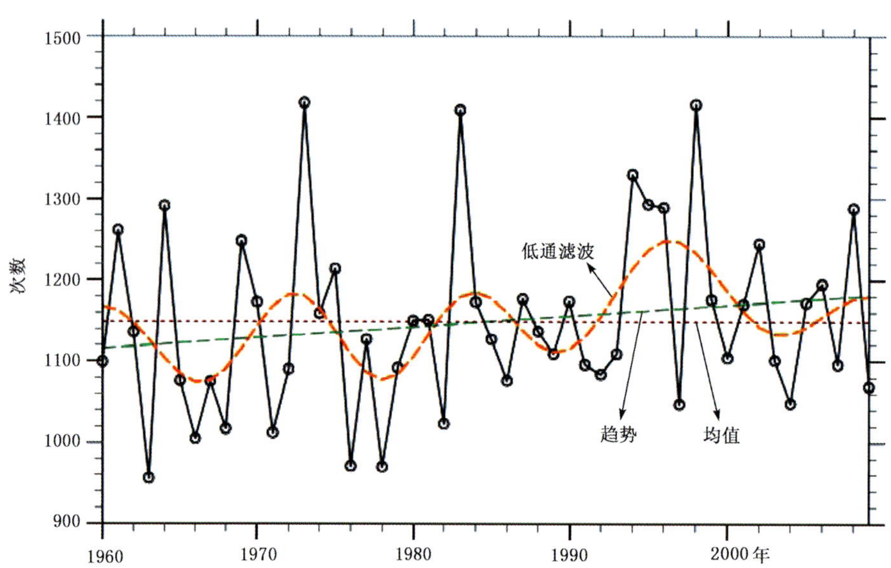


图 6-4 1960—2009 年全国每年发生的单站暴雨事件次数。
橙色曲线为 10 年 Lanczos 低通滤波(Duchon,1979)。

50 年的暴雨趋势增加值是 1.3 次/年,其中还存在准 11 年的周期振荡。

## 6.4 区域暴雨事件统计

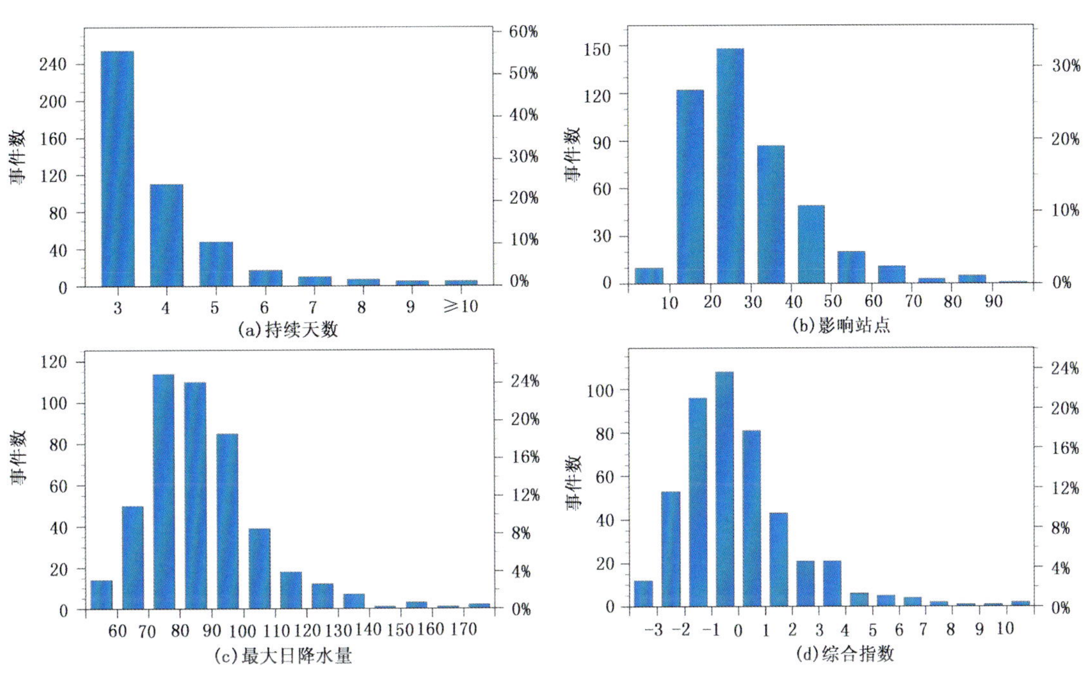


图 6-5 区域暴雨指标量分布图。

注:(a) 最后一个柱子表示大于等于 10 天的事件数/百分比。

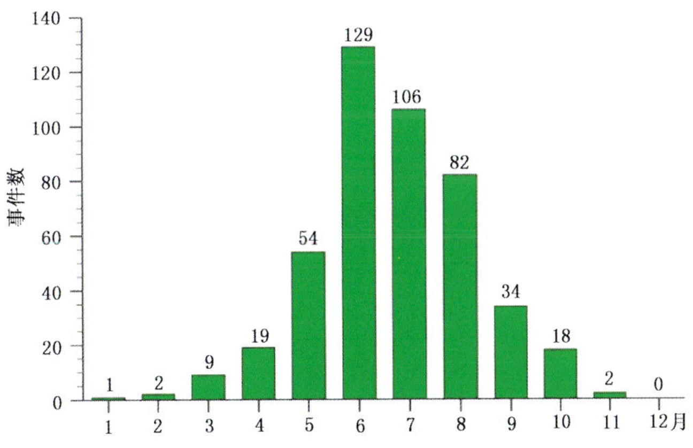


图 6-6 1960—2009 年区域暴雨事件气候逐月次数分布图。

6 月份共发生区域暴雨事件 129 次,12 月份没有区域暴雨事件。

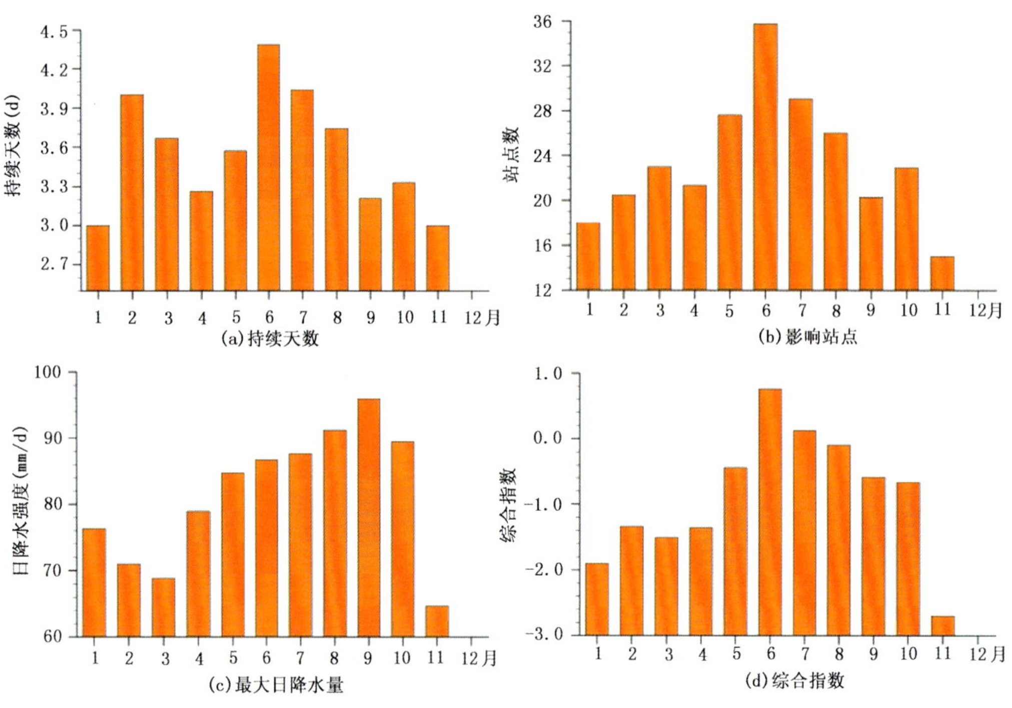


图 6-7　区域暴雨指标逐月平均值。

暴雨持续天数、影响站点数和综合指数是在 6 月份最大，但最大日降水量是在 9 月份最大，反映了台风季节的降水。

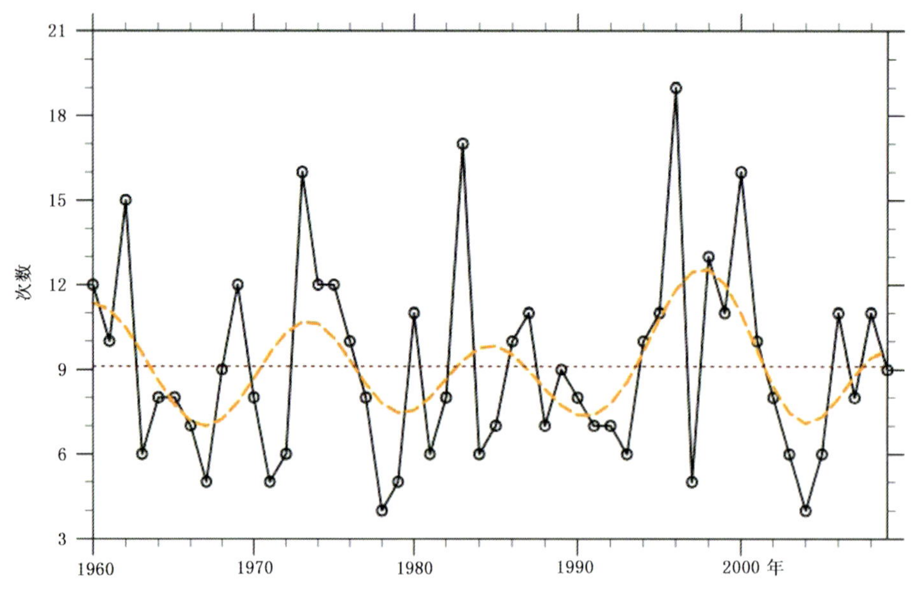


图 6-8　区域暴雨事件数逐年发生次数。曲线为 10 年 Lanczos 低通滤波。

最多的年份 1996 年达到 19 次，最少的年份 1978 年和 2004 年只有 4 次，多年平均为 9 次。50 年的暴雨次数存在准 11 年的周期振荡(橙色曲线)。

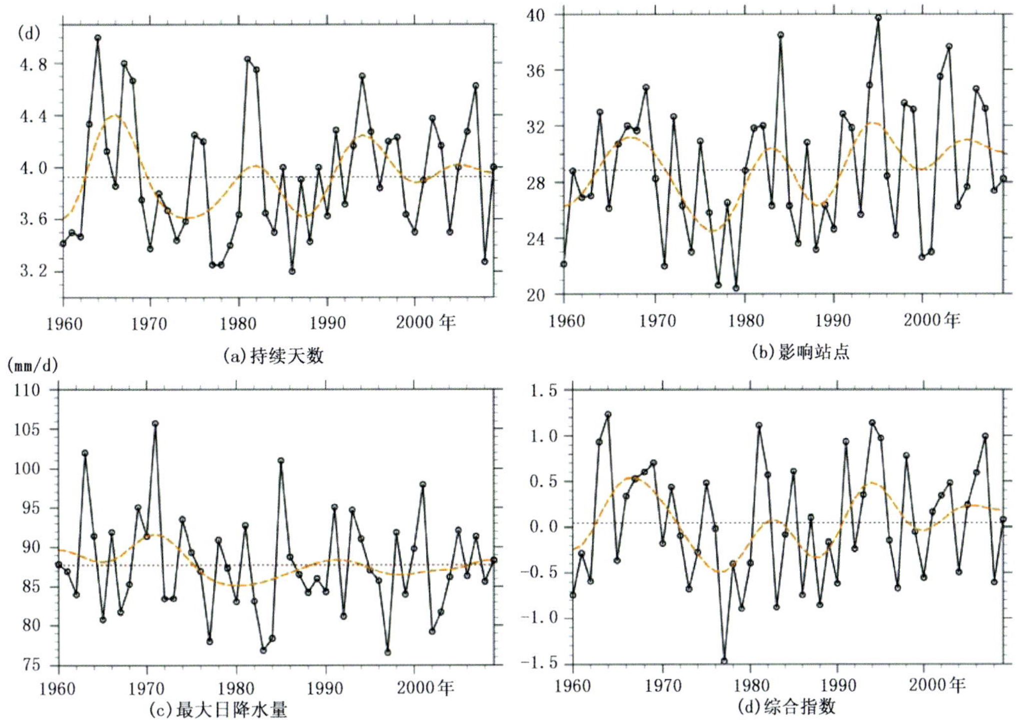


图 6-9 区域暴雨事件指标量的逐年变化。橙色曲线为 10 年 Lanczos 低通滤波。

它们都具有十年际振荡，特别是暴雨的持续时间和影响站点数。

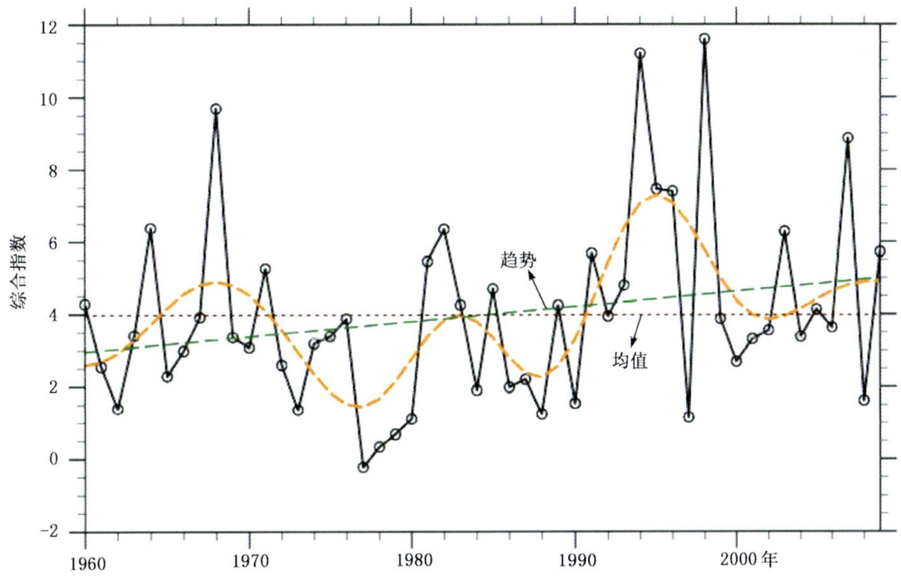


图 6-10 1960—2009 年区域暴雨逐年最大综合指数值。曲线为 10 年 Lanczos 低通滤波。

综合指数值存在长期增加的趋势和十年际振荡。

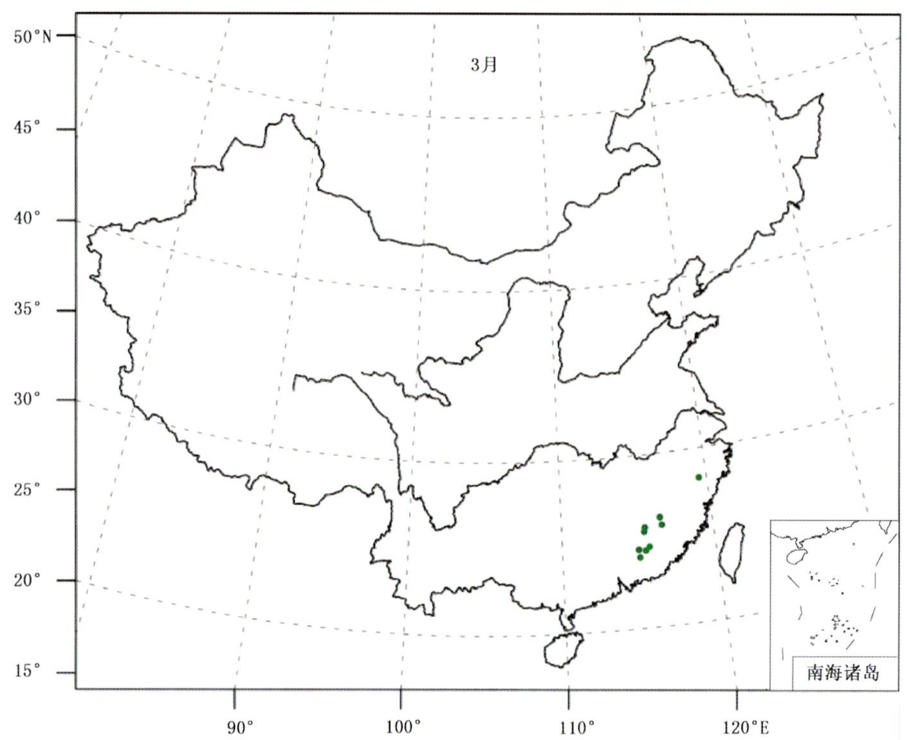


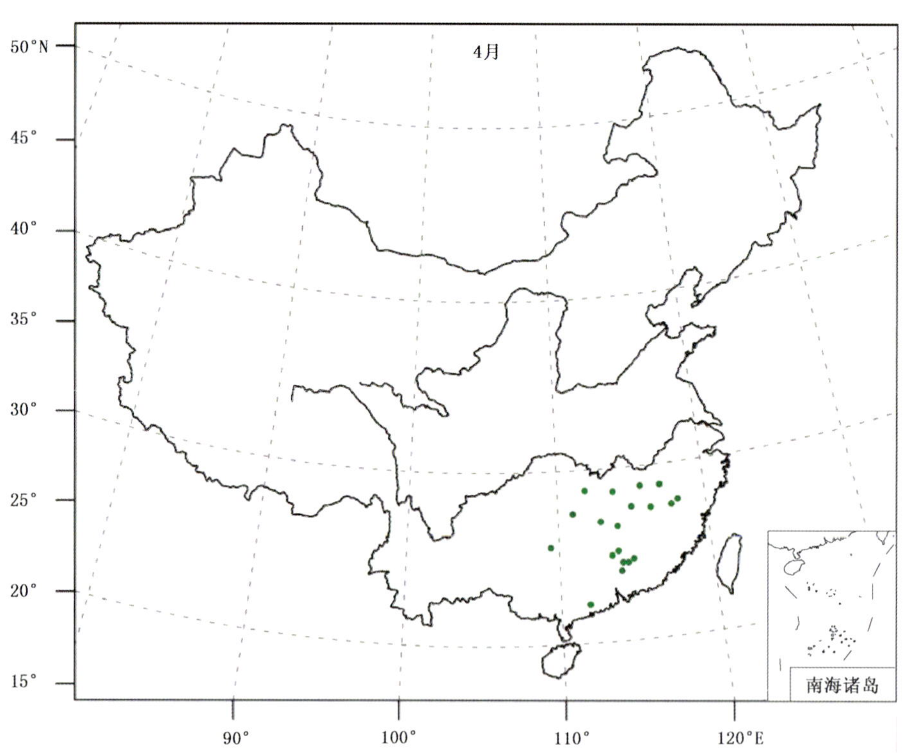


图 6-11　区域暴雨事件逐月的中心位置。

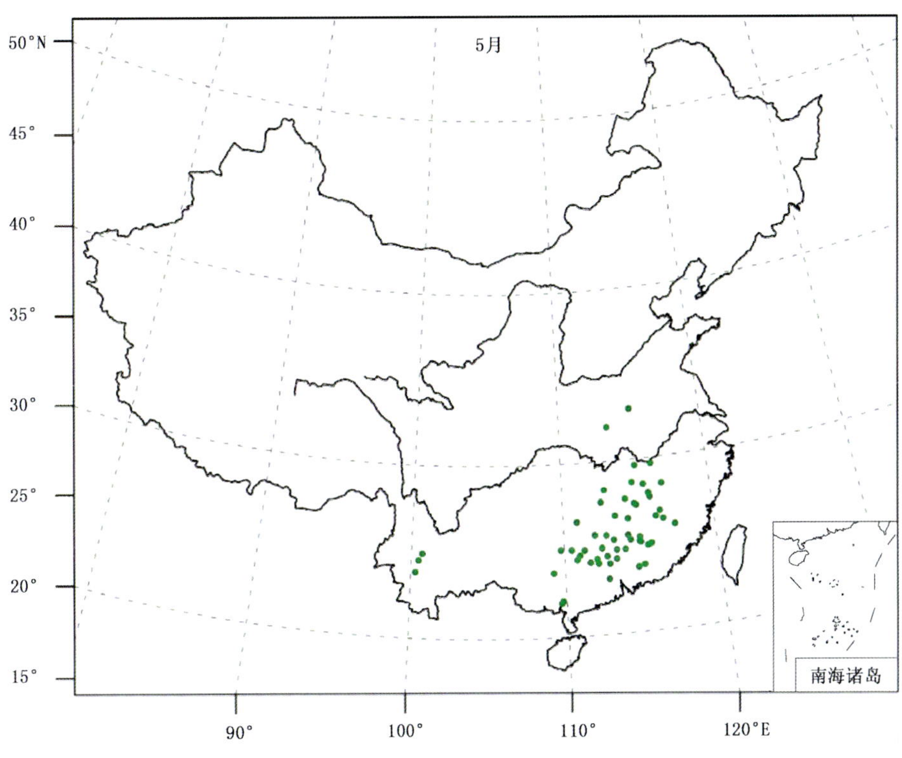
5月
50°N
45°
40°
35°
30°
25°
20°
15°
90°
100°
110°
120°E
南海诸岛

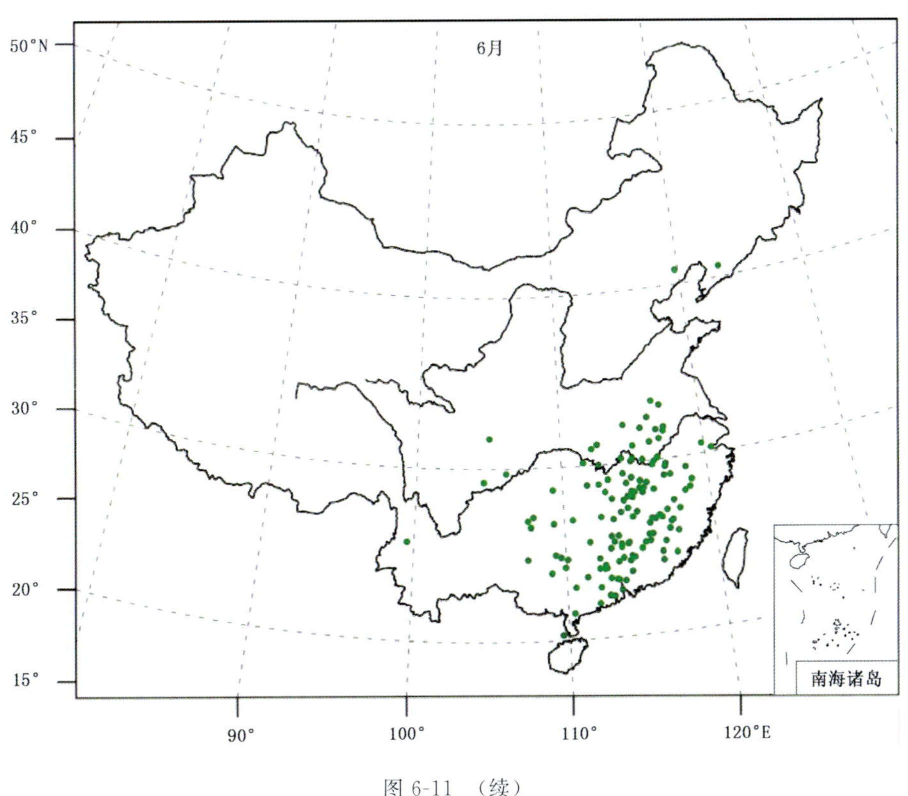
6月
50°N
45°
40°
35°
30°
25°
20°
15°
90°
100°
110°
120°E
南海诸岛

图 6-11 （续）

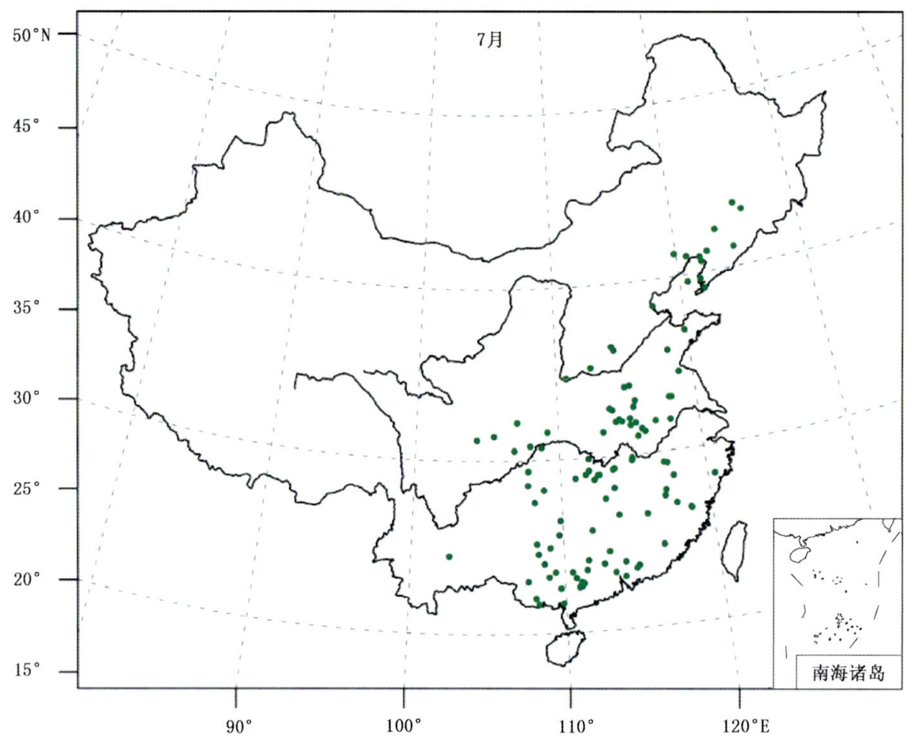
7月
50°N
45°
40°
35°
30°
25°
20°
15°
90°
100°
110°
120°E
南海诸岛

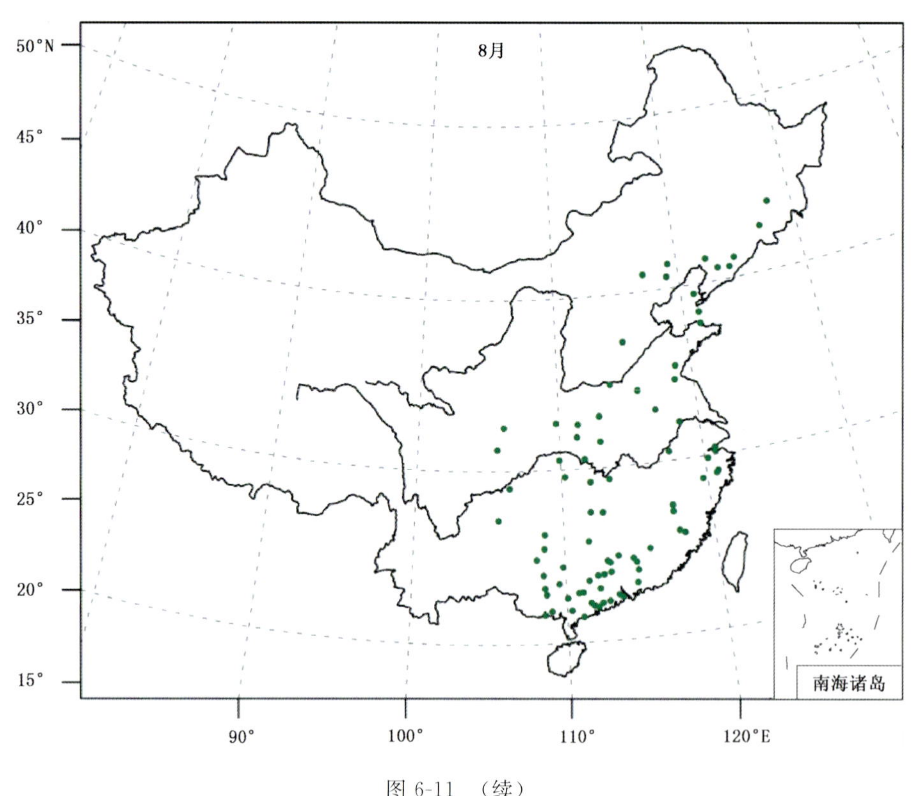
8月
50°N
45°
40°
35°
30°
25°
20°
15°
90°
100°
110°
120°E
南海诸岛

图 6-11 （续）

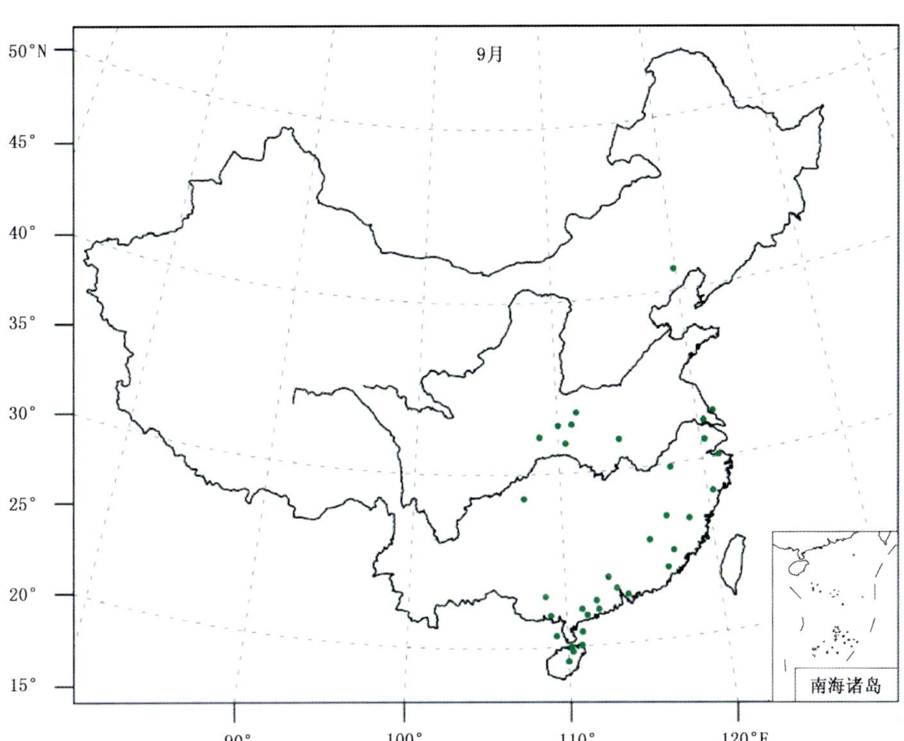


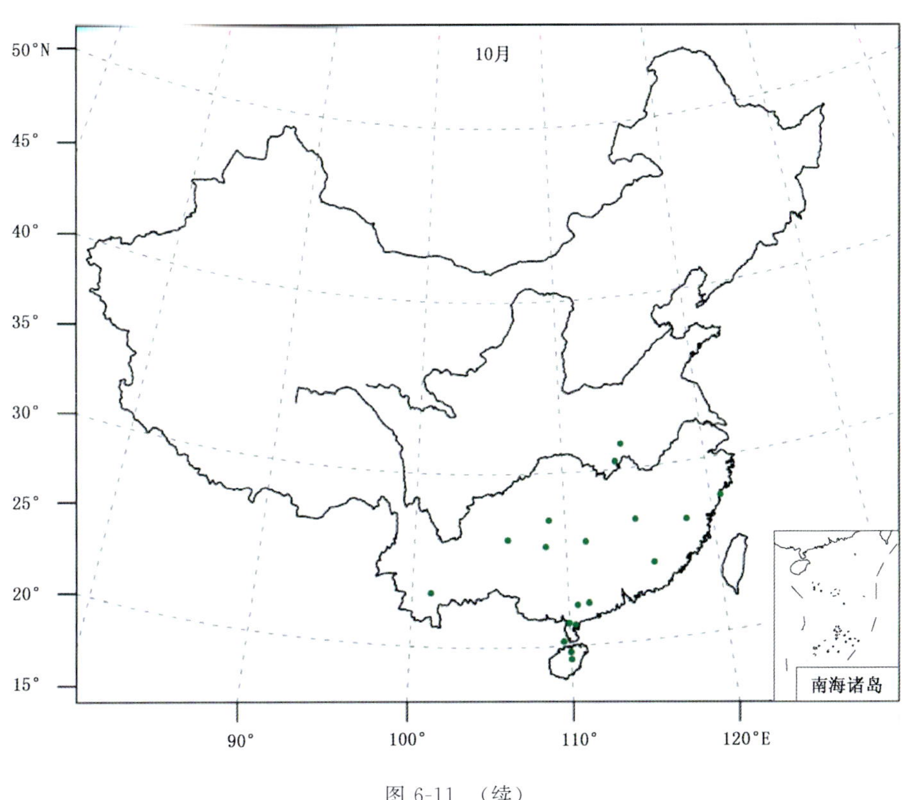


图 6-11 （续）

3—5 月份暴雨中心并不出现在沿海，而主要出现在华南的内陆地区。6 月份暴雨中心也是以内陆地区为多。分布范围最广的暴雨是在 7—8 月份。9 月份暴雨以沿海地区为多。

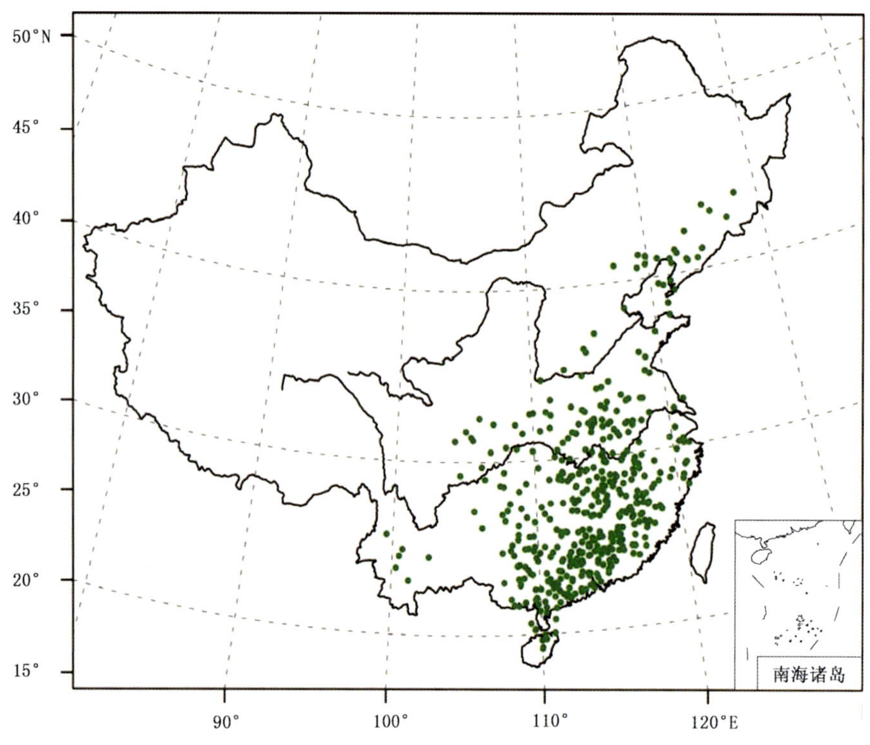


图 6-12　所有区域暴雨事件的中心位置。

区域暴雨事件集中发生在东部季风区中，又以淮河以南，105°E 以东为多。

## 6.5　区域暴雨事件(1960—2009 年)

表 6-1　持续时间最长的 10 次区域暴雨事件

| 开始日期 | 结束日期 | 持续天数 | 影响站数 | 中心经度(°E) | 中心纬度(°N) | 最大日降水量(mm) | 最大累积降水量(mm) | 累积降水最大的站点 | 综合指标 | 综合排序 |
|---|---|---|---|---|---|---|---|---|---|---|
| 19940609 | 19940621 | 13 | 106 | 115.88 | 26.63 | 86.1 | 583.8 | 融安/广西 | 11.2 | 2 |
| 19680608 | 19680619 | 12 | 82 | 115.06 | 24.97 | 100.8 | 720.6 | 东源/广东 | 9.69 | 3 |
| 19980616 | 19980627 | 12 | 88 | 114.62 | 26.82 | 129.9 | 641.0 | 融安/广西 | 11.6 | 1 |
| 20070704 | 20070715 | 12 | 63 | 114.52 | 31.97 | 109.3 | 345.6 | 宿县/安徽 | 8.86 | 4 |
| 19640620 | 19640630 | 11 | 57 | 114.75 | 29.1 | 81.6 | 535.8 | 嘉鱼/湖北 | 6.35 | 9 |
| 19640611 | 19640619 | 9 | 70 | 113.72 | 25.31 | 91.3 | 550.6 | 阳江/广东 | 6.38 | 7 |
| 19810721 | 19810729 | 9 | 48 | 111.43 | 23.53 | 101.9 | 637.0 | 北海/广西 | 5.46 | 14 |
| 19820613 | 19820621 | 9 | 69 | 115.42 | 28.18 | 92.1 | 542.6 | 邵武/福建 | 6.36 | 8 |
| 19890628 | 19890706 | 9 | 52 | 116.98 | 29.02 | 73.3 | 539.4 | 玉山/江西 | 4.24 | 20 |
| 19950620 | 19950628 | 9 | 84 | 115.75 | 28.73 | 94.0 | 511.3 | 黄山/安徽 | 7.46 | 5 |

表6-2 影响站点最多的10次区域暴雨事件

| 开始日期 | 结束日期 | 持续天数 | 影响站数 | 中心经度(°E) | 中心纬度(°N) | 最大日降水量(mm) | 最大累积降水量(mm) | 累积降水最大的站点 | 综合指标 | 综合排序 |
|---|---|---|---|---|---|---|---|---|---|---|
| 19940609 | 19940621 | 13 | 106 | 115.88 | 26.63 | 86.1 | 583.8 | 融安/广西 | 11.2 | 2 |
| 19980616 | 19980627 | 12 | 88 | 114.62 | 26.82 | 129.9 | 641.0 | 融安/广西 | 11.6 | 1 |
| 19950620 | 19950628 | 9 | 84 | 115.75 | 28.73 | 94.0 | 511.3 | 黄山/安徽 | 7.46 | 5 |
| 20030622 | 20030628 | 7 | 83 | 112.88 | 28.38 | 98.5 | 356.3 | 南昌/江西 | 6.29 | 10 |
| 19680608 | 19680619 | 12 | 82 | 115.06 | 24.97 | 100.8 | 720.6 | 东源/广东 | 9.69 | 3 |
| 20090629 | 20090705 | 7 | 80 | 113.31 | 26.77 | 91.4 | 307.4 | 融安/广西 | 5.72 | 12 |
| 19980623 | 19980627 | 5 | 78 | 114.39 | 28.02 | 79.3 | 398.9 | 修水/江西 | 3.61 | 29 |
| 20020627 | 20020701 | 5 | 73 | 114.71 | 27.94 | 84.5 | 291.2 | 东兴/广西 | 3.55 | 30 |
| 19640611 | 19640619 | 9 | 70 | 113.72 | 25.31 | 91.3 | 550.6 | 阳江/广东 | 6.38 | 7 |
| 19820613 | 19820621 | 9 | 69 | 115.42 | 28.18 | 92.1 | 542.6 | 邵武/福建 | 6.36 | 8 |

表6-3 累积降水最大的10次区域暴雨事件

| 开始日期 | 结束日期 | 持续天数 | 影响站数 | 中心经度(°E) | 中心纬度(°N) | 最大日降水量(mm) | 最大累积降水量(mm) | 累积降水最大的站点 | 综合指标 | 综合排序 |
|---|---|---|---|---|---|---|---|---|---|---|
| 19750813 | 19750818 | 6 | 44 | 117.6 | 30.54 | 93.1 | 896.7 | 庐山/江西 | 2.73 | 46 |
| 19910630 | 19910707 | 8 | 69 | 114.16 | 30.27 | 91.9 | 788.0 | 黄山/安徽 | 5.68 | 13 |
| 19630802 | 19630809 | 8 | 28 | 115.09 | 37.18 | 101.0 | 779.8 | 邢台/河北 | 3.4 | 33 |
| 19680608 | 19680619 | 12 | 82 | 115.06 | 24.97 | 100.8 | 720.6 | 东源/广东 | 9.69 | 3 |
| 19940717 | 19940724 | 8 | 41 | 110.72 | 23.1 | 131.1 | 687.6 | 东兴/广西 | 5.84 | 11 |
| 19660619 | 19660624 | 6 | 41 | 112.56 | 24.18 | 102.0 | 651.7 | 东源/广东 | 2.99 | 43 |
| 19980616 | 19980627 | 12 | 88 | 114.62 | 26.82 | 129.9 | 641.0 | 融安/广西 | 11.6 | 1 |
| 19810721 | 19810729 | 9 | 48 | 111.43 | 23.53 | 101.9 | 637.0 | 北海/广西 | 5.46 | 14 |
| 19960628 | 19960705 | 8 | 68 | 116.93 | 31.21 | 126.3 | 619.9 | 黄山/安徽 | 7.40 | 6 |
| 20050618 | 20050624 | 7 | 52 | 115.64 | 25.35 | 97.1 | 611.2 | 东源/广东 | 4.14 | 21 |

表6-4 综合影响最大的10次区域暴雨事件

| 开始日期 | 结束日期 | 持续天数 | 影响站数 | 中心经度(°E) | 中心纬度(°N) | 最大日降水量(mm) | 最大累积降水量(mm) | 累积降水最大的站点 | 综合指标 | 综合排序 |
|---|---|---|---|---|---|---|---|---|---|---|
| 19980616 | 19980627 | 12 | 88 | 114.62 | 26.82 | 129.9 | 641.0 | 融安/广西 | 11.6 | 1 |
| 19940609 | 19940621 | 13 | 106 | 115.88 | 26.63 | 86.1 | 583.8 | 融安/广西 | 11.2 | 2 |
| 19680608 | 19680619 | 12 | 82 | 115.06 | 24.97 | 100.8 | 720.6 | 东源/广东 | 9.69 | 3 |
| 20070704 | 20070715 | 12 | 63 | 114.52 | 31.97 | 109.3 | 345.6 | 宿县/安徽 | 8.86 | 4 |
| 19950620 | 19950628 | 9 | 84 | 115.75 | 28.73 | 94.0 | 511.3 | 黄山/安徽 | 7.46 | 5 |
| 19960628 | 19960705 | 8 | 68 | 116.93 | 31.21 | 126.3 | 619.9 | 黄山/安徽 | 7.4 | 6 |
| 19640611 | 19640619 | 9 | 70 | 113.72 | 25.31 | 91.3 | 550.6 | 阳江/广东 | 6.38 | 7 |
| 19820613 | 19820621 | 9 | 69 | 115.42 | 28.18 | 92.1 | 542.6 | 邵武/福建 | 6.36 | 8 |
| 19640620 | 19640630 | 11 | 57 | 114.75 | 29.1 | 81.6 | 535.8 | 嘉鱼/湖北 | 6.35 | 9 |
| 20030622 | 20030628 | 7 | 83 | 112.88 | 28.38 | 98.5 | 356.3 | 南昌/江西 | 6.29 | 10 |

表 6-5　1960—2009 年中国大陆持续 3 天以上区域暴雨事件统计(456 次)

| 开始日期 | 结束日期 | 持续天数 | 影响站数 | 中心经度(°E) | 中心纬度(°N) | 最大日降水量(mm) | 最大累积降水量(mm) | 累积降水最大的站点 | 综合指标 | 综合排序 |
|---|---|---|---|---|---|---|---|---|---|---|
| 19600513 | 19600515 | 3 | 23 | 110.46 | 24.98 | 67.8 | 172.6 | 桂林/广西 | −2.01 | 392 |
| 19600608 | 19600610 | 3 | 41 | 116.99 | 25.94 | 77.6 | 339.1 | 深圳/广东 | −0.29 | 208 |
| 19600614 | 19600616 | 3 | 29 | 115.70 | 26.37 | 71.6 | 215.7 | 龙泉/浙江 | −1.41 | 341 |
| 19600619 | 19600621 | 3 | 15 | 116.77 | 31.74 | 69.8 | 193.2 | 麻城/湖北 | −2.44 | 423 |
| 19600625 | 19600628 | 4 | 20 | 112.13 | 30.95 | 75.1 | 262.9 | 钟祥/湖北 | −1.16 | 310 |
| 19600802 | 19600804 | 3 | 16 | 120.21 | 29.84 | 197.8 | 331.3 | 吴县东山/江苏 | 4.28 | 18 |
| 19600803 | 19600805 | 3 | 22 | 124.10 | 40.66 | 104.3 | 332.2 | 本溪/辽宁 | −0.18 | 197 |
| 19600808 | 19600813 | 6 | 38 | 114.45 | 24.63 | 83.2 | 258.7 | 福鼎/福建 | 1.81 | 71 |
| 19600822 | 19600824 | 3 | 25 | 128.08 | 43.91 | 82.3 | 162.9 | 东岗/吉林 | −1.12 | 303 |
| 19600825 | 19600827 | 3 | 13 | 114.60 | 23.22 | 96.7 | 287.8 | 惠阳/广东 | −1.17 | 312 |
| 19600903 | 19600906 | 4 | 13 | 111.00 | 32.81 | 56.7 | 344.0 | 万源/四川 | −2.59 | 431 |
| 19600910 | 19600912 | 3 | 11 | 111.94 | 22.55 | 71.4 | 149.6 | 东兴/广西 | −2.62 | 435 |
| 19610323 | 19610325 | 3 | 15 | 116.64 | 25.83 | 60.5 | 97.6 | 上杭/福建 | −2.92 | 444 |
| 19610419 | 19610421 | 3 | 32 | 114.45 | 24.48 | 143.9 | 438.5 | 汕尾/广东 | 2.55 | 52 |
| 19610531 | 19610604 | 5 | 56 | 115.00 | 25.44 | 72.1 | 251.3 | 屏南/福建 | 1.77 | 72 |
| 19610607 | 19610609 | 3 | 44 | 115.63 | 30.08 | 78.8 | 265.1 | 嘉鱼/湖北 | −0.03 | 189 |
| 19610610 | 19610613 | 4 | 45 | 111.62 | 25.55 | 74.2 | 276.2 | 广昌/江西 | 0.47 | 150 |
| 19610626 | 19610628 | 3 | 10 | 105.03 | 31.78 | 107.6 | 393.4 | 绵阳/四川 | −0.81 | 270 |
| 19610711 | 19610713 | 3 | 18 | 120.62 | 39.57 | 99.3 | 190.4 | 丹东/辽宁 | −0.71 | 254 |
| 19610826 | 19610830 | 5 | 35 | 112.08 | 23.78 | 92.1 | 313.4 | 寻乌/江西 | 1.40 | 89 |
| 19610912 | 19610914 | 3 | 23 | 117.03 | 27.03 | 83.0 | 290.7 | 南岳/湖南 | −1.22 | 316 |
| 19611022 | 19611024 | 3 | 10 | 106.17 | 26.16 | 58.1 | 148.2 | 沾益/云南 | −3.38 | 454 |
| 19620502 | 19620505 | 4 | 25 | 115.83 | 27.93 | 66.9 | 186.0 | 贵溪/江西 | −1.25 | 323 |
| 19620515 | 19620518 | 4 | 24 | 113.99 | 24.82 | 74.8 | 398.7 | 佛岗/广东 | −0.91 | 286 |
| 19620525 | 19620528 | 4 | 32 | 115.90 | 27.69 | 84.9 | 357.2 | 广昌/江西 | 0.16 | 174 |
| 19620525 | 19620528 | 4 | 31 | 114.97 | 25.20 | 98.3 | 357.2 | 广昌/江西 | 0.79 | 120 |
| 19620606 | 19620608 | 3 | 14 | 113.38 | 23.30 | 69.2 | 202.5 | 广州/广东 | −2.54 | 427 |
| 19620608 | 19620610 | 3 | 7 | 99.54 | 25.70 | 61.5 | 171.6 | 贡山/云南 | −3.41 | 456 |
| 19620613 | 19620615 | 3 | 14 | 117.14 | 26.34 | 64.6 | 153.3 | 屏南/福建 | −2.77 | 441 |
| 19620617 | 19620620 | 4 | 22 | 116.18 | 28.29 | 78.6 | 289.9 | 樟树/江西 | −0.84 | 275 |
| 19620623 | 19620625 | 3 | 36 | 114.34 | 27.36 | 86.1 | 223.6 | 波阳/江西 | −0.18 | 199 |
| 19620627 | 19620629 | 3 | 46 | 114.23 | 25.37 | 82.1 | 211.5 | 融安/广西 | 0.28 | 167 |
| 19620704 | 19620706 | 3 | 22 | 116.91 | 31.82 | 92.3 | 310.0 | 武汉/湖北 | −0.80 | 268 |
| 19620724 | 19620727 | 4 | 41 | 120.79 | 41.04 | 94.8 | 369.5 | 青龙/河北 | 1.27 | 93 |

续表

| 开始日期 | 结束日期 | 持续天数 | 影响站数 | 中心经度(°E) | 中心纬度(°N) | 最大日降水量(mm) | 最大累积降水量(mm) | 累积降水最大的站点 | 综合指标 | 综合排序 |
|---|---|---|---|---|---|---|---|---|---|---|
| 19620814 | 19620817 | 4 | 31 | 111.35 | 32.61 | 65.8 | 215.3 | 西峡/河南 | −0.91 | 285 |
| 19620901 | 19620903 | 3 | 22 | 113.32 | 23.16 | 134.5 | 371.5 | 汕尾/广东 | 1.39 | 90 |
| 19620905 | 19620907 | 3 | 36 | 120.31 | 31.13 | 106.3 | 318.6 | 平湖/浙江 | 0.86 | 113 |
| 19630614 | 19630617 | 4 | 27 | 117.54 | 25.77 | 78.4 | 346.6 | 漳州/福建 | −0.52 | 241 |
| 19630709 | 19630712 | 4 | 45 | 111.96 | 29.25 | 75.9 | 218.9 | 桑植/湖南 | 0.56 | 140 |
| 19630718 | 19630720 | 3 | 29 | 121.81 | 40.90 | 79.1 | 276.2 | 秦皇岛/河北 | −1.02 | 297 |
| 19630802 | 19630809 | 8 | 28 | 115.09 | 37.18 | 101.0 | 779.8 | 邢台/河北 | 3.40 | 33 |
| 19630907 | 19630909 | 3 | 13 | 110.20 | 19.96 | 152.8 | 517.0 | 儋县/海南 | 1.74 | 75 |
| 19630911 | 19630914 | 4 | 20 | 120.40 | 28.12 | 124.6 | 424.6 | 平湖/浙江 | 1.41 | 87 |
| 19640425 | 19640427 | 3 | 9 | 109.44 | 25.58 | 59.3 | 241.2 | 融安/广西 | −3.39 | 455 |
| 19640528 | 19640530 | 3 | 31 | 115.49 | 24.93 | 98.8 | 227.1 | 南岳/湖南 | 0.14 | 177 |
| 19640602 | 19640604 | 3 | 17 | 110.38 | 21.51 | 82.9 | 190.4 | 东方/海南 | −1.62 | 365 |
| 19640611 | 19640619 | 9 | 70 | 113.72 | 25.31 | 91.3 | 550.6 | 阳江/广东 | 6.38 | 7 |
| 19640620 | 19640630 | 11 | 57 | 114.75 | 29.10 | 81.6 | 535.8 | 嘉鱼/湖北 | 6.35 | 9 |
| 19640731 | 19640803 | 4 | 21 | 108.32 | 24.54 | 76.4 | 228.5 | 都安/广西 | −1.02 | 298 |
| 19640809 | 19640812 | 4 | 36 | 108.54 | 23.92 | 83.6 | 283.4 | 都安/广西 | 0.35 | 157 |
| 19641013 | 19641015 | 3 | 23 | 118.20 | 26.68 | 157.5 | 303.1 | 深圳/广东 | 2.65 | 48 |
| 19650513 | 19650515 | 3 | 25 | 113.46 | 26.77 | 66.5 | 156.0 | 吉安/江西 | −1.94 | 387 |
| 19650611 | 19650617 | 7 | 39 | 116.63 | 25.24 | 78.3 | 299.0 | 崇武/福建 | 2.29 | 58 |
| 19650614 | 19650617 | 4 | 29 | 114.28 | 23.70 | 88.1 | 337.4 | 台山/广东 | 0.12 | 178 |
| 19650701 | 19650703 | 3 | 11 | 118.07 | 33.10 | 94.2 | 332.4 | 宿县/安徽 | −1.44 | 349 |
| 19650707 | 19650712 | 6 | 47 | 115.57 | 33.09 | 78.1 | 233.3 | 阜阳/安徽 | 2.14 | 62 |
| 19650801 | 19650803 | 3 | 17 | 122.32 | 41.36 | 77.2 | 193.0 | 营口/辽宁 | −1.92 | 385 |
| 19650802 | 19650804 | 3 | 24 | 116.99 | 33.06 | 87.4 | 159.0 | 宿县/安徽 | −0.92 | 289 |
| 19650804 | 19650807 | 4 | 17 | 108.12 | 24.82 | 76.5 | 244.5 | 通道/湖南 | −1.29 | 329 |
| 19660602 | 19660604 | 3 | 16 | 113.81 | 23.22 | 100.3 | 375.8 | 惠来/广东 | −0.79 | 263 |
| 19660611 | 19660613 | 3 | 22 | 113.28 | 23.33 | 112.2 | 486.1 | 深圳/广东 | 0.23 | 171 |
| 19660619 | 19660624 | 6 | 41 | 112.56 | 24.18 | 102.0 | 651.7 | 东源/广东 | 2.99 | 43 |
| 19660627 | 19660701 | 5 | 49 | 114.37 | 28.80 | 82.0 | 250.3 | 岳阳/湖南 | 1.81 | 69 |
| 19660701 | 19660703 | 3 | 34 | 110.49 | 23.45 | 73.2 | 307.3 | 台山/广东 | −0.99 | 293 |
| 19660707 | 19660710 | 4 | 30 | 117.38 | 29.31 | 86.5 | 224.7 | 景德镇/江西 | 0.10 | 179 |
| 19660906 | 19660908 | 3 | 23 | 121.15 | 30.12 | 87.3 | 297.9 | 鄞县/浙江 | −1.00 | 295 |
| 19670331 | 19670403 | 4 | 31 | 114.97 | 24.54 | 68.5 | 197.9 | 上川岛/广东 | −0.77 | 259 |
| 19670501 | 19670504 | 4 | 23 | 115.55 | 28.48 | 69.2 | 156.7 | 平江/湖南 | −1.27 | 324 |

续表

| 开始日期 | 结束日期 | 持续天数 | 影响站数 | 中心经度(°E) | 中心纬度(°N) | 最大日降水量(mm) | 最大累积降水量(mm) | 累积降水最大的站点 | 综合指标 | 综合排序 |
|---|---|---|---|---|---|---|---|---|---|---|
| 19670528 | 19670530 | 3 | 15 | 116.78 | 28.44 | 68.3 | 257.0 | 建瓯/福建 | −2.52 | 426 |
| 19670616 | 19670622 | 7 | 49 | 114.69 | 28.30 | 96.7 | 545.3 | 贵溪/江西 | 3.91 | 23 |
| 19670802 | 19670807 | 6 | 42 | 109.55 | 23.40 | 106.1 | 531.4 | 灵山/广西 | 3.27 | 40 |
| 19680608 | 19680619 | 12 | 82 | 115.06 | 24.97 | 100.8 | 720.6 | 东源/广东 | 9.69 | 3 |
| 19680621 | 19680624 | 4 | 46 | 113.26 | 25.47 | 72.6 | 332.6 | 桂林/广西 | 0.45 | 151 |
| 19680629 | 19680701 | 3 | 13 | 116.24 | 32.52 | 97.4 | 404.0 | 寿县/安徽 | −1.14 | 307 |
| 19680701 | 19680703 | 3 | 14 | 106.83 | 30.57 | 65.4 | 239.0 | 巴中/四川 | −2.73 | 440 |
| 19680706 | 19680710 | 5 | 35 | 116.99 | 27.41 | 78.4 | 245.8 | 吉安/江西 | 0.69 | 126 |
| 19680713 | 19680716 | 4 | 32 | 114.07 | 31.97 | 69.7 | 418.9 | 固始/河南 | −0.64 | 250 |
| 19680807 | 19680810 | 4 | 21 | 108.71 | 22.80 | 85.6 | 373.6 | 靖西/广西 | −0.55 | 242 |
| 19680821 | 19680824 | 4 | 33 | 111.50 | 23.51 | 97.1 | 265.9 | 深圳/广东 | 0.85 | 114 |
| 19680909 | 19680911 | 3 | 9 | 109.33 | 20.63 | 100.9 | 360.0 | 东兴/广西 | −1.23 | 317 |
| 19690413 | 19690415 | 3 | 9 | 111.81 | 22.23 | 124.9 | 340.3 | 上川岛/广东 | 0.02 | 185 |
| 19690511 | 19690514 | 4 | 27 | 112.79 | 25.69 | 93.8 | 254.7 | 东源/广东 | 0.28 | 166 |
| 19690522 | 19690524 | 3 | 39 | 114.32 | 26.56 | 73.9 | 152.1 | 贵溪/江西 | −0.62 | 247 |
| 19690605 | 19690607 | 3 | 23 | 110.54 | 22.99 | 71.0 | 243.2 | 阳江/广东 | −1.84 | 381 |
| 19690623 | 19690627 | 5 | 46 | 115.53 | 28.44 | 115.7 | 288.1 | 景德镇/江西 | 3.37 | 37 |
| 19690703 | 19690707 | 5 | 41 | 115.57 | 31.03 | 114.8 | 368.8 | 黄山/安徽 | 2.98 | 44 |
| 19690714 | 19690717 | 4 | 54 | 115.90 | 31.46 | 90.1 | 346.7 | 巢湖/安徽 | 1.90 | 67 |
| 19690715 | 19690717 | 3 | 32 | 112.64 | 28.99 | 90.1 | 225.6 | 通道/湖南 | −0.25 | 203 |
| 19690727 | 19690729 | 3 | 23 | 121.91 | 40.62 | 76.5 | 256.1 | 塘沽/天津 | −1.56 | 359 |
| 19690728 | 19690801 | 5 | 42 | 107.61 | 22.98 | 111.1 | 343.9 | 惠来/广东 | 2.85 | 45 |
| 19690809 | 19690812 | 4 | 44 | 112.69 | 27.40 | 86.7 | 344.8 | 沅江/湖南 | 1.05 | 104 |
| 19690927 | 19690929 | 3 | 37 | 117.68 | 29.81 | 92.4 | 234.7 | 庐山/江西 | 0.21 | 172 |
| 19700512 | 19700514 | 3 | 26 | 112.79 | 23.19 | 87.4 | 377.4 | 阳江/广东 | −0.79 | 264 |
| 19700606 | 19700608 | 3 | 28 | 116.42 | 29.94 | 97.6 | 250.8 | 波阳/江西 | −0.12 | 193 |
| 19700626 | 19700629 | 4 | 35 | 109.94 | 24.16 | 89.6 | 517.2 | 东兴/广西 | 0.60 | 134 |
| 19700710 | 19700714 | 5 | 62 | 112.96 | 27.56 | 89.6 | 318.2 | 独山/贵州 | 3.08 | 42 |
| 19700723 | 19700725 | 3 | 11 | 108.97 | 23.21 | 82.0 | 260.6 | 灵山/广西 | −2.07 | 396 |
| 19700724 | 19700726 | 3 | 26 | 118.37 | 35.79 | 88.1 | 226.3 | 潍坊/山东 | −0.75 | 258 |
| 19700803 | 19700805 | 3 | 23 | 110.79 | 22.83 | 97.6 | 381.2 | 玉林/广西 | −0.46 | 230 |
| 19700927 | 19700929 | 3 | 15 | 110.95 | 20.83 | 99.0 | 374.3 | 湛江/广东 | −0.92 | 288 |
| 19710527 | 19710531 | 5 | 23 | 114.24 | 27.71 | 63.3 | 196.9 | 邵阳/湖南 | −0.90 | 284 |
| 19710530 | 19710601 | 3 | 16 | 109.78 | 22.08 | 216.6 | 597.1 | 北海/广西 | 5.26 | 15 |

续表

| 开始日期 | 结束日期 | 持续天数 | 影响站数 | 中心经度(°E) | 中心纬度(°N) | 最大日降水量(mm) | 最大累积降水量(mm) | 累积降水最大的站点 | 综合指标 | 综合排序 |
|---|---|---|---|---|---|---|---|---|---|---|
| 19710602 | 19710605 | 4 | 23 | 117.19 | 29.71 | 106.2 | 328.1 | 屯溪/安徽 | 0.66 | 131 |
| 19710609 | 19710612 | 4 | 33 | 114.51 | 32.20 | 63.3 | 238.3 | 固始/河南 | −0.90 | 283 |
| 19710801 | 19710803 | 3 | 15 | 124.56 | 41.16 | 79.3 | 259.3 | 宽甸/辽宁 | −1.95 | 388 |
| 19720505 | 19720508 | 4 | 28 | 111.64 | 24.19 | 87.9 | 312.3 | 融安/广西 | 0.04 | 183 |
| 19720603 | 19720605 | 3 | 37 | 116.56 | 26.64 | 94.8 | 234.4 | 崇武/福建 | 0.34 | 160 |
| 19720614 | 19720617 | 4 | 40 | 113.71 | 25.16 | 76.1 | 341.9 | 惠来/广东 | 0.23 | 169 |
| 19720713 | 19720715 | 3 | 14 | 118.62 | 26.59 | 68.7 | 156.6 | 九仙山/福建 | −2.56 | 428 |
| 19720817 | 19720821 | 5 | 47 | 115.61 | 25.08 | 99.7 | 375.8 | 阳江/广东 | 2.60 | 51 |
| 19720831 | 19720902 | 3 | 30 | 115.82 | 34.29 | 73.7 | 149.4 | 运城/山西 | −1.23 | 319 |
| 19730331 | 19730403 | 4 | 25 | 116.56 | 26.26 | 73.2 | 236.2 | 上杭/福建 | −0.92 | 290 |
| 19730406 | 19730408 | 3 | 26 | 114.83 | 24.67 | 94.6 | 214.5 | 五华/广东 | −0.41 | 224 |
| 19730507 | 19730509 | 3 | 27 | 114.76 | 23.74 | 92.3 | 284.2 | 上川岛/广东 | −0.46 | 232 |
| 19730514 | 19730517 | 4 | 28 | 116.20 | 29.64 | 81.0 | 274.5 | 黄山/安徽 | −0.32 | 214 |
| 19730602 | 19730604 | 3 | 35 | 112.64 | 23.98 | 75.7 | 200.6 | 增城/广东 | −0.79 | 267 |
| 19730621 | 19730623 | 3 | 30 | 117.41 | 29.04 | 88.6 | 284.1 | 樟树/江西 | −0.46 | 229 |
| 19730623 | 19730626 | 4 | 40 | 114.10 | 27.81 | 81.1 | 342.0 | 南昌/江西 | 0.49 | 146 |
| 19730629 | 19730701 | 3 | 25 | 104.63 | 29.21 | 79.1 | 164.4 | 宜宾/四川 | −1.28 | 326 |
| 19730811 | 19730815 | 5 | 39 | 113.48 | 24.84 | 86.2 | 246.5 | 上川岛/广东 | 1.36 | 91 |
| 19730812 | 19730814 | 3 | 10 | 117.20 | 40.97 | 59.2 | 158.7 | 丰宁/河北 | −3.33 | 453 |
| 19730830 | 19730901 | 3 | 20 | 111.24 | 31.87 | 75.2 | 110.0 | 常德/湖南 | −1.83 | 379 |
| 19730830 | 19730902 | 4 | 17 | 112.29 | 22.19 | 94.6 | 319.6 | 电白/广东 | −0.35 | 216 |
| 19730905 | 19730907 | 3 | 26 | 110.51 | 31.72 | 82.6 | 363.3 | 巴中/四川 | −1.04 | 299 |
| 19730905 | 19730907 | 3 | 24 | 108.68 | 32.13 | 82.6 | 398.5 | 巴中/四川 | −1.17 | 311 |
| 19731010 | 19731012 | 3 | 13 | 120.73 | 27.75 | 103.8 | 486.1 | 福鼎/福建 | −0.81 | 269 |
| 19731018 | 19731021 | 4 | 36 | 111.30 | 22.42 | 86.5 | 192.2 | 罗定/广东 | 0.50 | 144 |
| 19740517 | 19740519 | 3 | 27 | 113.38 | 31.97 | 77.5 | 150.1 | 西华/河南 | −1.23 | 320 |
| 19740612 | 19740614 | 3 | 17 | 109.61 | 20.30 | 79.8 | 328.9 | 东方/海南 | −1.79 | 372 |
| 19740613 | 19740615 | 3 | 11 | 118.30 | 28.00 | 79.1 | 195.2 | 浦城/福建 | −2.22 | 411 |
| 19740620 | 19740623 | 4 | 43 | 115.60 | 25.74 | 108.3 | 297.0 | 平潭/福建 | 2.11 | 63 |
| 19740715 | 19740721 | 7 | 31 | 108.68 | 23.98 | 105.9 | 532.3 | 北海/广西 | 3.19 | 41 |
| 19740715 | 19740717 | 3 | 14 | 117.15 | 29.37 | 70.6 | 247.2 | 景德镇/江西 | −2.46 | 424 |
| 19740722 | 19740724 | 3 | 23 | 110.90 | 22.59 | 114.5 | 308.1 | 徐闻/广东 | 0.42 | 153 |
| 19740730 | 19740801 | 3 | 12 | 118.23 | 33.08 | 103.7 | 241.4 | 南京/江苏 | −0.88 | 281 |
| 19740811 | 19740814 | 4 | 30 | 118.66 | 34.66 | 101.4 | 345.3 | 日照/山东 | 0.88 | 111 |

续表

| 开始日期 | 结束日期 | 持续天数 | 影响站数 | 中心经度(°E) | 中心纬度(°N) | 最大日降水量(mm) | 最大累积降水量(mm) | 累积降水最大的站点 | 综合指标 | 综合排序 |
|---|---|---|---|---|---|---|---|---|---|---|
| 19740819 | 19740822 | 4 | 17 | 120.79 | 29.05 | 86.4 | 359.6 | 大陈岛/浙江 | −0.77 | 260 |
| 19740906 | 19740908 | 3 | 16 | 109.02 | 21.79 | 99.4 | 384.4 | 东兴/广西 | −0.84 | 274 |
| 19741018 | 19741020 | 3 | 35 | 115.76 | 24.43 | 95.9 | 391.6 | 深圳/广东 | 0.26 | 168 |
| 19750416 | 19750418 | 3 | 11 | 117.02 | 28.78 | 81.9 | 224.3 | 波阳/江西 | −2.08 | 398 |
| 19750508 | 19750513 | 6 | 43 | 113.26 | 25.40 | 107.1 | 300.4 | 阳江/广东 | 3.39 | 35 |
| 19750518 | 19750521 | 4 | 20 | 112.09 | 24.37 | 69.9 | 281.8 | 佛岗/广东 | −1.43 | 346 |
| 19750605 | 19750607 | 3 | 28 | 114.53 | 24.51 | 84.4 | 154.1 | 郴州/湖南 | −0.81 | 271 |
| 19750609 | 19750612 | 4 | 36 | 114.93 | 27.10 | 76.8 | 160.2 | 桑植/湖南 | 0.00 | 186 |
| 19750625 | 19750628 | 4 | 28 | 112.55 | 29.99 | 85.5 | 283.1 | 万县/重庆 | −0.08 | 192 |
| 19750712 | 19750716 | 5 | 31 | 111.20 | 22.78 | 86.7 | 268.6 | 信宜/广东 | 0.85 | 115 |
| 19750729 | 19750801 | 4 | 50 | 122.45 | 41.15 | 100.6 | 331.7 | 熊岳/辽宁 | 2.18 | 61 |
| 19750805 | 19750808 | 4 | 31 | 112.91 | 33.00 | 77.9 | 423.2 | 驻马店/河南 | −0.28 | 206 |
| 19750813 | 19750818 | 6 | 44 | 117.60 | 30.54 | 93.1 | 896.7 | 庐山/江西 | 2.73 | 46 |
| 19750813 | 19750815 | 3 | 12 | 111.55 | 22.23 | 114.8 | 360.9 | 信宜/广东 | −0.30 | 209 |
| 19750814 | 19750818 | 5 | 37 | 118.60 | 32.20 | 93.5 | 311.7 | 霍山/安徽 | 1.61 | 78 |
| 19760601 | 19760604 | 4 | 33 | 116.37 | 24.66 | 74.6 | 346.6 | 深圳/广东 | −0.31 | 212 |
| 19760607 | 19760610 | 4 | 58 | 113.56 | 25.81 | 82.2 | 311.5 | 融安/广西 | 1.76 | 74 |
| 19760622 | 19760624 | 3 | 20 | 116.68 | 30.13 | 79.2 | 207.8 | 石门/湖南 | −1.61 | 363 |
| 19760705 | 19760712 | 8 | 23 | 108.22 | 25.14 | 116.4 | 538.4 | 融安/广西 | 3.87 | 25 |
| 19760709 | 19760711 | 3 | 11 | 117.10 | 27.73 | 83.7 | 200.2 | 浦城/福建 | −1.99 | 391 |
| 19760718 | 19760720 | 3 | 14 | 114.34 | 36.11 | 93.2 | 274.0 | 西华/河南 | −1.29 | 330 |
| 19760810 | 19760813 | 4 | 36 | 112.76 | 24.59 | 81.2 | 195.3 | 惠阳/广东 | 0.23 | 170 |
| 19760821 | 19760825 | 5 | 13 | 106.04 | 32.53 | 50.4 | 236.4 | 广元/四川 | −2.24 | 413 |
| 19760824 | 19760826 | 3 | 29 | 112.18 | 23.03 | 94.9 | 353.6 | 深圳/广东 | −0.19 | 200 |
| 19760919 | 19760923 | 5 | 21 | 110.99 | 22.11 | 113.9 | 481.6 | 上川岛/广东 | 1.59 | 79 |
| 19770412 | 19770414 | 3 | 16 | 111.01 | 27.48 | 76.3 | 167.3 | 双峰/湖南 | −2.03 | 394 |
| 19770529 | 19770601 | 4 | 33 | 115.03 | 25.15 | 76.3 | 528.7 | 惠来/广东 | −0.23 | 201 |
| 19770613 | 19770615 | 3 | 23 | 114.19 | 29.37 | 78.7 | 426.8 | 岳阳/湖南 | −1.44 | 350 |
| 19770617 | 19770620 | 4 | 16 | 117.45 | 27.53 | 70.1 | 258.9 | 邵武/福建 | −1.69 | 367 |
| 19770621 | 19770623 | 3 | 22 | 111.33 | 23.56 | 85.8 | 198.5 | 佛岗/广东 | −1.14 | 308 |
| 19770625 | 19770627 | 3 | 17 | 109.69 | 24.76 | 68.4 | 157.7 | 柳州/广西 | −2.38 | 420 |
| 19770705 | 19770707 | 3 | 8 | 104.24 | 31.20 | 76.2 | 202.9 | 峨眉山/四川 | −2.57 | 430 |
| 19770717 | 19770719 | 3 | 30 | 113.14 | 31.43 | 92.3 | 323.9 | 钟祥/湖北 | −0.26 | 205 |
| 19780516 | 19780518 | 3 | 34 | 110.80 | 24.39 | 89.2 | 433.3 | 桂林/广西 | −0.16 | 195 |

续表

| 开始日期 | 结束日期 | 持续天数 | 影响站数 | 中心经度(°E) | 中心纬度(°N) | 最大日降水量(mm) | 最大累积降水量(mm) | 累积降水最大的站点 | 综合指标 | 综合排序 |
|---|---|---|---|---|---|---|---|---|---|---|
| 19780606 | 19780609 | 4 | 35 | 114.17 | 25.30 | 84.5 | 259.5 | 汕尾/广东 | 0.33 | 161 |
| 19780611 | 19780613 | 3 | 15 | 111.66 | 28.85 | 91.2 | 153.6 | 吉首/湖南 | −1.33 | 335 |
| 19781001 | 19781003 | 3 | 22 | 109.96 | 21.32 | 98.7 | 263.8 | 儋县/海南 | −0.47 | 233 |
| 19790624 | 19790626 | 3 | 30 | 123.25 | 40.62 | 81.1 | 313.1 | 宽甸/辽宁 | −0.84 | 276 |
| 19790627 | 19790701 | 5 | 24 | 107.54 | 24.69 | 92.4 | 236.1 | 凤山/广西 | 0.68 | 127 |
| 19790802 | 19790804 | 3 | 18 | 111.76 | 22.05 | 72.1 | 224.8 | 台山/广东 | −2.12 | 404 |
| 19790831 | 19790902 | 3 | 18 | 108.71 | 26.26 | 77.0 | 139.5 | 桂平/广西 | −1.86 | 382 |
| 19790919 | 19790921 | 3 | 12 | 110.29 | 19.74 | 114.1 | 443.4 | 陵水/海南 | −0.34 | 215 |
| 19800411 | 19800413 | 3 | 22 | 113.42 | 24.94 | 78.6 | 208.9 | 增城/广东 | −1.51 | 355 |
| 19800422 | 19800425 | 4 | 33 | 113.98 | 24.02 | 90.4 | 316.5 | 东源/广东 | 0.51 | 143 |
| 19800502 | 19800504 | 3 | 22 | 112.90 | 24.05 | 98.9 | 195.0 | 连平/广东 | −0.46 | 231 |
| 19800506 | 19800508 | 3 | 22 | 112.16 | 24.11 | 67.6 | 293.0 | 东兴/广西 | −2.08 | 399 |
| 19800617 | 19800619 | 3 | 19 | 109.34 | 28.68 | 88.8 | 227.5 | 恩施/湖北 | −1.19 | 314 |
| 19800623 | 19800626 | 4 | 29 | 112.54 | 31.19 | 79.8 | 219.9 | 桑植/湖南 | −0.31 | 211 |
| 19800717 | 19800721 | 5 | 41 | 111.72 | 29.04 | 78.7 | 330.7 | 麻城/湖北 | 1.10 | 102 |
| 19800730 | 19800802 | 4 | 39 | 111.99 | 29.95 | 78.9 | 323.1 | 黄山/安徽 | 0.31 | 165 |
| 19800803 | 19800805 | 3 | 25 | 110.25 | 29.57 | 78.5 | 193.2 | 恩施/湖北 | −1.32 | 333 |
| 19800811 | 19800814 | 4 | 41 | 111.88 | 27.45 | 86.5 | 195.2 | 安庆/安徽 | 0.84 | 117 |
| 19800828 | 19800831 | 4 | 24 | 117.43 | 27.05 | 87.4 | 182.5 | 广昌/江西 | −0.25 | 204 |
| 19810403 | 19810408 | 6 | 25 | 116.27 | 27.52 | 62.1 | 281.9 | 吉安/江西 | −0.16 | 196 |
| 19810627 | 19810701 | 5 | 68 | 113.84 | 27.16 | 87.0 | 512.0 | 增城/广东 | 3.35 | 38 |
| 19810712 | 19810714 | 3 | 18 | 105.42 | 31.42 | 88.2 | 268.4 | 阆中/四川 | −1.28 | 325 |
| 19810721 | 19810729 | 9 | 48 | 111.43 | 23.53 | 101.9 | 637.0 | 北海/广西 | 5.46 | 14 |
| 19810928 | 19810930 | 3 | 14 | 111.31 | 21.76 | 134.9 | 368.7 | 阳江/广东 | 0.88 | 112 |
| 19811006 | 19811008 | 3 | 18 | 110.57 | 22.34 | 82.6 | 313.0 | 信宜/广东 | −1.58 | 361 |
| 19820510 | 19820513 | 4 | 27 | 111.29 | 24.93 | 76.8 | 309.2 | 桂林/广西 | −0.60 | 245 |
| 19820613 | 19820621 | 9 | 69 | 115.42 | 28.18 | 92.1 | 542.6 | 邵武/福建 | 6.36 | 8 |
| 19820702 | 19820705 | 4 | 22 | 113.26 | 23.30 | 69.4 | 331.4 | 上川岛/广东 | −1.32 | 334 |
| 19820718 | 19820723 | 6 | 43 | 115.10 | 32.10 | 112.3 | 437.0 | 驻马店/河南 | 3.66 | 27 |
| 19820727 | 19820729 | 3 | 25 | 107.96 | 30.83 | 91.8 | 258.0 | 达县/四川 | −0.63 | 249 |
| 19820730 | 19820803 | 5 | 22 | 112.56 | 35.20 | 66.7 | 336.9 | 阳城/山西 | −0.79 | 266 |
| 19820816 | 19820819 | 4 | 29 | 112.48 | 23.82 | 85.2 | 363.0 | 深圳/广东 | −0.03 | 190 |
| 19820826 | 19820828 | 3 | 19 | 127.06 | 42.62 | 71.0 | 222.0 | 东岗/吉林 | −2.11 | 402 |
| 19830227 | 19830302 | 4 | 23 | 111.81 | 23.23 | 66.8 | 246.8 | 贺县/广西 | −1.39 | 339 |

续表

| 开始日期 | 结束日期 | 持续天数 | 影响站数 | 中心经度(°E) | 中心纬度(°N) | 最大日降水量(mm) | 最大累积降水量(mm) | 累积降水最大的站点 | 综合指标 | 综合排序 |
|---|---|---|---|---|---|---|---|---|---|---|
| 19830409 | 19830411 | 3 | 12 | 117.66 | 27.56 | 59.2 | 147.7 | 邵武/福建 | −3.19 | 448 |
| 19830414 | 19830416 | 3 | 17 | 118.13 | 27.80 | 67.3 | 177.4 | 龙泉/浙江 | −2.43 | 421 |
| 19830616 | 19830621 | 6 | 46 | 115.30 | 25.30 | 119.9 | 475.7 | 汕尾/广东 | 4.25 | 19 |
| 19830619 | 19830621 | 3 | 34 | 113.30 | 27.95 | 75.2 | 244.3 | 樟树/江西 | −0.88 | 282 |
| 19830623 | 19830625 | 3 | 22 | 115.69 | 31.92 | 60.9 | 141.0 | 寿县/安徽 | −2.43 | 422 |
| 19830629 | 19830701 | 3 | 28 | 116.23 | 31.08 | 88.0 | 170.6 | 信阳/河南 | −0.62 | 248 |
| 19830704 | 19830709 | 6 | 40 | 114.96 | 29.67 | 96.0 | 413.0 | 修水/江西 | 2.61 | 50 |
| 19830706 | 19830709 | 4 | 24 | 113.60 | 29.22 | 85.2 | 336.4 | 平江/湖南 | −0.36 | 219 |
| 19830712 | 19830714 | 3 | 17 | 107.77 | 29.36 | 72.6 | 194.4 | 来凤/湖北 | −2.16 | 409 |
| 19830719 | 19830723 | 5 | 28 | 113.71 | 32.78 | 88.9 | 358.1 | 射阳/江苏 | 0.77 | 121 |
| 19830729 | 19830731 | 3 | 18 | 107.07 | 32.20 | 77.8 | 240.2 | 绵阳/四川 | −1.82 | 378 |
| 19830731 | 19830802 | 3 | 14 | 102.53 | 24.45 | 58.6 | 190.7 | 玉溪/云南 | −3.09 | 447 |
| 19830804 | 19830806 | 3 | 22 | 119.29 | 41.39 | 57.9 | 147.9 | 北京/北京 | −2.59 | 432 |
| 19830817 | 19830819 | 3 | 13 | 105.56 | 31.26 | 95.9 | 189.8 | 雅安/四川 | −1.22 | 315 |
| 19830907 | 19830909 | 3 | 35 | 111.38 | 33.49 | 70.1 | 140.1 | 郑州/河南 | −1.08 | 301 |
| 19831004 | 19831007 | 4 | 54 | 114.23 | 31.45 | 66.5 | 184.0 | 武汉/湖北 | 0.67 | 129 |
| 19840402 | 19840405 | 4 | 27 | 114.96 | 27.67 | 62.3 | 179.6 | 修水/江西 | −1.35 | 337 |
| 19840530 | 19840601 | 3 | 58 | 112.03 | 25.74 | 80.9 | 237.5 | 广昌/江西 | 1.02 | 105 |
| 19840612 | 19840615 | 4 | 50 | 114.94 | 30.20 | 95.4 | 270.0 | 固始/河南 | 1.91 | 66 |
| 19840615 | 19840617 | 3 | 28 | 119.76 | 40.82 | 83.3 | 144.0 | 岫岩/辽宁 | −0.87 | 278 |
| 19840717 | 19840719 | 3 | 17 | 113.88 | 32.66 | 72.6 | 194.0 | 许昌/河南 | −2.16 | 408 |
| 19840831 | 19840903 | 4 | 51 | 117.43 | 27.42 | 75.7 | 452.0 | 庐山/江西 | 0.95 | 108 |
| 19850603 | 19850606 | 4 | 27 | 114.87 | 28.23 | 78.5 | 197.9 | 樟树/江西 | −0.51 | 239 |
| 19850624 | 19850626 | 3 | 16 | 116.36 | 24.17 | 88.2 | 293.4 | 漳州/福建 | −1.42 | 343 |
| 19850818 | 19850821 | 4 | 29 | 121.17 | 38.37 | 112.8 | 291.5 | 营口/辽宁 | 1.40 | 88 |
| 19850821 | 19850823 | 3 | 16 | 112.01 | 21.97 | 128.4 | 308.2 | 湛江/广东 | 0.68 | 128 |
| 19850824 | 19850831 | 8 | 42 | 111.07 | 22.86 | 107.9 | 598.2 | 钦州/广西 | 4.70 | 17 |
| 19850906 | 19850908 | 3 | 30 | 108.72 | 22.88 | 91.5 | 206.3 | 南宁/广西 | −0.31 | 210 |
| 19850922 | 19850924 | 3 | 24 | 112.81 | 23.83 | 99.7 | 224.2 | 阳江/广东 | −0.28 | 207 |
| 19860610 | 19860612 | 3 | 27 | 114.81 | 30.05 | 64.7 | 141.3 | 黄山/安徽 | −1.90 | 384 |
| 19860620 | 19860623 | 4 | 45 | 112.46 | 28.85 | 90.9 | 297.6 | 黄石/湖北 | 1.34 | 92 |
| 19860702 | 19860705 | 4 | 32 | 108.16 | 27.53 | 65.2 | 185.3 | 思南/贵州 | −0.87 | 280 |
| 19860711 | 19860713 | 3 | 24 | 113.88 | 23.02 | 112.0 | 301.4 | 惠来/广东 | 0.36 | 156 |
| 19860716 | 19860718 | 3 | 22 | 115.10 | 31.71 | 80.1 | 277.9 | 麻城/湖北 | −1.44 | 348 |

续表

| 开始日期 | 结束日期 | 持续天数 | 影响站数 | 中心经度(°E) | 中心纬度(°N) | 最大日降水量(mm) | 最大累积降水量(mm) | 累积降水最大的站点 | 综合指标 | 综合排序 |
|---|---|---|---|---|---|---|---|---|---|---|
| 19860721 | 19860723 | 3 | 17 | 108.27 | 21.68 | 152.4 | 387.2 | 钦州/广西 | 1.99 | 64 |
| 19860730 | 19860801 | 3 | 18 | 124.59 | 41.16 | 72.3 | 238.1 | 宽甸/辽宁 | −2.11 | 401 |
| 19860810 | 19860812 | 3 | 18 | 113.35 | 22.61 | 108.4 | 282.5 | 深圳/广东 | −0.23 | 202 |
| 19860901 | 19860903 | 3 | 13 | 119.86 | 41.25 | 71.8 | 182.8 | 林西/内蒙古 | −2.47 | 425 |
| 19860908 | 19860910 | 3 | 20 | 110.05 | 32.78 | 70.1 | 117.1 | 安康/陕西 | −2.09 | 400 |
| 19870315 | 19870317 | 3 | 14 | 115.02 | 24.08 | 78.1 | 175.9 | 惠阳/广东 | −2.08 | 397 |
| 19870321 | 19870324 | 4 | 18 | 115.43 | 24.45 | 70.2 | 210.3 | 东源/广东 | −1.55 | 358 |
| 19870515 | 19870517 | 3 | 28 | 113.42 | 24.83 | 76.3 | 163.5 | 惠来/广东 | −1.23 | 318 |
| 19870520 | 19870522 | 3 | 19 | 113.38 | 24.31 | 104.0 | 345.2 | 东源/广东 | −0.40 | 222 |
| 19870525 | 19870527 | 3 | 47 | 110.89 | 26.56 | 97.6 | 186.2 | 阳江/广东 | 1.15 | 98 |
| 19870626 | 19870628 | 3 | 22 | 106.18 | 29.69 | 122.9 | 214.9 | 都江堰/四川 | 0.79 | 119 |
| 19870702 | 19870706 | 5 | 27 | 117.97 | 31.81 | 84.5 | 238.0 | 巢湖/安徽 | 0.47 | 149 |
| 19870720 | 19870725 | 6 | 53 | 113.60 | 28.12 | 71.5 | 139.1 | 桑植/湖南 | 2.21 | 60 |
| 19870722 | 19870725 | 4 | 28 | 117.72 | 26.94 | 74.0 | 226.8 | 南平/福建 | −0.68 | 252 |
| 19870728 | 19870731 | 4 | 48 | 111.57 | 24.08 | 90.7 | 426.9 | 北海/广西 | 1.53 | 84 |
| 19871010 | 19871014 | 5 | 35 | 113.72 | 30.45 | 82.6 | 157.7 | 嘉鱼/湖北 | 0.90 | 109 |
| 19880507 | 19880509 | 3 | 24 | 115.10 | 29.62 | 72.5 | 184.9 | 黄石/湖北 | −1.69 | 368 |
| 19880529 | 19880531 | 3 | 11 | 109.69 | 21.96 | 79.0 | 215.1 | 钦州/广西 | −2.23 | 412 |
| 19880618 | 19880620 | 3 | 26 | 118.83 | 28.61 | 65.4 | 201.0 | 丽水/浙江 | −1.93 | 386 |
| 19880805 | 19880809 | 5 | 19 | 108.58 | 21.63 | 109.6 | 290.1 | 东兴/广西 | 1.24 | 95 |
| 19880820 | 19880822 | 3 | 33 | 113.30 | 29.28 | 71.8 | 173.5 | 安化/湖南 | −1.13 | 306 |
| 19880827 | 19880830 | 4 | 23 | 108.65 | 25.44 | 115.5 | 440.2 | 融安/广西 | 1.14 | 100 |
| 19880922 | 19880924 | 3 | 26 | 118.54 | 26.73 | 76.1 | 300.9 | 福鼎/福建 | −1.37 | 338 |
| 19890411 | 19890413 | 3 | 17 | 113.78 | 28.62 | 62.8 | 175.1 | 安化/湖南 | −2.67 | 438 |
| 19890520 | 19890524 | 5 | 41 | 115.72 | 25.02 | 93.2 | 330.7 | 连平/广东 | 1.86 | 68 |
| 19890616 | 19890619 | 4 | 27 | 118.66 | 28.19 | 79.9 | 176.3 | 屏南/福建 | −0.44 | 226 |
| 19890628 | 19890706 | 9 | 52 | 116.98 | 29.02 | 73.3 | 539.4 | 玉山/江西 | 4.24 | 20 |
| 19890709 | 19890711 | 3 | 26 | 109.21 | 31.62 | 87.5 | 375.9 | 梁平/重庆 | −0.78 | 262 |
| 19890718 | 19890720 | 3 | 19 | 121.82 | 39.08 | 87.6 | 147.5 | 宽甸/辽宁 | −1.25 | 322 |
| 19890721 | 19890723 | 3 | 12 | 120.47 | 28.34 | 123.7 | 327.3 | 大陈岛/浙江 | 0.16 | 173 |
| 19890722 | 19890724 | 3 | 18 | 125.75 | 43.20 | 81.7 | 189.8 | 四平/吉林 | −1.62 | 364 |
| 19890831 | 19890902 | 3 | 25 | 109.91 | 30.57 | 84.5 | 159.3 | 梁平/重庆 | −1.01 | 296 |
| 19900612 | 19900614 | 3 | 29 | 115.25 | 28.45 | 88.9 | 335.1 | 安化/湖南 | −0.51 | 238 |
| 19900629 | 19900702 | 4 | 44 | 111.48 | 30.17 | 72.8 | 427.5 | 庐山/江西 | 0.33 | 163 |

续表

| 开始日期 | 结束日期 | 持续天数 | 影响站数 | 中心经度(°E) | 中心纬度(°N) | 最大日降水量(mm) | 最大累积降水量(mm) | 累积降水最大的站点 | 综合指标 | 综合排序 |
|---|---|---|---|---|---|---|---|---|---|---|
| 19900730 | 19900803 | 5 | 25 | 116.57 | 24.63 | 107.7 | 514.4 | 汕头/广东 | 1.54 | 83 |
| 19900820 | 19900822 | 3 | 23 | 118.04 | 25.76 | 91.4 | 469.2 | 九仙山/福建 | −0.78 | 261 |
| 19900830 | 19900901 | 3 | 20 | 120.79 | 30.21 | 94.2 | 227.5 | 玉环/浙江 | −0.83 | 273 |
| 19900908 | 19900911 | 4 | 29 | 117.26 | 24.99 | 74.2 | 267.3 | 福州/福建 | −0.60 | 246 |
| 19901003 | 19901005 | 3 | 11 | 110.01 | 19.68 | 78.2 | 427.4 | 徐闻/广东 | −2.27 | 414 |
| 19901021 | 19901024 | 4 | 16 | 111.32 | 25.94 | 67.6 | 171.9 | 双峰/湖南 | −1.82 | 377 |
| 19910608 | 19910610 | 3 | 18 | 112.73 | 22.44 | 82.7 | 231.2 | 上川岛/广东 | −1.57 | 360 |
| 19910611 | 19910616 | 6 | 39 | 117.34 | 31.85 | 84.8 | 367.7 | 寿县/安徽 | 1.96 | 65 |
| 19910630 | 19910707 | 8 | 69 | 114.16 | 30.27 | 91.9 | 788.0 | 黄山/安徽 | 5.68 | 13 |
| 19910708 | 19910711 | 4 | 26 | 116.11 | 31.28 | 121.7 | 434.8 | 霍山/安徽 | 1.67 | 76 |
| 19910721 | 19910723 | 3 | 25 | 123.36 | 42.33 | 71.6 | 115.4 | 长春/吉林 | −1.68 | 366 |
| 19910805 | 19910807 | 3 | 33 | 112.87 | 31.53 | 93.2 | 216.3 | 巢湖/安徽 | −0.02 | 188 |
| 19910906 | 19910908 | 3 | 20 | 115.76 | 25.74 | 119.6 | 348.2 | 南岳/湖南 | 0.49 | 147 |
| 19920103 | 19920105 | 3 | 18 | 111.39 | 23.09 | 76.3 | 173.2 | 玉林/广西 | −1.90 | 383 |
| 19920324 | 19920328 | 5 | 35 | 115.50 | 25.77 | 71.9 | 317.3 | 东源/广东 | 0.35 | 158 |
| 19920607 | 19920609 | 3 | 24 | 113.54 | 22.69 | 92.7 | 258.8 | 台山/广东 | −0.65 | 251 |
| 19920614 | 19920616 | 3 | 11 | 107.59 | 26.92 | 81.3 | 243.0 | 安顺/贵州 | −2.11 | 403 |
| 19920616 | 19920618 | 3 | 37 | 113.09 | 25.81 | 80.9 | 214.9 | 桂林/广西 | −0.39 | 220 |
| 19920703 | 19920708 | 6 | 69 | 115.67 | 26.48 | 84.3 | 447.9 | 平潭/福建 | 3.94 | 22 |
| 19920830 | 19920901 | 3 | 29 | 120.66 | 28.93 | 80.8 | 256.5 | 洪家/浙江 | −0.93 | 291 |
| 19930615 | 19930617 | 3 | 17 | 114.36 | 24.60 | 76.3 | 264.4 | 深圳/广东 | −1.97 | 389 |
| 19930618 | 19930622 | 5 | 31 | 117.12 | 29.54 | 79.8 | 280.0 | 衢州/浙江 | 0.49 | 145 |
| 19930628 | 19930705 | 8 | 64 | 116.25 | 29.72 | 81.3 | 453.6 | 屯溪/安徽 | 4.79 | 16 |
| 19930707 | 19930709 | 3 | 24 | 109.72 | 25.60 | 78.0 | 188.7 | 通道/湖南 | −1.41 | 342 |
| 19930925 | 19930927 | 3 | 13 | 114.03 | 22.75 | 120.2 | 505.7 | 上川岛/广东 | 0.05 | 181 |
| 19931016 | 19931018 | 3 | 5 | 110.03 | 19.26 | 132.6 | 460.7 | 琼中/海南 | 0.15 | 175 |
| 19940423 | 19940425 | 3 | 15 | 113.93 | 26.61 | 58.4 | 128.4 | 邵武/福建 | −3.03 | 446 |
| 19940501 | 19940503 | 3 | 16 | 116.65 | 26.36 | 107.9 | 296.4 | 永安/福建 | −0.39 | 221 |
| 19940609 | 19940621 | 13 | 106 | 115.88 | 26.63 | 86.1 | 583.8 | 融安/广西 | 11.20 | 2 |
| 19940704 | 19940706 | 3 | 29 | 109.70 | 22.55 | 105.1 | 311.8 | 来宾/广西 | 0.33 | 162 |
| 19940708 | 19940710 | 3 | 23 | 125.15 | 43.66 | 62.0 | 121.6 | 松江/吉林 | −2.31 | 416 |
| 19940717 | 19940724 | 8 | 41 | 110.72 | 23.10 | 131.1 | 687.6 | 东兴/广西 | 5.84 | 11 |
| 19940804 | 19940808 | 5 | 43 | 112.94 | 23.93 | 128.4 | 445.3 | 汕头/广东 | 3.82 | 26 |
| 19940806 | 19940808 | 3 | 44 | 121.00 | 39.44 | 90.5 | 291.4 | 开原/辽宁 | 0.58 | 138 |

续表

| 开始日期 | 结束日期 | 持续天数 | 影响站数 | 中心经度(°E) | 中心纬度(°N) | 最大日降水量(mm) | 最大累积降水量(mm) | 累积降水最大的站点 | 综合指标 | 综合排序 |
|---|---|---|---|---|---|---|---|---|---|---|
| 19940806 | 19940808 | 3 | 25 | 109.84 | 24.36 | 75.9 | 268.5 | 上川岛/广东 | −1.45 | 352 |
| 19941007 | 19941009 | 3 | 7 | 108.94 | 27.25 | 65.3 | 170.6 | 芷江/湖南 | −3.21 | 449 |
| 19950531 | 19950604 | 5 | 39 | 112.85 | 28.32 | 82.4 | 360.0 | 波阳/江西 | 1.16 | 97 |
| 19950607 | 19950609 | 3 | 41 | 113.45 | 24.32 | 89.7 | 556.2 | 阳江/广东 | 0.34 | 159 |
| 19950615 | 19950618 | 4 | 45 | 115.83 | 25.74 | 76.5 | 221.0 | 屏南/福建 | 0.59 | 136 |
| 19950620 | 19950628 | 9 | 84 | 115.75 | 28.73 | 94.0 | 511.3 | 黄山/安徽 | 7.46 | 5 |
| 19950630 | 19950703 | 4 | 55 | 112.47 | 26.96 | 99.9 | 369.3 | 铜仁/贵州 | 2.48 | 54 |
| 19950707 | 19950709 | 3 | 20 | 114.32 | 32.08 | 79.8 | 193.5 | 广水/湖北 | −1.58 | 362 |
| 19950731 | 19950804 | 5 | 32 | 114.81 | 23.58 | 88.6 | 370.2 | 上川岛/广东 | 1.02 | 106 |
| 19950812 | 19950814 | 3 | 32 | 114.72 | 23.93 | 86.5 | 455.7 | 汕尾/广东 | −0.43 | 225 |
| 19950817 | 19950820 | 4 | 14 | 105.62 | 27.12 | 89.3 | 219.3 | 安顺/贵州 | −0.82 | 272 |
| 19951003 | 19951005 | 3 | 46 | 114.78 | 27.00 | 76.8 | 278.7 | 贺县/广西 | 0.00 | 187 |
| 19951011 | 19951014 | 4 | 29 | 110.38 | 21.21 | 94.5 | 266.7 | 湛江/广东 | 0.45 | 152 |
| 19960317 | 19960319 | 3 | 19 | 119.49 | 28.28 | 59.2 | 193.2 | 浦城/福建 | −2.72 | 439 |
| 19960329 | 19960331 | 3 | 21 | 115.69 | 24.65 | 74.1 | 182.3 | 韶关/广东 | −1.82 | 376 |
| 19960524 | 19960526 | 3 | 35 | 112.45 | 24.97 | 84.3 | 150.0 | 道县/湖南 | −0.35 | 217 |
| 19960529 | 19960603 | 6 | 38 | 114.96 | 27.31 | 83.2 | 252.7 | 樟树/江西 | 1.81 | 70 |
| 19960620 | 19960625 | 6 | 50 | 112.50 | 23.97 | 98.4 | 302.3 | 上川岛/广东 | 3.40 | 34 |
| 19960623 | 19960625 | 3 | 23 | 110.11 | 24.62 | 88.8 | 191.4 | 台山/广东 | −0.92 | 287 |
| 19960628 | 19960705 | 8 | 68 | 116.93 | 31.21 | 126.3 | 619.9 | 黄山/安徽 | 7.40 | 6 |
| 19960630 | 19960703 | 4 | 23 | 107.79 | 26.55 | 112.8 | 278.4 | 凯里/贵州 | 1.00 | 107 |
| 19960710 | 19960713 | 4 | 33 | 111.92 | 25.77 | 70.1 | 196.9 | 邵阳/湖南 | −0.55 | 243 |
| 19960710 | 19960713 | 4 | 32 | 113.76 | 26.56 | 62.8 | 173.8 | 北海/广西 | −0.99 | 294 |
| 19960714 | 19960718 | 5 | 52 | 112.28 | 28.71 | 87.8 | 354.3 | 嘉鱼/湖北 | 2.32 | 56 |
| 19960723 | 19960725 | 3 | 20 | 121.63 | 39.64 | 74.9 | 160.6 | 章党/辽宁 | −1.84 | 380 |
| 19960727 | 19960729 | 3 | 16 | 109.40 | 23.49 | 71.6 | 168.3 | 都安/广西 | −2.28 | 415 |
| 19960729 | 19960731 | 3 | 14 | 117.65 | 38.44 | 90.9 | 192.1 | 泰山/山东 | −1.41 | 340 |
| 19960803 | 19960805 | 3 | 31 | 113.87 | 34.77 | 105.4 | 411.3 | 石家庄/河北 | 0.49 | 148 |
| 19960810 | 19960812 | 3 | 27 | 123.17 | 40.72 | 87.6 | 305.8 | 宽甸/辽宁 | −0.71 | 256 |
| 19960813 | 19960815 | 3 | 11 | 110.30 | 21.84 | 93.4 | 244.0 | 北海/广西 | −1.48 | 353 |
| 19960817 | 19960819 | 3 | 16 | 112.93 | 24.48 | 76.5 | 163.1 | 东源/广东 | −2.02 | 393 |
| 19960912 | 19960914 | 3 | 11 | 110.87 | 20.06 | 81.1 | 237.0 | 陵水/海南 | −2.12 | 405 |
| 19970622 | 19970625 | 4 | 19 | 117.80 | 27.04 | 71.4 | 213.9 | 南平/福建 | −1.42 | 344 |
| 19970702 | 19970706 | 5 | 28 | 112.57 | 23.83 | 84.7 | 544.2 | 阳江/广东 | 0.55 | 141 |

续表

| 开始日期 | 结束日期 | 持续天数 | 影响站数 | 中心经度(°E) | 中心纬度(°N) | 最大日降水量(mm) | 最大累积降水量(mm) | 累积降水最大的站点 | 综合指标 | 综合排序 |
|---|---|---|---|---|---|---|---|---|---|---|
| 19970707 | 19970711 | 5 | 39 | 117.71 | 28.54 | 82.1 | 357.1 | 衢州/浙江 | 1.15 | 99 |
| 19970718 | 19970721 | 4 | 18 | 111.07 | 22.63 | 75.2 | 307.8 | 阳江/广东 | −1.29 | 327 |
| 19970731 | 19970802 | 3 | 17 | 119.85 | 41.27 | 69.5 | 109.4 | 秦皇岛/河北 | −2.32 | 417 |
| 19980216 | 19980219 | 4 | 18 | 117.48 | 25.57 | 75.2 | 207.0 | 屏南/福建 | −1.29 | 328 |
| 19980307 | 19980310 | 4 | 29 | 115.42 | 25.53 | 64.1 | 200.1 | 东山/福建 | −1.13 | 304 |
| 19980513 | 19980515 | 3 | 25 | 116.48 | 26.85 | 93.9 | 134.6 | 东源/广东 | −0.52 | 240 |
| 19980521 | 19980523 | 3 | 16 | 115.10 | 32.93 | 87.8 | 175.7 | 枣阳/湖北 | −1.44 | 347 |
| 19980522 | 19980524 | 3 | 23 | 110.98 | 24.63 | 97.3 | 270.3 | 融安/广西 | −0.48 | 235 |
| 19980612 | 19980614 | 3 | 31 | 115.32 | 28.86 | 108.5 | 378.9 | 贵溪/江西 | 0.64 | 132 |
| 19980616 | 19980627 | 12 | 88 | 114.62 | 26.82 | 129.9 | 641.0 | 融安/广西 | 11.60 | 1 |
| 19980616 | 19980618 | 3 | 21 | 109.34 | 24.91 | 82.9 | 258.7 | 桂林/广西 | −1.35 | 336 |
| 19980623 | 19980627 | 5 | 78 | 114.39 | 28.02 | 79.3 | 398.9 | 修水/江西 | 3.61 | 29 |
| 19980701 | 19980703 | 3 | 31 | 115.41 | 32.75 | 73.9 | 148.8 | 西华/河南 | −1.15 | 309 |
| 19980702 | 19980705 | 4 | 14 | 109.84 | 21.70 | 135.7 | 546.1 | 钦州/广西 | 1.59 | 80 |
| 19980707 | 19980709 | 3 | 21 | 110.72 | 34.67 | 58.8 | 215.8 | 佛坪/陕西 | −2.61 | 434 |
| 19980721 | 19980725 | 5 | 42 | 113.69 | 29.28 | 106.7 | 499.6 | 黄石/湖北 | 2.63 | 49 |
| 19990415 | 19990417 | 3 | 26 | 115.67 | 28.82 | 67.8 | 173.4 | 庐山/江西 | −1.81 | 375 |
| 19990423 | 19990425 | 3 | 38 | 111.89 | 28.79 | 100.9 | 281.8 | 波阳/江西 | 0.72 | 125 |
| 19990522 | 19990526 | 5 | 64 | 114.84 | 27.40 | 72.2 | 246.0 | 长汀/福建 | 2.31 | 57 |
| 19990608 | 19990610 | 3 | 13 | 119.83 | 30.59 | 68.2 | 238.3 | 吴县东山/江苏 | −2.65 | 437 |
| 19990616 | 19990618 | 3 | 28 | 118.52 | 29.36 | 88.7 | 250.0 | 玉山/江西 | −0.58 | 244 |
| 19990622 | 19990624 | 3 | 33 | 110.56 | 26.88 | 99.5 | 209.5 | 信宜/广东 | 0.31 | 164 |
| 19990626 | 19990702 | 7 | 61 | 113.13 | 29.08 | 80.3 | 540.0 | 黄山/安徽 | 3.87 | 24 |
| 19990705 | 19990707 | 3 | 27 | 114.89 | 33.94 | 85.0 | 188.6 | 许昌/河南 | −0.85 | 277 |
| 19990706 | 19990708 | 3 | 14 | 108.74 | 30.72 | 92.8 | 161.4 | 奉节/重庆 | −1.31 | 332 |
| 19990710 | 19990712 | 3 | 11 | 109.10 | 24.89 | 89.0 | 303.4 | 桂林/广西 | −1.71 | 369 |
| 19990714 | 19990717 | 4 | 50 | 107.73 | 28.52 | 80.1 | 188.5 | 昭通/云南 | 1.11 | 101 |
| 20000401 | 20000403 | 3 | 24 | 114.10 | 24.51 | 75.8 | 259.9 | 佛岗/广东 | −1.52 | 357 |
| 20000507 | 20000510 | 4 | 27 | 109.25 | 23.70 | 99.4 | 349.3 | 湛江/广东 | 0.57 | 139 |
| 20000526 | 20000528 | 3 | 19 | 109.77 | 25.00 | 73.4 | 253.3 | 蒙山/广西 | −1.98 | 390 |
| 20000608 | 20000612 | 5 | 55 | 116.40 | 26.78 | 73.2 | 353.7 | 平潭/福建 | 1.76 | 73 |
| 20000617 | 20000619 | 3 | 16 | 117.28 | 24.53 | 106.1 | 402.5 | 厦门/福建 | −0.48 | 236 |
| 20000621 | 20000626 | 6 | 51 | 115.05 | 30.95 | 83.4 | 296.7 | 砀山/安徽 | 2.69 | 47 |
| 20000622 | 20000625 | 4 | 17 | 107.97 | 27.13 | 86.1 | 189.1 | 酉阳/重庆 | −0.79 | 265 |

续表

| 开始日期 | 结束日期 | 持续天数 | 影响站数 | 中心经度(°E) | 中心纬度(°N) | 最大日降水量(mm) | 最大累积降水量(mm) | 累积降水最大的站点 | 综合指标 | 综合排序 |
|---|---|---|---|---|---|---|---|---|---|---|
| 20000704 | 20000706 | 3 | 16 | 114.19 | 36.34 | 97.5 | 337.4 | 安阳/河南 | −0.93 | 292 |
| 20000713 | 20000715 | 3 | 16 | 115.27 | 34.00 | 81.3 | 285.7 | 驻马店/河南 | −1.77 | 371 |
| 20000717 | 20000719 | 3 | 20 | 114.64 | 23.44 | 82.4 | 253.2 | 上川岛/广东 | −1.45 | 351 |
| 20000802 | 20000804 | 3 | 12 | 108.61 | 23.16 | 97.9 | 386.2 | 东兴/广西 | −1.18 | 313 |
| 20000808 | 20000810 | 3 | 12 | 119.07 | 40.67 | 96.8 | 247.3 | 兴城/辽宁 | −1.24 | 321 |
| 20000823 | 20000825 | 3 | 22 | 117.70 | 25.92 | 73.0 | 237.8 | 深圳/广东 | −1.80 | 374 |
| 20000828 | 20000831 | 4 | 18 | 118.83 | 35.45 | 91.2 | 382.3 | 赣榆/江苏 | −0.46 | 228 |
| 20000924 | 20000926 | 3 | 20 | 114.29 | 31.75 | 88.5 | 281.6 | 天门/湖北 | −1.13 | 305 |
| 20001014 | 20001016 | 3 | 17 | 109.59 | 20.26 | 130.5 | 582.1 | 琼海/海南 | 0.85 | 116 |
| 20010420 | 20010422 | 3 | 31 | 113.86 | 25.18 | 68.7 | 148.9 | 五华/广东 | −1.42 | 345 |
| 20010505 | 20010507 | 3 | 13 | 112.56 | 27.62 | 64.2 | 198.9 | 邵阳/湖南 | −2.86 | 443 |
| 20010531 | 20010602 | 3 | 9 | 100.48 | 24.47 | 61.2 | 164.1 | 腾冲/云南 | −3.29 | 451 |
| 20010601 | 20010607 | 7 | 37 | 112.17 | 22.92 | 100.5 | 445.4 | 阳江/广东 | 3.31 | 39 |
| 20010623 | 20010626 | 4 | 13 | 120.48 | 30.28 | 85.9 | 309.6 | 吕泗/江苏 | −1.06 | 300 |
| 20010625 | 20010627 | 3 | 14 | 113.01 | 22.38 | 161.6 | 456.6 | 北海/广西 | 2.27 | 59 |
| 20010701 | 20010704 | 4 | 25 | 108.08 | 22.03 | 103.9 | 288.7 | 南宁/广西 | 0.67 | 130 |
| 20010714 | 20010718 | 5 | 31 | 111.06 | 22.86 | 98.2 | 306.3 | 电白/广东 | 1.45 | 86 |
| 20010730 | 20010801 | 3 | 24 | 118.99 | 34.47 | 106.5 | 276.4 | 石岛/山东 | 0.07 | 180 |
| 20010829 | 20010901 | 4 | 33 | 112.75 | 22.28 | 128.4 | 455.1 | 东方/海南 | 2.48 | 53 |
| 20020511 | 20020513 | 3 | 11 | 100.71 | 24.87 | 58.1 | 151.3 | 江城/云南 | −3.31 | 452 |
| 20020614 | 20020618 | 5 | 31 | 116.11 | 26.60 | 99.3 | 542.1 | 广昌/江西 | 1.51 | 85 |
| 20020621 | 20020625 | 5 | 39 | 117.28 | 31.61 | 77.1 | 214.7 | 信阳/河南 | 0.89 | 110 |
| 20020627 | 20020701 | 5 | 73 | 114.71 | 27.94 | 84.5 | 291.2 | 东兴/广西 | 3.55 | 30 |
| 20020722 | 20020725 | 4 | 52 | 112.55 | 28.97 | 76.4 | 306.3 | 岳阳/湖南 | 1.05 | 103 |
| 20020805 | 20020809 | 5 | 45 | 114.65 | 24.39 | 81.9 | 367.9 | 厦门/福建 | 1.54 | 82 |
| 20020912 | 20020916 | 5 | 21 | 112.06 | 22.05 | 97.5 | 522.7 | 阳江/广东 | 0.74 | 124 |
| 20021113 | 20021115 | 3 | 12 | 116.35 | 28.82 | 58.7 | 142.5 | 贵溪/江西 | −3.22 | 450 |
| 20030515 | 20030517 | 3 | 31 | 114.24 | 25.61 | 94.6 | 249.6 | 梅县/广东 | −0.08 | 191 |
| 20030605 | 20030607 | 3 | 20 | 113.00 | 25.11 | 64.7 | 143.9 | 增城/广东 | −2.37 | 419 |
| 20030622 | 20030628 | 7 | 83 | 112.88 | 28.38 | 98.5 | 356.3 | 南昌/江西 | 6.29 | 10 |
| 20030630 | 20030702 | 3 | 15 | 117.20 | 33.14 | 75.7 | 188.2 | 驻马店/河南 | −2.13 | 406 |
| 20030708 | 20030712 | 5 | 43 | 115.50 | 31.82 | 85.0 | 481.7 | 桑植/湖南 | 1.57 | 81 |
| 20030829 | 20030901 | 4 | 34 | 109.78 | 32.73 | 71.7 | 330.2 | 万源/四川 | −0.40 | 223 |
| 20040518 | 20040520 | 3 | 12 | 100.30 | 23.80 | 69.9 | 170.0 | 临沧/云南 | −2.64 | 436 |

续表

| 开始日期 | 结束日期 | 持续天数 | 影响站数 | 中心经度(°E) | 中心纬度(°N) | 最大日降水量(mm) | 最大累积降水量(mm) | 累积降水最大的站点 | 综合指标 | 综合排序 |
|---|---|---|---|---|---|---|---|---|---|---|
| 20040716 | 20040720 | 5 | 63 | 111.01 | 28.85 | 94.0 | 424.8 | 都安/广西 | 3.37 | 36 |
| 20040905 | 20040907 | 3 | 14 | 107.49 | 28.58 | 68.0 | 201.4 | 达县/四川 | −2.60 | 433 |
| 20040908 | 20040910 | 3 | 16 | 116.78 | 24.07 | 113.1 | 432.2 | 平潭/福建 | −0.12 | 194 |
| 20050512 | 20050515 | 4 | 21 | 116.17 | 26.54 | 75.0 | 223.9 | 永安/福建 | −1.10 | 302 |
| 20050604 | 20050607 | 4 | 41 | 109.07 | 23.87 | 81.7 | 267.4 | 钦州/广西 | 0.59 | 135 |
| 20050618 | 20050624 | 7 | 52 | 115.64 | 25.35 | 97.1 | 611.2 | 东源/广东 | 4.14 | 21 |
| 20050805 | 20050807 | 3 | 21 | 120.80 | 30.42 | 79.8 | 320.8 | 定海/浙江 | −1.52 | 356 |
| 20050818 | 20050820 | 3 | 10 | 113.60 | 22.46 | 113.7 | 376.6 | 上川岛/广东 | −0.49 | 237 |
| 20050911 | 20050913 | 3 | 21 | 121.20 | 32.71 | 105.5 | 260.5 | 洪家/浙江 | −0.18 | 198 |
| 20060521 | 20060523 | 3 | 25 | 115.16 | 23.84 | 90.2 | 266.5 | 台山/广东 | −0.71 | 255 |
| 20060525 | 20060528 | 4 | 33 | 112.76 | 24.49 | 96.3 | 416.5 | 上川岛/广东 | 0.82 | 118 |
| 20060525 | 20060528 | 4 | 32 | 114.38 | 25.32 | 96.3 | 416.5 | 上川岛/广东 | 0.75 | 122 |
| 20060530 | 20060601 | 3 | 24 | 117.37 | 25.98 | 59.6 | 178.4 | 永安/福建 | −2.37 | 418 |
| 20060604 | 20060609 | 6 | 47 | 117.26 | 26.42 | 82.2 | 432.0 | 屏南/福建 | 2.36 | 55 |
| 20060629 | 20060705 | 7 | 41 | 116.67 | 33.43 | 98.6 | 322.3 | 蚌埠/安徽 | 3.48 | 31 |
| 20060707 | 20060710 | 4 | 43 | 109.85 | 26.43 | 75.3 | 235.1 | 宜春/江西 | 0.39 | 155 |
| 20060714 | 20060718 | 5 | 59 | 112.96 | 24.52 | 104.1 | 453.7 | 惠阳/广东 | 3.63 | 28 |
| 20060725 | 20060728 | 4 | 30 | 113.95 | 23.85 | 92.4 | 297.6 | 北海/广西 | 0.41 | 154 |
| 20060803 | 20060806 | 4 | 39 | 110.05 | 22.57 | 87.3 | 270.3 | 北海/广西 | 0.75 | 123 |
| 20061008 | 20061010 | 3 | 8 | 101.17 | 23.08 | 67.7 | 260.5 | 澜沧/云南 | −3.02 | 445 |
| 20070531 | 20070602 | 3 | 24 | 114.80 | 28.64 | 96.4 | 150.2 | 安庆/安徽 | −0.45 | 227 |
| 20070607 | 20070610 | 4 | 35 | 114.22 | 24.33 | 80.8 | 308.2 | 惠来/广东 | 0.14 | 176 |
| 20070608 | 20070610 | 3 | 33 | 112.20 | 24.59 | 76.8 | 233.8 | 都安/广西 | −0.87 | 279 |
| 20070704 | 20070715 | 12 | 63 | 114.52 | 31.97 | 109.3 | 345.6 | 宿县/安徽 | 8.86 | 4 |
| 20070723 | 20070726 | 4 | 22 | 108.82 | 28.22 | 81.5 | 198.1 | 铜仁/贵州 | −0.69 | 253 |
| 20070810 | 20070812 | 3 | 23 | 121.15 | 37.70 | 99.6 | 345.5 | 威海/山东 | −0.35 | 218 |
| 20070820 | 20070824 | 5 | 31 | 111.62 | 25.77 | 94.4 | 365.3 | 郴州/湖南 | 1.25 | 94 |
| 20070918 | 20070920 | 3 | 35 | 120.44 | 32.25 | 91.8 | 256.4 | 洪家/浙江 | 0.05 | 182 |
| 20080605 | 20080607 | 3 | 21 | 112.04 | 22.00 | 131.5 | 404.2 | 台山/广东 | 1.17 | 96 |
| 20080612 | 20080614 | 3 | 49 | 113.79 | 24.53 | 85.0 | 355.1 | 汕头/广东 | 0.63 | 133 |
| 20080616 | 20080618 | 3 | 37 | 112.16 | 24.00 | 74.5 | 288.4 | 广宁/广东 | −0.72 | 257 |
| 20080625 | 20080629 | 5 | 29 | 112.88 | 23.42 | 104.0 | 471.5 | 上川岛/广东 | 1.62 | 77 |
| 20080718 | 20080720 | 3 | 13 | 119.82 | 36.85 | 64.3 | 193.1 | 龙口/山东 | −2.86 | 442 |
| 20080728 | 20080730 | 3 | 30 | 118.65 | 26.54 | 88.3 | 263.4 | 东源/广东 | −0.47 | 234 |

续表

| 开始日期 | 结束日期 | 持续天数 | 影响站数 | 中心经度(°E) | 中心纬度(°N) | 最大日降水量(mm) | 最大累积降水量(mm) | 累积降水最大的站点 | 综合指标 | 综合排序 |
|---|---|---|---|---|---|---|---|---|---|---|
| 20080807 | 20080809 | 3 | 20 | 109.02 | 21.84 | 104.2 | 484.7 | 涠洲岛/广西 | −0.32 | 213 |
| 20080814 | 20080817 | 4 | 34 | 111.99 | 29.20 | 80.0 | 221.2 | 天门/湖北 | 0.03 | 184 |
| 20080828 | 20080830 | 3 | 22 | 111.70 | 30.56 | 74.1 | 271.1 | 钟祥/湖北 | −1.74 | 370 |
| 20081031 | 20081102 | 3 | 28 | 108.68 | 25.72 | 65.4 | 215.1 | 凤山/广西 | −1.80 | 373 |
| 20081105 | 20081107 | 3 | 18 | 110.36 | 27.29 | 70.7 | 118.0 | 安化/湖南 | −2.19 | 410 |
| 20090423 | 20090425 | 3 | 17 | 112.83 | 26.92 | 64.8 | 111.8 | 蒙山/广西 | −2.57 | 429 |
| 20090602 | 20090604 | 3 | 27 | 116.94 | 27.04 | 72.2 | 132.0 | 屏南/福建 | −1.51 | 354 |
| 20090608 | 20090610 | 3 | 20 | 109.31 | 26.72 | 85.4 | 288.2 | 通道/湖南 | −1.29 | 331 |
| 20090629 | 20090705 | 7 | 80 | 113.31 | 26.77 | 91.4 | 307.4 | 融安/广西 | 5.72 | 12 |
| 20090722 | 20090728 | 7 | 47 | 114.99 | 29.79 | 89.9 | 246.3 | 黄山/安徽 | 3.43 | 32 |
| 20090803 | 20090805 | 3 | 14 | 106.40 | 28.98 | 77.0 | 279.7 | 重庆沙坪坝/重庆 | −2.13 | 407 |
| 20090805 | 20090807 | 3 | 16 | 111.05 | 21.45 | 126.7 | 454.2 | 阳江/广东 | 0.59 | 137 |
| 20090808 | 20090811 | 4 | 26 | 119.70 | 28.71 | 100.1 | 404.8 | 福鼎/福建 | 0.54 | 142 |
| 20090923 | 20090925 | 3 | 7 | 110.01 | 19.17 | 87.4 | 263.6 | 琼中/海南 | −2.06 | 395 |

## 参考文献

Duchon C E. Lanczos filtering in one and two dimensions. *J. Appl. Meteor.*, 1979, **18**:1016-1022.

# 第 7 章　中国区域低温事件

“离离原上草，一岁一枯荣”，反映的是植物生长随季节的变化。植物的“枯”和“荣”遵循着四季节律。违背了这个节律，植物就遭受灾难。1969 年、1972 年和 1976 年是赤道中东太平洋出现厄尔尼诺事件的年份，我国东北地区夏季遭遇了严重的低温事件，粮食产量下降了 20%～30%。那个时期，长江流域也常常有寒露风的袭击，晚熟粮食作物可能绝收。2010 年倒春寒也是影响我国粮食作物生长的低温事件。所以，低温冷害事件在我国一年四季都可能发生。只要实际出现的温度比正常气候的温度低到某个阈值，作物的生长就会遭受影响。

低温冷害就是气温偏离了正常的气候节律。2008 年 1 月中下旬，适逢中国春运高峰期，一场范围广、强度大、持续时间长的雨雪和冰冻重大气象灾害发生在我国南方。影响最严重的冻雨时段发生在 2008 年 1 月下旬。冷暖空气长期对峙和交汇形成了 2008 年年初我国西南地区的冰冻天气过程。

大气中有很多不断变化的冷气团和暖气团，干气团和湿气团。在冷气团与暖气团相交的地带会形成冷暖对比，或冷暖差异。在干气团与湿气团相交的地带会形成干湿对比。这些冷暖和干湿对比的地带称为锋区，是异常降水和低温事件集中发生的地带。冷暖锋带常常活动于北半球的中高纬地区，对我国也有影响。这种冷暖锋带在大气中是深厚的。我国西北、华北和东北地区常常受到这种冷暖锋带的影响。在一个地区维持长时间的冷暖锋带活动就会形成当地的持续降水和低温事件。梅雨锋是造成我国东部地区夏季连续低温多雨的天气系统。华南静止锋是形成我国南方春季低温天气的主要系统。

本章列出了 552 个低温事件。最长的低温事件发生在 1967—1968 年的冬季为 46 天，波及整个中国。前 10 个最长的低温事件中有 9 个发生在前 20 年。在影响范围和强度指标上，2008 年的低温事件排不上前 10 位。在历年发生在 35°N 以南的低温事件中，2008 年的低温事件排在第 4 位。

## 7.1　资料和方法

• 中国 549 个站 1960—2008 年均一化的逐日最低温度（$T_{min}$）数据集（Li 和 Yan，2009）。

• NCEP/NCAR 逐日再分析资料 I，资料起止时间为 1960—2008 年的 2.5°×2.5°经纬度格点资料（Kalnay 等，1996）。

（1）区域低温极端事件的定义

单站低温极端事件的定义。日最低气温低于常年值（常年值＝当日前、后 5 天，共 11 天的气候平均值）且日最低温度在历史同日大小排列序列中小于第 10 个百分位值，连续日数超过 5 天达此标准为单站低温极端事件。

区域低温极端事件的定义。在同一时间段内至少 5 天有相邻 5 站同时发生单站低温极端事件为区域低温极端事件。

（2）区域低温极端事件的定量指标

持续时间：整个事件从开始到结束的日数；

影响范围：单日所影响到的最多经纬格点数（1°×1°）；

低温强度：单日所达到的最低温度距平；

综合强度指数(CSI)：$CSI=ID+IE-II$，其中 $ID$、$IE$ 和 $II$ 分别为标准化的持续时间指数、范围指数和强度指数。

根据 CSI 指数将所有事件分成强事件(1.13<CSI)、中等事件(−1.13≤CSI≤1.13)和弱事件(CSI<−1.13)三类。

(3)区域低温事件的地理中心位置(Lat，Lon)，如下计算：

$$\mathrm{Lat}=\frac{\sum_{i=1}^{549} n_i \mathrm{lat}(i)}{\sum_{i=1}^{549} n_i}$$

$$\mathrm{Lon}=\frac{\sum_{i=1}^{549} n_i \mathrm{lon}(i)}{\sum_{i=1}^{549} n_i}$$

lat($i$)和 lon($i$)是第 $i$ 个站点的纬度和经度，Lat 和 Lon 是事件的中心纬度和经度，$n_i$ 是第 $i$ 个站点在该次事件中的累计总天数，如果该站点不受这次低温事件影响，则 $n_i$ 为 0。549 是总站点数。

## 7.2 中国寒潮气候变率

表 7-1 中国寒潮事件年频次(24 小时和 48 小时降温 10℃)与中国南北方平均温差的相关系数(Ding 等，2009)

| 时段/相关 | 10—12 月 | 1 月 | 2—4 月 |
|---|---|---|---|
| 相关系数 | 0.31 * * | 0.46 * * * | 0.28 * * |
| 去趋势相关 | 0.27 * | 0.43 * * * | 0.27 * |

注：'＊'、'＊＊'和'＊＊＊'指示相关系数分别超过 0.05、0.01 和 0.001 的显著性水平。统计时段 1960—2007 年。

表 7-2 北方(38°N 以北地区 205 站)每 10 年降温 20～25℃和降温大于 25℃(24 小时和 48 小时内)强寒潮总次数(Ding 等，2009)

| 次数/时段 | 1960—1969 | 1970—1979 | 1980—1989 | 1990—1999 | 2000—2007 |
|---|---|---|---|---|---|
| [20，25]℃ | 274 | 235 | 111 | 149 | 103 |
| ≥25℃ | 35 | 34 | 8 | 21 | 8 |
| 最大降温(℃) | −33.4 | −31.1 | −32.2 | −29.7 | −28.9 |

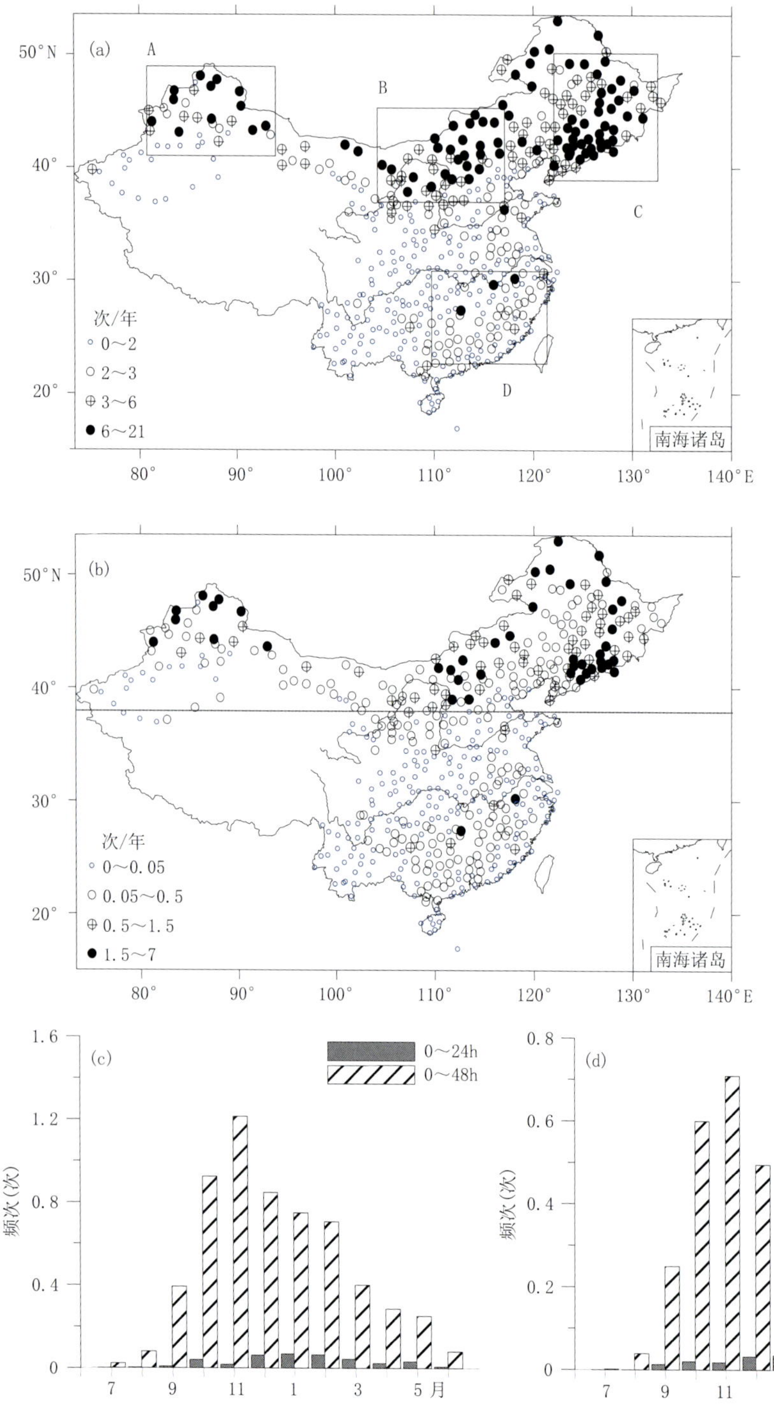

图 7-1　1960—2007 年期间 1～2 日寒潮降温事件年频次(Ding 等，2009)。(a)10～15°C 和(b)大于 15°C。(a)中区域“A”、“B”、“C”和“D”分别为选择的新疆、华北、东北和东南区域站点。(b)中 38°N 线划分了中国南方(15°～38°N，75°～140°E)与北方(38°～55°N，75°～140°E)。(c)新疆、(d)华北、(e)东北和(f)东南寒潮季节频次(24 或 48 小时降温＞10℃)。

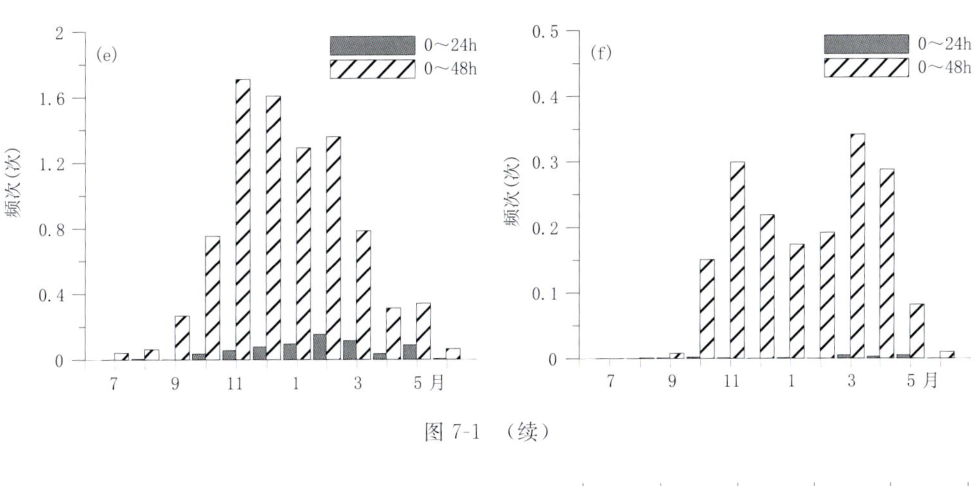


图 7-1 （续）

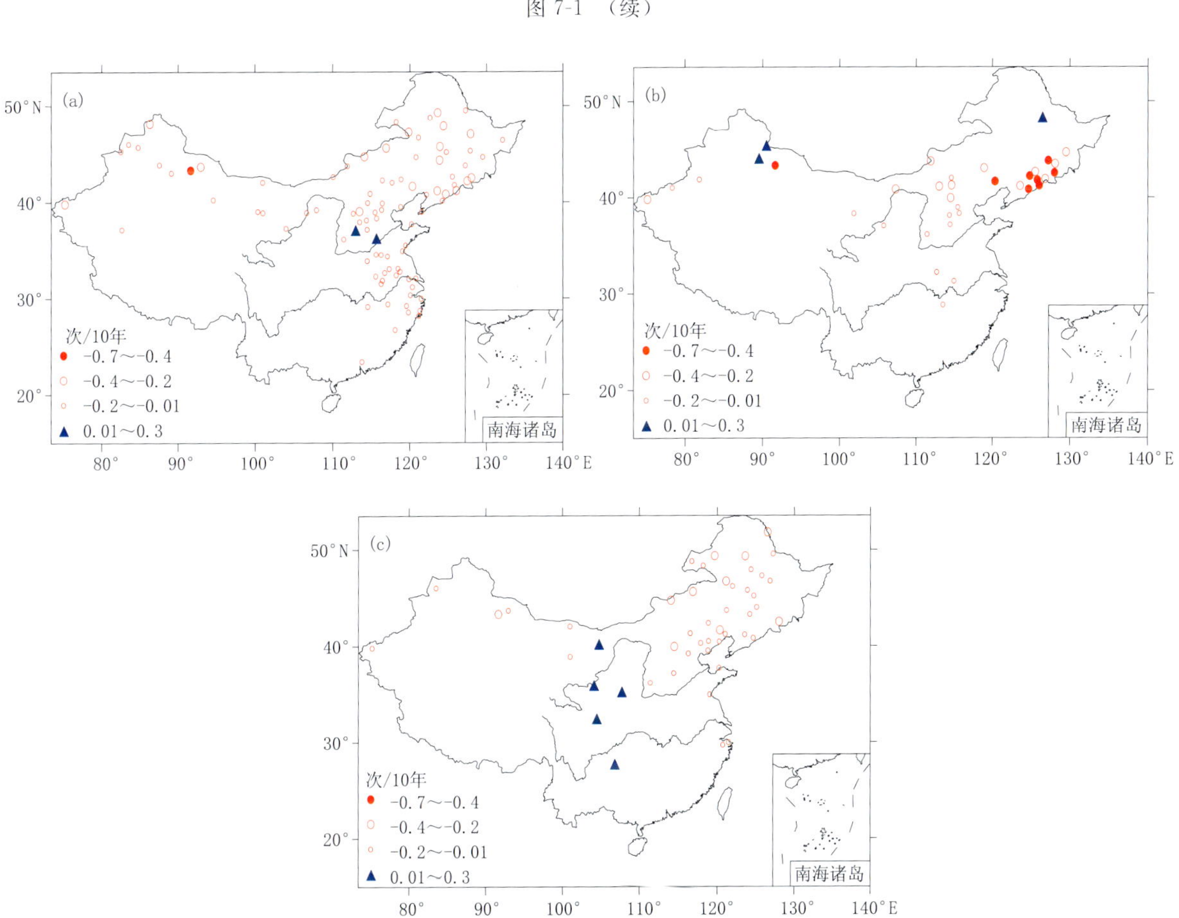


图 7-2 1～2 日内寒潮降温≥10℃超过 0.05 的显著性水平站点的线性趋势(Ding 等，2009) (a)10—12 月份，(b)1 月份和(c)2—4 月份。

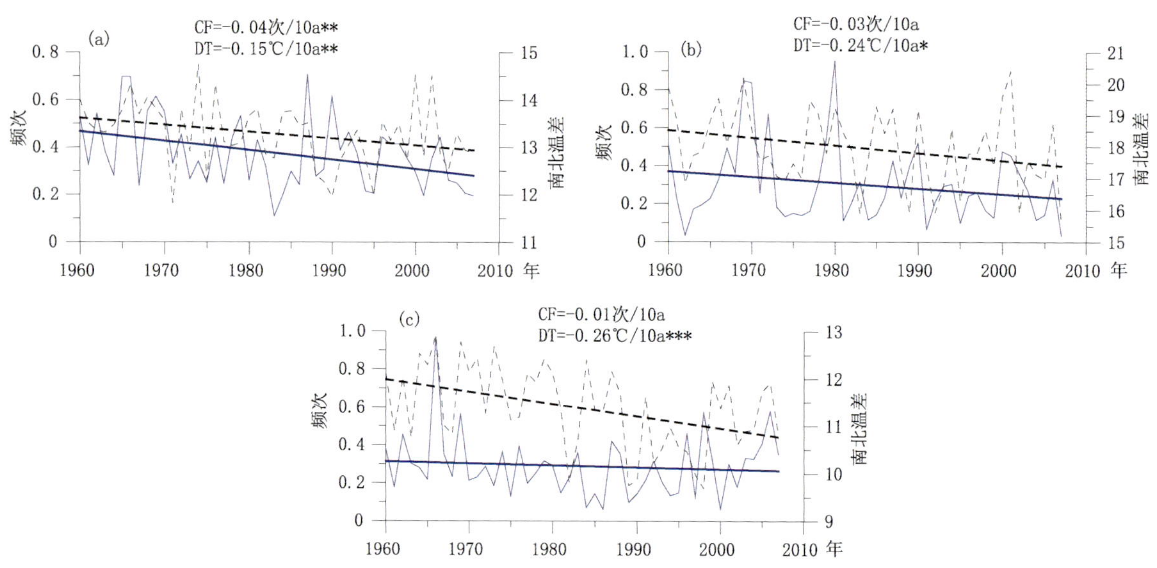


图 7-3　降温≥10℃(实线)的寒潮年频次(CF)与南北平均温差(℃,DT),虚线为南方(15°~38°N,75°~140°E)平均温度减北方(38°~55°N,75°~140°E)平均温度(Ding 等,2009)。(a)10—12 月份,(b)1 月份,和(c)2—4 月份。符号'*'、'**'和'***'指示相关系数分别超过 0.05、0.01 和 0.001 的显著性水平。

## 7.3　区域低温极端事件的气候特征

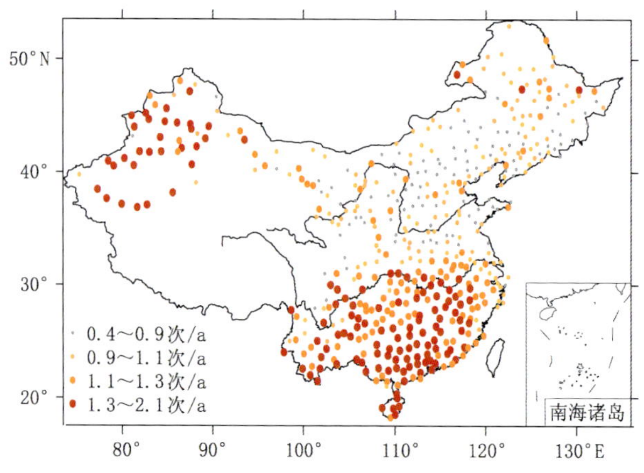


图 7-4　单站低温极端事件的年频次分布。单站低温极端事件的年频次两个高值中心分别位于新疆和华南地区,中心值达到 1.4~2.1 次/a。

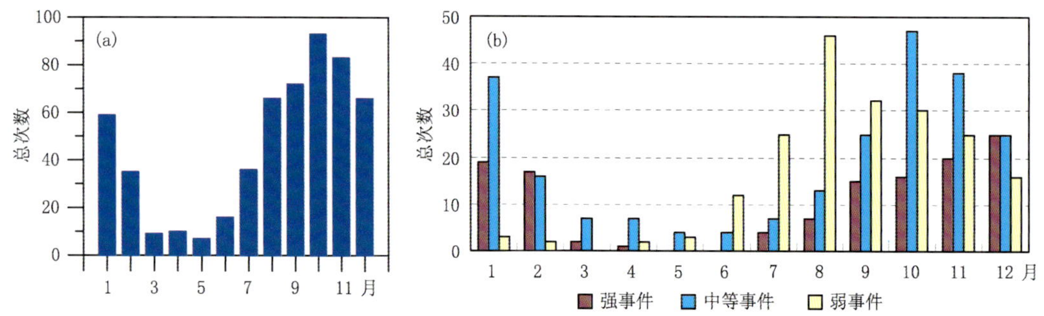


图 7-5　区域低温极端事件次数的月分布(Zhang 和 Qian,2011)。(a)所有(552 个)事件的月次数;(b)三类事件的月次数。从月次数分布看,总的事件数和强、中、弱三类事件数都在 8 月到次年 1 月比较多,其他月份较少。

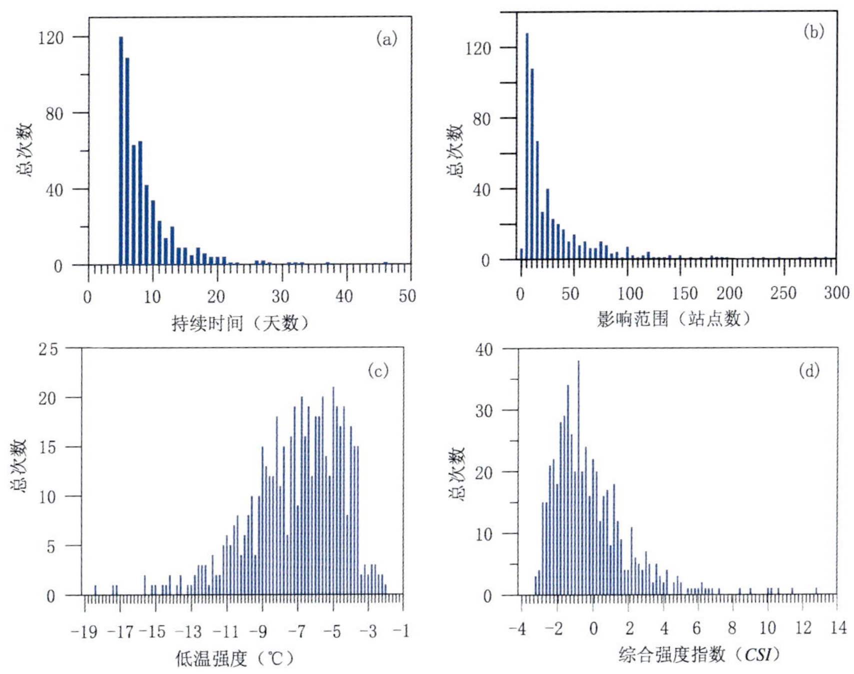


图 7-6 区域低温极端事件的频次分布特征(Zhang 和 Qian,2011)：(a)持续时间；(b)影响范围；(c)低温强度；(d)综合强度指数(*CSI*)。大多数区域低温极端事件的持续时间在 15 天以内，影响范围在 50 个格点以内，低温强度在－9～－4℃，*CSI* 指数在－2～1 之间。

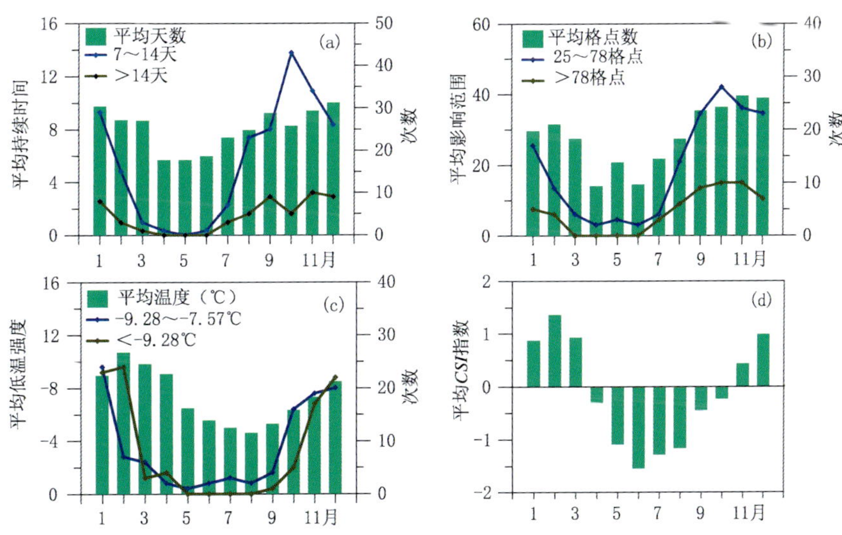


图 7-7 区域低温极端事件指标的月分布特征(图中柱形表示月平均指标，折线表示对应不同指标的时间频次)：(a)持续时间；(b)影响范围；(c)低温强度；(d)综合强度指数 *CSI*。低温持续时间在 12 月和 1 月比较长，影响范围在 9—12 月比较大，低温强度在 2—4 月比较强，*CSI* 指数在 12 月至次年 3 月较高。

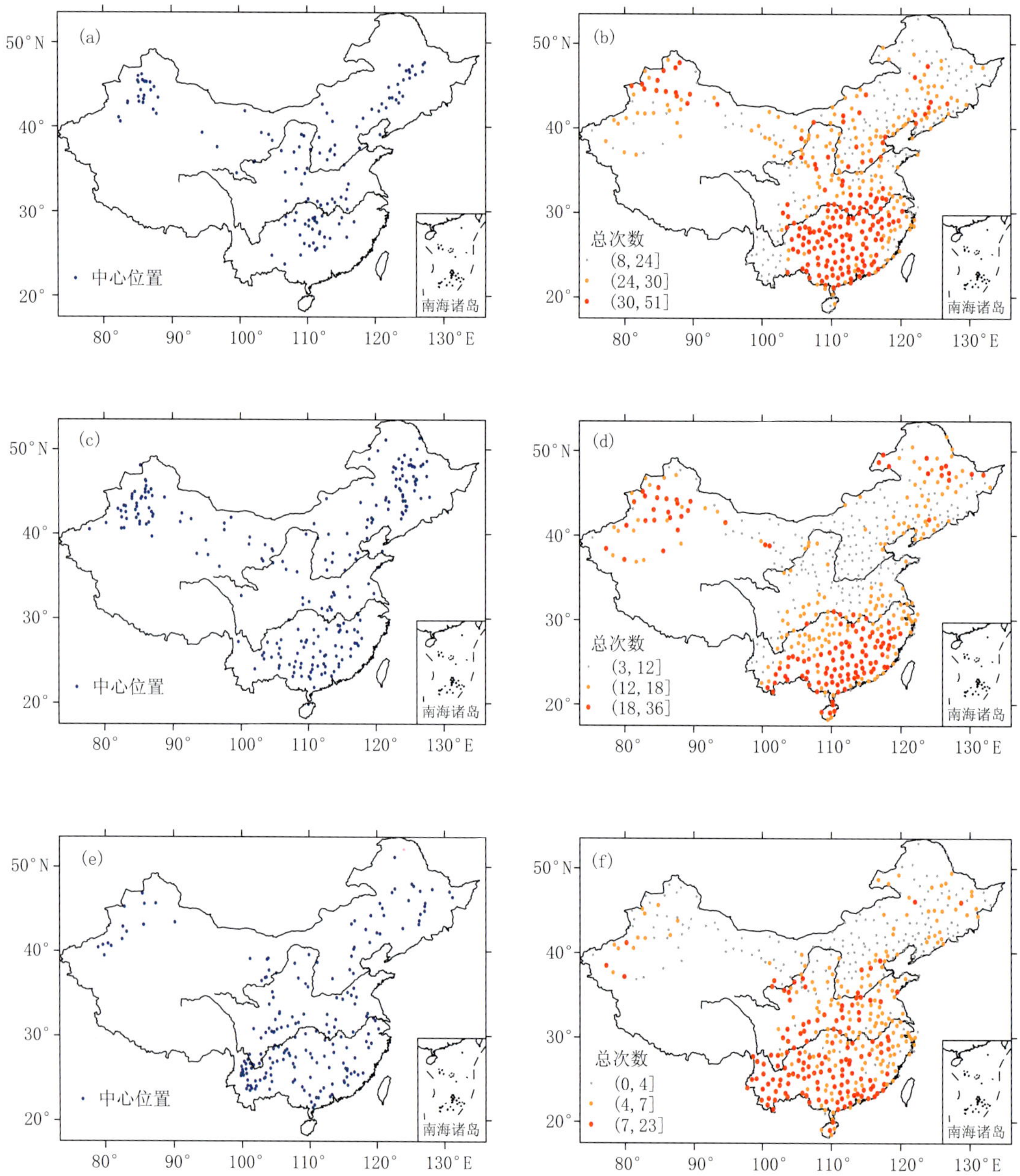

图 7-8　三类区域低温极端事件的中心位置(a、c、e)和频次分布(b、d、f)特征:(a,b)强事件(126 次);(c,d)中等事件(230 次);(e,f)弱事件(196 次)。强事件主要出现在新疆北部、长江流域和江南;中等事件主要出现在新疆、东北和华南;弱事件主要出现在黄河以南地区。

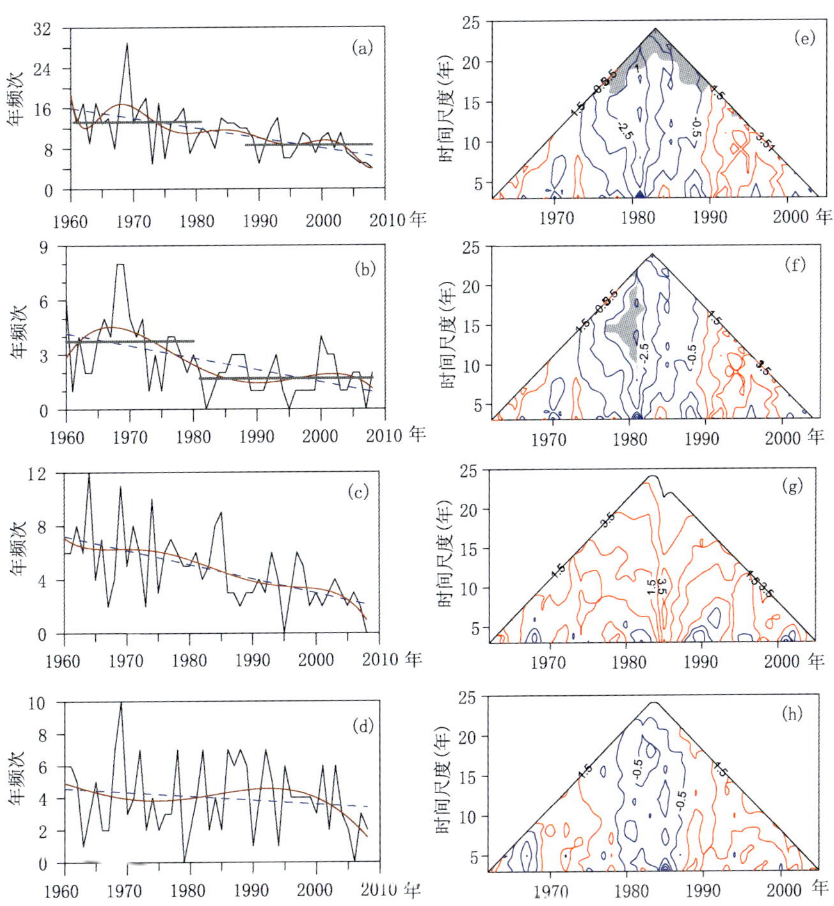


图 7-9　1960—2008 年区域低温极端事件的年频次变化以及滑动 t 检验的结果，(a，e)所有事件的年频次；(b，f)强事件的年频次；(c，g)中等事件的年频次；(d，h)弱事件的年频次。a、b、c、d 中的蓝色虚线表示线性趋势，红色光滑曲线表示 5 点平滑，灰色的粗实线表示该时间段的平均年频次。全部事件的趋势是－1.99 次/10 a，超过了 0.01 的显著性水平，突变发生在 20 世纪 80 年代，1960—1980 年的年频次为 13.9 次/a，1990—2008 年的年频次下降到 8.2 次/a。强事件的趋势是－0.68 次/10 a，超过了 0.01 的显著性水平，显著的突变发生在 1980 年左右。中等事件和弱事件频次的趋势分别是－1.06 次/10 a 和－0.25 次/10 a。

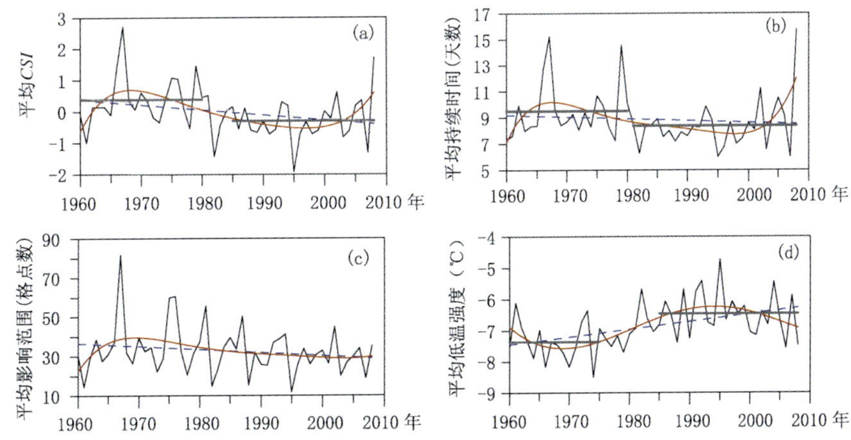


图 7-10　1960—2008 年区域低温极端事件的年平均指标变化和滑动 *t* 检验(Zhang 和 Qian，2011)。(a，e)年平均综合强度指数 *CSI* 值，(b，f)年平均持续时间，(c，g)年平均影响范围，(d，h)年平均低温强度。近 49 年来，年平均 *CSI* 值、持续时间和影响范围的阶段性变化类似，1960—1970 年指标高，1990 年指标低。对于年平均 *CSI* 值、持续时间和低温强度，都在 10～24 年尺度上发生了 1980 年左右的突变。1960—1980 年，年平均的 *CSI* 值、持续时间和低温强度分别为 0.38/a，9.5 天/a 和－7.36℃/a，然而在 1985—2008 年，分别为－0.3/a，8.4 天/a 和－6.46℃/a。

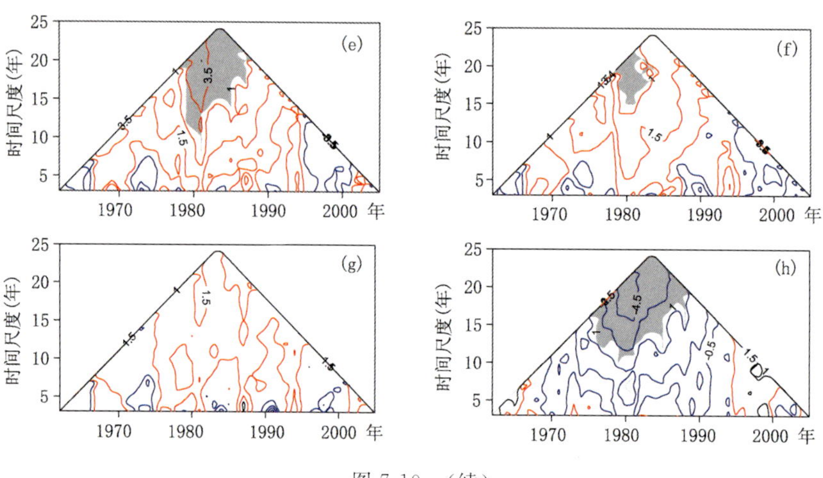


图 7-10 （续）

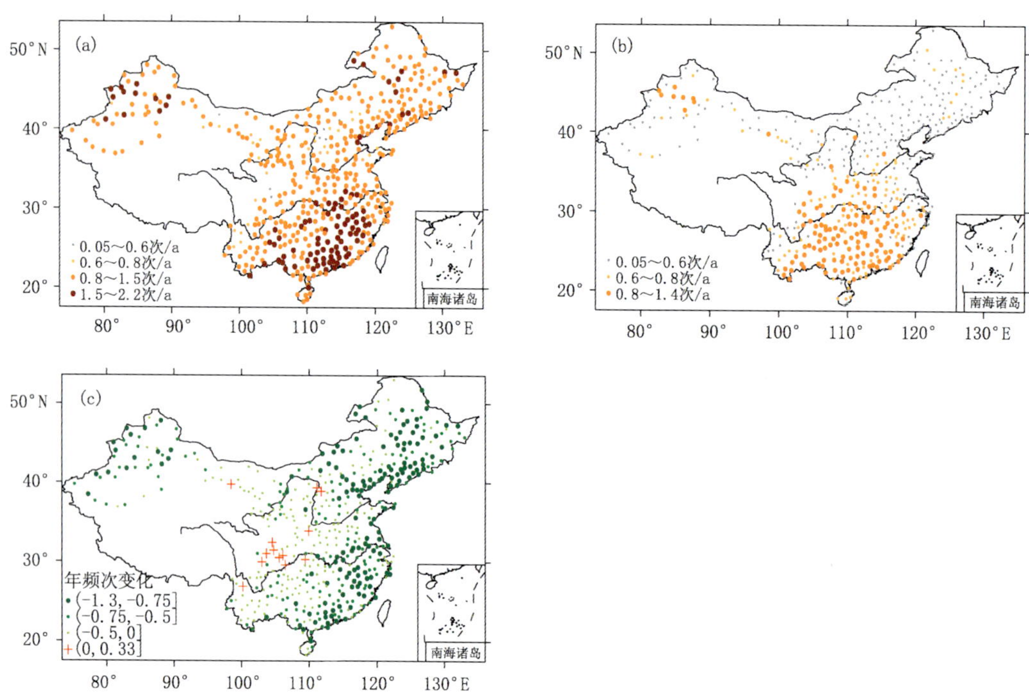


图 7-11 (a)1960—1980 年区域低温事件的年频次，(b)1990—2008 年区域低温事件的年频次，(c)1990—2008 年减去 1960—1980 年的区域低温事件的频次差。在 1960—1980 年，年平均频次在 0.8 次/a 以上，新疆、东北和华南的站点频次在 1.5 次/a 以上。在气候转变之后，年频次在 0.8 次/a 以上的站点主要分布在 32°N 以南地区。从两个年代的年频次差值看，1990 年以来，大部分地区的区域低温事件都是减少的，尤其是在新疆和东部沿海地区，年频次减少 0.75 次/a 以上。

## 7.4 区域低温极端事件表

表 7-3 1960—2008 年区域低温极端事件持续时间最长的 10 个事件

| 排名 | 开始时间（年.月.日） | 结束时间（年.月.日） | 中心位置 | | 持续时间（天数） |
|---|---|---|---|---|---|
| | | | 中心纬度(°N) | 中心经度（°E） | |
| 1 | 1967.11.18 | 1968.1.2 | 37.29 | 110.49 | 46 |
| 2 | 1966.12.17 | 1967.1.22 | 42.91 | 85.26 | 37 |
| 3 | 1966.9.1 | 1966.10.3 | 30.20 | 115.92 | 33 |
| 4 | 1979.9.24 | 1979.10.25 | 26.92 | 115.83 | 32 |
| 5 | 1975.12.3 | 1976.1.2 | 31.17 | 106.85 | 31 |
| 6 | 1976.11.3 | 1976.11.30 | 34.47 | 109.68 | 28 |
| 7 | 1962.11.25 | 1962.12.21 | 41.07 | 82.29 | 27 |
| 8 | 2008.1.19 | 2008.2.14 | 39.28 | 94.49 | 27 |
| 9 | 1968.1.17 | 1968.2.11 | 41.59 | 112.96 | 26 |
| 10 | 1974.12.2 | 1974.12.27 | 41.48 | 87.79 | 26 |

表 7-4 1960—2008 年区域低温极端事件影响范围最大的 10 个事件

| 排名 | 开始时间（年.月.日） | 结束时间（年.月.日） | 中心位置 | | 影响范围（格点数） |
|---|---|---|---|---|---|
| | | | 中心纬度(°N) | 中心经度（°E） | |
| 1 | 1976.11.3 | 1976.11.30 | 34.47 | 109.68 | 290 |
| 2 | 1987.11.23 | 1987.12.11 | 35.07 | 110.03 | 283 |
| 3 | 1981.10.31 | 1981.11.12 | 37.12 | 113.36 | 269 |
| 4 | 1975.12.3 | 1976.1.2 | 31.17 | 106.85 | 248 |
| 5 | 1976.12.20 | 1977.1.7 | 38.73 | 111.78 | 230 |
| 6 | 1985.12.4 | 1985.12.17 | 37.48 | 117.76 | 220 |
| 7 | 1984.12.12 | 1985.1.1 | 35.91 | 102.3 | 197 |
| 8 | 1993.11.14 | 1993.11.26 | 36.88 | 111.87 | 191 |
| 9 | 1977.1.26 | 1977.2.5 | 31.64 | 115.02 | 186 |
| 10 | 1967.11.18 | 1968.1.2 | 37.29 | 110.49 | 184 |

表 7-5 1960—2008 年区域低温极端事件最强的 10 个事件

| 排名 | 开始时间（年.月.日） | 结束时间（年.月.日） | 中心位置 | | 低温强度（℃） |
|---|---|---|---|---|---|
| | | | 中心纬度(°N) | 中心经度（°E） | |
| 1 | 1966.12.17 | 1967.1.22 | 42.91 | 85.26 | −18.21 |
| 2 | 1974.2.21 | 1974.2.26 | 45.20 | 86.89 | −17.21 |
| 3 | 1988.2.25 | 1988.3.6 | 45.28 | 86.05 | −17.18 |

续表

| 排名 | 开始时间（年.月.日） | 结束时间（年.月.日） | 中心位置 | | 低温强度（℃） |
| --- | --- | --- | --- | --- | --- |
| | | | 中心纬度(°N) | 中心经度(°E) | |
| 4 | 1969.2.11 | 1969.2.23 | 45.46 | 85.78 | −15.59 |
| 5 | 1960.11.19 | 1960.11.27 | 44.29 | 85.51 | −15.40 |
| 6 | 1969.1.25 | 1969.2.1 | 45.41 | 85.06 | −15.12 |
| 7 | 2003.4.15 | 2003.4.19 | 45.98 | 85.14 | −14.91 |
| 8 | 1988.2.11 | 1988.2.18 | 45.28 | 86.22 | −14.53 |
| 9 | 1971.3.3 | 1971.3.14 | 41.85 | 120.61 | −14.35 |
| 10 | 1974.12.12 | 1974.12.27 | 41.48 | 87.79 | −14.03 |

**表 7-6　1960—2008 年区域低温极端事件综合强度指数 *CSI* 前 10 个事件**

| 排名 | 开始时间（年.月.日） | 中心位置 | 持续时间 | | 影响范围 | | 低温强度 | | *CSI* |
| --- | --- | --- | --- | --- | --- | --- | --- | --- | --- |
| | | | 排名 | 天数 | 排名 | 格点数 | 排名 | (℃) | |
| 1 | 1967.11.18 | 37.29°N，110.49°E | 1 | 46 | 10 | 184 | 53 | −10.59 | 12.85 |
| 2 | 1976.11.3 | 34.47°N，109.68°E | 6 | 28 | 1 | 290 | 71 | −10.01 | 11.51 |
| 3 | 1975.12.3 | 31.17°N，106.85°E | 5 | 31 | 4 | 248 | 128 | −8.70 | 10.60 |
| 4 | 1966.12.17 | 42.91°N，85.26°E | 2 | 37 | 116 | 45 | 1 | −18.21 | 10.39 |
| 5 | 1987.11.23 | 35.07°N，110.03°E | 21 | 19 | 2 | 283 | 28 | −11.83 | 10.14 |
| 6 | 1984.12.12 | 35.91°N，102.3°E | 13 | 21 | 7 | 197 | 14 | −13.51 | 9.06 |
| 7 | 1976.12.20 | 38.73°N，111.78°E | 22 | 19 | 5 | 230 | 40 | −11.07 | 8.55 |
| 8 | 1964.2.11 | 30.85°N，112.98°E | 25 | 18 | 12 | 170 | 22 | −12.38 | 7.35 |
| 9 | 1981.10.31 | 37.12°N，113.36°E | 63 | 13 | 3 | 269 | 208 | −7.55 | 6.95 |
| 10 | 1974.12.2 | 41.48°N，87.79°E | 9 | 26 | 95 | 53 | 10 | −14.03 | 6.73 |

**表 7-7　1960—2008 年发生在 35°N 以南地区的区域低温极端事件综合强度指数 *CSI* 前 10 个事件**

| 排名 | 开始时间（年.月.日） | 中心位置 | 持续时间（天数） | 影响范围（格点数） | 低温强度（℃） | *CSI* |
| --- | --- | --- | --- | --- | --- | --- |
| 1 | 1979.9.24 | 26.92°N，115.83°E | 32 | 67 | −6.53 | 5.52 |
| 2 | 1973.12.22 | 26.23°N，110.91°E | 20 | 70 | −8.32 | 3.77 |
| 3 | 1971.11.13 | 24.79°N，109.03°E | 17 | 101 | −7.34 | 3.55 |
| 4 | 2008.1.13 | 27.16°N，108.95°E | 22 | 61 | −6.44 | 3.26 |
| 5 | 1963.1.6 | 26.92°N，112.53°E | 15 | 75 | −8.06 | 2.76 |
| 6 | 1971.10.11 | 25.60°N，111.42°E | 11 | 105 | −7.33 | 2.39 |
| 7 | 1996.2.17 | 25.87°N，110.32°E | 10 | 102 | −7.80 | 2.29 |
| 8 | 1978.10.27 | 25.39°N，111.17°E | 9 | 84 | −8.46 | 1.88 |
| 9 | 1972.2.3 | 27.85°N，110.78°E | 9 | 73 | −9.11 | 1.85 |
| 10 | 1974.8.23 | 28.49°N，114.72°E | 15 | 94 | −4.18 | 1.78 |

表 7-8 1960—2008 年 552 个区域低温极端事件时间表

| 开始时间 | | | 持续时间(天数) | 影响范围(格点数) | 低温强度(℃) | 中心纬度(°N) | 中心经度(°E) | *CSI* | 类别 | 持续时间排序 | 影响范围排序 | 低温强度排序 | *CSI* 排序 |
|---|---|---|---|---|---|---|---|---|---|---|---|---|---|
| 年 | 月 | 日 | | | | | | | | | | | |
| 1960 | 1 | 12 | 10 | 29 | −10.06 | 47.18 | 125.48 | 1.33 | 1 | 132 | 178 | 69 | 111 |
| 1960 | 1 | 18 | 9 | 16 | −10.06 | 45.22 | 86.87 | 0.80 | 0 | 166 | 281 | 70 | 150 |
| 1960 | 1 | 22 | 7 | 34 | −7.14 | 27.85 | 111.49 | −0.26 | 0 | 278 | 161 | 237 | 241 |
| 1960 | 4 | 9 | 6 | 16 | −10.96 | 43.29 | 82.87 | 0.51 | 0 | 328 | 287 | 44 | 170 |
| 1960 | 5 | 5 | 7 | 50 | −7.79 | 28.71 | 112.71 | 0.37 | 0 | 267 | 106 | 191 | 180 |
| 1960 | 5 | 19 | 5 | 29 | −7.18 | 24.62 | 112.29 | −0.79 | 0 | 459 | 182 | 232 | 317 |
| 1960 | 7 | 9 | 6 | 8 | −3.14 | 23.94 | 108.89 | −2.61 | −1 | 428 | 458 | 537 | 532 |
| 1960 | 8 | 10 | 5 | 15 | −5.28 | 44.4 | 126.48 | −1.84 | −1 | 504 | 309 | 386 | 459 |
| 1960 | 9 | 13 | 10 | 103 | −4.92 | 28.38 | 106.76 | 1.24 | 1 | 135 | 31 | 413 | 122 |
| 1960 | 10 | 1 | 5 | 9 | −3.58 | 30.94 | 105.8 | −2.63 | −1 | 541 | 450 | 523 | 535 |
| 1960 | 10 | 12 | 5 | 7 | −6.4 | 45.56 | 85.71 | −1.62 | −1 | 489 | 488 | 291 | 429 |
| 1960 | 10 | 23 | 6 | 17 | −7.72 | 42.24 | 87.14 | −0.68 | 0 | 356 | 272 | 196 | 294 |
| 1960 | 10 | 24 | 6 | 10 | −5.75 | 33.68 | 104.01 | −1.58 | −1 | 389 | 406 | 346 | 426 |
| 1960 | 11 | 19 | 9 | 28 | −15.4 | 44.29 | 85.51 | 3.09 | 1 | 154 | 185 | 5 | 48 |
| 1960 | 11 | 21 | 9 | 78 | −8.34 | 41 | 118.3 | 1.69 | 1 | 158 | 57 | 151 | 90 |
| 1960 | 11 | 21 | 6 | 9 | 4.21 | 26.49 | 101.7 | −2.18 | −1 | 414 | 435 | 479 | 493 |
| 1960 | 12 | 14 | 10 | 61 | −8.54 | 37.82 | 114.13 | 1.55 | 1 | 129 | 83 | 140 | 97 |
| 1960 | 12 | 23 | 11 | 30 | −9.58 | 43.62 | 124.09 | 1.38 | 1 | 106 | 175 | 88 | 108 |
| 1961 | 1 | 10 | 7 | 14 | −8.86 | 42.77 | 84.55 | −0.12 | 0 | 275 | 320 | 117 | 230 |
| 1961 | 1 | 11 | 11 | 34 | −8.16 | 27.4 | 109.79 | 0.95 | 0 | 111 | 155 | 164 | 137 |
| 1961 | 6 | 18 | 5 | 6 | −2.62 | 23.69 | 100.62 | −3.06 | −1 | 551 | 529 | 544 | 551 |
| 1961 | 9 | 4 | 8 | 6 | −3.45 | 26.77 | 104.5 | −2.13 | −1 | 260 | 499 | 532 | 483 |
| 1961 | 9 | 13 | 7 | 34 | −5.33 | 41.33 | 119.41 | −0.94 | 0 | 297 | 162 | 383 | 333 |
| 1961 | 10 | 8 | 12 | 23 | −9.16 | 42.92 | 83.61 | 1.26 | 1 | 90 | 221 | 103 | 120 |
| 1961 | 10 | 18 | 6 | 7 | −8.57 | 48.83 | 119.07 | −0.60 | 0 | 351 | 473 | 138 | 281 |
| 1961 | 10 | 28 | 12 | 14 | −4.93 | 41.72 | 83.26 | −0.54 | 0 | 95 | 314 | 412 | 274 |
| 1961 | 10 | 28 | 5 | 9 | −6.49 | 47.38 | 122.72 | −1.54 | −1 | 484 | 442 | 282 | 414 |
| 1961 | 11 | 8 | 6 | 15 | −9.06 | 45.13 | 123.7 | −0.22 | 0 | 338 | 297 | 108 | 236 |
| 1961 | 11 | 19 | 6 | 9 | −4.56 | 40.71 | 79.67 | −2.05 | −1 | 405 | 433 | 447 | 475 |
| 1961 | 11 | 26 | 7 | 9 | −3.79 | 26.34 | 99.9 | −2.13 | −1 | 319 | 429 | 507 | 482 |
| 1961 | 12 | 16 | 7 | 8 | −4.48 | 25.68 | 100.1 | −1.90 | −1 | 317 | 454 | 453 | 465 |
| 1962 | 1 | 18 | 13 | 14 | −8.33 | 42.99 | 86.55 | 0.93 | 0 | 79 | 312 | 152 | 138 |
| 1962 | 1 | 21 | 8 | 18 | −8 | 26.38 | 116.27 | −0.13 | 0 | 221 | 259 | 179 | 232 |
| 1962 | 3 | 20 | 7 | 22 | −8.63 | 37.02 | 103.1 | 0.00 | 0 | 273 | 228 | 133 | 220 |

续表

| 开始时间 | | | 持续时间（天数） | 影响范围（格点数） | 低温强度（℃） | 中心纬度（°N） | 中心经度（°E） | *CSI* | 类别 | 持续时间排序 | 影响范围排序 | 低温强度排序 | *CSI*排序 |
|---|---|---|---|---|---|---|---|---|---|---|---|---|---|
| 年 | 月 | 日 | | | | | | | | | | | |
| 1962 | 3 | 22 | 6 | 27 | −7.72 | 24.61 | 114.52 | −0.43 | 0 | 345 | 193 | 195 | 264 |
| 1962 | 8 | 14 | 6 | 13 | −5.11 | 46.01 | 124.74 | −1.75 | −1 | 396 | 346 | 396 | 446 |
| 1962 | 8 | 15 | 6 | 12 | −3.65 | 34.47 | 114.09 | −2.32 | −1 | 418 | 372 | 517 | 512 |
| 1962 | 8 | 27 | 7 | 15 | −6.09 | 37.97 | 104.79 | −1.13 | 0 | 300 | 295 | 318 | 356 |
| 1962 | 9 | 4 | 8 | 44 | −5.38 | 25.78 | 105.6 | −0.47 | 0 | 224 | 119 | 380 | 268 |
| 1962 | 9 | 21 | 6 | 12 | −6.72 | 44.21 | 119.12 | −1.17 | −1 | 372 | 368 | 262 | 361 |
| 1962 | 10 | 4 | 6 | 10 | −6.4 | 45.65 | 120.45 | −1.34 | −1 | 379 | 404 | 290 | 386 |
| 1962 | 10 | 11 | 13 | 42 | −8.12 | 42.07 | 119.58 | 1.55 | 1 | 77 | 125 | 170 | 98 |
| 1962 | 10 | 22 | 8 | 25 | −4.98 | 23.55 | 112.49 | −1.09 | 0 | 241 | 214 | 408 | 351 |
| 1962 | 10 | 30 | 8 | 40 | −7.33 | 41.37 | 91.11 | 0.16 | 0 | 215 | 133 | 217 | 199 |
| 1962 | 11 | 18 | 13 | 44 | −9.13 | 43.41 | 122.16 | 1.98 | 1 | 74 | 118 | 104 | 82 |
| 1962 | 11 | 20 | 19 | 124 | −6.75 | 28.23 | 110.23 | 4.31 | 1 | 23 | 21 | 258 | 26 |
| 1962 | 11 | 25 | 27 | 25 | −10.16 | 41.07 | 82.29 | 4.80 | 1 | 8 | 208 | 68 | 22 |
| 1962 | 12 | 29 | 8 | 12 | −4.98 | 29.69 | 102.79 | −1.41 | −1 | 249 | 361 | 409 | 398 |
| 1963 | 1 | 6 | 15 | 75 | −8.06 | 26.92 | 112.53 | 2.76 | 1 | 45 | 60 | 176 | 57 |
| 1963 | 1 | 21 | 9 | 53 | −7.27 | 30.58 | 117.21 | 0.67 | 0 | 167 | 97 | 222 | 160 |
| 1963 | 1 | 31 | 6 | 11 | −8.44 | 32.93 | 119.72 | −0.55 | 0 | 349 | 381 | 147 | 276 |
| 1963 | 3 | 10 | 8 | 23 | −8.06 | 24.48 | 110.62 | 0.02 | 0 | 219 | 224 | 177 | 215 |
| 1963 | 4 | 6 | 5 | 6 | −8.9 | 29.77 | 117.65 | −0.71 | 0 | 454 | 509 | 113 | 298 |
| 1963 | 7 | 22 | 7 | 12 | −2.24 | 23.44 | 111.63 | −2.64 | −1 | 322 | 365 | 549 | 537 |
| 1963 | 10 | 2 | 7 | 41 | −8.19 | 44.42 | 124 | 0.30 | 0 | 269 | 130 | 162 | 186 |
| 1963 | 10 | 15 | 10 | 120 | −6.03 | 31.41 | 113.69 | 2.07 | 1 | 125 | 24 | 320 | 78 |
| 1963 | 11 | 26 | 5 | 6 | −9.18 | 43.26 | 124.61 | −0.61 | 0 | 451 | 507 | 102 | 283 |
| 1964 | 1 | 24 | 5 | 5 | −8.31 | 40.5 | 77.84 | −0.96 | 0 | 463 | 538 | 156 | 335 |
| 1964 | 1 | 25 | 8 | 9 | −6.11 | 25.9 | 103.38 | −1.06 | 0 | 239 | 425 | 314 | 348 |
| 1964 | 1 | 27 | 7 | 17 | −8.56 | 38.75 | 101.2 | −0.15 | 0 | 276 | 270 | 139 | 233 |
| 1964 | 1 | 31 | 5 | 12 | −10.44 | 43.71 | 117.77 | 0.01 | 0 | 439 | 373 | 58 | 219 |
| 1964 | 2 | 5 | 16 | 18 | −13.76 | 44.65 | 87.46 | 3.69 | 1 | 41 | 255 | 12 | 37 |
| 1964 | 2 | 11 | 18 | 170 | −12.38 | 30.85 | 112.98 | 7.35 | 1 | 25 | 12 | 22 | 8 |
| 1964 | 7 | 5 | 6 | 10 | −1.88 | 23.66 | 101.91 | −3.03 | −1 | 432 | 411 | 552 | 550 |
| 1964 | 7 | 11 | 10 | 26 | −7.09 | 46.42 | 126.05 | 0.14 | 0 | 144 | 199 | 242 | 201 |
| 1964 | 7 | 23 | 8 | 14 | −4.75 | 36.13 | 109.45 | −1.44 | −1 | 250 | 317 | 430 | 403 |
| 1964 | 9 | 15 | 8 | 25 | −7.22 | 46.26 | 124.52 | −0.25 | 0 | 222 | 211 | 225 | 240 |
| 1964 | 10 | 5 | 5 | 13 | −6.5 | 43.6 | 116.77 | −1.44 | −1 | 481 | 353 | 281 | 402 |

续表

| 开始时间 | | | 持续时间（天数） | 影响范围（格点数） | 低温强度（℃） | 中心纬度（°N） | 中心经度（°E） | *CSI* | 类别 | 持续时间排序 | 影响范围排序 | 低温强度排序 | *CSI* 排序 |
|---|---|---|---|---|---|---|---|---|---|---|---|---|---|
| 年 | 月 | 日 | | | | | | | | | | | |
| 1964 | 10 | 21 | 6 | 22 | −7.6 | 44.01 | 121.46 | −0.60 | 0 | 352 | 230 | 203 | 282 |
| 1964 | 10 | 28 | 12 | 16 | −7.74 | 41.85 | 84.68 | 0.56 | 0 | 93 | 276 | 194 | 168 |
| 1964 | 11 | 10 | 8 | 58 | −7.18 | 26.76 | 114.03 | 0.55 | 0 | 210 | 87 | 231 | 169 |
| 1964 | 11 | 23 | 6 | 18 | −6.48 | 23.18 | 113.44 | −1.11 | 0 | 370 | 263 | 284 | 354 |
| 1964 | 12 | 9 | 6 | 10 | −11.78 | 44.63 | 84.1 | 0.67 | 0 | 325 | 399 | 29 | 158 |
| 1964 | 12 | 15 | 8 | 26 | −6.37 | 25.66 | 112.6 | −0.54 | 0 | 227 | 202 | 295 | 273 |
| 1965 | 7 | 26 | 5 | 6 | −3.72 | 28.42 | 104.61 | −2.65 | −1 | 543 | 527 | 512 | 538 |
| 1965 | 8 | 15 | 14 | 115 | −3.96 | 28.91 | 110.25 | 2.01 | 1 | 60 | 26 | 494 | 81 |
| 1965 | 9 | 5 | 17 | 64 | −4.64 | 26.77 | 113.34 | 1.62 | 1 | 37 | 75 | 443 | 94 |
| 1965 | 9 | 14 | 6 | 15 | −5.71 | 38.56 | 107.83 | −1.48 | −1 | 381 | 303 | 348 | 408 |
| 1965 | 10 | 12 | 8 | 11 | −6.11 | 38.69 | 103.61 | −1.01 | 0 | 238 | 377 | 313 | 341 |
| 1965 | 10 | 14 | 9 | 82 | −5.83 | 28.61 | 114.73 | 0.85 | 0 | 165 | 50 | 337 | 146 |
| 1965 | 11 | 7 | 6 | 31 | −8.66 | 46.9 | 123.98 | 0.02 | 0 | 335 | 172 | 130 | 214 |
| 1965 | 11 | 8 | 6 | 10 | −4.71 | 27.16 | 100.84 | −1.97 | −1 | 404 | 407 | 435 | 471 |
| 1965 | 11 | 30 | 6 | 11 | −10.24 | 48.79 | 125.19 | 0.12 | 0 | 334 | 380 | 65 | 205 |
| 1965 | 12 | 8 | 10 | 32 | −10.99 | 46.74 | 125.01 | 1.75 | 1 | 126 | 166 | 42 | 88 |
| 1965 | 12 | 15 | 5 | 6 | −7.21 | 40.26 | 116.6 | −1.35 | −1 | 475 | 513 | 227 | 388 |
| 1965 | 12 | 16 | 6 | 14 | −6.34 | 32.77 | 105.54 | −1.27 | −1 | 378 | 328 | 298 | 379 |
| 1965 | 12 | 17 | 11 | 8 | −12.58 | 44.26 | 86.98 | 1.96 | 1 | 103 | 451 | 19 | 83 |
| 1966 | 1 | 17 | 8 | 32 | −10.98 | 42.82 | 123.51 | 1.33 | 1 | 199 | 168 | 43 | 110 |
| 1966 | 3 | 3 | 5 | 9 | −12.99 | 51.14 | 121.54 | 0.89 | 0 | 435 | 439 | 16 | 143 |
| 1966 | 8 | 17 | 12 | 103 | −3.97 | 29.22 | 115.1 | 1.30 | 1 | 89 | 30 | 492 | 115 |
| 1966 | 9 | 1 | 33 | 89 | −6.43 | 30.2 | 115.92 | 6.24 | 1 | 3 | 42 | 289 | 13 |
| 1966 | 10 | 1 | 10 | 7 | −5.8 | 27.2 | 99.61 | −0.81 | 0 | 151 | 470 | 340 | 321 |
| 1966 | 10 | 13 | 8 | 20 | −6.5 | 35.71 | 112.79 | −0.64 | 0 | 228 | 240 | 280 | 289 |
| 1966 | 10 | 24 | 9 | 15 | −9.18 | 44.31 | 85.5 | 0.45 | 0 | 169 | 292 | 101 | 175 |
| 1966 | 10 | 29 | 6 | 10 | −5.93 | 28.98 | 113.51 | −1.52 | −1 | 383 | 405 | 326 | 409 |
| 1966 | 11 | 14 | 9 | 12 | −5.67 | 42.53 | 83.14 | −0.94 | 0 | 185 | 357 | 353 | 332 |
| 1966 | 11 | 14 | 8 | 6 | −4.29 | 36.86 | 103.42 | −1.81 | −1 | 257 | 498 | 472 | 455 |
| 1966 | 11 | 30 | 7 | 24 | −7.51 | 32.74 | 113.9 | −0.37 | 0 | 281 | 220 | 211 | 256 |
| 1966 | 12 | 5 | 5 | 7 | −8.07 | 50.04 | 126.12 | −1.00 | 0 | 466 | 486 | 175 | 338 |
| 1966 | 12 | 17 | 37 | 45 | −18.21 | 42.91 | 85.26 | 10.39 | 1 | 2 | 116 | 1 | 4 |
| 1966 | 12 | 19 | 21 | 143 | −8.84 | 36.7 | 114.08 | 5.98 | 1 | 14 | 17 | 119 | 15 |
| 1967 | 1 | 16 | 5 | 19 | −8.99 | 24.15 | 108.88 | −0.36 | 0 | 444 | 254 | 110 | 253 |

续表

| 开始时间 | | | 持续时间（天数） | 影响范围（格点数） | 低温强度（℃） | 中心纬度（°N） | 中心经度（°E） | *CSI* | 类别 | 持续时间排序 | 影响范围排序 | 低温强度排序 | *CSI*排序 |
|---|---|---|---|---|---|---|---|---|---|---|---|---|---|
| 年 | 月 | 日 | | | | | | | | | | | |
| 1967 | 2 | 9 | 7 | 19 | −10.63 | 42.55 | 123.87 | 0.67 | 0 | 266 | 248 | 51 | 159 |
| 1967 | 6 | 9 | 6 | 13 | −4.73 | 22.16 | 110.23 | −1.89 | −1 | 400 | 348 | 434 | 462 |
| 1967 | 9 | 7 | 13 | 127 | −6.65 | 32.56 | 115.88 | 3.10 | 1 | 69 | 20 | 267 | 47 |
| 1967 | 9 | 21 | 20 | 113 | −5.46 | 31.02 | 114.08 | 3.77 | 1 | 18 | 27 | 370 | 35 |
| 1967 | 10 | 15 | 8 | 25 | −4.66 | 27.9 | 106.89 | −1.21 | −1 | 245 | 215 | 440 | 369 |
| 1967 | 11 | 1 | 17 | 154 | −7.17 | 37.6 | 108.9 | 4.79 | 1 | 31 | 14 | 234 | 23 |
| 1967 | 11 | 18 | 46 | 184 | −10.59 | 37.29 | 110.49 | 12.85 | 1 | 1 | 10 | 53 | 1 |
| 1968 | 1 | 17 | 26 | 34 | −11.15 | 41.59 | 112.96 | 5.19 | 1 | 10 | 154 | 38 | 18 |
| 1968 | 2 | 4 | 11 | 26 | −9.99 | 24.75 | 104.8 | 1.44 | 1 | 104 | 197 | 73 | 101 |
| 1968 | 2 | 18 | 7 | 38 | −10.88 | 37.32 | 113.5 | 1.23 | 1 | 261 | 139 | 47 | 123 |
| 1968 | 4 | 6 | 5 | 7 | −10.41 | 45.61 | 86.14 | −0.12 | 0 | 442 | 484 | 59 | 229 |
| 1968 | 4 | 26 | 6 | 13 | −6.56 | 22.68 | 111 | −1.21 | −1 | 374 | 344 | 277 | 368 |
| 1968 | 5 | 30 | 5 | 9 | −6.91 | 26.13 | 104.19 | −1.38 | −1 | 476 | 441 | 251 | 393 |
| 1968 | 7 | 25 | 6 | 13 | −3.12 | 26.67 | 107.52 | −2.49 | −1 | 425 | 349 | 538 | 520 |
| 1968 | 7 | 31 | 15 | 82 | −5.6 | 37.15 | 106.25 | 2.01 | 1 | 47 | 48 | 358 | 80 |
| 1968 | 8 | 19 | 8 | 8 | −5.54 | 45.22 | 82.8 | −1.30 | −1 | 247 | 452 | 365 | 382 |
| 1968 | 8 | 28 | 8 | 53 | −4.59 | 34.1 | 118.93 | −0.54 | 0 | 226 | 98 | 445 | 275 |
| 1968 | 9 | 28 | 7 | 12 | −6.22 | 28.26 | 109.45 | −1.15 | −1 | 302 | 362 | 308 | 359 |
| 1968 | 10 | 7 | 9 | 81 | −5.92 | 37.78 | 117.33 | 0.86 | 0 | 164 | 51 | 327 | 145 |
| 1968 | 10 | 7 | 8 | 12 | −5.52 | 41.39 | 82.45 | −1.20 | −1 | 243 | 360 | 366 | 366 |
| 1968 | 10 | 16 | 13 | 69 | −6.45 | 28.74 | 116.92 | 1.59 | 1 | 76 | 69 | 287 | 95 |
| 1968 | 11 | 1 | 5 | 10 | −7.57 | 43.54 | 84.74 | −1.11 | 0 | 468 | 415 | 206 | 353 |
| 1968 | 11 | 7 | 11 | 63 | −9.84 | 39.08 | 120.77 | 2.29 | 1 | 102 | 77 | 77 | 73 |
| 1968 | 12 | 10 | 5 | 6 | −3.82 | 26.63 | 100.55 | −2.61 | −1 | 538 | 524 | 504 | 531 |
| 1968 | 12 | 26 | 13 | 26 | −12.01 | 43.23 | 85.92 | 2.61 | 1 | 70 | 196 | 27 | 60 |
| 1968 | 12 | 26 | 14 | 44 | −9.45 | 40.62 | 113.78 | 2.30 | 1 | 59 | 117 | 93 | 72 |
| 1969 | 1 | 20 | 8 | 9 | −10.62 | 48.45 | 123.96 | 0.63 | 0 | 209 | 424 | 52 | 164 |
| 1969 | 1 | 20 | 7 | 8 | −4.28 | 25.94 | 100.04 | −1.98 | −1 | 318 | 455 | 473 | 472 |
| 1969 | 1 | 25 | 8 | 18 | −15.12 | 45.41 | 85.06 | 2.53 | 1 | 196 | 258 | 6 | 63 |
| 1969 | 1 | 28 | 12 | 91 | −9.59 | 29.41 | 112.17 | 3.10 | 1 | 84 | 41 | 86 | 46 |
| 1969 | 2 | 11 | 13 | 20 | −15.59 | 45.46 | 85.78 | 3.80 | 1 | 66 | 236 | 4 | 33 |
| 1969 | 2 | 13 | 20 | 79 | −13.12 | 44.67 | 122.06 | 5.79 | 1 | 17 | 53 | 15 | 16 |
| 1969 | 2 | 19 | 6 | 22 | −7.28 | 27.01 | 110.82 | −0.72 | 0 | 359 | 231 | 220 | 301 |
| 1969 | 4 | 3 | 8 | 41 | −9.66 | 23.96 | 110.6 | 1.06 | 0 | 203 | 128 | 83 | 131 |

续表

| 开始时间 | | | 持续时间（天数） | 影响范围（格点数） | 低温强度（℃） | 中心纬度（°N） | 中心经度（°E） | *CSI* | 类别 | 持续时间排序 | 影响范围排序 | 低温强度排序 | *CSI* 排序 |
|---|---|---|---|---|---|---|---|---|---|---|---|---|---|
| 年 | 月 | 日 | | | | | | | | | | | |
| 1969 | 6 | 18 | 6 | 9 | -4.4 | 24.16 | 115.71 | -2.11 | -1 | 407 | 434 | 461 | 479 |
| 1969 | 6 | 27 | 6 | 10 | -6.81 | 46.94 | 122.29 | -1.19 | -1 | 373 | 403 | 255 | 363 |
| 1969 | 7 | 31 | 5 | 5 | -4.67 | 44.76 | 127.09 | -2.32 | -1 | 525 | 543 | 439 | 507 |
| 1969 | 8 | 13 | 7 | 13 | -2.01 | 25.06 | 110.11 | -2.70 | -1 | 323 | 339 | 551 | 540 |
| 1969 | 9 | 1 | 6 | 11 | -5.41 | 39.03 | 103.7 | -1.69 | -1 | 394 | 385 | 376 | 439 |
| 1969 | 9 | 2 | 9 | 3 | -6.1 | 42 | 87.06 | -1.00 | 0 | 187 | 549 | 317 | 339 |
| 1969 | 9 | 11 | 11 | 29 | -5.36 | 25.58 | 103.13 | -0.22 | 0 | 118 | 177 | 381 | 238 |
| 1969 | 9 | 24 | 12 | 43 | -8.18 | 42.78 | 85.85 | 1.39 | 1 | 88 | 122 | 163 | 107 |
| 1969 | 9 | 29 | 14 | 122 | -5.88 | 33.24 | 116.1 | 2.90 | 1 | 57 | 22 | 333 | 54 |
| 1969 | 10 | 18 | 5 | 5 | -4.03 | 26.12 | 101.36 | -2.56 | -1 | 534 | 544 | 487 | 527 |
| 1969 | 10 | 31 | 8 | 49 | -6.97 | 40.77 | 118.67 | 0.25 | 0 | 214 | 108 | 248 | 189 |
| 1969 | 11 | 5 | 8 | 25 | -5.67 | 25.51 | 116.23 | -0.83 | 0 | 235 | 212 | 352 | 323 |
| 1969 | 11 | 15 | 5 | 15 | -5.33 | 31.41 | 107.93 | -1.83 | -1 | 503 | 308 | 384 | 457 |
| 1969 | 11 | 20 | 5 | 10 | -6.05 | 39.15 | 103.88 | -1.68 | -1 | 492 | 418 | 319 | 437 |
| 1969 | 11 | 21 | 8 | 21 | -10.56 | 46.82 | 127.5 | 0.90 | 0 | 204 | 233 | 55 | 142 |
| 1969 | 11 | 28 | 8 | 7 | -7.11 | 36.77 | 103.3 | -0.73 | 0 | 232 | 471 | 241 | 302 |
| 1969 | 11 | 30 | 6 | 12 | -7.6 | 23.71 | 113.81 | -0.84 | 0 | 363 | 367 | 204 | 326 |
| 1969 | 12 | 7 | 11 | 26 | -9.79 | 46.53 | 126.96 | 1.36 | 1 | 107 | 198 | 78 | 109 |
| 1969 | 12 | 8 | 7 | 10 | -7.6 | 36.56 | 104.8 | -0.68 | 0 | 289 | 396 | 205 | 295 |
| 1969 | 12 | 13 | 5 | 16 | -6.86 | 35.6 | 116.61 | -1.23 | -1 | 472 | 290 | 252 | 372 |
| 1969 | 12 | 26 | 10 | 35 | -12.09 | 46.17 | 125.93 | 2.24 | 1 | 124 | 150 | 26 | 77 |
| 1970 | 1 | 4 | 6 | 46 | -8.47 | 31.32 | 113.2 | 0.32 | 0 | 331 | 115 | 144 | 185 |
| 1970 | 1 | 13 | 8 | 41 | -8.65 | 39.45 | 118.72 | 0.68 | 0 | 208 | 129 | 131 | 157 |
| 1970 | 2 | 28 | 5 | 19 | -12.16 | 46.81 | 125.58 | 0.83 | 0 | 436 | 253 | 25 | 148 |
| 1970 | 3 | 9 | 17 | 54 | -12.7 | 42.64 | 112.29 | 4.39 | 1 | 32 | 93 | 18 | 24 |
| 1970 | 6 | 5 | 5 | 10 | -8.52 | 40.63 | 82.89 | -0.76 | 0 | 457 | 413 | 142 | 308 |
| 1970 | 9 | 1 | 5 | 7 | -4.06 | 26.68 | 101.18 | -2.50 | -1 | 531 | 494 | 485 | 521 |
| 1970 | 9 | 7 | 6 | 7 | -5.09 | 35.74 | 109.81 | -1.91 | -1 | 401 | 474 | 397 | 466 |
| 1970 | 9 | 26 | 13 | 144 | -6.2 | 29.8 | 108.4 | 3.35 | 1 | 67 | 16 | 309 | 40 |
| 1970 | 10 | 17 | 6 | 15 | -5.46 | 24.61 | 101.94 | -1.57 | -1 | 388 | 304 | 372 | 423 |
| 1970 | 10 | 25 | 14 | 108 | -5.46 | 31.13 | 111.5 | 2.39 | 1 | 58 | 28 | 371 | 69 |
| 1970 | 11 | 18 | 12 | 37 | -8.89 | 41.97 | 87.34 | 1.50 | 1 | 87 | 142 | 114 | 99 |
| 1970 | 11 | 28 | 5 | 13 | -9.6 | 47.3 | 122.55 | -0.28 | 0 | 443 | 351 | 84 | 243 |
| 1970 | 12 | 22 | 11 | 11 | -10.91 | 45.19 | 85.18 | 1.41 | 1 | 105 | 376 | 45 | 104 |

续表

| 开始时间 | | | 持续时间（天数） | 影响范围（格点数） | 低温强度（℃） | 中心纬度（°N） | 中心经度（°E） | *CSI* | 类别 | 持续时间排序 | 影响范围排序 | 低温强度排序 | *CSI* 排序 |
|---|---|---|---|---|---|---|---|---|---|---|---|---|---|
| 年 | 月 | 日 | | | | | | | | | | | |
| 1971 | 1 | 5 | 9 | 19 | －8.07 | 24.34 | 111.41 | 0.13 | 0 | 173 | 246 | 174 | 203 |
| 1971 | 1 | 20 | 21 | 25 | －12.2 | 38.9 | 109.57 | 4.32 | 1 | 15 | 209 | 24 | 25 |
| 1971 | 1 | 28 | 9 | 18 | －7.04 | 26.77 | 117.37 | －0.28 | 0 | 180 | 256 | 246 | 245 |
| 1971 | 3 | 3 | 12 | 52 | －14.35 | 41.85 | 120.61 | 3.92 | 1 | 83 | 100 | 9 | 31 |
| 1971 | 7 | 21 | 6 | 16 | －5.39 | 45.7 | 127.18 | －1.57 | －1 | 387 | 289 | 379 | 424 |
| 1971 | 7 | 31 | 8 | 33 | －5.55 | 41.89 | 119.38 | －0.67 | 0 | 230 | 164 | 364 | 292 |
| 1971 | 8 | 14 | 10 | 20 | －2.2 | 23.83 | 112.12 | －1.83 | －1 | 153 | 239 | 550 | 458 |
| 1971 | 8 | 25 | 6 | 15 | －3.67 | 26.68 | 102.53 | －2.24 | －1 | 415 | 305 | 516 | 499 |
| 1971 | 10 | 11 | 11 | 105 | －7.33 | 25.6 | 111.42 | 2.39 | 1 | 101 | 29 | 216 | 68 |
| 1971 | 10 | 19 | 7 | 26 | －7.35 | 42.39 | 91.33 | －0.38 | 0 | 283 | 204 | 214 | 258 |
| 1971 | 10 | 22 | 7 | 9 | －7.38 | 39.96 | 113.04 | －0.79 | 0 | 293 | 427 | 213 | 316 |
| 1971 | 10 | 24 | 9 | 29 | －4.88 | 25.84 | 108.42 | －0.82 | 0 | 183 | 180 | 415 | 322 |
| 1971 | 11 | 13 | 17 | 101 | －7.34 | 24.79 | 109.03 | 3.55 | 1 | 34 | 34 | 215 | 38 |
| 1971 | 12 | 6 | 5 | 11 | －6.78 | 32.11 | 119.47 | －1.38 | －1 | 479 | 386 | 256 | 394 |
| 1971 | 12 | 18 | 6 | 38 | －9.32 | 41.71 | 119.58 | 0.44 | 0 | 330 | 141 | 98 | 176 |
| 1971 | 12 | 26 | 5 | 4 | －12.55 | 37.71 | 113.67 | 0.60 | 0 | 437 | 548 | 20 | 166 |
| 1972 | 1 | 10 | 6 | 5 | －6.62 | 21.49 | 110.49 | －1.38 | －1 | 380 | 532 | 273 | 395 |
| 1972 | 2 | 3 | 9 | 73 | －9.11 | 27.85 | 110.78 | 1.85 | 1 | 156 | 64 | 105 | 85 |
| 1972 | 2 | 3 | 5 | 9 | －10.38 | 44.92 | 84.49 | －0.09 | 0 | 441 | 440 | 60 | 227 |
| 1972 | 2 | 27 | 9 | 37 | －7.91 | 27.03 | 117.15 | 0.51 | 0 | 168 | 143 | 185 | 171 |
| 1972 | 2 | 27 | 5 | 7 | －6.02 | 25.55 | 103.51 | －1.77 | －1 | 499 | 489 | 322 | 449 |
| 1972 | 2 | 28 | 6 | 3 | －9.6 | 19.85 | 110.02 | －0.32 | 0 | 343 | 550 | 85 | 248 |
| 1972 | 7 | 9 | 7 | 12 | －5.24 | 34.77 | 116.25 | －1.52 | －1 | 311 | 363 | 389 | 410 |
| 1972 | 7 | 13 | 5 | 6 | －4 | 27.86 | 110.15 | －2.55 | －1 | 533 | 522 | 489 | 526 |
| 1972 | 7 | 22 | 11 | 95 | －4.75 | 29.24 | 111.13 | 1.18 | 1 | 110 | 37 | 429 | 125 |
| 1972 | 8 | 15 | 9 | 49 | －5.61 | 43.91 | 124.01 | －0.05 | 0 | 179 | 107 | 357 | 226 |
| 1972 | 8 | 19 | 6 | 10 | －2.57 | 22.66 | 111.33 | －2.77 | －1 | 429 | 410 | 546 | 544 |
| 1972 | 8 | 25 | 18 | 120 | －6.63 | 36.09 | 112.96 | 3.96 | 1 | 26 | 23 | 270 | 30 |
| 1972 | 9 | 17 | 10 | 51 | －8.82 | 39.07 | 109.21 | 1.41 | 1 | 131 | 103 | 122 | 106 |
| 1972 | 10 | 4 | 5 | 7 | －5.84 | 24.48 | 115.19 | －1.83 | －1 | 502 | 490 | 336 | 456 |
| 1972 | 10 | 17 | 13 | 87 | －7.62 | 37.58 | 96.68 | 2.47 | 1 | 71 | 44 | 201 | 65 |
| 1972 | 11 | 15 | 5 | 9 | －3.87 | 40.58 | 80.87 | －2.52 | －1 | 532 | 448 | 501 | 524 |
| 1972 | 11 | 20 | 9 | 35 | －6.73 | 37.02 | 117.02 | 0.02 | 0 | 177 | 151 | 260 | 217 |
| 1972 | 12 | 29 | 7 | 6 | －9.76 | 36.71 | 106.25 | 0.02 | 0 | 272 | 500 | 80 | 213 |

续表

| 开始时间 | | | 持续时间（天数） | 影响范围（格点数） | 低温强度（℃） | 中心纬度（°N） | 中心经度（°E） | *CSI* | 类别 | 持续时间排序 | 影响范围排序 | 低温强度排序 | *CSI* 排序 |
|---|---|---|---|---|---|---|---|---|---|---|---|---|---|
| 年 | 月 | 日 | | | | | | | | | | | |
| 1973 | 7 | 14 | 5 | 7 | −4.31 | 27.79 | 102.77 | −2.40 | −1 | 528 | 493 | 470 | 517 |
| 1973 | 10 | 2 | 7 | 14 | −6.32 | 48.01 | 125.49 | −1.06 | 0 | 299 | 322 | 301 | 347 |
| 1973 | 10 | 3 | 6 | 11 | −7.62 | 42.91 | 82 | −0.86 | 0 | 364 | 383 | 202 | 328 |
| 1973 | 11 | 25 | 9 | 9 | −5.23 | 24.01 | 102.09 | −1.18 | −1 | 189 | 422 | 390 | 362 |
| 1973 | 12 | 22 | 20 | 70 | −8.32 | 26.23 | 110.91 | 3.77 | 1 | 19 | 68 | 154 | 34 |
| 1974 | 1 | 26 | 6 | 10 | −9.47 | 47.92 | 122.67 | −0.19 | 0 | 337 | 401 | 92 | 235 |
| 1974 | 2 | 7 | 7 | 11 | −11.37 | 41.23 | 80.27 | 0.75 | 0 | 264 | 378 | 35 | 152 |
| 1974 | 2 | 7 | 7 | 34 | −8.38 | 24.27 | 114.52 | 0.2 | 0 | 271 | 160 | 150 | 198 |
| 1974 | 2 | 21 | 6 | 13 | −17.21 | 45.2 | 86.89 | 2.77 | 1 | 324 | 340 | 2 | 56 |
| 1974 | 2 | 23 | 5 | 5 | −13.54 | 42.36 | 124.01 | 1.00 | 0 | 434 | 534 | 13 | 133 |
| 1974 | 2 | 23 | 7 | 61 | −8.52 | 26.59 | 114.95 | 0.92 | 0 | 263 | 84 | 141 | 140 |
| 1974 | 8 | 16 | 6 | 9 | −5.31 | 40.87 | 80.41 | −1.77 | −1 | 397 | 432 | 385 | 450 |
| 1974 | 8 | 23 | 15 | 94 | −4.18 | 28.49 | 114.72 | 1.78 | 1 | 48 | 38 | 480 | 87 |
| 1974 | 8 | 23 | 5 | 9 | −6.47 | 45.33 | 127.11 | −1.55 | −1 | 485 | 443 | 285 | 416 |
| 1974 | 9 | 13 | 10 | 75 | −5.95 | 36.64 | 113.57 | 0.93 | 0 | 137 | 62 | 325 | 139 |
| 1974 | 10 | 4 | 8 | 16 | −6.22 | 41.91 | 82.54 | −0.84 | 0 | 236 | 285 | 307 | 327 |
| 1974 | 10 | 18 | 6 | 27 | −8.25 | 47.74 | 122.99 | −0.23 | 0 | 339 | 192 | 160 | 239 |
| 1974 | 10 | 31 | 6 | 15 | −8.91 | 48.87 | 123.44 | −0.28 | 0 | 341 | 298 | 112 | 244 |
| 1974 | 11 | 8 | 8 | 34 | −7.33 | 42.92 | 121.84 | 0.02 | 0 | 220 | 158 | 218 | 216 |
| 1974 | 11 | 12 | 7 | 17 | −5.17 | 30.52 | 111.03 | −1.42 | −1 | 308 | 271 | 395 | 399 |
| 1974 | 12 | 2 | 26 | 53 | −14.03 | 41.48 | 87.79 | 6.73 | 1 | 9 | 95 | 10 | 10 |
| 1974 | 12 | 18 | 6 | 6 | −4.25 | 28.82 | 104.82 | −2.24 | −1 | 416 | 503 | 477 | 498 |
| 1975 | 7 | 30 | 5 | 3 | −4.87 | 41.05 | 118.97 | −2.29 | −1 | 522 | 552 | 416 | 504 |
| 1975 | 8 | 15 | 5 | 9 | −3.68 | 27.3 | 104.09 | −2.59 | −1 | 537 | 449 | 515 | 530 |
| 1975 | 11 | 8 | 6 | 13 | −8.67 | 44.35 | 84.06 | −0.42 | 0 | 344 | 342 | 129 | 262 |
| 1975 | 11 | 16 | 10 | 13 | −7.55 | 44.85 | 86 | −0.01 | 0 | 145 | 335 | 209 | 221 |
| 1975 | 11 | 23 | 7 | 74 | −8.14 | 25.38 | 110.74 | 1.10 | 0 | 262 | 63 | 168 | 129 |
| 1975 | 12 | 3 | 31 | 248 | −8.7 | 31.17 | 106.85 | 10.60 | 1 | 5 | 4 | 128 | 3 |
| 1976 | 3 | 19 | 6 | 14 | −8.23 | 23.61 | 110.38 | −0.56 | 0 | 350 | 324 | 161 | 277 |
| 1976 | 6 | 10 | 5 | 8 | −4.89 | 25.73 | 116.67 | −2.16 | −1 | 511 | 464 | 414 | 488 |
| 1976 | 6 | 30 | 9 | 54 | −5.63 | 36.08 | 120.48 | 0.08 | 0 | 175 | 94 | 356 | 210 |
| 1976 | 8 | 11 | 5 | 8 | −4 | 35.13 | 104.47 | −2.50 | −1 | 530 | 467 | 488 | 522 |
| 1976 | 8 | 18 | 11 | 76 | −6.37 | 42.25 | 121.68 | 1.32 | 1 | 108 | 59 | 294 | 113 |
| 1976 | 9 | 6 | 8 | 23 | −6.84 | 46.49 | 125.97 | −0.44 | 0 | 223 | 225 | 253 | 265 |

续表

| 开始时间 | | | 持续时间（天数） | 影响范围（格点数） | 低温强度（℃） | 中心纬度（°N） | 中心经度（°E） | *CSI* | 类别 | 持续时间排序 | 影响范围排序 | 低温强度排序 | *CSI* 排序 |
|---|---|---|---|---|---|---|---|---|---|---|---|---|---|
| 年 | 月 | 日 | | | | | | | | | | | |
| 1976 | 9 | 8 | 9 | 35 | −4.44 | 27.07 | 116.84 | −0.83 | 0 | 184 | 152 | 456 | 324 |
| 1976 | 10 | 1 | 6 | 13 | −4.85 | 24.55 | 104.37 | −1.85 | −1 | 399 | 347 | 419 | 460 |
| 1976 | 10 | 21 | 11 | 16 | −10.23 | 47.3 | 123.61 | 1.28 | 1 | 109 | 277 | 67 | 117 |
| 1976 | 10 | 21 | 5 | 7 | −9.58 | 48.09 | 85.31 | −0.43 | 0 | 447 | 485 | 90 | 263 |
| 1976 | 11 | 3 | 28 | 290 | −10.01 | 34.47 | 109.68 | 11.51 | 1 | 6 | 1 | 71 | 2 |
| 1976 | 12 | 7 | 7 | 14 | −8.09 | 44.17 | 86.06 | −0.40 | 0 | 286 | 321 | 172 | 260 |
| 1976 | 12 | 20 | 19 | 230 | −11.07 | 38.73 | 111.78 | 8.55 | 1 | 22 | 5 | 40 | 7 |
| 1977 | 1 | 11 | 6 | 5 | −9.07 | 48.25 | 126.98 | −0.47 | 0 | 346 | 531 | 107 | 267 |
| 1977 | 1 | 24 | 16 | 16 | −10.28 | 43.5 | 85.17 | 2.34 | 1 | 43 | 275 | 64 | 71 |
| 1977 | 1 | 26 | 11 | 186 | −9.36 | 31.64 | 115.02 | 5.16 | 1 | 97 | 9 | 96 | 19 |
| 1977 | 2 | 8 | 9 | 27 | −11.19 | 47.6 | 127.27 | 1.49 | 1 | 159 | 190 | 37 | 100 |
| 1977 | 8 | 8 | 10 | 83 | −6.75 | 43.43 | 122.56 | 1.43 | 1 | 130 | 46 | 259 | 103 |
| 1977 | 8 | 12 | 17 | 26 | −3.42 | 30.43 | 117.37 | 0.23 | 0 | 39 | 195 | 533 | 193 |
| 1977 | 9 | 10 | 5 | 7 | −3.71 | 26.14 | 115.36 | −2.63 | −1 | 540 | 495 | 513 | 534 |
| 1977 | 9 | 18 | 5 | 10 | −9.57 | 48.13 | 124.91 | −0.36 | 0 | 445 | 412 | 91 | 252 |
| 1977 | 9 | 20 | 7 | 32 | −4.48 | 28.19 | 106.34 | −1.31 | −1 | 305 | 169 | 452 | 383 |
| 1977 | 10 | 7 | 5 | 14 | −3.96 | 31.01 | 113.74 | −2.36 | −1 | 526 | 332 | 495 | 515 |
| 1977 | 11 | 5 | 6 | 6 | −9.9 | 44.14 | 112.76 | −0.13 | 0 | 336 | 502 | 75 | 231 |
| 1977 | 11 | 14 | 8 | 26 | −5.84 | 23.57 | 107.91 | −0.74 | 0 | 233 | 203 | 335 | 304 |
| 1977 | 11 | 28 | 5 | 5 | −9.34 | 44.22 | 126.66 | −0.57 | 0 | 449 | 535 | 97 | 278 |
| 1977 | 12 | 17 | 5 | 6 | −8.33 | 46.5 | 123.61 | −0.93 | 0 | 462 | 511 | 153 | 331 |
| 1978 | 1 | 3 | 10 | 17 | −8.42 | 41.07 | 86.14 | 0.42 | 0 | 141 | 266 | 149 | 177 |
| 1978 | 1 | 16 | 8 | 22 | −8.81 | 39.66 | 86.95 | 0.27 | 0 | 213 | 227 | 123 | 187 |
| 1978 | 1 | 17 | 5 | 6 | −5 | 28.65 | 105.37 | −2.17 | −1 | 512 | 517 | 404 | 490 |
| 1978 | 1 | 24 | 5 | 6 | −9.78 | 51.36 | 126.5 | −0.38 | 0 | 446 | 506 | 79 | 257 |
| 1978 | 2 | 9 | 10 | 16 | −11.73 | 40.58 | 82.54 | 1.63 | 1 | 128 | 279 | 30 | 92 |
| 1978 | 2 | 11 | 8 | 33 | −11.71 | 42.72 | 121.05 | 1.63 | 1 | 198 | 163 | 31 | 93 |
| 1978 | 7 | 4 | 9 | 12 | −2.58 | 24.03 | 101.25 | −2.10 | −1 | 195 | 358 | 545 | 478 |
| 1978 | 8 | 19 | 5 | 17 | −4.99 | 27.1 | 102.87 | −1.90 | −1 | 506 | 274 | 405 | 464 |
| 1978 | 8 | 22 | 7 | 18 | −7.95 | 45.22 | 86.01 | −0.36 | 0 | 280 | 261 | 181 | 254 |
| 1978 | 8 | 29 | 5 | 6 | −7.13 | 47.03 | 130.76 | −1.38 | −1 | 478 | 514 | 238 | 392 |
| 1978 | 9 | 9 | 7 | 28 | −4.37 | 27.37 | 110.37 | −1.45 | −1 | 309 | 189 | 465 | 404 |
| 1978 | 10 | 9 | 5 | 11 | −6.63 | 45.08 | 120.83 | −1.44 | −1 | 482 | 387 | 272 | 401 |
| 1978 | 10 | 11 | 8 | 25 | −5.19 | 25.35 | 105.92 | −1.01 | 0 | 237 | 213 | 393 | 342 |

续表

| 开始时间 | | | 持续时间（天数） | 影响范围（格点数） | 低温强度（℃） | 中心纬度（°N） | 中心经度（°E） | *CSI* | 类别 | 持续时间排序 | 影响范围排序 | 低温强度排序 | *CSI* 排序 |
|---|---|---|---|---|---|---|---|---|---|---|---|---|---|
| 年 | 月 | 日 | | | | | | | | | | | |
| 1978 | 10 | 26 | 6 | 14 | −6.98 | 39.48 | 111.46 | −1.03 | 0 | 367 | 325 | 247 | 346 |
| 1978 | 10 | 27 | 9 | 84 | −8.46 | 25.39 | 111.17 | 1.88 | 1 | 155 | 45 | 145 | 84 |
| 1978 | 12 | 15 | 9 | 13 | −4.82 | 24.08 | 100.81 | −1.23 | −1 | 190 | 336 | 423 | 373 |
| 1979 | 1 | 12 | 5 | 8 | −8.61 | 33.74 | 115.85 | −0.77 | 0 | 458 | 461 | 137 | 311 |
| 1979 | 8 | 28 | 14 | 21 | −5.06 | 35.7 | 115.41 | 0.09 | 0 | 62 | 232 | 400 | 208 |
| 1979 | 9 | 24 | 32 | 67 | −6.53 | 26.92 | 115.83 | 5.52 | 1 | 4 | 73 | 279 | 17 |
| 1979 | 10 | 25 | 9 | 16 | −10.58 | 48.6 | 127.54 | 0.99 | 0 | 162 | 280 | 54 | 134 |
| 1979 | 10 | 26 | 17 | 19 | −6.27 | 23.98 | 102.02 | 1.12 | 0 | 38 | 244 | 304 | 127 |
| 1979 | 11 | 8 | 19 | 78 | −9.02 | 39.28 | 103.31 | 4.02 | 1 | 24 | 55 | 109 | 29 |
| 1979 | 12 | 22 | 6 | 11 | −7.82 | 46.46 | 123.05 | −0.79 | 0 | 362 | 382 | 189 | 315 |
| 1980 | 1 | 5 | 13 | 24 | −11.45 | 47.37 | 127.02 | 2.35 | 1 | 72 | 217 | 33 | 70 |
| 1980 | 1 | 29 | 13 | 92 | −9.19 | 33.22 | 109.19 | 3.18 | 1 | 68 | 40 | 100 | 45 |
| 1980 | 6 | 29 | 5 | 7 | −6.78 | 45.62 | 87.37 | −1.48 | −1 | 483 | 487 | 257 | 407 |
| 1980 | 7 | 30 | 21 | 70 | −5.73 | 31.43 | 115.76 | 3.01 | 1 | 16 | 67 | 347 | 51 |
| 1980 | 9 | 5 | 11 | 59 | −4.56 | 29.11 | 114.67 | 0.22 | 0 | 116 | 85 | 446 | 196 |
| 1980 | 9 | 13 | 6 | 14 | −6.82 | 41.39 | 85.19 | −1.09 | 0 | 368 | 326 | 254 | 350 |
| 1980 | 9 | 20 | 7 | 24 | −7.64 | 45.37 | 123.5 | −0.32 | 0 | 279 | 219 | 200 | 249 |
| 1980 | 9 | 22 | 12 | 23 | −4.21 | 28.42 | 115.7 | −0.59 | 0 | 96 | 222 | 478 | 279 |
| 1980 | 10 | 25 | 5 | 13 | −5.89 | 42.06 | 120.47 | −1.67 | −1 | 491 | 354 | 331 | 434 |
| 1980 | 12 | 24 | 8 | 46 | −8.8 | 37.95 | 120.97 | 0.86 | 0 | 205 | 113 | 124 | 144 |
| 1981 | 1 | 3 | 5 | 6 | −11.44 | 41.8 | 123.76 | 0.24 | 0 | 438 | 505 | 34 | 190 |
| 1981 | 1 | 22 | 8 | 42 | −9.71 | 41.9 | 98.57 | 1.10 | 0 | 202 | 126 | 82 | 128 |
| 1981 | 5 | 18 | 5 | 3 | −5.09 | 24.28 | 113.4 | −2.21 | −1 | 515 | 551 | 398 | 495 |
| 1981 | 8 | 5 | 9 | 13 | −4.54 | 40.48 | 116.71 | −1.34 | −1 | 194 | 337 | 448 | 387 |
| 1981 | 8 | 30 | 5 | 13 | −5.7 | 47.69 | 125.5 | −1.74 | −1 | 496 | 355 | 350 | 444 |
| 1981 | 9 | 4 | 5 | 11 | −3.59 | 31.79 | 119.75 | −2.58 | −1 | 535 | 393 | 522 | 529 |
| 1981 | 9 | 9 | 15 | 56 | −4.14 | 30.98 | 113.46 | 0.82 | 0 | 52 | 90 | 483 | 149 |
| 1981 | 10 | 7 | 6 | 58 | −8.45 | 35.79 | 106.75 | 0.61 | 0 | 326 | 88 | 146 | 165 |
| 1981 | 10 | 20 | 10 | 161 | −7.19 | 35.01 | 108.41 | 3.52 | 1 | 120 | 13 | 228 | 39 |
| 1981 | 10 | 31 | 13 | 269 | −7.55 | 37.12 | 113.36 | 6.95 | 1 | 63 | 3 | 208 | 9 |
| 1981 | 11 | 24 | 12 | 9 | −8.44 | 39.58 | 101.31 | 0.64 | 0 | 92 | 419 | 148 | 163 |
| 1981 | 12 | 16 | 9 | 29 | −7.22 | 37.49 | 95.16 | 0.06 | 0 | 176 | 179 | 224 | 211 |
| 1982 | 7 | 14 | 5 | 11 | −5.4 | 43.22 | 116.29 | −1.90 | −1 | 505 | 389 | 378 | 463 |
| 1982 | 8 | 20 | 8 | 18 | −4.44 | 31.32 | 112.61 | −1.46 | −1 | 251 | 260 | 458 | 405 |

续表

| 开始时间 | | | 持续时间(天数) | 影响范围(格点数) | 低温强度(℃) | 中心纬度(°N) | 中心经度(°E) | CSI | 类别 | 持续时间排序 | 影响范围排序 | 低温强度排序 | CSI排序 |
|---|---|---|---|---|---|---|---|---|---|---|---|---|---|
| 年 | 月 | 日 | | | | | | | | | | | |
| 1982 | 9 | 5 | 7 | 31 | −5.59 | 41.68 | 118.82 | −0.92 | 0 | 296 | 171 | 359 | 330 |
| 1982 | 9 | 11 | 6 | 13 | −3.04 | 27.44 | 107.92 | −2.52 | −1 | 427 | 350 | 539 | 525 |
| 1982 | 9 | 26 | 5 | 6 | −3.91 | 30.42 | 104.72 | −2.58 | −1 | 536 | 523 | 499 | 528 |
| 1982 | 10 | 21 | 6 | 19 | −10.9 | 46.21 | 125.8 | 0.56 | 0 | 327 | 250 | 46 | 167 |
| 1982 | 10 | 27 | 5 | 6 | −3.8 | 26.92 | 100.31 | −2.62 | −1 | 539 | 525 | 505 | 533 |
| 1982 | 11 | 28 | 6 | 5 | −5.97 | 36.5 | 102.89 | −1.63 | −1 | 390 | 533 | 323 | 430 |
| 1982 | 11 | 28 | 8 | 7 | −4.13 | 25.29 | 100.19 | −1.85 | −1 | 258 | 472 | 484 | 461 |
| 1982 | 12 | 17 | 7 | 28 | −7.21 | 22.84 | 110.32 | −0.39 | 0 | 284 | 188 | 226 | 259 |
| 1982 | 12 | 25 | 6 | 19 | −7.94 | 24.41 | 105.7 | −0.54 | 0 | 348 | 251 | 182 | 272 |
| 1983 | 1 | 19 | 9 | 41 | −6.55 | 26.56 | 109.36 | 0.10 | 0 | 174 | 127 | 278 | 206 |
| 1983 | 2 | 10 | 6 | 18 | −10.66 | 48.03 | 126.66 | 0.45 | 0 | 329 | 262 | 50 | 174 |
| 1983 | 2 | 18 | 5 | 8 | −8.78 | 37.53 | 116.14 | −0.71 | 0 | 453 | 460 | 125 | 299 |
| 1983 | 8 | 20 | 11 | 39 | −3.6 | 29.18 | 114.38 | −0.63 | 0 | 119 | 136 | 520 | 287 |
| 1983 | 11 | 9 | 5 | 7 | −3.36 | 42.26 | 83.11 | −2.76 | −1 | 547 | 497 | 536 | 543 |
| 1983 | 11 | 16 | 6 | 10 | −6.92 | 26.08 | 115.63 | −1.15 | −1 | 371 | 402 | 250 | 357 |
| 1983 | 11 | 25 | 15 | 47 | −6.39 | 23.72 | 106.68 | 1.44 | 1 | 49 | 110 | 292 | 102 |
| 1983 | 12 | 23 | 10 | 19 | −6.68 | 27 | 105.35 | −0.18 | 0 | 148 | 245 | 266 | 234 |
| 1984 | 1 | 7 | 5 | 6 | −8.65 | 23.1 | 110.1 | −0.81 | 0 | 460 | 510 | 132 | 320 |
| 1984 | 1 | 18 | 15 | 39 | −6.48 | 28.45 | 109.72 | 1.28 | 1 | 50 | 134 | 283 | 119 |
| 1984 | 1 | 21 | 8 | 16 | −8.61 | 44.86 | 86.5 | 0.05 | 0 | 218 | 284 | 136 | 212 |
| 1984 | 2 | 1 | 6 | 10 | −10.55 | 49.31 | 124.27 | 0.21 | 0 | 333 | 400 | 56 | 197 |
| 1984 | 2 | 24 | 7 | 14 | −11.12 | 42.25 | 84.97 | 0.73 | 0 | 265 | 319 | 39 | 153 |
| 1984 | 5 | 5 | 6 | 17 | −7.12 | 21.82 | 110.86 | −0.9 | 0 | 365 | 273 | 239 | 329 |
| 1984 | 8 | 14 | 6 | 33 | −4.38 | 35.09 | 115.69 | −1.53 | −1 | 384 | 165 | 464 | 413 |
| 1984 | 8 | 19 | 5 | 6 | −4.74 | 37.4 | 105.05 | −2.27 | −1 | 521 | 519 | 433 | 503 |
| 1984 | 9 | 10 | 7 | 46 | −4.32 | 29.41 | 115.22 | −1.02 | 0 | 298 | 114 | 469 | 345 |
| 1984 | 9 | 29 | 10 | 52 | −5.58 | 36.11 | 96.83 | 0.22 | 0 | 143 | 101 | 361 | 195 |
| 1984 | 10 | 15 | 5 | 6 | −3.75 | 40.41 | 78.98 | −2.64 | −1 | 542 | 526 | 509 | 536 |
| 1984 | 10 | 18 | 6 | 7 | −4.36 | 37.74 | 103.98 | −2.18 | −1 | 413 | 477 | 466 | 492 |
| 1984 | 10 | 21 | 11 | 38 | −5.41 | 24.07 | 105.64 | 0.02 | 0 | 117 | 137 | 375 | 218 |
| 1984 | 12 | 12 | 21 | 197 | −13.51 | 35.91 | 102.3 | 9.06 | 1 | 13 | 7 | 14 | 6 |
| 1985 | 1 | 8 | 8 | 12 | −7.33 | 42.65 | 82.45 | −0.53 | 0 | 225 | 359 | 219 | 271 |
| 1985 | 1 | 24 | 6 | 13 | −9.08 | 47.92 | 125.75 | −0.27 | 0 | 340 | 341 | 106 | 242 |
| 1985 | 2 | 9 | 6 | 6 | −4.06 | 25.24 | 99.8 | −2.32 | −1 | 417 | 504 | 486 | 508 |

续表

| 开始时间 | | | 持续时间（天数） | 影响范围（格点数） | 低温强度（℃） | 中心纬度（°N） | 中心经度（°E） | *CSI* | 类别 | 持续时间排序 | 影响范围排序 | 低温强度排序 | *CSI* 排序 |
|---|---|---|---|---|---|---|---|---|---|---|---|---|---|
| 年 | 月 | 日 | | | | | | | | | | | |
| 1985 | 2 | 17 | 8 | 16 | −9.45 | 40.04 | 115.74 | 0.36 | 0 | 212 | 283 | 94 | 181 |
| 1985 | 3 | 11 | 11 | 16 | −7.86 | 23.1 | 107.72 | 0.39 | 0 | 115 | 278 | 187 | 179 |
| 1985 | 7 | 14 | 5 | 6 | −2.47 | 24.71 | 100.79 | −3.12 | −1 | 552 | 530 | 547 | 552 |
| 1985 | 9 | 6 | 15 | 13 | −8.12 | 43.4 | 88.03 | 1.25 | 1 | 51 | 333 | 171 | 121 |
| 1985 | 9 | 19 | 7 | 15 | −7.39 | 45.86 | 119.54 | −0.64 | 0 | 288 | 294 | 212 | 288 |
| 1985 | 10 | 2 | 10 | 69 | −5.78 | 24.87 | 108.13 | 0.72 | 0 | 139 | 71 | 341 | 155 |
| 1985 | 10 | 13 | 10 | 26 | −6.46 | 43.16 | 84.75 | −0.09 | 0 | 147 | 200 | 286 | 228 |
| 1985 | 10 | 15 | 8 | 44 | −4.84 | 32.39 | 109.2 | −0.67 | 0 | 231 | 120 | 421 | 293 |
| 1985 | 11 | 7 | 8 | 57 | −7.05 | 36.93 | 112.59 | 0.48 | 0 | 211 | 89 | 245 | 173 |
| 1985 | 12 | 4 | 14 | 220 | −8.73 | 37.48 | 117.76 | 6.39 | 1 | 54 | 6 | 127 | 12 |
| 1986 | 2 | 27 | 9 | 83 | −8.28 | 26.16 | 109.57 | 1.79 | 1 | 157 | 47 | 158 | 86 |
| 1986 | 8 | 2 | 8 | 9 | −3.56 | 27.76 | 101.1 | −2.01 | −1 | 259 | 426 | 526 | 473 |
| 1986 | 8 | 3 | 6 | 30 | −4.29 | 37.39 | 116.56 | −1.64 | −1 | 391 | 176 | 471 | 431 |
| 1986 | 8 | 20 | 6 | 20 | −3.78 | 32.29 | 118.49 | −2.07 | −1 | 406 | 243 | 508 | 476 |
| 1986 | 8 | 23 | 5 | 7 | −4.79 | 31.87 | 104.9 | −2.23 | −1 | 516 | 492 | 425 | 497 |
| 1986 | 9 | 2 | 6 | 21 | −7.19 | 42.55 | 86.91 | −0.77 | 0 | 360 | 235 | 229 | 312 |
| 1986 | 9 | 17 | 18 | 101 | −5.05 | 25.77 | 112.49 | 2.90 | 1 | 29 | 33 | 401 | 55 |
| 1986 | 9 | 17 | 7 | 11 | −6.29 | 36.81 | 108.36 | −1.15 | −1 | 301 | 379 | 303 | 358 |
| 1986 | 10 | 15 | 5 | 27 | −6.22 | 47.11 | 126.45 | −1.20 | −1 | 471 | 194 | 306 | 365 |
| 1986 | 10 | 26 | 8 | 62 | −7.56 | 31.61 | 109.22 | 0.79 | 0 | 206 | 79 | 207 | 151 |
| 1986 | 11 | 8 | 5 | 11 | −4.45 | 30.47 | 104.38 | −2.25 | −1 | 518 | 390 | 455 | 500 |
| 1986 | 11 | 23 | 10 | 43 | −8.62 | 41.83 | 100.88 | 1.14 | 1 | 136 | 123 | 134 | 126 |
| 1986 | 12 | 27 | 5 | 13 | −8.75 | 48 | 125.39 | −0.60 | 0 | 450 | 352 | 126 | 280 |
| 1987 | 1 | 8 | 6 | 26 | −9.58 | 46.18 | 124.61 | 0.24 | 0 | 332 | 206 | 89 | 191 |
| 1987 | 4 | 11 | 6 | 26 | −7.24 | 28.38 | 114.53 | −0.63 | 0 | 353 | 207 | 223 | 286 |
| 1987 | 6 | 6 | 7 | 36 | −6.63 | 28.66 | 116.79 | −0.40 | 0 | 285 | 148 | 271 | 261 |
| 1987 | 7 | 23 | 5 | 25 | −4.77 | 30.39 | 112.94 | −1.79 | −1 | 500 | 216 | 427 | 454 |
| 1987 | 8 | 7 | 6 | 44 | −3.68 | 31.9 | 113.93 | −1.52 | −1 | 382 | 121 | 514 | 411 |
| 1987 | 8 | 11 | 6 | 4 | −5.59 | 39.1 | 101.2 | −1.79 | −1 | 398 | 547 | 360 | 453 |
| 1987 | 9 | 7 | 5 | 5 | −2.96 | 28.61 | 118.78 | −2.96 | −1 | 550 | 546 | 541 | 549 |
| 1987 | 9 | 8 | 5 | 7 | −3.39 | 28.38 | 106.62 | −2.75 | −1 | 545 | 496 | 535 | 541 |
| 1987 | 10 | 14 | 15 | 75 | −7.53 | 34.51 | 99.59 | 2.56 | 1 | 46 | 61 | 210 | 62 |
| 1987 | 10 | 28 | 10 | 68 | −10.31 | 35.79 | 102.16 | 2.39 | 1 | 122 | 72 | 62 | 67 |
| 1987 | 11 | 23 | 19 | 283 | −11.83 | 35.07 | 110.03 | 10.14 | 1 | 21 | 2 | 28 | 5 |

续表

| 开始时间 | | | 持续时间（天数） | 影响范围（格点数） | 低温强度（℃） | 中心纬度（°N） | 中心经度（°E） | *CSI* | 类别 | 持续时间排序 | 影响范围排序 | 低温强度排序 | *CSI*排序 |
|---|---|---|---|---|---|---|---|---|---|---|---|---|---|
| 年 | 月 | 日 | | | | | | | | | | | |
| 1987 | 12 | 22 | 6 | 7 | −4.49 | 24.71 | 102.63 | −2.13 | −1 | 409 | 476 | 450 | 480 |
| 1988 | 2 | 11 | 8 | 16 | −14.53 | 45.28 | 86.22 | 2.26 | 1 | 197 | 282 | 8 | 75 |
| 1988 | 2 | 25 | 11 | 14 | −17.18 | 45.28 | 86.05 | 3.83 | 1 | 98 | 315 | 3 | 32 |
| 1988 | 2 | 29 | 10 | 17 | −10.74 | 38.35 | 104.91 | 1.29 | 1 | 133 | 265 | 48 | 116 |
| 1988 | 2 | 29 | 9 | 23 | −6.56 | 26.43 | 105.74 | −0.34 | 0 | 181 | 223 | 276 | 250 |
| 1988 | 6 | 2 | 5 | 11 | −5.87 | 22.96 | 110 | −1.72 | −1 | 494 | 388 | 334 | 441 |
| 1988 | 8 | 20 | 6 | 12 | −5.67 | 38.68 | 111.22 | −1.56 | −1 | 386 | 370 | 354 | 420 |
| 1988 | 8 | 22 | 8 | 20 | −3.57 | 29.47 | 112.32 | −1.74 | −1 | 255 | 241 | 524 | 445 |
| 1988 | 9 | 25 | 5 | 15 | −4.17 | 25.52 | 116.16 | −2.26 | −1 | 519 | 310 | 481 | 502 |
| 1988 | 9 | 26 | 6 | 7 | −3.5 | 30.84 | 103.97 | −2.50 | −1 | 426 | 479 | 530 | 523 |
| 1988 | 10 | 27 | 6 | 8 | −4.98 | 23.75 | 101.39 | −1.92 | −1 | 403 | 457 | 410 | 468 |
| 1988 | 11 | 3 | 7 | 36 | −5.56 | 25.11 | 115 | −0.80 | 0 | 295 | 149 | 363 | 319 |
| 1988 | 12 | 10 | 5 | 5 | −6.38 | 25.39 | 117.2 | −1.68 | −1 | 493 | 541 | 293 | 436 |
| 1989 | 1 | 11 | 11 | 13 | −8.84 | 38.18 | 104.66 | 0.68 | 0 | 112 | 334 | 120 | 156 |
| 1989 | 6 | 19 | 7 | 10 | −5.76 | 29.33 | 118.45 | −1.37 | −1 | 306 | 397 | 344 | 390 |
| 1989 | 7 | 25 | 6 | 12 | −6.61 | 44.24 | 121.05 | −1.21 | −1 | 375 | 369 | 274 | 367 |
| 1989 | 7 | 26 | 12 | 136 | −5.27 | 29.14 | 110.83 | 2.60 | 1 | 86 | 18 | 387 | 61 |
| 1989 | 8 | 17 | 8 | 15 | −5.27 | 42.58 | 118.39 | −1.22 | −1 | 246 | 293 | 388 | 371 |
| 1989 | 8 | 20 | 6 | 19 | −3.63 | 27.16 | 106.07 | −2.15 | −1 | 410 | 252 | 519 | 486 |
| 1989 | 9 | 2 | 6 | 14 | −3.46 | 30.82 | 120.24 | −2.34 | −1 | 423 | 330 | 531 | 514 |
| 1989 | 10 | 5 | 5 | 5 | −6.24 | 42.19 | 120 | −1.73 | −1 | 495 | 542 | 305 | 442 |
| 1989 | 10 | 16 | 7 | 51 | −5.05 | 28.64 | 110.83 | −0.62 | 0 | 287 | 104 | 402 | 284 |
| 1989 | 11 | 29 | 11 | 46 | −6.6 | 24.65 | 108.96 | 0.66 | 0 | 114 | 111 | 275 | 161 |
| 1990 | 1 | 19 | 12 | 62 | −10.35 | 45.55 | 124.2 | 2.67 | 1 | 85 | 78 | 61 | 59 |
| 1990 | 7 | 24 | 6 | 12 | −7.78 | 48.17 | 125.2 | −0.78 | 0 | 361 | 366 | 192 | 313 |
| 1990 | 11 | 9 | 5 | 7 | −5.47 | 32.59 | 105.51 | −1.97 | −1 | 508 | 491 | 369 | 470 |
| 1990 | 11 | 29 | 7 | 20 | −6.73 | 41.31 | 86.52 | −0.76 | 0 | 292 | 242 | 261 | 309 |
| 1990 | 12 | 1 | 8 | 28 | −5.92 | 25.54 | 112.4 | −0.66 | 0 | 229 | 186 | 328 | 291 |
| 1991 | 7 | 29 | 15 | 17 | −4.78 | 32.51 | 116.11 | 0.10 | 0 | 53 | 264 | 426 | 207 |
| 1991 | 8 | 22 | 8 | 13 | −5.7 | 40.6 | 82.49 | −1.11 | 0 | 242 | 338 | 349 | 355 |
| 1991 | 10 | 4 | 5 | 8 | −2.99 | 34.48 | 104.63 | −2.87 | −1 | 548 | 468 | 540 | 546 |
| 1991 | 10 | 8 | 5 | 5 | −3.75 | 25.61 | 117.95 | −2.66 | −1 | 544 | 545 | 510 | 539 |
| 1991 | 10 | 28 | 5 | 15 | −5.92 | 21.8 | 110.75 | −1.61 | −1 | 488 | 307 | 329 | 428 |
| 1991 | 11 | 5 | 8 | 8 | −4.86 | 42.86 | 82.56 | −1.55 | −1 | 252 | 453 | 418 | 417 |

续表

| 开始时间 | | | 持续时间（天数） | 影响范围（格点数） | 低温强度（℃） | 中心纬度（°N） | 中心经度（°E） | *CSI* | 类别 | 持续时间排序 | 影响范围排序 | 低温强度排序 | *CSI* 排序 |
|---|---|---|---|---|---|---|---|---|---|---|---|---|---|
| 年 | 月 | 日 | | | | | | | | | | | |
| 1991 | 11 | 7 | 13 | 55 | −5.76 | 30.93 | 112.86 | 0.99 | 0 | 78 | 92 | 343 | 135 |
| 1991 | 12 | 7 | 5 | 6 | −8.08 | 50.46 | 119.08 | −1.02 | 0 | 467 | 512 | 173 | 344 |
| 1991 | 12 | 25 | 11 | 101 | −9.87 | 34.62 | 106.79 | 3.25 | 1 | 99 | 35 | 76 | 43 |
| 1992 | 6 | 5 | 5 | 10 | −7.93 | 43.79 | 121.97 | −0.98 | 0 | 464 | 414 | 184 | 337 |
| 1992 | 6 | 23 | 7 | 15 | −4.99 | 29.79 | 107.85 | −1.54 | −1 | 313 | 296 | 406 | 415 |
| 1992 | 7 | 4 | 13 | 39 | −4.53 | 25.53 | 114.15 | 0.13 | 0 | 82 | 135 | 449 | 204 |
| 1992 | 7 | 30 | 5 | 6 | −6.11 | 46.38 | 131.19 | −1.76 | −1 | 497 | 516 | 315 | 447 |
| 1992 | 8 | 13 | 8 | 36 | −3.54 | 33.75 | 116.78 | −1.35 | −1 | 248 | 147 | 527 | 389 |
| 1992 | 8 | 20 | 5 | 6 | −3.42 | 30.74 | 105.15 | −2.76 | −1 | 546 | 528 | 534 | 542 |
| 1992 | 9 | 13 | 5 | 12 | −6.7 | 43.39 | 90.17 | −1.39 | −1 | 480 | 375 | 263 | 396 |
| 1992 | 10 | 3 | 8 | 72 | −5.01 | 31.95 | 110.15 | 0.09 | 0 | 217 | 65 | 403 | 209 |
| 1992 | 10 | 12 | 17 | 77 | −5.47 | 28.85 | 111.11 | 2.26 | 1 | 36 | 58 | 367 | 76 |
| 1992 | 11 | 6 | 13 | 150 | −7.66 | 29.31 | 106.88 | 4.05 | 1 | 65 | 15 | 198 | 28 |
| 1992 | 11 | 26 | 7 | 10 | −5.34 | 26.96 | 105.15 | −1.53 | −1 | 312 | 398 | 382 | 412 |
| 1992 | 12 | 5 | 6 | 10 | −4.25 | 25.49 | 100.66 | −2.15 | −1 | 412 | 408 | 476 | 484 |
| 1993 | 1 | 13 | 23 | 92 | −8.15 | 31.42 | 110.16 | 4.88 | 1 | 11 | 39 | 165 | 20 |
| 1993 | 4 | 2 | 5 | 5 | −8.85 | 43.22 | 83.13 | −0.76 | 0 | 456 | 536 | 118 | 307 |
| 1993 | 7 | 21 | 7 | 19 | −5.4 | 34.56 | 117.01 | −1.28 | −1 | 304 | 249 | 377 | 381 |
| 1993 | 7 | 31 | 6 | 13 | −7.93 | 46.19 | 86.11 | −0.70 | 0 | 357 | 343 | 183 | 297 |
| 1993 | 8 | 14 | 9 | 14 | −4.67 | 32.64 | 118.66 | −1.27 | −1 | 193 | 316 | 438 | 380 |
| 1993 | 8 | 28 | 16 | 36 | −3.64 | 28.39 | 117.28 | 0.35 | 0 | 44 | 145 | 518 | 182 |
| 1993 | 8 | 29 | 8 | 17 | −4.25 | 30.78 | 101.71 | −1.56 | −1 | 253 | 269 | 475 | 422 |
| 1993 | 9 | 28 | 5 | 10 | −6.36 | 36.76 | 113.46 | −1.56 | −1 | 486 | 417 | 297 | 419 |
| 1993 | 10 | 1 | 13 | 36 | −5.45 | 23.37 | 111.98 | 0.40 | 0 | 81 | 146 | 374 | 178 |
| 1993 | 10 | 27 | 10 | 59 | −5.22 | 32.63 | 100.03 | 0.26 | 0 | 142 | 86 | 391 | 188 |
| 1993 | 11 | 14 | 13 | 191 | −10.23 | 36.88 | 111.87 | 6.02 | 1 | 64 | 8 | 66 | 14 |
| 1993 | 12 | 13 | 8 | 9 | −12.48 | 45.26 | 86.35 | 1.32 | 1 | 200 | 423 | 21 | 112 |
| 1993 | 12 | 14 | 6 | 7 | −5.07 | 27.95 | 106.18 | −1.91 | −1 | 402 | 475 | 399 | 467 |
| 1993 | 12 | 22 | 9 | 34 | −6.68 | 23.13 | 109.02 | −0.02 | 0 | 178 | 157 | 265 | 224 |
| 1994 | 1 | 16 | 7 | 10 | −8.84 | 44.08 | 84.06 | −0.22 | 0 | 277 | 395 | 121 | 237 |
| 1994 | 1 | 17 | 9 | 9 | −5.7 | 29.78 | 107.15 | −1.00 | 0 | 186 | 421 | 351 | 340 |
| 1994 | 9 | 10 | 9 | 18 | −4.42 | 31.11 | 106.74 | −1.26 | −1 | 192 | 257 | 460 | 378 |
| 1994 | 10 | 2 | 5 | 5 | −8.62 | 39.95 | 109.72 | −0.84 | 0 | 461 | 537 | 135 | 325 |
| 1994 | 10 | 14 | 16 | 183 | −5.89 | 28.87 | 108.18 | 4.82 | 1 | 40 | 11 | 330 | 21 |

续表

| 开始时间 | | | 持续时间（天数） | 影响范围（格点数） | 低温强度（℃） | 中心纬度（°N） | 中心经度（°E） | CSI | 类别 | 持续时间排序 | 影响范围排序 | 低温强度排序 | CSI排序 |
|---|---|---|---|---|---|---|---|---|---|---|---|---|---|
| 年 | 月 | 日 | | | | | | | | | | | |
| 1994 | 12 | 13 | 7 | 22 | −7.66 | 43.38 | 120.09 | −0.37 | 0 | 282 | 229 | 199 | 255 |
| 1995 | 8 | 12 | 6 | 7 | −2.3 | 25.14 | 115.54 | −2.95 | −1 | 431 | 481 | 548 | 548 |
| 1995 | 9 | 7 | 5 | 6 | −4.84 | 39.42 | 116.28 | −2.23 | −1 | 517 | 518 | 422 | 496 |
| 1995 | 9 | 18 | 8 | 19 | −3.51 | 22.8 | 113.06 | −1.78 | −1 | 256 | 247 | 529 | 451 |
| 1995 | 9 | 20 | 6 | 12 | −4.16 | 26.02 | 100.57 | −2.13 | −1 | 408 | 371 | 482 | 481 |
| 1995 | 9 | 23 | 5 | 12 | −7.19 | 39.59 | 109.97 | −1.20 | −1 | 470 | 374 | 230 | 364 |
| 1995 | 12 | 5 | 6 | 14 | −6.37 | 30.44 | 116.49 | −1.25 | −1 | 377 | 327 | 296 | 376 |
| 1996 | 2 | 17 | 10 | 102 | −7.8 | 25.87 | 110.32 | 2.29 | 1 | 123 | 32 | 190 | 74 |
| 1996 | 4 | 12 | 5 | 5 | −6.65 | 24.76 | 107.76 | −1.58 | −1 | 487 | 540 | 269 | 425 |
| 1996 | 8 | 22 | 7 | 14 | −4.66 | 37.83 | 116.02 | −1.68 | −1 | 315 | 323 | 442 | 438 |
| 1996 | 8 | 30 | 6 | 9 | −8.15 | 44.11 | 85.37 | −0.71 | 0 | 358 | 431 | 167 | 300 |
| 1996 | 10 | 5 | 5 | 16 | −4.66 | 32.19 | 107.43 | −2.05 | −1 | 509 | 291 | 441 | 474 |
| 1996 | 11 | 12 | 5 | 9 | −5.83 | 42.71 | 123.87 | −1.79 | −1 | 501 | 445 | 338 | 452 |
| 1996 | 11 | 27 | 6 | 9 | −8.29 | 42.77 | 124.44 | −0.66 | 0 | 355 | 430 | 157 | 290 |
| 1996 | 12 | 5 | 10 | 40 | −7.15 | 37.62 | 93.51 | 0.51 | 0 | 140 | 132 | 236 | 172 |
| 1997 | 6 | 14 | 6 | 9 | −3.83 | 24.67 | 115.11 | −2.33 | −1 | 422 | 437 | 503 | 513 |
| 1997 | 7 | 8 | 5 | 6 | −4.39 | 28.02 | 113.63 | −2.4 | −1 | 527 | 521 | 462 | 516 |
| 1997 | 8 | 19 | 5 | 13 | −3.87 | 30.37 | 104.66 | −2.42 | −1 | 529 | 356 | 500 | 519 |
| 1997 | 9 | 2 | 9 | 46 | −3.91 | 27.28 | 108.99 | −0.76 | 0 | 182 | 112 | 498 | 310 |
| 1997 | 9 | 10 | 7 | 31 | −6.1 | 43.91 | 124.37 | −0.73 | 0 | 290 | 170 | 316 | 303 |
| 1997 | 9 | 13 | 18 | 100 | −5.96 | 31.07 | 109.85 | 3.22 | 1 | 27 | 36 | 324 | 44 |
| 1997 | 10 | 12 | 10 | 10 | −3.93 | 25.53 | 99.86 | −1.43 | −1 | 152 | 394 | 496 | 400 |
| 1997 | 10 | 24 | 10 | 69 | −6.31 | 35.5 | 108.38 | 0.92 | 0 | 138 | 70 | 302 | 141 |
| 1997 | 11 | 14 | 9 | 34 | −9.58 | 41.72 | 92.69 | 1.06 | 0 | 161 | 156 | 87 | 132 |
| 1997 | 11 | 24 | 9 | 17 | −10.45 | 44.43 | 87.03 | 0.97 | 0 | 163 | 268 | 57 | 136 |
| 1997 | 12 | 6 | 7 | 37 | −8.49 | 39.22 | 94.85 | 0.32 | 0 | 268 | 144 | 143 | 184 |
| 1998 | 1 | 17 | 7 | 28 | −8.13 | 40.44 | 97.57 | −0.04 | 0 | 274 | 187 | 169 | 225 |
| 1998 | 3 | 20 | 6 | 31 | −7.83 | 27.16 | 109.65 | −0.29 | 0 | 342 | 173 | 188 | 246 |
| 1998 | 8 | 28 | 7 | 21 | −4.77 | 29.12 | 119.19 | −1.47 | −1 | 310 | 234 | 428 | 406 |
| 1998 | 9 | 4 | 9 | 24 | −4.7 | 27.14 | 103.93 | −1.01 | 0 | 188 | 218 | 436 | 343 |
| 1998 | 9 | 16 | 5 | 15 | −7.08 | 43.09 | 85.59 | −1.17 | −1 | 469 | 306 | 243 | 360 |
| 1998 | 9 | 28 | 8 | 38 | −4.93 | 25.37 | 104.52 | −0.78 | 0 | 234 | 138 | 411 | 314 |
| 1998 | 11 | 4 | 5 | 11 | −4.44 | 24.94 | 103.25 | −2.26 | −1 | 520 | 391 | 459 | 501 |
| 1998 | 11 | 16 | 10 | 56 | −8.15 | 45.02 | 123.39 | 1.28 | 1 | 134 | 91 | 166 | 118 |

续表

| 开始时间 | | | 持续时间（天数） | 影响范围（格点数） | 低温强度（℃） | 中心纬度（°N） | 中心经度（°E） | *CSI* | 类别 | 持续时间排序 | 影响范围排序 | 低温强度排序 | *CSI* 排序 |
|---|---|---|---|---|---|---|---|---|---|---|---|---|---|
| 年 | 月 | 日 | | | | | | | | | | | |
| 1998 | 11 | 30 | 7 | 27 | −8.89 | 47.69 | 123.88 | 0.22 | 0 | 270 | 191 | 115 | 194 |
| 1998 | 12 | 12 | 6 | 8 | −5.66 | 27.62 | 107.04 | −1.67 | −1 | 393 | 456 | 355 | 435 |
| 1999 | 5 | 7 | 5 | 9 | −5.46 | 23.05 | 113.36 | −1.93 | −1 | 507 | 446 | 373 | 469 |
| 1999 | 8 | 21 | 6 | 10 | −3.79 | 30.33 | 103.5 | −2.32 | −1 | 419 | 409 | 506 | 511 |
| 1999 | 9 | 15 | 10 | 20 | −6.19 | 45.65 | 122.97 | −0.34 | 0 | 149 | 237 | 311 | 251 |
| 1999 | 9 | 22 | 6 | 31 | −4.46 | 26.23 | 112.94 | −1.55 | −1 | 385 | 174 | 454 | 418 |
| 1999 | 10 | 2 | 6 | 7 | −3.99 | 32.52 | 109.16 | −2.32 | −1 | 421 | 478 | 491 | 509 |
| 1999 | 11 | 25 | 5 | 7 | −10.68 | 43.3 | 124.45 | −0.02 | 0 | 440 | 483 | 49 | 223 |
| 1999 | 12 | 17 | 14 | 131 | −8.87 | 27.31 | 111.77 | 4.24 | 1 | 55 | 19 | 116 | 27 |
| 2000 | 1 | 24 | 5 | 8 | −9.44 | 41.19 | 110.91 | −0.46 | 0 | 448 | 459 | 95 | 266 |
| 2000 | 6 | 10 | 7 | 16 | −4.86 | 25.9 | 115.59 | −1.56 | −1 | 314 | 286 | 417 | 421 |
| 2000 | 6 | 13 | 5 | 9 | −4.99 | 25.32 | 104.23 | −2.10 | −1 | 510 | 447 | 407 | 477 |
| 2000 | 7 | 31 | 5 | 11 | −4.34 | 31.54 | 108.37 | −2.29 | −1 | 523 | 392 | 468 | 506 |
| 2000 | 9 | 6 | 14 | 71 | −4.74 | 28.62 | 111.42 | 1.21 | 1 | 61 | 66 | 431 | 124 |
| 2000 | 10 | 8 | 6 | 15 | −8.31 | 44.26 | 88.82 | −0.50 | 0 | 347 | 299 | 155 | 269 |
| 2000 | 10 | 30 | 9 | 48 | −6.2 | 24.52 | 107.22 | 0.15 | 0 | 172 | 109 | 310 | 200 |
| 2000 | 11 | 6 | 10 | 79 | −7.67 | 36.99 | 108.11 | 1.67 | 1 | 127 | 54 | 197 | 91 |
| 2000 | 11 | 16 | 16 | 28 | −9.99 | 46.45 | 125.09 | 2.53 | 1 | 42 | 183 | 72 | 64 |
| 2000 | 12 | 21 | 9 | 43 | −9.92 | 45.76 | 125.09 | 1.41 | 1 | 160 | 124 | 74 | 105 |
| 2001 | 1 | 9 | 10 | 82 | −11.04 | 44.05 | 123.6 | 3.00 | 1 | 121 | 49 | 41 | 53 |
| 2001 | 2 | 2 | 14 | 40 | −12.38 | 46.63 | 124.58 | 3.30 | 1 | 56 | 131 | 23 | 41 |
| 2001 | 8 | 8 | 5 | 8 | −4.85 | 43.63 | 126.3 | −2.18 | −1 | 513 | 465 | 420 | 491 |
| 2001 | 8 | 10 | 7 | 38 | −4.25 | 29.86 | 114.72 | −1.24 | −1 | 303 | 140 | 474 | 375 |
| 2001 | 8 | 30 | 6 | 9 | −3.85 | 30.23 | 118.77 | −2.32 | −1 | 420 | 436 | 502 | 510 |
| 2001 | 9 | 8 | 5 | 8 | −2.78 | 27.39 | 116.76 | −2.95 | −1 | 549 | 469 | 542 | 547 |
| 2001 | 10 | 12 | 5 | 8 | −4.82 | 39.47 | 79.86 | −2.19 | −1 | 514 | 466 | 424 | 494 |
| 2001 | 11 | 14 | 12 | 53 | −6.68 | 24.28 | 112.53 | 1.07 | 0 | 91 | 96 | 264 | 130 |
| 2001 | 11 | 27 | 5 | 6 | −4.69 | 23.5 | 101.13 | −2.29 | −1 | 524 | 520 | 437 | 505 |
| 2001 | 11 | 30 | 9 | 9 | −9.29 | 46.32 | 86.03 | 0.34 | 0 | 170 | 420 | 99 | 183 |
| 2001 | 12 | 10 | 11 | 28 | −14.03 | 43.62 | 86.01 | 3.00 | 1 | 100 | 184 | 11 | 52 |
| 2002 | 8 | 6 | 18 | 116 | −4.38 | 30.69 | 111.98 | 3.02 | 1 | 28 | 25 | 463 | 50 |
| 2002 | 8 | 28 | 7 | 12 | −3.56 | 25.04 | 103.39 | −2.15 | −1 | 320 | 364 | 525 | 487 |
| 2002 | 10 | 6 | 8 | 62 | −5.82 | 24.24 | 107.93 | 0.14 | 0 | 216 | 80 | 339 | 202 |
| 2002 | 10 | 19 | 18 | 61 | −7.16 | 40 | 117.36 | 2.70 | 1 | 30 | 82 | 235 | 58 |

续表

| 开始时间 | | | 持续时间（天数） | 影响范围（格点数） | 低温强度（℃） | 中心纬度（°N） | 中心经度（°E） | *CSI* | 类别 | 持续时间排序 | 影响范围排序 | 低温强度排序 | *CSI* 排序 |
|---|---|---|---|---|---|---|---|---|---|---|---|---|---|
| 年 | 月 | 日 | | | | | | | | | | | |
| 2002 | 11 | 3 | 7 | 6 | －3.93 | 36.91 | 103.61 | －2.16 | －1 | 321 | 501 | 497 | 489 |
| 2002 | 11 | 13 | 9 | 26 | －7.89 | 44.62 | 123.99 | 0.24 | 0 | 171 | 201 | 186 | 192 |
| 2002 | 12 | 7 | 6 | 15 | －7.98 | 44.29 | 121.55 | －0.63 | 0 | 354 | 300 | 180 | 285 |
| 2002 | 12 | 23 | 17 | 63 | －10.31 | 39.06 | 104.39 | 3.72 | 1 | 33 | 76 | 63 | 36 |
| 2003 | 4 | 15 | 5 | 7 | －14.91 | 45.98 | 85.14 | 1.56 | 1 | 433 | 482 | 7 | 96 |
| 2003 | 7 | 27 | 5 | 8 | －7.08 | 46.78 | 85.42 | －1.34 | －1 | 474 | 463 | 244 | 384 |
| 2003 | 8 | 10 | 5 | 6 | －6.33 | 43.19 | 126.24 | －1.67 | －1 | 490 | 515 | 300 | 433 |
| 2003 | 8 | 11 | 8 | 35 | －3.99 | 32.5 | 112.67 | －1.21 | －1 | 244 | 153 | 490 | 370 |
| 2003 | 8 | 29 | 6 | 13 | －5.22 | 34.3 | 114.97 | －1.71 | －1 | 395 | 345 | 392 | 440 |
| 2003 | 10 | 1 | 7 | 26 | －3.74 | 30.2 | 109.42 | －1.73 | －1 | 316 | 205 | 511 | 443 |
| 2003 | 10 | 12 | 6 | 15 | －7.11 | 41.22 | 97.58 | －0.95 | 0 | 366 | 301 | 240 | 334 |
| 2003 | 10 | 15 | 12 | 14 | －5.58 | 27.63 | 117.88 | －0.30 | 0 | 94 | 313 | 362 | 247 |
| 2003 | 11 | 7 | 8 | 81 | －6.14 | 31.16 | 112.03 | 0.73 | 0 | 207 | 52 | 312 | 154 |
| 2003 | 12 | 2 | 5 | 6 | －8.95 | 49.84 | 120.36 | －0.70 | 0 | 452 | 508 | 111 | 296 |
| 2003 | 12 | 13 | 5 | 9 | －5.89 | 26.77 | 115.04 | －1.76 | －1 | 498 | 444 | 332 | 448 |
| 2004 | 7 | 22 | 6 | 7 | －2.74 | 26.26 | 107.72 | －2.78 | －1 | 430 | 480 | 543 | 545 |
| 2004 | 7 | 29 | 5 | 5 | －7.18 | 51.1 | 122.71 | －1.38 | －1 | 477 | 539 | 233 | 391 |
| 2004 | 8 | 12 | 10 | 20 | －5.75 | 44.36 | 127.91 | －0.51 | 0 | 150 | 238 | 345 | 270 |
| 2004 | 8 | 13 | 8 | 34 | －4.44 | 33.05 | 113.74 | －1.06 | 0 | 240 | 159 | 457 | 349 |
| 2004 | 9 | 8 | 9 | 32 | －3.51 | 26.79 | 111.11 | －1.25 | －1 | 191 | 167 | 528 | 377 |
| 2004 | 10 | 1 | 13 | 65 | －4.74 | 26.08 | 111.78 | 0.85 | 0 | 80 | 74 | 432 | 147 |
| 2004 | 12 | 20 | 13 | 25 | －9.75 | 43.19 | 123.13 | 1.74 | 1 | 75 | 210 | 81 | 89 |
| 2005 | 1 | 24 | 13 | 14 | －11.28 | 46.17 | 85.66 | 2.04 | 1 | 73 | 311 | 36 | 79 |
| 2005 | 8 | 16 | 11 | 78 | －4.48 | 32.53 | 113.47 | 0.66 | 0 | 113 | 56 | 451 | 162 |
| 2005 | 8 | 30 | 6 | 11 | －5.47 | 47.32 | 128.23 | －1.66 | －1 | 392 | 384 | 368 | 432 |
| 2005 | 9 | 3 | 6 | 9 | －3.6 | 27.57 | 112.24 | －2.41 | －1 | 424 | 438 | 521 | 518 |
| 2005 | 12 | 3 | 17 | 50 | －7.77 | 35.48 | 115.49 | 2.45 | 1 | 35 | 105 | 193 | 66 |
| 2005 | 12 | 12 | 10 | 17 | －7.28 | 41.08 | 85.17 | －0.01 | 0 | 146 | 267 | 221 | 222 |
| 2006 | 1 | 3 | 8 | 22 | －11.6 | 42.74 | 83.6 | 1.31 | 1 | 201 | 226 | 32 | 114 |
| 2006 | 4 | 12 | 6 | 16 | －6.65 | 28.66 | 108.52 | －1.10 | 0 | 369 | 288 | 268 | 352 |
| 2006 | 5 | 13 | 7 | 29 | －6.03 | 25.16 | 103.39 | －0.80 | 0 | 294 | 181 | 321 | 318 |
| 2006 | 7 | 22 | 5 | 14 | －8.28 | 45.12 | 125.72 | －0.75 | 0 | 455 | 331 | 159 | 306 |
| 2006 | 9 | 4 | 20 | 89 | －5.18 | 27.55 | 111.86 | 3.07 | 1 | 20 | 43 | 394 | 49 |
| 2007 | 7 | 19 | 5 | 10 | －6.97 | 47.95 | 125.22 | －1.34 | －1 | 473 | 416 | 249 | 385 |

续表

| 开始时间 | | | 持续时间（天数） | 影响范围（格点数） | 低温强度（℃） | 中心纬度（°N） | 中心经度（°E） | CSI | 类别 | 持续时间排序 | 影响范围排序 | 低温强度排序 | CSI排序 |
|---|---|---|---|---|---|---|---|---|---|---|---|---|---|
| 年 | 月 | 日 | | | | | | | | | | | |
| 2007 | 9 | 2 | 6 | 14 | −3.97 | 28.58 | 115.53 | −2.15 | −1 | 411 | 329 | 493 | 485 |
| 2007 | 9 | 18 | 7 | 53 | −4.6 | 27.43 | 105.98 | −0.74 | 0 | 291 | 99 | 444 | 305 |
| 2007 | 11 | 5 | 7 | 9 | −5.77 | 24.5 | 107.48 | −1.39 | −1 | 307 | 428 | 342 | 397 |
| 2007 | 11 | 18 | 5 | 8 | −8.06 | 45.86 | 125.88 | −0.98 | 0 | 465 | 462 | 178 | 336 |
| 2008 | 1 | 13 | 22 | 61 | −6.44 | 27.16 | 108.95 | 3.26 | 1 | 12 | 81 | 288 | 42 |
| 2008 | 1 | 19 | 27 | 51 | −12.77 | 39.28 | 94.49 | 6.42 | 1 | 7 | 102 | 17 | 11 |
| 2008 | 11 | 9 | 8 | 14 | −4.34 | 23.64 | 104.04 | −1.60 | −1 | 254 | 318 | 467 | 427 |
| 2008 | 11 | 28 | 6 | 15 | −6.33 | 23.52 | 109.18 | −1.24 | −1 | 376 | 302 | 299 | 374 |

备注：类别中，1表示强事件，0表示中等事件，−1表示弱事件。

## 参考文献


Ding T, Qian W H, Yan Z W. Characteristics and changes of cold surge events over China during 1960−2007. *Atmospheric and Oceanic Science Letters*, 2009, **2**(6): 339-344.

Kalnay E, *et al*. The NCEP/NCAR 40-year reanalysis project. *Bull. Am. Meteorol. Soc.*, 1996, **77**: 437-471.

Li Z, Yan Z W. Homogenized daily mean/maximum/minimum temperature series for China from 1960−2008. *Atmos. Oceanic Sci. Lett.*, 2009, **2**: 1-7.

Zhang Z J, Qian W H. Identifying regional prolonged low temperature events in China. *Adv. Atmos. Sci.*, 2011, **28**(2): 338-351.

# 第 8 章　中国区域热浪事件

气象学上，人们把日最高气温高于 35℃定为高温天气，而把连续几天最高气温都超过 35℃称为热浪天气。在我国，热浪分干热浪和湿热浪。干热浪主要发生在北方，那里大气中水汽含量少，午后气温会很高，但夜间气温又下降很多，昼夜温差大。湿热浪主要发生在南方地区。那里不但气温高，湿度也很大，昼夜温差小。在北方，连续多日的 35℃高温，人体舒适度下降。在潮湿的南方，可能 32℃的气温就让人不适应了。所以，各地定义热浪的标准有所不同。华北在 7 月底到 8 月初，正是“七下八上”的华北雨季，湿度较大，也容易形成湿热浪。

本章从暖日和热浪的定义出发给出暖日和热浪在我国的时空气候分布。过去 60 年中，我国的前 10 个长热浪事件都发生在长江中游以南地区，超过连续 30 天的热浪有 4 次，最长的 37 天，分别开始于 1963 年的 8 月 19 日、1991 年的 5 月 17 日，1961 年的 6 月 10 日和 1963 年的 5 月 5 日。在 10 次最长热浪事件中，20 世纪 60 年代、70 年代、80 年代和 90 年代分别为 5 次、2 次、1 次和 2 次。在 1998 年的长江大水之后，8 月 7 日长江中游以南地区出现的为期 20 天热浪属于 60 年中的第 10 位。刚刚过去的 10 年，全球气温处于暖的平台期，但中国的热浪长度没有进入前 10 位。

## 8.1　资料

温度资料使用了中国 1960—2008 年 549 个标准站均一化日平均温度、日最高温度和日最低温度序列(Li 和 Yan，2009)。湿度资料来自中国气象局国家气象信息中心 1951—2008 年 752 站逐日观测数据。去掉资料年代缺测超过 0.3%的站点，共使用 510 个站点数据。本章图表大多数已发表于 Ding 等(2009)和 Ding 和 Qian(2011)。

## 8.2　单站高温热浪

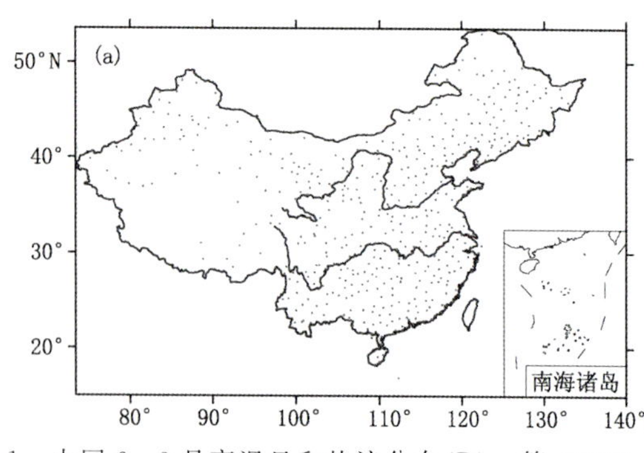



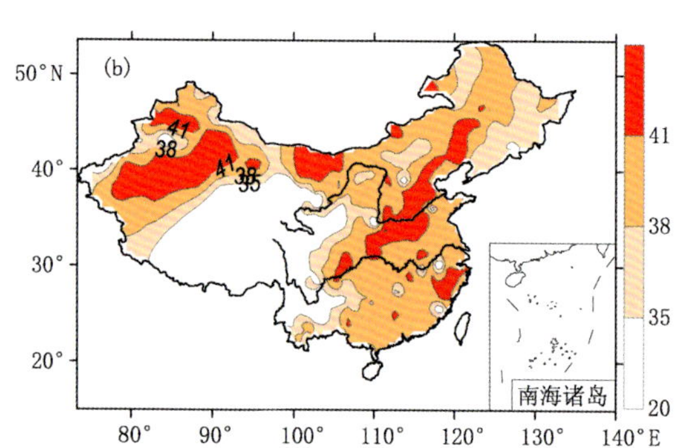



图 8-1　中国 6—9 月高温日和热浪分布(Ding 等，2009)：(a)站点分布(・表示选用站点)，(b)1960—2007 年日最高温度(℃)，(c)35℃以上高温日数(天/a)，(d)超过第 90 百分位的高温日数(天/a)，(e)35℃以上连续 3～5 天热浪次数(次/a)，(f)35℃以上连续 5 天以上热浪次数(次/a)，(g)超过第 90 百分位的连续 3～5 天热浪次数(次/a)，(h)超过第 90 百分位的连续 5 天以上热浪次数(次/a)。图(c)中方框表示新疆和华东。

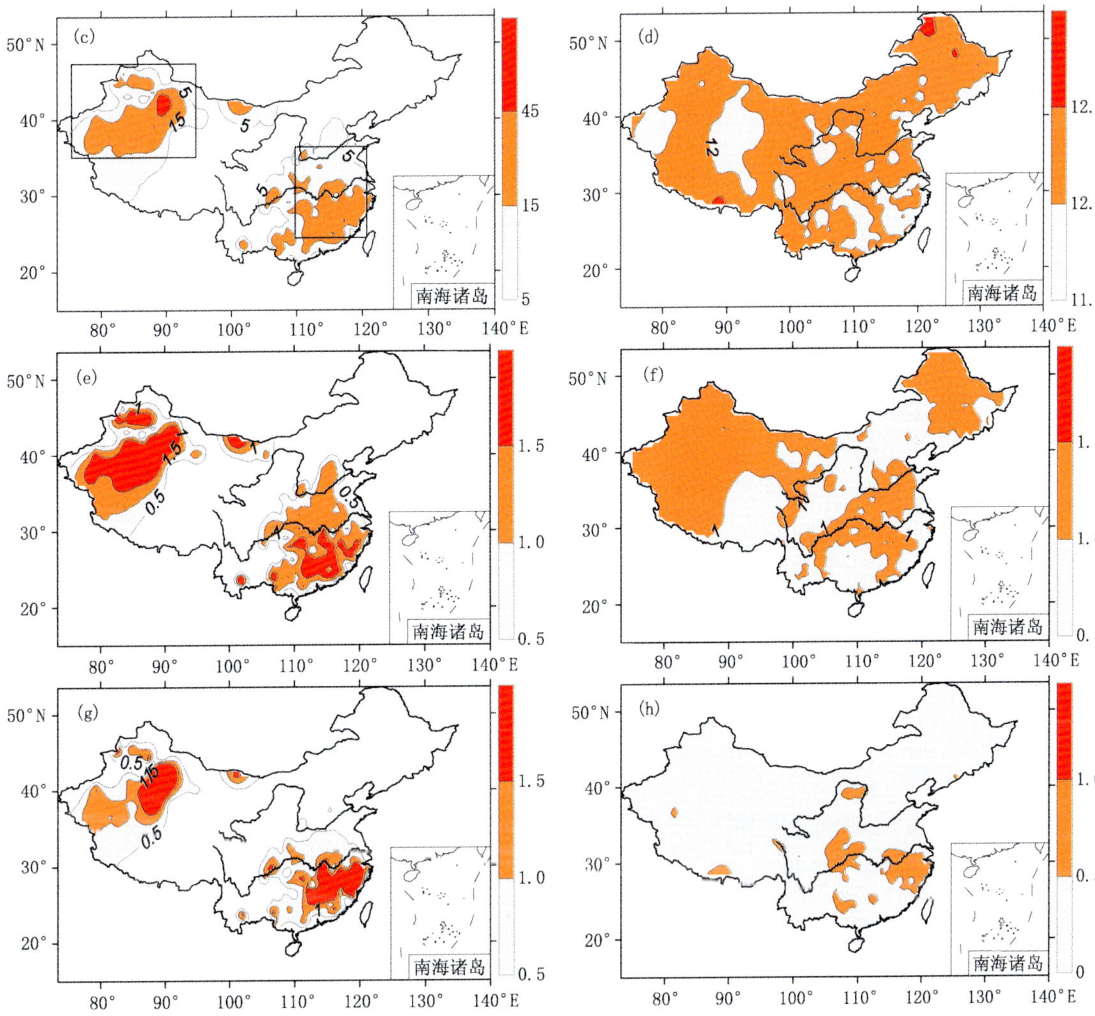

图 8-1 （续）

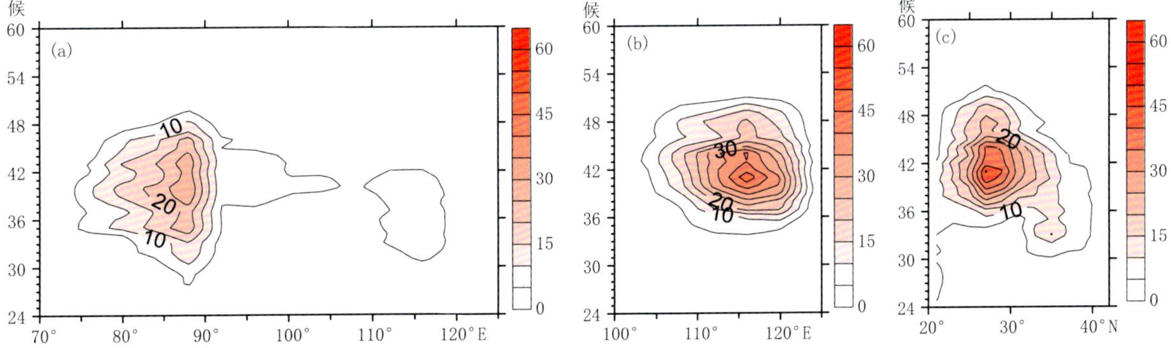


图 8-2 35℃以上高温日的逐候频次(天)分布：(a)35°～50°N 之间纬向剖面，(b)25°～32°N 之间纬向剖面，(c)110°～125°E 之间经向剖面。

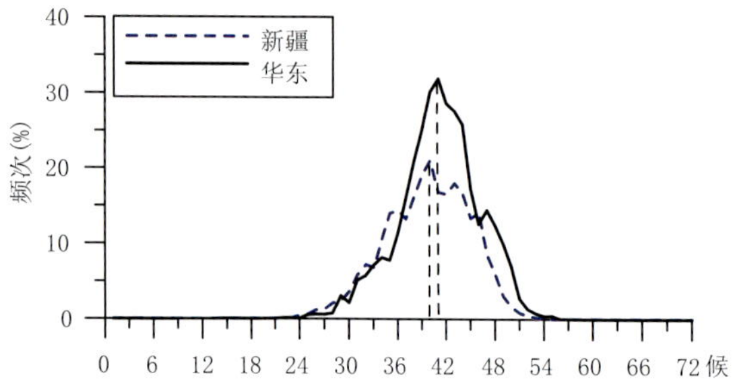


图 8-3 新疆和华东 35℃以上高温日的逐候频次分布。高温日集中出现在 6—9 月份，新疆最高频次出现在第 40 候，华东最高频次出现在第 41 候。

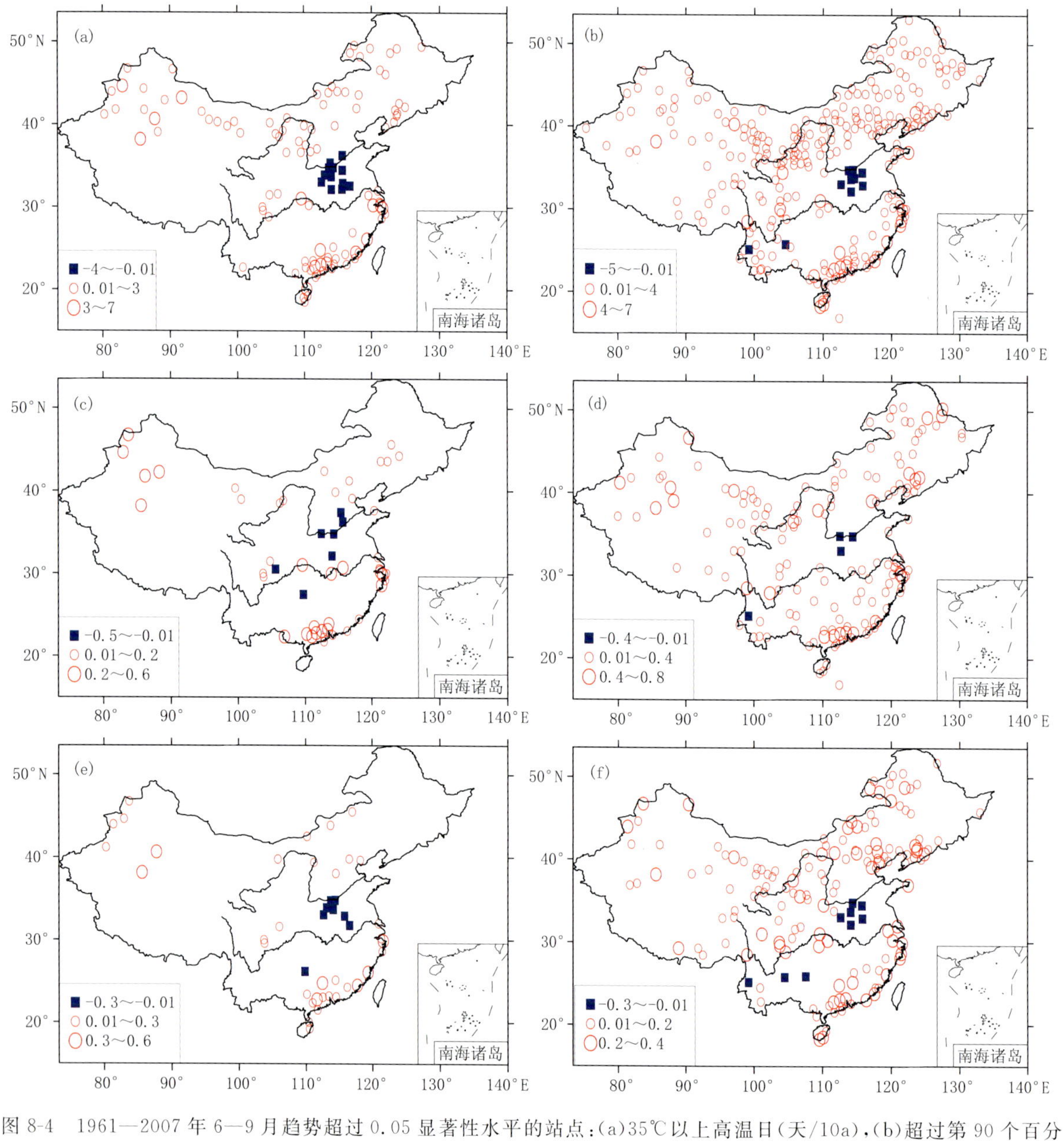

图 8-4 1961—2007 年 6—9 月趋势超过 0.05 显著性水平的站点：(a)35℃以上高温日(天/10a)，(b)超过第 90 个百分位的高温日(天/10a)，(c)35℃以上连续 3～5 天热浪次数(次/10a)，(d)35℃以上并连续 5 天以上热浪次数(次/10a)，(e)超过第 90 个百分位的连续 3～5 天热浪次数(次/10a)，(f)超过第 90 个百分位的连续 5 天以上热浪次数(次/10a)。

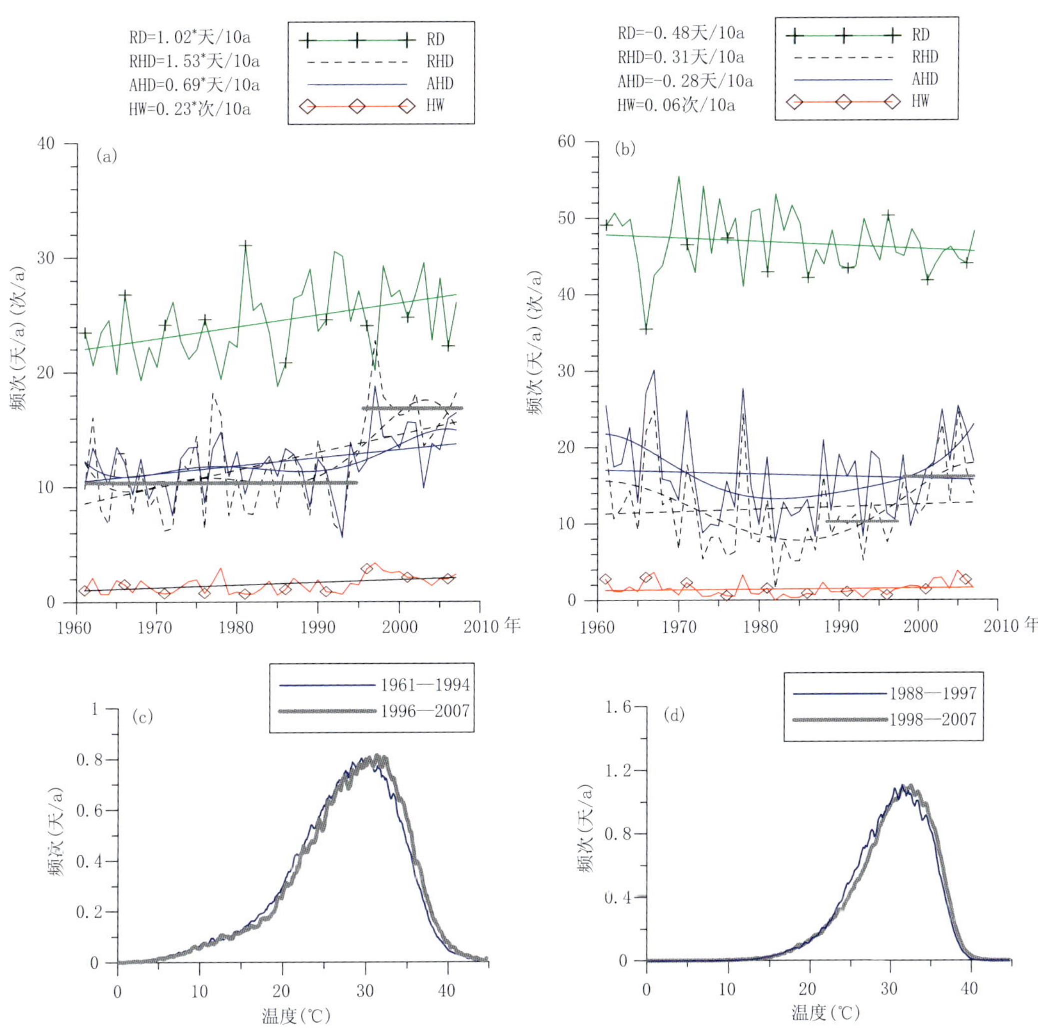


图 8-5 中国 6—9 月高温热浪的趋势变化:(a)新疆高温日(天/a)、热浪次数(次/a)和雨日(天/a)的频次,(b)华东高温日(天/a)、热浪次数(次/a)和雨日(天/a)的频次,(c)新疆地区两段时期(1961—1994 年和 1996—2007 年)的日最高温度分布频次,(d)华东地区两段时期(1988—1997 年和 1998—2007 年)的日最高温度分布频次。图(a)和(b)中,曲线表示 5 次多项式拟合,粗体灰线表示对应时段超过第 90 个百分位的高温日平均日数。趋势星号 * 表示超过 0.05 显著性水平。RD 为雨日,RHD 为超过第 90 个百分位的高温日,AHD 为 35℃ 以上高温日,HW 为超过第 90 个百分位的连续 3 天以上热浪。

## 8.3 区域热浪事件的定义

(1) 热指数(Heat Index, $H_i$)

美国国家气候资料中心(National Climatic Data Center)提供了如下热指数的公式计算 $H_i$:

$$H_i = 16.923 + 0.185212T + 5.37941R - 0.100254\,TR + 9.4169\times10^{-3}\,T^2 + 7.28898\times10^{-3}\,R^2 + 3.45372\times10^{-4}\,T^2R - 8.14971\times10^{-4}\,TR^2 + 1.02102\times10^{-5}\,T^2R^2 - 3.8646\times10^{-5}\,T^3 + 2.91583\times10^{-5}\,R^3 + 1.42721\times10^{-6}\,T^3R + 1.97483\times10^{-7}\,TR^3 - 2.18429\times10^{-8}\,T^3R^2 + 8.43296\times10^{-10}\,T^2R^3 - 4.81975\times10^{-11}\,T^3R^3 + 0.5$$

式中 $T$ 是温度(°F),$R$ 是相对湿度(%),当气温低于 75°F,公式中只使用温度。应用该公式于中国的热指数计算时，华氏温度(°F)换成了摄氏温度(℃)，即℃=(°F−32)×$\frac{5}{9}$。

(2) 区域干热浪(dry heat wave)极端事件

* 日最高气温高于常年值(常年值=当日前、后5天，共11天的气候平均值)连续日数超过5天(其中有2日最高气温≥35℃)；

* 以高温过程强度(过程平均温度距平的大小)序列大于第90个百分位值；

* 在同一时间段内有相邻5站同时发生单站热浪极端事件。

(3) 区域湿热浪(wet heat wave)极端事件

* 日最高 $H_i$，日最低 $H_i$ 高于常年值(常年值=当日前、后5天，共11天的气候平均值)连续日数超过10个记录(其中有2日最高 $H_i$≥35℃，2日最低 $H_i$≥26.7℃)；

* 以高温过程强度(过程平均 $H_i$ 距平的大小)序列大于第80个百分位值；

* 在同一时间段内有相邻5站同时发生单站热浪极端事件。

(4) 区域热浪事件指标

取用下式计算综合强度指标

$IC(j)=\mathrm{ID}(j)+\mathrm{IG}(j)+\mathrm{IS}(j)$

其中，$IC(j)$为第 $j$ 次区域热浪过程综合指数；ID($j$)为区域热浪过程持续时间指数，它由区域热浪过程持续天数经标准化得到；IG($j$)为区域热浪过程最大范围指数，在热浪过程中达到热浪标准的最大总网格点(1°× 1°经纬网格)，再经标准化得到；IS($j$)为区域热浪过程的强度指数，它是由达到热浪标准的站点在热浪过程中日最高 $H_i$ 达到40℃天数相加所得到的总天数，再经标准化得到。按照 $IC$ 值，将区域热浪事件分成强、中、弱三级。

**表 8-1 强、中、弱三级区域湿热浪事件的 *IC* 值、次数及平均特征**

| 级 | *IC* 值 | 次数 | 平均时间(天) | 平均范围(格点数) | 平均强度(站点数) |
|---|---|---|---|---|---|
| 强(>+0.5σ) | 1.41 - 11.59 | 36 | 19 | 42 | 471 |
| 中等 | −1.40 - 1.40 | 66 | 10 | 17 | 130 |
| 弱(<−0.5σ) | −2.77 - −1.41 | 61 | 6 | 8 | 40 |

(5) 热浪事件的地理中心位置(Lat，Lon)按下式计算：

$$\mathrm{Lat}=\frac{\sum_{i=1}^{510} n_i \times \mathrm{lat}_i}{\sum_{i=1}^{510} n_i}$$

$$\mathrm{Lon}=\frac{\sum_{i=1}^{510} n_i \times \mathrm{lon}_i}{\sum_{i=1}^{510} n_i}$$

$\mathrm{lat}_i$ 和 $\mathrm{lon}_i$ 是第 $i$ 个站点的纬度和经度，Lat 和 Lon 是事件的中心纬度和经度，$n_i$ 是第 $i$ 个站点在该次热浪事件中的累计总天数，如果该站点不受这次热浪事件影响，则 $n_i$ 为0。510是总站点数。

## 8.4 区域热浪图

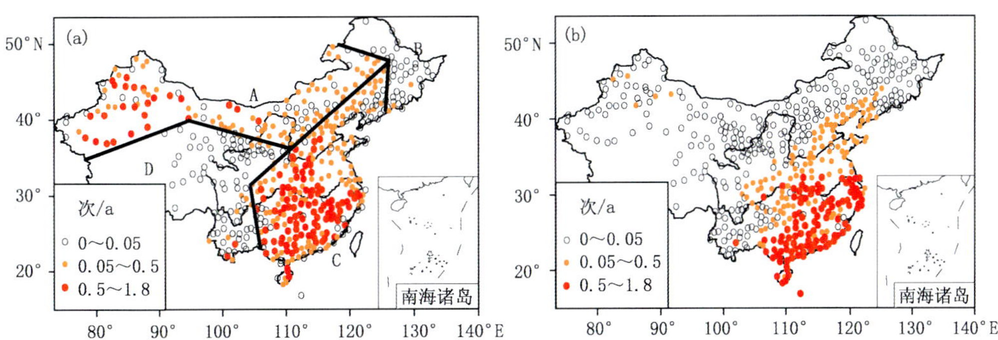


图 8-6 中国热浪年平均频次的空间分布(次/a)：(a)区域干热浪事件影响的站点频次，(b)区域湿热浪事件影响的站点频次。(a)中，A、B、C 和 D 分别表示中国北方—新疆(西风带区域)、中国东北地区的东北部、中国东部(季风区)和西部(高原地区)。

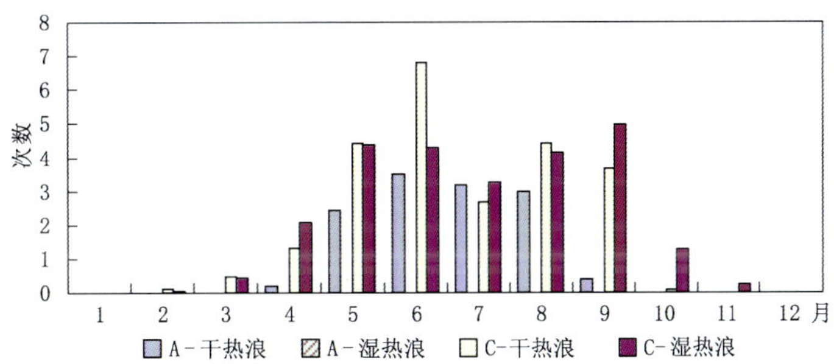


图 8-7 1960—2008 年发生在 A 区(西风带地区)和 C 区(季风区)的区域干热浪和湿热浪事件逐月频次分布。非季风带几乎没有湿热浪，干热浪主要出现在 5—8 月。季风区干热浪和湿热浪从 4 月份有出现，干热浪到 9 月份仍有出现，湿热浪到 10 月份还可能出现。季风区干热浪的峰值出现在 6 月份，湿热浪的峰值出现在 9 月份。

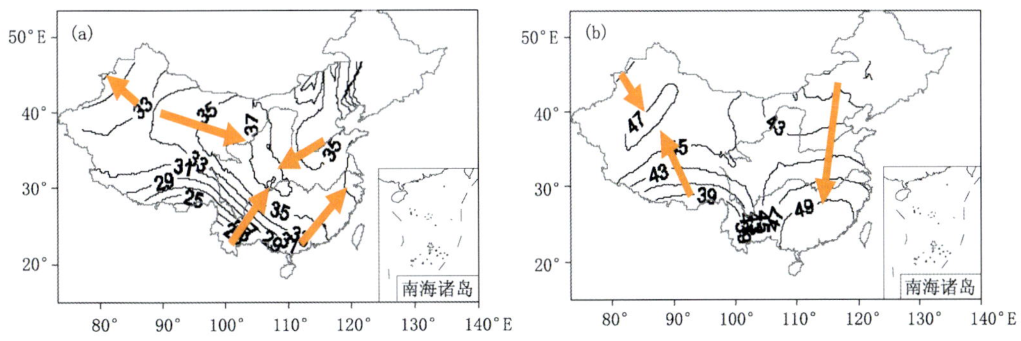


图 8-8 日最高温度和 $H_i$ 等温线的季节变化：(a)日最高温度 31℃ 等温线的季节(候)推进；(b)日最高温度 31℃ 等温线的季节(候)撤退；(c)31℃ 等 $H_i$ 线的季节(候)推进；(d)31℃ 等 $H_i$ 线的季节(候)撤退。其中等值线间隔 2 候，箭头指示推进(撤退)的方向。

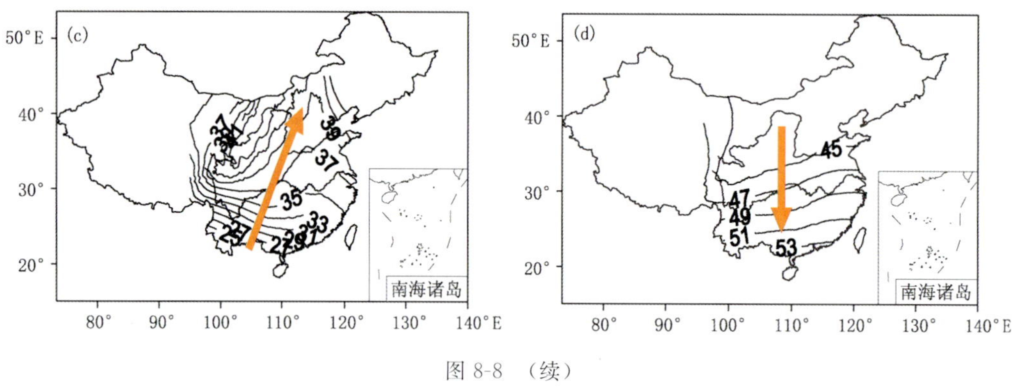


图 8-8 （续）

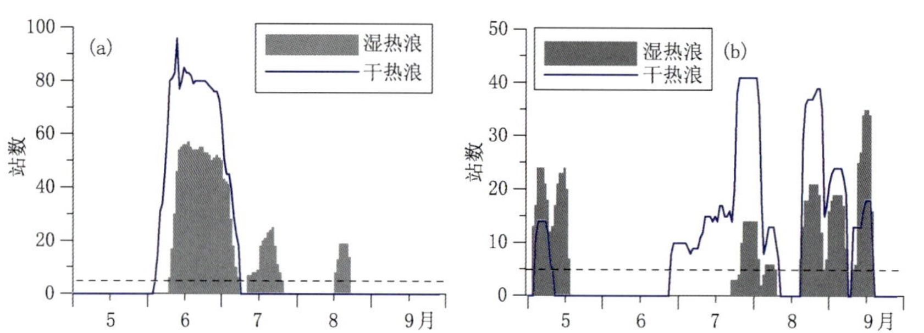


图 8-9 两年夏季区域干热浪和湿热浪的影响站数及持续时间的比较：(a)1961 年，(b)2003 年。

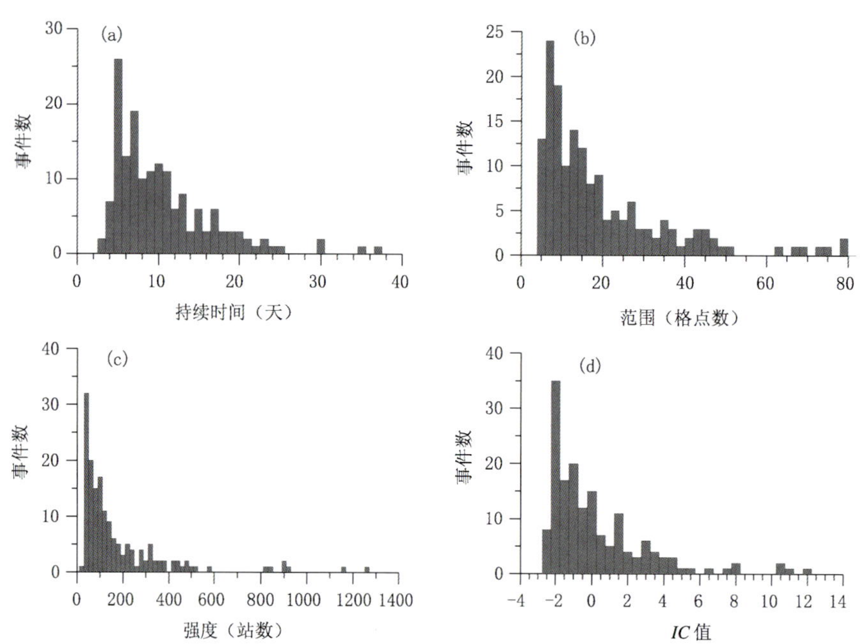


图 8-10 区域湿热浪的主要特征分布：(a)持续时间(天)；(b)影响范围(格点数)；(c)强度(站数)；(d)综合强度指标 *IC* 值。

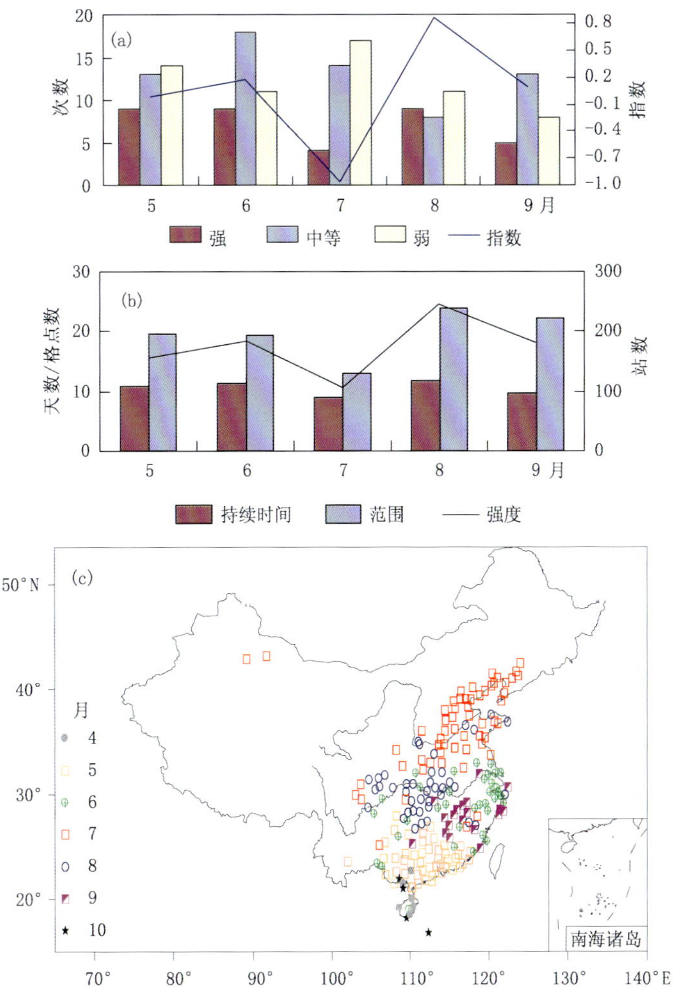


图 8-11 区域湿热浪的季节频次变化：(a)强、中、弱三级事件(次/月)及综合强度指标 $IC$；(b)持续时间(天)、影响范围(格点数)及强度(站数)；(c)区域热浪最高频次出现的月份。(a)中，频次为 49 年每个月的总次数。

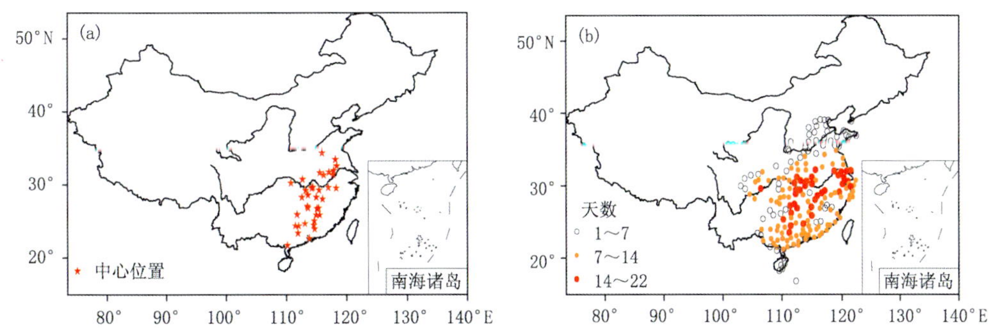


图 8-12 1960—2008 年 5—9 月区域湿热浪事件的中心位置及影响的站点总天数：(a，b)强事件，(c，d)中等事件，(e，f)弱事件。

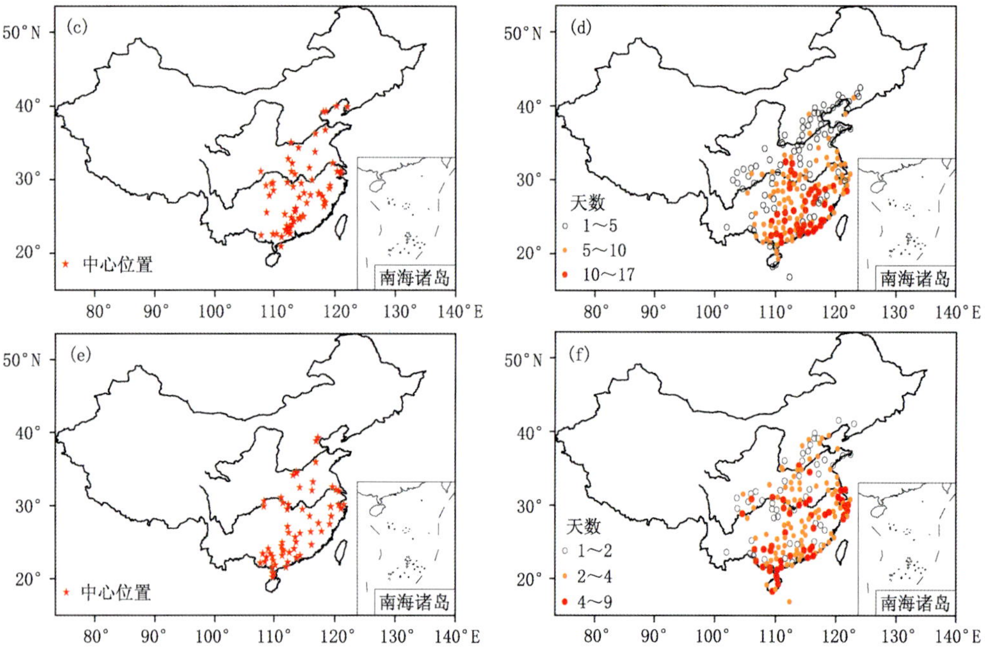

图 8-12 （续）

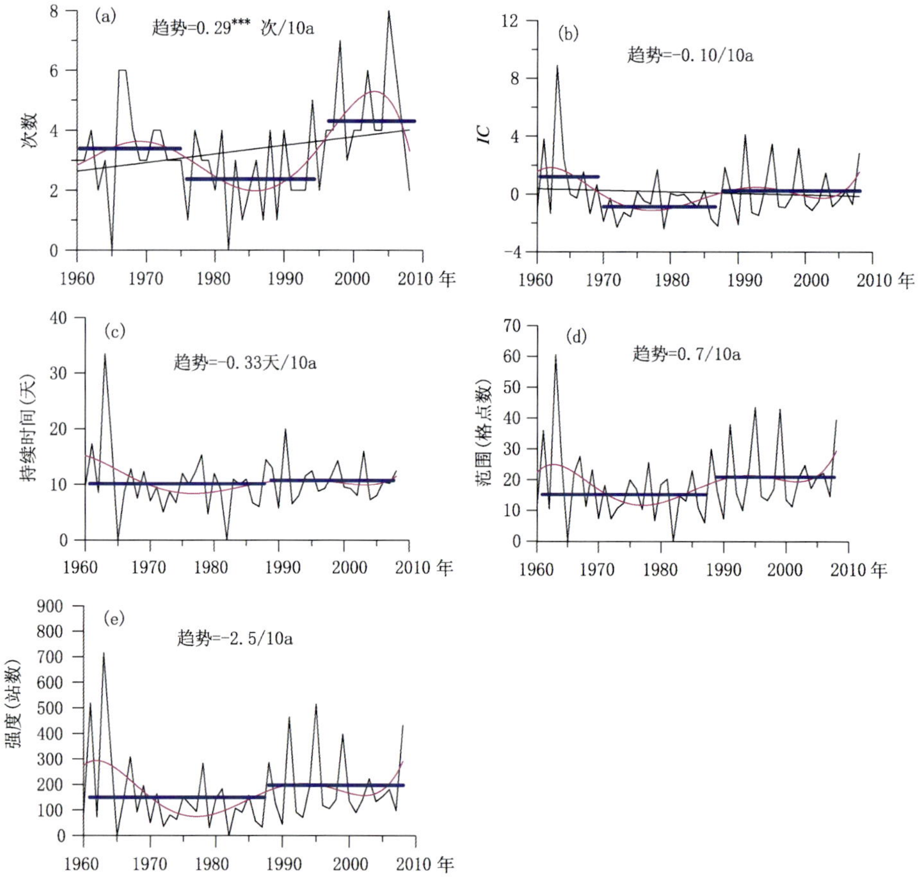

图 8-13 1960—2008 年 5—9 月区域湿热浪事件的趋势变化：(a)年频次，(b)年综合强度指标 *IC* 值，(c)持续时间，(d)影响范围，(e)强度。紫色曲线为五阶多项式拟合趋势，蓝色线为对应时期的平均值。星号（＊＊＊）表示趋势超过 0.01 显著性水平。1998—2007 年的 10 年中区域热浪年频次在一个高值期，但 *IC* 值、持续时间、范围和强度在 1960 年代初有一高值时段。

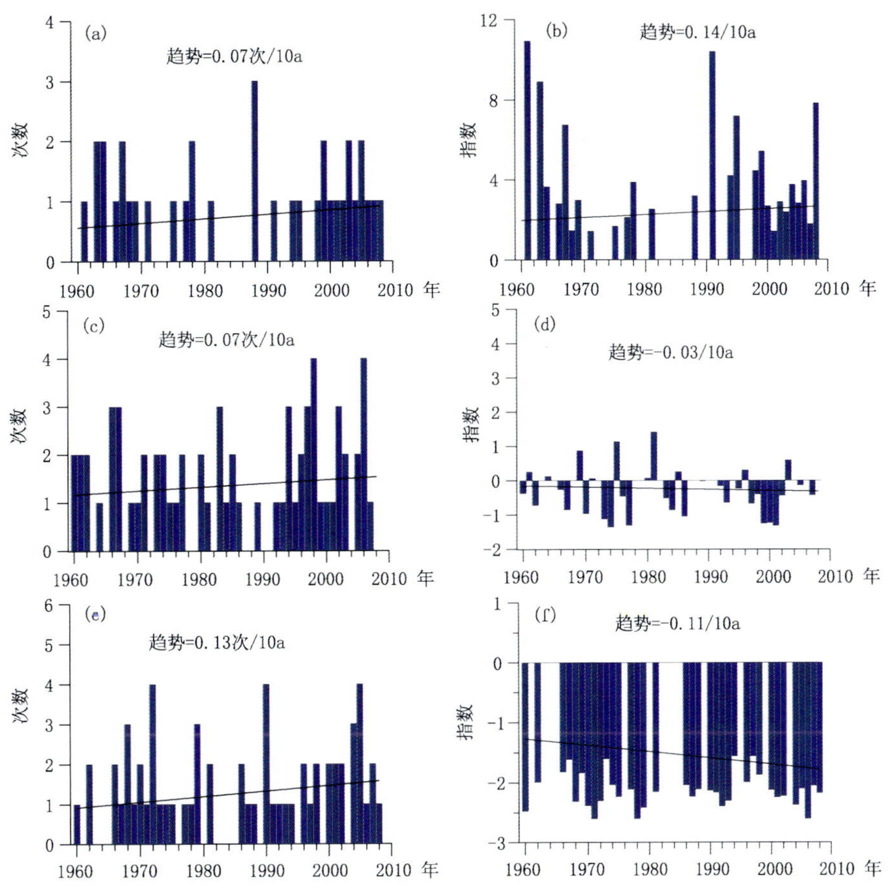


图 8-14　1960—2008 年 5—9 月区域湿热浪事件的变化及趋势：(a)强事件的年平均频次(次/a)，(b)强事件 *IC* 值，(c)中等事件的年平均频次(次/a)，(d)中等事件 *IC* 值，(e)弱事件的年平均频次(次/a)，(f)弱事件 *IC* 值。

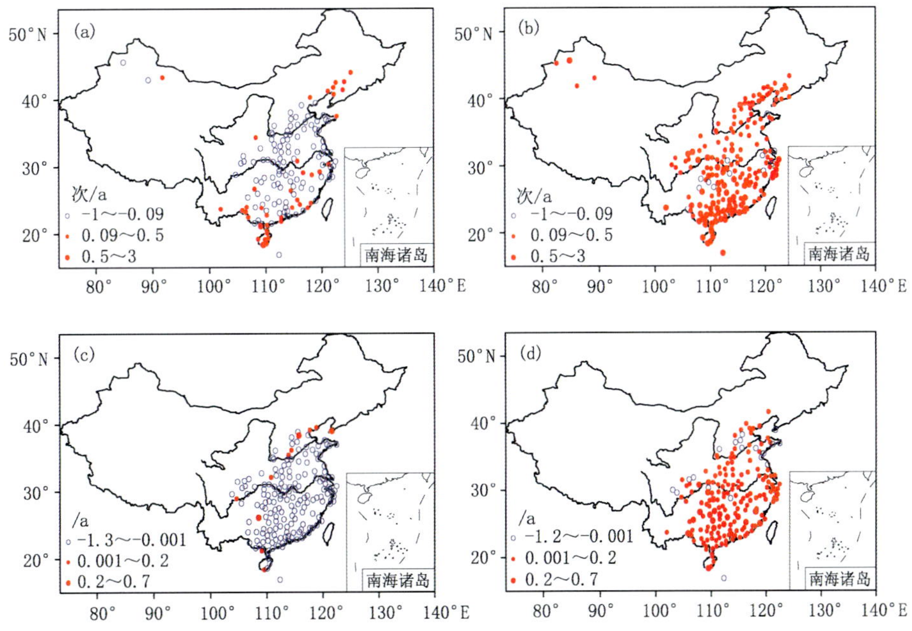


图 8-15　区域热浪事件的年代际频次差异：(a)1976—1994 年减 1960—1975 年的频次，(b)1995—2008 年减 1976—1994 年的频次，以及综合强度指标 *IC* 值的年代际差异：(c) 1970—1987 年减 1960—1969 年的 *IC* 值，(d)1988—2008 年减 1970—1987 年的 *IC* 值。近 20 年区域热浪事件频次增多。

## 8.5 前十位热浪事件

表 8-2 1960—2008 年区域湿热浪极端事件持续时间最长的 10 个事件

| 持续时间排序 | 开始时间（年.月.日） | 持续时间（天） | 中心位置 | |
|---|---|---|---|---|
| | | | 经度(°E) | 纬度(°N) |
| 1 | 1963.8.19 | 37 | 113.46 | 27.13 |
| 2 | 1991.5.17 | 35 | 114.60 | 25.15 |
| 3 | 1961.6.10 | 30 | 113.57 | 28.66 |
| 4 | 1963.5.5 | 30 | 115.53 | 25.95 |
| 5 | 1967.8.17 | 25 | 115.55 | 31.70 |
| 6 | 1964.8.27 | 24 | 118.27 | 29.60 |
| 7 | 1988.7.1 | 23 | 117.10 | 31.77 |
| 8 | 1977.5.1 | 23 | 113.77 | 22.69 |
| 9 | 1978.8.18 | 22 | 112.66 | 30.80 |
| 10 | 1998.8.7 | 21 | 114.95 | 28.38 |

表 8-3 1960—2008 年区域湿热浪极端事件范围最大的 10 个事件

| 范围排序 | 开始时间（年.月.日） | 持续时间（天） | 范围（格点数） | 中心位置 | |
|---|---|---|---|---|---|
| | | | | 经度(°E) | 经度(°E) |
| 1 | 1963.8.19 | 37 | 79 | 113.46 | 27.13 |
| 2 | 1999.9.3 | 17 | 78 | 115.41 | 29.34 |
| 3 | 1967.8.17 | 25 | 74 | 115.55 | 31.70 |
| 4 | 2008.9.8 | 19 | 72 | 115.06 | 26.82 |
| 5 | 1995.8.27 | 15 | 68 | 114.39 | 29.72 |
| 6 | 1991.5.17 | 35 | 67 | 114.60 | 25.15 |
| 7 | 1961.6.10 | 30 | 62 | 113.57 | 28.66 |
| 8 | 2002.7.9 | 11 | 50 | 110.71 | 30.30 |
| 9 | 1988.6.5 | 18 | 48 | 114.94 | 25.94 |
| 10 | 2004.6.21 | 15 | 47 | 111.74 | 26.01 |

表 8-4 1960—2008 年区域湿热浪极端事件强度最强的 10 个事件

| 强度排序 | 开始时间（年.月.日） | 持续时间（天） | 强度（站数） | 中心位置 | |
|---|---|---|---|---|---|
| | | | | 经度(°E) | 经度(°E) |
| 1 | 1961.6.10 | 30 | 1240 | 113.57 | 28.66 |
| 2 | 1967.8.17 | 25 | 1152 | 115.55 | 31.70 |
| 3 | 1963.8.19 | 37 | 915 | 113.46 | 27.13 |

续表

| 强度排序 | 开始时间<br>(年.月.日) | 持续时间<br>(天) | 强度<br>(站数) | 中心位置 | |
|---|---|---|---|---|---|
| | | | | 经度(°E) | 经度(°E) |
| 4 | 1991.5.17 | 35 | 889 | 114.60 | 25.15 |
| 5 | 1995.8.27 | 15 | 885 | 114.39 | 29.72 |
| 6 | 2008.9.8 | 19 | 831 | 115.06 | 26.82 |
| 7 | 1999.9.3 | 17 | 806 | 115.41 | 29.34 |
| 8 | 1964.8.27 | 24 | 568 | 118.27 | 29.60 |
| 9 | 1963.5.5 | 30 | 516 | 115.53 | 25.95 |
| 10 | 1978.6.25 | 20 | 496 | 116.21 | 31.40 |

**表 8-5　1960—2008 年区域湿热浪极端事件综合强度前 10 位的事件**

| 强度排序 | 开始时间<br>(年.月.日) | 持续时间 | | 范围 | | 强度 | | *IC* | 中心位置 | |
|---|---|---|---|---|---|---|---|---|---|---|
| | | 排序 | 天 | 排序 | 格点数 | 排序 | 站数 | | 经度(°E) | 纬度(°N) |
| 1 | 1963.8.19 | 1 | 37 | 1 | 79 | 3 | 915 | 11.59 | 113.46 | 27.13 |
| 2 | 1961.6.10 | 3 | 30 | 7 | 62 | 1 | 1240 | 10.94 | 113.57 | 28.66 |
| 3 | 1967.8.17 | 5 | 25 | 3 | 74 | 2 | 1152 | 10.45 | 115.55 | 31.70 |
| 4 | 1991.5.17 | 2 | 35 | 6 | 67 | 4 | 889 | 10.39 | 114.60 | 25.15 |
| 5 | 2008.9.8 | 15 | 19 | 4 | 72 | 6 | 831 | 7.82 | 115.06 | 26.82 |
| 6 | 1999.9.3 | 21 | 17 | 2 | 78 | 7 | 806 | 7.75 | 115.41 | 29.34 |
| 7 | 1995.8.27 | 30 | 15 | 5 | 68 | 5 | 885 | 7.18 | 114.39 | 29.72 |
| 8 | 1963.5.5 | 4 | 30 | 15 | 42 | 9 | 516 | 6.23 | 115.53 | 25.95 |
| 9 | 1964.8.27 | 6 | 24 | 24 | 35 | 8 | 568 | 5.07 | 118.27 | 29.60 |
| 10 | 1978.6.25 | 12 | 20 | 16 | 42 | 10 | 496 | 4.51 | 116.21 | 31.40 |

**表 8-6　1960—2008 年区域干热浪极端事件综合强度前 10 位的事件**

| 强度排序 | 开始时间<br>(年.月.日) | 持续时间 | | 范围 | | 强度(≥40℃) | | *IC* | 中心位置 | |
|---|---|---|---|---|---|---|---|---|---|---|
| | | 排序 | 天 | 排序 | 格点数 | 排序 | 站数 | | 经度(°E) | 纬度(°N) |
| 1 | 2003.6.29 | 1 | 45 | 34 | 42 | 1 | 68 | 9.73 | 115.66 | 26.20 |
| 2 | 1961.6.4 | 5 | 36 | 1 | 123 | 15 | 22 | 8.56 | 112.72 | 29.17 |
| 3 | 2005.6.11 | 7 | 28 | 4 | 83 | 2 | 47 | 7.81 | 114.59 | 33.67 |
| 4 | 2008.5.8 | 3 | 41 | 57 | 30 | 13 | 23 | 4.76 | 86.48 | 42.94 |
| 5 | 1963.5.1 | 2 | 42 | 11 | 61 | / | 0 | 4.39 | 114.17 | 25.84 |
| 6 | 2006.6.14 | 16 | 22 | 2 | 91 | 34 | 10 | 4.25 | 114.94 | 30.39 |
| 7 | 1967.8.17 | 12 | 24 | 8 | 71 | 20 | 18 | 4.22 | 114.26 | 30.13 |
| 8 | 1963.8.12 | 4 | 40 | 20 | 51 | 55 | 4 | 4.00 | 111.93 | 26.44 |
| 9 | 1988.7.1 | 20 | 21 | 27 | 46 | 11 | 26 | 3.33 | 114.73 | 31.33 |
| 10 | 1999.8.28 | 24 | 19 | 3 | 86 | 51 | 5 | 3.20 | 110.97 | 31.07 |

# 8.6 区域干热浪事件

表 8-7 145 次干热浪事件(按时间排序)

| 年 | 月 | 日 | 天数 | 天数排序 | 格点数 | 格点排序 | 强度(≥40℃)(站数) | 强度排序 | 指数(IC) | 指数排序 | 经度(°E) | 纬度(°N) | 强弱 |
|---|---|---|---|---|---|---|---|---|---|---|---|---|---|
| 1960 | 9 | 16 | 15 | 36 | 17 | 41 | 0 | / | −0.05 | 57 | 110.13 | 27.55 | 2 |
| 1961 | 6 | 5 | 35 | 4 | 78 | 1 | 17 | 8 | 9.43 | 2 | 112.19 | 29.65 | 1 |
| 1962 | 5 | 18 | 9 | 78 | 13 | 58 | 0 | / | −1.15 | 86 | 114.89 | 36.96 | 3 |
| 1962 | 6 | 2 | 12 | 56 | 11 | 71 | 0 | / | −0.88 | 76 | 83.01 | 42.21 | 2 |
| 1962 | 6 | 15 | 4 | 145 | 4 | 145 | 0 | / | −2.47 | 145 | 122.64 | 42.74 | 3 |
| 1962 | 7 | 9 | 8 | 89 | 5 | 134 | 4 | 40 | −1.27 | 92 | 110.64 | 34.02 | 3 |
| 1962 | 7 | 28 | 6 | 129 | 8 | 98 | 0 | / | −1.92 | 129 | 115.38 | 23.84 | 3 |
| 1962 | 8 | 30 | 8 | 98 | 4 | 144 | 0 | / | −1.92 | 133 | 84.46 | 44.90 | 3 |
| 1962 | 9 | 14 | 12 | 58 | 9 | 86 | 0 | / | −1.02 | 79 | 113.98 | 27.16 | 2 |
| 1963 | 5 | 1 | 41 | 2 | 54 | 4 | 0 | / | 6.11 | 4 | 114.98 | 26.18 | 1 |
| 1963 | 6 | 17 | 5 | 139 | 5 | 140 | 0 | / | −2.26 | 141 | 109.61 | 22.91 | 3 |
| 1963 | 8 | 12 | 40 | 3 | 29 | 22 | 4 | 38 | 4.80 | 7 | 111.08 | 26.42 | 1 |
| 1964 | 5 | 16 | 11 | 65 | 16 | 43 | 0 | / | −0.67 | 68 | 111.76 | 23.36 | 2 |
| 1964 | 6 | 30 | 19 | 22 | 15 | 50 | 1 | 58 | 0.50 | 42 | 117.99 | 32.92 | 2 |
| 1964 | 8 | 25 | 25 | 9 | 17 | 39 | 0 | / | 1.32 | 31 | 116.63 | 29.07 | 1 |
| 1965 | 6 | 20 | 6 | 123 | 9 | 90 | 1 | 63 | −1.70 | 113 | 122.64 | 45.19 | 3 |
| 1965 | 7 | 21 | 5 | 132 | 7 | 102 | 7 | 26 | −1.11 | 84 | 84.62 | 43.92 | 2 |
| 1965 | 8 | 17 | 7 | 103 | 9 | 84 | 11 | 17 | −0.12 | 58 | 95.84 | 42.71 | 2 |
| 1966 | 6 | 11 | 10 | 67 | 13 | 55 | 17 | 9 | 1.44 | 30 | 84.92 | 42.30 | 1 |
| 1966 | 6 | 16 | 11 | 60 | 23 | 27 | 26 | 4 | 3.58 | 12 | 112.05 | 33.94 | 1 |
| 1966 | 7 | 11 | 10 | 68 | 7 | 100 | 16 | 10 | 0.88 | 34 | 113.34 | 34.04 | 2 |
| 1966 | 8 | 24 | 9 | 75 | 28 | 24 | 2 | 47 | 0.19 | 50 | 114.17 | 31.46 | 2 |
| 1966 | 8 | 26 | 9 | 80 | 7 | 105 | 0 | / | −1.58 | 106 | 84.51 | 45.02 | 3 |
| 1967 | 5 | 22 | 17 | 26 | 22 | 32 | 11 | 16 | 2.17 | 24 | 114.38 | 34.78 | 1 |
| 1967 | 8 | 17 | 24 | 10 | 27 | 25 | 5 | 34 | 2.61 | 17 | 112.58 | 30.65 | 1 |
| 1968 | 6 | 2 | 7 | 108 | 13 | 59 | 1 | 62 | −1.28 | 93 | 116.60 | 36.85 | 3 |
| 1968 | 6 | 10 | 5 | 140 | 5 | 141 | 0 | / | −2.26 | 142 | 117.29 | 35.07 | 3 |
| 1968 | 9 | 4 | 16 | 34 | 16 | 42 | 0 | / | 0.02 | 55 | 113.80 | 27.55 | 2 |
| 1969 | 5 | 25 | 5 | 134 | 9 | 87 | 5 | 36 | −1.26 | 90 | 85.24 | 43.94 | 3 |

续表

| 年 | 月 | 日 | 天数 | 天数排序 | 格点数 | 格点排序 | 强度(≥40℃)(站数) | 强度排序 | 指数(IC) | 指数排序 | 经度(°E) | 纬度(°N) | 强弱 |
|---|---|---|---|---|---|---|---|---|---|---|---|---|---|
| 1969 | 9 | 11 | 16 | 31 | 40 | 14 | 0 | / | 1.70 | 27 | 113.25 | 26.60 | 1 |
| 1971 | 5 | 28 | 5 | 136 | 7 | 111 | 0 | / | −2.12 | 137 | 113.83 | 35.57 | 3 |
| 1971 | 6 | 7 | 13 | 47 | 15 | 52 | 0 | / | −0.47 | 61 | 118.26 | 28.16 | 2 |
| 1971 | 7 | 12 | 16 | 33 | 10 | 75 | 6 | 30 | 0.46 | 46 | 112.03 | 30.52 | 2 |
| 1972 | 5 | 31 | 11 | 62 | 13 | 57 | 9 | 20 | 0.42 | 48 | 117.11 | 39.52 | 2 |
| 1972 | 6 | 5 | 10 | 70 | 12 | 64 | 0 | / | −1.09 | 82 | 110.42 | 25.43 | 2 |
| 1972 | 8 | 5 | 13 | 46 | 28 | 23 | 10 | 18 | 1.89 | 25 | 104.65 | 37.14 | 1 |
| 1972 | 8 | 23 | 10 | 69 | 12 | 62 | 4 | 39 | −0.51 | 62 | 110.52 | 29.39 | 2 |
| 1973 | 7 | 11 | 9 | 76 | 5 | 129 | 13 | 14 | 0.17 | 51 | 81.63 | 37.36 | 2 |
| 1974 | 5 | 16 | 8 | 92 | 10 | 79 | 0 | / | −1.50 | 104 | 117.56 | 26.97 | 3 |
| 1974 | 5 | 19 | 14 | 43 | 12 | 60 | 7 | 25 | 0.47 | 44 | 86.85 | 44.70 | 2 |
| 1974 | 5 | 22 | 8 | 97 | 6 | 123 | 0 | / | −1.78 | 126 | 116.95 | 36.44 | 3 |
| 1974 | 9 | 1 | 14 | 44 | 11 | 68 | 0 | / | −0.61 | 66 | 111.98 | 26.85 | 2 |
| 1974 | 9 | 25 | 6 | 119 | 16 | 45 | 0 | / | −1.36 | 96 | 114.48 | 26.18 | 3 |
| 1975 | 7 | 11 | 5 | 133 | 8 | 94 | 6 | 33 | −1.19 | 87 | 82.89 | 40.45 | 3 |
| 1975 | 8 | 10 | 11 | 59 | 30 | 20 | 39 | 1 | 5.96 | 5 | 88.15 | 41.64 | 1 |
| 1975 | 8 | 30 | 15 | 38 | 12 | 61 | 1 | 60 | −0.26 | 60 | 109.74 | 30.14 | 2 |
| 1976 | 5 | 22 | 10 | 71 | 12 | 65 | 0 | / | −1.09 | 83 | 111.61 | 23.95 | 2 |
| 1977 | 5 | 1 | 9 | 85 | 4 | 143 | 0 | / | −1.79 | 127 | 115.49 | 24.03 | 3 |
| 1977 | 7 | 10 | 4 | 142 | 5 | 139 | 2 | 53 | −2.11 | 136 | 82.20 | 40.40 | 3 |
| 1977 | 8 | 18 | 15 | 40 | 5 | 130 | 1 | 61 | −0.75 | 72 | 85.31 | 41.51 | 2 |
| 1978 | 6 | 24 | 22 | 12 | 22 | 31 | 7 | 24 | 2.27 | 21 | 117.63 | 30.93 | 1 |
| 1978 | 8 | 17 | 7 | 106 | 10 | 78 | 3 | 45 | −1.20 | 88 | 102.01 | 39.82 | 3 |
| 1978 | 8 | 18 | 21 | 15 | 15 | 49 | 0 | / | 0.63 | 40 | 109.69 | 31.03 | 2 |
| 1979 | 5 | 26 | 7 | 115 | 6 | 124 | 0 | / | −1.92 | 131 | 120.99 | 41.92 | 3 |
| 1979 | 6 | 12 | 6 | 131 | 6 | 126 | 0 | / | −2.06 | 135 | 114.80 | 34.61 | 3 |
| 1980 | 6 | 8 | 20 | 18 | 19 | 35 | 0 | / | 0.77 | 38 | 117.48 | 26.26 | 2 |
| 1981 | 5 | 4 | 7 | 104 | 26 | 26 | 0 | / | −0.52 | 63 | 111.84 | 32.88 | 2 |
| 1981 | 6 | 12 | 16 | 30 | 47 | 12 | 1 | 55 | 2.33 | 20 | 112.64 | 29.69 | 1 |
| 1981 | 8 | 14 | 11 | 66 | 5 | 135 | 0 | / | −1.44 | 102 | 110.77 | 28.59 | 3 |
| 1982 | 5 | 15 | 16 | 28 | 54 | 6 | 8 | 23 | 3.84 | 11 | 106.57 | 37.33 | 1 |
| 1983 | 5 | 27 | 8 | 95 | 7 | 109 | 0 | / | −1.71 | 117 | 117.74 | 40.77 | 3 |
| 1983 | 7 | 28 | 6 | 117 | 5 | 131 | 9 | 21 | −0.82 | 74 | 82.05 | 40.32 | 2 |
| 1984 | 5 | 31 | 5 | 135 | 5 | 138 | 2 | 52 | −1.97 | 134 | 81.69 | 38.50 | 3 |

续表

| 年 | 月 | 日 | 天数 | 天数排序 | 格点数 | 格点排序 | 强度(≥40℃)(站数) | 强度排序 | 指数(IC) | 指数排序 | 经度(°E) | 纬度(°N) | 强弱 |
|---|---|---|---|---|---|---|---|---|---|---|---|---|---|
| 1985 | 5 | 8 | 7 | 112 | 8 | 96 | 0 | / | −1.78 | 124 | 115.82 | 27.72 | 3 |
| 1986 | 5 | 5 | 14 | 45 | 10 | 77 | 0 | / | −0.68 | 70 | 112.53 | 31.99 | 2 |
| 1988 | 5 | 1 | 7 | 99 | 38 | 16 | 1 | 59 | 0.47 | 45 | 111.49 | 29.38 | 2 |
| 1988 | 5 | 1 | 4 | 144 | 6 | 128 | 0 | / | −2.33 | 144 | 84.81 | 40.42 | 3 |
| 1988 | 6 | 1 | 22 | 11 | 52 | 7 | 0 | / | 3.36 | 13 | 113.46 | 26.79 | 1 |
| 1988 | 7 | 1 | 21 | 16 | 6 | 116 | 0 | / | 0.00 | 56 | 119.97 | 31.87 | 2 |
| 1989 | 6 | 6 | 12 | 55 | 12 | 63 | 0 | / | −0.81 | 73 | 118.53 | 27.38 | 2 |
| 1989 | 7 | 12 | 6 | 125 | 10 | 80 | 0 | / | −1.78 | 120 | 112.36 | 22.99 | 3 |
| 1989 | 8 | 14 | 4 | 143 | 7 | 113 | 0 | / | −2.26 | 140 | 111.65 | 23.36 | 3 |
| 1990 | 6 | 17 | 7 | 113 | 8 | 97 | 0 | / | −1.78 | 125 | 119.38 | 29.15 | 3 |
| 1990 | 8 | 14 | 30 | 5 | 20 | 34 | 1 | 54 | 2.36 | 19 | 109.54 | 24.53 | 1 |
| 1991 | 5 | 7 | 12 | 57 | 11 | 72 | 0 | / | −0.88 | 77 | 86.77 | 43.81 | 2 |
| 1991 | 5 | 14 | 27 | 8 | 46 | 13 | 3 | 42 | 4.06 | 10 | 114.55 | 25.46 | 1 |
| 1992 | 8 | 29 | 9 | 83 | 6 | 120 | 0 | / | −1.65 | 111 | 109.22 | 22.28 | 3 |
| 1993 | 9 | 14 | 8 | 96 | 7 | 110 | 0 | / | −1.71 | 118 | 116.87 | 27.10 | 3 |
| 1994 | 6 | 27 | 15 | 39 | 10 | 76 | 0 | / | −0.54 | 65 | 116.08 | 31.31 | 2 |
| 1995 | 5 | 4 | 9 | 84 | 6 | 121 | 0 | / | −1.65 | 112 | 80.48 | 38.29 | 3 |
| 1995 | 8 | 25 | 17 | 25 | 47 | 11 | 12 | 15 | 4.06 | 9 | 114.04 | 29.48 | 1 |
| 1996 | 5 | 31 | 16 | 32 | 23 | 29 | 0 | / | 0.51 | 41 | 114.41 | 24.66 | 2 |
| 1996 | 6 | 8 | 6 | 121 | 11 | 73 | 2 | 48 | −1.42 | 98 | 83.46 | 40.39 | 3 |
| 1997 | 5 | 1 | 9 | 77 | 11 | 70 | 3 | 44 | −0.86 | 75 | 87.28 | 41.94 | 2 |
| 1997 | 5 | 1 | 6 | 126 | 10 | 81 | 0 | / | −1.78 | 121 | 113.34 | 30.25 | 3 |
| 1997 | 6 | 11 | 7 | 110 | 7 | 108 | 1 | 64 | −1.70 | 114 | 122.54 | 45.55 | 3 |
| 1997 | 6 | 19 | 6 | 118 | 8 | 93 | 6 | 31 | −1.05 | 80 | 114.99 | 38.22 | 2 |
| 1997 | 7 | 8 | 8 | 94 | 5 | 136 | 1 | 65 | −1.71 | 115 | 117.26 | 40.90 | 3 |
| 1997 | 7 | 19 | 6 | 124 | 6 | 122 | 2 | 51 | −1.77 | 119 | 105.56 | 37.78 | 3 |
| 1997 | 8 | 16 | 10 | 72 | 9 | 88 | 0 | / | −1.30 | 94 | 81.27 | 38.78 | 3 |
| 1997 | 8 | 17 | 28 | 7 | 49 | 9 | 6 | 27 | 4.84 | 6 | 109.15 | 32.99 | 1 |
| 1997 | 9 | 2 | 6 | 122 | 12 | 66 | 0 | / | −1.64 | 109 | 86.49 | 41.96 | 3 |
| 1998 | 8 | 20 | 7 | 116 | 6 | 125 | 0 | / | −1.92 | 132 | 113.16 | 27.33 | 3 |
| 1998 | 8 | 25 | 17 | 27 | 13 | 56 | 6 | 29 | 0.81 | 35 | 84.26 | 42.75 | 2 |
| 1998 | 8 | 27 | 20 | 19 | 19 | 36 | 0 | / | 0.77 | 39 | 108.59 | 37.95 | 2 |
| 1999 | 5 | 31 | 8 | 88 | 14 | 54 | 0 | / | −1.22 | 89 | 112.56 | 23.41 | 3 |
| 1999 | 6 | 8 | 5 | 141 | 5 | 142 | 0 | / | −2.26 | / | 97.66 | 40.02 | 3 |

续表

| 年 | 月 | 日 | 天数 | 天数排序 | 格点数 | 格点排序 | 强度(≥40℃)(站数) | 强度排序 | 指数(IC) | 指数排序 | 经度(°E) | 纬度(°N) | 强弱 |
|---|---|---|---|---|---|---|---|---|---|---|---|---|---|
| 1999 | 6 | 24 | 12 | 53 | 8 | 92 | 3 | 43 | −0.66 | 67 | 118.80 | 40.18 | 2 |
| 1999 | 9 | 4 | 12 | 51 | 48 | 10 | 1 | 56 | 1.86 | 26 | 113.02 | 30.36 | 1 |
| 2000 | 5 | 9 | 5 | 138 | 6 | 127 | 0 | / | −2.19 | 139 | 83.16 | 38.32 | 3 |
| 2000 | 5 | 10 | 15 | 35 | 50 | 8 | 0 | / | 2.26 | 22 | 113.33 | 30.36 | 1 |
| 2000 | 5 | 16 | 7 | 111 | 9 | 91 | 0 | / | −1.71 | 116 | 84.98 | 42.10 | 3 |
| 2000 | 5 | 24 | 19 | 21 | 21 | 33 | 0 | / | 0.78 | 37 | 114.37 | 24.12 | 2 |
| 2000 | 7 | 1 | 21 | 14 | 15 | 48 | 6 | 28 | 1.50 | 29 | 117.74 | 43.65 | 1 |
| 2000 | 7 | 6 | 7 | 107 | 5 | 133 | 5 | 37 | −1.27 | 91 | 83.87 | 42.24 | 3 |
| 2001 | 5 | 11 | 14 | 42 | 34 | 19 | 2 | 46 | 1.29 | 32 | 114.95 | 36.18 | 1 |
| 2001 | 5 | 24 | 10 | 74 | 6 | 119 | 0 | / | −1.51 | 105 | 84.71 | 44.74 | 3 |
| 2001 | 5 | 31 | 12 | 54 | 14 | 53 | 0 | / | −0.67 | 69 | 121.28 | 42.12 | 2 |
| 2001 | 6 | 10 | 5 | 137 | 7 | 112 | 0 | / | −2.12 | 138 | 83.07 | 39.04 | 3 |
| 2001 | 6 | 16 | 7 | 102 | 6 | 115 | 14 | 13 | 0.11 | 54 | 88.47 | 43.08 | 2 |
| 2001 | 6 | 27 | 7 | 105 | 5 | 132 | 6 | 32 | −1.12 | 85 | 80.75 | 37.68 | 2 |
| 2001 | 6 | 27 | 9 | 81 | 7 | 106 | 0 | / | −1.58 | 107 | 120.51 | 31.44 | 3 |
| 2001 | 7 | 10 | 8 | 87 | 16 | 44 | 0 | / | −1.08 | 81 | 105.03 | 38.33 | 2 |
| 2002 | 5 | 26 | 19 | 20 | 34 | 18 | 0 | / | 1.69 | 28 | 112.48 | 31.72 | 1 |
| 2002 | 6 | 19 | 6 | 127 | 10 | 82 | 0 | / | −1.78 | 122 | 117.43 | 28.21 | 3 |
| 2002 | 7 | 7 | 11 | 63 | 7 | 101 | 10 | 19 | 0.15 | 52 | 116.08 | 37.30 | 2 |
| 2002 | 8 | 21 | 15 | 37 | 15 | 51 | 0 | / | −0.19 | 59 | 111.65 | 36.02 | 2 |
| 2003 | 5 | 4 | 8 | 91 | 6 | 118 | 2 | 50 | −1.49 | 103 | 109.55 | 22.46 | 3 |
| 2003 | 7 | 25 | 12 | 50 | 22 | 30 | 19 | 6 | 2.64 | 16 | 114.32 | 24.99 | 1 |
| 2003 | 8 | 22 | 19 | 23 | 17 | 40 | 0 | / | 0.50 | 43 | 117.66 | 28.91 | 2 |
| 2003 | 9 | 12 | 9 | 82 | 7 | 107 | 0 | / | −1.58 | 108 | 118.21 | 27.07 | 3 |
| 2004 | 5 | 14 | 8 | 93 | 8 | 95 | 0 | / | −1.64 | 110 | 86.90 | 44.13 | 3 |
| 2004 | 5 | 20 | 11 | 64 | 18 | 38 | 0 | / | −0.53 | 64 | 115.03 | 27.64 | 2 |
| 2004 | 6 | 8 | 9 | 79 | 9 | 89 | 0 | / | −1.44 | 100 | 121.57 | 43.71 | 3 |
| 2004 | 6 | 22 | 13 | 48 | 11 | 69 | 0 | / | −0.75 | 71 | 112.89 | 24.14 | 2 |
| 2004 | 7 | 3 | 7 | 114 | 5 | 137 | 1 | 66 | −1.85 | 128 | 110.75 | 32.94 | 3 |
| 2004 | 7 | 11 | 8 | 86 | 10 | 74 | 30 | 3 | 2.84 | 15 | 87.19 | 43.41 | 1 |
| 2005 | 5 | 1 | 6 | 120 | 16 | 46 | 0 | / | −1.36 | 97 | 110.30 | 24.11 | 3 |
| 2005 | 5 | 10 | 13 | 49 | 9 | 85 | 0 | / | −0.89 | 78 | 109.33 | 23.39 | 2 |
| 2005 | 5 | 31 | 6 | 130 | 8 | 99 | 0 | / | −1.92 | 130 | 114.42 | 31.71 | 3 |
| 2005 | 6 | 9 | 28 | 6 | 57 | 2 | 36 | 2 | 9.75 | 1 | 115.01 | 34.44 | 1 |

续表

| 年 | 月 | 日 | 天数 | 天数排序 | 格点数 | 格点排序 | 强度(≥40℃)(站数) | 强度排序 | 指数(*IC*) | 指数排序 | 经度(°E) | 纬度(°N) | 强弱 |
|---|---|---|---|---|---|---|---|---|---|---|---|---|---|
| 2005 | 7 | 12 | 10 | 73 | 7 | 104 | 0 | / | −1.44 | 101 | 112.38 | 22.22 | 3 |
| 2005 | 9 | 1 | 8 | 90 | 7 | 103 | 2 | 49 | −1.42 | 99 | 85.25 | 40.36 | 3 |
| 2005 | 9 | 7 | 16 | 29 | 57 | 3 | 0 | / | 2.89 | 14 | 113.68 | 28.11 | 1 |
| 2005 | 9 | 24 | 7 | 101 | 35 | 17 | 0 | / | 0.11 | 53 | 115.27 | 27.11 | 2 |
| 2006 | 6 | 14 | 21 | 13 | 54 | 5 | 8 | 22 | 4.52 | 8 | 115.07 | 31.07 | 1 |
| 2006 | 7 | 30 | 7 | 109 | 6 | 117 | 4 | 41 | −1.34 | 95 | 79.82 | 37.93 | 3 |
| 2006 | 8 | 7 | 11 | 61 | 6 | 114 | 15 | 11 | 0.80 | 36 | 106.44 | 29.93 | 2 |
| 2006 | 8 | 23 | 14 | 41 | 15 | 47 | 19 | 7 | 2.42 | 18 | 107.79 | 29.16 | 1 |
| 2007 | 5 | 12 | 18 | 24 | 23 | 28 | 1 | 57 | 0.93 | 33 | 111.92 | 30.51 | 2 |
| 2007 | 6 | 1 | 12 | 52 | 19 | 37 | 5 | 35 | 0.40 | 49 | 117.64 | 42.55 | 2 |
| 2008 | 5 | 8 | 41 | 1 | 29 | 21 | 23 | 5 | 7.68 | 3 | 86.45 | 43.08 | 1 |
| 2008 | 6 | 19 | 6 | 128 | 10 | 83 | 0 | / | −1.78 | 123 | 118.45 | 27.50 | 3 |
| 2008 | 7 | 30 | 7 | 100 | 11 | 67 | 14 | 12 | 0.46 | 47 | 85.60 | 43.87 | 2 |
| 2008 | 9 | 7 | 20 | 17 | 39 | 15 | 0 | / | 2.18 | 23 | 114.05 | 26.34 | 1 |

注：表中“强弱”列1为强事件，2为中等事件，3为弱事件。如果天数相同，天数排序考虑格点数。如果格点数相同，格点数排序考虑强度。如果强度相同，强度排序考虑天数。

## 8.7 区域湿热浪事件

**表8-8 163次湿热浪事件(按时间排序)**

| 年 | 月 | 日 | 天数 | 天数排序 | 格点数 | 格点排序 | 强度(站数) | 强度排序 | 指数(*IC*) | 指数排序 | 经度(°E) | 纬度(°N) | 强弱 |
|---|---|---|---|---|---|---|---|---|---|---|---|---|---|
| 1960 | 6 | 26 | 15 | 35 | 10 | 100 | 110 | 75 | −0.15 | 58 | 120.33 | 31.10 | 2 |
| 1960 | 7 | 12 | 5 | 149 | 5 | 157 | 29 | 149 | −2.47 | 152 | 120.62 | 31.97 | 3 |
| 1960 | 9 | 22 | 9 | 80 | 18 | 62 | 116 | 68 | −0.59 | 72 | 115.37 | 26.85 | 2 |
| 1961 | 6 | 10 | 30 | 3 | 62 | 7 | 1240 | 1 | 10.94 | 2 | 113.57 | 28.66 | 1 |
| 1961 | 7 | 13 | 15 | 33 | 27 | 38 | 209 | 42 | 1.39 | 40 | 112.96 | 32.23 | 2 |
| 1961 | 8 | 18 | 7 | 98 | 19 | 58 | 109 | 77 | −0.89 | 78 | 115.80 | 31.61 | 2 |
| 1962 | 5 | 30 | 7 | 103 | 12 | 96 | 64 | 103 | −1.54 | 104 | 113.61 | 24.98 | 3 |
| 1962 | 7 | 11 | 9 | 83 | 12 | 94 | 89 | 86 | −1.10 | 87 | 112.30 | 32.83 | 2 |
| 1962 | 7 | 19 | 5 | 148 | 6 | 144 | 25 | 153 | −2.43 | 150 | 111.32 | 24.92 | 3 |
| 1962 | 9 | 14 | 13 | 45 | 12 | 92 | 112 | 70 | −0.34 | 65 | 114.84 | 25.00 | 2 |
| 1963 | 5 | 5 | 30 | 4 | 42 | 15 | 516 | 9 | 6.23 | 8 | 115.53 | 25.95 | 1 |
| 1963 | 8 | 19 | 37 | 1 | 79 | 1 | 915 | 3 | 11.59 | 1 | 113.46 | 27.13 | 1 |

续表

| 年 | 月 | 日 | 天数 | 天数排序 | 格点数 | 格点排序 | 强度(站数) | 强度排序 | 指数(*IC*) | 指数排序 | 经度(°E) | 纬度(°N) | 强弱 |
|---|---|---|---|---|---|---|---|---|---|---|---|---|---|
| 1964 | 5 | 16 | 11 | 55 | 19 | 55 | 184 | 46 | 0.12 | 54 | 112.61 | 23.47 | 2 |
| 1964 | 6 | 30 | 19 | 16 | 23 | 46 | 300 | 28 | 2.22 | 27 | 118.37 | 32.64 | 1 |
| 1964 | 8 | 27 | 24 | 6 | 35 | 24 | 568 | 8 | 5.07 | 9 | 118.27 | 29.60 | 1 |
| 1966 | 5 | 9 | 7 | 97 | 41 | 19 | 226 | 39 | 1.05 | 43 | 112.95 | 23.98 | 2 |
| 1966 | 6 | 22 | 5 | 136 | 8 | 122 | 40 | 128 | −2.23 | 134 | 108.25 | 29.91 | 3 |
| 1966 | 7 | 14 | 8 | 89 | 16 | 71 | 111 | 73 | −0.90 | 79 | 114.02 | 34.33 | 2 |
| 1966 | 7 | 27 | 16 | 27 | 38 | 20 | 329 | 22 | 2.81 | 24 | 118.15 | 33.52 | 1 |
| 1966 | 8 | 10 | 9 | 81 | 14 | 79 | 95 | 82 | −0.94 | 81 | 108.59 | 29.20 | 2 |
| 1966 | 8 | 26 | 7 | 102 | 14 | 82 | 65 | 101 | −1.41 | 103 | 116.42 | 33.24 | 3 |
| 1967 | 5 | 1 | 7 | 100 | 15 | 74 | 84 | 91 | −1.26 | 95 | 112.04 | 23.74 | 2 |
| 1967 | 5 | 19 | 20 | 13 | 32 | 28 | 316 | 24 | 3.03 | 20 | 111.99 | 24.42 | 1 |
| 1967 | 7 | 13 | 7 | 105 | 11 | 98 | 63 | 104 | −1.61 | 108 | 116.90 | 35.95 | 3 |
| 1967 | 7 | 31 | 11 | 59 | 16 | 70 | 127 | 64 | −0.34 | 66 | 118.43 | 36.74 | 2 |
| 1967 | 8 | 7 | 7 | 99 | 18 | 63 | 111 | 74 | −0.94 | 80 | 112.15 | 29.64 | 2 |
| 1967 | 8 | 17 | 25 | 5 | 74 | 3 | 1152 | 2 | 10.45 | 3 | 115.55 | 31.70 | 1 |
| 1968 | 7 | 23 | 5 | 150 | 5 | 158 | 29 | 150 | −2.47 | 153 | 116.93 | 38.84 | 3 |
| 1968 | 7 | 26 | 6 | 121 | 7 | 131 | 46 | 123 | −2.10 | 125 | 110.17 | 21.84 | 3 |
| 1968 | 8 | 25 | 5 | 142 | 7 | 135 | 29 | 146 | −2.35 | 143 | 113.47 | 25.65 | 3 |
| 1968 | 9 | 6 | 14 | 37 | 26 | 40 | 269 | 33 | 1.45 | 34 | 113.57 | 26.91 | 1 |
| 1969 | 5 | 9 | 17 | 25 | 17 | 64 | 161 | 51 | 0.86 | 48 | 111.11 | 20.97 | 2 |
| 1969 | 7 | 27 | 7 | 109 | 8 | 120 | 54 | 115 | −1.84 | 117 | 113.67 | 34.60 | 3 |
| 1969 | 9 | 17 | 13 | 40 | 45 | 12 | 373 | 19 | 2.97 | 21 | 115.34 | 26.88 | 1 |
| 1970 | 5 | 8 | 5 | 138 | 8 | 124 | 35 | 133 | −2.26 | 136 | 109.87 | 20.80 | 3 |
| 1970 | 8 | 7 | 5 | 151 | 5 | 159 | 25 | 154 | −2.49 | 154 | 114.22 | 32.49 | 3 |
| 1970 | 9 | 15 | 11 | 62 | 9 | 110 | 90 | 85 | −0.96 | 82 | 111.74 | 25.32 | 2 |
| 1971 | 6 | 8 | 12 | 49 | 23 | 49 | 234 | 37 | 0.77 | 49 | 117.44 | 28.07 | 2 |
| 1971 | 6 | 26 | 12 | 52 | 9 | 109 | 115 | 69 | −0.67 | 75 | 120.95 | 30.86 | 2 |
| 1971 | 7 | 13 | 10 | 64 | 35 | 26 | 283 | 30 | 1.43 | 35 | 115.92 | 34.42 | 1 |
| 1971 | 8 | 19 | 4 | 159 | 6 | 147 | 23 | 159 | −2.60 | 160 | 120.58 | 30.14 | 3 |
| 1972 | 6 | 10 | 5 | 141 | 7 | 134 | 30 | 144 | −2.34 | 142 | 112.21 | 27.12 | 3 |
| 1972 | 7 | 4 | 5 | 140 | 7 | 133 | 40 | 130 | −2.29 | 138 | 119.58 | 32.57 | 3 |
| 1972 | 7 | 5 | 5 | 146 | 6 | 142 | 29 | 147 | −2.41 | 148 | 108.29 | 30.63 | 3 |
| 1972 | 8 | 23 | 5 | 134 | 9 | 117 | 45 | 124 | −2.15 | 130 | 112.35 | 30.13 | 3 |
| 1973 | 5 | 13 | 8 | 95 | 9 | 114 | 58 | 112 | −1.60 | 107 | 112.25 | 22.24 | 3 |

续表

| 年 | 月 | 日 | 天数 | 天数排序 | 格点数 | 格点排序 | 强度（站数） | 强度排序 | 指数（IC） | 指数排序 | 经度(°E) | 纬度(°N) | 强弱 |
|---|---|---|---|---|---|---|---|---|---|---|---|---|---|
| 1973 | 6 | 17 | 8 | 90 | 14 | 80 | 99 | 80 | −1.09 | 86 | 113.38 | 25.69 | 2 |
| 1973 | 8 | 18 | 10 | 73 | 9 | 111 | 86 | 87 | −1.14 | 88 | 113.42 | 30.76 | 2 |
| 1974 | 5 | 16 | 8 | 94 | 12 | 95 | 65 | 100 | −1.37 | 100 | 113.50 | 26.00 | 2 |
| 1974 | 9 | 7 | 7 | 112 | 6 | 137 | 40 | 127 | −2.03 | 121 | 112.39 | 26.25 | 3 |
| 1974 | 9 | 26 | 5 | 129 | 19 | 59 | 85 | 89 | −1.33 | 98 | 112.39 | 23.24 | 2 |
| 1975 | 6 | 20 | 5 | 137 | 8 | 123 | 40 | 129 | −2.23 | 135 | 112.16 | 29.53 | 3 |
| 1975 | 8 | 30 | 18 | 20 | 23 | 47 | 218 | 40 | 1.67 | 32 | 113.16 | 29.30 | 1 |
| 1975 | 9 | 18 | 13 | 42 | 29 | 34 | 195 | 45 | 1.12 | 42 | 114.11 | 24.68 | 2 |
| 1976 | 5 | 22 | 10 | 68 | 17 | 66 | 122 | 67 | −0.46 | 69 | 112.15 | 22.87 | 2 |
| 1977 | 5 | 1 | 23 | 8 | 20 | 52 | 179 | 48 | 2.11 | 29 | 113.77 | 22.69 | 1 |
| 1977 | 6 | 4 | 7 | 114 | 5 | 152 | 37 | 131 | −2.11 | 127 | 109.76 | 20.66 | 3 |
| 1977 | 6 | 30 | 10 | 74 | 7 | 127 | 62 | 106 | −1.38 | 101 | 112.84 | 31.10 | 2 |
| 1977 | 7 | 2 | 9 | 84 | 9 | 112 | 98 | 81 | −1.24 | 91 | 119.63 | 32.22 | 2 |
| 1978 | 6 | 11 | 4 | 157 | 6 | 145 | 24 | 157 | −2.60 | 158 | 116.18 | 24.63 | 3 |
| 1978 | 6 | 25 | 20 | 12 | 42 | 16 | 496 | 10 | 4.51 | 10 | 116.21 | 31.40 | 1 |
| 1978 | 8 | 18 | 22 | 9 | 29 | 33 | 328 | 23 | 3.22 | 18 | 112.66 | 30.80 | 1 |
| 1979 | 7 | 12 | 5 | 153 | 4 | 162 | 25 | 156 | −2.55 | 156 | 121.43 | 30.16 | 3 |
| 1979 | 8 | 8 | 5 | 131 | 10 | 106 | 50 | 119 | −2.06 | 122 | 113.09 | 34.19 | 3 |
| 1979 | 9 | 13 | 4 | 161 | 6 | 149 | 18 | 163 | −2.62 | 162 | 117.35 | 27.60 | 3 |
| 1980 | 6 | 7 | 17 | 24 | 22 | 50 | 209 | 41 | 1.40 | 38 | 118.24 | 26.43 | 2 |
| 1980 | 6 | 27 | 7 | 101 | 15 | 75 | 80 | 95 | −1.28 | 96 | 109.54 | 29.43 | 2 |
| 1981 | 6 | 16 | 12 | 47 | 42 | 17 | 354 | 21 | 2.53 | 26 | 114.20 | 29.58 | 1 |
| 1981 | 7 | 4 | 5 | 147 | 6 | 143 | 29 | 148 | −2.41 | 149 | 116.27 | 32.10 | 3 |
| 1981 | 7 | 18 | 7 | 110 | 7 | 129 | 56 | 114 | −1.89 | 118 | 117.24 | 39.27 | 3 |
| 1981 | 8 | 13 | 13 | 41 | 26 | 41 | 294 | 29 | 1.41 | 37 | 113.13 | 29.04 | 2 |
| 1983 | 5 | 8 | 8 | 91 | 14 | 81 | 83 | 92 | −1.16 | 89 | 109.77 | 22.66 | 2 |
| 1983 | 7 | 2 | 10 | 75 | 7 | 128 | 58 | 111 | −1.40 | 102 | 107.75 | 22.46 | 2 |
| 1983 | 9 | 13 | 15 | 34 | 23 | 48 | 180 | 47 | 1.00 | 44 | 112.45 | 23.52 | 2 |
| 1984 | 6 | 18 | 10 | 71 | 13 | 86 | 91 | 84 | −0.86 | 77 | 114.91 | 28.21 | 2 |
| 1985 | 5 | 3 | 13 | 43 | 21 | 51 | 140 | 58 | 0.36 | 50 | 113.53 | 26.13 | 2 |
| 1985 | 9 | 5 | 9 | 77 | 25 | 43 | 175 | 49 | 0.13 | 53 | 114.46 | 29.51 | 2 |
| 1986 | 5 | 28 | 5 | 139 | 8 | 125 | 34 | 134 | −2.26 | 137 | 109.00 | 24.08 | 3 |
| 1986 | 6 | 25 | 9 | 82 | 13 | 88 | 85 | 88 | −1.05 | 85 | 108.69 | 25.58 | 2 |
| 1986 | 9 | 6 | 6 | 118 | 11 | 99 | 52 | 117 | −1.82 | 115 | 119.16 | 27.50 | 3 |

续表

| 年 | 月 | 日 | 天数 | 天数排序 | 格点数 | 格点排序 | 强度（站数） | 强度排序 | 指数（IC） | 指数排序 | 经度（°E） | 纬度（°N） | 强弱 |
|---|---|---|---|---|---|---|---|---|---|---|---|---|---|
| 1987 | 5 | 20 | 6 | 124 | 6 | 138 | 33 | 137 | −2.23 | 133 | 108.06 | 23.41 | 3 |
| 1988 | 5 | 1 | 11 | 54 | 37 | 21 | 264 | 34 | 1.63 | 33 | 111.45 | 24.45 | 1 |
| 1988 | 5 | 17 | 6 | 122 | 8 | 121 | 32 | 139 | −2.11 | 126 | 109.80 | 22.47 | 3 |
| 1988 | 6 | 5 | 18 | 18 | 48 | 9 | 417 | 17 | 4.18 | 13 | 114.94 | 25.94 | 1 |
| 1988 | 7 | 1 | 23 | 7 | 27 | 36 | 431 | 15 | 3.75 | 15 | 117.10 | 31.77 | 1 |
| 1989 | 6 | 5 | 13 | 44 | 16 | 68 | 126 | 65 | −0.02 | 57 | 118.45 | 26.91 | 2 |
| 1990 | 6 | 17 | 7 | 107 | 9 | 115 | 63 | 105 | −1.73 | 112 | 119.30 | 29.86 | 3 |
| 1990 | 7 | 5 | 5 | 143 | 6 | 139 | 34 | 135 | −2.39 | 145 | 120.18 | 32.19 | 3 |
| 1990 | 7 | 12 | 5 | 133 | 9 | 116 | 50 | 120 | −2.12 | 128 | 113.72 | 34.44 | 3 |
| 1990 | 8 | 19 | 6 | 125 | 5 | 154 | 30 | 141 | −2.30 | 139 | 107.64 | 22.13 | 3 |
| 1991 | 5 | 17 | 35 | 2 | 67 | 6 | 889 | 4 | 10.39 | 4 | 114.60 | 25.15 | 1 |
| 1991 | 8 | 31 | 5 | 135 | 9 | 118 | 41 | 126 | −2.16 | 131 | 115.88 | 28.58 | 3 |
| 1992 | 8 | 28 | 5 | 144 | 6 | 140 | 33 | 138 | −2.39 | 146 | 109.75 | 20.71 | 3 |
| 1992 | 9 | 9 | 8 | 88 | 25 | 44 | 150 | 55 | −0.16 | 59 | 112.82 | 24.86 | 2 |
| 1993 | 7 | 25 | 6 | 126 | 5 | 155 | 30 | 142 | −2.30 | 140 | 109.71 | 20.20 | 3 |
| 1993 | 9 | 13 | 10 | 69 | 15 | 73 | 112 | 71 | −0.64 | 74 | 118.27 | 27.09 | 2 |
| 1994 | 5 | 1 | 3 | 162 | 25 | 45 | 66 | 99 | −1.37 | 99 | 110.37 | 22.66 | 2 |
| 1994 | 5 | 9 | 10 | 65 | 35 | 27 | 249 | 35 | 1.27 | 41 | 111.88 | 23.24 | 2 |
| 1994 | 5 | 21 | 7 | 104 | 12 | 97 | 60 | 109 | −1.56 | 106 | 114.29 | 23.15 | 3 |
| 1994 | 6 | 25 | 21 | 11 | 36 | 23 | 474 | 11 | 4.19 | 12 | 117.87 | 32.02 | 1 |
| 1994 | 7 | 18 | 17 | 26 | 9 | 108 | 99 | 79 | 0.06 | 55 | 121.94 | 39.93 | 2 |
| 1995 | 5 | 27 | 10 | 67 | 19 | 57 | 144 | 57 | −0.23 | 62 | 114.18 | 24.85 | 2 |
| 1995 | 8 | 27 | 15 | 30 | 68 | 5 | 885 | 5 | 7.18 | 7 | 114.39 | 29.72 | 1 |
| 1996 | 5 | 1 | 7 | 115 | 5 | 153 | 31 | 140 | −2.14 | 129 | 109.66 | 21.49 | 3 |
| 1996 | 6 | 1 | 12 | 48 | 30 | 32 | 272 | 31 | 1.39 | 39 | 114.67 | 25.09 | 2 |
| 1996 | 6 | 13 | 6 | 119 | 10 | 104 | 62 | 108 | −1.84 | 116 | 111.44 | 30.41 | 3 |
| 1996 | 9 | 10 | 10 | 70 | 13 | 85 | 107 | 78 | −0.79 | 76 | 115.98 | 27.92 | 2 |
| 1997 | 5 | 11 | 6 | 117 | 14 | 83 | 68 | 97 | −1.56 | 105 | 112.51 | 23.56 | 3 |
| 1997 | 6 | 2 | 8 | 93 | 13 | 90 | 79 | 96 | −1.25 | 92 | 111.20 | 22.26 | 2 |
| 1997 | 7 | 21 | 12 | 51 | 12 | 91 | 151 | 54 | −0.31 | 64 | 120.20 | 40.01 | 2 |
| 1997 | 8 | 22 | 11 | 60 | 14 | 78 | 123 | 66 | −0.48 | 70 | 112.77 | 35.03 | 2 |
| 1998 | 5 | 1 | 10 | 72 | 13 | 87 | 53 | 116 | −1.04 | 84 | 113.25 | 24.38 | 2 |
| 1998 | 6 | 8 | 14 | 38 | 17 | 65 | 152 | 53 | 0.33 | 51 | 111.89 | 23.14 | 2 |
| 1998 | 7 | 6 | 11 | 58 | 16 | 69 | 139 | 59 | −0.28 | 63 | 116.74 | 33.78 | 2 |

续表

| 年 | 月 | 日 | 天数 | 天数排序 | 格点数 | 格点排序 | 强度（站数） | 强度排序 | 指数（*IC*） | 指数排序 | 经度(°E) | 纬度(°N) | 强弱 |
|---|---|---|---|---|---|---|---|---|---|---|---|---|---|
| 1998 | 7 | 16 | 7 | 113 | 5 | 151 | 46 | 122 | −2.07 | 123 | 108.44 | 22.32 | 3 |
| 1998 | 8 | 7 | 21 | 10 | 44 | 13 | 418 | 16 | 4.43 | 11 | 114.95 | 28.38 | 1 |
| 1998 | 9 | 7 | 11 | 61 | 13 | 84 | 111 | 72 | −0.60 | 73 | 109.78 | 29.58 | 2 |
| 1998 | 9 | 13 | 7 | 106 | 10 | 102 | 65 | 102 | −1.66 | 110 | 111.42 | 23.95 | 3 |
| 1999 | 6 | 1 | 17 | 23 | 41 | 18 | 307 | 25 | 3.06 | 19 | 113.05 | 24.75 | 1 |
| 1999 | 7 | 23 | 9 | 85 | 10 | 101 | 84 | 90 | −1.25 | 93 | 118.09 | 39.24 | 2 |
| 1999 | 9 | 3 | 17 | 21 | 78 | 2 | 806 | 7 | 7.75 | 6 | 115.41 | 29.34 | 1 |
| 2000 | 5 | 25 | 18 | 19 | 27 | 37 | 377 | 18 | 2.68 | 25 | 114.66 | 24.00 | 1 |
| 2000 | 6 | 25 | 8 | 96 | 8 | 119 | 62 | 107 | −1.64 | 109 | 120.95 | 29.60 | 3 |
| 2000 | 7 | 22 | 8 | 92 | 13 | 89 | 82 | 93 | −1.23 | 90 | 109.17 | 27.86 | 2 |
| 2000 | 9 | 27 | 4 | 160 | 6 | 148 | 22 | 160 | −2.61 | 161 | 111.32 | 23.15 | 3 |
| 2001 | 5 | 5 | 5 | 154 | 4 | 163 | 21 | 161 | −2.57 | 157 | 111.95 | 21.57 | 3 |
| 2001 | 6 | 27 | 16 | 29 | 25 | 42 | 206 | 43 | 1.41 | 36 | 117.80 | 31.45 | 1 |
| 2001 | 8 | 20 | 7 | 111 | 7 | 130 | 51 | 118 | −1.92 | 119 | 113.68 | 22.82 | 3 |
| 2001 | 9 | 12 | 9 | 86 | 9 | 113 | 82 | 94 | −1.32 | 97 | 109.77 | 22.59 | 2 |
| 2002 | 5 | 1 | 6 | 128 | 4 | 161 | 28 | 151 | −2.38 | 144 | 108.69 | 22.90 | 3 |
| 2002 | 6 | 1 | 11 | 56 | 19 | 56 | 161 | 52 | 0.01 | 56 | 114.14 | 27.60 | 2 |
| 2002 | 6 | 19 | 6 | 116 | 20 | 54 | 110 | 76 | −0.98 | 83 | 117.32 | 28.18 | 2 |
| 2002 | 7 | 9 | 11 | 53 | 50 | 8 | 356 | 20 | 2.88 | 22 | 110.71 | 30.30 | 1 |
| 2002 | 7 | 27 | 9 | 78 | 20 | 53 | 139 | 60 | −0.36 | 67 | 118.52 | 39.31 | 2 |
| 2002 | 8 | 21 | 5 | 132 | 10 | 107 | 48 | 121 | −2.07 | 124 | 114.66 | 29.52 | 3 |
| 2003 | 5 | 3 | 16 | 28 | 28 | 35 | 270 | 32 | 1.91 | 30 | 110.12 | 21.77 | 1 |
| 2003 | 7 | 24 | 19 | 17 | 14 | 77 | 149 | 56 | 0.94 | 46 | 119.19 | 29.22 | 2 |
| 2003 | 8 | 21 | 20 | 14 | 30 | 31 | 300 | 27 | 2.82 | 23 | 116.97 | 29.70 | 1 |
| 2003 | 9 | 12 | 9 | 76 | 27 | 39 | 170 | 50 | 0.23 | 52 | 117.95 | 27.77 | 2 |
| 2004 | 5 | 1 | 3 | 163 | 6 | 150 | 21 | 162 | −2.77 | 163 | 109.70 | 23.03 | 3 |
| 2004 | 5 | 25 | 6 | 120 | 10 | 105 | 43 | 125 | −1.93 | 120 | 116.06 | 26.40 | 3 |
| 2004 | 6 | 21 | 15 | 31 | 47 | 10 | 439 | 14 | 3.74 | 16 | 111.74 | 26.01 | 1 |
| 2004 | 9 | 2 | 5 | 145 | 6 | 141 | 30 | 145 | −2.40 | 147 | 111.20 | 24.47 | 3 |
| 2005 | 5 | 1 | 5 | 130 | 15 | 76 | 56 | 113 | −1.72 | 111 | 111.55 | 23.74 | 3 |
| 2005 | 5 | 10 | 14 | 36 | 35 | 25 | 305 | 26 | 2.19 | 28 | 111.88 | 23.43 | 1 |
| 2005 | 6 | 13 | 4 | 156 | 8 | 126 | 28 | 152 | −2.45 | 151 | 114.29 | 26.20 | 3 |
| 2005 | 6 | 25 | 11 | 63 | 6 | 136 | 66 | 98 | −1.26 | 94 | 120.90 | 31.15 | 2 |
| 2005 | 6 | 28 | 5 | 152 | 5 | 160 | 25 | 155 | −2.49 | 155 | 111.14 | 31.10 | 3 |

续表

| 年 | 月 | 日 | 天数 | 天数排序 | 格点数 | 格点排序 | 强度（站数） | 强度排序 | 指数（IC） | 指数排序 | 经度（°E） | 纬度（°N） | 强弱 |
|---|---|---|---|---|---|---|---|---|---|---|---|---|---|
| 2005 | 8 | 9 | 8 | 87 | 37 | 22 | 230 | 38 | 0.98 | 45 | 116.79 | 36.24 | 2 |
| 2005 | 9 | 10 | 13 | 39 | 46 | 11 | 460 | 12 | 3.45 | 17 | 116.02 | 28.13 | 1 |
| 2005 | 9 | 27 | 4 | 155 | 17 | 67 | 60 | 110 | −1.74 | 113 | 113.29 | 24.07 | 3 |
| 2006 | 5 | 4 | 9 | 79 | 18 | 61 | 136 | 62 | −0.50 | 71 | 112.60 | 22.70 | 2 |
| 2006 | 6 | 15 | 10 | 66 | 32 | 29 | 203 | 44 | 0.86 | 47 | 116.25 | 29.96 | 2 |
| 2006 | 7 | 10 | 12 | 50 | 15 | 72 | 134 | 63 | −0.21 | 61 | 107.68 | 31.12 | 2 |
| 2006 | 7 | 11 | 4 | 158 | 6 | 146 | 24 | 158 | −2.60 | 159 | 109.36 | 23.40 | 3 |
| 2006 | 8 | 9 | 11 | 57 | 18 | 60 | 138 | 61 | −0.16 | 60 | 109.84 | 28.54 | 2 |
| 2006 | 8 | 23 | 17 | 22 | 44 | 14 | 450 | 13 | 3.93 | 14 | 112.55 | 28.35 | 1 |
| 2007 | 5 | 23 | 15 | 32 | 31 | 30 | 236 | 36 | 1.77 | 31 | 114.52 | 24.52 | 1 |
| 2007 | 6 | 18 | 13 | 46 | 12 | 93 | 92 | 83 | −0.43 | 68 | 119.08 | 28.80 | 2 |
| 2007 | 7 | 3 | 6 | 127 | 5 | 156 | 30 | 143 | −2.30 | 141 | 119.31 | 29.87 | 3 |
| 2007 | 9 | 24 | 7 | 108 | 10 | 103 | 35 | 132 | −1.81 | 114 | 117.84 | 26.47 | 3 |
| 2008 | 6 | 19 | 6 | 123 | 7 | 132 | 33 | 136 | −2.17 | 132 | 119.38 | 28.56 | 3 |
| 2008 | 9 | 8 | 19 | 15 | 72 | 4 | 831 | 6 | 7.82 | 5 | 115.06 | 26.82 | 1 |

注：表中“强弱”列 1 为强事件，2 为中等事件，3 为弱事件。如果天数相同，天数排序考虑格点数。如果格点数相同，格点数排序考虑强度。如果强度相同，强度排序考虑天数。

## 参考文献


Ding T, Qian W H. Geographical patterns and temporal variations of regional dry and wet heat wave events in China during 1960—2008. *Adv. Atmos. Sci.*, 2011, **28**(2): 322-337.

Ding T, Qian W H, Yan Z W. Changes of hot days and heat waves in China during 1961—2007. *Int. J. Climatol.*, 2009, DOI: 10.1002/joc.1989.

Li Z, Yan Z W. Homogenized daily mean/maximum/minimum temperature series for China from 1960—2008. *Atmos. Oceanic Sci. Lett.*, 2009, **2**: 1-7.

# 第 9 章　气候和极端气候预测信号

地球上每一区域的冷暖气候首先由太阳辐射的变化决定，其次是由海陆分布和下垫面物理状况对太阳辐射的再分配作用所决定。冷暖气候变化的物理参数用气温表示。太阳辐射具有日变化、季节变化、年际变化、年代际变化和世纪尺度变化。因此，一个地区的气温也有这些周期性变化，但变化的位相要滞后太阳辐射的变化。气温相对太阳辐射的这些周期性变化是要通过长期观测资料认识的。极端气候就是观测到的气温或其他变量相对太阳多周期性辐射强迫下气候的偏差部分。这个偏差可以是相对周期性的日温度变化，相对周期性的季节变化，和相对其他时间尺度周期性的变化。温度的偏差变化可能来自外强迫，如火山活动和人类活动的影响，以及气候系统内部各部分的非线性相互作用等。天气尺度的温度涨落起源于大气中波动引起的变化。

作为一种连续介质流体，大气要素对外强迫有一个时间滞后（公式(1-3)）。气候系统中各个部分的非线性相互作用也会导致不同变量之间的位相差关系。于是，大气变量相对强迫信号的滞后关系和变量之间的位相差关系就是极端气候预测的前期信号。得不到上述两方面解释的大气变量偏差部分可能来自观测误差。因此，用可靠的气象观测资料和外强迫观测资料分析其中的变化规律，并认识它们之间的因果关系是预测异常气候的基础。

## 9.1　年代际气候预测

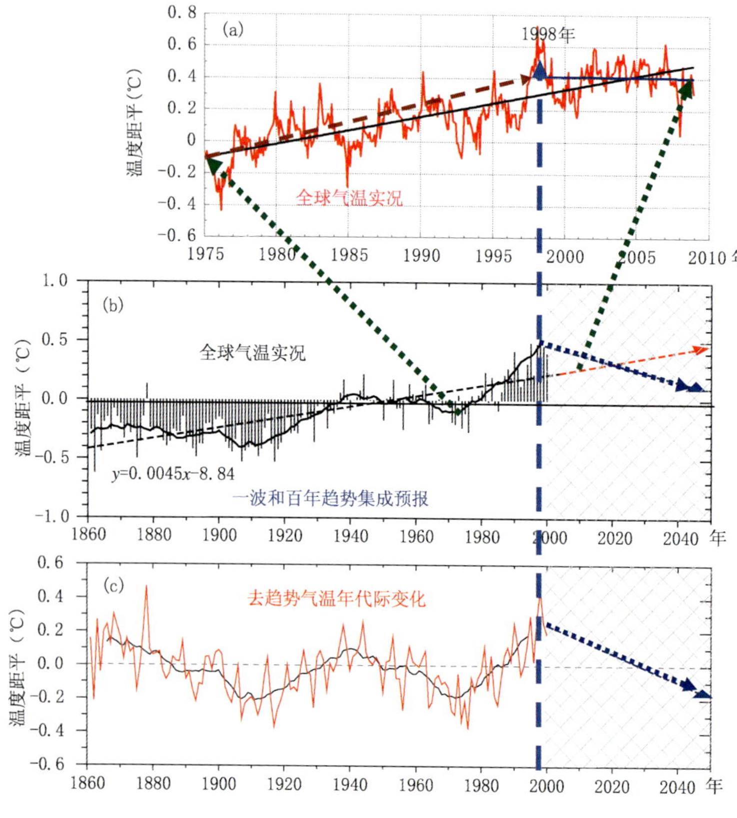


图 9-1　(a)HadCRUT3 器测全球月平均温度相对 30 年(1961—1990)平均温度的距平序列，1998 年达到最高，近 10 年持平，1975—2008 年趋势为每 10 年 0.17℃，1998—2008 年趋势为每 10 年 −0.01℃（钱维宏等，2010）；(b)1860—2000 年全球陆地表面温度相对 1961—1990 年的距平温度序列及其未来 50 年展望；(c)是相对(b)温度去长期趋势后的序列和 11 年滑动平均及其未来展望(Gao 等，2006)。

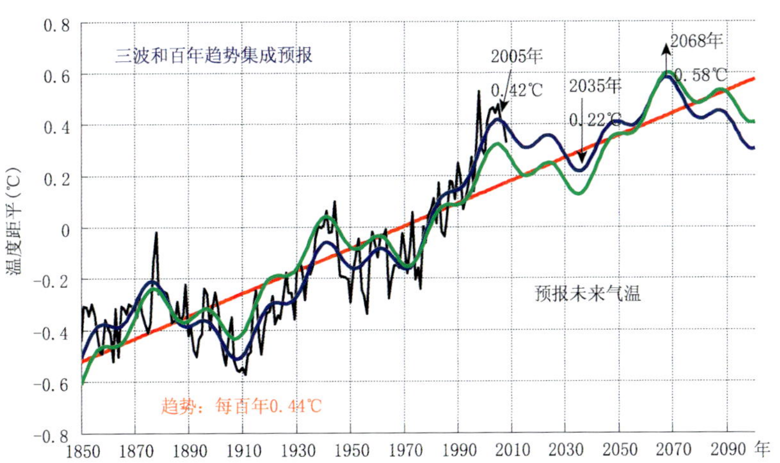


图 9-2 观测全球平均气温序列及其周期函数模拟与 21 世纪气温预报。1850—2008 年逐年全球平均气温距平序列(黑折线)，长期趋势(直线，0.44℃/百年)，21.2 年+64.1 年周期函数线性叠加和预报(绿线)，21.2 年+64.1 年+179 年周期函数线性叠加和预报(蓝线)。

**表 9-1 中国东部季风区 1470—2008 年干湿阶段性变化的主要周期**

| 区域名称 | 准周期(年) | | | | |
|---|---|---|---|---|---|
| 东北 | 13 | 25 | 50 | 81 | 115 |
| 华北北部 | 10～11 | 20～22 | | 80 | 162 |
| 华北南部 | 10～11 | 22～27 | | 70～75 | 132 |
| 西北 | 8～9 | 20～24 | 44 | | 130 |
| 长江中下游 | 8～9 | 20～22 | 40 | 75 | |
| 华南 | 10～15 | | 40 | 80 | |
| 西南 | 9 | 27 | 40～44 | 81 | 174 |

注：准 11 年和准 22 年的振荡在持续性暴雨事件中也有反映。

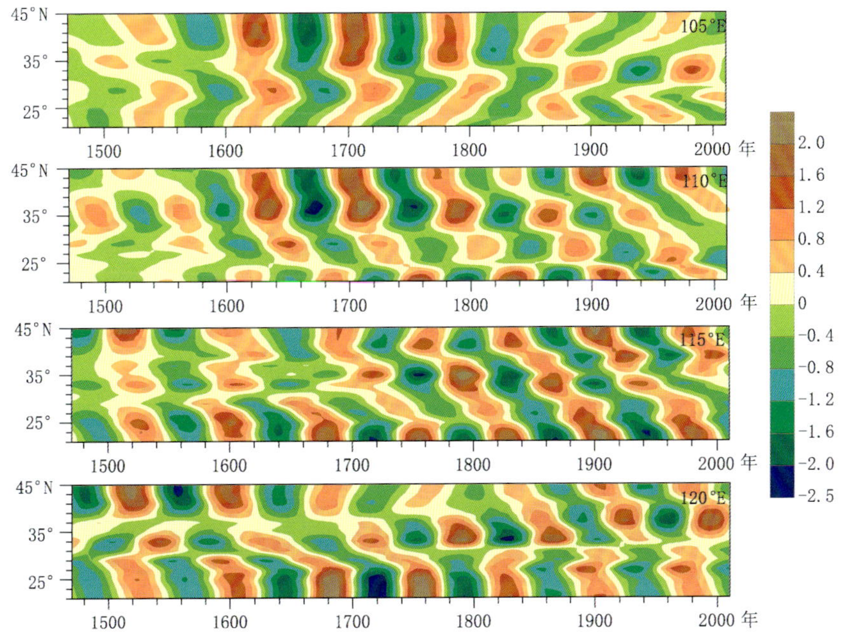


图 9-3 1470—2010 年中国东部季风区西部(105°E)、内陆(110°E+115°E)和沿海(120°E)干(指数>0.0)湿(指数<0.0)70～80 年周期振荡的纬度—时间剖面。西部(105°E)地区干湿 70～80 年信号的南北传播方向是随时间变化的。沿海(120°E)地区干湿 70～80 年信号表现为长江南北相反的干湿振荡(Qian 和 Zhu，2001)。内陆(110°E+115°E)地区干湿 70～80 年信号是向南传播的(Qian 等，2003)。近 20 年，我国南方湿，而北方干。

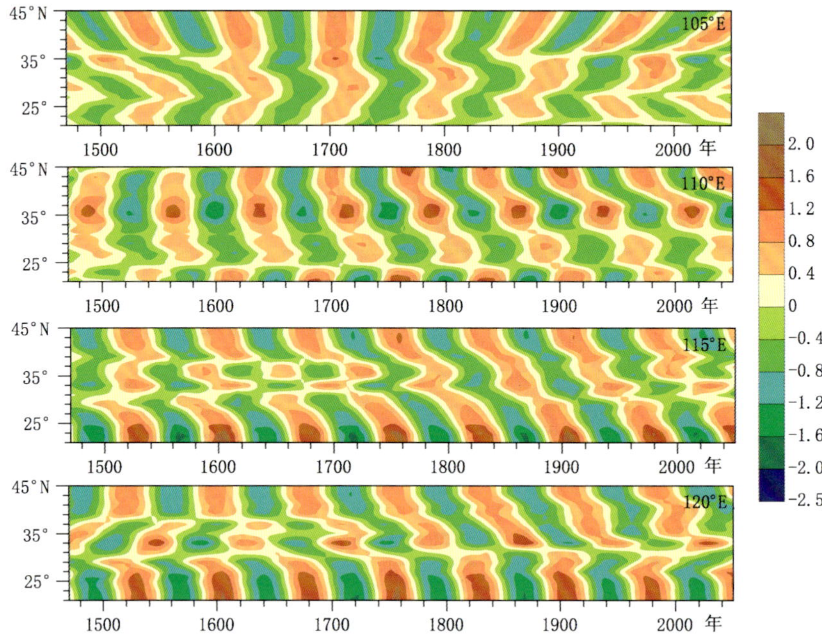


图 9-4　基于 70～80 年周期振荡信号，用均生函数预测模型作 40 步到 2050 年的预测。东部沿海地区(120°E)，预计 2020 年前后为华南和北方最湿润期，2040 年代华南进入干期，而长江下游地区的干期会维持到 2040 年。内陆地区的湿润期时间要早些。

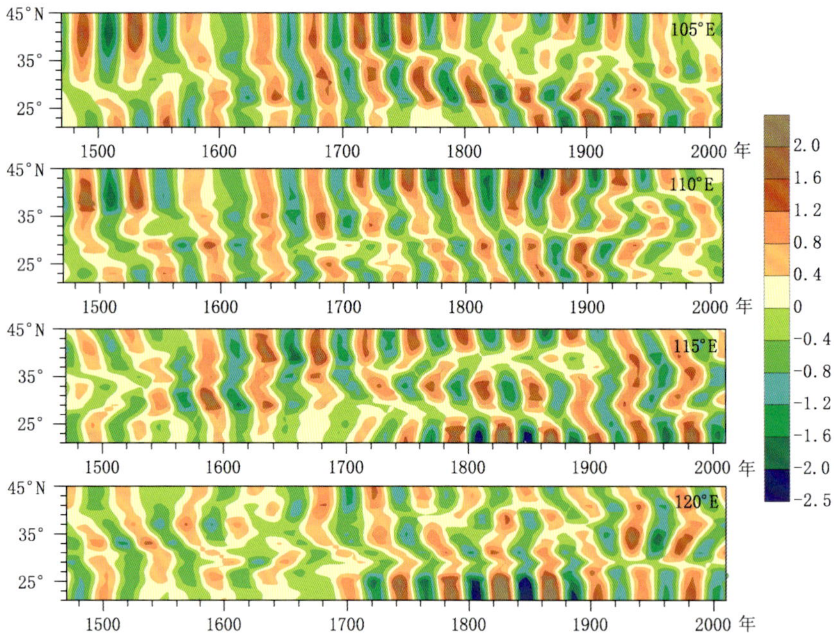


图 9-5　中国东部季风区西部(105°E)、内陆(110°E＋115°E)和沿海(120°E)干(指数＞0.0)湿(指数＜0.0)40～50 年周期振荡的纬度—时间剖面。西部(105°E)地区干湿 40～50 年信号表现为向南传播和南北相反的两种形式。内陆(110°E＋115°E)地区干湿 40～50 年信号表现为向南传播的形式。沿海(120°E)地区干湿 40～50 年信号表现为南北一致的振荡。

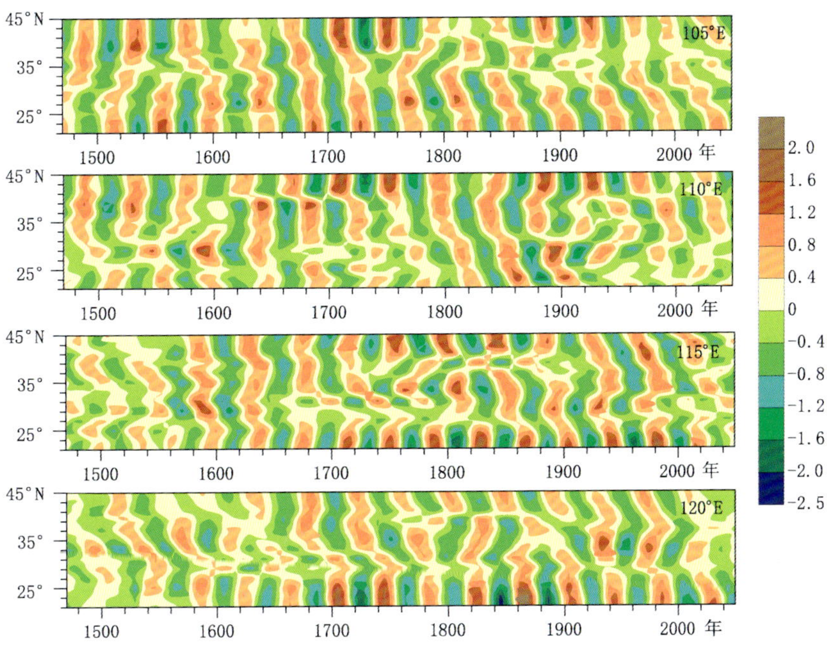


图 9-6 基于 40～50 年周期振荡信号，用均生函数预测模型作 40 步到 2050 年的预测。东部沿海地区(120°E)，预计 2020 年前后进入干期，1940 年前后为湿期。

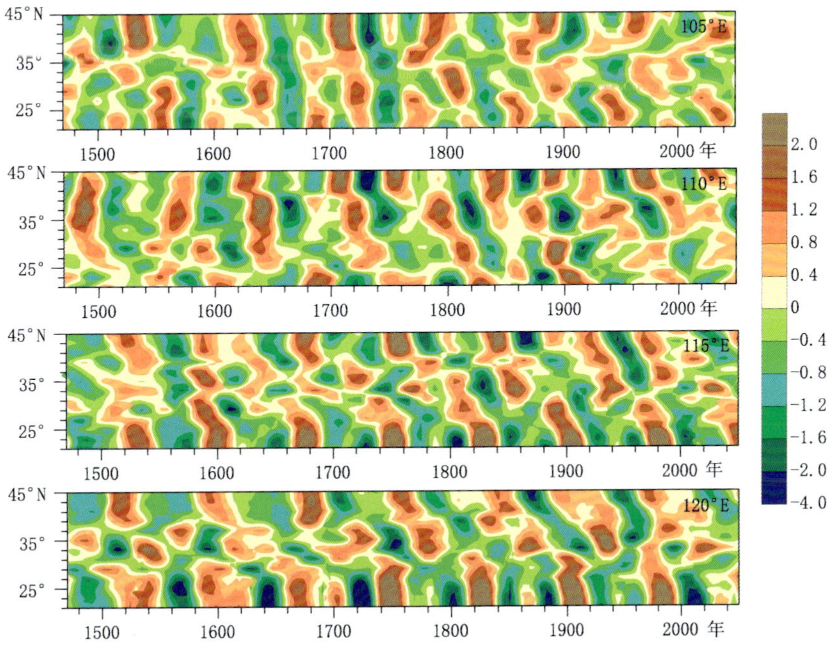


图 9-7 基于 40～50 年和 70～80 年两个周期振荡信号用均生函数预测模型作的 40 步到 2050 年的合成干湿预测。东部沿海地区的南部未来 10 年(到 2020 年)仍然维持偏湿期，长江下游从现在到 2040 年维持偏干期，2020 年前后东部沿海北方进入 30 年的偏湿期。内陆地区干湿向南传播的位相比沿海早。

## 9.2 年际气候预测前期信号

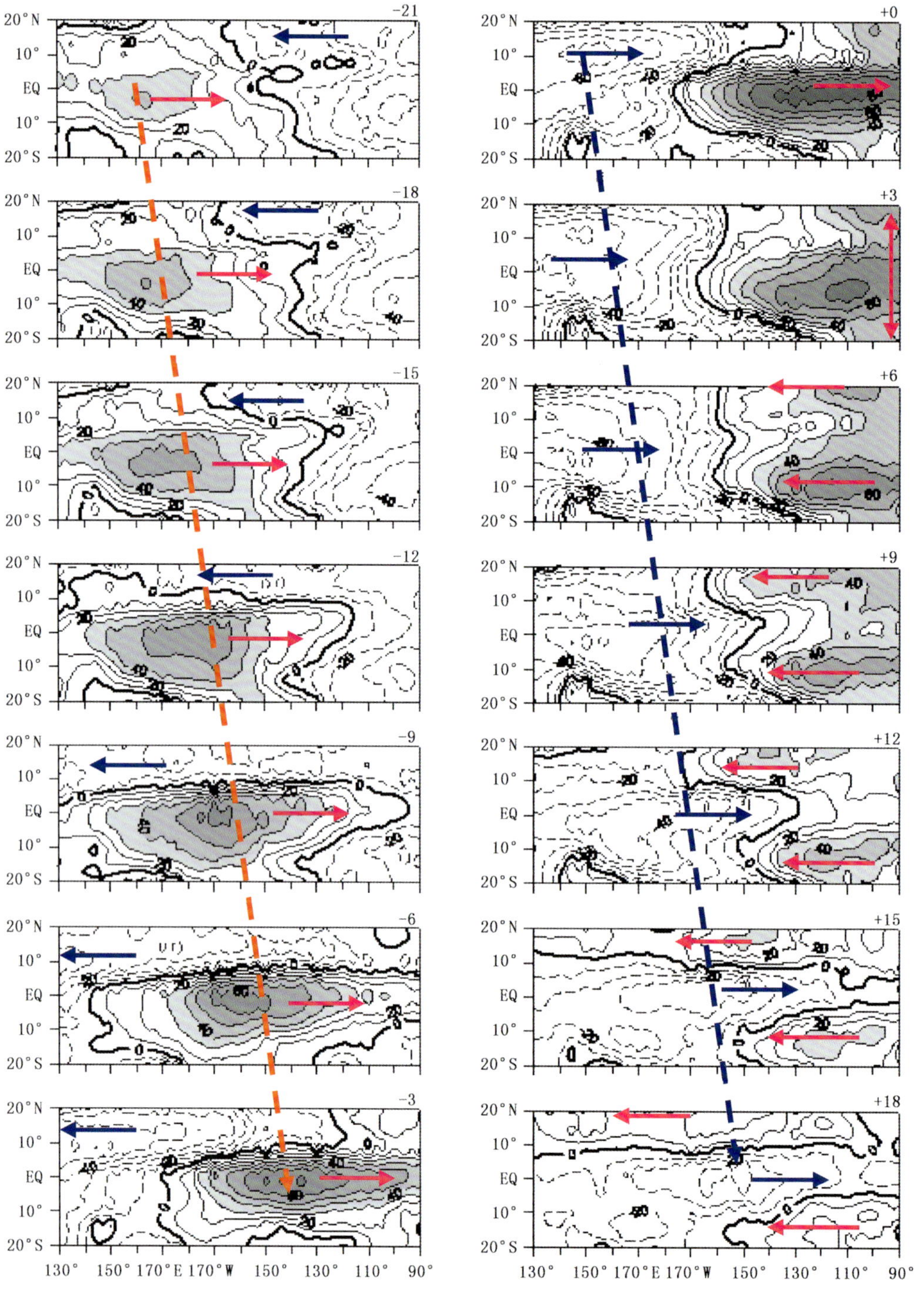

图 9-8 ENSO 预测的海洋学前期信号。赤道东太平洋 Nino3 区 MSTA 序列与赤道太平洋(20°N～20°S)格点 MSTA 序列的超前和滞后相关(%)分布,阴影区指示相关系数大于 0.3,相关系数 0.126 和 0.165 分别超过了 0.05 和 0.01 的显著性水平(Qian 和 Hu, 2006)。

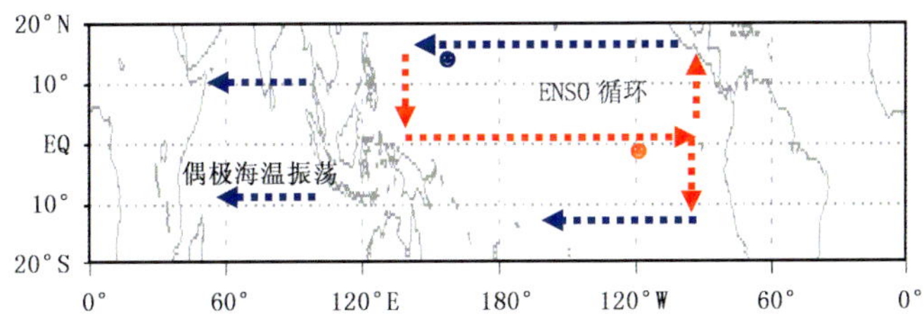


图 9-9　ENSO 预测的海洋学前期信号与回路。El Niño-La Nina 循环和偶极海温振荡中的赤道 Kelvin 波(红点线)、沿岸 Kelvin 波(红点线)及赤道外 Rossby 波(蓝点线)。

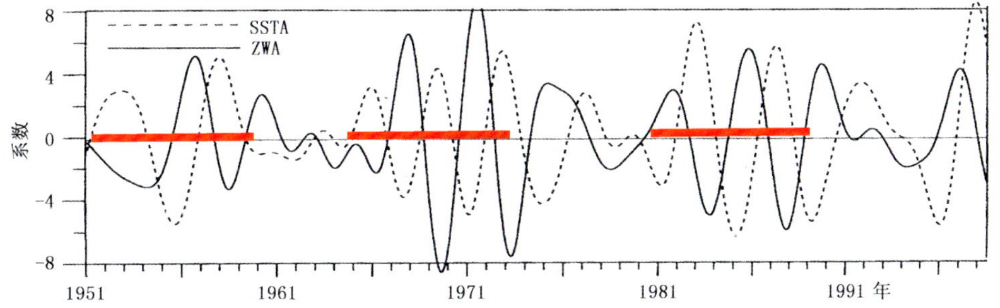


图 9-10　ENSO 预测的气象学前期信号。Nino3 区海温距平(SSTA)序列和赤道东太平洋(5°N～5°S，125°W～115°W)对流层纬向风距平(ZWA)对应在 80 个月时间尺度上分量系数(Qian 等，2000)。

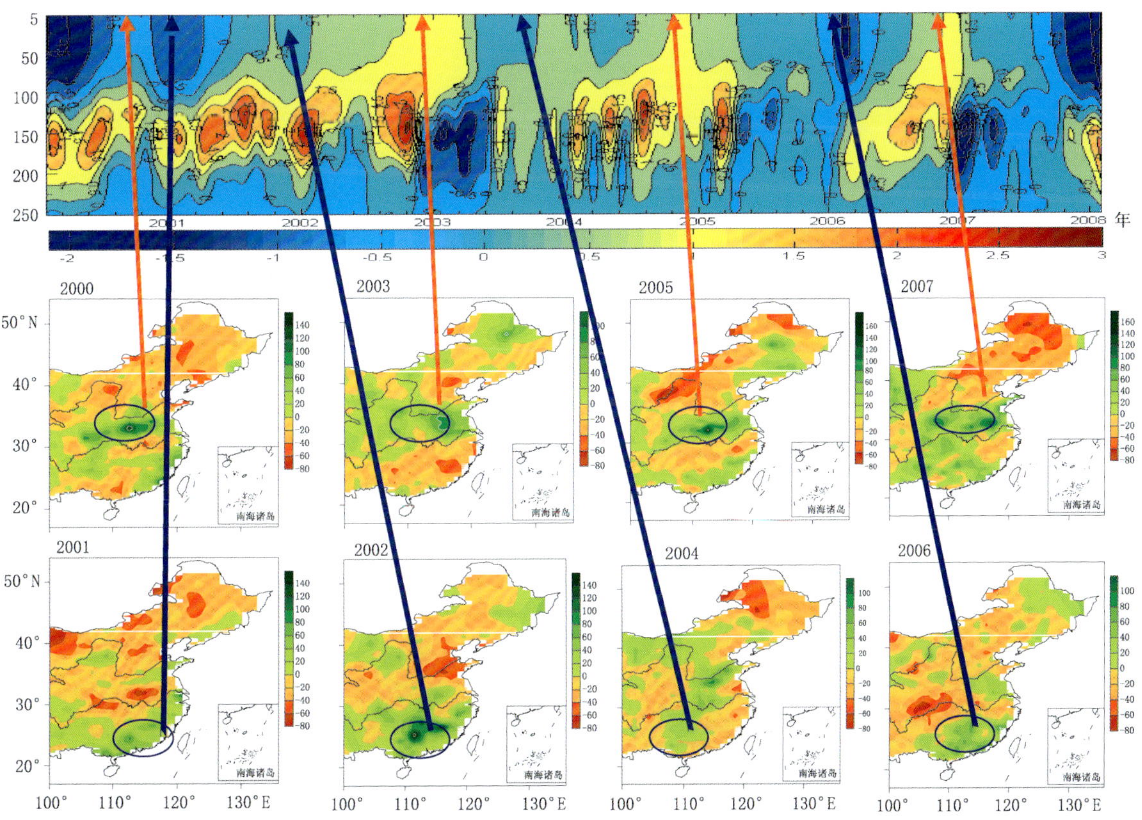


图 9-11　冬季海温影响中国夏季风降水的前期信号。2000 年 1 月至 2007 年 12 月赤道中太平洋 Nino4 区次表层海温距平(℃)深度—时间变化与对应半年后夏季中国东部降水距平百分率(%)。1999—2000 年冬季、2002—2003 年冬季、2004—2005 年冬季和 2006—2007 年冬季 Nino4 区次表层正海温异常在表层露头，半年后的夏季淮河流域出现了降水异常偏多，而其南北两侧降水偏少(钱维宏等，2009)。2001 年、2002 年、2004 年和 2006 年夏季华南降水偏多，对应半年前的冬季 Nino4 为负的海温距平。箭头所指为对应的 Nino4 区表层—次表层海温距平与中国东部夏季降水异常。

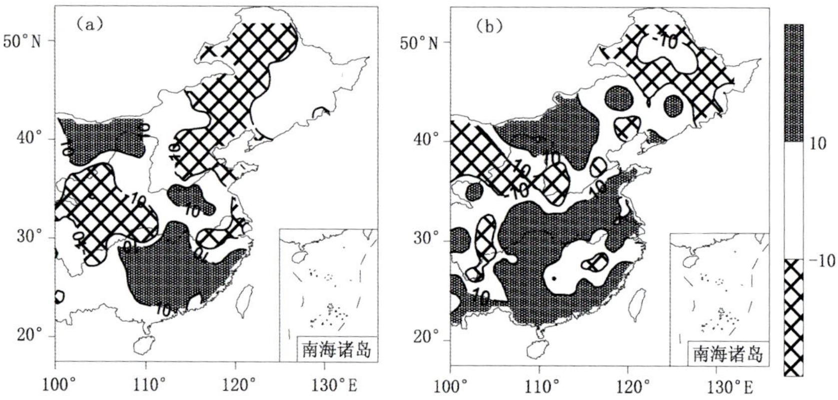


图 9-12　2008 年汛期降水预报(a)和实况降水(b)距平百分率(%)。考虑我国东部地区年代际区域气候分布型和准 2 年振荡信号，以及 2008 年初赤道中太平洋冷水事件前期信号，2008 年 3 月我们做出的 2008 年夏季我国东部地区的降水预报，PS 得分 72.1 分(钱维宏，陆波，2010)。

## 9.3　热浪前期预测信号

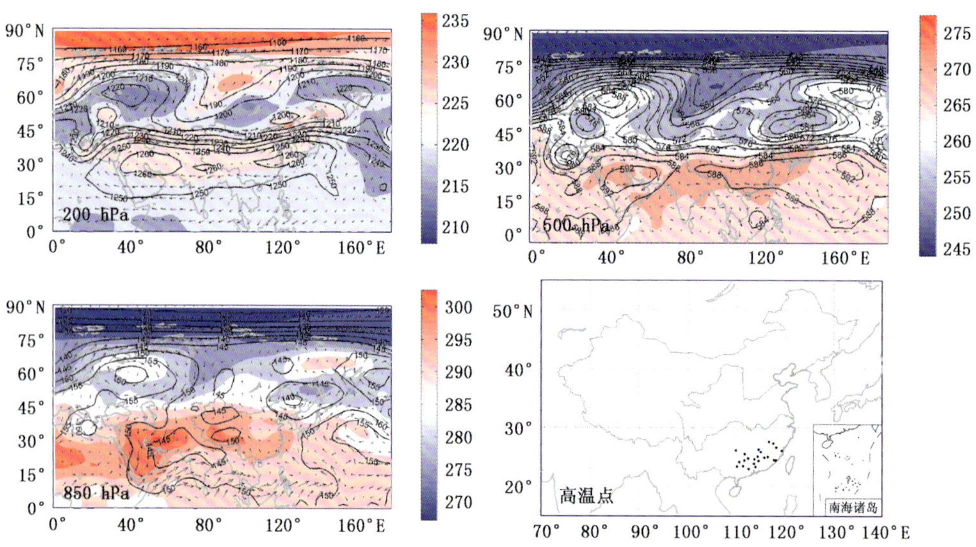


图 9-13　2003 年 7 月 25 日至 8 月 5 日江南一华南高温热浪期间的 8 月 2 日 200 hPa、500 hPa 和 850 hPa高度(单位:gpm)、温度(K)和风场与 8 月 2 日达到区域干热浪标准的站点在华南地区的分布。原始要素场难以指示华南地区的高温。

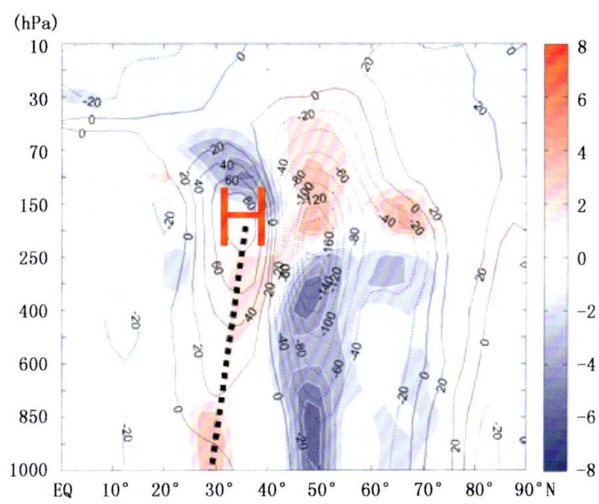

图 9-14 2003 年 8 月 2 日沿中国东部(110°～120°E)平均的南北剖面(赤道～90°N)对流层一平流层上高度扰动(单位:gpm)和温度扰动(单位:K)。热浪区发生在对流层正值高度扰动和正值温度扰动下延中心的偏南位置。本例正值高度扰动(实线)中心在 200 hPa 层附近,正值温度扰动(彩色)中心在 850 hPa 层附近,而大多数热浪事件对应的高度扰动中心在 250 hPa 层附近,温度扰动中心在 400 hPa 层附近。

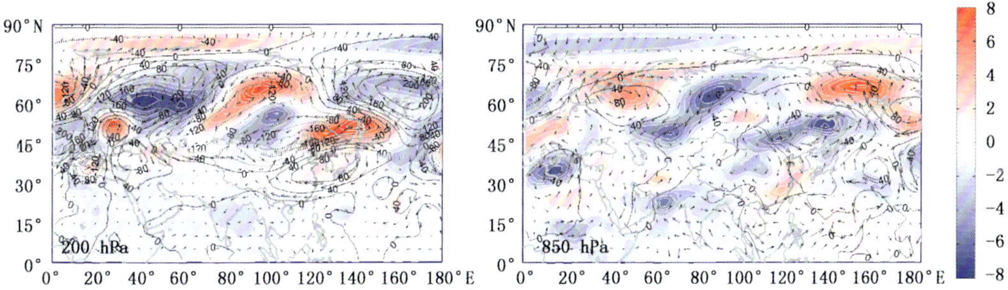

图 9-15 2003 年 8 月 2 日 200 hPa 和 850 hPa 高度、温度(K)和风的扰动场分布。地面高温区位于 200 hPa 高度扰动的南侧,850 hPa 温度扰动中心附近。

**表 9-2 1979—2008 年期间 87 次热浪事件前期信号特征**

| 信号传播方向 | 提前 1～3 天 | 提前 4～6 天 | 提前 7～9 天 | 提前 10 天及以上 | 平均提前天数 |
|---|---|---|---|---|---|
| 自西向东 | 13 次 | 22 次 | 21 次 | 19 次 | 7.3 |
| 自东向西 | 4 次 | 1 次 | 2 次 | 1 次 | 4.9 |
| 总计 | 17 次 | 23 次 | 23 次 | 20 次 | 7.1 |

注:87 次热浪事件中有 4 次热浪事件无前期信号。

**表 9-3 南方热浪(8 次)及其向西传播的前期信号**

| 年 | 月 | 日 | 天数 | 强弱 | 经度(°E) | 纬度(°N) | 地面高温位置 | 信号开始位置 | 提前天 | 传播路径 |
|---|---|---|---|---|---|---|---|---|---|---|
| √2003 | 8 | 22 | 19 | 2 | 117.7 | 28.9 | 长江沿岸 | 120°E,20°N | 2 | 向西北到 115°E,30°N |
| 2004 | 6 | 22 | 13 | 2 | 112.9 | 24.1 | 华南 | 125°E,20°N | 2 | 向西北到 115°E,25°N |
| 1989 | 7 | 12 | 6 | 3 | 112.4 | 23.0 | 华南 | 160°E,20°N | 3 | 沿 20°N |

续表

| 年 | 月 | 日 | 天数 | 强弱 | 经度(°E) | 纬度(°N) | 地面高温位置 | 信号开始位置 | 提前天 | 传播路径 |
|---|---|---|---|---|---|---|---|---|---|---|
| √2006 | 8 | 23 | 14 | 1 | 107.8 | 29.2 | 长江中游 | 130°E,20°N | 3 | 向西北到 110°E,30°N |
| 1992 | 8 | 29 | 9 | 3 | 109.2 | 22.3 | 华南 | 130°E,20°N | 4 | 沿 20°N |
| √1981 | 8 | 14 | 11 | 3 | 110.8 | 28.6 | 长江中游 | 130°E,25°N | 7 | 向西北到 110°E,35°N |
| √2003 | 7 | 25 | 12 | 1 | 114.3 | 25.0 | 长江下游江南 | 130°E,10°N | 8 | 向西北到 115°E,35°N |
| √1990 | 8 | 14 | 30 | 1 | 109.5 | 24.5 | 长江中游到华南 | 135°E,25°N | 10 | 向西北到 115°E,35°N |

注:强弱中,1、2、3 分别表示强、中、弱;符号√图 9-16 述及。

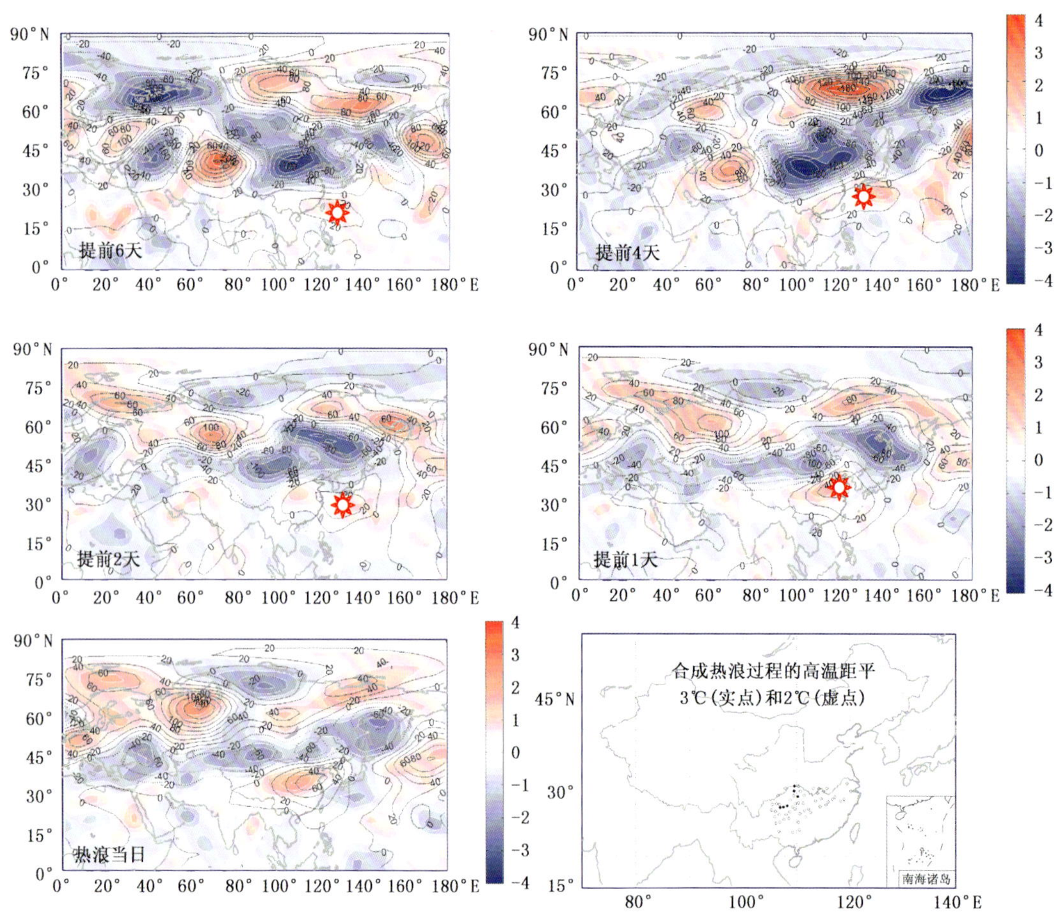


图 9-16 5 次(表 9-3 中"√"标出)发生在长江流域(部分事件包括长江以南地区)的热浪瞬变扰动前期信号合成。等值线为 250 hPa 高度正(实线)和负(虚线)距平,彩色区域为 400 hPa 温度距平,星号✡指示暖距平扰动信号的位置,下同。"热浪当天"为持续性热浪开始日的高度扰动和温度扰动场。地面热浪发生在高度扰动和温度扰动的偏南侧。高温距平是指热浪过程同期大于气候值的距平差。

表 9-4 西北热浪(19 次)及其向东传播的前期信号

| 年 | 月 | 日 | 天数 | 强弱 | 经度(°E) | 纬度(°N) | 地面高温位置 | 信号开始位置 | 提前天 | 传播路径 |
|---|---|---|---|---|---|---|---|---|---|---|
| √1995 | 5 | 4 | 9 | 3 | 80.5 | 38.3 | 西北西部 | 75°E,55°N | 3 | 沿 55°N |
| √2001 | 6 | 27 | 7 | 2 | 80.8 | 37.7 | 西北 | 45°E,40°N | 3 | 沿 40°N |
| √2001 | 6 | 10 | 5 | 3 | 83.1 | 39.0 | 西北 | 55°E,45°N | 4 | 沿 40°～45°N |
| √1998 | 8 | 25 | 17 | 2 | 84.3 | 42.8 | 西北 | 30°E,55°N | 4 | 沿 55°N |
| 2008 | 5 | 8 | 41 | 1 | 86.5 | 43.1 | 西北 | 40°E,35°N | 4 | 向东北到 80°E,45°N |
| √2001 | 6 | 16 | 7 | 2 | 88.5 | 43.1 | 西北 | 40°E,45°N | 4 | 沿 45°N |
| √1997 | 9 | 2 | 6 | 3 | 86.5 | 42.0 | 西北 | 60°E,50°N | 5 | 沿 50°N |
| √1991 | 5 | 7 | 12 | 2 | 86.8 | 43.8 | 西北北部 | 40°E,50°N | 5 | 沿 50°N |
| √2004 | 5 | 14 | 8 | 3 | 86.9 | 44.1 | 西北 | 45°E,50°N | 5 | 沿 50°N |
| √1997 | 8 | 16 | 10 | 3 | 81.3 | 38.8 | 西北 | 60°E,50°N | 6 | 沿 50°N |
| √2001 | 5 | 24 | 10 | 3 | 84.7 | 44.7 | 西北 | 40°E,55°N | 6 | 沿 55°N |
| √2006 | 7 | 30 | 7 | 3 | 79.8 | 37.9 | 西北 | 70°E,40°N | 7 | 向东北到 85°E,45°N |
| √2000 | 7 | 6 | 7 | 3 | 83.9 | 42.2 | 西北 | 60°E,45°N | 7 | 沿 45°～50°N |
| √2008 | 7 | 30 | 7 | 2 | 85.6 | 43.9 | 西北 | 40°E,45°N | 7 | 沿 45°N |
| √2000 | 5 | 9 | 5 | 3 | 83.2 | 38.3 | 西北 | 30°E,45N | 8 | 沿 40°～45°N |
| √1996 | 6 | 8 | 6 | 3 | 83.5 | 40.4 | 西北 | 20°E,50°N | 9 | 沿 50°～55°N |
| √1984 | 5 | 31 | 5 | 3 | 81.7 | 38.5 | 西北 | 40°E,65°N | 11 | 向东南到 80°E,45°N |
| √2005 | 9 | 1 | 8 | 3 | 85.3 | 40.4 | 西北 | 20°E,65°N | 11 | 向东沿 65°N 到 80°E 再向南 |
| √1983 | 7 | 28 | 6 | 2 | 82.1 | 40.3 | 西北西部 | 50°E,40°N | 14 | 沿 40°N |

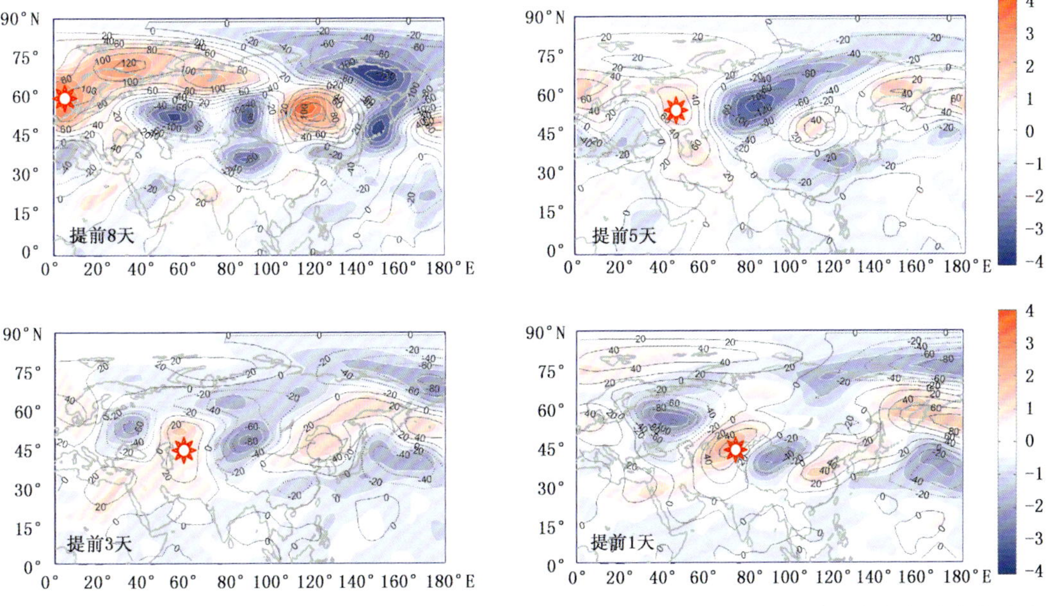


图 9-17 18 次(表 9-4 中"√"标出)发生在西北地区热浪的瞬变扰动前期信号合成。热浪当天的大气高度扰动中心和温度扰动中心接近新疆，未来几天内扰动中心东移导致了西北地区的热浪事件。高温距平是指热浪过程同期大于气候值的距平差。

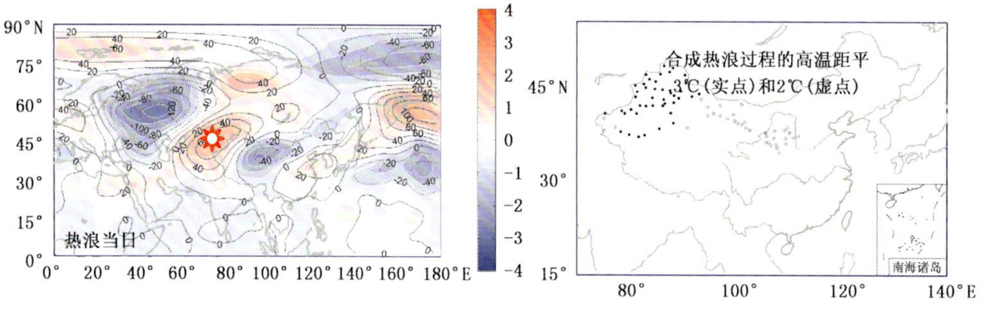


图 9-17 (续)

表 9-5 东北热浪(8 次)及其向东传播的前期信号

| 年 | 月 | 日 | 天数 | 强弱 | 经度(°E) | 纬度(°N) | 地面高温位置 | 信号开始位置 | 提前天 | 传播路径 |
|---|---|---|---|---|---|---|---|---|---|---|
| √2007 | 6 | 1 | 12 | 中 | 117.6 | 42.6 | 东北南部 | 70°E,50°N | 2 | 沿 50°N |
| √1983 | 5 | 27 | 8 | 弱 | 117.7 | 40.8 | 东北南部 | 60°E,55°N | 3 | 沿 50°～55°N |
| √2000 | 7 | 1 | 21 | 强 | 117.7 | 43.7 | 东北一华北 | 85°E,50°N | 5 | 沿 50°N |
| √1997 | 7 | 8 | 8 | 弱 | 117.3 | 40.9 | 东北南部 | 70°E,50°N | 7 | 沿 50°N |
| √1997 | 6 | 11 | 7 | 弱 | 122.5 | 45.6 | 东北 | 55°E,55°N | 8 | 沿 50°～55°N |
| √2004 | 6 | 8 | 9 | 弱 | 121.6 | 43.7 | 东北 | 50°E,55°N | 9 | 沿 55°N |
| √1979 | 5 | 26 | 7 | 弱 | 121.0 | 41.9 | 东北南部 | 20°E,55°N | 11 | 沿 50°～55°N |
| √2001 | 5 | 31 | 12 | 2 中 | 121.3 | 42.1 | 东北 | 40°E,55°N | 13 | 沿 55°～60°N |

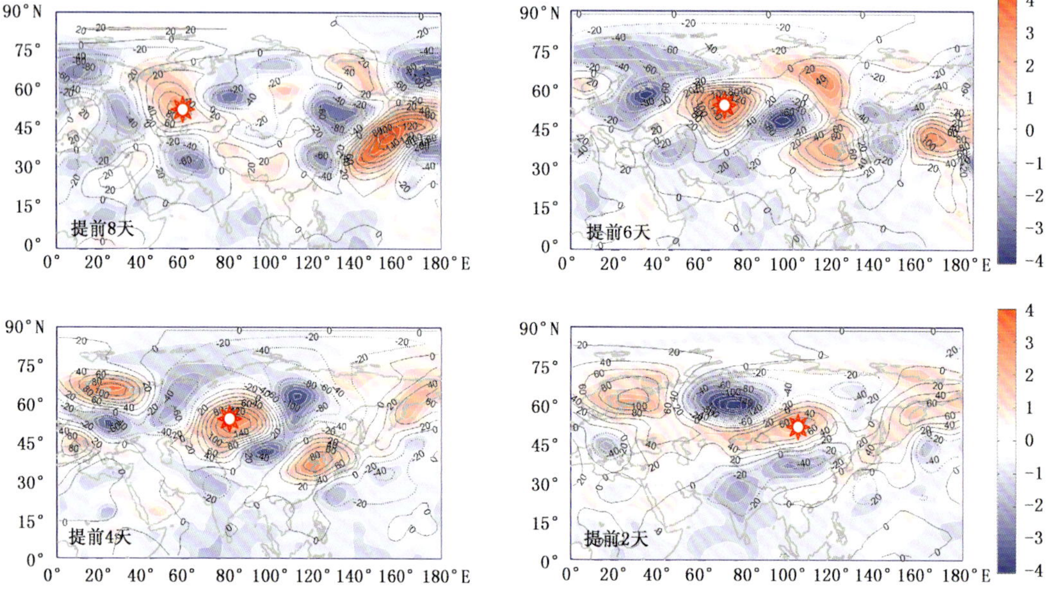


图 9-18 8 次(表 9-5 中"√"标出)发生在东北的热浪瞬变扰动前期信号合成。热浪当日,大气高度扰动中心和温度扰动中心开始影响东北地区并形成了热浪事件。高温距平是指热浪过程同期大于气候值的距平差。

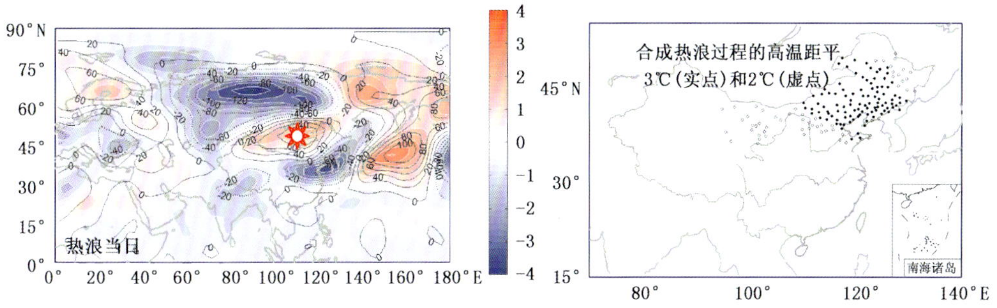


图 9-18 （续）

表 9-6 江南华南热浪前期暖信号沿 30°～40°N 向东传播

| 年 | 月 | 日 | 天数 | 经度(°E) | 纬度(°N) | 强弱 | 地面高温位置 | 信号开始位置 | 提前天 | 传播路径 |
|---|---|---|---|---|---|---|---|---|---|---|
| 2008 | 6 | 19 | 6 | 118.5 | 27.5 | 3 | 江南 | 70°E,40°N | 2 | 沿 40°N |
| 2005 | 9 | 7 | 16 | 113.7 | 28.1 | 1 | 江南 | 65°E,40°N | 4 | 沿 40°N |
| √2005 | 9 | 24 | 7 | 115.3 | 27.1 | 2 | 江南 | 55°E,30°N | 6 | 30°N |
| 1985 | 5 | 8 | 7 | 115.8 | 27.7 | 3 | 江南 | 70°E,20°N | 7 | 向北到 70°E,30°N 再沿 35°N 向东 |
| √1989 | 6 | 6 | 12 | 118.5 | 27.4 | 2 | 江南 | 70°E,35°N | 8 | 沿 35°N |
| √1993 | 9 | 14 | 8 | 116.9 | 27.1 | 3 | 江南 | 50°E,40°N | 8 | 沿 40°N |
| 1989 | 8 | 14 | 4 | 111.7 | 23.4 | 3 | 华南 | 85°E,50°N | 8 | 向东南到 110°E,40°N 再向南 |
| 1999 | 5 | 31 | 8 | 112.6 | 23.4 | 3 | 华南 | 80°E,30°N | 9 | 沿 30°N |
| 2005 | 5 | 10 | 13 | 109.3 | 23.4 | 2 | 华南 | 50°E,20°N | 9 | 向东北到 110°E,25°N |
| 1980 | 6 | 8 | 20 | 117.5 | 26.3 | 2 | 江南 | 70°E,35°N | 10 | 沿 35°N |
| 2004 | 5 | 20 | 11 | 115.0 | 27.6 | 2 | 江南 | 80°E,30°N | 14 | 沿 30°～35°N |

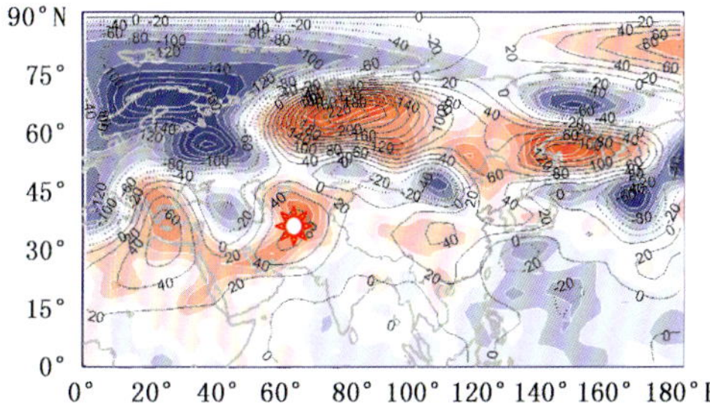

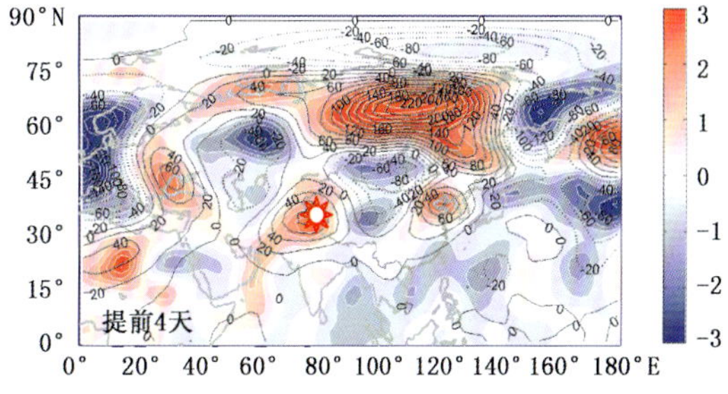


图 9-19 3 次(表 9-6 中“√”标出)发生在江南华南的热浪瞬变扰动前期信号合成。热浪事件发生在“热浪当天”大气高度扰动中心和温度扰动中心的南侧。高温距平是指热浪过程同期大于气候值的距平差。

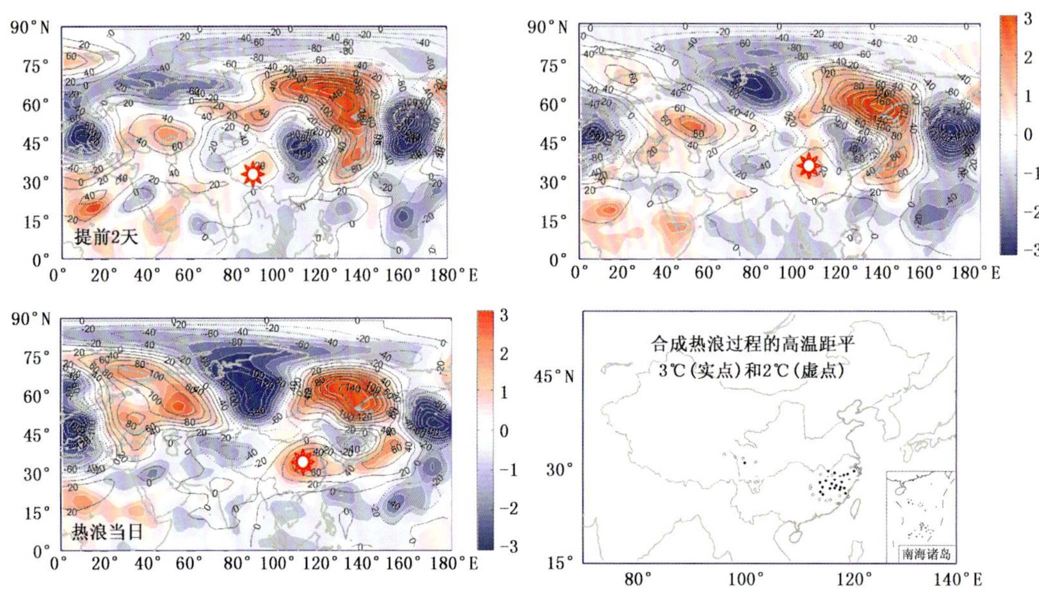


图 9-19 （续）

**表 9-7 南方热浪前期信号沿 40°～50°N 向东传播**

| 年 | 月 | 日 | 天数 | 经度(°E) | 纬度(°N) | 强弱 | 地面高温位置 | 信号开始位置 | 提前天 | 传播路径 |
|---|---|---|---|---|---|---|---|---|---|---|
| 2008 | 9 | 7 | 20 | 114.1 | 26.3 | 1 | 华南江南 | 100°E,50°N | 1 | 向东南到 110°E,40°N |
| 2003 | 5 | 4 | 8 | 109.6 | 22.5 | 3 | 华南 | 110°E,40°N | 2 | 向东北到 120°E,45°N |
| 2000 | 5 | 10 | 15 | 113.3 | 30.4 | 1 | 华北到长江中游 | 90°E,50°N | 2 | 沿 50°N |
| 1986 | 5 | 5 | 14 | 112.5 | 32.0 | 2 | 长江中游 | 40°E,45°N | 3 | 沿 45°N |
| 2002 | 5 | 26 | 19 | 112.5 | 31.7 | 1 | 黄河中游到华南 | 65°E,30°N | 3 | 向东北到 80°E,55°N |
| 1988 | 6 | 1 | 22 | 113.5 | 26.8 | 1 | 江南华南 | 75°E,45°N | 3 | 沿 45°N |
| 2006 | 6 | 14 | 21 | 115.1 | 31.1 | 1 | 黄河下游到长江中下游 | 65°E,50°N | 5 | 沿 50°N |
| 2006 | 8 | 7 | 11 | 106.4 | 29.9 | 2 | 长江中游 | 75°E,40°N | 5 | 沿 40°N |
| 1998 | 8 | 20 | 7 | 113.2 | 27.3 | 3 | 江南 | 90°E,45°N | 5 | 沿 45°N |
| 2001 | 6 | 27 | 9 | 120.5 | 31.4 | 3 | 长江下游 | 90°E,45°N | 6 | 沿 40°～45°N |
| 2007 | 5 | 12 | 18 | 111.9 | 30.5 | 2 | 淮河 | 30°E,40°N | 8 | 沿 40°N |
| 1989 | 8 | 14 | 4 | 111.7 | 23.4 | 3 | 华南 | 85°E,50°N | 8 | 向东南到 110°E,40°N 再向南 |
| 2002 | 6 | 19 | 6 | 117.4 | 28.2 | 3 | 江南 | 40°E,45°N | 9 | 沿 45°N |
| 1988 | 7 | 1 | 21 | 120.0 | 31.9 | 2 | 长江下游 | 75°E,35°N | 10 | 沿 35°N |

表 9-8 南方热浪前期信号沿 50°～60°N 向东再向南传播

| 年 | 月 | 日 | 天数 | 经度(°E) | 纬度(°N) | 强弱 | 地面高温位置 | 信号开始位置 | 提前天 | 传播路径 |
|---|---|---|---|---|---|---|---|---|---|---|
| 2005 | 5 | 31 | 6 | 114.4 | 31.7 | 3 | 江淮 | 45°E,60°N | 6 | 向东到 100°E 再向南 |
| 2000 | 5 | 24 | 19 | 114.4 | 24.1 | 2 | 华南 | 90°E,50°N | 6 | 沿 50°N 向东到 120°E 向南 |
| 1995 | 8 | 25 | 17 | 114.0 | 29.5 | 1 | 长江沿江 | 70°E,40°N | 6 | 向东北到 110°E,50°N 再向南 |
| 1991 | 5 | 14 | 27 | 114.6 | 25.5 | 1 | 江南华南 | 65°E,55°N | 7 | 沿 55°N 向东到 110°E 再向南 |
| 2003 | 9 | 12 | 9 | 118.2 | 27.1 | 3 | 江南 | 70°E,50°N | 11 | 沿 50°N 到 110°E,50°N 之后向南 |
| 1994 | 6 | 27 | 15 | 116.1 | 31.3 | 2 | 长江中下游 | 80°E,60°N | 12 | 沿 60°N 向东到 110°E 再向南 |
| 1990 | 6 | 17 | 7 | 119.4 | 29.2 | 3 | 江南 | 60°E,50°N | 13 | 向东到 100°E,50°N 再向东南到 120°E,40°N |
| 1996 | 5 | 31 | 16 | 114.4 | 24.7 | 2 | 华南 | 60°E,55°N | 14 | 沿 55°N 向东到 110°E 再向南 |
| 1999 | 9 | 4 | 12 | 113.0 | 30.4 | 1 | 长江到江南 | 60°E,50°N | 15 | 向东沿 50°N 到 110°E 向南 |
| 1981 | 6 | 12 | 16 | 112.6 | 29.7 | 1 | 长江沿江 | 30°E,60°N | 15 | 向东到 95°E,60°N 向南到 95°E,45°N |

表 9-9 北方暖信号沿 40°～55°N 向东传播

| 年 | 月 | 日 | 天数 | 经度(°E) | 纬度(°N) | 强弱 | 地面高温位置 | 信号开始位置 | 提前天 | 传播路径 |
|---|---|---|---|---|---|---|---|---|---|---|
| 2004 | 7 | 3 | 7 | 110.8 | 32.9 | 3 | 长江中游及华南 | 85°E,40°N | 2 | 沿 40°N |
| 1981 | 5 | 4 | 7 | 111.8 | 32.9 | 2 | 黄河下游到长江 | 80°E,45°N | 3 | 沿 45°N |
| 1979 | 6 | 12 | 6 | 114.8 | 34.6 | 3 | 黄河下游 | 65°E,35°N | 4 | 向东北到 90°E,40°N 再向东 |
| 1999 | 6 | 8 | 5 | 97.7 | 40.0 | 3 | 黄河上游 | 20°E,55°N | 5 | 沿 50°～55°N |
| 1982 | 5 | 15 | 16 | 106.6 | 37.3 | 1 | 黄河中下游 | 70°E,40°N | 6 | 沿 35°～40°N |
| 2001 | 5 | 11 | 14 | 115.0 | 36.2 | 1 | 华北到长江中游 | 60°E,50°N | 7 | 沿 50°N |
| 2005 | 6 | 9 | 28 | 115.0 | 34.4 | 1 | 黄河到长江中下游 | 105°E,55°N | 7 | 向东到 130°E 向南 |
| 1997 | 8 | 17 | 28 | 109.2 | 33.0 | 1 | 黄河中游到长江中游 | 60°E,50°N | 7 | 沿 50°N |

续表

| 年 | 月 | 日 | 天数 | 经度(°E) | 纬度(°N) | 强弱 | 地面高温位置 | 信号开始位置 | 提前天 | 传播路径 |
|---|---|---|---|---|---|---|---|---|---|---|
| 1997 | 6 | 19 | 6 | 115.0 | 38.2 | 2 | 华北 | 40°E,55°N | 8 | 沿 55°～60°N |
| 2002 | 7 | 7 | 11 | 116.1 | 37.3 | 2 | 华北 | 75°E,45°N | 10 | 沿 45°N |
| 1998 | 8 | 27 | 20 | 108.6 | 38.0 | 2 | 黄河上中游 | 20°E,35°N | 11 | 向东北到 90°E,45°N |
| 2002 | 8 | 21 | 15 | 111.7 | 36.0 | 2 | 华北 | 75°E,45°N | 12 | 沿 45°N |
| 1997 | 7 | 19 | 6 | 105.6 | 37.8 | 3 | 河套 | 25°E,40°N | 16 | 沿 45°N |
| 2001 | 7 | 10 | 8 | 105.0 | 38.3 | 2 | 黄河上中游 | 45°E,40°N | 16 | 沿 40°N |

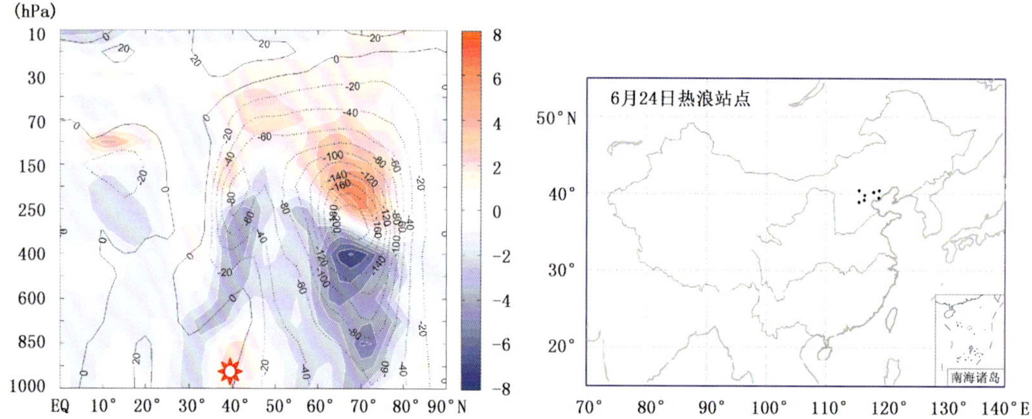


图 9-20 1999 年 6 月 24 日华北浅层热浪，但没有移动性的前期信号。左图为瞬变扰动场，实线和虚线分别是正的和负的高度异常，颜色区表示温度正(红)和负(蓝)异常。右图为 1999 年 6 月 24 日热浪站点。

## 9.4 区域低温极端事件前期预测信号

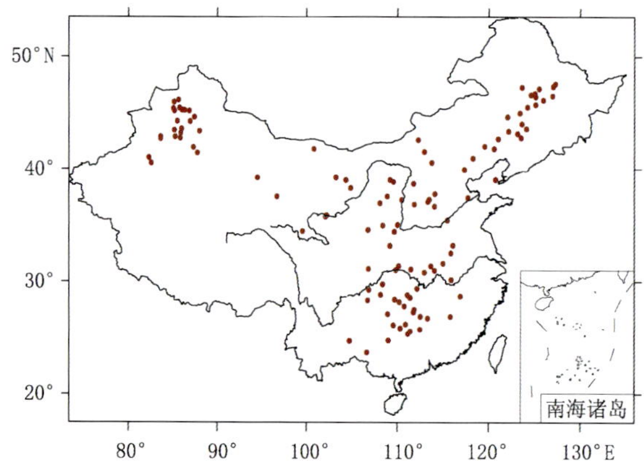


图 9-21 1960—2008 年冬半年(9 月至次年 4 月) 115 次强的区域低温极端事件中心分布。

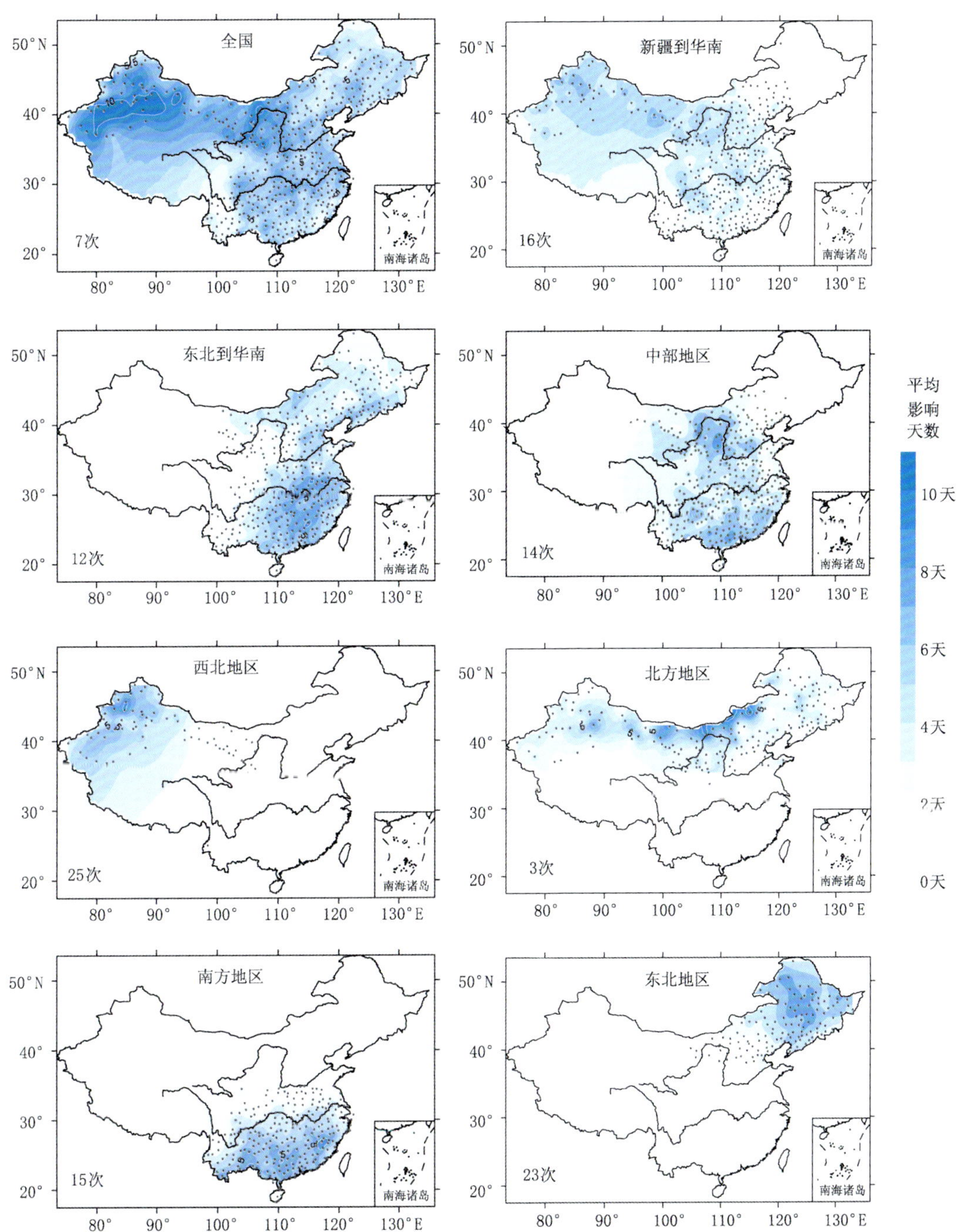


图 9-22 极端低温事件波及的范围(圆点表示所有事件影响的站点位置,阴影区表示平均影响天数)。有 7 次冷事件波及了全国,16 次冷事件波及了除东北以外的全国广大地区,12 次冷事件波及了我国整个东部,14 次冷事件波及中部地区,25 次冷事件波及西北地区,3 次冷事件影响北方地区,15 次冷事件同时影响南方地区,23 次冷事件同时影响华北和东北地区。

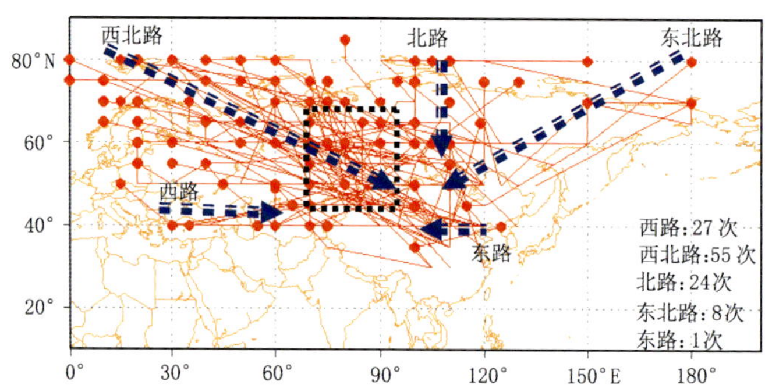


图 9-23 115 次(3 次事件无前期信号)区域低温极端事件的 850 hPa 冷空气路径。红色圆点表示冷中心最初的位置,红色实线表示冷中心的移动路径,蓝色箭头表示几条主要的冷中心移动路径,黑色点线框区表示冷中心出现频次较高的区域。

**表 9-10 波及全国的极端低温事件(√指示有个例图示)**

| 开始时间(年月日) | | | 低温持续天数 | 信号提前天数 | 前期信号开始位置 | 移动路径 |
|---|---|---|---|---|---|---|
| 1976 | 12 | 20 | 19 | 17 | 95°E,75°N | 北路 |
| 1975 | 12 | 3 | 31 | 5 | 75°E,60°N | 西北 |
| 1981 | 10 | 31 | 13 | 5 | 70°E,70°N | 西北 |
| √1987 | 11 | 23 | 19 | 6 | 60°E,75°N | 西北 |
| 1976 | 11 | 3 | 28 | 7 | 60°E,70°N | 西北 |
| √1967 | 11 | 1 | 17 | 10 | 10°E,65°N | 西北 |
| 1967 | 11 | 18 | 46 | 5<br>8 | 30°E,40°N<br>95°E,80°N | 西路<br>北路 |

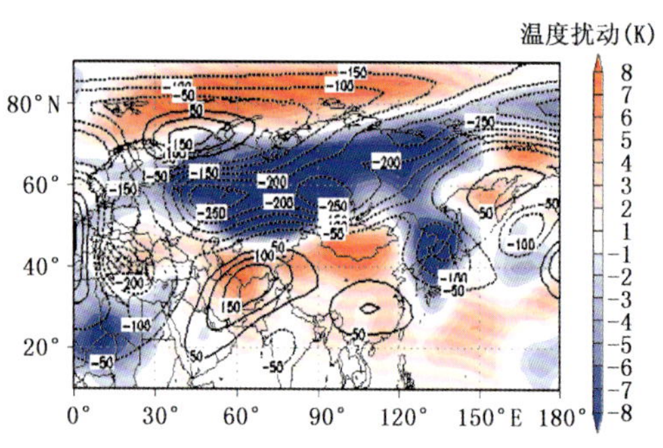


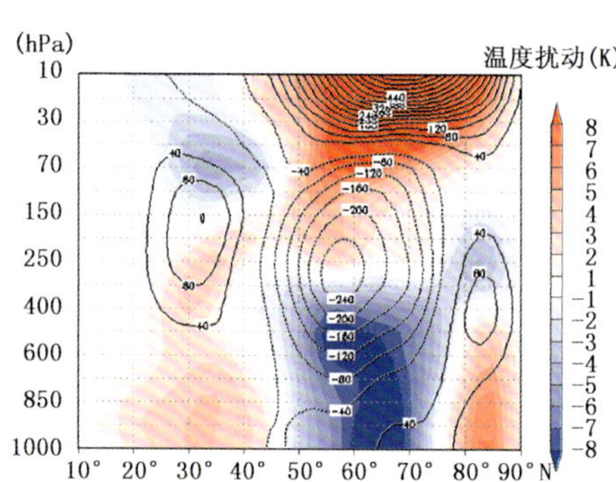


图 9-24 1987 年 11 月 23 日前的 1987 年 11 月 21 日的瞬变扰动场。低温事件过程中的 1987 年 11 月 21 日 300 hPa 上高度扰动(单位:gpm)场和 850 hPa 温度扰动(单位:K)场(左图)。右图为 100°～120°E 南北垂直剖面上的高度扰动和温度扰动。等值线为高度正(实线)和负(虚线)扰动,红色和蓝色分别为温度正和负扰动。图中造成低温事件的高度扰动中心出现在 300 hPa 附近,温度扰动中心出现在 850 hPa 附近。

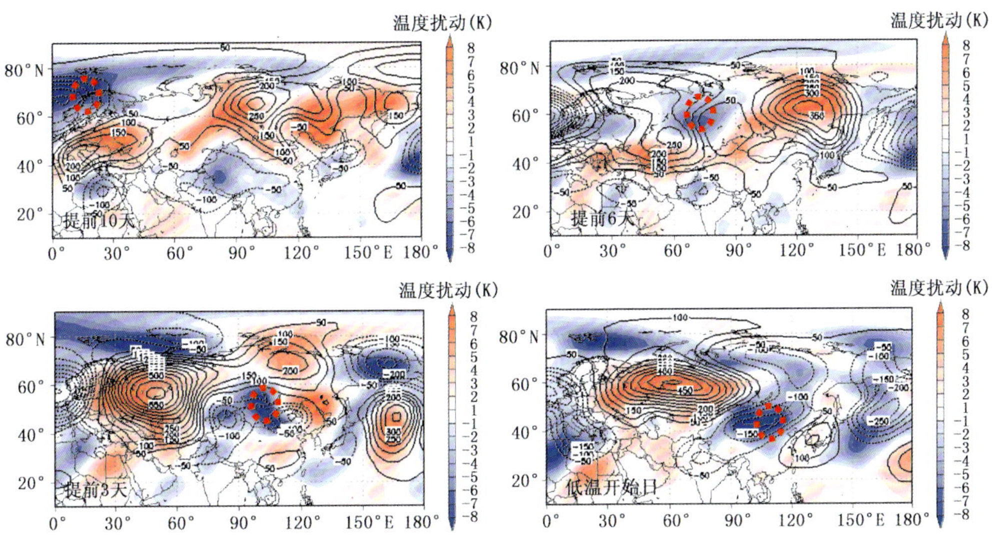


图 9-25 1967 年 11 月 1—17 日西北路冷空气造成的全国性低温的 300 hPa 高度扰动和 850 hPa 温度扰动。10 天前的 850 hPa 低温中心在(10°E,65°N)(⁘标示,下同)冷中心不断向东南方向移动,3 天前移到北纬 55°N 附近,面积不断扩大。

**表 9-11 波及新疆到华南的低温事件**

| 开始时间(年月日) | | | 持续天数 | 信号提前天数 | 前期信号开始位置 | 系统路径 |
|---|---|---|---|---|---|---|
| 1981 | 10 | 20 | 10 | 7 | 110°E,70°N | 北路 |
| √1972 | 9 | 17 | 10 | 13 | 10°E,70°N | 西北 |
| 1972 | 10 | 17 | 13 | 12 | 15°E,70°N | 西北 |
| 1993 | 11 | 14 | 13 | 12 | 30°E,75°N | 西北 |
| 1991 | 12 | 25 | 11 | 12 | 15°E,80°N | 西北 |
| 2002 | 12 | 23 | 17 | 10 | 45°E,50°N | 西路 |
| 1980 | 1 | 29 | 13 | 9 | 60°E,40°N<br>70°E,70°N | 西路<br>西北 |
| 1988 | 2 | 29 | 10 | 8 | 85°E,65°N | 西北 |
| 2000 | 11 | 6 | 10 | 8 | 30°E,60°N | 西北 |
| 1984 | 12 | 12 | 21 | 7 | 75°E,70°N | 西北 |
| 1992 | 11 | 6 | 13 | 7 | 20°E,60°N | 西北 |
| 1994 | 10 | 14 | 16 | 6 | 30°E,80°N | 西北 |
| 1987 | 10 | 28 | 10 | 4 | 50°E,65°N | 西北 |
| 1987 | 10 | 14 | 15 | 16 | 15°E,50°N | 西路 |
| 1970 | 10 | 25 | 14 | 13 | 40°E,55°N | 西路 |
| 1986 | 11 | 23 | 10 | 9 | 35°E,40°N | 西路 |

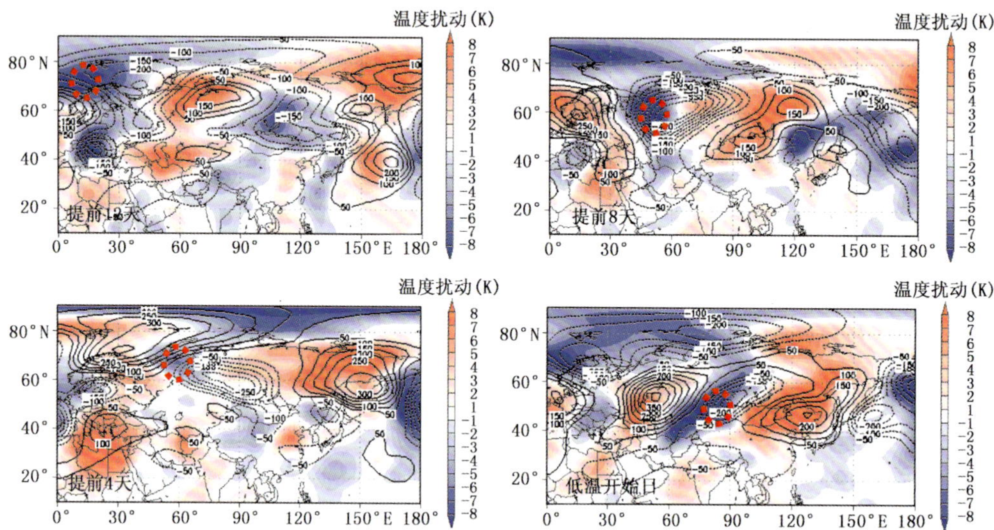


图 9-26 1972 年 10 月 17—29 日西北路冷空气影响新疆到华南出现区域低温的 300 hPa 高度扰动和 850 hPa 温度扰动。12 天前冷空气中心出现在(15°E,70°N)附近,低值扰动中心出现在冷中心的西南方向。低温开始时,低值扰动中心与冷中心位于(85°E,45°N),开始从新疆影响到南方地区。

**表 9-12 波及东北到华南的低温事件**

| 开始时间(年月日) | | | 低温持续天数 | 信号提前天数 | 前期信号开始位置 | 系统路径 |
|---|---|---|---|---|---|---|
| √1967 | 9 | 7 | 13 | 9 | 100°E,75°N | 北路 |
| 1985 | 12 | 4 | 14 | 3 | 110°E,60°N | 北路 |
| 1999 | 12 | 17 | 14 | 2 | 110°E,50°N | 北路 |
| 1968 | 10 | 16 | 13 | 1 | 115°E,45°N | 北路 |
| 1966 | 12 | 19 | 21 | 6<br>8 | 180°E,70°N<br>70°E,55°N | 东北<br>西路 |
| 1960 | 11 | 21 | 9 | 16 | 30°E,80°N | 西北 |
| 1969 | 9 | 29 | 14 | 16 | 0°E,75°N | 西北 |
| 1966 | 9 | 1 | 33 | 11 | 35°E,70°N | 西北 |
| 1968 | 11 | 7 | 11 | 9 | 0°E,80°N | 西北 |
| 1977 | 1 | 26 | 11 | 9 | 50°E,80°N | 西北 |
| 1964 | 2 | 11 | 18 | 15 | 30°E,55°N | 西路 |
| 1967 | 9 | 21 | 20 | | 无明显前期信号 | |

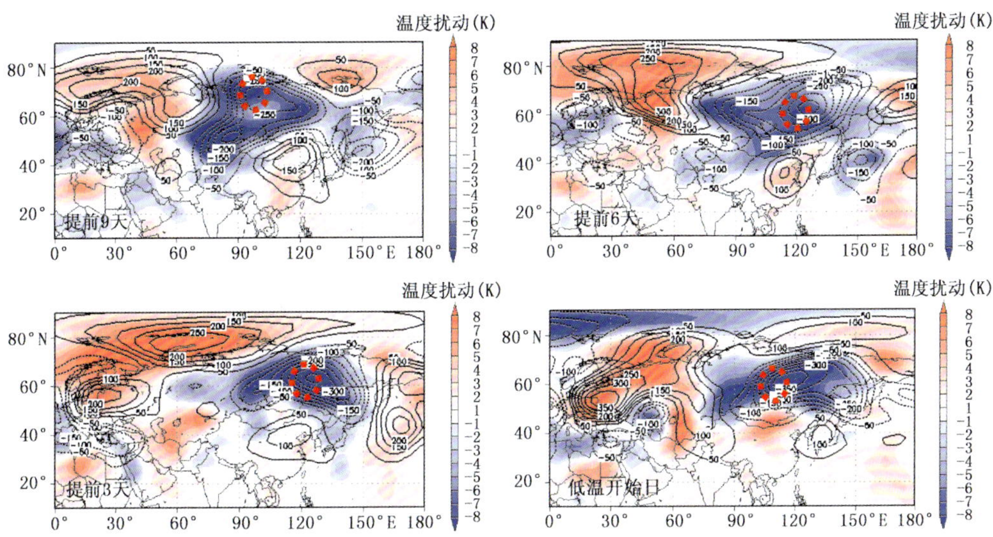


图 9-27 1967 年 9 月 7—19 日北路冷空气影响东北到华南地区的 300 hPa 高度扰动和 850 hPa 温度扰动。9 天前，冷空气的中心在(100°E,75°N)，后逐渐向南偏东方向移动，从东北开始影响整个东部地区。

**表 9-13 波及中部地区的低温事件**

| 开始时间(年月日) | | | 低温持续天数 | 信号提前天数 | 前期信号开始位置 | 系统路径 |
|---|---|---|---|---|---|---|
| 2005 | 12 | 3 | 17 | 4 | 119°E,65°N | 北路 |
| √1960 | 12 | 14 | 10 | 3 | 100°E,80°N | 北路 |
| 1963 | 1 | 6 | 15 | 3 | 110°E,55°N | 北路 |
| 1993 | 1 | 13 | 23 | 1 | 100°E,50°N | 北路 |
| 1997 | 9 | 13 | 18 | 1 | 100°E,35°N | 北路 |
| 1992 | 10 | 12 | 17 | 4 | 125°E,40°N | 东路 |
| 1962 | 11 | 20 | 19 | 18 | 30°E,80°N | 西北 |
| 1971 | 1 | 20 | 21 | 15 | 40°E,75°N | 西北 |
| 2006 | 9 | 4 | 20 | 13 | 60°E,80°N | 西北 |
| 2000 | 9 | 6 | 14 | 10 | 70°E,60°N | 西北 |
| 1968 | 2 | 18 | 7 | 9 | 50°E,75°N | 西北 |
| 1970 | 9 | 26 | 13 | 6 | 70°E,50°N | 西路 |
| 1963 | 10 | 15 | 10 | 6 | 70°E,45°N | 西路 |
| 1960 | 9 | 13 | 10 | 2 | 100°E,45°N | 北路 |

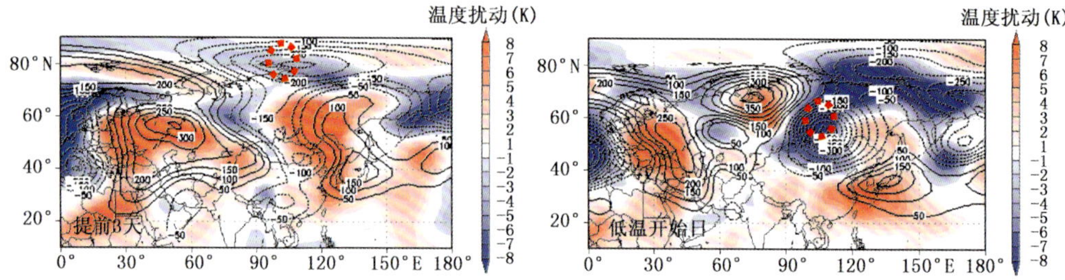


图 9-28 1960 年 12 月 14—23 日北路冷空气影响中部地区的 300 hPa 高度扰动和 850 hPa 温度扰动。提前 3 天，影响系统中心出现在(100°E，80°N)，后南移增强，迅速横扫我国中部地区。

**表 9-14 波及西北地区的低温事件**

| 开始时间(年月日) | | | 低温持续天数 | 信号提前天数 | 前期信号开始位置 | 系统路径 |
|---|---|---|---|---|---|---|
| 2001 | 12 | 10 | 11 | 8 | 130°E，75°N | 东北 |
| 1970 | 11 | 18 | 12 | 22 | 20°E，60°N | 西北 |
| 1960 | 11 | 19 | 9 | 12 | 40°E，80°N | 西北 |
| 1969 | 9 | 24 | 12 | 10 | 60°E，80°N | 西北 |
| 1970 | 12 | 22 | 11 | 9 | 20°E，80°N | 西北 |
| 1964 | 2 | 5 | 16 | 9 | 20°E，70°N | 西北 |
| 1974 | 2 | 21 | 6 | 7 | 70°E，75°N | 西北 |
| 1974 | 12 | 2 | 26 | 7 | 75°E，75°N | 西北 |
| 1978 | 2 | 9 | 10 | 7 | 80°E，60°N | 西北 |
| 1988 | 2 | 25 | 11 | 6 | 70°E，60°N | 西北 |
| 2003 | 4 | 15 | 5 | 5 | 80°E，70°N | 西北 |
| 1969 | 1 | 25 | 8 | 5 | 70°E，60°N | 西北 |
| 1969 | 2 | 11 | 13 | 5 | 60°E，60°N | 西北 |
| 1966 | 12 | 17 | 37 | 3 | 60°E，60°N | 西北 |
| 1985 | 9 | 6 | 15 | 3 | 60°E，60°N | 西北 |
| 1988 | 2 | 11 | 8 | 2 | 75°E，60°N | 西北 |
| √1993 | 12 | 13 | 8 | 18 | 30°E，40°N | 西路 |
| 2006 | 1 | 3 | 8 | 16 | 20°E，55°N | 西路 |
| 2008 | 1 | 19 | 27 | 16 | 60°E，40°N | 西路 |
| 1977 | 1 | 24 | 16 | 6 | 60°E，49°N | 西路 |
| 2005 | 1 | 24 | 13 | 4 | 60°E，40°N | 西路 |
| 1968 | 12 | 26 | 13 | 4 | 70°E，40°N | 西路 |
| 1962 | 11 | 25 | 27 | 4 | 65°E，45°N | 西路 |
| 1961 | 10 | 8 | 12 | 3 | 45°E，50°N | 西路 |
| 1965 | 12 | 17 | 11 | 3 | 75°E，40°N | 西路 |

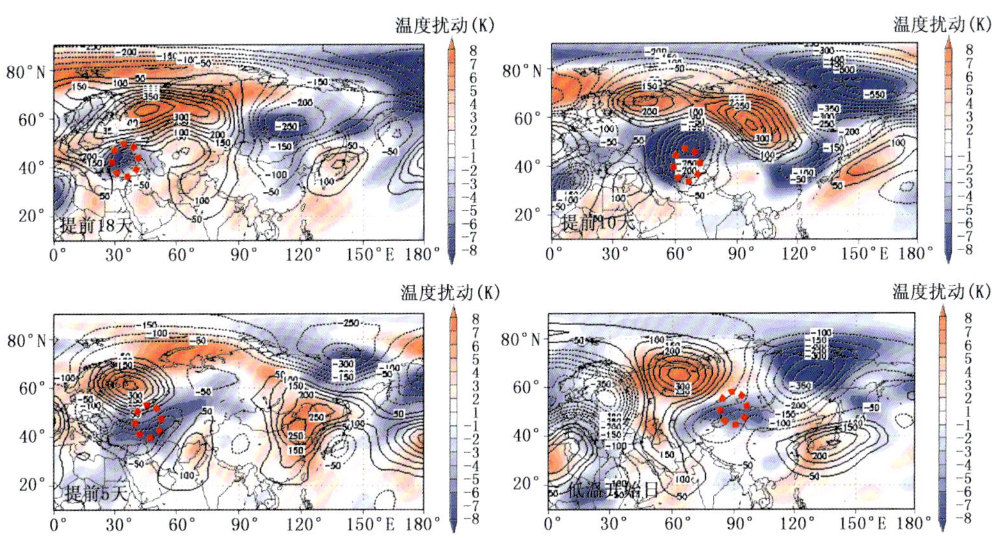


图 9-29　1993 年 12 月 13—20 日西路冷空气影响西北地区的 300 hPa 高度扰动和 850 hPa 温度扰动。提前 18 天，冷中心与低中心配合，出现在(30°E,40°N)，沿着 40°～45°N 附近向东移动，影响我国西北地区。

**表 9-15　波及北方地区的低温事件**

| 开始时间(年月日) | | | 低温持续天数 | 信号提前天数 | 前期信号开始位置 | 系统路径 |
|---|---|---|---|---|---|---|
| 1970 | 3 | 9 | 17 | 7 | 80°E,70°N | 西北 |
| 1968 | 1 | 17 | 26 | 3 | 80°E,60°N | 西北 |
| 1979 | 11 | 8 | 19 | 18 | 20°E,55°N | 西路 |

**表 9-16　波及南方地区的低温事件**

| 开始时间(年月日) | | | 低温持续天数 | 信号提前天数 | 前期信号开始位置 | 系统路径 |
|---|---|---|---|---|---|---|
| 1971 | 10 | 11 | 11 | 3 | 110°E,60°N | 北路 |
| 1983 | 11 | 25 | 15 | 3 | 100°E,60°N | 北路 |
| 1973 | 12 | 22 | 20 | 3 | 110°E,60°N | 北路 |
| 1978 | 10 | 27 | 9 | 13 | 10°E,75°N | 西北 |
| 1965 | 9 | 5 | 17 | 11 | 70°E,65°N | 西北 |
| 1986 | 2 | 27 | 9 | 10 | 60°E,70°N | 西北 |
| 1969 | 1 | 28 | 12 | 8 | 70°E,55°N | 西路 |
| 1971 | 11 | 13 | 17 | 8 | 30°E,80°N | 西北 |
| 1986 | 9 | 17 | 18 | 6 | 70°E,70°N | 西北 |
| 1984 | 1 | 18 | 15 | 3 | 90°E,50°N | 西路 |
| √1972 | 2 | 3 | 9 | 14 | 55°E,40°N | 西路 |
| 1979 | 9 | 24 | 32 | 10 | 60°E,50°N | 西路 |
| 1968 | 2 | 4 | 11 | 9 | 80°E,50°N | 西路 |
| 1996 | 2 | 17 | 10 | 6 | 60°E,50°N | 西路 |
| √2008 | 1 | 13 | 22 | 第一次冷空气无明显前期信号，第 2、3、4 次冷空气源自北非一阿拉伯地区 | | |

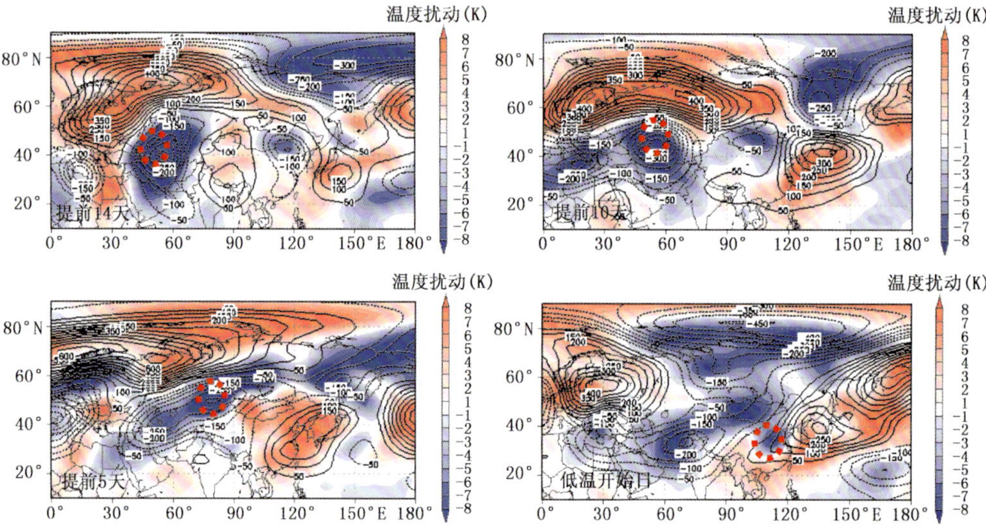


图 9-30　1972 年 2 月 3 日至 2 月 11 日西路冷空气影响南方地区的 300 hPa 高度扰动和 850 hPa 温度扰动。提前 14 天，低中心和冷中心出现在(55°E,40°N)，沿着 40°～50°N 东移，影响南方地区。

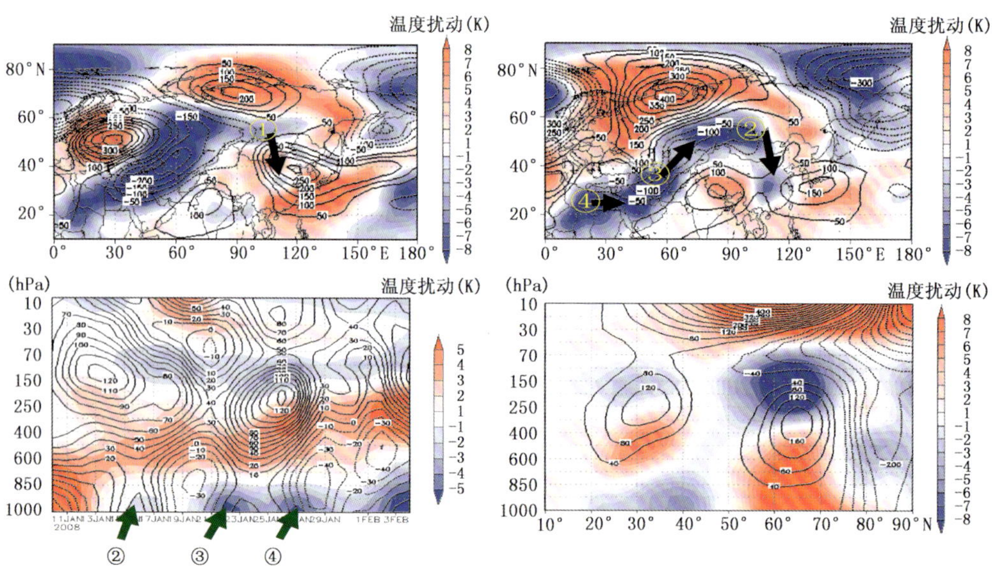


图 9-31　2008 年 1 月导致我国南方的雨雪冰冻过程是近 60 年影响我国的低温事件特例。冷空气扰动主体位于北非一阿拉伯地区。事件由 4 次冷空气扰动过程累加形成。第 1 次冷空气弱小，2008 年 1 月 12 日从蒙古国南下影响我国南方地区(左上)。16 日第二次冷空气由蒙古国南下影响我国南方，但在其后方有第三次和第四的冷空气来自北非一阿拉伯地区(右上)。在我国南方地区(110°～120°E,20°～33°N)高度一时间剖面图上，第 2 次至第 4 次冷空气过程最清楚。低层冷空气位于 850 hPa 以下，中层暖空气从 600 hPa 逐渐上抬到 300 hPa，而在对流层顶(100～150 hPa)一直维持着冷空气(左下)。在我国南方地区(100°～120°E,20°～35°N)，对流层上层的冰晶下落到中层融化，再到低层冻结成冻雨下落到地面(右下)。图中箭头指示 4 次冷空气扰动。

表 19-17　波及东北地区的低温事件

| 开始时间(年月日) | | | 低温持续天数 | 信号提前天数 | 前期信号开始位置 | 系统路径 |
|---|---|---|---|---|---|---|
| 1980 | 1 | 5 | 13 | 11 | 120°E,75°N | 北路 |
| 1968 | 12 | 26 | 14 | 10 | 105°E,80°N | 北路 |
| 1969 | 12 | 26 | 10 | 8 | 90°E,70°N | 北路 |
| 2001 | 2 | 2 | 14 | 6 | 100°E,65°N | 北路 |
| 2000 | 11 | 16 | 16 | 5 | 90°E,65°N | 北路 |
| 1969 | 12 | 7 | 11 | 5 | 110°E,80°N | 北路 |
| 1971 | 3 | 3 | 12 | 2 | 105°E,60°N | 北路 |
| 1962 | 10 | 11 | 13 | 2 | 90°E,60°N | 北路 |
| 2004 | 12 | 20 | 13 | 12 | 180°E,70°N | 东北 |
| √1977 | 2 | 8 | 9 | 10 | 180°E,80°N | 东北 |
| 1965 | 12 | 8 | 10 | 10 | 150°E,80°N | 东北 |
| 1960 | 12 | 23 | 11 | 9 | 150°E,70°N | 东北 |
| 1978 | 2 | 11 | 8 | 5 | 180°E,70°N | 东北 |
| 1960 | 1 | 12 | 10 | 3 | 180°E,70°N | 东北 |
| 2001 | 1 | 9 | 10 | 16 | 40°E,65°N | 西北 |
| 1962 | 11 | 18 | 13 | 16 | 40°E,80°N | 西北 |
| 1998 | 11 | 16 | 10 | 13 | 20°E,65°N | 西北 |
| 1969 | 2 | 13 | 20 | 7 | 60°E,60°N | 西北 |
| 2002 | 10 | 19 | 18 | 6 | 80°E,85°N | 西北 |
| 1966 | 1 | 17 | 8 | 5 | 60°E,60°N | 西北 |
| 2000 | 12 | 21 | 9 | 2 | 70°E,65°N | 西北 |
| 1990 | 1 | 19 | 12 | 7 | 50°E,55°N | 西路 |
| 1976 | 10 | 21 | 11 | | 无明显前期信号 | |

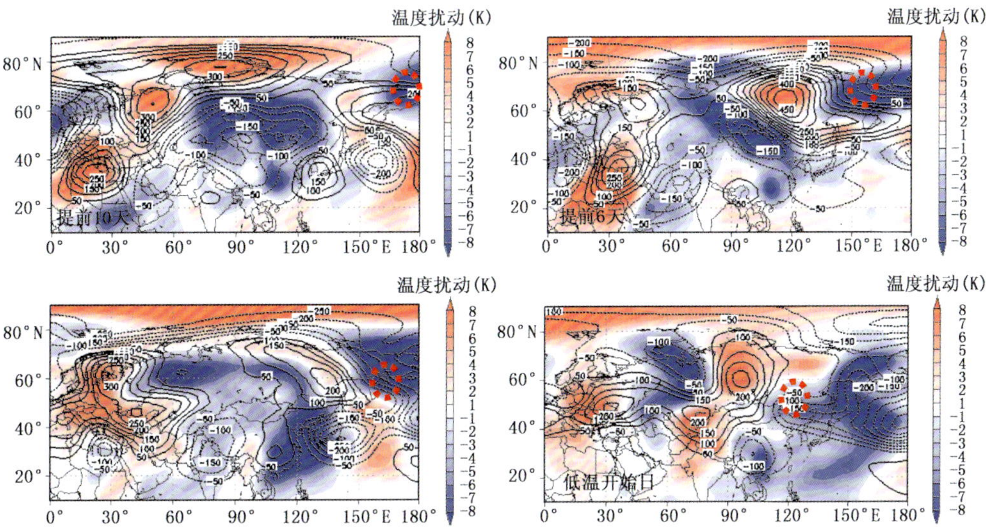


图 9-32　1977 年 2 月 8—16 日东北路冷空气影响东北地区的 300 hPa 高度扰动和 850 hPa 温度扰动。提前 10 天,冷中心出现在 180°E 附近,向西南方向移动并影响我国东北地区。

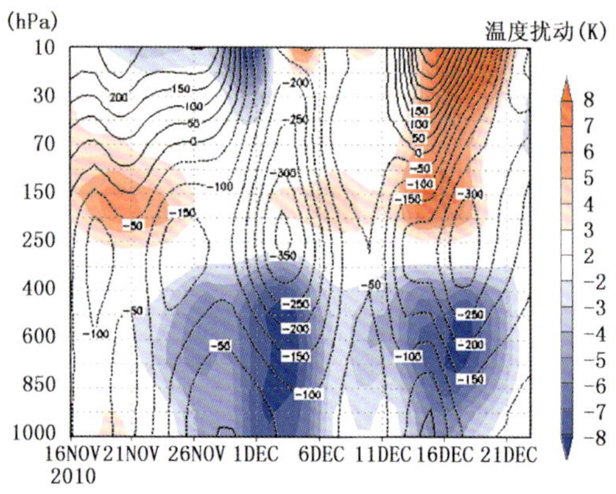


图 9-33　2010 年 11 月 16 日至 12 月 23 日欧洲大范围、长时间暴雪天气的温度扰动(彩色)和高度扰动(等值线)随时间的逐日变化。

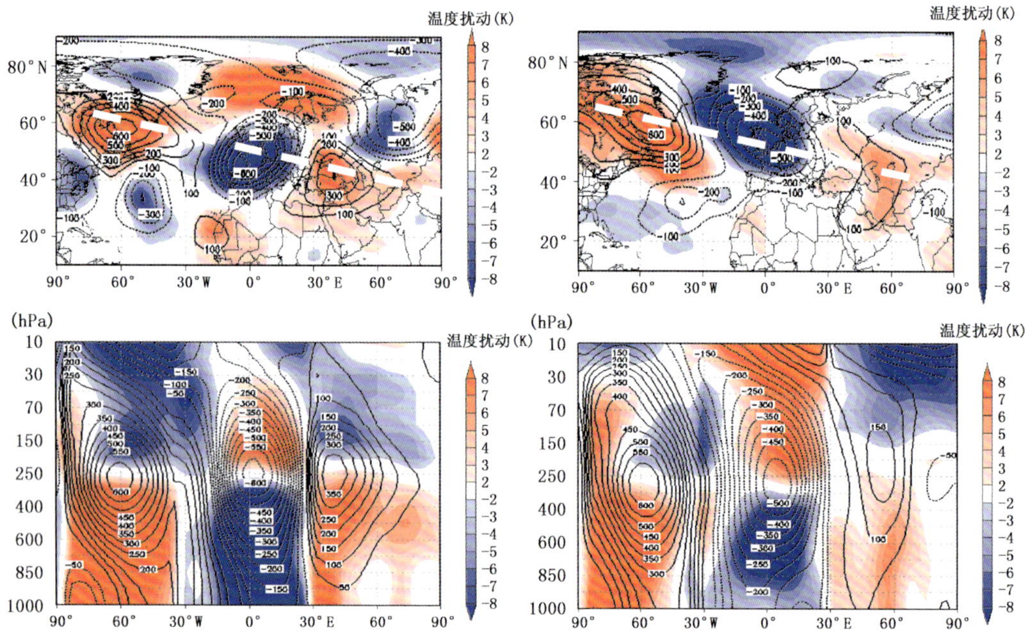


图 9-34　欧洲两次暴雪过程的空间温度扰动(600 hPa)和高度扰动(250 hPa)及其沿虚线处的垂直剖面。左上和左下:2010 年 12 月 2 日,右上和右下:2010 年 12 月 18 日。雨雪区位于负值温度扰动处。

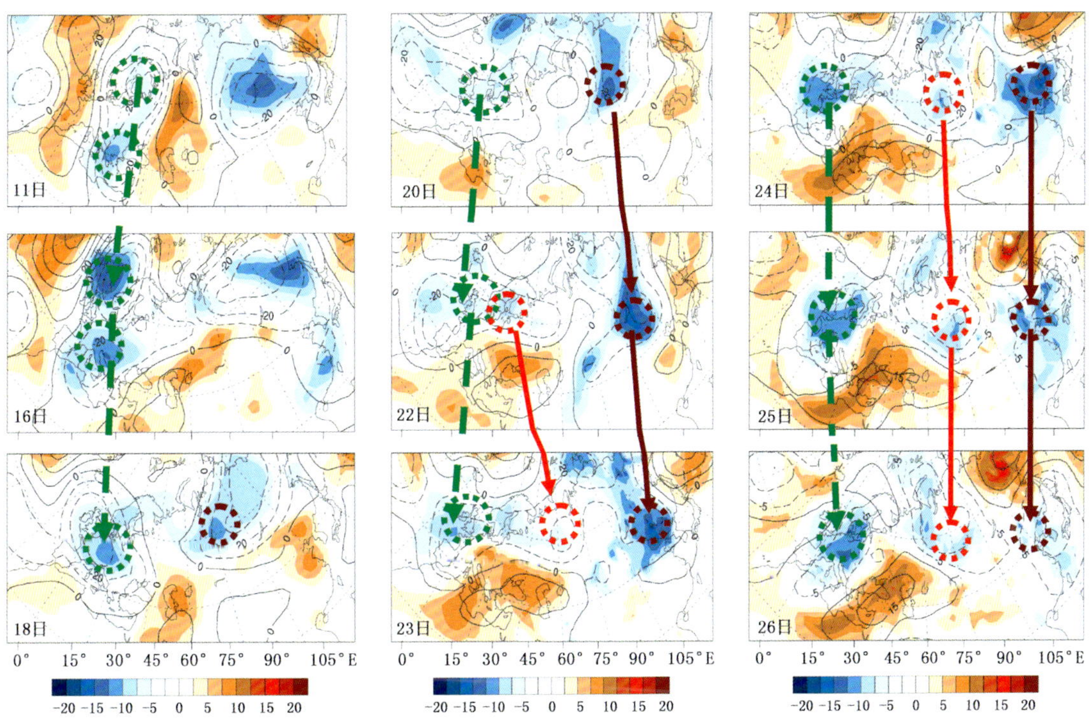


图 9-35　2010 年 12 月欧亚温度扰动(850 hPa)和高度扰动(500 hPa)场。箭头指示扰动冷中心在不同日的位置。欧洲稳定维持扰动低温中心,先后有 3 个扰动冷中心影响我国。

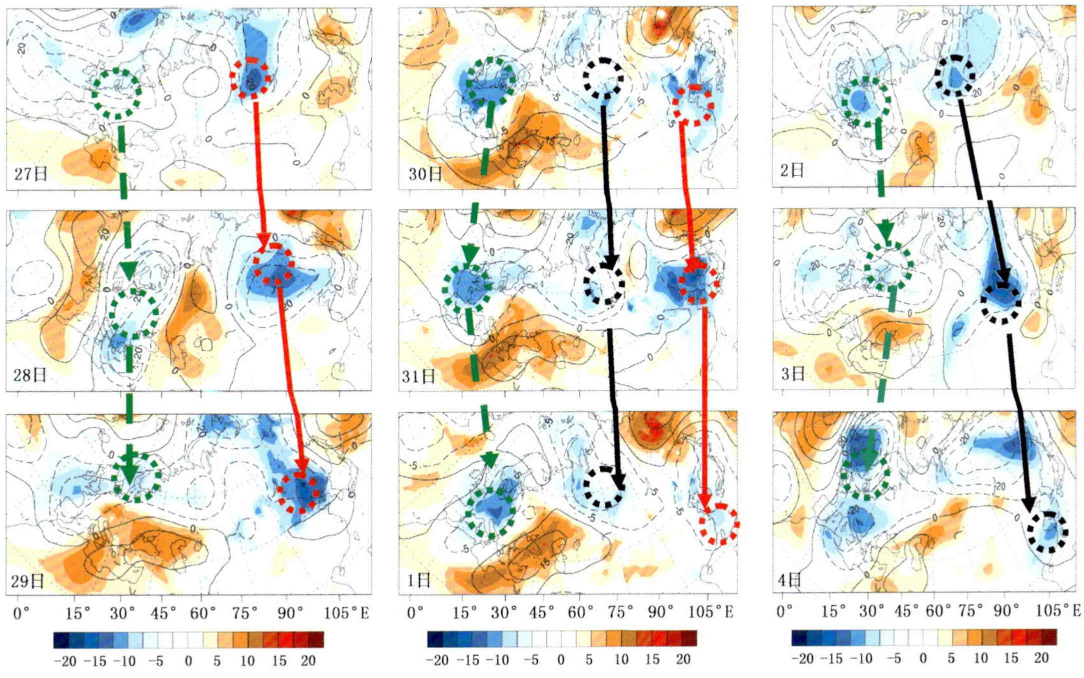


图 9-36　2010 年 12 月 26 日起报预测未来 9 天扰动冷空气活动。资料来源欧洲中期数值天气预报模式产品。28 日英国低温形势缓和,但 30—31 日遭遇新一轮冷空气影响。2010 年 12 月 28 日至 2011 年 1 月 1 日和 2011 年 1 月 2 日至 4 日先后有两股冷空气由北向南袭击中国东部地区。根据 30 日至 1 月 1 日北方扰动冷空气(红色箭头指示的扰动冷气团)有向我国西南地区扩散的情况,我们在 2010 年 12 月 27 日中央气象台组织的延伸期天气会商会上提出了"30 日至 1 月 2 日有小股冷空气影响我国西南地区,可出现冰冻"的预测意见(实况 12 月 31 日夜间至 4 日贵州、湖南和广西等地出现了大范围冰冻)。1 月 4 日 08 时,湖南省共有 67 个县市先后出现了冰冻。

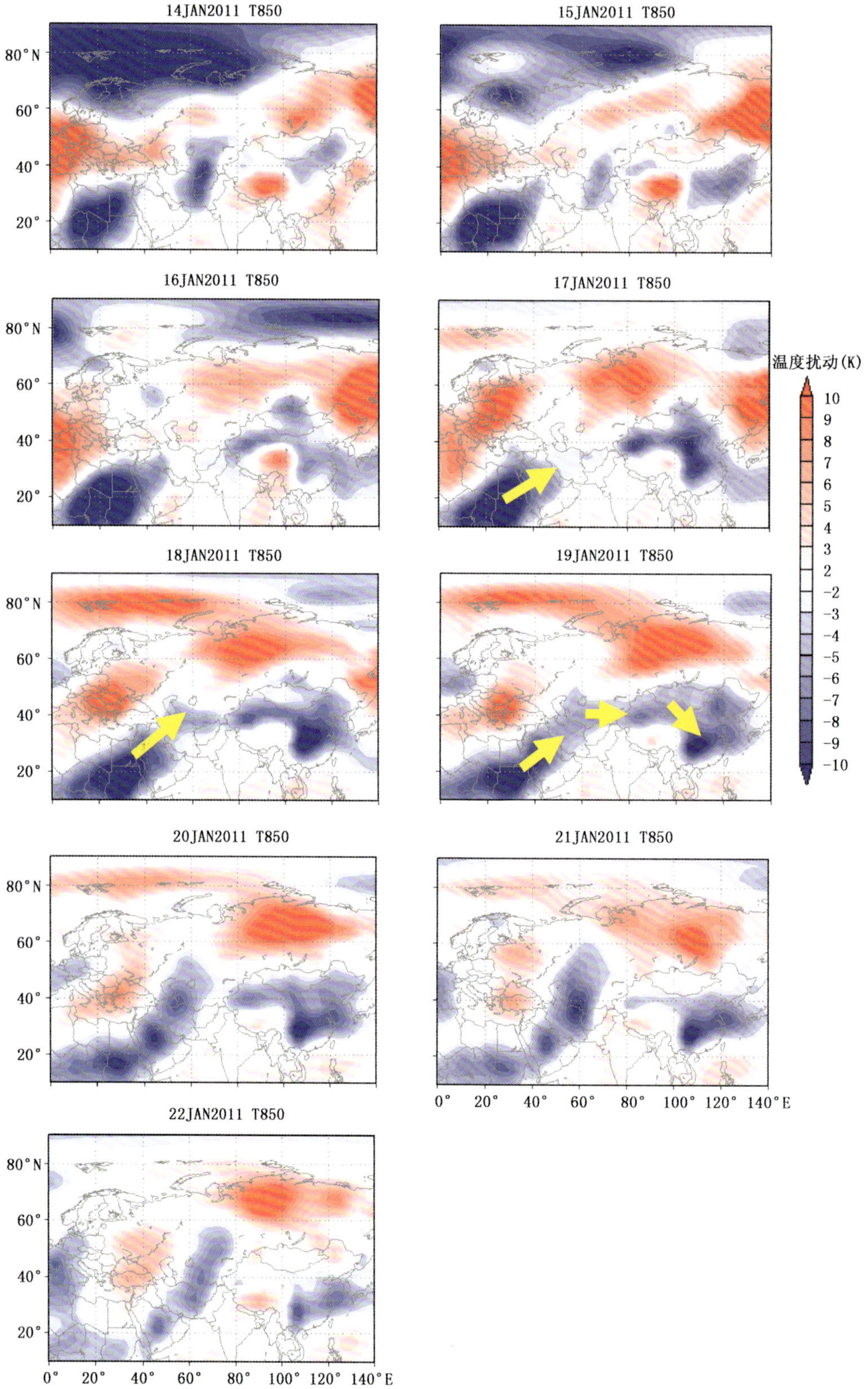

图 9-37　2011 年 1 月 14 日下午在中央气象台延伸期预测报告的 2011 年 1 月 14—22 日 850 hPa 扰动温度场。预测意见指出："1 月 17—22 日有类似 2008 年初的西南持续性雨雪冰冻天气出现，24 日至月末再次有西南冰冻过程。"从 1 月 16 日 08 时至 17 日 08 时，贵州有 38 个县(区、市)出现冻雨和降雪，有 27 个县(区、市)出现电线积冰。2011 年 1 月份我国南方共出现了三次雨雪冰冻天气过程，第二次过程于 2011 年 1 月 22 日结束。

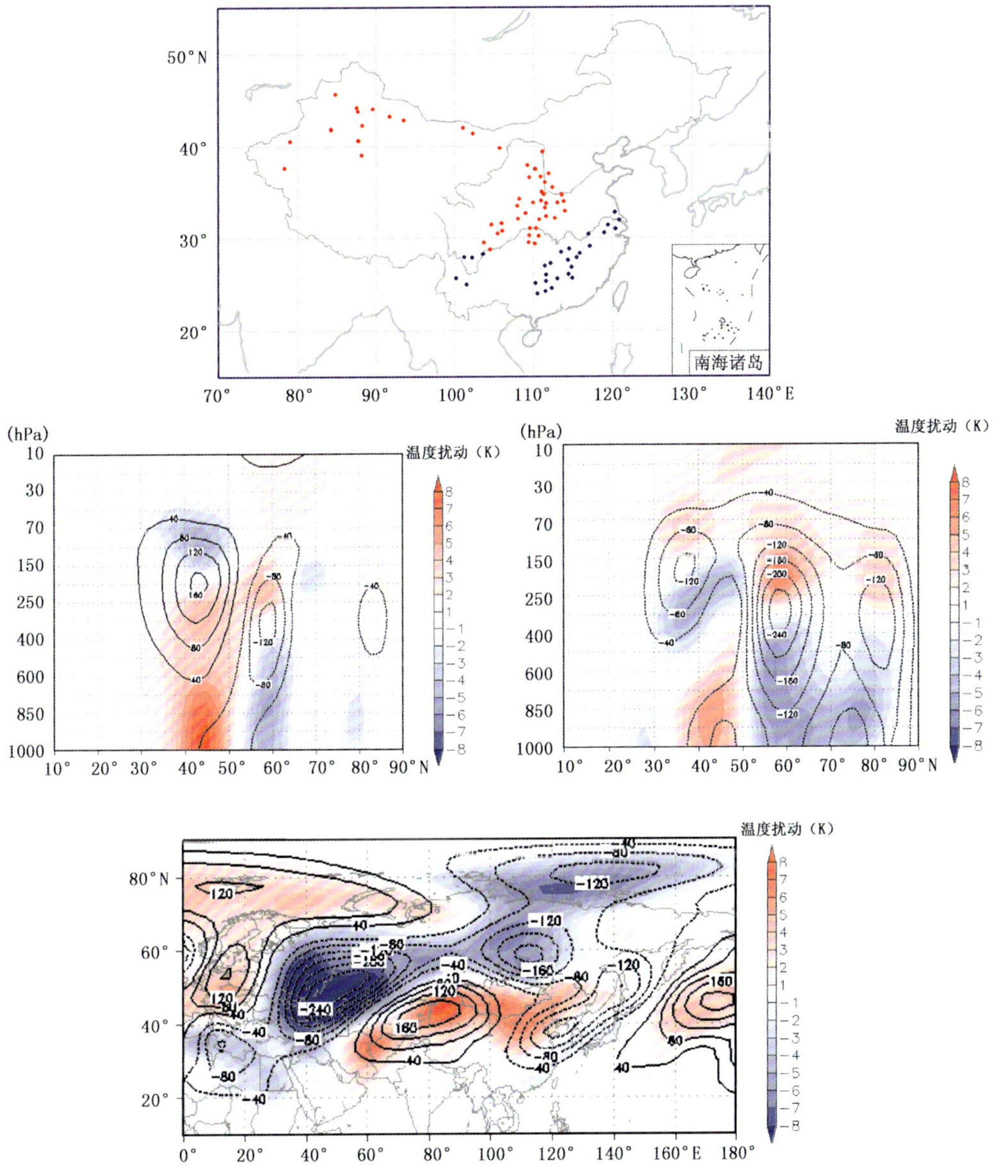

图 9-38 1997 年 9 月 4 日南方低温（蓝色站点）与北方高温（红色站点）同日出现（上）时沿 80°～90°E 和 110°～120°E 垂直剖面扰动高度和扰动温度（中），以及 200 hPa 扰动高度和 850 hPa 扰动温度的水平分布（下）。大气扰动场能够很好地指示地面上出现的区域高温和区域低温事件。

## 9.5 东亚降水指数中期预报

本预报方法所用的资料来自四个方面。(1)欧洲中期数值天气预报模式(ECWMF)资料(每天可更新)，每天 2 个时次，包括北半球 2.5°×2.5°经纬格点未来 1～10 天的 850 hPa 温度场、风场、相对湿度。(2)NOAA/NCEP 提供的 FNL 全球再分析资料(每天可更新)，每天 4 个时次，分辨率为 1°×1°经纬格点，包括地面至 10 hPa 共 26 层的温度、湿度、高度、风等要素。(3)MICAPS 资料(来自北京大学物理学院大气科学系资料库)，包括每天 8 个时次的地面观测降水。(4)美国 NASA 提供的 TRMM 卫星逐日降水产品。

欧洲中期数值天气预报模式(ECWMF)对未来1～10天的环流预报有较高的技巧。用850 hPa风场和相对湿度计算,去逐日气候场得到偏差场,或瞬变扰动场。构造的降水指标量=涡度偏差×相对湿度。从2008年5月20日开始逐日计算未来10天的降水指标量。6月25日开始每天向有关部门发送东亚地区的降水指标信息。2个多月的试验表明,该指标对主要的降水过程有指示意义。

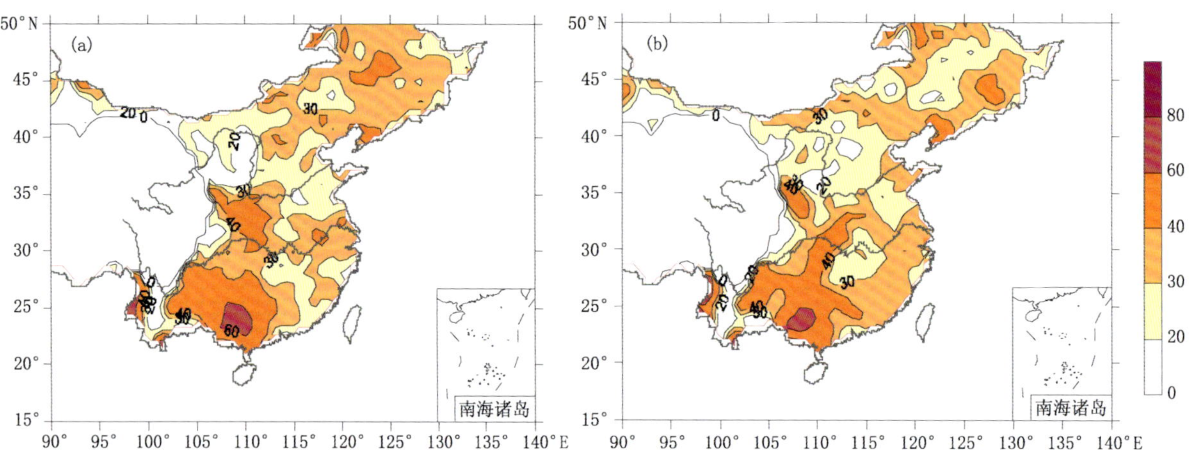


图9-39 2008年5月20日至7月31日(73天)的降水指标量TS预报评分(%):(a)提前第7天预报和(b)提前第10天预报。

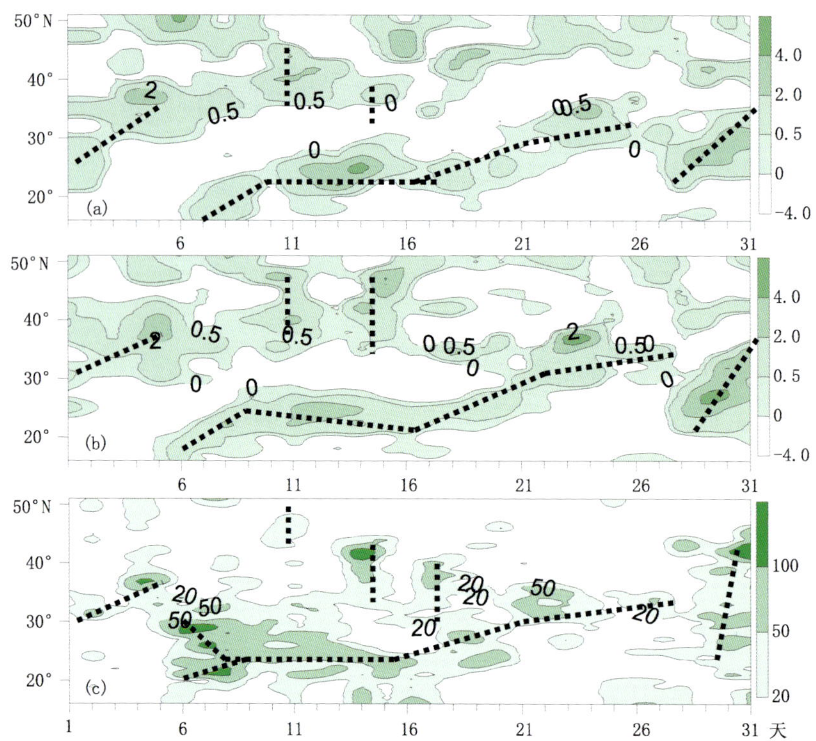


图9-40 2008年7月1—31日110°～120°E平均的纬度—时间(天)剖面。(a)提前第7天预报的降水指标量($10^{-7}s^{-1}$);(b)提前第4天预报的降水指标量($10^{-7}s^{-1}$);(c)实况降水过程(mm/d)。

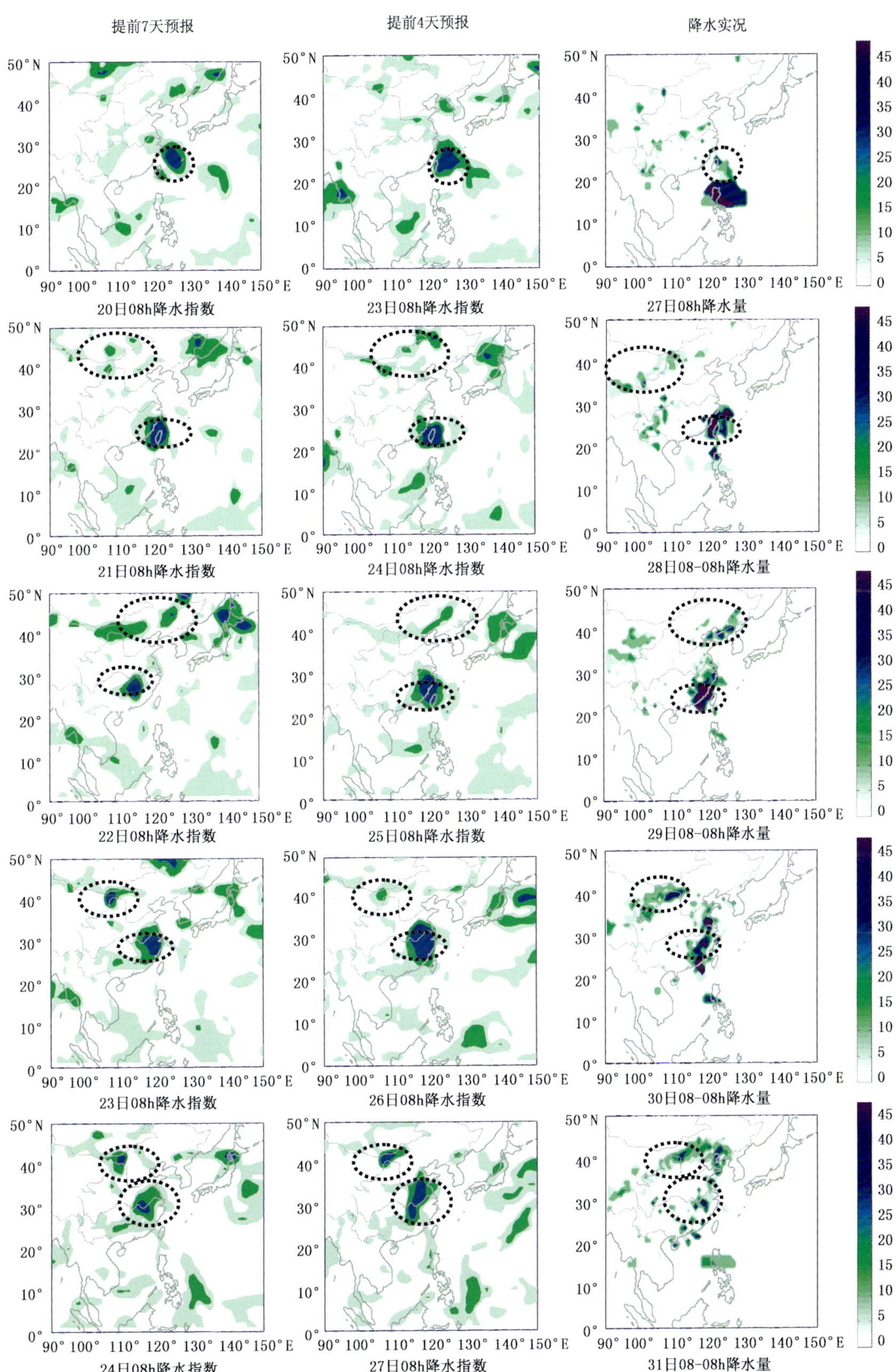


图 9-41 2008 年 7 月 26—31 日台风"凤凰"提前第 7 天和提前第 4 天的降水指标量预报($10^{-7}s^{-1}$)与实况日降水量(mm/d),降水量来自 TRMM 资料。

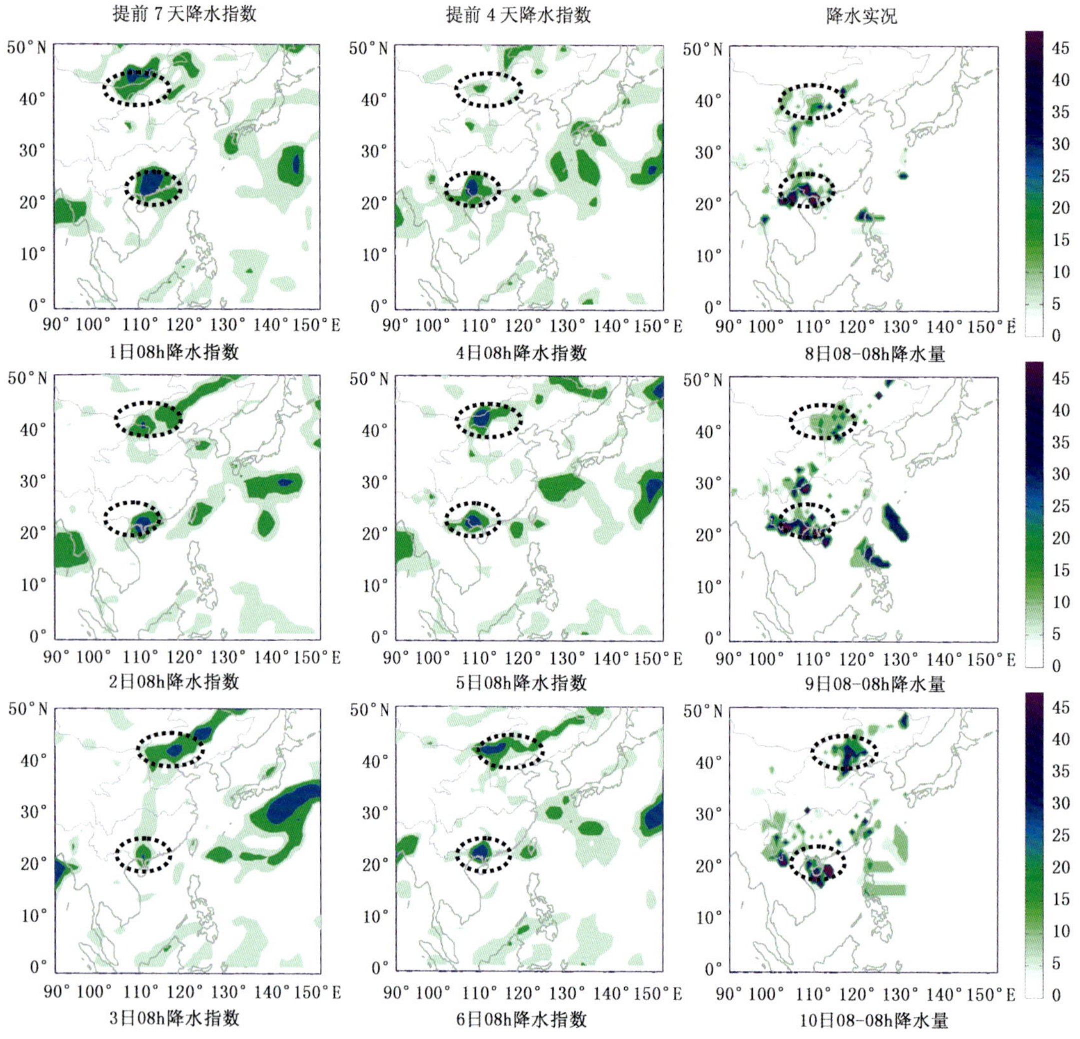
提前7天降水指数
提前4天降水指数
降水实况
50°N
40°
30°
20°
10°
0°
90° 100° 110° 120° 130° 140° 150°E
1日08h降水指数
4日08h降水指数
8日08-08h降水量
2日08h降水指数
5日08h降水指数
9日08-08h降水量
3日08h降水指数
6日08h降水指数
10日08-08h降水量
45
40
35
30
25
20
15
10
5
0

图 9-42　北京奥运开始的 2008 年 8 月 8—10 日中国东部逐日降水实况(mm/d)与提前第 7 天和提前第 4 天发布的降水指标量预报($10^{-7}s^{-1}$),降水量来自 TRMM 资料。

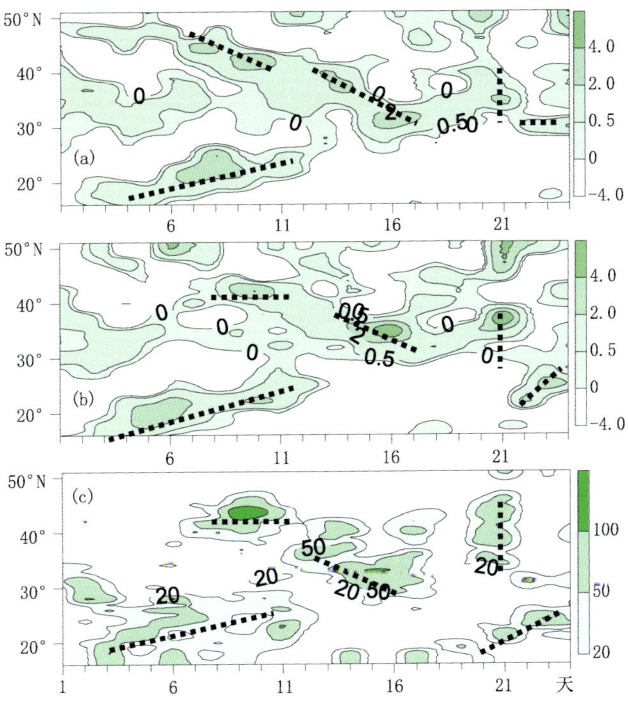


图 9-43 2008 年 8 月 1—24 日 110°～120°E 平均的纬度一时间(天)剖面。(a)提前第 7 天降水指标量预报($10^{-7}s^{-1}$)和 (b)提前第 4 天降水指标量预报($10^{-7}s^{-1}$)与(c)实况降水过程(mm/d)的比较。

## 参考文献


钱维宏,朱江,王永光等. 江淮梅雨和赤道太平洋区域海温变化的关系. 科学通报,2009,**54**(1):79-84.

钱维宏,陆波,祝从文. 全球平均温度在 21 世纪将怎样变化? 科学通报,2010,**55**(16):1532-1537.

钱维宏,陆波. 我国汛期季度降水预报得分和预报技巧. 气象,2010,**36**(10):1-7.

Gao X Q, Zhang X, Qian W H, Climate change: Long-term trends and short-term oscillations. *J. Tropical Meteorol.*, 2005,**14**(11):2370-2379.

Qian W H, Hu H R, Zhu Y F, Yan Z W. An analysis of the ENSO cycle associated with the equatorial tropospheric zonal wind anomaly over the Pacific Basin. *Geophysica*, 2000, **36**:31-49.

Qian W H, Zhu Y F. Climate change in China from 1880—1998 and its impact on the environmental condition. *Climatic Change*, 2001, **50**:419-444.

Qian W H, Hu Q, Zhu Y F, Lee D K. Centennial-scale dry-wet variations in East Asia. *Climate Dynamics*, 2003, **21**(1): 77-89.

Qian W H, Hu H R. Interannual thermocline signals and El Niño-La Niña turnabout in the tropical Pacific Ocean. *Adv. Atm. Sci.*, 2006,**23**(6):1003-1019.

# 附录：北京大学季风与环境研究组的四类研究

(1)季风研究

季风是中国气候学界长期研究的课题。北京大学季风与环境研究组成立近10年来对季风、气候变化、海气相互作用和极端气候事件等方向做了一系列研究。1998年，北京大学从事季风研究的几位老师和研究生利用卫星观测的水汽亮温对全球季风区开展了研究(Qian 等，1998；钱维宏等，1998)。2000—2002年又先后从区域季风(Qian 和 Yang，2000；Qian 和 Lee，2000；Qian 等，2002a；Qian 和 Zhu，2002)到全球季风(Qian，2000；Qian 等，2002b)开展了多方位的研究。这一系列研究的出发点是"季风是热带水汽中心随越赤道气流向赤道外地区季节扩展"的定义。由此季风定义可以确认区域季风的爆发特征和全球季风的分布。2010年，研究组认识了全球大气中的22个气候槽(其中有9个季风槽)和全球22个大气活动中心(Qian 和 Tang，2010)，从此对全球大气中的环流结构有了新的理解。全球大陆上有亚洲一澳大利亚季风，南北美洲季风和南北非洲季风等6大主要的季风区。在一些中低纬度海洋上也有季风区。既然有季风区，也就有非季风区，而在它们的交界处就存在季风边缘活动带。中国青藏高原以东地区是著名的东亚季风区，高原以北是西风带(非季风区)，在它们之间就存在一条从华北到我国西南高原东坡的季风边缘活动带(徐袁、钱维宏，2003；汤绪等，2006；Hu 和 Qian，2007；Qian 等，2009)。这里也是半干旱带、农牧交错带和生态脆弱带(Ou 和 Qian，2006)。季风在东亚南北位置的推进有年代际变化(钱维宏等，2011)，东亚西北季风边缘活动带上的干湿变化也有年际和年代际变化(Qian 等，2011)。我们研究组有两个博士论文分别做了我国西北季风边缘和华北季风边缘的研究。季风边缘也是全球性的，2010年巴基斯坦的洪涝就与南亚季风北边缘上季风与西风带气流相互作用有关。


钱维宏，叶谦，朱亚芬. 上层对流层大气水汽通道亮温揭示的季风涛动. 科学通报，1998，**43**：1428-1432.

汤绪，钱维宏，梁萍. 东亚夏季风边缘带的气候特征. 高原气象，2006，**25**(3)：375-381.

徐袁，钱维宏. 东亚季风边缘活动带研究综述. 地理学报，2003，**58**：138-146.

Hu H R, Qian W H. Identification of the northernmost boundary of East Asia summer monsoon. *Progress in Natural Sci.*, 2007, **17**(7):812-820.

Ou T H, Qian W H. Vegetation variations along the monsoon boundary zone in East Asia. *Geophysics-Chin Edition*, 2006, **49**(3): 698-705.

Qian W H, Zhu Y F, Xie A. Seasonal and interannual variations of upper tropospheric water vapor band brightness temperature over the global monsoon regions. *Adv. Atmos. Sci.*, 1998, **15**(3): 337-345.

Qian W H, Yang S. Onset of the regional monsoon over Southeast Asia. *Meteorology and Atmospheric Physics*, 2000, **74**(5): 335-344.

Qian W H, Lee D K. Seasonal march of Asian summer monsoon. *Int. J. Climatology*, 2000, **20**:1371-1386.

Qian W H, Kang H S, Lee D K. Temporal—spatial distribution of seasonal rainfall and circulation in the East Asian monsoon region. *Theoretical and Applied Climatology*, 2002a, **73**: 151-168.

Qian W H, Zhu Y F. The comparison between summer monsoon components over East Asia and South Asia. *J. Geosciences of China*, 2002, **4**(3-4): 17-32.

Qian W H. Dry/wet alternation and global monsoon. *Geophy Res Letts*, 2000, **27**(22):3679-3682.

Qian W H, Y Deng, Y Zhu, Dong W J. Demarcating the worldwide monsoon. *Theoretical and Applied Climatology*, 2002b, **71**:1-16.

Qian W H, Tang S Q. Identifying global monsoon troughs and global atmospheric centers of action on a pentad scale. *Atmos & Oceanic Science Letters*, 2010, **3**(1): 1-6.

Qian W H, Ding T, Hu H R *et al*. An overview of dry-wet climate variability among monsoon-westerly regions and the monsoon northernmost marginal active zone in China. *Adv. Atmos. Sci.*, 2009, **26**(4):630-641.

Qian W H, Shan X L, Chen D L *et al*. Droughts near the northern fringe of the East Asian summer monsoon in China during 1470-2003. *Climatic Change*, 2011, inpress.

(2)海气相互作用研究

海气相互作用研究最吸引人的是对赤道中东太平洋海洋增暖(El Niño)事件的预测。我们研究组在1997年初预测了1997/1998年的El Niño事件(钱维宏等,1998),先后提出了ENSO事件预测的气象学前期信号(Qian等, 2000; Qian和Zhu, 2002)和海洋学前期信号(Qian等, 2004; Qian和Hu, 2005; 2006)。这是一些可以提前半年至一年预测ENSO事件发生的前期信号。气象学前期信号是当来自赤道印度洋的整层大气西风异常信号传播到赤道西太平洋的时候,赤道中东太平洋会出现海温正距平,而赤道印度洋上的东风异常会驱动印度洋上的海洋波动并形成表层与次表层偶极海温振荡。海洋学前期信号给出的一个独特定义是“极大次表层海温距平(MSTA)”。利用MSTA不但可以研究热带太平洋赤道内外信号的传播,也可以研究印度洋赤道内外信号的传播(Qian等, 2003)及其与亚洲季风的关系(Qian等, 2002)。El Niño事件出现的所谓东部型、西北型,甚至在赤道中太平洋出现的所谓假El Niño事件,它们都是MSTA信号在次表层传播并出现露头的表层海温异常。21世纪初隔年出现的多次赤道中太平洋次表层MSTA信号上传,在其半年后我国淮河流域夏季出现的偏多降水,是预测我国季风降水的海洋学前期信号(钱维宏等,2009)。

钱维宏,朱亚芬,叶谦. 赤道太平洋海温异常的年际和年代际变率. 科学通报,1998, **43**(11):1098-1102.

钱维宏,朱江,王永光等. 江淮梅雨和赤道太平洋区域海温变化的关系. 科学通报,2009,**54**(1):79-84.

Qian W H, Hu H R, Zhu Y F, Yan Z W. An analysis of the ENSO cycle associated with the equatorial tropospheric zonal wind anomaly over the Pacific Basin. *Geophysica*, 2000, **36**:31-49.

Qian W H, Zhu Y F. ENSO cycle asociated with the tropospheric zonal wind anomalies over the global region. *Geophysica*, 2002, **38**:43-58.

Qian W H, Zhu Y F, Liang J Y. Potential contribution of maximum subsurface temperature anomalies to the climate variability. *Int. J. Climatology*, 2004, **24**:193-212.

Qian W H, Hu H R. Signal propogations and linkages of subsurface temperature anomalies in the tropical Pacific and Indian Ocean. *Progress in Natural Sci*, 2005, **15**(9): 49-54.

Qian W H, Hu H R. Interannual thermocline signals and El Nino-La Niña turnabout in the tropical Pacific Ocean. *Adv. Atmos. Sci.*, 2006, **23** (6): 1003-1019.

Qian W H, Hu H R, Zhu Y F. Thermocline oscillation and warming event in the tropical Indian Ocean. *Atmosphere-Ocean*, 2003, 241-258.

Qian W H, Hu H R, Deng Y. Signals of interannual and interdecadal variability of air-sea interaction in the basin-wide Indian Ocean. *Atmosphere-Ocean*, 2002, **40**(3): 293-3113.

(3)气候变化研究

气候变化的时间长度从十年尺度和年代际到世纪尺度。早在1988年,我们注意到了地球角动量和大气环流异常有24年和49年的周期性变化,完成两者循环的周期是60～70年并与气候变化联系在一起(钱维宏,1988;1997)。早期,我们关注的气候变化是年代际的干湿(降水量)变化,所用资料也只有一百多年,区域上主要在我国的东部季风区(Qian和Zhu, 2001; Qian等, 2006)。逐步地,我们又开展了近500年的我国干湿变化研究(Qian 等, 2003a; 2007; Qian 和 Lin, 2009)和近千年的我国干湿变化研究(Qian 和 Zhu, 2002; Qian 等, 2003a)。无论是近百年的干湿变化,还是近千年来的干湿变化,我国干湿气候变化的特征都反映出具有准 20 多年的和准 70 年的周期变化,并且准 70 年的周期变化位相是由北向南传播的(Qian 等, 2003b),或者华北与长江流域干湿变化呈反位相(Qian 和 Zhu, 2001)。最近,我们又重建了千年东亚夏季风降水指数(钱维宏等,2011)。它既可以表征季风气流的强弱,又可以反映降水在中国南北的分布差异。

钱维宏. 长期天气变化与地球自转速度的若干联系. 地理学报. 1998,**43**:60-66.

钱维宏. 全球气候与地球自转速度的年代际变化. 科学通报,1997,**42**:1409-1411.

钱维宏,朱亚芬,汤帅奇. 重建千年东亚夏季风降水指数. 科学通报,2011 待发表.

Qian W H, Zhu Y F. Climate change in China from 1880-1998 and its impact on the environmental condition. *Climatic Change*, 2001, **50**:419-444.

Qian W H, Yu Z C, Zhu Y F. Spatial and temporal variability of precipitation in East China from 1880 to 1999. *Climate Research*, 2006, **32**(3): 209-218.

Qian W H, Chen D, Zhu Y F. Temporal and spatial variability of dryness/wetness in China during the last 530 years. *Theoretical and Applied Climatology*, 2003a, **76**:13-29.

Qian W H, Lin X, Zhu Y F, Xu Y, Fu J L. Climatic regime shift and decadal anomalous events in China. *Climatic Change*,2007, DOI 10.1007/s10584-006-9234-z.

Qian W H, Lin X. An integrated analysis of dry-wet variability in western China for the last 4-5 centuries. *Adv. Atmos. Sci.*, 2009,**26**(5):951-961.

Qian W H, Zhu Y F. Little Ice Age climate near Beijing, China, inferred from historical and stalagmite records. *Quaternary Research*, 2002, **57**(1): 109-119.

Qian W H, Hu Q, Zhu Y F, Lee D K. Centennial-scale dry-wet variations in East Asia. *Climate Dynamics*, 2003b, **21**(1): 77-89.

受联合国政府间气候变化专门委员会(IPCC)第三次评估报告(2001)的启发,2002 年我们组开展了近千年全球温度变化的研究。我们提出了"气候变化等于长期趋势加短期振荡"的思路(Gao 等, 2006),并且预测本世纪初到 2040 年前后全球温度下降,此后到 2070 年前后全球温度达到一个新的暖期。国际社会已经把近百年至千年的温度变化看作为气候变化的一个首要方面,并在其归因上引发了争议。我们研究组认为全球温度变化研究需要在可靠的资料基础上分析出变化的规律及与强迫量之间的因果关系,才能做出可信的未来预测。我们首先对近百年全球温度序列进行了分解分析,得到 20—21 世纪之交的异常暖期是多个时间尺度温度波动暖位相叠加的结果。由此预测在 2030 年代有一个冷期,而在 2060 年代出现本世纪的暖期(钱维宏等,2010),并且预测本世纪年代际尺度上的全球平均温度上升不会超过 0.6℃。接着,我们又对近千年的全球温度变化开展了研究(钱维宏和陆波,2010)。千年来,除了存在中世纪暖期、小冰期和全球增暖期外,全球温度变化中还存在准 21 年、准 65 年、准 115 年和准 200 年的周期性变化。再次确认,全球平均温度在 20—21 世纪之交的年代际异常增暖是这些准周期变化中暖位相叠加形成的暖平台。这些周期性温度变化形成的原因是太阳辐射的变化和海洋温度的变化,对应的关系是前者的变化位相滞后后者的位相。21 世纪全球平均年际增温幅度也不会超过 0.8℃。近半世纪以来的全球温度变化归因受到很大的争议。为此,我们用美国近百年的温度与美国年际和年代际碳排放量,以及欧美发达国家的碳排放量年代际变化与全球温度的变化做了分析,得到的结果是温度低对应碳排放量偏多,反之温度高对应碳排放量偏少。我们的结论是:年际和年代际冷暖变化是人类活动碳排放量增减的诱因(钱维宏等,2011)。

过去百年,特别是过去半世纪以来全球温度上升的原因很多,土地利用和城市化发展也是需要考虑的因素。全球气候变化仍然以自然的变率为主,城市化发展可以形成一门新的学科研究方向,叫做"城市气候变化”。现代观测温度变化的部分不是反映的全球气候变化，而是反映的城市气候变化。在百年长期趋势上，全球平均温度上升的速率是每百年 0.44℃。这个速率中可能含有类似中世纪暖期到小冰期这样的更长期的自然变化，也有城市化发展的影响。这两个部分之和已接近 0.44℃。大气 $CO_2$ 浓度的不断升高确实反映了人类活动碳排放量的积累，但百年增暖与百年大气 $CO_2$ 浓度增加的对应关系再有 20 年就会得到分晓。大气 $CO_2$ 浓度仍然会继续增加，而全球温度将按照自然的波动式变化，即到 2050 年大气 $CO_2$ 浓度可达到 450 ppm，但全球平均温度达不到 2℃。详细与较多的分析结果已经给出了在《天问——谁驱使了气候变化?》的书中（钱维宏，2011），而图表资料已经罗列了在本图集中。

钱维宏，陆波，祝从文. 全球平均温度在 21 世纪将怎样变化? 科学通报，2010，**55**(16)：1532-1537.

钱维宏，陆波. 千年全球气温中的周期性变化及其成因. 科学通报，2010，**55**(32)：3116-3127.

钱维宏，陆波，梁浩原. 年际和年代际冷暖变化是人类活动碳排放量增减的诱因. 科学通报，2011，**56**(1)：68-73.

钱维宏. 天问——谁驱使了气候变化? 北京：科学出版社，2011.

Gao X Q, Zhang X, Qian W H. Climate change: long-term trends and short-term oscillations. *J. Tropical Meteorol.*, 2005, **14**(11): 2370-2379.

(4)极端气候事件研究

极端气候事件也是 2001 年 IPCC 评估报告中的重要内容。极端气候事件是那些不经常发生，但一旦发生会造成严重生命财产损失的天气气候事件。这些极端气候事件包括干旱、暴雨、高温、低温和各种风暴（飓风、气旋、沙尘暴）等。2002 年至 2004 年，我们组对中国沙尘暴的时空特征及其气候成因进行了分析（Qian 等，2002；Qian 等，2004）。结果指出，我国沙尘暴年频次在近几十年的长期减少是其发生区南北温差减小和西风带大气斜压波动减弱的结果。从 2003 年开始，我们组利用 1960 年以来中国 700 多个气象观测站逐日资料经过质量控制取用了近 500 站资料对逐日温度和逐日降水的单站变化特征进行了分析（Feng 等，2004；Qian 和 Lin，2004；2005）。采用的基本方法与第三次 IPCC 报告中的相同，以温度和降水量的多年逐日百分位数作为判断极端气候事件的标准。1961—2000 年期间，中国北方冷日普遍减少，暖日除了 35°N 以南至长江中下游地区外，其他地区有很多的站表现为增多的趋势。冷夜是全国性普遍减少的，很多站达到每 10 年减少 10 天，而暖夜普遍增多。夜间温度比日间温度增加趋势大使得温度日交差变小。暖日和暖夜的增多与冷日和冷夜的减少，都表示着平均温度的升高。中国增暖的特征表现为：冬半年大于夏半年，北方大于南方。用降水百分位计算，中国极端降水天数增加趋势超过显著性水平的站点主要位于新疆和长江下游地区，而黄河流域和华北地区为负的趋势，没有达到显著水平。在完成了单站绝对高温（Ding 等，2009a）后，我们又对单站绝对低温寒潮做了分析（Ding 等，2009b）。

为了做气候变化和降尺度预测的研究，我们对中国台站温度和降水做了自然分区下的季节、年际和长期变化研究（Qian 和 Qin，2006；2008）。自然分区能够较好地集中那些具有相同季节和年际变化的站点。这些区域是不规则的，但它们反映了大气环流和地形环境影响的综合结果。同一区域中的一个站点百年至千年气候序列就可以代表这一区域的气候变化，而同一区域不同站点只需建立一个降尺度预测方法就可以了。

降水对生态环境和气温调节都具有很大的作用。我们组对气候增暖情况下的各级降水分夏季和全年进行了研究（Qian 等，2007；Fu 等，2008）。分级降水分析得到的认识是，中国毛毛雨雨日普遍减少，原因可能是低层大气温度升高导致的云底高度抬升与雨滴下降过程中受到蒸发增加的影响。对大暴雨增多的解释是增暖后水循环的加快。对中间程度的中国降水分布，东部地区长江流域降水增多与黄河流域降水减少的归因是夏季风气流的长期减弱。进一步地，我们又对整个亚洲陆地的降水分夏季和全年做了分级研究（Yao 等，2008；2010）。这一研究得到了一个“三明治型”的降水分布，即从东北亚经过我国

华北到南亚北部一线降水减少与西北亚和东南亚的降水增多形成对比。

在完成了上述逐日观测资料的极端气候事件分析工作后，我们以为极端气候事件的研究已经差不多了。就在这个时候，2008年初我国南方的持续性雨雪冰冻事件发生了。媒体不断报道各种打破历史记录的气候事件，但缺少明确的事件界定。一些地区不断发生的持续性干旱、持续性暴雨、持续性高温热浪等与全球增暖有什么关系？全球增暖是持续性低温、持续性热浪、持续性干旱和持续性暴雨的罪魁祸首吗？为了澄清这些问题，我们利用中国近60年的逐日观测资料开展了持续性、大范围和高强度的干旱、暴雨、高温热浪和低温冷害事件的建库工作。到2010年年底，我们完成了这四类持续性事件的序列排序和气候分析工作（Qian 等，2011；Ding 和 Qian，2011；Zhang 和 Qian，2011）。

这些极端气候事件库的建设为我们认识历史上发生的各种气候事件和开展预测方法研究打下了基础。当某种极端气候事件再次发生的时候，我们可以定量地确定它在历史上的地位，减少破历史记录事件发布的盲目性。我们把极端气候事件的发生与大气要素场分解中的扰动部分联系起来，有助于找到事件发生的前期信号。2008年年初发生在我国南方的雨雪冰冻事件不但有局地的湿大气锋生特征（钱维宏和符娇兰，2009），其多次冷空气来源于北非至中东地区也是历史60年来的第一次。像持续性热浪和持续性低温，我们可以用观测的大气850 hPa温度扰动和对流层上部高度扰动提前一周左右找到事件发生的前期信号。如果再利用未来10天左右的中期数值天气预报模式产品，我们就可以提前两周发现重大持续性事件发生的前期信号。

本着以科研促进教学和以科研促进业务发展的思路，加快培养业务应用型人才，我们研究组立足于“教学—科研—业务”三者之间的相互促进，共同发展，即“产、学、研”结合的思路。我们组多次参加了国家气候中心的短期气候预测会商，参加了国家气候中心和中央气象台的北京2008年奥运延伸期降水指标的近半年预测，参加了广州气象台的2010年亚运会开幕式日预报会商，参加了中央气象台2011年元旦前后的延伸期预报会商等活动。我们的预测方法和预报效果先后得到了国家气候中心和国家气象中心的肯定。我们组先后在2004年和2009年由北京大学出版社出版了本科生《天气学》教程和研究生《全球气候系统》教程。这次能够出版《气候变化与中国极端气候事件图集》，既是我们组四类研究的综合，也是我们科研与业务的结合，更是我们对传统课程学习的应用与提高，同时也得到了国家气候中心和国家气象中心的大力支持。


钱维宏，符娇兰. 2008年初江南冻雨过程的湿大气锋生. 中国科学 D辑：地球科学 2009，**39**(6)：787-798.

Ding T, Qian W H, Yan Z W. Changes in hot days and heat waves in China during 1961－2007. *Int. J. Climatol.*, 2009a,10.1002/joc. 1989.

Ding T, Qian W H, Yan Z W. Characteristics and changes of cold surge events over China during 1960－2007. *Atmospheric and Oceanic Science Letters*, 2009b, **2**(6): 339-344.

Ding T, Qian W H. Geographical patterns and temporal variations of regional dry－wet heat wave events in China during 1960－2008. *Adv. Atmos. Sci.*, 2011, doi:10.1007/s00376-010-9236-7.

Feng S, Hu Q, Qian W H. Quality control of daily meterological data in China, 1951-2000: A new dataset. *Int. J. Climatol.*, 2004, **24**(7):853-870.

Fu J L, Qian W H *et al*. Trends in graded precipitation in China from 1961 to 2000. *Adv Atm Sci*, 2008, **25**(2):267-278.

Qian W H, Lin X. Regional trends in recent precipitation indices in China. *Meteorology and Atmospheric Physics*, 2005, DOI 10 1007/s00703-005-0163-6.

Qian W H, Lin X. Regional trends in recent temperature indices in China. *Climate Research*, 2004, **27**(2):119-134.

Qian W H, Qin A M. Precipitation division and climate shift in China from 1960 to 2000. *Theor. Appl. Climatol.*, 2008, 1-17,DOI 10.1007/s00704-007-0330-4.

Qian W H, Qin A M. Spatial-temporal characteristics of temperature variation in China. *Meteorol Atmos Phys*, 2006, **93**(1-2):1-16.

Qian W H, Quan L S, Shi S Y. Variations of the dust storm in China and its climatic control. *J. Climate*, 2002, **15**(10):1216-1229.

Qian W H, Shan X L, Zhu Y F. Ranking regional drought events in China for 1960-2009. *Adv. Atmos. Sci.*, 2011, **28**(2), doi:10.1007/s00376-009-9239-4.

Qian W H, Tang X, Quan L S. Regional characteristics of dust storms in China. *Atmospheric Environments*, 2004, **38**(29): 4895-4907.

Qian WH, Fu J L, Yan Z W. Decrease of light rain events in summer associated with a warming environment in China during 1961—2005. *Geophy. Res. Lett.*, 2007, **34**(11): Art. No. L11705.

Yao C, Qian W H, Yang S *et al*. Regional features of precipitation over Asia and summer extreme precipitation over Southeast Asia and their associations with atmospheric-oceanic conditions. *Meterol Atmos Phys*, 2010, **106**: 57-73.

Yao C, Yang S, Qian W H *et al*. Regional summer precipitation events in Asia and their changes in the past decades. *J. Geophys. Res.*, 2008, **113**, D17107, doi:10.1029/2007JD009603.

Zhang Z J, Qian W H. Identifying regional prolonged low temperature events in China. *Adv. Atmos. Sci.*, 2011, doi:10.1007/s00376-010-0048-6.